色谱技术丛书（第三版）

傅若农　主　编

汪正范　刘虎威　副主编

各分册主要执笔者：

《色谱分析概论》	傅若农			
《气相色谱方法及应用》	刘虎威			
《毛细管电泳技术及应用》	陈　义			
《高效液相色谱方法及应用》	于世林			
《离子色谱方法及应用》	牟世芬	朱　岩	刘克纳	
《色谱柱技术》	赵　睿	刘国诠		
《色谱联用技术》	白　玉	汪正范	吴侔天	
《样品制备方法及应用》	李攻科	汪正范	胡玉玲	肖小华
《色谱手性分离技术及应用》	袁黎明	刘虎威		
《液相色谱检测方法》	欧阳津	那　娜	秦卫东	云自厚
《色谱仪器维护与故障排除》	张庆合	李秀琴	吴方迪	
《色谱在环境分析中的应用》	蔡亚岐	江桂斌	牟世芬	
《色谱在食品安全分析中的应用》	吴永宁			
《色谱在药物分析中的应用》	胡昌勤	马双成	田颂九	
《色谱在生命科学中的应用》	宋德伟	董方霆	张养军	

"十三五"国家重点出版物出版规划项目

色谱技术丛书

高效液相色谱方法及应用

第三版

于世林 编著

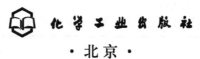

化学工业出版社

·北京·

本书是"色谱技术丛书"中专门介绍高效液相色谱的分册。书中从操作者的角度对高效液相色谱的分类发展与高效液相色谱仪器做了全面介绍，在此基础上对液固色谱法和液液色谱法、正相和反相键合相色谱法、亲水作用键合相色谱法、疏水作用键合相色谱法、微柱液相色谱法、二维高效液相色谱法等多种高效液相色谱方法的色谱分离条件、分析操作、实验技术和注意事项等进行了详细的阐述，并对梯度洗脱的原理和方法以及高效液相色谱法的基本理论做了系统介绍，总结了高效液相色谱新技术的进展。

本次修订根据高效液相色谱近年的发展对第二版内容做了大幅更新，新增了亲水作用键合相色谱法、疏水作用键合相色谱法以及高效液相色谱新技术的进展三章，删除了第二版中体积排阻色谱法和高效液相色谱分离条件的优化两章。对其他各章增补了仪器、填料、理论和应用方面的最新进展和技术资料。

本书适用于各领域中从事液相色谱分析工作的技术人员学习参考，也可作为高等院校分析化学及相关专业师生的教学参考书。

图书在版编目（CIP）数据

高效液相色谱方法及应用 / 于世林编著. —3 版.
—北京：化学工业出版社，2018.8（2025.4 重印）
（色谱技术丛书）
ISBN 978-7-122-32134-3

Ⅰ.①高…　Ⅱ.①于…　Ⅲ.①液相色谱
Ⅳ.①O657.7

中国版本图书馆 CIP 数据核字（2018）第 096806 号

责任编辑：傅聪智　任惠敏　　　　　　文字编辑：向　东
责任校对：王　静　　　　　　　　　　装帧设计：刘丽华

出版发行：化学工业出版社（北京市东城区青年湖南街 13 号　邮政编码 100011）
印　　装：北京建宏印刷有限公司
710mm×1000mm　1/16　印张 29　字数 603 千字　2025 年 4 月北京第 3 版第 6 次印刷

购书咨询：010-64518888　　　售后服务：010-64518899
网　　址：http://www.cip.com.cn
凡购买本书，如有缺损质量问题，本社销售中心负责调换。

定　　价：138.00 元

序

　　"色谱技术丛书"从 2000 年出版以来，受到读者的普遍欢迎。主要原因是这套丛书较全面地介绍了当代色谱技术，而且注重实用、语言朴实、内容丰富，对广大色谱工作者有很好的指导作用和参考价值。2004年起丛书第二版各分册陆续出版，从第一版的 13 个分册发展到 23 个分册（实际发行 22 个分册），对提高我国色谱技术人员的业务水平以及色谱仪器制造和应用行业的发展起了积极的作用。现在，10 多年又过去了，色谱技术又有了长足的发展，在分析检测一线工作的技术人员迫切需要了解和应用新的技术，以提高分析测试水平，促进国民经济的发展。作为对这种社会需求的回应，化学工业出版社和丛书作者决定对第二版丛书的部分分册进行修订，这是完全必要的，也是非常有意义的。应出版社和丛书主编的邀请，我很乐意为丛书第三版作序。

　　根据色谱技术的发展现状和读者的实际需求，丛书第三版与第二版相比，作了较大的修订，增加了不少新的内容，反映了色谱的发展现状。第三版包含了 15 个分册，分别是：傅若农的《色谱分析概论》，刘虎威的《气相色谱方法及应用》，陈义的《毛细管电泳技术及应用》，于世林的《高效液相色谱方法及应用》，牟世芬等的《离子色谱方法及应用》，赵睿、刘国诠等的《色谱柱技术》，白玉、汪正范等的《色谱联用技术》，李攻科、汪正范等的《样品制备方法及应用》，袁黎明等的《色谱手性分离技术及应用》，欧阳津等的《液相色谱检测方法》，张庆合等的《色谱仪器维护与故障排除》，蔡亚岐、江桂斌等的《色谱在环境分析中的应用》，吴永宁等的《色谱在食品安全分析中的应用》，胡昌勤等的《色谱在药物分析中的应用》，宋德伟等的《色谱在生命科学中的应用》。这些分册涵盖了色谱的主要技术和主要应用领域。特别是第三版中《样品制备方法及应用》是重新组织编写的，这也反映了随着仪器自动化的日臻完善，色谱分析对样品制备的要求越来越高，而样品制备也越来越成为色谱分析、乃至整个分析化学方法的关键步骤。此外，《色谱手性分离技术及应用》的出版也使得这套丛书更为全面。总之，这套丛书的新老作者都是长期耕耘在色谱分析领域的专家学者，书中融入了他们广博的知识和丰富的经验，相信对于读者，特别是色谱分析行业的年轻工作者以及研究生会有很好的参考价值。

　　感谢丛书作者们的出色工作，感谢出版社编辑们的辛勤劳动，感谢安捷伦科技有限公司的再次热情赞助！中国拥有世界上最大的色谱市场和人数最多的色谱工作者，我们正在由色谱大国变成色谱强国。希望第三版丛书继续受到读者的欢迎，也祝福中国的色谱事业不断发展。是为序。

张玉奎

2017 年 12 月于大连

本书第 2 版自 2005 年出版至今经 9 次重印，已销售 12000 余册。在过去的十多年中，高效液相色谱技术已获重大的进展，为了充分反映高效液相色谱方法和技术的现状，特对本书进行修订。

高效液相色谱（HPLC）是有机定量分析的重要手段，当前在生命科学、临床医学、药物研制、食品安全、环境监测等多个领域已获广泛的应用。由于高效液相色谱方法总在科技发展的关键时刻，能够有效地解决所面临的复杂样品的分析任务，从而受到科学研究、工农业产品生产、环境保护和质量保证等诸多方面的青睐。

近十年来，高效液相色谱方法和技术在以下几个方面获得重要进展：

（1）在液相色谱固定相研制上，继全多孔硅胶微粒（TPP）固定相之后，迅速研制出表面多孔硅胶微粒（SPP）固定相。

亚-2μm TPP（1.7μm）和亚-2μm SPP（1.3～1.7μm）的出现，使色谱柱的柱效由 200000 塔板/m 提升到 500000 塔板/m，为超高效液相色谱（UPLC）或超高压液相色谱（UHPLC）的快速发展奠定了坚实的基础，也为解决复杂样品的分析任务开辟了新思路。

（2）在固定相研制上的另一个重要进展是第二代整体柱的出现，第二代聚合物整体柱不仅可以分离大分子，也解决了对小分子的分析问题。第二代，特别是第三代硅胶整体柱的出现可用于多种样品的分析。今后，随无机-有机杂化材料整体柱的出现，它在提高柱效（现已超过 100000 塔板/m）和选择性方面，仍有潜在发展的能力。

（3）2009 年以后，在分离方法上，亲水作用色谱获得重要的发展，解决了对强极性、易电离化合物，特别是对极性小分子的分析问题，对制药工业的发展起到重要的推动作用。

（4）在检测器研制方面，迅速发展和推广了蒸发光散射检测器（ELSD）、带电荷气溶胶检测器（CAD）、多角度光散射检测器（MALSD）

的使用，并且快速普及了液相色谱-质谱（LC-MS）和液相色谱-串联质谱（LC-MS/MS）联用技术，为解决组成复杂样品的分析提供了强有力的检测手段。

（5）随着超高压液相色谱（UHPLC）技术的快速普及，高效液相色谱仪的压力上限逐步提高，已由 6000psi(400bar)→9000psi(600bar)→15000psi(1050bar)→19000psi(1400bar)→22000psi(1500bar)；色谱仪体系的柱外效应提供的方差也大大减小，已由 $100\mu L^2$→$50\mu L^2$→$10\mu L^2$，高效液相色谱仪器的制作工艺已发生质的变化；分离性能优良、操作简便的超高压液相色谱仪已逐步取代经典的高效液相色谱仪器，由于流动相消耗的降低，节约了分析成本，分析工作的效率大大提高。

（6）由于高效液相色谱工作者智慧的充分发挥和勇于创新的精神，在色谱理论的应用中，发展了用动力学图示法来评价液相色谱柱的分离性能；创建了剪切驱动色谱分离方法；完善了微型芯片液相色谱实验技术，提出了与超临界流体色谱（SFC）相组合的超高效合相色谱（UPC^2）方法。

高效液相色谱领域的上述重要进展，大大开拓了高效液相色谱方法和技术的应用，并解决了当代在有机分析实践中遇到的多种难题。

本书第三版增补了与上述重要进展相对应的内容，全书共分十二章，内容变动如下：

（1）重新撰写了第一章绪论、第二章高效液相色谱仪器简介、第三章液固色谱法和液液色谱法、第四章正相和反相键合相色谱法。

（2）增加了第五章亲水作用键合相色谱法、第六章疏水作用键合相色谱法和第十一章高效液相色谱新技术进展。

（3）部分修订了第七章梯度洗脱、第八章高效液相色谱法的基本理论、第九章微柱液相色谱法、第十章二维高效液相色谱法和第十二章建立高效液相色谱分析方法的一般步骤和实验技术。

（4）由于全书篇幅所限，删除了"体积排阻色谱法"和"高效液相色谱分离条件的优化"两章。

本次修订笔者参阅了相关文献资料，尤其是在"LC-GC North Am"

或"LC-GC Europe"杂志上，由 Ronald E Majors、John Dolan 和 Michael W Dong 撰写的文献综述，对笔者有很大的启发和帮助。

笔者希望本书第三版能够帮助刚刚进入高效液相色谱领域的"新手"，使其在较短的时间了解高效液相色谱领域的现状，并能在掌握高效液相色谱分离原理的基础上，去解决科研和工业生产中的实际问题，在了解高效液相色谱新进展的过程中开阔思路，勇于创新，为高效液相色谱方法和技术的未来发展，贡献自己的智慧和力量。

本书承蒙丛书副主编刘虎威教授审阅，责任编辑也为本书顺利出版做了大量工作，特此致谢。

本次修订得到 Agilent 公司的大力支持，应用支持部张之旭经理、李浪工程师提供了大量仪器说明书资料，Thermo Fisher Science 公司商务经理王国强提供了多种仪器说明书，Waters 公司提供了合相色谱技术资料，特此表示感谢，上述各种资料对本书的修订提供了有力的帮助。

鉴于笔者水平所限，本书不妥之处，欢迎读者指教。

北京化工大学 于世林

2018 年 8 月于北京

　　"高效液相色谱方法及应用"系"色谱技术丛书"之一。本书在简介高效液相色谱仪的基础上，系统地介绍了高效液相色谱法中常用的液固色谱法、液液色谱法、键合相色谱法、亲和色谱法和体积排阻色谱法。在各种方法中重点介绍了固定相、流动相的构成以及通过调节流动相的组成（包括梯度洗脱）、添加改性剂以调节色谱分离选择性的方法。在高效液相色谱法的基本理论方面，扼要介绍了速率理论和诺克斯方程式以及对色谱柱操作参数进行优化的目的与图示表达方法，并强调了无限直径效应和柱外效应对高效液相色谱分离效能的影响。在高效液相色谱分离条件的优化方面，重点介绍了优化标准及色谱响应（优化）函数，以及用化学计量学进行分离条件优化的各种常用方法。为了帮助读者切实掌握用高效液相色谱方法去解决实际问题的能力，阐述了建立高效液相色谱方法的一般步骤。

　　全书最后介绍了高效液相色谱方法在生物化学和生物工程、医药研究、食品分析、环境监测、精细化工等领域的应用实例，以扩展读者的知识面，并增强感性认识。

　　由于本丛书系列另有《离子色谱方法及应用》《色谱定性与定量》和《色谱分析样品处理》等论著，因此本书中对离子色谱法、定性和定量分析方法、样品处理方法，未予介绍，望读者见谅。

　　鉴于作者的知识水平，不妥之处，欢迎读者的指教。

　　本书编写过程获得中国惠普公司王小芳女士、程广辉先生、张之旭工程师的热情帮助，他们提供的高效液相色谱在食品分析和环境分析中的应用及高效液相色谱硬件资料，为本书第十章和第二章的编写，提供了有力的支持。本书全部手稿承蒙本丛书主编傅若农教授的审阅，特此致谢。

于世林

1999 年 7 月

本书自 2000 年面世以来，受到广大读者的关爱，曾经 5 次重印，销售达 1.8 万册，在广大读者需求的驱动下，在经历近 5 年后，修订再版。

本书第二版在保持第一版编写体系的前提下，增加了梯度洗脱、微柱液相色谱法和二维高效液相色谱法 3 章，原书亲和色谱法一章，因拟另以单册出版，故在此版书中未予列入。另因篇幅所限，并因第二版丛书中增加了色谱在生命科学、医药、食品、环境等领域应用的专著，因此原书高效液相色谱法的分析应用一章，也未列入。

为了反映高效液相色谱领域在基本理论、新技术、新方法方面的进展，本次修订增添以下内容。

在绪论和仪器部分，对高效液相色谱方法发展过程作了简介，加强了对新型高压输液泵、保护柱、蒸发光散射检测器及当前常用的高效液相色谱仪的介绍。

在液固色谱、液液色谱和键合相色谱部分，增加了对新型固定相、流动相的介绍（如聚合物包覆硅胶、具有空间保护和静电屏蔽功能的键合固定相、整体色谱柱、超热水流动相等）。还简介了溶质在二元溶剂体系的色谱保留规律和化学键合固定相的分类方法。

在掌握表征溶剂特性参数和通过改变溶剂组成来提高分离选择性的基础上，梯度洗脱一章介绍了影响梯度洗脱的各种因素［如梯度洗脱时间、$\varphi_B(\%)$ 的变化范围、梯度陡度等］、优化梯度洗脱方法和梯度洗脱的图示方法。其若与高效液相色谱分离条件的优化方法相结合，并使用 DryLab 等计算机程序软件，可大大加速高效液相分析方法的建立过程。

在高效液相色谱法基本理论一章，增加了对超高效液相色谱法的介绍。

在微柱液相色谱法部分介绍了基本理论、仪器装置、微柱制备方法、纳米液相色谱和超高压液相色谱新技术。

在二维高效液相色谱法部分阐述了描述分离体系效能参数，二维液相色谱的技术功能及具有中心切割或全二维液相色谱的通用流路，及在蛋白质组学研究中的应用。

在建立高效液相色谱分析方法的一般步骤中，增加了对溶剂纯化，色谱柱装填方法，色谱柱的平衡、保护和再生，梯度洗脱，色谱柱前、柱后衍生化检测，以及样品处理等实验技术的介绍。

作者希望再版新书，既能帮助读者依据基本原理去解决实际分析问题，又能使读者了解高效液相色谱领域新方法、新技术的发展现状，以满足不同读者的需求。各章列出必要的原始文献，供读者进行深入探求。

本书承蒙本丛书主编傅若农教授审阅，并提出中肯的修改意见。责任编辑为本书出版做了大量工作，作者特此致谢。

本次修订中 Waters 公司应用部经理李浪先生提供了 Waters 公司最新产品的样本和相关资料，对本书第 2、7、9、10 章的修订提供了有力的支持。

鉴于作者水平，本书不妥之处欢迎读者指教。

于世林
2004 年 10 月
于北京化工大学

目录

第三章　液固色谱法和液液色谱法 ◀◀◀◀◀◀◀

第八章　高效液相色谱法的基本理论　◂◂◂◂◂◂◂◂

第一章

绪论

　　高效液相色谱方法经过近五十年的发展和广泛的实践变革，现已成为有机定量分析十分成熟的技术，已在科学研究、生产实践和高等教育中获得广泛的应用。

　　从一百年前茨维特（M.S.Tswett）的经典柱液相色谱实验的初现，到 20 世纪 60 年代末期高效液相色谱技术的显现，再到十多年前超高效液相色谱高技术的诞生，这些都是高效液相色谱方法发展过程中具有重要意义的里程碑。

　　高效液相色谱方法中的色谱柱制备技术，经历了柱填料应用全多孔球形硅胶粒子、粒径从 40μm→10μm→5μm→3μm 逐渐减小的演变。2004 年，Waters 公司推出用"杂化颗粒技术"（hybrid particle technology）制备了 1.7μm 全多孔球形 ACQUITY UPLC^{TM} 新型固定相。2006 年以后，2.6～2.7μm 表面多孔球形粒子（1.7μm 熔融硅实心核，0.5μm 表面多孔层）出现，成为当前高效液相色谱柱的时尚填料，与此同时，硅胶基体和聚合物基体的第二代整体柱也在迅速呈现。

　　高效液相色谱方法中的检测技术，已由广泛使用的紫外吸收检测器、折光指数检测器，发展到现在占有 50%以上使用率的质谱检测器，并涌现出新型的蒸发光散射检测器、带电荷气溶胶检测器和多角度光散射检测器。

　　高效液相色谱方法使用的高效液相色谱仪，其制造技术水平已大大提升，从早期制造耐压 40MPa 的双柱塞往复泵，已发展到可提供耐压 100～150MPa 的双柱塞各自独立驱动的往复式串联泵。检测池的池体积也由 10μL 减小到 0.25μL。

　　高效液相色谱分离方法的开拓，也由早期使用的正相色谱、反相色谱、离子交换色谱（或离子色谱）、体积排阻色谱和亲和色谱，发展出近年来愈来愈多应用的亲水作用色谱，它已成为最广泛应用的反相色谱的有力帮手。

　　高效液相色谱方法在柱制备技术、检测技术、仪器制造技术和分离方法开拓四个方面取得的进展，十分有力地支撑了高效液相色谱方法向超高效、高灵敏度、高准确度和高精密度的方向快速发展。

　　高效液相色谱方法的实践，已不再局限于从事科学研究的色谱工作者，并已被众多的化学家、生物学家、工农业生产者、大专学生所掌握，它已广泛应用于工农业产品检验实验室、质量控制实验室、临床诊断实验室、法医检验实验室、环境污染物监测实验室、食品和药品检测实验室，并已成为各个行业从事分析、检测的人员必须掌握的实验技术。

第一节　高效液相色谱方法简介

一、液相色谱技术的初现——茨维特的经典实验

茨维特［M.S.Tswett(1872～1919)］为俄国植物学家，1901 年在喀山大学获硕士学位后去波兰华沙大学工作，第一次世界大战，德国占领华沙，1915 年移居莫斯科，1917 年任基辅植物园负责人。他在喀山大学从事叶绿素的物理和化学性质研究。1903 年在华沙大学工作时，他曾写道"我的色谱方法来源于我 1901 年在俄国的工作"。1903 年在华沙自然科学会议（Warsaw Society of Natural Science），首次发表了他的研究论文"一种吸附现象新的分类和它们对生化分析的应用"（on a new category of adsorption phenomena and their application to biochemical analysis），1906 年在"Ber. Dtach. Bit. Ges."德文杂志发表了两篇详细的论文，"叶绿素的物理-化学研究，吸附"（physico-chemical studies of chlorophyll. the adsorptions）和"吸附分析和色谱法"（adsorption analysis and the chromatographic method）。1907 年参加德国植物性药物会议（The German Betanical Society）时，再次展现"纯化分离色素的不同方法"并显示出色谱图，也就是具有色环的色谱柱[1]。

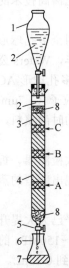

图 1-1　茨维特经典液相色谱实验

1—分液漏斗；2—洗脱液：石油醚；3—玻璃色谱柱管；4—吸附剂：菊粉[inulin,$(C_6H_{10}O_5)_n$]，白色；5—玻璃活塞；6—锥形瓶；7—收集流出液；8—棉花。叶绿素的石油醚萃取液色带：A—橙黄色（胡萝卜素）；B—黄色（叶黄素）；C—亮绿色（叶绿素）

茨维特的经典实验是用植物菊花的根制取的白色菊粉[inulin，$(C_6H_{10}O_5)_n$]作为吸附剂，填充在玻璃柱管中。另用石油醚去萃取绿色植物叶中的叶绿素。然后将叶绿素石油醚提取液倒入白色菊粉柱中，不间断地用石油醚冲洗，首先从柱管中流出的是无色液体，然后在柱管下端呈现橙黄色色带，与此同时，在柱管顶端出现亮绿色色带，经短时间石油醚的冲洗，在亮绿色色带下部出现黄色色带，随着石油醚的不断冲洗，在玻璃柱管呈现不断加宽的亮绿色、黄色和橙黄色三个由上至下的色带，它们分别为叶绿素、叶黄素和胡萝卜素。此经典实验装置如图 1-1 所示。此分离过程由于有颜色色带出现，茨维特在 1906 年论文中

称为色谱图（chromatogram）和色谱法（chromatographic method），以后一直沿用此名称。

茨维特的开拓性工作发表了 25 年，并未引起人们的关注，一直到 1931 年 R. Kuhn、A. Winterstein 和 E. Leder 使用 $CaCO_3$ 作吸附剂，分离胡萝卜中的胡萝卜素和蛋黄中的叶黄素时，重复了茨维特的工作，他的工作价值才重新被发现。

如果现在重现茨维特的经典实验，稍作改进可获更好的分离效果。可以采用蔗糖（sugar）作吸附剂，填充到柱管中，加入叶绿素石油醚提取液样品后，用含 0.5% 正丙醇的石油醚作淋洗液，就可从玻璃柱管中观察到自上而下排布的新黄质（黄色）、堇菜黄质（黄色）、叶绿素 b（黄绿色）、叶黄素+玉米黄质（黄色）、叶绿素 a（绿色）和胡萝卜素（黄色）的六个色带。

现将色谱柱管中填充的各种填料（菊粉、$CaCO_3$、蔗糖等）通称为固定相，而将淋洗液（石油醚，含 0.5%正丙醇的石油醚等）通称为流动相。正是由于固定相和流动相的千变万化，才开拓了当代色谱分析方法的广泛应用。

二、高效液相色谱方法的显现

作为色谱分析法的一个分支，高效液相色谱法是在 20 世纪 60 年代末期，在经典液相色谱法和气相色谱法的基础上发展起来的新型分离分析技术。液相色谱包括传统的柱色谱、薄层色谱和纸色谱。50 年代后，气相色谱法在色谱理论研究和实验技术方面迅速崛起，而液相色谱技术仍停留在经典操作方式，其操作烦琐，分析时间冗长，因而未受到重视。60 年代以后，随着气相色谱法对高沸点有机物分析局限性的逐渐显现，人们又重新认识到液相色谱法可弥补气相色谱法的不足之处。60 年代末，随着色谱理论的发展，色谱工作者已认识到采用微粒固定相是提高柱效的重要途径，随着微粒固定相的研制成功，液相色谱仪制造商在借鉴了气相色谱仪研制经验的基础上，成功地制造了高压输液泵和高灵敏度检测器，从而使液相色谱法获得新生[2~6]。

1. 凝胶渗透色谱的发展

高效液相色谱方法在20 世纪60 年代初期创立，当时色谱工作者使用大于100μm 粒径的粒子填充液相色谱柱，投入商业使用的集中于凝胶渗透色谱来测定高聚物的分子量，利用 Moore 对聚苯乙烯微球的研究成果，Phamacia 公司生产了 Sephadex 填料、Waters 公司生产了 Styragel 填料。Waters 公司使用折光指数检测器和 Styragel 填料制造出凝胶渗透色谱仪。此时已研制出气动放大泵、注射泵及低流量往复式柱塞泵，耐压 40~50MPa，但后者具有很大的脉冲信号。

2. 薄壳微粒固定相和全多孔硅胶固定相的出现

Horvath 和 Kirkland 对薄壳型固定相的发展做出了重大贡献。Horvath 在他的博士论文中制备了在玻璃微球表面覆盖一层苯乙烯-二乙烯基苯树脂的多孔层薄壳，此种薄壳固定相具有高速传质特性，并发展成为 Northgate Labs 生产的 Pellosil 填料，Horvath 用此填料制备色谱柱并与已研制成功的低死体积直通式紫外吸收检测器组合构成 Thermo-Electro Corp.的液相色谱仪产品。与此同时，Kirkland 开发了将粉末硅胶键合到玻璃微珠（40μm）上的薄壳固定相，后成为 Du Pont 公司的 Zipax 产品。在 Zipax 表面，使用和 GLC 相似的方法涂渍 β, β'-氧二丙腈或聚乙二醇固定液发展了液液分配色谱。此时 Waters 公司利用 Bombaugh 和 Little 的研究成果生产了 Corasil 产品，其也为多孔层珠的薄壳固定相，也可用于液固和液液色谱。Hubor 使用<20μm 的填料获得了高柱效。Scott 进行了高压离子交换色谱的工作。

Majors 首先制造出 5～10μm 的无定形微粒硅胶，并由 Varian 公司生产出商品名为 Micropak Silo 的柱填料，他应用 E.Merck 公司提供的平衡密度匀浆装柱技术，在内径 2.1mm、长 25cm 的柱中制备出理论塔板高度仅为 0.1mm（10000 塔板/m）的高效柱。随后 Kirkland 制备出全多孔球形硅胶，平均粒径 7μm，并由 Du Pont 公司生产成为 Zorbax 填料，它提供了极好的柱效，并逐渐取代无定形微粒硅胶。

3. C$_{18}$ 键合硅胶固定相研制成功

1970～1972 年 Bombaugh、Little 和 Kirkland 先后制造出毛刷状的 C$_{18}$ 键合硅胶固定相，首先由 Waters 公司生产出商品 Dura Pak，后由 Du Pont 公司生产出商品 Permaphase。

反相 HPLC 首先用于分析弱极性化合物，后来逐渐扩展到分析强极性化合物，并随着离子对试剂的应用，反相 HPLC 扩展到以前认为不可能实现的样品分离，由于大量商品键合固定相的广泛使用，其稳定性获得很大的改进，一个商品键合相柱用于几千次的分离是完全可能的。20 世纪 70 年代后期，色谱工作者的兴趣集中到生物技术和生物大分子的分离和纯化，并研制适用于生物大分子分离的新型填料，制备出孔径 30～400nm 的大孔球形硅胶，成为通用的制备色谱的填料，可分离分子量达几百万道尔顿的蛋白质。

4. 往复式双柱塞泵主导地位的确定，二极管阵列紫外吸收检测器的实现和新型液相色谱技术的产生

20 世纪 70 年代确立了往复式双柱塞恒流泵在 HPLC 仪器中使用的主导地位，Varian 公司首先研制出适用于梯度洗脱的可变波长紫外吸收检测器。

20 世纪 80 年代 Hewlett-Packard 公司首先研制出二极管阵列紫外吸收检测器，使检测灵敏度提高到 10^{-9} 数量级，窄孔柱和微柱的扩展应用于微量和超微量分析，减少了流动相的消耗，70 年代由 Horvath、石井大道、Scott、Kuerca 开拓的微柱液相色谱方法，在 80 年代获得快速发展。Pirkle 等提出的手性固定相，圆满地解决了对映体的分离问题，现在市场可提供 100 种以上的手性柱，可解决药物分析中大部分手性化合物的分离问题。80 年代，为解决生物分子的快速分离，开展了以苯乙烯-二乙烯基苯或以丙烯酸酯为单体的大孔聚合物的研制，它们虽可提供快速分离，但难于填充，并产生高反压和低容量，并未如期望的获得广泛应用。在此期间，微型计算机已广泛用于 HPLC 的数据处理。

5. HPLC 理论的完善，溶剂选择性三角形概念和色谱操作条件的优化

Hamilton、Giddings 和 Knox 在 HPLC 理论方面进行了先导性的工作，在 20 世纪 70～80 年代，随着 HPLC 应用范围的日益扩展，改善分离的选择性、提高分离

度已成为影响 HPLC 发展的主要问题。随着 HPLC 固定相研制的规范化，改变固定相的极性，色谱柱在选择性上仅产生有限的变化。实践过程使色谱工作者认识到改变流动相的组成是提高 HPLC 选择性的关键。由 70 年代开始，在用气相色谱法对有机溶剂按氢键强弱进行选择性分组的基础上，Snyder 提出了溶剂选择性三角形的概念。他依据有机溶剂的偶极矩和作为氢键给予体或接收体的能力，而将众多有机溶剂分类，使色谱工作者可采用选择性不同而极性相近的有机溶剂混合物作流动相，从而改善了正相和反相液相色谱分离的选择性。Glajch、Kirkland 发展了顺序优化的混合液设计实验法，利用具有确定组成的多元混合溶剂的多重选择性来对一个分析任务进行分离条件的优化。以后 Berridge、Schoenmokers 和 Ahuja 先后发表了使用计算机和化学计量学方法对色谱分离条件进行优化的专著。Snyder、Dolan 开发了 DryLab 软件，利用窗图法来优化反相液相色谱分离条件。这些计算机程序软件的使用，对 HPLC 方法的发展起到很大的促进作用，成为开拓 HPLC 方法发展的新途径。

6. 20 世纪 90 年代后出现的新技术和新方法

20 世纪 90 年代 HPLC 已发展到可与 GC 相近的程度，在分析仪器的销售中已提高到首位。HPLC 的迅速普及应归结于它的强分离能力和普遍适用于不同类型的样品（如油溶性、水溶性、聚合物、生物样品等）的能力。在合成药物、天然产物、生物大分子研究中，HPLC 已成为关键技术，它可用来表征药物代谢物、生物活性成分、降解产物、杂质的特性，以及进行药物生产过程的热力学和动力学的研究及溶解度检验等。

20 世纪 90 年代以来，许多 HPLC 工作者仍致力于新技术和新方法的研究，其突出的成果有以下几个方面。

（1）新型固定相的研制

① 耐高压、高交联度的球形微粒聚合物固定相，如 Ugelstad 研制的单分散、全多孔的苯乙烯-二乙烯基苯共聚微球（粒径 10μm、孔径 10~100nm）和 Afeyan 等研制的具有流通孔（600~800nm）及扩散孔（80~150nm）的流通粒子（粒径 10~50μm），其用作灌注色谱固定相，并由 Biosystem 公司生产的商品名为 Poros 的填料，特别适于制备色谱使用。

② 为完全消除硅醇基的吸附效应，研制了具有立体阻碍或静电屏蔽效应的新型单齿和双齿硅胶键合固定相。

③ 制备了具有大的流通孔尺寸/骨架尺寸比值的整体色谱柱，实现了快速分析。Hjerten 制备了聚丙烯酰胺整体柱；Minakuchi 等制备了连续整体硅胶柱。

（2）新型流动相的使用 20 世纪 90 年代末期出现了用 120~220℃超热水作为流动相的 HPLC，它利用超热水具有较低的介电常数来增强其洗脱强度，超热水被称作对环境友好的"绿色流动相"，以 PS-DVB 聚合物或石墨化炭黑为固定相的液相色谱柱可安装在气相色谱仪的柱箱内，利用程序升温操作可获得不同温度的超热水流动相，显然此时应在柱后安装阻力装置以防止超热水的汽化，此方法不仅可使用 UVD，还可使用 FID 和 FPD，从而在 GC 和 HPLC 之间架起沟通的桥梁。

（3）新型检测器的扩展应用和 HPLC 仪器自动化程度的迅速提高 20 世纪 90 年代，蒸发光散射检测器由于具有以质量检测的通用性质，迅速扩展了在多肽、蛋白质、核酸等生物大分子分析中的应用。

随着单板机的广泛使用和个人用计算机功能的扩展，HPLC 仪器配备了自动进样器，色谱操作参数的自动控制、智能化的数据和谱图处理功能大大提高了 HPLC 仪器的自动化水平。

（4）全新分析方法的涌现

① 使用"并列整体载体结构"的微芯片制作技术，并采用电渗泵，扩展了纳米液相色谱技术的使用。

② 使用 1.0μm 的填料，填充内径 30μm、长 50cm 的熔融硅毛细管柱，在约 400MPa 的压力下实现了超高压液相色谱技术，可获得理论板数高达 20 万～30 万的高柱效。

③ 用于大分子分离的剪切驱动流路液相色谱（shear-driven flow LC）已经出现，其使用剪切力来取代常用的液体压力或电压驱动方法，使用全新的微芯片结构，利用黏滞阻力（viscous drag）效应，液流通道配有可移动的管壁单元，通道壁不再作为流路的阻力，并取代成为纯脉冲流路的驱动源，它对大分子的分离不仅提高了分析速度并增大了分离度[7,8]。

（5）多维液相色谱和联用技术的快速发展

① 为了解决日益复杂的分析任务，在 HPLC 中迅速发展了全二维液相色谱技术，如阳离子交换色谱和反相液相色谱（CEC-RPLC）联用已在蛋白质组学研究中发挥了重要作用。

② HPLC，特别是微柱液相色谱已实现与质谱或核磁共振联用，以及 HPLC 同时与 MS 和 NMR 联用，它们在复杂组成物质的结构分析中，成为强有力的工具。

三、高效液相色谱方法的发展现状

进入 21 世纪以后，由于广大色谱工作者的锐意进取，新方法、新技术不断涌现，已经取得的最新进展如下[9~18]。

1.超高效（压）液相色谱的诞生

2004 年美国 Waters 公司在 Pittcon 会议上展出了最新研制的 ACQUITY 超高效液相色谱（ultra performance liquid chromatography，UPLC）系统，它使用"亚乙基桥联杂化"（bridged ethylene hybrids，BEH）技术，创新制备了由 1.7μm 全多孔球形杂化粒子（ACQUITY UPLC™）填充的高效柱（100mm×2.1mm），配备耐压达 103MPa（15000psi）的双柱塞各自独立驱动的往复式串联泵、高速采样装置和由光导纤维传导的紫外吸收检测器（或质谱检测器），这些高端部件的完美组合，构成了柱外效应很小的超高效液相色谱系统，实现了高速（比一般 HPLC 分析速度提高 6 倍）和高柱效（达 200000 塔板/m）的分析。这是 21 世纪初期高效液相色谱技术获得的最重要的进展。

随后，世界知名的分析仪器制造厂商纷纷跟进，如 JASCO、Agilent、Shimadzu、Thermo Fisher Scientific 等多个厂商，也先后制造出使用 1.7～2.2μm 粒子填充的高效柱，耐压达 100～150MPa（15000～22500psi）的超高压液相色谱（ultra high pressure liquid chromatography，UHPLC）系统，至今，UHPLC 已成为超高压（效）液相色谱的通称。到 2013 年，高效液相色谱（HPLC）向超高压液相色谱的演变已基本完成，大多数分析仪器制造商的生产线都已出现 UHPLC 产品。

现在，UHPLC 系统已成为液相色谱的标准工作平台，并被强调是当代解决组成复杂样品分离问题的最有活力的方法，尤其是从 HPLC 方法转换成 UHPLC 方法的转换软件出现后，大大推动了 UHPLC 方法的快速发展。至今，由尖端科学研究、准确的质量控制，到大量样品的例行分析，都已广泛地使用 UHPLC 仪器，它大大提高了工作效率，降低了分析工作成本，节约了有机溶剂，并利于环境保护；虽然购置 UHPLC 仪器所需的成本是无法回避的，但现在对使用 UHPLC 的怀疑声音已销声匿迹。

在 2015 年 3 月举行的匹茨堡分析化学和应用光谱会议上，第二代 UHPLC 仪器已经出现，典型的是由 Thermo Scientific 公司生产的 Vanquish UHPLC 系统，它为具有耐压上限达 1500bar（22500psi，150MPa）的崭新仪器。

2.表面多孔粒子的异军突起

表面多孔粒子（superficically porous particle，SPP）或称核-壳粒子（core-shell particle），最早是由 Horvath 在 1967～1969 年提出的薄壳粒子（pillicular particle），其粒径 25～50μm，表面壳厚 1～2μm。后在 2006 年由 Kirkland、Guiochen 等重新提出，2007 年由厂商生产出粒径 2.7μm、壳厚 0.5μm 的表面多孔粒子商品，由于它的表面积剧增，克服了早期薄壳粒子填充柱的低负载样品量的问题。

SPP 由熔融硅的实心核和表面的多孔层构成，它具有耐高压的内部结构，并有良好的渗透性，它组合了全多孔粒子（totally porous particle，TPP）和非多孔粒子（nonporous particle，NPP）的优点，并且这种粒子体积的 75%是多孔的。现已有多个公司生产 SPP 产品，并受到广大使用者的关注。人们惊讶地发现，使用由 2.7μm（壳厚 0.5μm）SPP 填充的色谱柱，在相同的柱长和柱内径（如 100mm×2.1mm）的条件下进行 HPLC 分析，可以达到如同在 UHPLC 分析时使用 1.7μm 全多孔粒子填充柱所获得的高柱效（200000 塔板/m），但色谱柱的压力降仅为 1.7μm TPP 填充柱压力降的一半（60～70MPa），因而可在较低柱压下实现高通量的快速分析，但实现此效果的前提条件是 HPLC 系统具有与 UHPLC 系统相似的较低的柱外效应。

2013 年 Waters 公司生产了型号为 Cortecs 的表面多孔粒子，粒径为 1.6μm（壳厚 0.25μm），填充制成 50mm×2.1mm 色谱柱，给出柱效为 19700 塔板（相当于 394000 塔板/m），它比用 BEH 技术制备的 1.7μm 的全多孔粒子柱的柱效高出 39%。Cortecs 柱具有更大的外表面和低的柱床密度，并提供一个较低的反压，如 1.6μm SPP 柱具有同 1.7μm TPP 柱相同的反压。此结果表明，将亚-2μm SPP 柱用于 UHPLC 系统，可进一步提高柱效和分析速度。

3.亲水作用色谱的快速兴起

至今为止，在高效液相色谱分析中，以 C_{18} 柱为首的反相液相色谱方法仍是液相色谱分析应用的主体，但由于它对极性化合物，尤其是极性小分子化合物仅有很弱的滞留，所以不能按照极性差别将其分离开。现在，随着对强极性药物、生物样品和人体代谢物分析需求的快速增加，色谱工作者提出了新的分离方法，如 Alport 等提出，使用正相色谱的极性固定相（如硅胶柱、氨基柱、酰胺柱）和反相色谱的极性流动相（如 70%～90%的乙腈-水溶液）来进行极性化合物的分离，其依据极性样品能在极性固定相表面的富水层和非水有机溶剂（乙腈）之间进行亲水液液分配而实现极性化合物的分离，并将此法称作亲水作用色谱（hydrophilic interaction liquid chromatography，HILIC）。HILIC 自 1990 年提出后，在 2000～2008 年发表论文总数约 350 篇，到 2012 年已跃升至 1300 篇，这些论文的内容涉及固定相的分类，流动相的组成，分离机理和大量强极性化合物分离、分析的实例。HILIC 现已成为反相液相色谱 RPLC 的有力帮手，因此对亲水作用色谱的了解和掌握已成为液相色谱工作者十分紧迫的任务。

4.第二代整体柱再现新貌

2000 年第一代硅胶基体和聚合物基体整体柱先后出现，由于它们显示高渗透性、低的柱压力降、合理的分离效率、不必使用烧结过滤片和易于制作的特点，立即引起广大色谱工作者的关注，虽然它们的柱效低于 3～5μm 全多孔粒子填充柱，但可在高流速下操作。它们的不足之处是硅胶基体整体柱由于受使用 pH 值（2～8）范围的限制，不适用于分析碱性化合物；而聚合物基体整体柱不适于分析低分子量的小分子化合物，且柱效也低于硅胶整体柱。

2004 年 Cabrera 制作了第二代硅胶整体柱（chromolith high resolution[HR]），和第一代硅胶整体柱（chromolith）相比，它预先设计了硅胶骨架，并具有大孔和中孔的双孔结构，降低了大孔的孔径，构成一个更均匀的硅胶网络结构。第二代硅胶整体柱已明显改善了色谱柱的分离效率和色谱峰的对称性，特别适用于碱性化合物的分析。柱效由第一代的 140000 塔坂/m 增至 180000 塔板/m。

2010 年前后，Nischang 使用低温聚合，加入少量引发剂，控制聚合物的形成过程缓慢进行，并在聚合物的早期阶段就停止聚合，使聚合物中形成小孔，以对小分子进行有效的分离。Urban 等在聚合开始便控制固相分离，并对生成的聚合物表面层进行烷基化反应，经高交联接枝改性，形成小孔，来制备适用于小分子分离的聚合物整体柱。第二代聚合物整体柱柱效接近 100000 塔板/m，但仍低于硅胶整体柱，但其耐 pH 值变化的稳定性高于硅胶整体柱。

5.液相色谱（LC）-质谱（MS）联用技术迅速普及

进入 21 世纪后，质谱作为 HPLC 或 UHPLC 的检测器已获得广泛的应用。在发表的 LC 研究论文中，使用质谱检测器的论文数所占比例已超过 50%。这是因为液相色谱技术只有与质谱技术相结合，才能满足基因组学、蛋白质组学、代谢组学中对组成复杂样品进行定性、定量检测的苛刻要求，也是在解决药物、食品污染物、农药残留、环境污染物等例行分析问题时的有效手段。现在 HPLC（或 UHPLC）-MS

和 LC-MS/MS 联用技术已成为解决生物样品及痕量分析问题的标准工作平台。尽快掌握液质联用技术是提高从事高效液相色谱分析人员操作技能、胜任高水平分析任务的迫切需要。

6.全二维高效液相色谱的日益扩展

对普通 HPLC 色谱柱，其柱效约为 20000 塔板/m，它具有的实用峰容量，对等度洗脱 $P_c=50\sim100$；对梯度洗脱 $P_c\approx200$。对 UHPLC 柱，它具有的峰容量 P_c 可达 $400\sim1000$。若进行全二维高效液相色谱分析，总峰容量 $P_{(T)}=P_{c(1)}P_{c(2)}$，因而可分离组成十分复杂的样品。它是解决组成复杂样品分离的最有效的手段。

和全二维气相色谱的快速发展一样，全二维高效液相色谱也在快速发展，如一维柱和二维柱的正交设计；HPLC 和 UHPLC 的组合；柱间切换界面的开发；减少谱带扩张的技术以及它们在组成复杂样品分析中的应用。这些前沿研究内容明显快速增加并日益扩展。

可以预料，全二维高效液相色谱与高分辨质谱耦合，尤其是与三重四极矩质谱（MS-MS-MS）耦合，可成为最强有力的分析工具。

现在 HPLC 经历近 50 年的发展，色谱工作者可对任何类型样品的分离提供适用的色谱柱及相应的分离条件，并可在短的时间内，利用计算机提供的软件计算程序，获得可包含近百个组分的优化完全分离。现在除低沸点化合物使用 GC 分析、分子量大于 10^6Da 的样品使用场流分布法分析外，其他的样品都可用 HPLC 进行分析。现在 HPLC 工作者非常满意于 HPLC 的分离能力，并且不愿看到另一种可以取代色谱分离技术的出现，但是不幸的是，由质谱分析技术的快速发展可以预计，质谱分析将在当代发展成为继色谱分析之后一种通用的分离和分析方法[19]。

R. E. Majors 于 2011～2014 年，在第 36、38、39、41 届"高效液相分离和相关技术的国际会议"（International symposium on high performance liquid phase separation and related technologies）上，对当代液相色谱分析工作者参加会议发表的论文进行了分类、总结，涉及的内容如下：

① HPLC 涉及的生产工艺或技术（表 1-1）；
② HPLC 分析使用的色谱操作模式数量（表 1-2）；
③ HPLC 分析使用的检测技术类型（表 1-3）；
④ HPLC 分析涉及的应用领域（表 1-4）。

表 1-1　2011 年、2012 年、2014 年 HPLC 涉及的生产工艺或技术

2011 年		2012 年		2014 年	
生产工艺或技术	发表论文/%	生产工艺或技术	发表论文/%	生产工艺或技术	发表论文/%
HPLC 柱工艺、固定相和设计［整体柱（27%）、HILIC（21%）、SPP（20%）、亚-2μm TPP（14%）］	31	HPLC 柱工艺、固定相和设计［整体柱（38%）、SPP（29%）、亚-2μm TPP（18%）］	36	HPLC 柱工艺、固定相和设计［整体柱（38%）、SPP（41%）、亚-2μm TPP（21%）］	23
样品制备、SPE	16	样品制备、SPE	17	样品制备、SPE	20

续表

2011 年		2012 年		2014 年	
生产工艺或技术	发表论文/%	生产工艺或技术	发表论文/%	生产工艺或技术	发表论文/%
CE 和相关（MEKC、CZE、IEF）	13	CE 和相关（MEKC、CZE、IEF）	7.0	CE 和相关（MEKC、CZE、IEF）	10
多维、全二维（LC×LC）、柱切换	8.5	多维、全二维（LC×LC）、柱切换	6.8	多维、全二维（LC×LC）、柱切换	12
理论，保留机理，模型	7.9	理论，保留机理，模型	6.4	理论，保留机理，模型	7.9
方法开拓、优化，方法转换	5.0	方法开拓、优化，方法转换、化学计量学和有效性	11	方法开拓、优化，方法转换	5.5
微流体、芯片实验室	4.9	微流体，芯片实验室	4.2	微流体、芯片实验室	6.8
超临界流体色谱（SFC）	3.8	超临界流体色谱（SFC）	4.0	超临界流体色谱（SFC）	5.3
仪器、软件、计算机模拟	2.6	仪器，设计	2.2	仪器，设计	4.8
质量、管理、有效性	1.8	纳米管，纳米粒子	3.1	制备色谱	1.8
高温，温度研究	1.7	毛细管电色谱（CEC）	2.0	毛细管电色谱（CEC）	0.9
毛细管电色谱（CEC）	1.2			杂项②	2.4
其他①	3.2				

① 包括制备/过程色谱、逆流色谱、薄层色谱、色谱（GC、LC）-质谱（MS）、场流分布（FFF）和相关技术。

② 包括诱导压力分离、温度研究、场流分布（FFF）、动力学色谱、毛细管和纳米液相色谱。

注：SPP—表面多孔粒子；TPP—全多孔粒子；CE—毛细管电泳；SPE—固相萃取；MEKC—胶束电动毛细管色谱；CZE—毛细管区带电泳；IEF—等电聚焦电泳。

表 1-2 1997～2014 年 HPLC 分析使用的色谱操作模式数量

色谱模式	1997 年	2007 年	2009 年	2011 年	2012 年	2014 年
反相色谱①	46	38	35	35	32	43
阴离子交换	9.0	9.0	7.6	9.5	8.5	7.8
阳离子交换	8.2	9.0	7.6	8.7	6.7	4.6
体积排阻（SEC）	9.8	9.4	10	10	8.1	4.3
正相键合色谱（氨基、二醇基等）	16	14	11	9.6	2.9	2.9
正相吸附色谱②	1.7	1.2	6.4	5.4	2.9	2.9
亲和色谱	1.7	2.8	2.8	2.4	5.6	6.2
手性	5.5	8.7	8.1	6.8	8.5	12
亲水作用色谱（HILIC）	5.0	4.2	7.6	8.2	14③	14③

续表

色谱模式	1997 年	2007 年	2009 年	2011 年	2012 年	2014 年
疏水作用色谱（HIC）	2.0	2.6	3.0	2.3		
混合模式（反相/离子交换）					4.2	2.6
胶束液相色谱					6.0	
毛细管电色谱（CEC）						0.9
其他	0.6	1.2	0.7	2.3	6.0④	2.9⑤

① 包括用于反相的氰基和离子对。
② 包括在硅胶、三氧化二铝的液固吸附，未包括用于 HILIC 的裸露硅胶。
③ 包括用于水溶液的正相色谱。
④ 由疏水作用色谱、正相键合色谱、正相吸附色谱、热响应聚合物和杂项固定相组成。
⑤ 由疏水作用色谱、反相 SEC、石墨化炭黑、细胞膜及 C_{60}（富勒球）固定相组成。

表 1-3 2010 年、2012 年 HPLC 使用的检测技术类型

2010 年		2012 年	
使用的检测技术	使用的百分数/%	使用的检测技术	使用的百分数/%
LC(CE、SFC)-MS-MS	33	UVD（DAD）	26
LC(CE、SFC、ICP)-MS（包括 LC-MALDI-TOF、ESI-TOF、TOF）	25	LC(CE)-MS	25
		LC(CE)-MS-MS	22
UVD（DAD）	22	荧光，激光诱导荧光	7.2
荧光，激光诱导荧光，化学发光	6.7	电化学	5.7
ELSD，CAD	4.6	ELSD，CAD	5.7
电化学	4.4	光散射（多角度激光）	1.9
NMR	2.3	折光指数（RI）	1.5
其他①	2.3	化学发光	1.5
		其他②	3.4

① 包括电导、傅里叶变换红外（FT-IR）、原子吸收（AA）、火焰离子化（FI）、拉曼光谱（RS）、气相色谱（GC）-质谱（MS）。
② 包括电导、电子顺磁共振、核磁共振（NMR）和热聚焦显微镜。
注：CE—毛细管电泳；SFC—超临界流体色谱；ICP—电感耦合等离子体；TOF—飞行时间；ESI—电喷雾电离；UVD—紫外吸收检测器；DAD—二极管阵列检测器；ELSD—蒸发光散射检测器；CAD—带电荷气溶胶检测器。

表 1-4 2011~2014 年 HPLC 分析涉及的应用领域

2011 年		2012 年		2013 年		2014 年	
应用领域	发表论文/%	应用领域	发表论文/%	应用领域	发表论文/%	应用领域	发表论文/%
蛋白质组学、不同形式的蛋白质和肽、生物标志物	17	蛋白质组学、蛋白质、肽、生物标志物	24	代谢组学和相关的生物医学	22	蛋白质组学、蛋白质、肽、生物标志物	21
药物、毒品的发现，处方	13	药物、毒品的发现	18	药物、生物药物	17	食品、食品安全、饮料	9.6

续表

2011 年		2012 年		2013 年		2014 年	
应用领域	发表论文/%	应用领域	发表论文/%	应用领域	发表论文/%	应用领域	发表论文/%
生物流体/细胞组织（药物 42%，毒素 16%，内源性化合物 42%）	13	生命科学（核糖、DNA、寡聚核苷酸、低聚糖、氨基酸）	12	蛋白质组学和相关（如低聚糖、类脂）	16	基因组学，DNA 和 RNA，核酸组分	8.2
食品、食品安全、饮料	12	生物流体和细胞组织	9.6	食品、调料、饮料	11	药物、API、毒品的发现	8.0
天然产物，传统中药	9.8	环境，工业卫生学，毒素	9.5	环境	10	消费品、化学产品	7.6
环境，工业卫生学，毒素	9.5	食品、食品安全、饮料	9.4	手性	7.7	其他生命科学（脂类、甾类、碳水化合物）	6.7
手性	7.2	石油、化学产品，聚合物	7.0	聚合物	7.7	生物流体/细胞组织中的内源性化合物	6.5
生命科学（RNA、DNA、寡聚核苷酸、氨基酸、脂类）	6.0	天然产物，传统中药	4.6	法医	5.3	天然产物，传统中药	6.5
石油、化学产品，聚合物，日用化妆品	3.8	手性	3.8	纳米材料	3.2	环境，工业卫生学，农药	5.7
无机离子	2.7	无机离子	2.0			生物流体/细胞组织中的药物和代谢物	4.9
碳水化合物，低聚糖	2.7	其他、杂项	0.1			生物流体/细胞组织中的毒素	4.1
法医、化学武器、掺杂物、滥用药物	2.4					石油、碳氢化合物	3.5
						无机离子	3.1
						设计质量、有效性	2.7
						滥用药物	1.8

以上列出的表格供读者参考，以了解当代高效液相色谱方法和技术在近年的发展趋势和迈入的前沿领域。

现代高效液相色谱仪分析系统见图1-2。

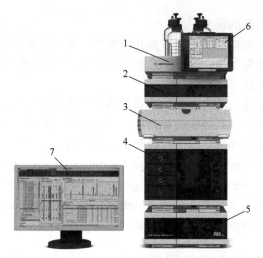

图 1-2 现代高效液相色谱仪分析系统（Agilent 1260 Infinity II Prime 系统）

1—溶剂储液罐和溶剂托盘；2—二极管阵列检测器；3—大容量柱温箱和内置柱切换阀；
4—多功能高通量自动进样器；5—四元溶剂泵；6—智能控制面板；
7—色谱工作站（OpenLab CDS）

第二节 高效液相色谱方法的特点

高效液相色谱方法在有机定量分析中已成为占有主导地位的分析技术，为表明它的特点，将它与其源头的经典液相（柱）色谱法和与它在有机定量分析中占有相近地位的气相色谱法进行比较，以突出它的特点。

一、与经典液相（柱）色谱法比较[20,21]

高效液相色谱法与经典液相（柱）色谱法的比较可见表 1-5。

表 1-5 高效液相色谱法与经典液相（柱）色谱法的比较

项 目	高效液相色谱法	经典液相（柱）色谱法
色谱柱：柱长/cm	10～25	10～200
柱内径/mm	2～10	10～50
固定相粒度：粒径/μm	1.7～2.2, 3～40	75～600
筛孔/目	>2500～300	200～30
色谱柱入口压力/MPa	2～40	0.001～0.1
色谱柱柱效/（理论塔板数/m）	$5 \times 10^3 \sim 5 \times 10^4$	2～50
进样量/g	$10^{-6} \sim 10^{-2}$	1～10
分析时间/h	0.05～1.0	1～20

从分析原理上讲，高效液相色谱法和经典液相（柱）色谱法没有本质的差别，但由于它采用了新型高压输液泵、高灵敏度检测器和高效微粒固定相，因而使经典

的液相色谱法焕发出新的活力。

经典液相（柱）色谱法使用粗粒多孔固定相，装填在大口径、长玻璃柱管内，流动相仅靠重力流经色谱柱，溶质在固定相的传质、扩散速度缓慢，柱入口压力低，柱效低，分析时间冗长。

高效液相色谱法使用了全多孔微粒固定相，装填在小口径、短不锈钢柱内，流动相通过高压输液泵进入高柱压的色谱柱，溶质在固定相的传质、扩散速度大大加快，从而在短的分析时间内获得高柱效和高分离能力。

高效液相色谱（high performance liquid chromatography，HPLC）还可称为高压液相色谱（high pressure liquid chromatography）、高速液相色谱（high speed liquid chromatography）、高分离度液相色谱（high resolution liquid chromatography）或现代液相色谱（modern liquid chromatography）。

二、与气相色谱法比较[20,21]

高效液相色谱法与气相色谱法有许多相似之处。气相色谱法具有选择性高、分离效率高、灵敏度高、分析速度快的特点，但它仅适于分析蒸气压低、沸点低的样品，而不适用于分析高沸点有机物、高分子和热稳定性差的化合物以及生物活性物质，因而其应用受到限制。在全部有机化合物中仅有 20%的样品适用于气相色谱分析。高效液相色谱法却恰可弥补气相色谱法的不足之处，可对 80%的有机化合物进行分离和分析，此两种方法的比较可见表 1-6。

表 1-6 高效液相色谱法与气相色谱法的比较

项目	高效液相色谱法	气相色谱法
进样方式	样品制成溶液	样品需加热汽化或裂解
流动相	1.液体流动相可为离子型、极性、弱极性、非极性溶液，可与被分析样品产生相互作用，并能改善分离的选择性 2.液体流动相动力黏度为 10^{-3}Pa·s，输送流动相压力高达 2~20MPa	1.气体流动相为惰性气体，不与被分析的样品发生相互作用 2.气体流动相动力黏度为 10^{-5}Pa·s，输送流动相压力仅为 0.1~0.5MPa
固定相	1.分离机理：可依据吸附、分配、筛析、离子交换、亲和等多种原理进行样品分离，可供选用的固定相种类繁多 2.色谱柱：固定相粒度小，为 5~10μm；填充柱内径为 3~6mm，柱长 10~25cm，柱效为 10^3~10^4 塔板/m；毛细管柱内径为 0.01~0.03mm，柱长 5~10m，柱效为 10^4~10^5 塔板/m；柱温为常温	1.分离机理：依据吸附、分配两种原理进行样品分离，可供选用的固定相种类较多 2.色谱柱：固定相粒度大，为 0.1~0.5mm；填充柱内径为 1~4mm，柱长 1~4m，柱效为 10^2~10^3 塔板/m；毛细管柱内径为 0.1~0.3mm，柱长 10~100m，柱效为 10^3~10^4 塔板/m；柱温为常温~300℃
检测器[①]	选择型检测器：UVD，DAD，FLD，ECD 通用型检测器：ELSD，RID	通用型检测器：TCD，FID（有机物） 选择型检测器：ECD，FPD，NPD
应用范围	可分析低分子量、低沸点样品；高沸点、中分子量、高分子量有机化合物（包括非极性、极性）；离子型无机化合物；热不稳定，具有生物活性的生物分子	可分析低分子量、低沸点有机化合物；永久性气体；配合程序升温可分析高沸点有机化合物；配合裂解技术可分析高聚物

续表

项目	高效液相色谱法	气相色谱法
仪器组成	溶质在液相的扩散系数（$10^{-5} cm^2/s$）很小，因此在色谱柱以外的死空间应尽量小，以减少柱外效应对分离效果的影响	溶质在气相的扩散系数（$10^{-1} cm^2/s$）大，柱外效应的影响较小，对毛细管气相色谱应尽量减小柱外效应对分离效果的影响

① UVD—紫外吸收检测器；DAD—二极管阵列检测器；FLD—荧光检测器；ECD（液相）—电导检测器；RID—折光指数检测器；ELSD—蒸发光散射检测器；TCD—热导池检测器；FID—氢火焰离子化检测器；ECD（气相）—电子捕获检测器；FPD—火焰光度检测器；NPD—氮磷检测器。

三、高效液相色谱法的特点

高效液相色谱法作为一种通用、灵敏的定量分析技术，它具有极好的分离能力，并可与高灵敏度检测器实现完美的结合，它对不同类型的样品有广泛的适应性，在例行分析和质量控制中呈现高度的重复性。

高效液相色谱法（HPLC）具有以下特点。

（1）分离效能高　由于新型高效微粒固定相填料的使用，液相色谱填充柱的柱效可达 $5 \times 10^3 \sim 5 \times 10^4$ 塔板/m，远远高于气相色谱填充柱 10^3 塔板/m 的柱效。

（2）选择性高　由于液相色谱柱具有高柱效，并且流动相可以控制和改善分离过程的选择性。因此，高效液相色谱法不仅可以分析不同类型的有机化合物及其同分异构体，还可分析在性质上极为相似的旋光异构体，并已在高疗效的合成药物和生化药物的生产控制分析中发挥了重要作用。

（3）检测灵敏度高　在高效液相色谱法中使用的检测器大多数都具有较高的灵敏度。如被广泛使用的紫外吸收检测器，最小检出量可达 10^{-9}g；用于痕量分析的荧光检测器，最小检出量可达 10^{-12}g。

（4）分析速度快　由于高压输液泵的使用，相对于经典液相（柱）色谱，其分析时间大大缩短，当输液压力增加时，流动相流速会加快，完成一个样品的分析仅需几分钟到几十分钟。

高效液相色谱法除具有以上特点外，它的应用范围也日益扩展。由于它使用了非破坏性检测器，样品被分析后，在大多数情况下，可除去流动相，实现对少量珍贵样品的回收，亦可用于样品的纯化制备。

第三节　高效液相色谱方法的分类

高效液相色谱法可依据溶质（样品）在固定相和流动相分离过程的物理化学原理分类，也可按照溶质在色谱柱中洗脱的动力学过程分类。

一、按溶质在两相分离过程的物理化学原理分类[22]

表 1-7 列出了依据分离过程物理化学原理分类的各种液相色谱法的比较。

表 1-7 按分离过程物理化学原理分类的各种液相色谱法的比较

项目	吸附色谱	分配色谱	离子色谱	体积排阻色谱	亲和色谱
固定相	全多孔固体吸附剂	固定液载带在固相基体上	高效微粒离子交换剂	具有不同孔径的多孔性凝胶	多种不同性能的配位体键连在固相基体上
流动相	不同极性有机溶剂	不同极性有机溶剂和水	不同 pH 值的缓冲溶液	有机溶剂或一定 pH 值的缓冲溶液	不同 pH 值的缓冲溶液，可加入改性剂
分离原理	吸附 $\rightleftharpoons$ 解吸	溶解 $\rightleftharpoons$ 挥发	可逆性的离子交换	多孔凝胶的渗透或过滤	具有锁匙结构配合物的可逆性离解
平衡常数	吸附系数 K_A	分配系数 K_P	选择性系数 K_S	分布系数 K_D	稳定常数 K_C

1. 吸附色谱（adsorption chromatography）

用固体吸附剂作固定相，固定相可为极性吸附剂（Al_2O_3、SiO_2）或非极性吸附剂［石墨化炭黑、苯乙烯-二乙烯基苯共聚物 P(S-DVB)］；流动相可为不同极性的有机溶剂，依据样品中各组分在吸附剂上吸附性能的差别来实现分离，如图 1-3 所示。

2. 分配色谱（partition chromatography）

用载带在固相载体（support）上表面涂渍或化学键合非极性固定液的固定相（如在硅胶载体上化学键合十八烷基的 ODS-SiO_2）或在载体表面涂渍或键合极性固定液的固定相（如用 β,β'-氧二丙腈涂渍 SiO_2）来分离样品，以不同极性溶剂作流动相，如用水和极性改性剂组成的极性流动相；或用由正己烷与极性改性剂组成的弱极性流动相，再依据样品中各组分在固定液和流动相间分配性能的差别来实现分离，如图 1-4 所示。根据固定相和液体流动相相对极性的差别，又可分为正相分配色谱和反相分配色谱（亲水作用色谱包括在正相分配色谱之中）。

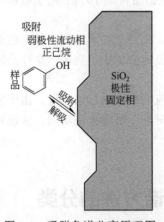
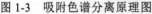

图 1-3 吸附色谱分离原理图

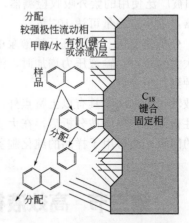

图 1-4 分配色谱分离原理图

当固定相的极性大于流动相的极性时，可称为正相分配色谱或简称正相色谱 (normal phase chromatography)；若固定相的极性小于流动相的极性时，可称为反相分配色谱或简称反相色谱（reversed phase chromatography）。

3. 离子色谱（ion chromatography）

用高效微粒离子交换剂作固定相，可用由苯乙烯-二乙烯基苯共聚物作载体的阳离子（带正电荷）或阴离子（带负电荷）的交换剂以具有一定 pH 的缓冲溶液作流动相，依据离子型化合物中各离子组分与离子交换剂上表面带电荷基团进行可逆性离子交换能力的差别而实现分离，如图 1-5 所示。

4. 体积排阻色谱（size exclusion chromatography）

用化学惰性的具有不同孔径分布的多孔软质凝胶（如葡聚糖、琼脂糖）、半刚性凝胶（如苯乙烯-二乙烯基苯低交联度共聚物）或刚性凝胶（如苯乙烯-二乙烯基苯高交联度共聚物）作固定相，以水、四氢呋喃、邻二氯苯、N,N-二甲基甲酰胺作流动相，按固定相对样品中各组分分子体积阻滞作用的差别来实现分离，如图 1-6 所示。以亲水凝胶作固定相，以水溶液作流动相主体的体积排阻色谱法，称为凝胶过滤色谱（gel filtration chromatography）；以疏水凝胶作固定相，以有机溶剂作流动相的体积排阻色谱法，称为凝胶渗透色谱法（gel permeation chromatography）。

5. 亲和色谱（affinity chromatography）

固定相用葡聚糖、琼脂糖、硅胶、苯乙烯-二乙烯基苯高交联度共聚物、甲基丙烯酸酯共聚物作为载体，偶联不同极性的间隔臂（spacer arm），再键合生物特效分子（酶、核苷酸）、染料分子（三嗪活性染料）、定位金属离子[Cu-亚氨基二乙酸(IDA)]等不同特性的配位体（ligand）后构成，用具有不同 pH 的缓冲溶液（包括 good's buffer）作流动相，依据生物分子（氨基酸、肽、蛋白质、核碱、核苷、核苷酸、核酸、酶等）与基体上键连的配位体之间存在的特异性亲和作用能力的差别，而实现对具有生物活性的生物分子的分离，如图 1-7 所示。

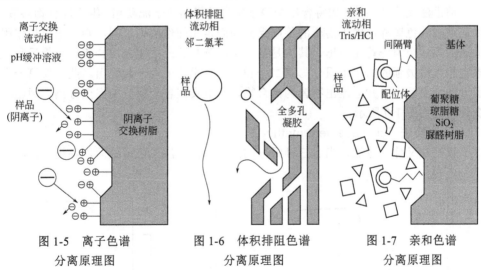

图 1-5 离子色谱　　　　图 1-6 体积排阻色谱　　　　图 1-7 亲和色谱
　　分离原理图　　　　　　　分离原理图　　　　　　　　分离原理图

二、按溶质在色谱柱洗脱的动力学过程分类[3,21,22]

1. 洗脱法（elution method）

洗脱法又称淋洗法，如将含三组分的样品注入色谱柱，流动相连续流过色谱柱，并携带样品组分在柱内向前移动，经色谱柱分离后，样品中不同组分依据与固定相和流动相相互作用的差别，而顺序流出色谱柱。此法在液相色谱分析中获得最广泛的应用，如图 1-8 所示。

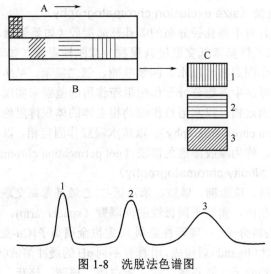

图 1-8　洗脱法色谱图
A—流动相；B—固定相；C—流出组分，包括 1、2、3 三种组分

2. 前沿法（frontal method）

前沿法又称迎头法，如将含三个等量组分的样品溶于流动相，组成混合物溶液，并连续注入色谱柱，由于溶质的不同组分与固定相的作用力不同，则与固定相作用最弱的第一个组分首先流出，其次是第二个组分与第一个组分混合流出，最后是与固定相作用最强的第三个组分与第二个和第一个组分混合一起流出。此法仅第一个组分的纯度较高，其他流出物皆为混合物，不能实现各个组分的完全分离，现已较少使用，如图 1-9 所示。

3. 置换法（displacement method）

置换法又称顶替法，当含三种组分的混合物样品注入色谱柱后，各组分皆与固

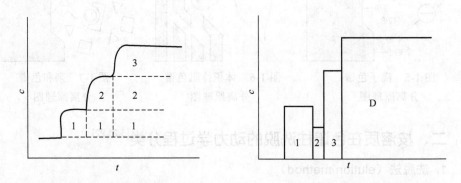

图 1-9　前沿法色谱图　　　　　　图 1-10　置换法色谱图
1,2,3—三种组分；c—浓度；t—时间　　1,2,3—样品组分；D—置换剂（顶替剂）；c—浓度；t—时间

定相有强作用力，若使用一般流动相无法将它们洗脱下来，可使用一种比样品组分与固定相间作用力更强的置换剂（或称顶替剂）作流动相，当它注入色谱柱后，可迫使滞留在柱上的各个组分，依其与固定相作用力的差别而依次洗脱下来，且各谱带皆为各个组分的纯品。置换法现已在大规模制备色谱中获广泛应用，在生物大分子纯品制备中取得良好的效果，如图 1-10 所示。

第四节　高效液相色谱法的应用范围和局限性

一、应用范围[2]

不同的色谱分析方法，如气相色谱法（GC）、高效液相色谱法（HPLC）、凝胶渗透色谱法（GPC），可适用于分析具有不同分子量范围的样品，如图 1-11 所示。

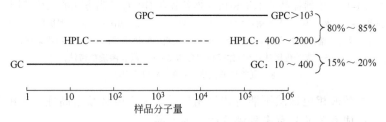

图 1-11　不同色谱方法适用的样品分子量范围
GC—气相色谱法；HPLC—高效液相色谱法；GPC—凝胶渗透色谱法

高效液相色谱法适于分析高沸点、不易挥发的、受热不稳定易分解的、分子量大、不同极性的有机化合物，生物活性物质和多种天然产物，合成的和天然的高分子化合物等。它们涉及石油化工产品、食品、合成药物、生物化工产品及环境污染物等，约占全部有机化合物的 80%。其余 20% 的有机化合物，包括永久性气体、易挥发低沸点及中等分子量的化合物，只能用气相色谱法进行分析。依据样品分子量和极性推荐各种 HPLC 分离方法的应用范围如图 1-12 所示。

二、方法的局限性

高效液相色谱法虽具有应用范围广的优点，但也有下述局限性。

第一，在高效液相色谱法中，使用多种溶剂作为流动相，当进行分析时所需成本高于气相色谱法，且易引起环境污染。当进行梯度洗脱操作时，它比气相色谱法的程序升温操作复杂。

第二，高效液相色谱法中缺少如气相色谱法中使用的通用型检测器（如热导检测器和氢火焰离子化检测器）。近年来蒸发光散射检测器的应用日益增多，有望发展成为高效液相色谱法的一种通用型检测器。

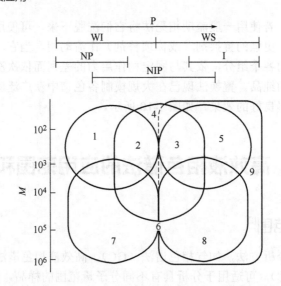

图 1-12　依据样品分子量和极性推荐各种 HPLC 分离方法的应用范围

M—分子量；P—极性；WI—水不溶；WS—水溶；NP—非极性；NIP—非离子型极性；I—离子型；

1—吸附色谱法；2—正相分配色谱法；3—反相分配色谱法；4—键合相色谱法；

5—离子色谱法；6—体积排阻色谱法；7—凝胶渗透色谱法；

8—凝胶过滤色谱法；9—亲和色谱法

第三，高效液相色谱法不能替代气相色谱法去完成必须用高柱效毛细管气相色谱法分析的组成复杂的具有多种沸程的石油产品。

第四，高效液相色谱法也不能代替中、低压柱色谱法在 200kPa 至 1MPa 柱压下去分析受压易分解、变性的具有生物活性的生化样品。

综上所述可知，高效液相色谱法也和任何一种常用的分析方法一样，都不可能十全十美，作为使用者在掌握了高效液相色谱法的特点、使用范围和局限性的前提下，充分利用高效液相色谱法的特点，就可在实际分析任务中发挥重要的作用。

参考文献

[1]　Ettre L S. 75 years of Chromatography—a historical dialogue. Amsterdam: Elsevier Scientific Publishing Company, 1979: 483.

[2]　Bidlingmeyer B A. Practical HPLC Methodology and Applications. New York: John Wiley&Sons Inc, 1992: 1-26, 102.

[3]　[美]施奈德 L R, 格莱吉克 J L, 柯克兰 J J. 实用高效液相色谱法的建立. 王杰，等译. 北京：科学出版社，1998: 1-16.

[4]　Majors R E. LC-GC INT, 1994, 7(8): 490-496.

[5]　Snyder L R. Anal Chem, 2000, 72(11): 412A-420A .

[6]　Flanagan B. LC-GC Europe, 2004, Sep: 476-479.

[7]　Clicq D, Vervoort N, Boron G V, et al. LC-GC Europe, 2004: 278-290.

[8]　Clicq D, Pappaert K, Vankrunkelsven S, et al. Anal Chem, 2004, 76(3): 431A-438A.

[9]   Majors R E. LC-GC Europe, 2011, 29(9): 802-817.

[10]   Majors R E. LC-GC North Am, 2012, 30(1): 20-25.

[11]   Bush L. LC-GC North Am, 2012, 30(8): 672-683.

[12]   Majors R E. LC-GC North Am, 2012, 30(9): 804-827.

[13]   Dong M W. LC-GC North Am, 2013, 31(6): 472-479.

[14]   Majors R E. LC-GC North Am, 2013, 31(4): 280-293; (5): 364-381.

[15]   Majors R E. LC-GC North Am, 2013, 31(8): 596-603.

[16]   Majors R E. LC-GC North Am, 2013, 31(9): 770-776; (10): 842-853.

[17]   Majors R E. LC-GC North Am, 2013, 32(4): 242-255;(5): 364-381.

[18]   Majors R E. LC-GC North Am, 2014, 32(7): 466-481.

[19]   Kelleher N L. Anal Chem, 2004, 76(11): 197A-203A.

[20]   [美]Snyder L R, Kirkland J J, Dolan J W. 现代液相色谱技术导论. 第 3 版. 陈小明，唐雅妍，译. 北京: 人民卫生出版社, 2012.

[21]   王俊德，商振华，郁蕴璐. 高效液相色谱法. 北京: 中国石化出版社, 1992: 1-9.

[22]   于世林. 图解高效液相色谱技术与应用. 北京: 科学出版社，2009: 7-9.

CHAPTER 2

高效液相色谱仪简介

　　高效液相色谱仪（high performance liquid chromatograph）是进行高效液相色谱分析的主要工具。随着现代科学技术的迅速发展，高效液相色谱仪的制造工艺也发生了巨大的变化。

　　现已研制出多种不同结构、可以准确输出液体流量的高压输液泵和依据不同检测原理的高灵敏度检测器，它们可与不同粒径的全多孔或表面多孔粒子的填充柱或全多孔整体柱组合，可以生产出用于常规分析的高效液相色谱仪；用于纯品制备的制备高效液相色谱仪；特别是在 2004 年以后，由 Waters 公司开发生产的超高效液相色谱仪（ultra performance liquid chromatograph），至今已获得广泛使用，在科学研究、质量监控中实现了对样品的高速、高效和高灵敏度的分离与检测。

　　高效液相色谱仪可分为分析型和制备型两类，虽然它们的性能各异、应用范围不同，但其基本组件是相似的，它通常由以下六部分组成：

　　① 流动相及储液罐（mobile phase and liquid reservoir）；

　　② 高压输液泵及梯度洗脱装置（high pressure transfer pump and gradient elute device）；

　　③ 进样装置（sampling device）；

　　④ 色谱柱（chromatographic column）；

　　⑤ 检测器（detector）；

　　⑥ 色谱工作站（chromatography workstation）。

　　现在由色谱工作站控制的高效液相色谱仪，其自动化程度很高，既能控制仪器的操作参数（如柱温、流动相流量、溶剂的梯度洗脱、检测器灵敏度、自动进样、洗脱液收集等），又能对获得的色谱图进行收缩、放大、叠加，以及对保留数据、峰高、峰面积进行数据处理，直接提供样品中各个组分的含量，为色谱工作者提供了高效率、功能齐全的分析工具[1,2]。

典型的高效液相色谱仪组成示意见图2-1。

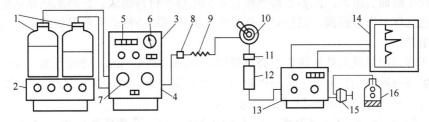

图 2-1　高效液相色谱仪的组成示意图

1—储液罐；2—搅拌、超声脱气器；3—梯度洗脱装置；4—高压输液泵；5—流动相流量显示；
6—柱前压力表；7—输液泵泵头；8—过滤器；9—阻尼器；10—六通进样阀；11—保护柱；12—色谱柱；
13—紫外吸收（或折射率）检测器；14—记录仪（或数据处理装置）；15—背压调节阀；16—废液回收罐

分析型高效液相色谱仪有两种组合方式。

（1）整体系统　把高效液相色谱仪的各个部分全部紧凑地构成一个整体，其连接部分死体积小、检测灵敏度高，体现总体实用的特点。

（2）组合系统　高效液相色谱仪的各个部分相对独立，可根据使用目的的不同进行适当的连接，体现灵活多变的特点。

使用高效液相色谱仪时，应特别注意"柱外效应"对分析结果的影响。由于样品分子在液体流动相的扩散系数比在气体中小4～5个数量级，液体流动相的流速也比气相慢1～2个数量级。因此，样品注入色谱柱后，在柱子以外的任何死空间（如进样器、柱接头、连接管和检测器）中，样品分子的扩散和滞留都会显著引起色谱峰的扩展，而使柱效降低，所以柱外死体积的影响是不能忽略的。在制造和使用高效液相色谱仪时，应使柱外效应减至最小，以获得理想的分析结果[3,4]。

第一节　流动相及储液罐

一、储液罐

储液罐的材料应耐腐蚀，可为玻璃、不锈钢、氟塑料或特种塑料聚醚醚酮（PEEK），容积为0.5～2.0L。对凝胶色谱仪、制备型仪器，其容积应更大些。储液罐放置位置要高于泵体，以便保持一定的输液静压差。使用过程储液罐应密闭，以防溶剂蒸发引起流动相组成的变化，还可防止空气中O_2、CO_2重新溶解于已脱气的流动相中。

在通用的液相色谱系统中，应该使用数个溶剂储存器来提供梯度洗脱装置，如图 2-2 所

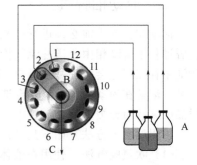

图 2-2　溶剂储液罐及溶剂切换阀

A—可供选择的溶剂储液罐（可多至 12 个）；
B—溶剂选择阀；C—至脱气机

示。对某些梯度洗脱法（将在后面讨论），溶剂的供应可采用多通阀系统从各储存器中连续不断地引出来，此多通阀系统也必须由惰性材料制成。在溶剂储存系统中经常包括这样一个多通阀，以便对不同分析或为达到清洗柱的目能够迅速地选择特定的溶剂。

所有溶剂在放入储液罐之前必须经过 0.45μm（或 0.2μm）滤膜过滤，除去溶剂中的机械杂质，以防输液管道或进样阀产生阻塞现象。溶剂过滤常使用 G_4 微孔玻璃漏斗，可除去 3～4μm 以下的固态杂质。

对输出流动相的连接管路，其插入储液罐的一端通常连有孔径为 0.45μm（或 0.2μm）的多孔不锈钢过滤器或由玻璃制成的专用膜过滤器。

过滤器的滤芯是用不锈钢烧结材料制造的，孔径为 2～3μm，耐有机溶剂的侵蚀。若发现过滤器堵塞（发生流量减小的现象），可将其浸入稀 HNO_3 溶液中，在超声波清洗器中用超声波振荡 10～15min，即可将堵塞的固体杂质洗出。若清洗后仍不能达到要求，则应更换滤芯。

市售储液罐中使用的溶剂过滤器如图 2-3 所示。

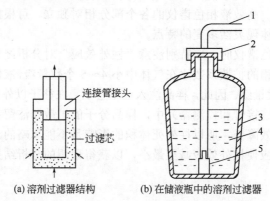

连接管接头

过滤芯

(a) 溶剂过滤器结构　　　　(b) 在储液瓶中的溶剂过滤器

图 2-3　溶剂过滤器

1—聚四氟乙烯管；2—上盖；3—储液瓶；4—流动相；5—溶剂过滤器

二、流动相脱气

流动相在使用前必须进行脱气处理，以除去其中溶解的气体（如 O_2），防止在洗脱过程中流动相由色谱柱流至检测器时，因压力降低而产生气泡。在低死体积检测池中存在气泡会增加基线噪声，严重时会造成分析灵敏度下降，而无法进行分析。此外，溶解在流动相中的氧气会造成荧光猝灭，影响荧光检测器的检测，还会导致样品中某些组分被氧化或使柱中固定相发生降解而改变柱的分离性能。

常用的脱气方法有如下几种。

（1）吹氦脱气法　使用在液体中比在空气中溶解度低的氦气，在 0.1MPa 压力下，以约 60mL/min 的流速通入流动相 10～15min 以驱除溶解的气体。此法适用于所有的溶剂，脱气效果较好，但在国内因氦气价格较贵，本法使用较少。

（2）抽真空脱气法　使用微型真空泵，降压至 0.05～0.07MPa 即可除去溶液中溶解的气体。显然，使用水泵连接抽滤瓶和 G₄ 微孔玻璃漏斗可一起完成过滤机械杂质和脱气的双重任务。由于抽真空会引起混合溶剂组成的变化，故此法适用于单一溶剂体系脱气。对多元溶剂体系，每种溶剂应预先脱气后再进行混合，以保证混合后的比例不变（图 2-4）。

（3）超声波脱气　将欲脱气的流动相置于超声波清洗器中，用超声波振荡脱气（图 2-5），可通过调节超声波发生器的功率（W）和振荡频率（Hz）来改善脱气效果。一般用超声波振荡 10～15min。但此法的脱气效果较差。

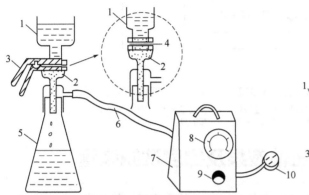

图 2-4　流动相的减压过滤和抽真空脱气

1—玻璃砂芯过滤器的储液器；2—玻璃砂芯过滤器的接收器（带有内磨口及侧管）；3—固定玻璃砂芯过滤器上、下两部分的金属弹簧夹；4—0.45μm 的过滤膜；5—锥形储液瓶（上端带有外磨口）；6—连接真空泵的厚壁橡胶管；7—真空泵；8—真空表（-30～0 mmHg 或 -100～0kPa）；9—电源开关；10—真空泵电源插头

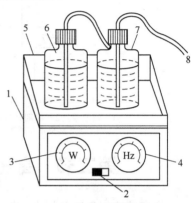

图 2-5　超声波脱气

1—超声波发生器；2—电源开关；3—功率调节；4—频率调节；5—储液罐放置台；6—流动相 A；7—流动相 B；8—至色谱系统

以上几种脱气方法均为离线（off-line）脱气操作，随流动相存放时间的延长又会有空气重新溶解到流动相中。

（4）在线真空脱气机（on line vacuum degasser）　它可及时有效地去除流动相中溶解的气体，从而降低压力脉动，提高色谱保留值的重现性。

真空脱气机主要由真空腔（内置四通道管状塑料半透膜）和真空泵组成。腔内半透膜分成四个独立的单元，并两两组合在一起，半透膜是由两种不同材料的塑料膜组成，其可在真空状态下由膜内向膜外渗透气体。真空泵运行时，真空腔内产生部分真空，真空度由压力传感器测定。根据传感器信号的变化，脱气机通过运行或关闭真空泵以保持真空腔内一定的真空度。

流动相在高压输液泵的驱动下，通过真空腔的特殊塑料半透膜，由于半透膜外的腔体空间处于一定的真空状态，就使流动相中溶解的气体渗透出半透膜，进入真空腔并被真空泵抽走，此时流动相到达真空脱气机出口，已被完全脱气而不含任何气体了。

把真空脱气机串接到储液系统中，并结合膜过滤器，实现了流动相在进入输液泵前的连续真空脱气。此法的脱气效果明显优于上述几种方法，并适用于多元溶剂体系。

在线真空脱气机现已成为对流动相进行脱气的标准装置，已被多种型号的高效液相色谱仪采用，Agilent 1200 系列使用的 G1379 型（分析型）、G1322 型（半制备型）在线真空脱气机的结构示意见图 2-6。

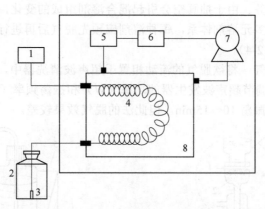

图 2-6　Agilent G1379 型、G1322 型在线真空脱气机结构示意图

1—输液泵；2—溶剂储液罐；3—过滤器；4—半透膜管线（气体可透过）；
5—真空室传感器；6—控制电路；7—真空泵；8—真空腔体

第二节　高压输液泵及梯度洗脱装置

在高效液相色谱分析中，色谱柱装有 $2\sim10\mu m$ 的固定相，其对流动相有高的阻力。通常色谱柱的压力降 Δp 可按达西（Darcy）方程计算：

$$\Delta p=\frac{\eta Lu}{k_0d_p^2}$$

式中，η 为流动相黏度；L 为柱长；u 为流动相平均线速，可由 $u=\frac{L}{t_M}$ 求出（t_M 为死时间）；k_0 为比渗透系数；d_p 为固定相颗粒直径。

一、高压输液泵

高效液相色谱仪中使用的高压输液泵的分类见图 2-7。

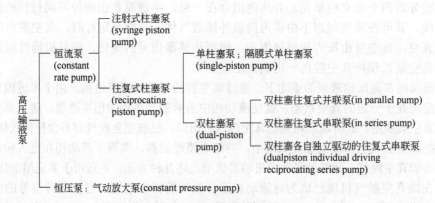

图 2-7　高压输液泵的分类

对高压输液泵的要求是：

① 泵体材料能耐化学腐蚀。通常使用普通耐酸不锈钢（1Cr18Ni9Ti）或优质耐酸不锈钢（18Cr12Ni2Mo）。为防止酸、碱缓冲溶液的腐蚀，在离子色谱或亲和色谱分析中现已使用由聚醚醚酮材料制成的高压输液泵。

② 能在高压下连续工作。通常要求耐压 40～150MPa/cm^2，能在 8～24h 连续工作。

③ 输出流量范围宽。填充柱：0.1～10mL/min（分析型）；1～100mL/min（制备型）。微孔柱：10～1000μL/min（分析型）；1～9900μL/min（制备型）。

④ 输出流量稳定，重复性高。高效液相色谱使用的检测器大多数对流量变化敏感，高压输液泵应提供无脉冲流量。这样可以降低基线噪声并获得较好的检测下限。流量控制的精密度应小于 1%，最好为 0.5%，重复性最好为 0.5%。

（一）恒流泵

恒流泵可输出体积流量恒定的流动相。

1. 注射式柱塞恒流泵

又称注射式螺杆泵，其工作原理如图 2-8 所示。

（1）工作原理　它利用步进电动机经齿轮螺杆传动，带动活塞以缓慢恒定的速度移动，使载液在高压下以恒定流量输出。当活塞达到每个输出冲程末端时，暂时停止输出流动相，然后以极快的速度进入吸入冲程，再次将流动相由单向阀封闭的载液入口吸入泵中，再重新进入输出冲程的运行。如此往复交替进行。

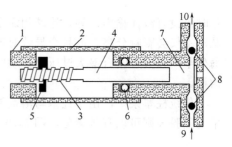

图 2-8　注射式柱塞恒流泵工作原理图
1—步进电动机；2—变速齿轮箱；3—螺杆；
4—活塞；5—球形螺母；6—密封圈；
7—流动相；8—单向阀；9—流动相入口；
10—流动相出口至色谱柱

（2）优点　可在高输液压力下给出精确的（0.1%）无脉动、可重现的流量；可通过改变电动机的电压，控制电动机的转速，来改变活塞的移动速度，从而可调节流动相流量，使其输出流量与系统阻力无关；因其流量稳定、操作方便，可与多种高灵敏度检测器连接使用。

（3）缺点

① 由于泵液缸容积（50～250mL）有限，每次流动相输完后，需重新吸入流动相，故当流动相流量大时，流动相中断频繁，不利于连续工作，使用两台泵交替工作可克服此不足之处。

② 此泵在高压下工作，对活塞和液缸间的密封要求高，更换溶剂不方便，且价格昂贵。由于上述不足之处，现在注射式螺杆泵在高效液相色谱仪中使用较少，而广泛用于超临界流体色谱仪中。

2. 往复式柱塞型泵

（1）单柱塞往复式恒流泵　单柱塞往复式恒流泵（图 2-9）由单向阀、柱塞杆、密封圈、凸轮及驱动部分等组成，凸轮运转一周，柱塞杆往复运动一次，完成一次

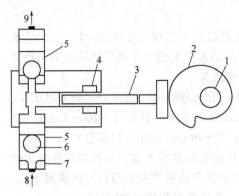

图 2-9　单柱塞往复式恒流泵

1—步进电动机；2—偏心凸轮；3—柱塞杆；4—活塞密封圈；5—单向阀；6—红宝石球；7—蓝宝石坐垫；8—流动相入口；9—流动相出口

吸液和排液过程。柱塞自储液罐内抽液时，出口单向阀关闭，流动相自入口单向阀吸入；柱塞推出液体时入口单向阀关闭，流动相自出口单向阀输出液体到进样阀和色谱柱中。正常情况下，柱塞杆往复运动一次排出的液体的量一定，通过改变柱塞运动频率即调节电动机转速可以在一定范围内调节流量。

因为柱塞泵是通过机械连接柱塞杆和凸轮的，从柱塞运动来看，泵往复式柱塞运动一次，只有在柱塞前进时才能排出液体，因此排出的液流是间断的，柱塞大约 1s 时间吸液、1s 时间排液，在吸入冲程时泵没有液体输出，导致流动相流量和压力的脉动很大，作为 HPLC 输液系统，脉动不仅会影响分离，而且会导致对流量敏感的示差折光检测器等无法正常工作，另外早期该类泵没有最大过压保护功能，有可能损害柱塞杆、密封圈、单向阀和色谱柱。

传统柱塞泵中，由于柱塞与溶剂接触，更换流动相时溶剂残留现象比较突出，采用隔膜泵则可以有效避免，图 2-10 是隔膜式单柱塞往复恒流泵结构原理示意。

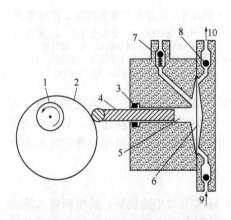

图 2-10　隔膜式单柱塞往复恒流泵

1—步进电动机；2—偏心凸轮；3—密封圈；4—活塞；5—润滑油；6—不锈钢或聚四氟乙烯隔膜；7—润滑油单向阀；8—流动相单向阀；9—流动相入口；10—流动相至色谱柱

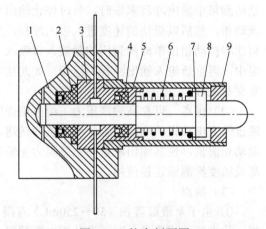

图 2-11　柱塞剖面图

1—柱塞杆；2—柱塞密封圈；3—冲洗管的导向环；4—二级密封圈；5—垫圈；6—压弹簧；7—垫圈；8—柱塞杆组件；9—导向套

隔膜泵也是靠柱塞的往复运动实现输液和吸液的，但是柱塞杆不直接与流动相液体接触，而是通过压缩传动油（液），引起具有弹性的不锈钢或碳氟聚合物膜挤压泵头中的液体输出流动相，该类泵的名称便由此而来。由于往复运动的柱塞只与隔膜接触而不与流动相接触，不仅降低了柱塞和密封圈的要求，而且可以通过加润滑油使活塞润滑性提高，减少高速驱动时的磨损。隔膜泵也可以通过调节活塞的冲程实现流量调节，通常可以达到 0～10mL/min。当使用可压缩性的异丙醇等有机溶剂作流动相，在高反压时，输出液体会存在流量波动现象，而且随反压提高，流量会急剧下降，这是隔膜的弹性所致。隔膜式往复泵的优点是可避免流动相被污染。

在单柱塞往复式恒流泵中柱塞的剖面图如图 2-11 所示，单向阀的结构如图 2-12 所示。

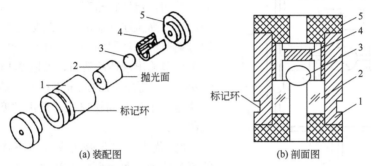

(a) 装配图 (b) 剖面图

图 2-12 单向阀结构图

1—带标记环阀外套；2—陶瓷座；3—宝石球；4—带密封垫限位套；5—密封垫

在往复式柱塞泵中，偏心凸轮的结构示意见图 2-13。

由于圆形凸轮驱动柱塞的排液曲线为正弦形，由此可联想到用特殊曲线凸轮来驱动柱塞，使排出液成为平流，从而降低脉动，目前输液泵的凸轮均为具有加速线-阿基米德螺旋线-减速线的非圆凸轮（图 2-13），从理论上讲，如果采用两个位置相差 180°的凸轮（这两个凸轮在 180°内是具有相同长度的阿基米德螺旋线）来推动两个柱塞交替工作，就能得到平滑的输出液流。但是由于实际上存在凸轮加工误差、安装位置不准确、传动部件的间隙等因素，使得仍然有一定脉冲。为克服此影响，可微调某一泵头的反压或流量（柱塞冲程）来进行补偿。为消除凸轮加工误差，也

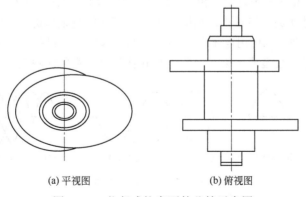

(a) 平视图 (b) 俯视图

图 2-13 往复式柱塞泵的凸轮示意图

有采用一个凸轮来同时驱动安装方向相反的两个柱塞，也能达到相同效果。因此凸轮曲线形状及安装精度很大程度上决定了输液泵脉动的大小。

（2）双柱塞往复式并联泵 利用一个凸轮可同时驱动方向相反的两个柱塞的往复式并联泵的结构示意见图 2-14。

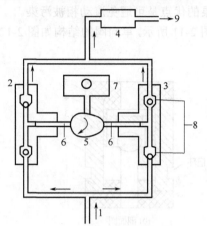

图 2-14 双柱塞往复式并联泵

1—流动相入口；2，3—带有单向阀的泵头；
4—脉冲缓冲器；5—偏心轮；6—活塞；
7—电动机；8—单向阀；9—至进样口

① 工作原理 双柱塞往复式并联泵通常由电动机带动凸轮（或偏心轮）转动，再用凸轮驱动两活塞杆作往复运动，通过单向阀的开启和关闭，定期将储存在液缸里（0.1~0.5mL）的液体以高压连续输出。当改变电动机转速时，通过调节活塞冲程的频率（30~100 次/min），就可调节输出液体的流量，如图 2-14 所示。此泵每往复一次输出的流量由柱塞的截面积和冲程决定，单位时间输出的流量由柱塞的往复次数决定。

② 优点 首先是可在高压下连续以恒定的流量输液。每个泵头在活塞的输出冲程中推动少量流动相进入色谱柱；在吸液冲程中利用单向阀从储液罐吸入流动相，此过程可反复、连续进行。其次是此泵的液缸容积很小，只有几十至几百微升，其柱塞尺寸小，易于密封，柱塞、单向阀的阀球和阀座使用人造红宝石材料，造价低廉，更换溶剂方便，特别适用于梯度洗脱。

③ 缺点 输出流动相虽然是连续的恒流量的，但存在脉动，若与对流量敏感的折光指数检测器连接，就会产生基线波动，难以进行准确的定量分析，为克服脉动的影响可采取以下措施：a.使用具有两个泵头的往复式泵，电动机带动一个偏心轮，在相位差180°的相反方向同时驱动两个柱塞，使一个泵头输液，另一个泵头充液，以减少流动相输出时的脉动现象（见图 2-14）。现在有的仪器已配备具有三个泵头的往复泵，一个偏心轮在三个方向（相差 120°）同时驱动三个柱塞（或三个机械阀），使输液和充液的脉动进一步减小，见图 2-15。b.可在往复泵和进样器之间安装脉冲缓冲器或阻尼限制器。c.可用电子器件调节活塞冲程频率，以补偿输液的脉动。柱塞直接与流动相接触会造成污染，使用隔膜式往复泵可克服此缺点。

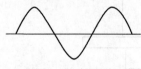
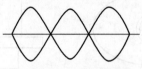
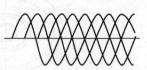

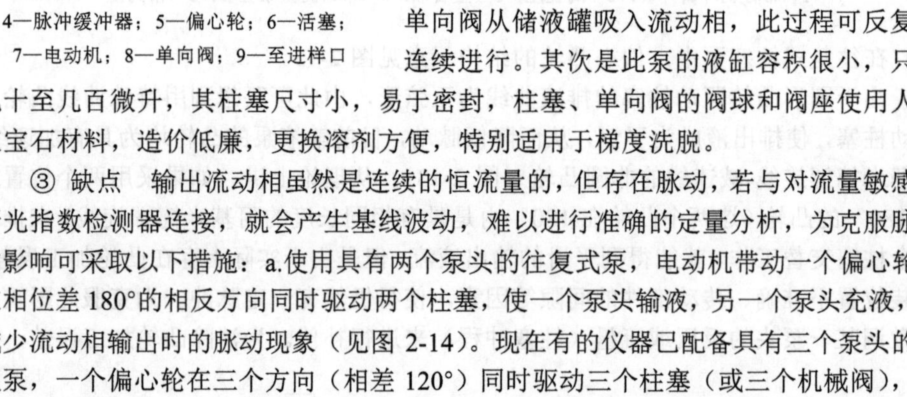

(a) 单泵头：脉动相位差360°　　(b) 双泵头：脉动相位差180°　　(c) 三泵头：脉动相位差120°

图 2-15 往复泵的脉动现象

　　长期运转后，因流动相含有的机械杂质会造成单向阀的阻塞；或因单向阀的阀球磨损不能关闭单向阀。这些都会造成往复式泵不能正常工作。

　　（3）双柱塞往复式串联泵　20世纪90年代初期美国Hewlett Packard公司已研制出双柱塞往复式串联泵，它由伺服系统控制的一个可变阻尼电动机从相反方向（相差180°）推动两个球形螺旋传动装置，由于球形螺旋传动装置的齿轮有不同的圆周（2：1），因此第一个活塞的运动速度是第二个活塞的两倍，如图2-16所示。它启动时，通过运行一个初始程序来决定两个柱塞向上移动能到达的最高位置，然后再向下移动至一个预定高度，控制器将两个活塞位置储存在记忆

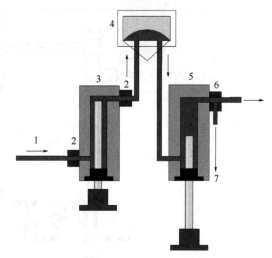

图2-16　HP 1100（Agilent 1100）高效
液相色谱双柱塞往复式串联泵

1—来自溶剂储液罐；2—单向阀；3—泵Ⅰ（主泵）；
4—阻尼器；5—泵Ⅱ（辅泵）；6—排空阀；7—废液出口

中，完成初始化设定，泵Ⅰ（主泵）和泵Ⅱ（辅泵）按设定参数操作。当驱动电动机正向运转时，泵Ⅰ流动相入口主动单向阀打开，柱塞Ⅰ向下移动，将流动相吸入泵Ⅰ内，与此同时，泵Ⅱ（辅泵）向上移动，将流动相送入色谱系统。在完成设定的第一种柱塞运行冲程长度后，驱动电动机停止，泵Ⅰ入口主动单向阀关闭。然后驱动电动机反向运转，泵Ⅰ流动相出口被动单向阀打开，此时柱塞Ⅰ向上移动，泵Ⅱ（辅泵）向下移动，使泵Ⅰ中流动相转移至泵Ⅱ，就完成了设定的第二种柱塞运行程序。重复进行上述过程，就使泵Ⅰ吸入的流动相连续不断地进入泵Ⅱ，而泵Ⅱ每次仅排出压入流动相的一半，如此实现以恒定流量连续向色谱系统输液。双柱塞往复式串联泵的主要特点是仅在泵Ⅰ配有一组单向阀，全部操作用计算机进行控制。

　　此泵运行时，由电控入口单向阀，使流动相进入主泵室，由主泵室输出的流动相经出口单向阀和一个低死体积脉冲阻尼器进入辅泵室，再由辅泵室输送至进样单元和色谱柱。对常规柱（ϕ4.6mm），流动相流速设定为0.5～10mL/min；对窄孔柱（ϕ2.1mm），流速设定为50μL/min～5mL/min。

　　此泵在运行中随溶剂具有的可压缩性及使用低死体积的脉冲阻尼器，使输出流动相的脉冲波动可降至很低，当通过灵敏检测器时，仅有很低的基线噪声，对被检测峰可给出重复性好的保留时间和峰面积。

　　此泵已用于HP 1100（后改名Agilent 1100）型高效液相色谱仪上（图2-16）。

　　2010年Agilent 1200 Infinity系列出现，先后推出超值的1220型、性能佳的1260型和功能强大的1290型，它们使用的输液泵是在Agilent 1100（即HP 1100）型的双柱塞往复式串联泵基础上，将两组双柱塞往复式串联泵并联，构成以Agilent 1260 Infinity LC的高压输液设计为标准的二元泵高压输液体系，如图2-17所示。

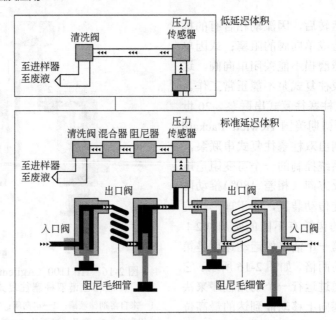

图 2-17　Agilent 1260 Infinity LC 的二元泵高压输液体系

　　此泵体系能够确保输出无脉动的溶剂，由微处理器控制连续可变冲程的双柱塞设计可将选定的流量控制到最佳数值。此泵设定的压力范围，对 1220 型为 400～600bar（1bar=10⁵Pa）；对 1260 型为 600 bar；对 1290 型为 1200 bar。

　　当压力上限达 600bar 时，可使用 2.0～2.2μm 的全多孔和 2.6～2.7μm 的表面多孔粒子柱，最高流速可达 5.0mL/min，可以充分发挥小粒径填料柱的高效能的优势。当压力上限达 1200bar（1290 型）时，可使用 1.8μm 全多孔和 1.6μm 表面多孔粒子柱，最高流速可达 2.0mL/min，在 800bar 压力时，可达 5.0mL/min，可以充分发挥 UHPLC 分析的高柱效和高速分析的能力。

　　为了保证此泵体系并联双泵输送流动相的均一混合效果，系统中安装了 Agilent 独特的 Jet Weaver 混合器，它利用多层流技术的微流路，在最低滞留体积下，实现了最高的混合效率。

　　上述二元泵体系可进行二元高压梯度洗脱，配置了标准滞留体积和最低滞留体积（120μL）两种操作方式，可满足 LC-MS 联用要求。对 1290 型泵体系最低滞留体积，可低至＜10μL，从而满足 LC-MS 和 2DLC（LC×LC）的功能。

　　上述二元泵体系的结构示意如图 2-18 所示。

　　使用二元泵进行分析操作时，流动相流通顺序为：从溶剂储液罐→在线脱气机→二元泵→压力传感器→阻尼器→Jet Weaver 混合器→进样器。

　　对 1260 型泵体系，当采用等度洗脱时，借助一个 10 孔切换阀，可以实现高通量分析，每天可分析 2000 个样品。分析过程如下：当用色谱柱 1 进行分析时，流动相经洗脱泵（泵 1）进入自动进样器，携带样品进入十通阀 2 孔，经 3 孔进入色谱柱 1，再经 6、7 孔到达检测器完成分析，与此同时，流动相又可经再生泵（泵 2），对色谱柱 2

进行再生、清洗，流动相经十通阀 4、5、10、1 孔进入色谱柱 2，再经 8、9 孔至废液缸，完成再生、清洗。当十通阀进行切换后，由色谱柱 2 完成分析，而对色谱柱 1 进行再生、清洗，此时流动相经洗脱泵（泵 1）进入自动进样器，携带样品进入十通阀 2 孔，经 1 孔进入色谱柱 2，再经 8、7 孔到达检测器完成分析。与此同时，流动相又可经再生泵（泵 2）对色谱柱 1 进行再生、清洗，流动相经十通阀 4、3 孔进入色谱柱 1，再经 6、5、10、9 孔至废液缸，完成再生、清洗。如此反复进行十通阀的切换进样，就可在柱 1 或柱 2 实现快速分析。利用十通阀切换进样的流路图见图 2-19。

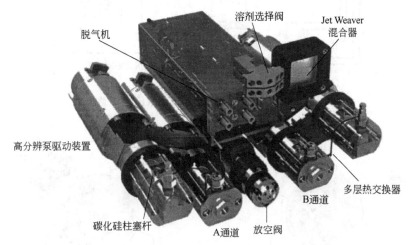

图 2-18　Agilent 1200 系列二元泵结构示意图

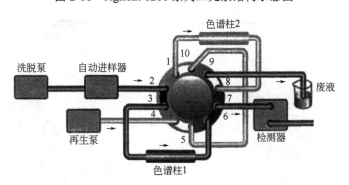

图 2-19　利用十通阀切换进样的流路图

当使用一组双柱塞往复式串联泵时，对 1260 型（600bar）和 1290 型（1200bar）泵系统可通过与一个多（四）通道梯度比例调节阀组合构成四元泵系统，进行低压梯度洗脱，此时为保证混合溶剂的均一混合，Agilent 配备了 Inlet Weaver 混合器，它也是基于多层流技术的微流路，可在流动相溶剂进入泵头以前，以最高的混合效率实现彻底混合。

四元泵体系的结构示意如图 2-20 所示。

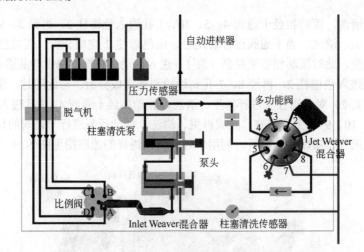

图 2-20　Agilent 1290 系列四元泵流路示意图

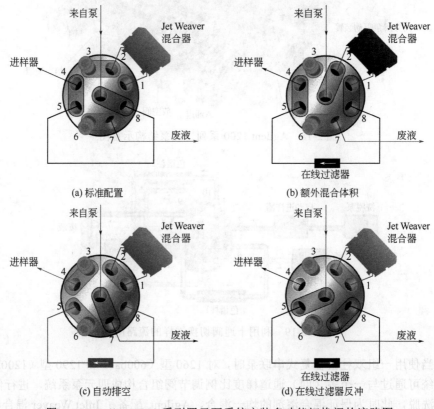

图 2-21　Agilent 1290 系列四元泵系统安装多功能切换阀的流路图

　　使用四元泵进行分析操作时，流动相流通顺序为：从溶剂储液罐→四通道在线脱气机→多通道梯度比例阀→Inlet Weaver 混合器→双柱塞往复式串联泵→多功能八通切换阀。

在四元泵系统安装多功能八通切换阀，可实现对过滤器反冲、自动排空和额外溶剂混合体积切换的多种功能。其流路见图 2-21。

（4）双柱塞各自独立驱动的往复式串联泵　1996 年美国 Waters 公司研制了 Alliance 高效液相色谱系统，其提供的 2690 分离单元和 2003 年提供的 2695 溶剂管理系统皆为各自独立驱动的双柱塞往复式串联泵，其性能优于前述双柱塞往复式并联泵和双柱塞往复式串联泵，图 2-22 列出这两种泵的结构示意。

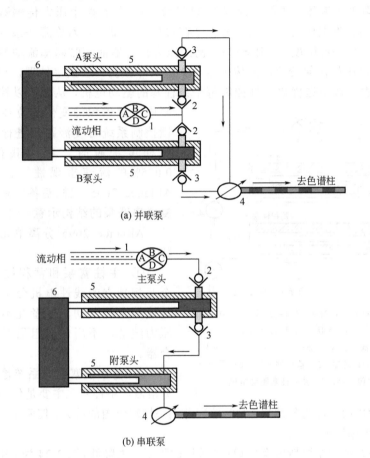

图 2-22　双柱塞往复式并联泵（a）和双柱塞往复式串联泵（b）的结构示意图

1—梯度比例阀（GPV）；2—进口阀；3—出口阀；4—系统压力传感器；

5—泵头及柱塞杆；6—柱塞驱动电机及传动装置

上述两种泵系统存在以下不足之处：

① 皆用一个电机通过传动装置带动两个柱塞杆，输出液体有压力波动，必须靠阻尼器来平稳压力的波动。

② 无论是并联泵还是串联泵，皆需通过两个柱塞分别向色谱系统以等量、互补的方式输送液体。

③ 仅使用单一的压力传感器，监测输液系统的压力，两个柱塞不能平稳地交换

输出的液体。

④ 两者皆使用出口单向阀，此出口单向阀是往复泵中最易出现故障的部件。

Alliance 2695 溶剂管理系统设计了两个彼此独立的柱塞杆驱动装置。两个柱塞杆之间无机械连接，两个柱塞杆可分别执行不同的任务，在双泵的串联流路中有独立控制的主柱塞泵和蓄积柱塞泵。此二泵在流路中仅安装有进口单向阀。由于液体可在泵腔内有效地混合，而不需安装液体混合器和脉冲阻尼器，从而减少了泵系统的体积并降低了液体的扩散。此双泵串联流路中安装有两个压力传感器，一个在主柱塞泵后，为主压力传感器；另一个在蓄积柱塞泵后，为总流路系统的压力传感器，这两个高灵敏度、反映动态平衡的压力传感器能随时感知流动相的黏度及流路系统反压的任何变化。由传感器收集的实时数据，经数字处理，被输入软盘控制器，由流体输送优化软件控制每个泵柱塞的驱动电机，从而可以控制流体在泵中冲程体积的变化和位移。这种反馈控制系统可使流路在进行等度洗脱和梯度洗脱时，都可获得高达±0.075% 的流速重现性。图 2-23 为 Alliance 2695 双柱塞各自独立驱动往复式串联泵的结构示意。

Alliance 2695 分离单元具有以下特点：

① 主柱塞泵和蓄积柱塞泵由两个互相独立的线性电机分别驱动实现匀速的直线运动，二者互不影响，无压力波动，不用任何阻尼器或梯度混合器。

② 蓄积柱塞泵向系统输送绝大部分溶液，主柱塞泵主要是传递溶液。

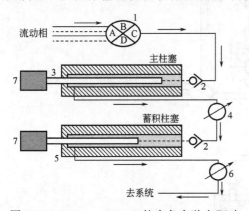

图 2-23　Alliance 2695 双柱塞各自独立驱动
往复式串联泵结构示意图

1—梯度比例阀（GPV）；2—进口阀；3—主柱塞杆；
4—主压力传感器；5—蓄积柱塞杆；6—系统
压力传感器；7—独立柱塞驱动电机

③ 使用两个压力传感器，实时感应并调整柱塞泵内的压力，使两个柱塞泵间溶液的交换平稳地进行。

④ 系统中两个泵皆没有出口单向阀，故障率大大降低。图 2-24 为 Alliance 2695 溶剂管理系统主柱塞和蓄积柱塞相对运动的矢量图，由图可看到，主柱塞在一个运行周期内，在吸液和预压缩时，蓄积柱塞正在稳定输液；主柱塞在输送、传递溶液进入蓄积柱塞泵时，恰为蓄积柱塞进行吸液的时刻。因此蓄积柱塞在数控 Millennium 2010（或 2020）软件控制下，可持续输出流量在 50μL/min～5.0mL/min 的稳定流量，适用于常规柱（ϕ3.9～4.6mm）、窄孔柱（ϕ2.1mm）和微柱（ϕ1.0mm）。

Alliance 2695 溶剂管理系统的机械装置组件示意见图 2-25。

由上述可知，Alliance 2695 分离单元使用全新设计的串联流路，独立的线性柱塞驱动装置，双压力传感器，精确的反馈数控软件，从而获得高准确度的流量输出和具有高精密度的保留时间，可在等度和梯度分析中呈现良好的重现性。它已在高效液相色谱分析中获得越来越广泛的应用。

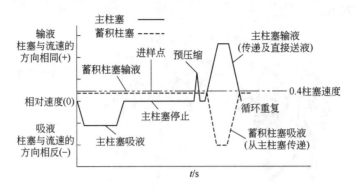

图 2-24　Alliance 2695 溶剂管理系统主柱塞和蓄积柱塞相对运动矢量图

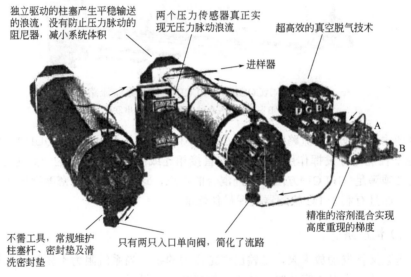

图 2-25　Alliance 2695 溶剂管理系统机械装置组件示意图

　　Waters 公司为 ACQUITY UPLC™ 色谱柱装备了先进的二元溶剂管理系统，两组溶剂输送组件平行操作，每个溶剂输送组件都包括一台用独立柱塞驱动的二元高压梯度泵，提供自动连续的溶剂压缩补偿。可以在小于 140μL 系统体积内将两种溶剂混合，每个组件都备有一个自动的溶剂选择阀，可进行 4 种溶剂切换。六通道 Performance UPLC™ 真空脱气机可以除去多至 4 路洗脱液中的气体，外加 2 路清除 ACQUITY UPLC™ 样品管理器中的洗针溶剂中的气体。经过集成改进的真空脱气技术可使 4 种流动相溶剂得到良好的脱气。对柱长 10cm、填充 1.7μm 固定相的色谱柱，其达到最佳柱效时的流速为 1.0mL/min，耐压可达 105MPa（15000psi）。

　　制造超高压输液泵除了实现密封和提供高压驱动力外，还需解决在超高压下溶剂的可压缩性及绝热升温问题。在此压力下，溶剂尤其是梯度分离时使用的混合溶剂，其压缩性会有显著变化，因此溶剂输送系统可在很宽压力范围内具有补偿溶剂压缩性变化的能力，从而能在等度或梯度分离条件下保持流速的稳定性和梯度的重现性（图 2-26）。

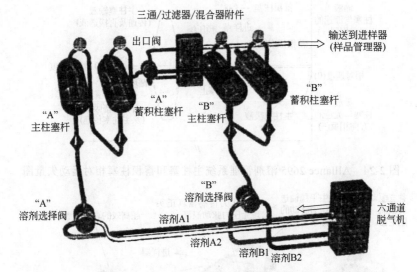

图 2-26　ACQUITY UPLC™的输液系统流路
（"A""B"双柱塞各自独立驱动往复式串联泵）

溶剂输送系统要求流路的体积最小，使小内径即 1～2mm 的 ACQUITY UPLC™ BEH 色谱柱能充分发挥作用。在与质谱直接相连或高通量应用时这一点尤为重要。溶剂还必须满足 UPLC™方法中溶剂混合的需求，这是保证高精密度梯度洗脱的先决条件，而且有利于 LC 检测器发挥最佳性能。

（二）恒压泵

恒压泵又称气动放大泵，是输出恒定压力的泵。当系统阻力不变时可保持恒定流量，当系统阻力发生变化时，就不能保持恒定流量了。

恒压泵（图 2-27）是利用气体的压力来驱动和调节流动相的压力，通常采用压缩空气作为动力去驱动气缸中横截面积大的活塞（3），再经过一个连杆去驱动液缸中横截面积小的活塞（4）。由于两个活塞面积有一定的比例（约 50：1），则气缸压力 p_2 传至液缸压力 p_1 时，其压力也增加相应的倍数，而获得输出液的高压 p_1：

$$p_1 A_1 = p_2 A_2, \quad p_1 = p_2 \frac{A_2}{A_1}$$

式中，A_1 为小活塞面积；A_2 为大活塞面积。

当 $\frac{A_2}{A_1} = 50$ 时，$p_1 = 50 p_2$。此高压可将液缸中的液体排出。

单液缸气动放大泵中，每个输液冲程结束，气缸和液缸活塞即快速反向运行而重新吸液，结果几乎不中断流动相输出。但基线会有暂时（约 1s）的波动。若其具有双液缸，则可通过两个电磁阀定时切换气体压力，在一个液缸输液的同时，另一个液缸正在吸液，从而实现流动相连续输出且不引起基线波动。使用气动放大泵时，输出流动相的流量不仅由泵的输出压力决定，还取决于流动相的黏度及色谱柱的压力降（与柱长、固定相粒度和填充情况有关），因此在分析过程不能获得稳定的流量。

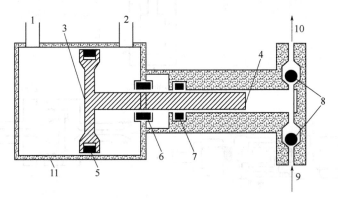

图 2-27　恒压泵示意图

1—驱动大活塞前进的压缩空气入口；2—驱动大活塞返回的压缩空气入口；3—大活塞；4—小活塞；
5~7—密封圈；8—单向阀；9—流动相入口；10—流动相到色谱柱；11—气缸

恒压泵的优点是能以比较简单的方式建立高压并输出无脉动的恒压流动相液流；可与折射率检测器配合使用；可利用改变气源压力的方法来调节载液流速。此泵的缺点是不能输出恒定流量的流动相，不易测出重复的保留时间，不能获得可靠的定性结果。此外，由于泵的液缸体积大（约 70mL），更换载液时操作不方便。

在高效液相色谱仪发展初期，恒压泵使用较多，随往复式恒流泵的广泛使用，恒压泵现已不再使用。但在制备高效液相色谱柱时，使用的匀浆装柱机都配备气动放大泵，以快速建立所需的高压输出。

二、输液系统的辅助设备

为给色谱柱提供稳定、无脉动、流量准确的流动相，除有高压输液泵外，还需配备管道过滤器和脉动阻尼器。

1. 管道过滤器

在高压输液泵的进口和它的出口与进样阀之间，应设置过滤器。高压输液泵的柱塞和进样阀阀芯的机械加工精密度非常高，微小的机械杂质进入流动相会导致上述部件的损坏；同时机械杂质在柱头的积累会造成柱压升高，使色谱柱不能正常工作，因此管道过滤器的安装是十分必要的。

市售储液罐中使用的溶剂过滤器和管道过滤器的结构，如图 2-28 所示。

过滤器的滤芯是用不锈钢烧结材料制造的，孔径 2~3μm，耐有机溶剂的侵蚀。若发现过滤器堵塞（发生流量减小的现象），可将其浸入稀 HNO_3 溶液中，在超声波清洗器中用超声波振荡 10~15min，即可将堵塞的固体杂质洗出。若清洗后仍不能达到要求，则应更换滤芯。

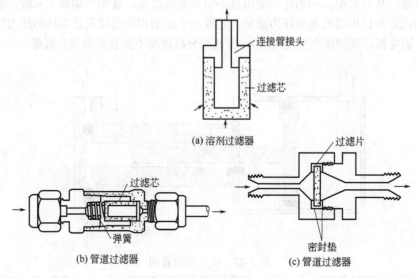

(a) 溶剂过滤器

(b) 管道过滤器

(c) 管道过滤器

图 2-28　过滤器的结构

2. 脉动阻尼器

往复式柱塞泵输出的压力脉动会引起记录仪基线的波动，这种脉动可以通过在高压输液泵出口与色谱柱入口之间安装一个脉动阻尼器（或称缓冲器）来加以消除。图 2-29 为几种脉动阻尼器示意图。其中图 2-29（a）为最简单的常用的脉动阻尼器，它由一根外径 1.1～1.5mm、内径 0.25mm、长约 5m 的螺旋状不锈钢毛细管组成，利用它的挠性来阻滞压力和流量的波动，起到缓冲作用，毛细管内径越细，其阻滞作用越大。这种阻尼器制作简单，但会引起系统中一定的压力损失。如将它改装成图 2-29（b）所示的三通式，可避免压力损失，且阻尼效果更好。图 2-29（c）和（d）分别为

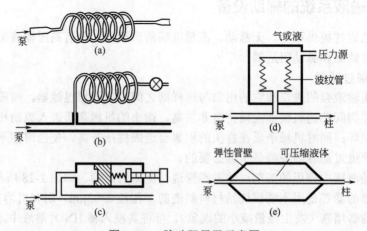

图 2-29　脉动阻尼器示意图

可调弹簧式和波纹管式脉动阻尼器，它们的阻尼效果好，但其体积大，更换溶剂很不方便，不适于梯度洗脱。图 2-29（e）为一种新式脉动阻尼器，它的内管壁用弹性材料制成，内、外管之间装有已脱气可压缩的液体，内管的弹性和装填液体的可压缩性都可吸收输液系统中的压力波动。这种阻尼器死体积小，适用于梯度洗脱。

在输液系统中还应配备由压力传感器组成的压力测量、显示装置及流动相流量的测量装置。

图 2-30　反压调节阀
1—连接检测器出口；2—连接回收
废液罐；3—反压调节柄

3. 反压调节阀

反压调节阀安装在检测器出口，可防止气体进入检测池，提高基线稳定性，可在不同的流动相流速下，保持恒定的反压，其死体积小于 0.6μL（图 2-30）。

反压调节范围可为：0～300psi（100Pa 或 20bar）或 15～1500psi（5～500Pa 或 1～100bar）。

三、梯度洗脱装置

梯度洗脱是使流动相中含有两种或两种以上不同极性的溶剂，在洗脱过程连续或间断改变流动相的组成，以调节它的极性，使每个流出的组分都有合适的容量因子 k'，并使样品中的所有组分可在最短的分析时间内，以适用的分离度获得圆满的选择性的分离。梯度洗脱技术可以提高柱效、缩短分析时间，并可改善检测器的灵敏度。当样品中第一个组分的 k' 值和最后一个峰的 k' 值相差几十倍至上百倍时，使用梯度洗脱的效果就特别好。此技术相似于气相色谱中使用的程序升温技术，现已在高效液相色谱法中获得广泛的应用，它可以低压梯度和高压梯度两种方式进行操作。

1. 低压梯度（外梯度）

在常压下将两种溶剂（或多元溶剂）输至混合器中混合，然后用高压输液泵将流动相输入到色谱柱中，其装置如图 2-31 所示。此法的主要优点是仅需使用一个高压输液泵。

如二元混合溶剂体系，操作时先将弱极性溶剂 A 通过由微处理机控制的低压计量泵和时间比例电磁阀（1_A），直接流入混合器；另一种强极性溶剂 B，也通过低压计量泵，并由微处理机控制

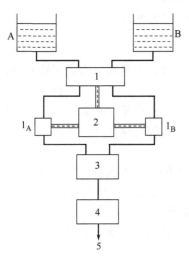

图 2-31　低压梯度
1—低压计量泵；1_A,1_B—时间比例电磁阀；2—微处理机；3—混合器；4—高压输液泵；5—至色谱柱

另一时间比例电磁阀（1_B）的开关时间，来调节流入混合器的 B 溶剂的体积百分数，以控制输出混合溶剂的组成。溶剂 A 和 B 在混合器内充分混合后，再用高压输液泵输至色谱柱。通过预先设定开启溶剂 A、B 时间比例电磁阀的运行程序，就可控制二元混合溶剂流动相的组成，并连续输出具有不同极性的流动相。此种梯度洗脱方式可以减小溶剂可压缩性的影响，并能完全消除由于溶剂混合引起的热力学体积变化所带来的误差。

Agilent 1260 高效液相色谱仪用一台双柱塞往复式串联泵和一个高速比例阀构成四元低压梯度系统，如图 2-32 所示。

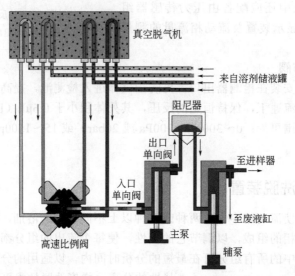

图 2-32　Agilent 1260 高效液相色谱仪的四元低压梯度系统

2. 高压梯度（内梯度）

目前，大多数高效液相色谱仪皆配有高压梯度装置，它是用两台高压输液泵将强度不同的两种溶剂 A、B 输入混合室，进行混合后再进入色谱柱。两种溶剂进入混合室的比例可由溶剂程序控制器或计算机来调节。此类装置如图 2-33 所示，它的主要优点是两台高压输液泵的流量皆可独立控制，可获得任何形式的梯度程序，且易于实现自动化。

由于高压梯度装置中，每种溶剂是分别由泵输送的，进入混合器后，溶剂的可压缩性和溶剂混合时热力学体积的变化，可能影响输入到色谱柱中的流动相的组成。

Agilent 1260 高效液相色谱仪的二元高压梯度系统如图 2-33 所示。

在梯度洗脱中为保证流速稳定必须使用恒流泵，否则很难获得重复性结果。

3.梯度洗脱曲线和滞留体积

梯度洗脱时常用一个弱极性溶剂 A 和一个强极性溶剂 B 组合。当以梯度洗脱时间作横坐标，以强极性组分 B 的体积分数（φ_B）作纵坐标时，可绘出梯度曲线（图 2-34）。

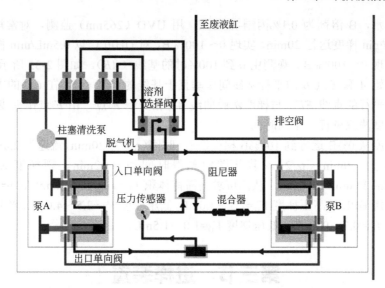

图 2-33　Agilent 1260 高效液相色谱仪的二元高压梯度系统

进行梯度洗脱时，选定溶剂 A、B 之后，设定梯度速度和梯度时间，确定梯度曲线形状，要以最经济的梯度洗脱程序，实现样品的最佳化分离。

影响梯度洗脱的因素：①溶剂的纯度要高，否则会使梯度洗脱的重现性变坏。②梯度混合的溶剂互溶性要好，应防止不互溶的溶剂进入色谱柱。应当注意溶剂的黏度和相对密度对混合流动相组成的影响。③梯度洗脱应使用对流动相组成变化不敏感的选择性检测器（如紫外吸收检测器或荧光检测器），而不能使用对流动相组成变化敏感的通用型检测器（如折光指数检测器）。

在梯度洗脱装置中，由于使用了溶剂混合器连接管路，对每台 HPLC 仪器系统都存在一个滞留（停留）体积（dwell volume），从而引起观测到的洗脱曲线比实际进行的梯度洗脱产生滞后现象。

HPLC 仪器系统的滞留体积可用下述方法测定。首先卸下色谱柱，用一根内径 0.125mm、长约 1mm 的毛细管取代，以产生足够的反压，使高压输液泵能正常工作，

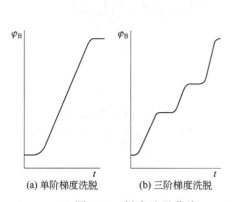

(a) 单阶梯度洗脱　　(b) 三阶梯度洗脱

图 2-34　梯度洗脱曲线

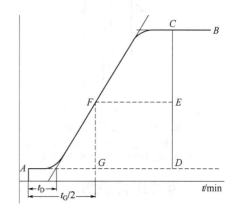

图 2-35　计算滞留体积的方法

A 溶剂为水，B 溶剂为 0.1%丙酮-水溶液，用 UVD（265nm）监测，对常规 HPLC 以 2.0mL/min 梯度运行 20min，实现 0～100% B，对 UHPLC 以 0.5mL/min 梯度运行 5min，实现 0～100% B。观测由 0 到 100%时的基线（AB），如图 2-35 所示。

在起始 A 和终点 B 的平行基线间作垂直于基线的直线 CD，在 CD 的中点作一条与基线平行的直线 EF，与梯度洗脱曲线 AB 相交于 F 点，由 F 点作垂线 FG，G 点即为梯度洗脱进行一半的时间。

若梯度从 0%B 运行到 100%B 梯度洗脱，时间（t_G）为 20min，流速为 2.0mL/min，中间点应为 10min（$t_G/2$），若从图中测得时间为 11.2min，则梯度滞留时间 t_D=11.2min−20min/2=1.2min，从而可求出滞留体积 V_D=1.2min×2.0mL/min=2.4mL。

对常规 HPLC，高压梯度 V_D=1.5～3.0mL，低压梯度 V_D=2.5～4.0mL；对 UHPLC，高压梯度 V_D=0.3～0.5mL，低压梯度 V_D=1.0～1.5mL。

第三节　进样装置

在 HPLC 分析中由于使用了高效微粒固定相及高压流动相，样品以柱塞式注入色谱柱后，因柱的阻力大，样品分子在柱中的分子扩散很小，直至它从色谱柱流出也未与色谱柱内壁接触，因而引起的色谱峰形扩展很小，能保持高柱效。此现象常称作 HPLC 中的"无限直径效应"，如图 2-36 所示。

在 HPLC 中如何保持柱塞式进样是一个重要的关键操作。进样时应将样品定量地瞬间注入色谱柱的上端填料中心，形成集中的一点。常用的进样器有停流进样装置和六通阀进样装置两种。

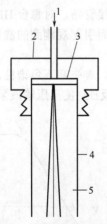

图 2-36　无限直径效应

1—流动相+样品；2—柱接头；3—不锈钢过滤片；4—色谱柱管；5—样品分子扩散

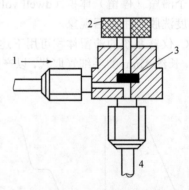

图 2-37　停流进样装置

1—载液入口；2—螺旋压帽；3—进样隔垫；4—色谱柱

一、停流进样装置

停流进样装置的示意见图 2-37。用 HPLC 专用注射器抽取一定量的样品，经橡胶进样隔垫注入到色谱柱头。对使用水-醇体系作流动相的反相色谱可使用硅橡胶隔垫。对使用多种有机溶剂的正相色谱应使用亚硝基氟橡胶隔垫。当色谱柱操作压力超过 15MPa 时，带压操作会引起流动相泄漏，为此可采用停流进样技术，即进样前先打开流动相泄流阀，使柱前压降至常压，再用注射器进样，然后关闭泄流阀，完成一次进样。这种停流进样技术可取得与带压进样时的同样效果，但现在已较少使用。

二、六通阀进样装置

使用耐高压、低死体积的六通阀进样，其原理与气相色谱中的气体样品的六通阀进样完全相似（图 2-38）。此阀的阀体用不锈钢材料，旋转密封部分由坚硬的合金陶瓷材料制成，既耐磨、密封性能又好。当进样阀手柄置"取样"位置，用特制的平头注射器（10μL 或其他规格）吸取比定量管体积（5μL 或 10μL）稍多的样品从"6"处注入定量管，多余的样品由"5"排出。再将进样阀手柄置"进样"位置，流动相将样品携带进入色谱柱。此种进样重现性好，能耐 20MPa 高压。

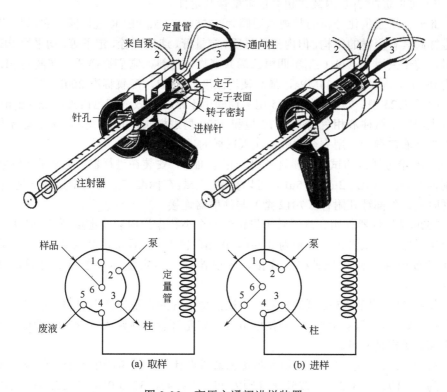

图 2-38　高压六通阀进样装置

美国 Rheodyne 公司生产的 7125 型六通进样阀，经过不断改进，已成为多种型号高效液相色谱仪普遍采用的进样装置。

7125 型六通进样阀可以使用两种方法给环形进样管注入试液，即完全注液法

（可注入 5μL～5mL）和部分注液法（可注入 1～2.5mL）。

当注入试样时，注射器针端直接接触试样环管通道的一端。这一独特设计的优点是进样器不需使用连接通道，从而保证进样的准确性，消除试样的耗用。这种新颖的进样装置使用惰性聚合物制作的转子和高度抛光的铝制陶瓷定子。通常，进样 3 万次以上才需更换转子密封圈，更换密封圈可在 0.5h 左右完成。

7725（i）型六通阀为 7125 型的改进型，它配有 1μL～5mL 进样管（标准配置为 20μL），进样精度达 1%～0.1%，正常工作压力为 34MPa，通过调节压力按钮，可调至最高工作压力 48MPa，使用寿命达 3 万次以上，其主要改进是内置传感器可自动发出开始采样的电信号。它具有下列五个新的功能：

① 取/进样转换时流动相保持连续流动（流路无断流，即 Rheodyne 公司的专利技术 MBB）；

② 手柄后面压力旋钮可以使得密封控制变得十分容易；

③ 管路连接角度范围增大，方便了进样阀的连接使用；

④ 带有内装式触发器（位置传感开关，仅限于后缀为 i 型的进样阀）；

⑤ 可以选配 2μL 内装式超微量定量管及附件。

此外，用于生化分析的常规六通阀为 9725、9725i PEEK 进样阀，它们与 7725 型进样阀具有同样的结构，但内部的材质、定量管、连接螺栓、定子等，均采用 PEEK 材料，转子采用 Tefzel（乙烯-四氟乙烯共聚物）材料，它们进样适用溶液的 pH 范围为 0～14，最大耐压 34MPa，最高使用温度为 50℃，配置标准 20μL 定量管。

除了 7125 型、7725 型、9725 型六通阀用于常规高效液相色谱外，Rheodyne 公司还生产用于微柱液相色谱的 7410 型和 7520 型进样阀。7410 型和 7520 型皆为具有内置试液定量管，用完全注液法注入试样的进样装置。

7410 型进样器的试液定量环管是一根毛细管，安装在进样器内，定量环管容积分别为 0.5μL、1μL、2μL 和 5μL，可以更换，安装在标准产品内的定量环管是 1μL。进样时通过外部针孔附件（7012 型）与注射器连接。

7520 型进样器使用在扁平转子里钻的一个小孔作为内装式定量环管，转子夹在两个定子之间。试液用量分别为 0.2μL、0.5μL 和 1μL，标准产品为 0.5μL。注射器针头通过内装式针孔与进样器连接，注射器针头与定量环管之间的内通道只有 0.3μL。

使用 7410 型和 7520 型进样器注入试液量最好为定量环管容积的 5 倍以上，以完全更换定量环管内的溶剂，如使用 0.5μL 定量环管，应注入 3～5μL 试液，以保持极高的进样精密度。

3725、3725i 系列进样阀是为制备色谱所设计的，通常所用色谱柱的内径尺寸直径为 1～10cm。3725、3725i 进样阀为 PEEK 材质，3725-038、3725i-038 为不锈钢材质。根据用户进样量及流速大小的不同，共有两种接管尺寸可选择，标准配置为外径 1/8in（1in=0.0254m），另外有外径 1/16in 供选择。

3725、3725i 系列进样阀标准配置 10mL 定量管，根据需要另外还可选择 2mL、5mL 和 20mL。

Rheodyne 公司生产的部分进样阀的外形如图 2-39 所示。

7125型、7725型　　　　9725型

7410型　　　　7520型　　　　3725型

图 2-39　　Rheodyne 公司生产的部分进样阀

三、自动进样器

自动进样器由计算机自动控制定量阀，按预先编制注射样品的操作程序工作。取样、进样、复位、样品管路清洗和样品盘的转动，全部按预定程序自动进行，一次可进行几十个或上百个样品的分析。自动进样的样品量可连续调节，进样重复性高，适合做大量样品分析，节省人力，可实现自动化操作。

自动进样器在程序控制器或微机控制下可自动完成取样、进样、清洗等一系列操作，操作者只需将样品按顺序装入储样装置即可。

图 2-40 和图 2-41 分别为圆盘式和坐标式自动进样器的结构示意。

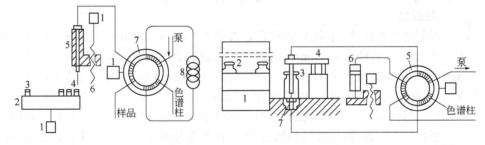

图 2-40　圆盘式自动进样器结构示意图

1—电机；2—储样圆盘；3—样品瓶；

4—取样针；5—滑块；6—丝杆；

7—进样阀；8—固定体积定量管

图 2-41　坐标式自动进样器结构示意图

1—坐标式储样盘；2—样品瓶；3—取样针；

4—取样针升降机；5—方式切换阀；

6—吸样泵；7—取样针插入口

表 2-1 介绍了不同自动进样器的工作步骤。

表 2-1 不同自动进样器的工作步骤

自动进样器	工作步骤
圆盘式自动进样器（图 2-40）	（1）电机带动储样盘旋转，将待分析样品置于取样针下方 （2）电机正转丝杆带动滑块向下移，把取样针插入样品瓶塑料盖，滑块继续下移，将瓶盖推入瓶内，在瓶盖挤压下样品经管道注入进样阀定量管，完成取样动作 （3）进样阀切换，完成进样 （4）电机反转，丝杆带动滑块上移，取样针恢复原位
坐标式自动进样器（图 2-41）	（1）取样针升起 （2）微机控制坐标，储样盘将待分析样品瓶置于取样针下 （3）取样针下降，插入样品瓶内 （4）自动吸样泵开启，取样量由微机控制 （5）取样针下降进入取样插入口 （6）阀切换，由流动相将样品载入色谱柱系统 （7）吸样泵复位，阀复位

第四节 色 谱 柱

一、柱材料及规格

1. 柱材料

常用内壁抛光的不锈钢管作色谱柱的柱管以获得高柱效。使用前柱管先用氯仿、甲醇、水依次清洗，再用 50%的 HNO_3 对柱内壁作钝化处理。钝化时使 HNO_3 在柱管内至少滞留 10min，以在内壁形成钝化的氧化物涂层。

2. 柱规格

一般采用直形柱管，标准填充柱柱管内径为 1.0mm、2.1mm、3.0mm 或 4.6mm，长 10～25cm，填料粒度亚-2μm～10μm 时，柱效达 20000～200000 塔板/m。使用亚-2μm 填料，柱长可减至 5～10cm。当使用内径在 0.5～1.0mm 的微孔填充柱或内径为 30～50μm 的毛细管柱时，柱长为 15～50cm。

当使用粗内径短柱或细内径长柱时，应注意由于柱内体积减小，由柱外效应引起的峰形扩展不可忽视。此时应对进样器、检测器和连接接头作特殊设计以减少柱外死体积。这对仪器和实验技术提出了更高的要求。但这样会降低流动相的消耗量并提高检测灵敏度。

色谱柱结构如图 2-42 所示。

现在使用 1.7～3.0μm 全多孔粒子的色谱柱和 2.6～2.7μm 表面多孔粒子的色谱柱的数量正迅速增加，它们最常用的柱规格为 15cm×4.6mm、25cm×4.6mm；5cm×2.1mm、10cm×2.1mm 或 10cm×3.0mm。

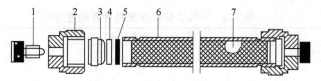

图 2-42　色谱柱结构

1—塑料保护堵头；2—柱头螺栓；3—刃环（卡套）；4—聚四氟乙烯 O 形圈；
5—多孔不锈钢烧结片；6—色谱柱管；7—液相色谱固定相

二、柱填料和柱寿命

高效液相色谱柱装填的固定相，其基体材料多为粒度＜2μm 至 10μm 全多孔或表面多孔硅胶。以后又发展了无机氧化物基体（如三氧化二铝、二氧化钛、二氧化锆、三氧化钨）、高分子聚合物基体（如苯乙烯-二乙烯基苯共聚微球，丙烯酸酯或甲基丙烯酸酯的聚合物微球）和脲醛树脂微球，它们多为＜2μm 至 10μm 的全多孔微球。表 2-2 统计了从 1985～2011 年 HPLC 柱使用固定相粒径的变化。

表 2-2　1985～2011 年用于 HPLC 分析固定相粒径的变化

年份	使用固定相粒径的百分数/%					
	＜2μm	2～2.9μm	3～4μm	5～7μm	10μm	＞10μm
1985 年			6.1	53	38	2.7
1989 年			6.3	54	36	3.9
1994 年			20	56	21	3.7
1997 年			18	59	20	2.7
2007 年	7.1		38	48	6	0.7
2009 年	14		39	42	4.3	
2011 年	12	25	24	38	1.7	

上述各种基体表面活化后，可与硅烷偶联剂或专用化学试剂反应，经化学键合制成非极性烷基（C_4、C_8、C_{18}、C_{30}）和苯基固定相；弱极性的酚基、醚基、二醇基、芳硝基固定相和极性的氰基、氨基、二氨基固定相；具有磺酸基和季铵基的离子色谱固定相；具有不同孔径，可进行凝胶渗透或过滤的体积排阻色谱固定相。

粒径约 3μm 的非多孔球形硅胶或二氧化锆装填 3～5cm 的短柱可用于快速分析。

常规色谱柱经原位聚合方法，可制成二氧化硅基体或高聚物基体，如聚丙烯酰胺、聚甲基丙烯酸酯等连续整体柱。它们具有良好的渗透性，可对生物大分子，如核酸和蛋白质，实现快速分析。

粒径 1～1.5μm 的非多孔硅胶和二氧化锆已用于超高压毛细管柱液相色谱，实现了对多种样品的高效、快速分离。

现在色谱柱的使用寿命随色谱柱制作技术的提高和使用者操作水平的提升在不断延长。

表 2-3 和表 2-4 列出了由使用者提供的按月计算和按进样次数计算的色谱柱的柱寿命。

表 2-3   HPLC 分析柱按月计算的柱寿命

柱寿命/月	所占百分数/%							
	1985 年	1986 年	1988 年	1994 年	1997 年	2007 年	2009 年	2011 年
1～3	21	19	14	17	16	15	14	13
4～6	36	29	33	31	28	24	27	15
7～9	29	32	27	15	16	11	11	10
10～12				12	15	19	19	20
＞12	14	20	27	25	25	31	29	13
＞18								25

表 2-4   HPLC 分析柱按进样次数计算的柱寿命

进样次数/次	所占百分数/%			
	1997 年	2007 年	2009 年	2011 年
0～50	1.2	4.0	1.7	1.7
51～100	5.5	9.3	5.6	4.0
101～500	41	27	19	14
501～1000	28	23	33	17
＞1000	25	37	41	13
＞1500				20

三、保护柱

保护柱是内径为 1.0mm、2.1mm、3.2mm、4.6mm，长 7.5mm、10mm 的短填充柱，通常填充和分析柱相同的填料（固定相），可看作是分析柱的缩短形式，安装在分析柱前。其作用是收集、阻断来自进样器的机械和化学杂质，以保护和延长分析柱的使用寿命。一根 1cm 长的保护柱就能提供充分的保护作用。若选用较长的保护柱，可降低污染物进入分析柱的机会，但会引起谱带扩张。因此选择保护柱的原则是在满足分离要求的前提下，尽可能选择对分离样品保留低的短保护柱。

保护柱也可装填和分析柱不同的填料，如较粗颗粒的硅胶（10～15μm）或聚合物填料，但柱体积不宜过大，以降低柱外效应的影响。

保护柱装填的填料较少，价格较低，仅为分析柱价格的 1/10，其为消耗品。通常分析 50～100 次样品，柱压力降呈现增大的趋向，就是需要更换保护柱的信号。由文献报道可知，平均进样 280 次需要更换保护柱，平均每台仪器每年需使用 10～20 根保护柱。另据对使用者调查，约有 1/3 的色谱仪至今仍未使用保护柱，这确是一种遗憾。

表 2-5 列出了更换保护柱以前的平均进样次数。

表 2-5   更换保护柱以前的平均进样次数

进样次数/次	百分数/%	进样次数/次	百分数/%
＜10	0.3	101～250	16.9
11～50	5.4	251～500	18.9
51～100	14.5	＞500	13.2

注：统计数据中，30.7%的使用者未使用保护柱。

现在市场供应的结构新颖可更换柱芯式设计的保护柱，由保护柱套和可更换式保护柱芯两部分组成。

保护柱套可使用不锈钢或 PEEK 材料，其自身是一个标准的、可用手拧紧的1.5875mm（1/4″）PEEK 材料制作的标准通用连接接头，可十分方便地直接与分析柱连接，保持最低的死体积。另一端可直接连接六通进样阀。保护柱套可重复使用。

保护柱芯可使用各种类型的固定相填料，尤其是使用整体柱制作技术，制作的可更换的圆盘状或圆柱状的柱芯，其为厚 1～2mm 的圆盘或高 3～4mm 的圆柱，为由聚合或缩聚反应制成全多孔填料整体，使柱芯的更换十分方便。

近年，有些厂商提供保护-分析组合柱体（integrated guard-analytical cartridge column）产品，保护柱芯底部紧贴分析柱顶端，差不多避免了所有的死体积，而能保证保护分析组合柱的全部柱效，其中保护柱芯是可以更换的，易于维护和使用。

图 2-43 为保护柱及其与分析柱的连接示意图。

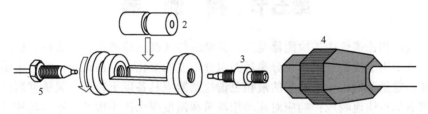

图 2-43　保护柱与分析柱的连接示意图

1—保护柱套；2—保护柱芯；3—PEEK 标准通用接头；4—分析柱接头；5—连接六通进样阀接头

四、柱连接方式

柱接头通过过滤片与色谱柱管连接，在色谱柱管的上下两端要安装过滤片，过滤片一般用多孔不锈钢烧结材料。此烧结片上的孔径小于填料颗粒直径，却可让流动相顺利通过，并可阻挡流动相中的极小的机械杂质以保护色谱柱。

柱出入口的连接管的死体积亦应愈小愈好，一般常用窄孔（内径 0.13mm）的厚壁（1.5～2.0mm）不锈钢管，以减少柱外死体积。柱管两端柱接头的连接方式如图 2-44 所示，所用柱接头连接螺帽，密封圈皆为不锈钢材料。

五、柱温控制

在高效液相色谱分析中，温度的影响往往容易被忽略。现随分析样品复杂性和多样性的不断出现，人们对分析结果准确度和精密度的要求不断提高，柱温的控制日益受到人们的重视。以下几种情况需

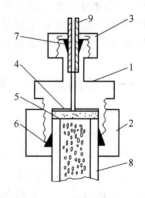

图 2-44　色谱柱接头

1—柱接头；2—连接柱螺帽；3—接连接管的螺帽；4—孔径 0.45μm 的纤维素滤膜；5—多孔不锈钢烧结片；6—柱密封圈（卡套）；7—连接管密封圈（卡套）；8—色谱柱管；9—连接管

精确控制柱温：

① 在一些法定标准分析方法中，要求保留时间具有再现性。

② 必须通过改变柱温来提高分离效率。

③ 对高分子化合物或黏度大的样品，分析时柱温必须高于室温。

④ 对一些具有生物活性的生物分子，要求分析时柱温应低于室温。

⑤ 对某些组成复杂的样品，单一色谱柱不能实现完全分离，需要使用二维色谱技术，利用柱切换，使两根色谱柱在不同柱温下操作，以实现多组分的完全分离。

一个理想的 HPLC 柱温控制系统，如 Agilent 1260 高效液相色谱仪可以实现从低于室温到 10～80℃柱温的精确控制。对凝胶渗透色谱仪，其柱温可从室温至 150℃实现精确控温。

第五节　检　测　器

高效液相色谱仪中的检测器是三大关键部件（高压输液泵、色谱柱、检测器）之一，主要用于检测经色谱柱分离后的组分浓度的变化，并由记录仪绘出谱图来进行定性、定量分析。一个理想的液相色谱检测器应具备以下特征：灵敏度高；对所有的溶质都有快速响应；响应对流动相流量和温度变化都不敏感；不引起柱外谱带扩展；线性范围宽；适用的范围广。可惜至今没有一种检测器能完全具备这些特征。

常用的检测器为紫外吸收检测器（UVD）、折光指数检测器（RID）、电导检测器（ECD）和荧光检测器（FLD），但近几年，质谱检测器已跃升至 HPLC 和 UHPLC 检测应用的首位。

在高效液相色谱技术发展中，检测器至今是一个薄弱环节，它没有相当于气相色谱中使用的热导池检测器和氢火焰离子化检测器那样的既通用又灵敏的检测器。但近几年出现的蒸发光散射检测器（ELSD），尤其是带电荷气溶胶检测器（CAD），有望成为高效液相色谱全新的通用灵敏的质量检测器。

一、检测器的分类和响应特性

1. 分类

（1）按检测的对象分类

① 整体性质检测器　检测从色谱柱中流出的流动相总体物理性质的变化情况。如折光指数检测器（RID）和电导检测器（ECD），它们分别测定柱后流出液总体的折射率和电导率。此类检测器测定灵敏度低，必须用双流路进行补偿测量；易受温度和流量波动的影响，造成较大的漂移和噪声；不适合于痕量分析和梯度洗脱。

② 溶质性质检测器　此类检测器只检测柱后流出液中溶质的某一物理或化学性质的变化。例如，紫外吸收检测器（UVD）和荧光检测器（FLD），它们分别测量溶质对紫外线的吸收和溶质在紫外线照射下发射的荧光强度。此类检测器灵敏度

高，可单流路或双流路补偿测量，对流动相流量和温度变化不敏感。但不能使用对紫外线有吸收的流动相。它们可用于痕量分析和梯度洗脱。

蒸发光散射检测器（ELSD）和带电荷气溶胶检测器（CAD）测量的是样品的质量，消除了溶剂的干扰，也适用于梯度洗脱。

（2）按适用性分类

① 选择型检测器 它对不同组成的物质响应差别极大，因此只能选择性地检测某些物质，如紫外吸收检测器、荧光检测器和电导检测器。

② 通用型检测器 它对大多数物质的响应相差不大，几乎适用于所有物质。折光指数检测器属于通用型检测器，但它的灵敏度低，受温度影响波动大，使用时有一定的局限性。

上面提到的 UVD、RID、FLD、ECD 四种检测器皆属于非破坏性检测器，样品流出检测器后可进行馏分收集，并可与其他检测器串联使用。荧光检测器因测定中加入荧光试剂，其对样品会产生玷污，当串联使用时应将它放在最后检测。

2. 检测器的性能指标

检测器的性能指标见表 2-6。

表 2-6 检测器的性能指标

性能	UVD	RID	FLD	ECD	ELSD	CAD
测量参数	吸光度（AU）	折射率（RIU）	荧光强度（AU）	电导率（μS/cm）	质量（ng）	质量（ng）
池体积/μL	$1\sim10$	$3\sim10$	$3\sim20$	$1\sim3$	—	—
类型	选择型	通用型	选择型	选择型	通用型	通用型
线性范围	10^5	10^4	10^3	10^4	约 10	10^4
最小检出浓度/（g/mL）	10^{-10}	10^{-7}	10^{-11}	10^{-3}	—	—
最小检出量	约 1ng	约 1μg	约 1pg	约 1mg	$100\sim150$ng	$5\sim20$ng
噪声（测量参数）	10^{-4}	10^{-7}	10^{-3}	10^{-3}	10^{-3}	10^{-3}
用于梯度洗脱	可以	不可以	可以	不可以	可以	可以
对流量敏感性	不敏感	敏感	不敏感	敏感	不敏感	不敏感
对温度敏感性	低	10^{-4}℃	低	2%/℃	不敏感	不敏感

在评价检测器时，要强调以下几点。

（1）噪声 通常噪声是指由仪器的电器元件、温度波动、电压的线性脉冲以及其他非溶质作用产生的高频噪声和基线的无规则波动。高频噪声似"绒毛"，使基线变宽；短周期噪声是记录器的基线变化，呈无规则的峰或谷。噪声的存在会降低检测灵敏度，严重时使仪器无法工作。

（2）基线漂移 漂移是基线的一种向上或向下的缓慢移动，可在较长时间（0.5～1.0h）内观察到。它可掩蔽噪声和小峰。漂移与整个液相色谱系统有关，而不仅是由检测器引起的。

色谱检测器基线噪声和基线漂移的测量如图 2-45 所示。检测器的线性范围和灵敏度的测量如图 2-46 所示。

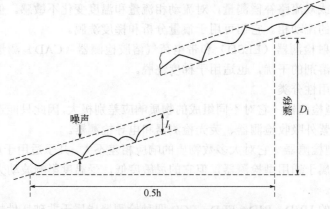

图 2-45　检测器的基线噪声和基线漂移

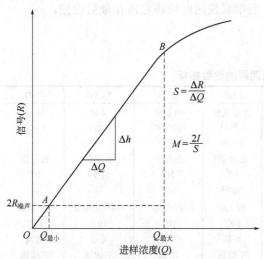

图 2-46　检测器的线性范围和灵敏度的测量

Q—进样量；R—检测器的响应值；AB—线性范围；
S—灵敏度；M—敏感度

（3）灵敏度（最小检出浓度或最小检出量）　在一个特定分离工作中，检测器是否有足够的灵敏度是十分重要的。当比较检测器时，常使用敏感度这一性能指标。敏感度即指信号与噪声的比值（信噪比）等于 2 时，在单位时间内进入检测器的溶质的浓度或质量。

（4）线性范围　在进行定量分析时，希望检测器有宽的线性范围，以便在一次分析中可同时对主要组分和痕量组分进行检测。

（5）检测器的池体积　它应小于最早流出的死时间色谱峰的洗脱体积的 1/10，否则会产生严重的柱外谱带扩展。

二、紫外吸收检测器

紫外吸收检测器（ultraviolet absorption detector，UVD）是高效液相色谱仪中使用最广泛的一种检测器，它分为固定波长、可变波长和二极管阵列检测三种类型，分别介绍如下。

紫外吸收检测器的检测原理基于朗伯-比尔定律：

$$A=\varepsilon cL$$

式中，A 为被测物的吸光度；ε 为被测物的摩尔吸光系数；c 为被测物的浓度；L 为流通池的长度。

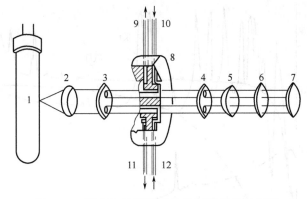

图 2-47 固定波长紫外吸收检测器结构示意图

1—低压汞灯；2—入射石英棱镜；3，4—遮光板；5—出射石英棱镜；6—滤光片；7—双光电池；
8—流通池；9，10—测量臂的入口和出口；11，12—参比臂的入口和出口

1. 固定波长紫外吸收检测器

固定波长紫外吸收检测器由低压汞灯提供固定波长 $\lambda = 254nm$（或 $\lambda = 280nm$）的紫外线，其结构如图 2-47 所示。由低压汞灯发出的紫外线经入射石英棱镜准直，再经遮光板分为一对平行光束分别进入流通池的测量臂和参比臂。经流通池吸收后的出射光，经过遮光板、出射石英棱镜及紫外滤光片，只让 254nm 的紫外线被双光电池接收。双光电池检测的光强度经对数放大器转化成吸光度后，经放大器输送至记录仪。

为减少死体积，流通池的体积很小，仅为 5～10μL，光路为 5～10mm，结构常采用双通道 H 形，如图 2-48 所示。此检测器结构紧凑、造价低、操作维修方便、灵敏度高，适于梯度洗脱。

固定波长紫外吸收检测器在 HPLC 中已较少使用，现多用于核酸和核苷酸的生化检测仪中。

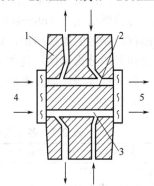

图 2-48 固定波长 UVD 流通池结构示意图

1—流通池；2—测量臂；3—参比臂；
4—入射光；5—出射光

2. 可变波长紫外吸收检测器

可变波长紫外吸收检测器由于可选择的波长范围很大，既提高了检测器的选择性，又可选用组分的最灵敏吸收波长进行测定，从而提高检测的灵敏度。它还有停流扫描功能，可绘出组分的光吸收谱图，以进行吸收波长的选择[1,3]。

（1）光源 检测器光学结构：早期 UV-Vis 检测器光源多采用双光源，利用氘灯提供紫外线范围的波长部分，利用钨灯提供可见范围部分的光线，两者在 400～600nm 重叠，两者结合可提供 190～1000nm 范围的连续光谱，是比较理想的光源。采用汞灯和氙灯也可以提供从紫外到可见光区范围的光源，其中存在一定强度线状光谱线，多用于固定波长吸收检测。图 2-49 中分别给出了氘灯、汞灯、氙灯和钨灯光源的发射光谱。

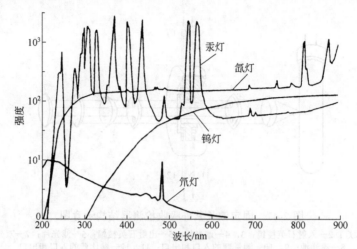

图 2-49 氘灯、汞灯、氙灯和钨灯光源的发射光谱

（其中，汞灯、氙灯和钨灯光源的功率均为 1000W，氘灯的功率小于 200W）

现在德国贺利洛斯（Heraeus）公司生产的高性能氘灯已包含钨灯的发射光谱区间，可提供谱线在 160～800nm 的连续光源，此类灯具有高辐射强度、极低的噪声和漂移、稳定的能量输出，灯寿命可达 1000～2000h，并有极佳的重现性。它已为世界知名的分析仪器厂商如 Agilent、Waters 和 PE 等提供经校准后的配套氘灯。

各分析仪器厂商生产的 UVD 中使用的氘灯可选择 Heraeus 公司替代的氘灯型号，见表 2-7。

表 2-7 各分析仪器厂商选择 Heraeus 公司替代氘灯的型号

各分析仪器厂商生产的仪器型号	Heraeus 公司替代氘灯型号	原生产厂配件号
Agilent 1100 VWD	DX 224/05 J	G1314-60100
Shimadzu SPD10/20A	DX 250/05 J	228-34016-02
Shimadzu UV-Vis	WL 24443 A	200-75503-01
Waters 2487	PR39055、DX225/05J	WAS 081142
Waters 486	PR39056、DO610 TJ	WAT 080678
Waters 990，991，994 PDA	DO 652/05 TJ	WAT 021516
Waters 480LC，481，481 LC	DO901 T	WAT 099499
Waters 484	DS223 TJ	WAT 080357
Waters 996/2996	PR39067	9551-0023
Thermo-Fisher Separation UV-Vis	J 53	239-0354
PE-Hitachi UV-Vis	DO946J	885-3570
Hitachi	DO651 MJ	C0550505
PE Lambda 1，3	DO946	0271 1340
PE LC-55，65，75，85，95，135，235	DO946	N2920149
PE 200/785A hplc	DS244TJ	N2922046
PE 200DAD hplc	DS272TJ	B0160917
PE Lambda，LC 480PDA	DO650J	
Varian Cary 2200，2300	DO802	

续表

各分析仪器厂商生产的仪器型号	Heraeus 公司替代氘灯型号	原生产厂配件号
Varian Prostar 340，345	J53（T）	
Dionex PDA-100	PR 39065	
Dionex 160，320，170，170U，340，340U	DX201 RJ	5053 1204
Beckman P/ACE MDQ 毛细管电泳	DS 251/05 J	144-667
Gilson 118，119，151，152，153，155，156	DS 276 TJ	

注：表中列出的只是目前国内常见的一些仪器品牌的替代氘灯型号，Heraeus 提供的氘灯品种多达数百种，不同型号的氘灯几乎可以满足所有进口分析仪器的使用需求。

（2）结构和光路　Agilent 1220 型高效液相色谱仪配备的可变波长紫外吸收检测器的结构示意图，如图 2-50 所示。

此检测器采用氘灯作光源，波长在 190～600nm 范围内可连续调节。光源发出的光经聚光透镜聚焦，由可旋转组合滤光片滤去杂散光，再通过入口狭缝至平面反射镜 M_1，经反射到达光栅，光栅将光衍射色散成不同波长的单色光，当某一波长的单色光经平面反射镜 M_2 反射至光分束器时，透过光分束器的光通过样品流通池，最终到达检测样品的测量光电二极管；被光分束器反射的光到达检测基线波动的参比光电二极管；当获得测量和参比光电二极管的信号差，即为样品的检测信息。这种可变波长紫外吸收检测器的设计使它在某一时刻只能采集某一特定的单色波长的吸收信号。光栅的偏转可由预先编制

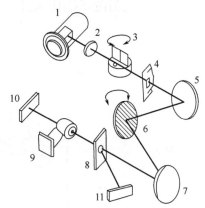

图 2-50　Agilent 1220 型可变波长紫外吸收检测器结构示意图

1—氘灯；2—聚光透镜；3—可旋转组合滤光片；4—入口狭缝；5—反射镜 M_1；6—光栅；7—反射镜 M_2；8—光分束器；9—样品流通池；10—测量光电二极管；11—参比光电二极管

的采集信号程序加以控制，以便于采集某一特定波长的吸收信号，并可使色谱分离过程洗脱出的每个组分峰都获得最灵敏的检测。

（3）流通池　对单通道 UVD，其常用流通池的结构如图 2-51 所示。

在 HPLC 仪器中，UVD 的流通池一般光程为 10mm，池孔径 1mm，池耐压 150psi（10bar），流通池池体积的设计要求是池体积约为 $R'=1$ 溶质洗脱体积的 1/10。

对 100mm×4.6mm 色谱柱，填充 5μm 粒子时，对 $R'=1$ 组分的洗脱体积约 10μL；对 100mm×4.6mm 色谱柱，填充 3μm 粒子时，对 $R'=1$ 组分的洗脱体积约 65μL。所以，在 HPLC 中常规 UVD 流通池体积为 6.5～10μL，作为通用性要求，一般推荐使用的流通池体积为 8μL。

但在 UHPLC 仪器中对 UVD 使用的流通池提出了更高的要求。由于 UHPLC 使用 100mm（或 50mm）×2.1mm 色谱柱，填充约 2μm 粒子，其对 $R'=1$ 组分的洗脱体积约 7μL，因而在 UHPLC 中，UVD 使用的流通池的池体积应<1μL。为了降低流通

池的体积，可减小流通池的长度（即光程），但会降低检测灵敏度。现多采用减小流通池内径的方法，使流通池的池孔径由 1mm 减至 0.5mm 或 0.25mm，此时流通池体积将由 8μL 降至 2μL 或 0.5μL。

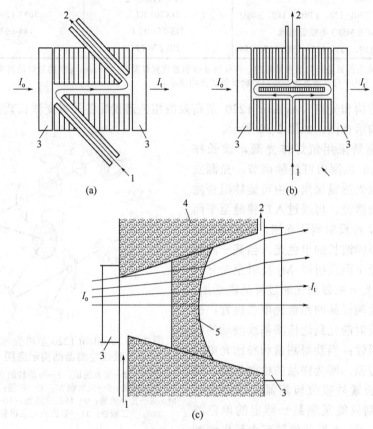

图 2-51　单通道 UVD 流通池的结构

（a）经典的 Z 形流通池，光路长 10mm，孔径 1mm，池体积 8μL；（b）H 形流通池，光路长 10mm，孔径 1mm，池体积 8μL；（c）圆锥形流通池，光路长 6mm，入口孔径 1mm，出口孔径 1.5mm，池体积 8μL

I_0—入射光；I_t—透射光

1—自色谱柱流出的流动相；2—至废液缸；3—石英窗；4—流通池壁；5—液体透镜

　　当通过减小流通池内径将池体积减小后，又出现当池内径<1mm 时，入射光不是平行进入流通池，会产生光折射或散射，其结果是流通池不能提供正常的检测灵敏度。

　　为此，在 UHPLC 中 UVD 使用的小体积的流通池内壁涂渍一种 Teflon 全反射材料涂层，可有效地反射任何方向的入射光，保持 100%的光传输效率。

　　与全反射涂层相似的另一种设计是使用一根未涂层的熔融硅毛细管作为流通池，利用毛细管的外表面实现全反射，从流通池射出的全反射光用光电二极管接收，测量的灵敏度比常规流通池提高 10 倍。

　　现在 UHPLC 中 UVD 使用的流通池池孔径约 0.25mm，池体积<0.5μL（或

0.25μL)，完全消除了入射光折射或散射引起灵敏度下降的负效应，并具有最小的热交换效应，消除了引起色谱峰谱带扩张的潜在来源，实现了最高效的检测性能。

Waters ACQUITY UPLC™ 使用 UVD 流通池，内壁涂渍 Teflon 全反射涂层，其结构示意见图 2-52。

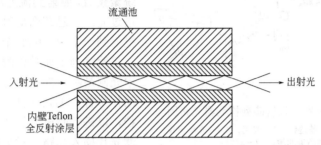

图 2-52　Waters ACQUITY UPLC™ UVD 全反射流通池结构示意图

Agilent 1290 型使用的 UVD 流通池为未涂层的熔融硅毛细管，其为具有独特的 60mm 光程、便于拆卸的卡套式结构，并使用微流控光学波导技术保证了最大的光强度，使光传输效率几乎达 100%，其结构见图 2-53。

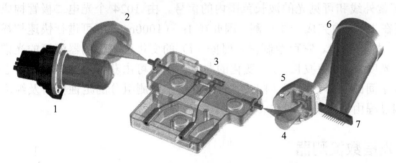

图 2-53　Agilent 1290 型 UVD 卡套式流通池结构示意图
1—氘灯；2—反射镜；3—卡套式流通池；4—反射镜；5—可编程狭缝；6—光栅；7—二极管阵列

在 UVD 中，为防止流动相中溶解的气体在流通池中产生气泡的滞留，可在流通池出口安装一窄孔毛细管，构成一定的反压，阻止气泡从流动相中逸出。此反压的大小依赖于流动相的黏度、流速和温度。当流动相流速增大时，反压会增加。对常规流通池，压力上限为 150psi（10bar），当反压超过流通池耐压上限，会引起流通池渗漏。为了保证流通池的安全，最好在流通池后安装一个反压调节阀，以保持恒定的反压（如 5～8bar）。

3. 二极管阵列检测器

二极管阵列检测器（diode-array detector，DAD）是 20 世纪 80 年代发展起来的一种新型紫外吸收检测器，它与普通紫外吸收检测器的区别在于进入流通池的不再是单色光，获得的检测信号不是在单一波长上的，而是在全部紫外光波长上的色谱信号。因此它不仅可进行定量检测，还可提供组分的光谱定性的信息。

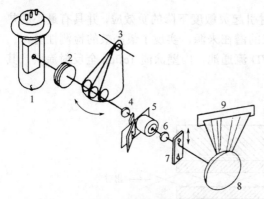

图 2-54　单光路二极管阵列检测器光路图

1—氘灯；2—消色差透镜；3—光闸；4,6—光学透镜；
5—样品流通池；　7—狭缝；
8—全息凹面衍射光栅；9—二极管阵列

Agilent 1200 型高效液相色谱仪配置的单光路二极管阵列检测器的光路，如图 2-54 所示。它采用氘灯光源，光源发出的复合光经消除色差透镜系统聚焦后，照射到流通池（0.5μL）上，透过光经全息凹面衍射光栅色散后，投射到一个由 1024 个二极管组成的二极管阵列上而被检测。此光路系统中光闸是唯一的运动部件，它有三个动作位置：①光闸将入射光束全部遮挡，以进行暗电流补偿；②将氧化钬滤光片插入光路，对衍射后的波长进行精确校正；③打开光闸使入射光通

过样品流通池照在光栅上。

此光学系统称为"反置光学系统"，不同于一般紫外吸收检测器的光路。其中二极管阵列检测元件，可由 1024（512 或 211）个光电二极管组成，可同时检测 180～600nm 的全部紫外线和可见光的波长范围内的信号。由 1024 个光电二极管构成的阵列元件，可在 10ms 内完成一次检测。因此在 1s （1000ms）内可进行快速扫描以采集 100000 个检测数据。它可绘制出随时间（t）的变化进入检测器液流的光谱吸收曲线——吸光度（A）随波长（λ）变化的曲线，因而可由获得的 A、λ、t 信息绘制出具有三维空间的立体色谱图（图 2-55），可用于被测组分的定性分析及纯度测定。全部检测过程由计算机控制完成。

三、折光指数检测器

折光指数检测器（refractive index detector，RID） 又称示差折光检测器（ differential refraction detector，DRD），它是通过连续监测参比池和测量池中溶液的折射率之差来测定试样浓度的检测器。由于每种物质都具有与其他物质不相同的折射率，因此 RID 是一种通用型检测器[1,4]。

溶液的折射率等于溶剂及其中所含各组分溶质的折射率与其各自的摩尔分数的乘积之和。当样品浓度低时，由样品在流动相中流经测量池时的折射率与纯流动相流经参比池时的折射率之差，指示出样品在流动相中的浓度。

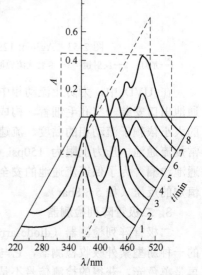

图 2-55　A-λ-t 三维色谱图

此类检测器一般不能用于梯度洗脱，因为它对流动相组成的任何变化都有明显的响应，会干扰被测样品的监测。

折光指数检测器按工作原理可分为反射式、偏转式和干涉式三种。其中干涉式造价昂贵，使用较少。偏转式池体积大（约 10μL），但可适用于各种溶剂折射率的测定，应用最广泛。反射式池体积小（约 3μL），应用较多，但当测定不同折射率范围的样品时（通常折射率分为 1.31～1.44 和 1.40～1.60 两个区间），需要更换固定在三棱镜上的流通池。

1. 偏转式折光指数检测器

偏转式结构目前应用最为广泛，其特点是折射率范围较宽（1.00～1.75），线性范围可达 1.5×10^4，灵敏度较高，在最佳操作条件下，噪声水平低于 10^{-8}RIU 时，测定环己烷中苯胺的检测限可达 10^{-7}g/mL。图 2-56 为偏转式示差折光检测器的光路图。从钨灯发射出的光束依次经过聚光透镜、狭缝 1、准直镜、狭缝 2 和流通池，然后光束被流通池后的反光镜反射，再通过流通池、狭缝 2、准直镜和零位玻璃调节器后，在光敏元件上显示出狭缝 1 的影像。光敏元件上有两个并排的光敏接收元件。

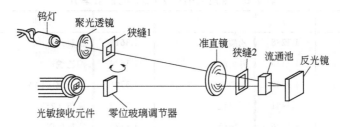

图 2-56 偏转式折光指数检测器光路图

2. 反射式折光指数检测器

反射式折光指数检测器依据菲涅尔反射原理，光路系统见图 2-57。钨丝光源发出的光经遮光板 M_1、外滤光片 F、遮光板 M_2 后，形成两束能量相同的平行光，再经透镜 L_1 分别聚焦至测量池和参比池上。透过空气-三棱镜界面、三棱镜-液体界面的平行光，由池底镜面折射后再反射出来，再经透镜 L_2 聚焦在双光电管 D 上。信号经放大后，送入记录仪或微处理机绘出色谱图。此检测器就是通过测定经流动相

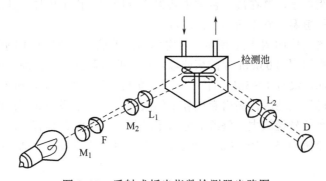

图 2-57 反射式折光指数检测器光路图

折射后反射光的强度变化，来检测样品中组分浓度。

RID 使用钨灯光源，常用波长在 660～880nm，控温范围在 30～35℃ 至 50～60℃ 之间，改变温度、压力和流动相组成都会引起折光指数（RI）的变化。

操作中为减少温度变化的影响，要严格保持色谱柱箱与检测器有相同的温度。

RID 所用流通池的耐压上限为 100psi（7bar），检测器后应安装反压调节阀，保持恒定的反压，如 75psi（5bar），以减少压力变化对 RI 的影响。

由于流动相的组成变化会影响 RI 的变化，在流动相中若使用缓冲盐，其含量应低于 30%，当使用高含水量的流动相时，由于有机溶剂的挥发，会使流动相中的微生物生长，引起过滤片的阻塞。

此检测器的普及程度仅次于紫外吸收检测器。折光指数检测器对温度变化敏感，使用时温度变化要保持在 ±0.001℃ 范围内。此检测器对流动相流量变化也敏感，其灵敏度较低，不宜用于痕量分析。

20℃时常用溶剂的折射率如表 2-8 所示。

表 2-8　常用溶剂在 20℃时的折射率 n

溶剂	n	溶剂	n	溶剂	n
甲醇	1.3288	乙酸甲酯	1.3617	二氧六环	1.4224
水	1.3330	异丙醚	1.3679	溴乙烷	1.4239
二氯甲烷（15℃）	1.3348	乙酸乙酯（25℃）	1.3701	环己烷（19.5℃）	1.4266
乙腈	1.3441	正己烷	1.3749	氯仿（25℃）	1.4433
乙醚	1.3526	正庚烷	1.3876	四氯化碳	1.4664
正戊烷	1.3579	1-氯丙烷	1.3886	甲苯	1.4961
丙酮	1.3588	四氢呋喃（21℃）	1.4076	苯	1.5011
乙醇	1.3611				

四、电导检测器

电导检测器（electrical condactivity detector，ECD）是一种选择型检测器，用于检测阳离子或阴离子，其在离子色谱中获得广泛应用。由于电导率随温度变化，因此测量时要保持恒温。它不适用于梯度洗脱。

电导检测器结构如图 2-58 所示。其主体为由玻璃碳（或铂片）制成的导电正极和负极。两电极间用 0.05mm 厚的聚四氟乙烯薄膜分隔开。此薄膜中间开一长条形孔道作为流通池，仅有 1～3μL 的体积。正、负电极间仅相距 0.05mm，当流动相中含有的离子通过流通池时，会引起电导率的改变。此二电极构成交流电桥的臂，电桥产生的不平衡信号经放大、整流后输入记录仪。此检测器具有较高的灵敏度，能检测电导率的差值为 $5 \times 10^{-4} S/m^2$ 的组分。当使用缓冲溶液作流动相时，其检测灵敏度会下降。

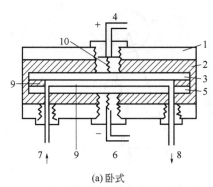
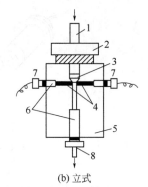

(a) 卧式   (b) 立式

1—不锈钢压板；2—聚四氟乙烯绝缘层；3—玻璃碳正极；4—正极导线接头；5—玻璃碳负极；6—负极导线接头；7—流动相入口；8—流动相出口；9—中间有条形孔槽，可通过流动相的0.05mm厚聚四氟乙烯薄膜；10—弹簧

1—溶液入口；2—连接螺母；3,6—硅橡胶密封；4—铂电极；5—有机玻璃；7—电极导线；8—溶液出口

图 2-58　电导检测器结构示意图

五、荧光检测器

荧光检测器（fluorescence detector，FLD）是利用某些溶质在受紫外线激发后能发射可见光（荧光）的性质来进行检测的。它是一种具有高灵敏度和高选择性的检测器。对不产生荧光的物质，可使其与荧光试剂反应，制成可发生荧光的衍生物再进行测定。

当化合物受到高频率、短波长的紫外线照射后，它能吸收一定波长的光，使原子中的一些电子从基态能级跃迁到具有较高能量的振动能级上，当其跃回基态振动能级时，就会发射出比原来所吸收频率低、波长较长的光，即荧光，产生的荧光强度为：

$$F=2.3QKI_0\varepsilon cL$$

式中，Q 为荧光的量子效率；K 为荧光的收集效率；I_0 为入射光的强度；ε 为摩尔吸光系数；c 为产生荧光化合物的浓度；L 为流通池长度。

由上式可知，在一定的实验条件下，化合物产生荧光的强度（F）与其浓度成正比，这是荧光检测器进行定量分析的基础。

Agilent 1260 型高效液相色谱仪荧光检测器的光路图，见图 2-59。其激发光光路和荧光发射光光路相互垂直。激发光光源常用氙灯，可发射 250～600nm 连续波长的强激发光。光源发出的光经透镜、激发单色器后，分离出具有确定波长的激发光，聚焦在流通池上，流通池中的溶质受激发后产生荧光。为避免激发光的干扰，只测量与激发光成 90° 方向的荧光，此荧光强度与产生荧光物质的浓度成正比。此荧光通过透镜聚光，再经发射单色器，选择出所需检测的波长，聚焦在光电倍增管上，将光能转变成电信号，再经放大，送入微处理机。

图 2-60 为 FLD 的 U 形检测池的光路。

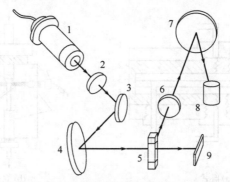

图 2-59　Agilent 1260 型高效液相色谱仪荧光检测器光路图

1—氙灯；2，6—聚光透镜；3—反射镜；4—激发光光栅单色器；5—样品流通池；
7—发射光光栅单色器；8—光电倍增管；9—光二极管（UV 吸收检测）

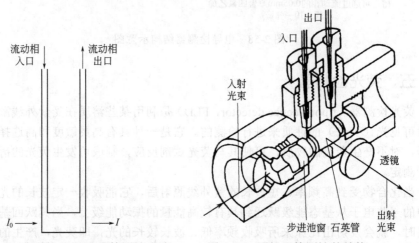

图 2-60　典型的 FLD U 形检测池光路　　　图 2-61　圆柱形检测池的结构

图 2-61 为 FLD 的圆柱形检测池的结构。

荧光检测器的灵敏度比紫外吸收检测器高 100 倍，当要对痕量组分进行选择性检测时，它是一种有力的检测工具。但它的线性范围较窄，不宜作为一般的检测器来使用，可用于梯度洗脱。测定中不能使用可猝灭、抑制或吸收荧光的溶剂作流动相。对不能直接产生荧光的物质，要使用色谱柱后衍生技术，操作比较复杂。此检测器现已在生物化工、临床医学检验、食品检验、环境监测中获得广泛的应用。

六、蒸发光散射检测器

在高效液相色谱分析中，人们一直希望能有一台像 FID 那样的通用型质量检测器，它能对各种物质均有响应，且响应因子基本一致，它的检测不依赖于样品分子中的官能团，且可用于梯度洗脱。目前最能接近满足这些要求的就是蒸发光散射检测器（evaporative light scattering detector，ELSD）[5~8]。

1. 工作原理

ELSD 利用流动相和被测物之间蒸气压（挥发度）的差异，在加热漂移管中，将流动相与被测物经氮气吹扫雾化成气溶胶，流动相在漂移管中被挥发掉以后，不挥发的被测物分子进入光散射池，经一束激光照射，颗粒散射激光，散射光经光电二极管接收产生电信号。

在气溶胶中，由小颗粒产生的散射光强度（I），可用瑞利（Rayleigh）公式表达：

$$I=K\frac{UV^2}{\lambda^2}\frac{n_1^2-n_2^2}{n_1^2+2n_2^2}I_o$$

式中，K 为与颗粒形状、入射光线及观测视线的夹角和距离相关的常数；U 为单位体积内的粒子数；V 为单个颗粒的体积；λ 为入射光的波长；n_1、n_2 分别为被测物和流动相的折射率；I_o 为入射光的强度。

当测定条件保持恒定时，散射光强度 I，仅与被测物的粒子数相关，其对各种化合物几乎具有相同的响应值。

ELSD 利用溶质比流动相难以挥发的特点，其色谱响应值峰面积 A 与溶质的质量 m 存在下述关系：

$$A=am^b$$

式中，a 为响应因子；b 为响应指数。a、b 依赖于被检测样品颗粒尺寸，溶质的浓度和性质，流动相和氮气的流速，溶质和流动相的摩尔挥发度等。上述关系式的线性表达式为：

$$\lg A=\lg a+b\lg m$$

此式中的截距 $\lg a$ 与 ELSD 实验操作条件相关，斜率 b 只与散射光的颗粒尺寸相关，b 值通常为 0.66～2.0，高的 b 值对应小颗粒的尺寸，低的 b 值对应大颗粒尺寸。

上述关系式中的 a 和 b 与实验仪器（吹扫气体的流速、蒸发温度等）、洗脱条件（流动相的性质和流速等）、溶质的浓度和性质相关。a 和 b 值有相反的变化趋向，当 b 值降低时 a 值增加。

图 2-62 为蒸发光散射检测器的工作原理示意图。样品组分从色谱柱后流出，进入检测器后，经历雾化、流动相蒸发和激光束检测三个步骤。

2. 雾化过程

柱洗脱液进入用不锈钢制作的雾化器针管中，在针孔末端与通入流速约为 2.0L/min 的氮气混合，形成微小、均匀的雾状液滴。通过监测雾化器中液体和通入氮气的压力，确保液滴分布的一致性，并可调节中心位置的螺栓来校准针孔，使液滴获得最佳监测。

雾状液滴进入加热的漂移管，随流动相的蒸发，样品分子会形成雾状颗粒悬浮在溶剂的蒸气之中，形成气溶胶，如图 2-63 所示。

3. 流动相蒸发过程

为使正相或反相色谱的流动相都能在漂移管中迅速蒸发，在漂移管的进口安装

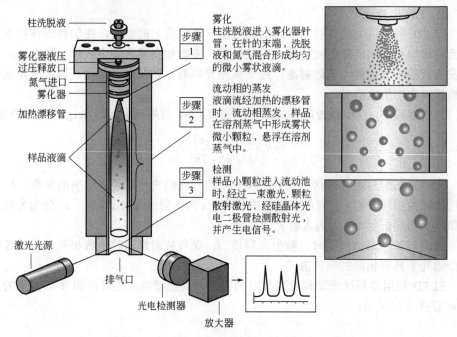

柱洗脱液

雾化器液压
过压释放口

氮气进口

雾化器

加热漂移管

样品液滴

激光光源

排气口

光电检测器

放大器

步骤 1

雾化
柱洗脱液进入雾化器针
管，在针的末端，洗脱
液和氮气混合形成均匀
的微小雾状液滴。

步骤 2

流动相的蒸发
液滴流经加热的漂移管
时，流动相蒸发，样品
在溶剂蒸气中形成雾状
微小颗粒，悬浮在溶剂
蒸气中。

步骤 3

检测
样品小颗粒进入流动池
时，经过一束激光，颗粒
散射激光，经硅晶体光
电二极管检测散射光，
并产生电信号。

图 2-62 蒸发光散射检测器的工作原理示意图

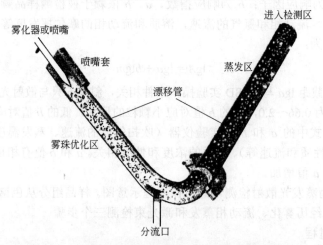

进入检测区

雾化器或喷嘴

喷嘴套

蒸发区

漂移管

雾珠优化区

分流口

图 2-63 蒸发光散射检测器形成气溶胶的雾化过程

有表面涂覆聚四氟乙烯的不锈钢阀门，称为撞击器，漂移管可在撞击器开启（A 模式）和关闭（B 模式）两种模式下操作，并可随时进行切换。A 模式适用在高流量、高含水量流动相（反相流动相）下分析非挥发性样品（最高样品流量达 5.0mL/min）或半挥发性样品。操作时撞击器开启，与气溶胶（分散在 N_2 中的雾状液滴）的流向呈垂直方向，气溶胶中的大液滴与撞击器碰撞后，会跌落到旁路从废液管流出，因而只剩下较小液滴可在较低温度下从漂移管中蒸发。B 模式适用于非挥发性样品或有机溶剂含量高的流动相（正相流动相），也可用于低流量、含水量高的流动相（反相流动相）。样品流量≤1.0mL/min，此时撞击器关闭，不影响气溶胶的流动，雾化的气溶胶完全进入漂移管，流动相蒸发后，样品颗粒获得完全检测。由此可知，A 模式相当于分流方式，而 B 模式相当于不分流方式。气溶胶流路中的撞击器如图 2-64 所示。

流动相在漂移管中蒸发的速度与雾状液滴（气溶胶）通过漂移管的速度和漂移管自身的加热温度有关。漂移管的加热温度可高至 120～140℃。气溶胶通过漂移管的速度，由雾化过程通入 N_2 的速度来调节。

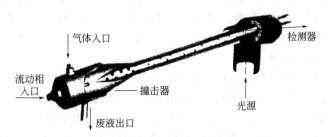

图 2-64　气溶胶流路中的撞击器

4. 检测过程

样品颗粒通过漂移管流动相蒸发后，进入流动池，受到由激光二极管发射的 670nm 激光束的照射，其散射光被硅晶体光电二极管检测产生电信号，电信号的强弱取决于进入流动池中样品颗粒的大小和数量，不受样品分子含有的官能团和光学特性的影响（图 2-65）。

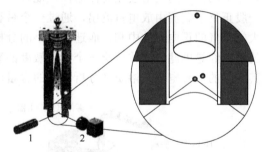

图 2-65　ELSD 激光散射检测粒子的示意图
1—激光源（670nm）；2—硅晶体光二极管接收器
（在流动池内部，样品颗粒散射来自于激光二极管的光束。
再由一个硅晶体二极管检测，并产生电信号）

蒸发光散射检测器在雾化过程通入的雾化气体 N_2 的流量可以调节，在非运行情况下，气体流量可以关闭以减小消耗量，其内置的过压释放阀可在溶剂压力过高时自动卸压，以保护色谱柱和系统的其他部件。由于在漂移管中流动相的蒸发，ELSD 是唯一在检测前去除流动相的检测器，从而消除了溶剂峰对基线的扰动，而获得稳定的基线，并且扩大了对流动相组分的选择范围。在流动池中，激光检测样品颗粒的数量取决于流动相的性质和雾化气体及流动相的流速，当雾化气体和流动相的流速恒定时，散射光的强度仅取决于样品的浓度。它可以高灵敏度、准确地检测糖类、表面活性剂、聚合物、药物、脂肪酸、油脂、天然产物（草药）等多种样品。

ELSD 的响应值与样品的质量成正比，对几乎所有的样品给出接近一致的响应因子，因此可以在没有标准品和未知化合物结构参数的情况下检测未知化合物，并可通过与内标物比较定量测定未知物的含量。

ELSD 与 RID 和 UVD 比较，它消除了溶剂的干扰和因温度变化引起的基线漂移，特别适用于梯度洗脱。此外，它还具有雾化器与漂移管易于清洗、流动池死体积不影响检测灵敏度、喷雾气体消耗量少等优点，ELSD 现已获得愈来愈广泛的应用。

七、带电荷气溶胶检测器

带电荷气溶胶检测器（charged aerosol detector，CAD）是对非挥发分析物的一种通用检测器。它的响应不依赖于分析物的化学性质，具有高灵敏度的低检测限和四个数量级的动力学线性范围，可用于梯度洗脱，并用于反相、亲水作用、正相和离子色谱，也可与其他检测器（如 UVD、ELSD、MSD）组合使用[9,10]。

1. CAD 的检测原理

带电荷气溶胶检测器（CAD）是一种独特的技术，HPLC 洗脱液经雾化室中氮气的作用而雾化，其中较大的液滴在撞击器的作用下经废液管流出，室温下，在漂移管中流动相蒸发，使较小的溶质（分析物）液滴在室温下干燥，形成溶质颗粒气溶胶，并进入 Corona 高压放电室（含高压铂金丝电极）。与此同时，用于载气氮气分流形成的第二股氮气流经小孔也进入高压放电室，形成带正电荷的氮气离子，并与分析物粒子的气溶胶相对而遇，经混合、碰撞使分析物粒子带上正电荷，并形成一股正离子湍流由放电室流出，通过一个带有低负电压的离子阱装置，使迁移率较大的氮气的正电荷被中和，而迁移率小的分析物带电粒子经过一个收集器，把它们的电荷经导电滤波，传输给一个高灵敏度的静电计，检测出带电溶质的信号电流。其产生的信号电流与溶质（分析物）的含量成正比。CAD 检测过程见图 2-66。

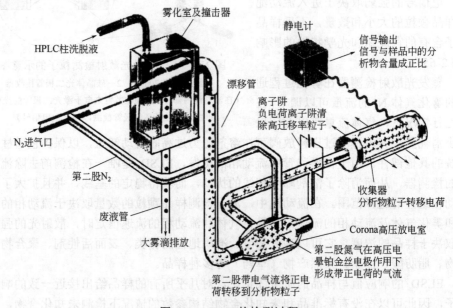

图 2-66 CAD 的检测过程

CAD 和 ELSD 都属于破坏性检测器，它们都可与 UVD 或 DAD 联用，其联用时流路的连接如图 2-67 所示。

在 CAD 检测过程中，从样品在雾化室中雾化，到在漂移管中流动相蒸发形成气溶胶，都与 ELSD 相似；之后气溶胶中溶质粒子在 Corona 高压放电室携带电荷，并顺序经负电荷离子阱，由静电计测量，其又与质谱中的大气

图 2-67　CAD 与其他检测器联用流路示意图

压力化学电离（APCI）相似。但应注意到 CAD 检测的溶质带电粒子是具有一个选定的迁移率范围的粒子，而不是氮气中的 N_2^+，二者之间的质荷比（*m/z*）是完全不同的。由此可知，带电荷气溶胶检测技术依赖的是跨越一个宽广区间粒子尺寸的大小，而不是依赖分析物的化学性质。

2. CAD 的响应特性

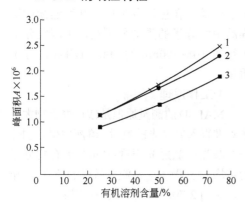

图 2-68　CAD 峰面积（*A*）-流动相有机溶剂含量（%）关系图

1—氯丙嗪；2—葡萄糖；3—咖啡因

CAD 也利用了溶质比流动相难于挥发的特点，并使用和低温 ELSD 相似的气溶胶形成技术，因此其色谱响应值峰面积 *A* 和分析物溶质的质量 *m*，也存在和 ELSD 相似的非线性响应关系：$A=cm^d$，式中，*c* 为响应因子，*d* 为响应指数。其中响应因子 *c* 与 HPLC 流动相的组成相关，并与流动相中有机溶剂的含量成正比，如图 2-68 所示。

它的线性表达式为：$\lg A = \lg c + d\lg m$

响应指数 *d* 为直线的斜率，表达了测定的灵敏度，对五种酚类化合物（4-HPAC，绿原酸，没食子酸，3,5-二羟基苯甲酸，原儿茶酚），由实验测定的 *d* 值为 0.49～0.50，它们的动力学线性范围至少为四个数量级（从 10ng 到 100μg），其响应峰高 *h*-进样质量 *m* 关系，如图 2-69 所示。

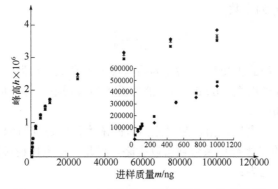

图 2-69　CAD 响应峰高 *h*-进样质量 *m* 的关系图

◆4-HPAC；■绿原酸，没食子酸；▲3,5-二羟基苯甲酸；✳原儿茶酚

使用 CAD 时，由带电荷气溶胶检测显示，对覆盖一个宽广范围的粒子直径，都可获得具有均一模式的响应效率，它可以通用检测非挥发物或半挥发物，如糖类、脂类、药物、多肽、蛋白质、核苷酸、核酸、甾类和聚合物等，其响应值不依赖于被分析物质的化学性质，检测灵敏度高，具有宽的动力学线性范围，对常量组分和痕量杂质都可提供精密、可靠的定量分析结果。因此，可以预测，带电荷气溶胶检测器（CAD）将会成为在 HPLC 和 UHPLC 中的一种通用性检测器，并可用于化学品、食品、药物、环境污染物的分析检测及生命科学的研究工作中。

八、多角度光散射检测器

多角度光散射检测器（multiple-angle light scatlering detector，MALSD）是与体积排阻色谱组合使用，以测定合成聚合物或生物聚合物摩尔质量的绝对性能表征的

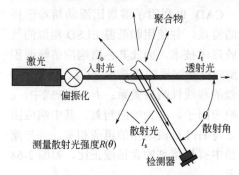

图 2-70 多角度光散射检测器的原理图

先进仪器，在色谱分离后，其可连续检测样品中大分子的重均分子量，可测定分子半径在 10～500nm 的 200～1GDa 的分子质量。

1.工作原理

MALSD 的测量原理是依据聚合物大分子对准直入射激光的散射，溶液中聚合物分子对激光的散射光强度 $R(\theta)$ 与聚合物分子的重均分子量 M_W 及激光散射的角度 θ 相关，见图 2-70，可用下式表达[11]：

$$R(\theta)=K^*M_WcP(\theta)[1-2A_2M_WP(\theta)c] \qquad (2-1)$$

式中，K^* 为常数，c 为溶质的浓度，g/mL；A_2 为二级维里系数（表示溶质与溶剂的相互作用）；$P(\theta)$ 为形成因子，可表示为：

$$P(\theta)=1-\alpha_1\sin^2\frac{\theta}{2}+\alpha_2\sin^4\frac{\theta}{2} \qquad (2-2)$$

式中，α_1 和 α_2 为常数。

$$K^*=4n^2\frac{dn}{dc}2n_0^2\Big|N_A\lambda_0^4 \qquad (2-3)$$

式中，n_0 为溶剂的折光指数；N_A 为阿伏伽德罗常数；λ_0 为在真空中入射光的波长；n 为溶液的折光指数；dn/dc 为溶液的折光指数增量（即对应溶液浓度变化 dc 的折光指数变化 dn）。

样品经色谱柱分离后，由检测器流出时的浓度仅为进样时浓度的 1/100～1/10，因此式（2-1）中的二级维里系数项可以省略，因此可将经体积排阻色谱分离后，测定的散射光强度表达为：

$$R(\theta)=K^*\overline{M}_WcP(\theta),\quad \overline{M}_W=R(\theta)/[K^*cP(\theta)] \qquad (2-4)$$

因而可通过测定散射光强度 $R(\theta)$ 而求出重均分子量 $\overline{M}_W$。

溶液中悬浮大分子所散射的光的强度是直接与其重均分子量成正比的，散射角度的变化揭示了分子的均方旋转半径（是角度的某个函数），可在大的范围内测量分子量和分子尺寸。

2.检测器结构

由美国 Wyatt 公司生产的多角度光散射检测器为 DAWN®HELEOR®，可从 18 个角度测量散射光，是最灵敏的 MALSD，可测定分子尺寸为 10～500nm、分子量达 200～1GDa 的大分子，温度控制为–15～+150℃（最高达 210℃）。另一种型号为 mini DAWN® TREOS®，可从 3 个角度测量散射光，可测定分子尺寸为 10～50nm、分子量为 200～20MDa 的大分子，仅用于室温测量。

在 DAWN® HELEOR®检测器流通池四周放置了 18 个分离的光电探测器，形成一种独特的几何形状，保证了测量可以在宽广的散射角范围内（通常为 10°～160°）同步进行检测，如图 2-71 所示。

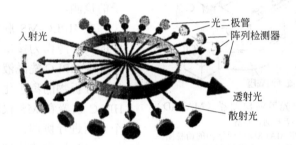

图 2-71　Wyatt 公司 DAWN®HELEOR®18 个角度
光散射检测器光路示意图

它的流通池设计不同于其他激光光散射仪，采用玻璃-金属封接，具有隔离振动特点，保证了光束的最大稳定性。此流通池两端伸进入口和出口支管处的洗提液中。从而将通过流通池及其接口处的沉淀清洗掉，减少了光束和流通池的玷污问题，简化了测量步骤，降低了激光束在界面的闪烁，保证了样品的快速运转，减少了冗长的清洗步骤。

MALSD 可测定非匀相的合成聚合物和生物聚合物，分析蛋白质的质量和纯度，测定蛋白质低聚物，可溶性淀粉状蛋白质凝聚体和共轭体，如抗体-药物、聚乙二醇-蛋白质、表面活性剂-可溶性膜蛋白。

此检测器已将光度计、比浊计、浊度计和测角仪的多种特点结合起来，它可以在更短的时间内提供更多可重现的数据，是目前用于测量大分子绝对性能的最佳仪器。

多角度光散射检测，是在测定分子量和分子尺寸时优先选择的分析技术，它不需做任何假设。同时，由于它是一种直接的绝对的测量方法，因此提供的结果不需依靠参比标准或其他人在别的实验室进行验证。

多角度光散射检测器的结构示意见图 2-72。

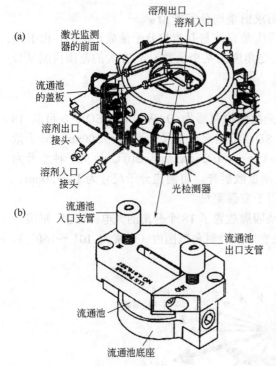

（a）

溶剂出口
溶剂入口
激光监测
器的前面
流通池
的盖板
溶剂出口
接头
溶剂入口
接头
光检测器

（b）

流通池
入口支管
流通池
出口支管
流通池
流通池底座

图 2-72　多角度光散射检测器（MALSD）
结构示意图
（a）商品 18 个角度 MALSD 单元结构的俯视图；
（b）商品 3 个角度和 18 个角度 MALSD 单元
结构中的流通池组件

九、质谱检测器

HPLC 使用质谱检测器时需要一个接口装置把液相色谱和质谱（MS）连接起来，它的功能是协调两种仪器的输出和输入之间的矛盾，它既不能影响前级 HPLC 的分离性能，又需要满足后级仪器对进样的要求，接口是色谱与质谱联用技术中的关键装置[12~16]。

在质谱分析中，要求样品分子在真空状态下在离子源中进行离子化，然后在质量分析器中按质荷比（m/z）进行分离，最后在检测器中完成对离子的检测。

在 HPLC-MS 联用中，常将质谱中的离子源作为接口，并在接口装置中实现 HPLC 洗脱液中溶剂的完全蒸发和分析物的离子化。要达到此目的，HPLC 仪器和 MS 仪器必须在以下两个方面进行协调。

（1）压力的协调　HPLC 洗脱液是在常压下自色谱柱后流出，而质谱的离子源却需要在 $10^{-3} \sim 10^{-4}$ Torr（1Torr=133.322Pa）才能完成样品分子的离子化。

（2）样品量的协调　HPLC 洗脱液的流速为 0.5~1.0mL/min，而在离子源中完成样品分子离子化的质量流速为 1~100μL/min。

在离子源中，压力和样品量的协调是通过离子源中的前级真空泵来完成的，其为旋转式机械泵，抽去液体的速度为 10~100μL/min，它显然与 HPLC 洗脱液的流出速度相差甚远。为此，当使用 150mm×4.6mm 色谱柱时，洗脱液要进行分流，仅使洗脱液的 1/10 进入离子源即可；使用 100mm×2.1mm 色谱柱或<1mm 的毛细管柱与质谱连接更为恰当，可保证溶剂在接口装置中完全蒸发。

（一）离子源接口

为使洗脱液中样品分子离子化，主要使用以下两种离子源接口。

1. 电喷雾电离（electro-spray ionization，ESI）接口（interface）

ESI 是一种软电离技术，可将溶液中的有机物分子转变成气相离子，再进行质谱分析，适用于电离极性强、热不稳定的生物大分子，如肽、蛋白质、核酸、多糖等。

电喷雾电离接口的结构示意如图 2-73 所示。接口内部分为大气压区域和真空区域两个部分。通过取样毛细管的小孔将两个区域连接，并起到限制进入真空系统气体流量的作用。

（1）大气压区域　由电喷雾毛细管流出的HPLC 流动相，为使溶质分子电离，在毛细管出口的 0.1～0.2mm 处加 3～8kV 直流电压，并在出口 2cm 处安装反电极。在电场作用下，由毛细管出口端喷出的样品分子立即电离生成正、负离子，并在电场中移动，若喷雾口为正极（或负极），则正离子（或负离子）会被排斥，移向喷口尖端，而负离子（或正离子）会向喷口的反向移动，由于喷射出液体表面的正离子（或负离子）之间的斥力会克服液体的表面张

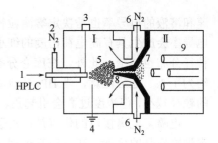

图 2-73　电喷雾电离接口结构示意图
1—HPLC 洗脱液；2—加热 N_2；3—直流电压（3～8kV）；4—反电极；5—泰勒锥体；6—热 N_2 气帘；7—取样入口；8—取样毛细管；9—四极杆质量分析器
I—大气压区域；II—真空区域

力，从而造成在毛细管出口的液面向外扩张，使带正电荷离子的溶液进一步前移，在喷雾针出口形成凸出的"泰勒（Taylor）锥体"。应选用表面张力低、电离电位低的溶剂作流动相。

（2）真空区域　取样毛细管正对准电喷雾毛细管口，管口的液体泰勒锥体产生库仑分裂形成的样品气态离子会扩散进入取样毛细管，并经离子光学聚焦系统传输到质量分析器。与此同时，也可从离子取样口的逆向通入热氮气流，以加速小雾滴中溶剂的蒸发。

取样毛细管将处于大气压下的电喷雾离子源与高真空的质量分析器二者连接起来，当此界面两边的压力差足够大时，气态离子运动的自由路程远远大于取样毛细管的入口孔径，因此在取样毛细管内气态离子的扩散为绝热扩散，气态离子扩散与取样毛细管入口的距离愈远，其温度下降的愈快，并将热能转化成动能就会以"声速"进入质量分析器。此扩散过程称为"自由喷射膨胀"，在取样管内，气态离子的随机运动，会导致离子束偏离取样口的轴线，在取样管出口形成凹陷的"马赫碟区"［见图 2-74（a）］。其厚度约 5mm，而位于轴线上的高密度离子做等速运动，称为"安静区"，在安静区可由"取样锥"（skimmer）进入马赫碟区 0.3mm 处进行采样［见图 2-74（b）］，并将样品离子送入质量分析器。此时，远离轴线的低密度气态离子就会被涡轮分子泵抽走，在采样区域应保持高真空度（1.2Torr，1Torr=133.32Pa）。

影响 ESI 效率的因素，除有机溶剂的表面张力和电离起始电位外，流动相的流

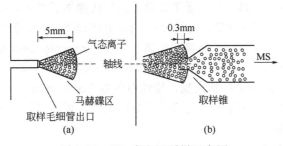

图 2-74　ESI 真空区采样示意图

速和溶液的电导率也是决定雾滴粒径分布和电荷密度的重要参数，通常低流速和高电导率会产生具有高电荷密度的细小雾滴；电喷雾毛细管的内径越小，产生雾滴的粒径分布也越窄。此外，在库仑分裂过程中，雾滴的质量损失约为 2%，电荷损失约为 15%。还应注意，当 HPLC 流动相中含有缓冲物盐类时，其浓度越高形成雾滴的粒径越小，但浓度过高会引起正、负极间产生放电现象而影响质谱检测器的线性。

电喷雾电离接口的优点是：离子化过程直接在溶液中进行，可适用于对热不稳定生物样品的分析。在电喷雾过程中可产生多电荷离子，从而扩展了质谱仪可以检测的质量范围，可用于分析高分子量（可达 100000）的样品。其缺点是：不适用于分析非极性和低极性化合物；由于电喷雾离子化过程受到诸多因素的影响，会导致分析结果重复性较差；另外，由于是软电离技术，获得的离子碎片较少，有时不能获得样品分子结构的全部信息。

2. 大气压化学电离（atmospheric pressure chemical ionization，APCI）接口（interface）

APCI 也是一种软电离技术，它可将溶液中的样品分子在汽化过程中转变成气相离子。其接口的结构示意如图 2-75 所示。接口内部也分为大气压区域和真空区域两部分，与 ESI 相似，但在大气压区域有两点与 ESI 不同。

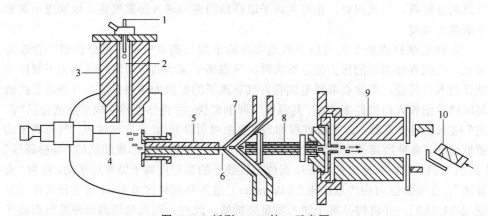

图 2-75　新型 APCI 接口示意图

1—液相入口；2—雾化喷口；3—加热蒸发器；4—Corona 电晕放电针；5—毛细管；6—CID 区泰勒锥体；
7—锥形取样锥；8—八极杆离子导向器；9—四极杆质量分析器；10—检测器

（1）快速加热蒸发器　在喷雾毛细管上施加快速加热装置，加热温度比流动相中有机溶剂的沸点低 5~10℃，可使 95%的有机溶剂挥发，并使部分样品分子在加热温度下实现离子化 [相似于热喷雾电离（thermo-spray ionization，TSI）]。

（2）电晕放电针　在喷雾毛细管出口和取样毛细管之间安装 Corona 电晕放电针 [其为直径约 2mm 的铂金针状电极，接地电压为 2000~6000V，电晕电流约 40μA（正离子）或 25μA（负离子）]，它可发射自由电子，可使样品分子和空气中的 O_2、N_2、H_2O 发生电离。

在 APCI 中，样品分子的电离过程如下，首先由 Corona 放电针发射的自由电子与离子化室中空气的 O_2、N_2、H_2O 分子碰撞产生分子离子 O_2^+、N_2^+、H_2O^+，然后这些初级离子再与样品分子（XH）碰撞，实现离子化并进入气相。在离子化室中蒸发的有机溶剂分子也充当了反应气体，促使样品化学离子化（CI）：

$$O_2(N_2) + ne \longrightarrow O_2^+(N_2^+),\ O_2^+(N_2^+) + XH \longrightarrow XH^+ + O_2(N_2)$$

$$CH_3OH + ne \longrightarrow CH_3OH^+,\ CH_3OH^+ + XH \longrightarrow XH^+ + CH_3OH$$

在真空区域也生成马赫碟区，取样锥采样都与 ESI 相同。喷雾毛细管和取样毛细管之间可保持一定的倾斜角或直角，以提高离子化效率。

样品在 APCI 的电离，首先使 HPLC 洗脱液中的有机溶剂蒸发，然后再用电晕放电使样品分子离子化，它与 ESI 具有不同的离子化机理，使两种接口的响应和选择性也不相同。这两种接口的任何一种都可以正离子或负离子模式操作，生成带有正电荷或负电荷的样品离子。

APCI 的优点是可使非极性和弱极性化合物电离，相对于 ESI，它的电离不易受实验条件（如流动相组成、缓冲盐浓度等）变化的影响。其不足之处是只能使 $m/z < 1000$ 的化合物电离，另外对热不稳定化合物，在电晕放电的作用下，会发生降解。

若在大气压力化学电离接口中没有安装 Corona 电晕放电针，而用 UV 灯使样品分子离子化，就构成大气压力光致电离（atmospheric pressure photo ionization，APPI）接口，其结构示意如图 2-76 所示。

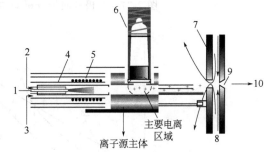

图 2-76　大气压力光致电离（APPI）
接口示意图

1—液相入口；2—喷雾氮气；3—反应空气；4—石英管；
5—加热器；6—UV 灯；7—气帘导板；8—气帘氮气；
9—取样锥孔；10—四极杆质量分析器

（二）质量分析器

在 HPLC 检测中使用的质量分析器主要为四极杆质谱、离子阱质谱和飞行时间质谱，其中四极杆在定量分析中受到重视，离子阱在结构定性分析中具有优势，而飞行时间可获得最高的分辨率。

1. 四极杆质量分析器（quadrupole mass analyser，Q-MS）

四极杆质谱由四根平行安装的圆柱形金属杆构成，其中相对的两根金属杆连在一起组成正、负电极，在对电极上施加一个固定直流电压 U 和一个交流射频电压 $V\cos\omega$（其中 $\omega=2\pi f$，f 为射频频率），正、负电极间的电位差为 $U \pm V\cos(\omega t)$，其 U/V 比值应小于 1，否则所有进入四极杆振荡电场的正离子都会被负极收集，而无法分离。四极杆质量分析器的结构及施加电压示意如图 2-77 所示。

四极杆质量分析器的质量扫描是在保持 U/V 为一定值，扫描线斜率不变的情况下，通过改变射频电压 V 来实现的。在 $U/V\text{-}k\dfrac{V}{m}$ 图示中，横坐标包括 $\dfrac{V}{m}$，因此，V

的任何改变都要相应地改变 m，在稳定振荡区内，V/m 扫描函数是线性的，可表述为：$m=m_0+kV$，即质量扫描随射频电压幅值成线性变化（图2-78）。

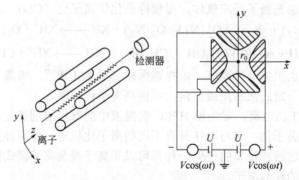

图2-77　四极杆质量分析器结构及施加电压示意图

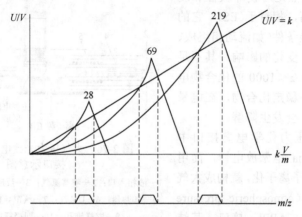

图2-78　四极杆射频扫描（改变 V）时的 U/V-$k\dfrac{V}{m}$ 图示

理论上四极杆对质量的分辨率，可以通过 U/V 比值使扫描线接近稳定振荡区的顶点，但实际上由于选择的被扫描离子会以大幅度振荡而撞击到四极杆电极上，进而降低传送率。

为保证高的传送率，四极杆的安装必须十分精密，杆电极表面不能有任何沾污，如真空泵油反扩散、色谱柱的流失、过量样品的凝聚，这些都会使振荡电场发生畸变而降低分辨率（可能由1000降至700~500）。

四极杆质量分析器提供的质谱图的质量与四根电极的装配以及 U/V 参数的调节有很大的关系。因此操作者可通过调节 U/V 的比值来改善质谱图的质量。但操作中不宜利用较低的 U/V 比值来扩展质量稳定区的范围，因为此时会降低质谱图的分辨率。

2. 四极杆离子阱质量分析器（quadrupole ion trap mass analyser，QIT-MS）

四极杆离子阱质量分析器简称为离子阱质量分析器，其保持了四极杆构成的环形电极，在四极杆的入口和出口处安装了两个可以通过离子的端盖电极，并在环形电极和端盖电极施加 $U\pm V\cos(\omega t)$ 的电压，构成三维四极电场，其结构示意及截面图见图 2-79。

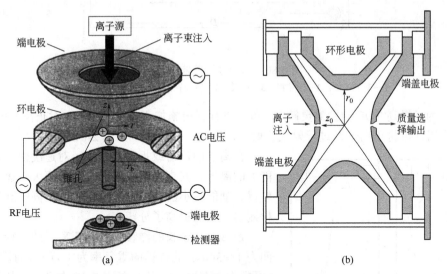

图 2-79 离子阱质量分析器结构示意（a）及截面图（b）

在离子阱内，各个离子都经历了捕集（trapping）、捕获（capture）、碰撞（collision）、扫描（scanning）和检测（detection）的过程。

离子阱具有灵敏度相同的全扫描和选择性离子扫描两种功能，同时利用它具有离子储存的功能，可使任一离子与阱内的 N_2（或 He、Ar）进行碰撞，产生化学电离（CI），从而实现二级质谱（MS-MS），它不同于两个质谱仪在空间上的串联，而是在同一个质量分析器（离子阱）内，利用时间上的差别，即在某一瞬间，选择一种母离子与 N_2 碰撞，捕获子离子的质谱图；在下一瞬间，又另选择一个子离子作为母离子，再与 N_2 进行碰撞电离，又获得次子离子的质谱图。从理论上讲可一直继续进行下去，而获得多级质谱图，但应注意，每次碰撞后，所获离子丰度会愈来愈小，并且此时获得母离子和子离子的信息不是通过射频扫描获得的，但可获得母离子、子离子和中性分子丢失的信息，从而显示离子阱质量分析器在有机物结构定性分析中的优势。

离子阱质量分析器属于低分辨仪器，其工作质量范围在 10～1000，质量精度±0.1。其优点是体积小、结构简单、价格便宜，并具有多级质谱（MS-MS）功能。不足之处是其选择性离子扫描灵敏度、检测限、线性范围、稳定性均低于四极杆质量分析器。

3. 飞行时间质量分析器（time of flight mass analyser，TOF-MS）

飞行时间质量分析器是最简单的质量分析器，它是一个无电场、无磁场的飞行管（离子漂移管），在离子进入飞行管的入口处有一个施加 270V 负脉冲电压的排斥极，用来加速距栅极较远的离子，加速时间仅为几纳秒，然后由施加 28kV 负电压的栅极进行第二次加速，并使离子进入漂移区。开始具有不同动能的正离子，经两级加速后，其具有的动能差异减小，也即减少了能量色散，在飞行管内正离子以恒定速度、线性同轴地通过长度为 D 的漂移区，经过飞行时间 t 到达检测器，其结构如图 2-80 所示。

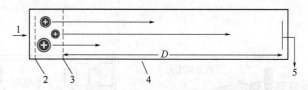

图 2-80　飞行时间质量分析器

1—离子入口；2—排斥极；3—栅极；4—飞行管；5—检测器；D—漂移区

为了提高 TOF 的检测灵敏度，可在飞行管内施加正电场，利用它对正离子的排斥作用，可将正离子经过反射或折射后，再到达检测器，如图 2-81 所示。

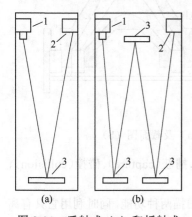

图 2-81　反射式（a）和折射式
（b）飞行时间质量分析器

1—离子源；2—检测器；3—正电场

在离子的反射或折射过程中，对速度快、动能大的离子，其克服正电场的排斥力要大于速度较慢、动能较小的离子，最后二者几乎同时到达检测器，从而提高了分辨率。

通常在 1m 长的漂移管中，正离子的飞行时间为 1～30μs，此过程的重复率为 1 万～5 万次/s（通常为 2 万次/s）。正离子在 TOF 中飞行，从离子源→加速区→漂移区，总飞行时间为各个飞行部分时间的总和。在理想情况下，离子飞行产生的热量可以忽略，但实际上会产生摩擦热，由于离子化方式不同，离子具有的动能也不相同，这会影响 TOF 的分辨率，如果选择最佳的排斥极和栅极的加速电压与合适的电极位置，就会保持离子在空间的聚集和由于时间延滞产生的能量聚焦，从而提高分辨率。

（三）检测器

在液-质联用中使用的离子检测器为电子倍增器、闪烁光电倍增器。

1.电子倍增器

它可分为不连续和连续电子倍增器。

（1）不连续电子倍增器　大多数具有 12～20 个电极，通过一个电阻分压器相互连接，由质量分析器射出的离子束打在第一个转换电极上，由于轰击产生的慢电子发射，又被加速射向第二个打拿极上，此次轰击又会再次产生电子发射，因而在电子倍增器的每个电极上都重复上述过程，最后一极为收集极，它连接一个静电放大器，以供放大、记录质谱信号。不连续电子倍增器的结构示意见图 2-82。

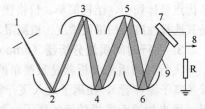

图 2-82　不连续电子倍增器结构示意图

1—离子束；2—转换极；3～6—打拿极；
7—收集极；8—静电放大器；9—二次电子

每个入射电子和每个二次电子轰击所产生的电子数目都是入射离子束的能量、结构和电极材料的复合函数。

打拿极常使用高活性 Be-Cu 合金，对一个典型具有 16 个 Be-Cu 电极的电子倍增器，在 3200V 加速电压下（每极 200V）具有 10^7 增益，更高的增益会产生不希望的噪声脉冲。

（2）连续电子倍增器　连续电子倍增器有以下几种：①平行板式；②玻璃漏斗式；③转换打拿极式；④微通道板式（或称脉冲计数检测器）。其中④已获愈来愈多的应用。

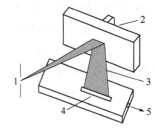

2.闪烁光电倍增器

离子束射入到带有负电压的转换电极上，由转换电极射出的二次电子束投射到闪烁晶体板上，产生光信号，再由光电倍增管收集、放大信号，光电倍增管可置于仪器真空系统之外，更换方便。其结构示意见图 2-83。

图 2-83　闪烁光电倍增器
1—离子束；2—转换电极；
3—二次电子束；4—闪烁晶体板；
5—接光电倍增管

这种通过离子束→二次电子→光子的高效转换，使闪烁光电倍增器具有增益高、噪声低、线性好的特点，其使用寿命高于电子倍增器。其闪烁晶体也可用光二极管阵列或光电耦合器件（CCD）替代。

使用闪烁晶体时转换电极需高至 4kV 的负高压，它的制作工艺复杂，体积较大。它可将光电倍增管安置在质谱仪以外，它不受质谱真空系统的污染。

（四）质谱-质谱（MS-MS）联用

在液相色谱中使用的质谱-质谱联用技术主要分为两类，一类为三重四极杆联用（Q_1-Q_2-Q_3，也包括 Q_1-Q_2-QIT），另一类为四极杆（或离子阱）与飞行时间质谱联用［Q(QIT)-TOF］。

1.三重四极杆联用（Q_1-Q_2-Q_3，或 Q_1-Q_2-QIT）

三重四极杆联用或称串联质谱，它和单级四极杆质量分析器相比，具有更高的选择性，其结构示意见图 2-84。

在第一个四极杆 Q_1 内射入的离子束，按 *m/z* 的差别被分离成 A^+、B^+、C^+、D^+，然后将具有特定 *m/z* 的 A^+ 由 Q_1 输送到充满惰性气体 N_2 或 Ar 的第二个四极杆 Q_2，使 A^+ 与 N_2（或 Ar）发生碰撞，产生化学电离，在碰撞室内 A^+ 被电离成 A_a^+、A_b^+、A_c^+ 等

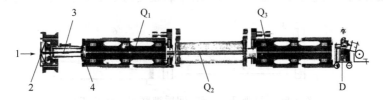

图 2-84　三重四极杆联用仪器结构示意图
1—离子束入口；2—取样锥；3—八极杆离子导向器；4—电子透镜
Q_1，Q_3—四极杆；Q_2—高压线性加速的四极杆碰撞反应室；　D—电子倍增检测器

子离子，然后使生成的子离子进入第三个四极杆 Q_3，在 Q_3 进行质量分离后，再被电子倍增检测器进行检测。通过调节 Q_1 的射频电压，可分别将 A^+、B^+、C^+、D^+ 等正离子扫描进入 Q_2，然后在 Q_2 进行化学电离，再在 Q_3 分别将 B^+、C^+、D^+ 等的子离子进行质量分离并被检测。因而三重四极杆联用，可将进样离子束中的每个离子都进行母离子、子离子的质量分离，提供了母离子和子离子的独特标志，即 $A^+ > A_a^+$，所以三重四极杆联用提供了远比单级四极杆更高的选择性，并主要应用于质谱定量分析。

为了减小三重四极杆联用仪的尺寸，现已有呈 180° 弯曲的碰撞反应室（Q_2）提供，其仪器结构示意如图 2-85 所示。

图 2-85　具有弯曲碰撞反应室的三重四极杆联用仪器结构示意图

1—离子束入口；2—离子导向器；3—碰撞聚焦器；4—Q_1：四极杆；5—Q_2：180°
弯曲碰撞反应室；6—Q_3：四极杆；7—脉冲计数检测器

美国 AB Sciex 公司生产的 QTRAP®5500 型三重四极杆联用仪，其第三个 Q_3 当 QIT（离子阱）在线性离子阱工作模式下，系统的灵敏度提高了两个数量级，扫描速度达 2000Da/s，可获很好的 Q_3 定性质谱数据。

2. 四极杆（或离子阱）与飞行时间质谱联用[Q(QIT)-TOF]

四极杆-飞行时间质谱联用（Q-TOF），其仪器结构示意见图 2-86。它在四极杆和 TOF 之间安装有由四极杆或六极杆组成的离子碰撞反应室，产生的子离子可进一步在 TOF 中实现质量分离。此种联用仪器具有极高的分辨率和质量精度，适于定量分析，其分辨率达 30000，质量准确度外标达 1×10^{-6}，具有超快的分析速度，达到三重四极杆联用的扫描速度，定量的线性范围超过四个数量级，但其无法支持 MS^3 及后续 MS^n 的分析。它实际为 Q-Q-TOF 联用。

离子阱-飞行时间质谱联用（QIT-TOF），其仪器结构示意见图 2-87。它将 QIT 与 TOF 线性组合，通过脉冲氩气在离子阱中的碰撞诱导化学电离裂解（pulsed argon

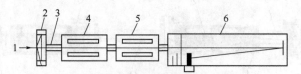

图 2-86　四极杆-飞行时间质谱联用（Q-TOF）

1—离子束；2—取样锥；3—离子导向器；4—Q：四极杆；
5—Q：六极杆碰撞反应室；6—TOF：飞行时间质量分析器

CID)，将离子阱的 MSⁿ 功能与 TOF 的高分辨率和高质量精度完美地结合，可在有限的 HPLC 色谱峰的洗脱时间内获得丰富的定性信息，为预测未知化合物的元素组成和有机结构分析提供一条新的途径。它的分析灵敏度对蛋白质（如血纤蛋白肽 A）可达

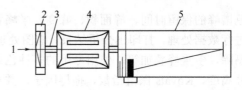

图 2-87　离子阱-飞行时间质谱联用（QIT-TOF）
1—离子束；2—取样锥；3—离子导向器；4—QIT：离子阱；5—TOF：飞行时间质量分析器

10^{-18}mol，外标准确度可达 $4\times10^{-6}\sim10\times10^{-6}$，特别适用于蛋白质组学、代谢组学，在研究过程中可从复杂生物样品的系列数据中迅速鉴别各种生物标志物。

第六节　色谱数据处理装置

图 2-88　色谱数据处理装置
1—色谱工作站；2—手持控制器

高效液相色谱仪器现已广泛使用色谱数据工作站，来控制仪器的操作参数，记录和处理色谱分析数据，并可应用专门的软件来优化色谱分析条件。

如 Agilent 1200 infinity 系列高效液相色谱仪配备的色谱工作站由手持控制器、化学工作站和 Agilent EZ Chrom Elite 软件构成（图 2-88）。

一、手持控制器

可用于操控单台仪器的正常运行，可对仪器的各种操作参数，如柱温、流动相流量等进行预先设定，对采用的定量方法和工作流程进行设定和全面控制，可实时在液晶屏上显示仪器参数和色谱图示。

二、化学工作站

可对 Agilent 的色谱系统进行最全面的控制，它具有如下功能。

（1）自行诊断功能　可对色谱仪的工作状态进行自行诊断，可对色谱柱控温精度、流动相流量精度、氘灯和氙灯的光强度及使用时间、光吸收波长校正、检测器噪声、自动进样器的线性等进行监测，并能用模拟图形显示诊断结果，可帮助色谱工作者及时判断仪器故障并予以排除。

（2）全部操作参数控制功能　色谱仪的操作参数，如柱温、流动相流量、梯度洗脱程序、检测器灵敏度、最大吸收波长、自动进样器的操作程序、分析工作日程等，全部可以预先设定，并实现自动控制。

（3）智能化数据处理和谱图处理功能　可由色谱分析获得色谱图，打印出各个

色谱峰的保留时间、峰面积、峰高、半峰宽，并可按归一化法、内标法、外标法等进行数据处理，打印出分析结果。谱图处理功能包括谱图的放大、缩小、峰的合并、删除，多重峰叠加等。使用专用的多种色谱参数的计算和绘图软件，可计算柱效、分离度、Kovats 保留指数、拖尾因子，并可绘制标准工作曲线、范第米特曲线，还可进行仿真模拟等操作。

（4）进行计量认证的功能　工作站储存有对色谱仪器性能进行计量认证的专用程序 EZ Chrom Elite，可灵活控制 Agilent 和其他厂家的色谱仪器，具有支持数百台仪器、几百个用户、多地点分布的系统，并可判定是否符合计量认证标准，并适用于质量保证（QA）和质量控制（QC）的常规工作。

（5）开放实验室（Open LAB）功能　化学工作站控制多台仪器的自动化操作，并完成全部 HPLC 方法的设定、运行、打印报告及串联运行，并可连网进行数据传输或仪器远程诊断。

Open LAB 可安全地在各个实验室和各个部门之间分享测量的色谱数据，通过相关的数据库实现业务工作的智能化管理和工作流程的自动化，以使常规分析工作流程快速运行。

（6）实验室顾问功能（Lab advisor）　通过 Internet 的专家系统，Lab advisor 可帮助色谱工作者使实验仪器保持在最佳工作状态。Agilent 1200 infinity 系列液相色谱仪提供独立于仪器控制的高级诊断和维护功能软件，可以帮助使用者以最有效的途径获得精心的业务指导，以获取高质量的色谱分析结果。

色谱工作站还可运行多种色谱分离优化软件（如单纯形优化、窗图优化、溶剂选择性三角形优化、重叠分离度图优化等多种方法）、保留指数定性软件、UHPLC 与 HPLC 的方法转换、多维色谱系统操作参数控制软件等。

第七节　高效液相色谱仪器的发展趋势

从 1969 年到现在经历近 50 年的发展，高效液相色谱仪器也已从一个在襁褓中的婴儿成长为一个健壮的长者和智者，它经历了以下几个发展阶段[17~21]。

一、从 1969 年到 1992 年

在高效液相色谱方法发展初期生产的高效液相色谱仪，当色谱工作者使用时，经常会遇到以下五个问题。

① 空气泡。由于流动相脱气未被重视，操作中检测器出现气泡，引起基线的噪声和漂移。

② 高压泵的密封圈处漏液。使用者经常使用几周后要更换密封圈。

③ 紫外灯的寿命。经常使用 500h 需更换检测灯。

④ 柱寿命。色谱柱使用寿命短，且柱间的重复性差。

⑤ 接头问题。色谱柱和管路接头规格无统一标准，更换不便。

二、从 1992 年到 2002 年

在 1992 年到 2002 年期间，上述五个问题陆续得到解决。

① 随着在线真空脱气机的广泛使用，至今它已成为高效液相色谱仪的标准辅助装置，检测器出现气泡的现象已大大减少。

② 随着新型密封材料的使用，制造商已保证密封圈可安全使用一年之久。此外，色谱工作者已明白要及时清洗流动相中含有的无机缓冲盐类，高压泵的密封已不是难以解决的问题。

③ 随着紫外灯光源制作技术的进步，贺利洛斯（Herarus）公司提供的具有紫外和可见双光源的紫外灯，寿命可达 1000～2000h，已被各国分析仪器公司广泛采用，紫外灯的寿命问题也已解决。

④ 由于色谱柱填充技术与经验的结合，现在市场提供用 5μm 填料制作的 100（或 150）mm×4.6mm 的色谱柱已成为常规 HPLC 分析使用的标准柱型，并且柱间的重复性问题已有很大的改进，但是色谱柱的使用寿命与色谱工作者的实验技能和进样工作量密切相关，至今使用寿命一般为一年，因此色谱柱的使用寿命仍存在问题。

⑤ 关于接头问题，至今不锈钢接头仍在广泛使用，但 PEEK 材料接头的推广使用，给色谱工作者带来很大的方便，并且塑料接头易于制作，具有良好的耐腐蚀性，大有很快取代不锈钢接头的趋势。

三、从 2002 年到 2012 年

高效液相色谱仪器取得的进展：

① 仪器中各种组件的替换：已设计出用几个模块构成一个组件，当仪器出现故障时，仅更换部分模块，就可使组件继续使用，这也意味着减少对仪器维修的需求。

② 建立对仪器各组成部分的自诊断功能：如对 UVD 波长的校正功能；对高压输液泵检测一定时间泵杆的运行次数和输出流动相的体积；ACQUITY UPLC^{TM} C$_{18}$ 色谱柱配备的 eCord^{TM} 装置，可自动记录色谱柱的进样次数、最大反压和操作温度。

③ Waters 制造的双柱塞各自独立驱动的往复式串联泵，耐压可达 105～140MPa，为 UPLC 或 UHPLC 的发展开拓了一条新路。

④ 新型检测器，如蒸发光散射检测器（ELSD）和带电荷气溶胶检测器（CAD）的出现预示 HPLC 将会出现和 GC 相似的通用性检测器。

⑤ 全二维 HPLC（LC×LC）的出现大大扩展了 HPLC 的分离功能。

⑥ 质谱检测器的广泛使用预示着 HPLC 崭新发展阶段的到来。

⑦ 数据处理和 HPLC 操作系统的结合，机器人的开发和自动化平台的开发。

⑧ 远程诊断和专家系统在 Internet 上的广泛使用。

四、2012 年到现在

高效液相色谱仪器今后将取得的进展可预测为[17, 18]：

（1）全自动进样器将获得普及　具有多种样品预处理功能（如顶空采样、固相萃取、固相微萃取、超声萃取等）的全自动进样器将会迅速发展，它实现了低扩散、低交叉污染采样，采样时间大大缩短（可为 10~15s），可明显减少样品预处理的人工转移操作。

（2）新型色谱柱不断涌现　由于表面多孔粒子填充柱的出现和整体柱制作专利期限截止日期的到来，以及当代由单一粒径粒子填充制作的色谱柱已达最佳柱效；可以预期使用不同粒径粒子填充的指数程序柱或用不同淤浆浓度进行指数程序填充的柱子可获更高的柱效。还应注意，如已出现在"屏蔽流路"（curtain flow）模式下操作，由"活性流路工艺"（active flow technology）提供具有无限直径效应的新型色谱柱硬件设计[21]。此外，带有"时髦标记"（smart tags）的色谱柱会迅速普及。

（3）质谱检测器的常规应用　用于 HPLC 的质谱检测器已朝两个方向发展，一方面是提供价格便宜、具有可携带性的单四极杆质谱检测器，其同 UVD 一样，演变成日常常规分析手段，并由非专业的质谱技术人员，即色谱工作者来进行操作。另一方面是联用质谱，如三重四极杆（Q-Q-Q）质谱或最新的由四极杆-轨道捕集器-线性离子阱（quadrupole-orbital trap-linear ion trap）组成的 Orbitrap Fusion 质谱系统，由质谱专业人员操作，用于组成复杂样品的分析[20]。

（4）绿色色谱技术的推广　超热水和超临界（或亚临界）二氧化碳是不引起环境污染、对环境友好的液相色谱流动相，尤其超临界 CO_2，其性质相似于低分子量的碳氢化合物，易于与常用的有机溶剂，如甲醇、乙腈，混合用作流动相，并易于与一般检测器连接，现由 Waters 提出的"合相色谱"（convergence chromatography）已获得初步应用，它也被描述称作"高流动性 HPLC"（high fluidity HPLC）。

（5）全二维高效液相色谱快速发展　现在的全二维液相色谱（LC×LC）主要是利用多通路阀对目标物的全切割来实现分离的，利用两根正交色谱柱（如离子交换柱和反相柱）分离性能的差异来增加分离色谱峰的峰容量。当色谱峰由Ⅰ维柱向Ⅱ维柱切换时，其谱带会扩展，当用阀切换时并未考虑对谱带的聚焦问题。因而，今后也会发展出由多通路阀切换演变出现类似于全二维气相色谱（GC×GC）的无阀柱切换的压力平衡切换系统。

（6）实现样品优化分离的多用途 HPLC 仪器的显现　2014 年，日本岛津公司研制的 Nexera X_2 是一种用于"UHPLC 方法探测系统（UHPLC method scouting system）"的仪器，它是由多根色谱柱和多种流动相正交结合的扫描监测系统，其使用 4 种 A 流动相（极性）和 4 种 B 流动相（非极性）与 6 根具有不同分离特性的色谱柱组合，通过三个多通路阀进行切换，可实现 96 种不同的组合方式，从而选择出对每种样品的最佳分离模式，它对开展 UHPLC 分离方法的优化研究是一个理想的分离工具[20]。

现在市场销售的高效液相色谱仪可以分为三个层次，如表 2-9 所示。

表 2-9 当前市场销售的高效液相色谱仪的现状[21]

使用目的	提供的操作压力/bar	适用的固定相粒径/μm	适用的色谱柱尺寸/(mm×mm)	柱外效应引起的方差(σ_{ec}^2)	峰容量
常规分析	400	3～10 TPP 3.6～5.0 SPP	（100～250）×4.6 50×4.6	>50μL²	20～50
常规和快速分析	600	2～10 TPP 2.5～5.0 SPP	（100～150）×4.6 （100～150）×2.1 50×3.0	10～50μL²	50～100
超快速分析	1000～1500	1.7～1.9 TPP 1.3～1.7 SPP	50×2.1	<3～10μL²	200～300

注：TPP 为全多孔粒子；SPP 为表面多孔粒子； σ_{ec}^2 为柱外效应的方差。1bar=10^5Pa。

将不同粒径的表面多孔粒子（SPP）装填在不同形式的色谱柱中，由柱外效应产生的方差对保持柱效率的影响，可见图 2-89[22]。

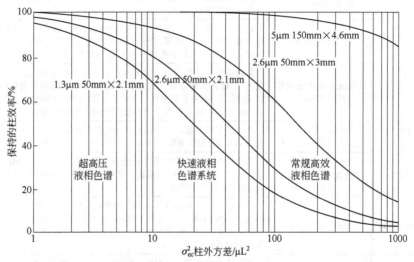

图 2-89 不同色谱柱因柱外效应引起的方差对保持的柱效率的影响

用 1.3μm SPP 填充 50mm×2.1mm 色谱柱；用 2.6μm SPP 分别填充 50mm×2.1mm 和 50mm×3.0mm 色谱柱；用 5μm SPP 填充 150mm×4.6mm 色谱柱；比较四根色谱柱由于柱外效应引起的方差（ σ_{ec}^2 ）对保持的柱效率（%）的影响，假定用于计算溶质的容量因子 k'=5，在 σ_{ec}^2 =1～10μL² 区间为优化的 UHPLC 系统； σ_{ec}^2 =10～50μL² 为快速 HPLC 系统， σ_{ec}^2 >50μL² 为常规 HPLC 系统

经历几十年的发展，HPLC 仪器也进行了多次重大的改进，色谱分离除依靠高柱效色谱柱以外，如何降低"柱外效应"对谱带扩展的影响，就成了新型 HPLC 仪器研制中的关键问题，大多数早期生产的高效液相色谱仪都不能使用当代研制的，如 1.7μm 的 ACQUITY UPLC™ C₁₈柱或高效表面多孔颗粒柱进行有效的工作，因此，仪器的及时更新是十分必要的。至今，国内外厂商已研制出多种性能先进的高效液相色谱仪，它们提供的分析数据可靠，已成为在分离科学中占有重要地位的分析仪器[21]。

表 2-10 列出了 2010 年后在国内外广泛使用的 HPLC 仪器的生产厂家、仪器型号和设备特点，以供读者参考。

表 2-10 HPLC 仪器简介

生产厂家	仪器型号	仪器特点
Thermo-Scientific	Vanquish-UHPLC	第二代 UHPLC 双柱塞二元泵压力上限达 150MPa（相当 1500bar，22500psi）
	Accela-UHPLC	亚-2μm 柱，柱压 15000psi，65μL 梯度延迟体积，可与离子阱、单四极杆、三重四极杆质谱连接
	Survey or Plus	一种简易的 HPLC，高灵敏度二极管阵列检测器，可实现超快速高效液相色谱分析，可与多种质谱仪连接
	Ulti Mate 3000	超快速液相色谱仪，1260bar 耐受压力，70μL 延迟体积 45nL 流通池
	Ulti Mate 3000 双三元系统	具有在线固相萃取、二维色谱功能，可实现纳升、常规、超快速液相色谱功能
Waters	ACQUITY UPLC™	最新型超高效液相色谱仪，高压输液泵（140MPa），新型 1.7μm C_{18} 高效柱，高速（40 点/s）采样，500nL 流通池 UVD，梯度洗脱比常规 HPLC 具有更高的柱效、分离度、灵敏度和更快的分析速度
	Alliance，Alliance GPC/2000 系列	2690 独立驱动串联双柱塞泵，3.5μm Symmetry 或 Xterra C_{18} 高效柱，2996 PDAD，ELSD，RID，FLD，MSD，Drylab 2000 Plus 模拟软件，梯度洗脱
	CapLC 系统	适用于毛细管微柱 HPLC，使用串联式双柱塞泵，不必分流，可稳定输出 1～20μL 流量，配备池体积仅为 8μL 的 2996PDAD，或 10nL 2487 UVD，并可易于实现与 MS 或 NMR 的联用或构成二维 HPLC
	Alliance 生物分离系统（2796）	其为首先商品化的全二维 HPLC 仪器一维高压输液泵 （四元梯度），二维高压输液泵（二元梯度），计算机控制具有自动柱切换的 10 通阀，一维离子交换柱（IEC），二维双柱 （RPC），可用 UVD 或 MS 检测，特别适用于蛋白质组学研究对蛋白质样品的分离
Agilent Technologies	1200 系列[①] 1220，1260，1290	串联式双柱塞泵，柱恒温箱，真空脱气机，自动进样器，可变波长 UVD，PDAD，RID，FLD，LC/MSD，化学数据工作站梯度洗脱
Perkin Elmer	Conventional LC FLEXAR FX-10，FX-15	具有自动进行溶剂压缩性补偿的并联式双柱塞泵（42MPa），梯度洗脱，自动进样器，柱恒温箱，可变波长 UVD，PDAD，RID，FLD，Totalchem 色谱工作站
PE Biosystems	Bio CAD®700E	灌注色谱仪，并联双柱塞泵（PEEK，Ti）（21MPa），低压和高压梯度，填充 POROS 固定相（PEEK 柱）的单柱、双柱或三柱可自动切换，Vis/UVD，电导检测器，手动或自动进样器，配有先进色谱软件的色谱工作站
SHIMADZU	LC-2010HT[①]，prominence LC-20A	串联式双柱塞泵（40MPa，28MPa）脱气单元，低压梯度单元，自动进样器，柱恒温箱，先进的色谱柱管理装置 （CMD）UV-Vis 检测器，PDAD，RID，FLD，ECD，化学发光检测器，Class-VP Ver6.1X 液相色谱工作站
HITACHI	LaChrom Elite 系统 L-2000 系列 Primaide，chromaster	串联式双柱塞泵，流量 0.05～1.0mL/min，40MPa，使用 ϕ2.1mm×150mm（ϕ4.6mm×100mm）反相硅胶整体柱（ODS），配有低死体积、高灵敏度的 UVD、FLD、RID、PDAD，提供稳定的 50～100μL/min 的低流速，可用于半微量分析，为此公司的高新技术产品
	L-7000[①]	实时补偿溶剂压缩性的并联式双柱塞泵（40MPa），低压和高压梯度，Vis/UVD，T2000 色谱工作站
JASCO	LC-2000 plus 系列	并联式双柱塞泵（50MPa），恒温柱箱，梯度洗脱 Vis/ UVD、PDAD、RID、FD，化学发光检测器，圆二色检测器，旋光度检测器
BISCHOFF	BISCHOFF HPLC[①]	串联式双柱塞泵（60MPa），低压梯度，恒温柱箱（5～90℃），Vis/UVD（Lambda 1010 用手毛细管柱，毛细管区带电泳，电泳），RID，PDAD，电化学检测器 BioQuant PAM2，数据处理工作站
BECKMAN COULTER	System GOLD[①] HPLC 系统	具有压力反馈，提供快速压力补偿的两个单一柱塞泵（41MPa），高压梯度，自动进样器，Vis/UVD，PDAD 柱恒温箱，配有 32Karat™ 软件的色谱工作站

续表

生产厂家	仪器型号	仪器特点
amersham pharmaciabiotech	ÄKTA FPLC[①] ÄKTA™ Purifier[①]	快速蛋白质液相色谱仪可用于纯化蛋白质、核酸和多肽，全机流路采用 PEEK 材料。并联双柱塞泵，Vis/UVD，pH/电导检测器，高分辨预装柱（凝胶过滤、离子交换、反相柱、亲和柱、疏水柱等），自动进样器，组分收集器（电动/通阀），UNICORN 软件控制的色谱工作站
KNAUER	Smartline	Smartline 1000 高压输液泵（400bar）2800 DAD，2500 UVD，3950 自动进样器 2300/2400 RID
KONNIK	HPLC	550A 高压输液泵（400bar），RID，UVD（190～740nm），DAD（190～1020nm）
英麟机器	Acme 9000	高压输液泵（6000psi）、UVD、RID
ESA	CoulArray 系统[①]	无脉冲往复式单柱塞泵两台，梯度分析，自动进样器，独特的库仑阵列电化学检测器，还可配备安培检测器，Vis/ UVD，FD，ELSD，用 CoulArray 软件控制的色谱工作站
Unimicro Technolgies, Inc（上海通微分析技术有限公司）	TriSep™PCEC 系统[①] TriSep™2010GV[①]	此仪器具有加压毛细管电色谱（PCEC）、微径液相色谱（µHPLC）和毛细管电泳（CE）三种操作模式。配有高压柱塞恒流泵（50MPa），流量 1µL/min～10mL/min，高压电源 0～3kV，Electro Pak™毛细管柱，Vis/ UVD，梯度洗脱，配有 CEC Workstation 软件的色谱工作站
	EasySep™ 1010 HPLC	无脉冲自动清洗往复式单柱塞泵两台（42MPa），Vis/ UVD，TW30 色谱数据工作站
北京彩陆科学仪器有限公司	CL2003 高效毛细管电泳（HPCE）-液相色谱（HPLC）一体机	多种类型的高压输液泵（42MPa），高压电源（0～30kV），Vis/UVD，安培检测器，色谱工作站
大连江申分离科学技术公司	LC-10 系列	串联式双柱塞泵，Vis/UVD，JS-3000 系列色谱工作站
大连依利特分析仪器有限公司	P-230 型	小凸轮驱动短行程柱塞泵，Vis/UVD，柱恒温箱，EChrom 98 色谱数据工作站
北京东西电子技术研究所	LC5500 型	并联式双柱塞泵，柱恒温箱，可变波长 UVD，A5000 色谱数据工作站
北京温分析仪器技术开发有限公司	LC98Ⅱ型，LC99Ⅰ型，LC99 型	串联双柱塞泵，单柱塞二元梯度泵，单柱塞三元梯度泵，色谱柱箱，Vis/UVD，N2000 色谱工作站
北京北分瑞利集团公司色谱仪器中心	SY-400K 系列（与德国 KNAUER 公司合作的新产品）	K-1001 串联双柱塞泵，K-1500 四元低压梯度泵 （40MPa），低压梯度溶剂组织器，Vis/UVD，RID，自动进样器
北京普析通用仪器有限公司	L6-1 系列	L6-P6 二元高压输液泵，L6-AS6 自动进样器 L6-UV6 可变波长紫外检测器，LCwin1.0 色谱工作站
上海天美公司	LC2000	LC2000 样度系统，LC2130 输液泵 LC2030 紫外检测器，T2000P 色谱工作站
上海伍丰科学仪器有限公司	LC-100PLUS	P100 高压恒流输液泵 UV100 紫外可变波长检测器 LC-WS100 色谱工作站
浙江福立分析仪器有限公司	EX1600 FI2200 FI2200Ⅱ	最新产品 高压输液泵，紫外可见检测器 AOC2500 自动进样器，FL9510 色谱工作站 最新产品

① 可提供微柱 HPLC 所需的纳升（nL）流量。

参 考 文 献

[1] 张庆合，张维冰，杨长龙，李彤. 高效液相色谱实用手册. 北京：化学工业出版社，2008：81-114.

[2] [美]Snyder L R，Kirkland J J，Dolan J W. 现代液相色谱技术导论. 第3版. 陈小明，唐雅研译. 北京：人民卫生出版社，2012.

[3] Dolan J W. LC-GC North Am, 2014, 32(6): 404-419.

[4] Dolan J W. LC-GC North Am, 2012, 30(12): 1032-1039.

[5] Sims J L. Chromatographia, 2001, 53(7/8): 401-404.

[6] Krull I S, Walfish S, Aruda W O. LC-GC North Am, 2008, 26(10).

[7] Héron S, Maloumti M-G, Dreux M, et al. LC-GC Europe, 2006, 19(12): 664-672.

[8] Héron S, Dreux M, Tchapla A. LC-GC Europe, 2007, 20(7): 414-419.

[9] Gomache P H, McCarthy R S, Freeto S M, et al. LC-GC Europe, 2005, 18(6): 245-254.

[10] Scott B, Zhang K, Wiaman L. LC-GC North Am, 2013, 31(7): 584-589.

[11] Krull I S, Rathre A, Kreimer S. LC-GC North Am, 2012, 30(9): 842-849.

[12] 杜斌，郑鹏武. 实用现代色谱技术. 郑州：郑州大学出版社，2009: 282-302.

[13] 朱良漪. 分析仪器手册. 北京：化学工业出版社，1997: 774-793, 841-869.

[14] 盛龙生，苏焕华，郭丹滨. 色谱-质谱联用技术. 北京：化学工业出版社, 2006: 130-181.

[15] 盛龙生，汤坚. 液相色谱质谱联用技术在食品和药品分析中的应用. 北京：化学工业出版社, 2008: 22-47.

[16] 刘虎生，邵宏翔. 电感耦合等离子体质谱技术与应用. 北京：化学工业出版社, 2005: 105-109.

[17] Bush L. LC-GC Europe, 2012, 25(9): 518-525.

[18] Dong M W. LC-GC Europe, 2013, 26(4): 216-223.

[19] Dolan J W. LC-GC North Am, 2013, 31(10): 854-859.

[20] Dong M W. LC-GC North Am, 2014, 32(4): 270-279.

[21] Majors R E. LC-GC North Am, 2013, 31(10): 842-853.

[22] Dong M W. LC-GC North Am, 2014, 32(6): 420-433.

第三章

液固色谱法和液液色谱法

　　液固色谱法或称吸附色谱法，液固色谱法的固定相为固体吸附剂，常用的是碳酸钙、硅胶、三氧化二铝、氧化镁、活性炭等。尤其是硅胶，它在经典柱色谱和薄层色谱中已获广泛应用。在高效液相（柱）色谱中，使用了特制的全多孔微粒硅胶和表面多孔微粒硅胶，它们不仅可直接用作液固色谱法的固定相，还是液液色谱法和键合相色谱法固定相的主要基体材料。

　　液固色谱法对具有中等分子量的油溶性样品（如油品、脂肪、芳烃等）可获得最佳的分离效果，而对强极性或离子型样品，因有时会发生不可逆吸附，常不能获得满意的分离效果。液固色谱法对具有不同极性取代基的化合物或异构体混合物表现出较高的选择性，对同系物的分离能力较差。凡能用薄层色谱法成功分离的化合物，都可用液固色谱法进行分离。

　　液固色谱法的主要优点是柱填料（固定相）价格便宜，对样品的负载量大，在pH=3～8 范围内固定相的稳定性较好。这些优点使得液固色谱法至今仍是大多数制备色谱分离中优先选用的方法。

　　液液色谱法或称分配色谱法，是在 20 世纪 40 年代由 Martin 和 Synge 提出的，它的固定相是将一种极性或非极性固定液吸附载带在惰性固相载体上而构成的。它首先用于薄层色谱法，将固定液涂渍在硅胶 G 载体上。由于可涂渍固定液的种类繁多，因此它已发展成为能分离多种类型样品的方法，包括水溶性和油溶性样品、极性和非极性化合物、离子型和非离子型化合物等。此外，它还可用于常压柱液液色谱法，具有色谱柱再生方便、样品负载量高、重现性好、分离效果好等优点。但在高效液相色谱法中，由于固定液是机械涂渍在载体上的，在流动相中会产生微量溶解，在高压流动相连续通过色谱柱的机械冲击下，固定液也会不断地流失，而流失的固定液又会污染已被分离开的组分，对色谱分离带来不良影响，这些又使液液色谱在 HPLC 中的应用受到限制，现已多被键合相色谱法取代。

第一节 分离原理

一、吸附系数

在液固色谱法中，固定相是固相吸附剂，它们是一些多孔性的极性微粒物质，如氧化铝、硅胶等。它们的表面存在着分散的吸附中心，溶质分子和流动相分子在吸附剂表面呈现的吸附活性中心上进行竞争吸附，这种作用还存在于不同溶质分子间，以及同一溶质分子中不同官能团之间。由于这些竞争作用，便形成不同溶质在吸附剂表面的吸附、解吸平衡，这就是液固吸附色谱具有选择性分离能力的基础，见图 3-1。

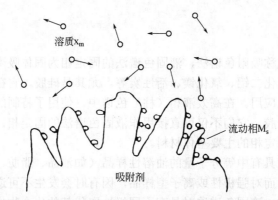

图 3-1 液固吸附色谱溶质分子在吸附剂表面的吸附

当溶质分子在吸附剂表面被吸附时，必然会置换已吸附在吸附剂表面的流动相分子，这种竞争吸附可用下式表示：

$$\mathrm{x_m} + n\mathrm{M_s} \underset{\text{解吸}}{\overset{\text{吸附}}{\rightleftharpoons}} \mathrm{x_s} + n\mathrm{M_m} \tag{3-1}$$

式中，$\mathrm{x_m}$ 和 $\mathrm{x_s}$ 分别表示在流动相中和吸附在吸附剂表面上的溶质分子；$\mathrm{M_m}$ 和 $\mathrm{M_s}$ 分别表示在流动相中和在吸附剂上被吸附的流动相分子；n 表示被溶质分子取代的流动相分子的数目。

当达到吸附平衡时，其吸附系数（adsorption coefficient）为：

$$K_{\mathrm{A}} = \frac{[\mathrm{x_s}][\mathrm{M_m}]^n}{[\mathrm{x_m}][\mathrm{M_s}]^n} \tag{3-2}$$

K_{A} 值的大小由溶质和吸附剂分子间相互作用的强弱决定。当用流动相洗脱时，随流动相分子吸附量的相对增加，会将溶质从吸附剂上置换下来，即从色谱柱上洗脱下来。吸附系数通常可从吸附等温线数据或薄层色谱的 R_{f} 值进行估算。

溶质分子与极性吸附剂吸附中心的相互作用，会随溶质分子上官能团极性的增加或官能团数目的增加而加强，这会使溶质在固定相上的保留值增大。不同类型的有机化合物，在极性吸附剂上的保留顺序如下：

氟碳化合物<饱和烃<烯烃<芳烃<有机卤化物<醚<硝基化合物<腈<叔胺<酯、酮、醛<醇<伯胺<酰胺<羧酸<磺酸

此外，溶质保留值的大小与空间效应有关。若与官能团相邻的为庞大的烷基，则会使保留值减小；而顺式异构体要比反式异构体有更强的保留。此外，溶质的保留还与吸附剂的表面结构，即吸附中心的几何排布有关。当溶质的具有一定几何形状的官能团与吸附剂表面的活性中心平行排列时，其吸附作用最强。因此液固色谱法呈现出对结构异构体和几何异构体有良好的选择性，对芳烃异构体及卤代烷的同分异构体也显示良好的分离能力。

二、分配系数

在液液分配色谱中，固定液被机械吸附在惰性载体上，溶质分子依据它们在固定液和流动相中的溶解度，分别进入两相进行分配，当系统达到分配平衡时，分配系数（partition coefficient）为：

$$K_P = \frac{C_s}{C_m} = k'\frac{V_m}{V_s} = k'\beta \qquad \left(\beta = \frac{V_m}{V_s}\right) \tag{3-3}$$

式中，C_s 和 C_m 分别表示溶质在固定相和流动相中的浓度；k'为容量因子；V_m 和 V_s 分别表示色谱柱中流动相和固定相的体积；β 为相比率（图 3-2）。

由于可用作固定液的有机化合物种类繁多，因此液液色谱法对各种样品都能提供良好的选择性。依据固定相和流动相相对极性的不同，液液色谱法可分为：正相液液色谱法——固定相的极性大于流动相的极性；反相液液色谱法——固定相的极性小于流动相的极性。

正相和反相液液色谱法都可用于分离同系物及含有不同官能团的多组分的混合物。

在正相液液色谱中，固定相载体上涂布的是极性固定液，流动相是非极性溶剂。它可用来分离极性较强的水溶性

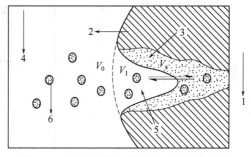

图 3-2　溶质在固定液和流动相间的分配
1—固定相；2—载体；3—固定液；
4—流动相；5—滞留流动相；6—溶质

样品，洗脱顺序与液固色谱法在极性吸附剂上的洗脱结果相似，即非极性组分先洗脱出来，极性组分后洗脱出来。

在反相液液色谱中，固定相载体上涂布极性较弱或非极性固定液，而用极性强的溶剂作流动相。它可用来分离油溶性样品，其洗脱顺序与正相液液色谱相反，即极性组分先被洗脱，非极性组分后被洗脱。

第二节　固　定　相

一、液固色谱固定相

液固色谱固定相可分为极性和非极性两大类。极性固定相主要为多孔硅胶（酸性）、氧化镁、硅酸镁分子筛（碱性）等。非极性固定相为高强度多孔微粒活性炭，近来开始使用多孔石墨化炭黑以及高交联度苯乙烯-二乙烯基苯共聚物的单分散多孔微球和聚合物包覆固定相。

（一）表征固定相物理性质的重要参数

对多孔性固体，如吸附剂和固定相载体，可用以下参数表达其物理性质。

（1）粒度（d_p）　表示固定相基体颗粒的大小。对球形颗粒是用粒子直径（简称粒径，用 d_p 表示）来量度的，对无定形颗粒系指它的最大长度。基体颗粒的大小多用标准筛来筛分。标准筛的目数和粒径的关系如表 3-1 所示。

表 3-1　标准筛的目数和粒径的关系

网孔直径/μm　　　　标准　目数	公制 ISO	美国 ASTM	美国 Taylor[①]	英国 BS
10	630	2000	1680	1676
20	315	840	833	699（22 目）
40	160	420	351（42 目）	353（44 目）
60	100	250	246	251
80	71	177	175	
100	63	149	149	152
120		125		124
140		105		
150			104	104
170		88	88	89
200		74	74	76
250		62	62	53（300 目）
325		44	43	44（350 目）
400		37	38	

① 目前国内生产的标准筛接近 Taylor 规格的较多。

（2）比表面积（S_p）　为每克多孔性基体所有内表面积（S_i）和外表面积（S_e）的总和，单位为 m²/g。对球形颗粒，其外表面积可按下式计算：

$$S_e = \frac{6}{d_p \rho} \tag{3-4}$$

式中，d_p 为颗粒直径；ρ 为密度，对粒径为 10μm 的多孔球形硅胶，其密度约为 2g/cm³，计算出的外表面积约为 0.3m²/g。在吸附色谱中使用的硅胶比表面积约为每克几百平方米，其外表面积仅占比表面积的极小部分。

（3）孔容（V_p）　为每克多孔基体所有孔洞的总体积，单位为 cm³/g 或 mL/g。

（4）孔度（孔率 ε）　为多孔基体所有孔的体积在其总体积中占有的分数，它反映了基体的分离容量的大小。

（5）平均孔径（$\bar{D}$）　为多孔基体中所有孔洞的平均直径。对多孔基体，所含不同孔洞的孔径分布呈正态分布曲线，平均孔径应位于孔径分布曲线的中间位置。对多孔性颗粒，假定孔洞为圆柱形小孔，其平均孔径与孔容和比表面积有关，可按下式计算：

$$\bar{D} = \frac{4V_p}{S_p} \tag{3-5}$$

式中，$\bar{D}$ 的单位为 nm，通常颗粒的比表面积（S_p）愈大，其平均孔径愈小。

对全多孔球形硅胶，假定二氧化硅质点以无规则方式堆积，则平均孔径为：

$$\bar{D} = (1.32 - \varepsilon)\frac{4V_p}{S_p} \tag{3-6}$$

式中，系数 1.32 适用于 $0.3<\varepsilon<0.8$ 的情况，这是由于孔与孔之间相贯通而使 ε 值有差别。根据平均孔径的大小，可将硅胶分为小孔硅胶（$\bar{D}<2nm$）、中孔硅胶（$2<\bar{D}<50nm$）和大孔硅胶（$\bar{D}>50nm$）。当孔径增大时，全多孔硅胶的机械强度降低，但对 $\bar{D}>10nm$ 的硅胶，仍能承受 75MPa/cm² 的压力，对大孔硅胶可用压汞法测定孔径分布，对小孔硅胶可用流动吸附色谱法测定。

（二）液固固定相的分类

第一类，极性固定相。

1. 硅胶

至今在液固色谱法中最广泛应用的是极性固定相硅胶。

（1）硅胶的潜在特性[1,2]

① 硅胶可制成不同形态的各种微球，如非多孔粒子（nonporous particles，NPP）；全多孔粒子（total porous particles，TPP）；表面多孔粒子（superficially porous particles，SPP）；双重孔径粒子（bimodal porous particles，BPP）和庞大多孔粒子（giga-porous particles，GPP）。

② 硅胶可制成具有不同粒径和不同孔径的各种微粒。如亚-2μm（1.1～1.9μm）、亚-3μm（2.5～2.7μm）、3μm、3.5μm、5μm、10μm 至 40μm 的各种粒径的粒子，它们的孔径可达 6.0～400μm。

③ 硅胶表面存在的硅醇基（—Si—OH），使它易于进行多种共价化学反应，对其表面进行改性处理，可制成品种繁多的键合固定相。

④ 通过无机-有机杂化反应，进行物理增强，可制成耐压超过 1000bar、具有高机械强度的亚-2μm 的全多孔球形硅胶粒子（1.7μm ACQUITY UPLC™）。

⑤ 可利用特定的反应条件，生产粒径分布（particle size distribution，PSD）很窄的（$d_{p10}/d_{p90} < 1.2$ d_p 为粒径）高度均一性粒子，可降低色谱峰的谱带扩展（降低范第姆特方程式中的 A 项），提高色谱柱的柱效。

⑥ 它作为固相吸附剂或固定相载体，在 HPLC 分析中能适应各种溶剂（如水和多种有机溶剂）的洗脱。

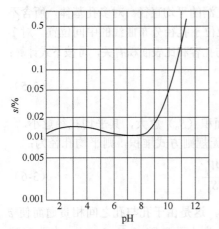

图 3-3　在水中作为 pH 函数的硅胶溶解度(s)-pH 图

硅胶在酸性和中性水溶液中是稳定的，但当 pH>8.0 以后，它会逐渐溶解，这是硅胶的唯一不足之处，但是至今为止，在 HPLC 填料中，它仍是最令人满意的填充介质（见图 3-3）[3]。

（2）在 HPLC 中应用硅胶固定相的发展过程　当前在 HPLC 中，使用的硅胶固定相主要分为全多孔硅胶（TPP）和表面多孔硅胶（SPP）两类。

① 全多孔硅胶　在 20 世纪 60 年代末期和 70 年代初期，HPLC 多使用 10～40μm 全多孔无定形硅胶填料，到 70 年代末期开发出 10μm 全多孔球形硅胶粒子。

由于认识到使用较小粒子可以提高色谱柱柱效，在 80 年代已广泛使用 5μm 全多孔球形硅胶粒子。90 年代 3μm 全多孔球形硅胶已经出现，90 年代末期发展了由烷氧基硅烷水解制取金属杂质含量更低的 B 型硅胶的技术，使制取小粒径全多孔硅胶方法获得快速发展，其目的皆为不断提高色谱柱的柱效。

进入 21 世纪后，Waters 公司开发了"杂化颗粒技术"（hybrid particle technology，HPT），合成了 2.5μm、3.5μm、5μm、7μm 的 XTerra，适用的 pH 范围达 2～12。2003 年 Waters 公司又开发了"亚乙基桥联杂化"（ethylene bridged hybrid，BEH）技术，制备了 1.7μm、耐压超过 140MPa 的超高效液相色谱固定相 ACQUITY UPLC™[4,5]。

到 2005 年，Agilent、Alltech、Bischoff、Thermo 公司也先后制作出 1.3μm、1.5μm、1.8μm、1.9μm 的亚-2μm 的全多孔硅胶固定相。

② 表面多孔硅胶[6,18,19]　20 世纪 60 年代在高效液相色谱发展的初期，出现了薄壳型硅胶固定相，它是在直径 30～40μm 的玻璃珠表面涂布一层 1～2μm 厚的硅胶微粒层而制成的具有孔径均一、渗透性好、溶质扩散快的新型固定相，使液相色谱实现了高效和快速分离。但由于薄壳型固定相对样品的负载量低（<0.1mg/g），未能获得推广使用。

2001 年，为了进行生物大分子蛋白质和肽的分析，引入了全新的表面多孔粒子，粒径为 5μm，具有 0.25μm 的多孔层壳。

2007 年，一场变革开始了，一种新研制的亚-3μm 表面多孔粒子出现了，其粒径为 2.7μm，具有 1.7μm 熔融硅核和 0.5μm 的多孔层薄壳，可同时用于大分子和小分子的分析。这种经过改进粒子的设计，使它组合了全多孔和非多孔粒子的优点，这种粒子约总体积的 75%为多孔结构，因而解决了早期薄壳粒子负载样品容量低的不足。

2.7μm 表面多孔粒子的结构剖面图，见图 3-4。由粒子的孔度和对样品的负载量比较，2.7μm 和 2.6μm 的 SPP 相当于 1.8μm 和 1.3μm 的 TPP。它们可于 60℃、耐压 60MPa，在 pH=2～8 的水溶液中使用。

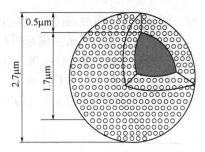

图 3-4 2.7μm 表面多孔粒子（SPP）结构剖面图示

近年对 SPP 粒子的微型化正一步步地实现，2009 年已提供 1.7μm 的 SPP，并用于肽的有效分离。

柱性能的突破来自 2013 年，先后提供了 1.3μm 和 1.6μm SPP，这些亚-2μm SPP 粒子（1.3μm、1.6μm、1.7μm）填充在 50mm×2.1mm 色谱柱中，可获得理论板数高达 500000 塔板/m 的高柱效，显然此时需在超高压液相色谱仪中进行操作。

现在市场提供的 SPP 粒子可分为 3 个层次。常规的：3.6μm、4.0μm、4.6μm、5.0μm。亚-3μm：2.5μm、2.6μm、2.7μm。亚-2μm：1.3μm、1.6μm、1.7μm。

在 HPLC 中，使用表面多孔硅胶粒子的优点主要表现在：当使用常规高效液相色谱仪时，在同样尺寸的色谱柱（75mm×2.1mm）分别填充 3.5μm 全多孔硅胶和 5.0μm 表面多孔硅胶粒子，分析同一种蛋白质混合物样品，表现出填充 SPP 粒子的色谱柱柱压降低，并改善了在 TPP 粒子柱样品分离的选择性。如图 3-5 所示[2]。

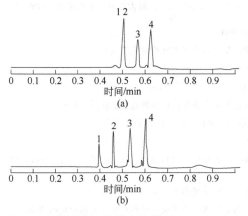

图 3-5 四种蛋白质混合物样品在（a）TPP 粒子柱、（b）SPP 粒子柱分离选择性的变化

（a）TPP 粒子：Zorba×300SB-C₁₈，3.5μm，75mm×2.1mm，柱前压：334bar，柱温：70℃

（b）SPP 粒子：Porashell 300 SB-C₁₈，5.0μm，75mm×2.1mm，柱前压：153bar，柱温：70℃

梯度洗脱：A，0.1%三氟乙酸水溶液，B，乙腈（含 0.07%三氟乙酸）；UVD（215nm）在 1.0min 内 B 由 15%→100%，流速：2.0mL/min，进样量：1μL（125～500μg/mL）

样品：1—neurotensin；2—核糖核酸酶；3—溶菌酶；4—肌红蛋白

（3）A 型和 B 型硅胶[1] A 型硅胶是由可溶性硅酸盐在酸中水解生成无定形 SiO_2 微粒，并聚集在尿素-甲醛溶液中，经搅拌生成 SiO_2 微粒和脲醛树脂聚集组成的球形粒子，经干燥、灼烧后，脲醛树脂炭化、分解，制成具有全多孔的硅胶粒子，它们具有高孔度，呈现不规则孔形，孔壁较薄，易溶于碱性水溶液，称作硅凝胶（sil-gel），粒子中通常夹杂高金属含量。

B 型硅胶是由四乙氧基硅烷部分水解生成聚乙氧基硅烷，形成一种黏稠液体，通过剧烈搅拌，在乙醇-水混合物中乳化，形成球形粒子，转化成硅胶溶胶粒子，再通过催化诱导水解凝聚，引起表面硅醇基的充分交联。然后将水合凝胶球形微粒加热干燥，以生成干凝胶球形微粒，它们具有低孔度，呈现规则孔形，孔壁较厚，其机械稳定性高于硅凝胶，而被称作硅溶胶-凝胶（sol-gel），粒子中夹杂金属含量很低。

硅胶中含有的痕量金属杂质是引起色谱峰形拖尾和柱效损失的因素。A 型硅胶由于残留高金属含量，分析碱性化合物可引起峰形拖尾；B 型硅胶由于金属含量低，分析碱性化合物不产生拖尾现象。现在制作新型高效键合固定相已全部使用 B 型硅胶。这两种硅胶金属含量的差别可见表 3-2。

表 3-2　A 型和 B 型硅胶的金属含量

硅胶类型	金属含量/×10^{-6}										
	Na	K	Mg	Al	Ca	Ti	Fe	Zr	Cu	Cr	Zn
A 型：Zorbax SIL	17	nd①	nd	57	9	32	21	88	<1	nd	88
B 型：Zorbax R$_x$-SIL	10	<3	4	1.5	2	nd	3	nd	nd	nd	1

① nd—no data，无数据。

通常色谱级硅胶含 0.1%～0.3%的金属杂质。金属杂质产生的强吸附位比残留硅醇基强约 50 倍。存在于硅胶网络中的金属杂质会增强邻近硅醇基的酸性。金属杂质是通过硅醇基与碱性化合物发生相互作用的。

硅胶是最通用的极性固定相和制作化学键合固定相的载体，为了描述硅胶的特性，可用表 3-3 列出的硅胶粒子的各种参数来表达。

表 3-3　硅胶粒子的参数

参数	色谱的效应
1.粒子尺寸或粒径 d_p	较小的 d_p 通常更有效率，压力降较高（$\Delta p \approx \frac{1}{d_p^2}$），较大的表面多孔粒子（SPP）对小的全多孔粒子（TPP），可给出相似的柱效
2.粒子尺寸分布	宽分布会影响柱压力降或效率，窄分布给出更好的填充重复性
3.比孔体积	影响键合化学和固定相样品容量
4.比表面积	影响键合相覆盖率，典型比表面积为 150～300m²/g
5.孔径	宽孔允许较大分子进入孔内并接触孔内表面，较小的孔可能排斥一些分子
6.全柱的孔度	粒子之间的柱体积+粒子内孔洞的柱体积，影响孔体积 V_0 和柱效
7.填充密度/(g/mL)	影响样品容量，可影响柱压力降
8.硅胶痕量金属含量	A 型硅胶具有较高的痕量金属并因而呈现更强的酸性；B 型硅胶是更纯的硅胶并优先推荐使用
9.键合相的覆盖率	影响保留值，较高的覆盖率通常意味着更强的保留值，单位为 μmol/m²
10.键合相的密度	在反相色谱，可影响润湿性并引起在低百分含量有机相存在下的固定相的塌陷
11.粒子的机械强度	对 UHPLC（HPLC），粒子必须耐受高至 19000psi［相当于 1300bar］的压力，破碎的粒子会引起额外的压力降并堵塞多孔过滤片
12.pH 范围	理想的裸露和键合粒子将能耐受全部的 pH 范围，而不会牺牲效率和粒子的完整性
13.粒子形状	对填充的重覆性，球形粒子是优先推荐的，由于价格因素，不规则形状粒子有时选择用于制备液相色谱
14.固定相负载能力	可被负载到一个柱子上的溶质的最大量，通常认为柱效降低 10%作为柱子的最大负载量，对制备液相色谱最重要
15.价格	硅胶粒子是由相对不太昂贵的硅烷大量生产的，球形粒子比不规则粒子更昂贵，但被大多数色谱工作者优先采用，键合相大部分使用不太昂贵的硅烷试剂合成，但特殊的试剂价格的确很贵。每次进样的价格是最小的

（4）硅胶表面的硅醇基及影响吸附性能的因素 在 HPLC 中使用的硅胶粒子，其粒径为 1.0～10μm、孔径为 6～400nm，可为球形或无定形，这些粒径呈现窄分布的全多孔硅胶具有很大的比表面积，可在高的流动相压力下保持良好的机械强度，并对溶质产生快速的质量传递，在硅胶表面存在着不同形态、具有反应活性、易于改性的硅醇基，如图 3-6 所示[1]。

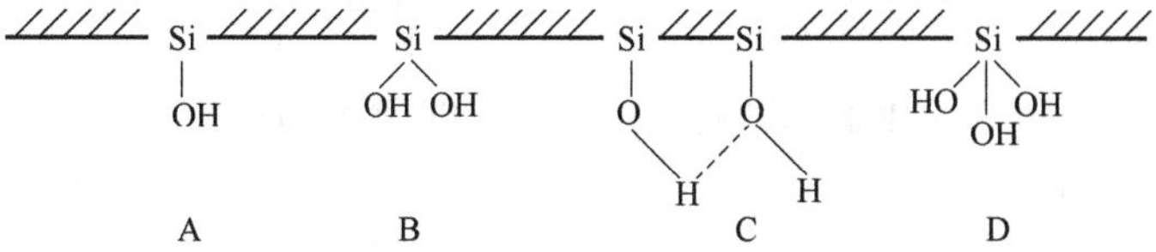

图 3-6 硅胶表面的硅醇基

A—游离硅醇基；B—成对的硅醇基；C—桥联的硅醇基；D—三重硅醇基

生成硅胶材料的纯度、微量金属的含量、硅醇基的活性，都可影响硅胶固定相的色谱行为（如不同色谱柱之间和不同批号产品之间的重复性），其中硅胶表面的硅醇基在色谱行为中起着关键作用。

硅胶表面的硅醇基与碱性化合物反应可导致峰形拖尾和色谱分离度的损失。硅胶可包含酸性很强的异构硅醇，其 pK_a<3（存在金属杂质），因而在 pH=2 的介质中，硅醇基的影响也不能完全避免。在高 pH 值介质中，硅醇基会发生水解或接枝成桥联状态。

常用的硅胶吸附剂，其含水量对色谱分离性能有很大的影响。未经加热处理的硅胶，其表面游离型硅醇基被水分子覆盖，不呈现吸附活性。当将其在 150～200℃以下加热，进行活化处理时，会除去一些水分子，使表面相邻的游离硅醇基之间形成氢键，而获得具有最强活性吸附中心的氢键型硅醇基，用于高效液固色谱的商品硅胶皆属于此种类型。若加热超过 200℃，部分氢键型硅胶再脱水，就形成吸附性能很差的硅氧烷键型。对大孔硅胶，上述活化处理过程是可逆的，对小孔硅胶此过程是不可逆的，若加热温度超过 600℃，则硅胶表面皆成为硅氧烷键而失去吸附活性。上述过程如图 3-7 所示[1]。

使用薄壳型 Perisorb A 硅胶固定相来分离苯、甲苯、乙苯、丙苯、丁苯同系物样品时，用含水量不同的正庚烷作流动相，分离结果如图 3-8 所示。

购置的商品硅胶吸附剂表面皆为氢键型硅醇基，表现出很强的吸附活性，反而会引起化学吸附，造成色谱峰峰形拖尾，并延长吸附柱的再生时间。为消除此种不良影响，常向硅胶柱中加入少量极性改性剂，如在流动相中加入适量水，就可钝化最强的吸附活性中心，使其由氢键型硅醇基转化成对样品有适当吸附作用的游离型硅醇基。通常使每 100m² 吸附剂表面含水 0.02～0.03g 就可达此目的，如对每 100g Porasil A 吸附剂中加入 8～12g 水，就可达到硅胶表面改性，而保持适当吸附活性的目的。为控制硅胶吸附剂的含水量，通常都采用含一定量水的流动相来使硅胶固定相的含水量达到平衡。

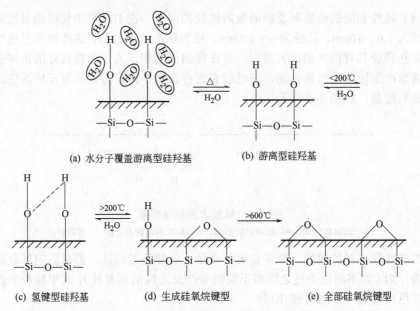

(a) 水分子覆盖游离型硅羟基　　　　(b) 游离型硅羟基

(c) 氢键型硅羟基　　(d) 生成硅氧烷键型　　(e) 全部硅氧烷键型

图 3-7　硅胶表面结构经热处理的变化

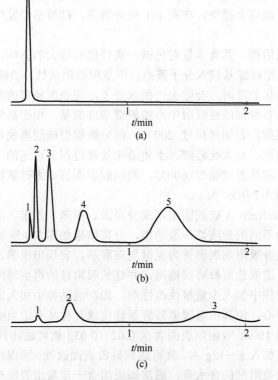

图 3-8　流动相的水含量对分离的影响

固定相：Perisorb A；流动相：（a）用分子筛干燥的正庚烷，（b）一份水饱和的正庚烷和两份干燥的
正庚烷，（c）水饱和的正庚烷；样品：1—苯；2～5—苯化合物

当硅胶经化学改性处理后，其所含金属杂质的影响依然存在，也会使硅胶在高 pH 值有更大的稳定性。硅胶在化学改性（如硅烷化）前，如用强酸处理可除去高于 1/3 的金属杂质。同样若用 EDTA 处理硅胶也可除去金属杂质。应当注意，若作为流动相使用的溶剂中含金属杂质，会严重改变色谱柱的性能。表 3-4 为硅胶载体表面特性对色谱保留行为的影响。

（5）不同结构的硅胶粒子[2]　硅胶吸附剂微球中的孔径大小和孔的形态分布也对色谱分离性能产生很大的影响。除了前面介绍的通用型全多孔和表面多孔粒子外，HPLC 早期使用的薄壳微粒硅胶和 1～3μm 的非多孔微粒硅胶，它们的外观如图 3-9 所示。

表 3-4　硅胶载体表面特性对色谱保留行为的影响

表面存在的基团或离子	产生的影响
游离的硅醇基	①附加的吸附 ②与碱性化合物发生作用 ③在低 pH 值发生离子交换
桥联硅醇基	增强羟基化合物的保留
金属离子（Na^+、Ca^{2+}、Mg^{2+}、Fe^{2+}、Al^{3+}等）	①增强邻近硅醇基的酸性（使峰形拖尾） ②与螯合化合物强的相互作用

(a) 全多孔硅胶（d_p=3～10μm，$\overline{D}$=2～50nm）　(b) 薄壳硅胶（d_p=40μm；薄壳厚度d=1μm，$\overline{D}$=5～100nm）　(c) 非多孔硅胶（d_p=1～3μm）

图 3-9　不同结构硅胶的外观图示

全多孔固定相内部的不同孔结构，如图 3-10 所示。

近年为满足生物大分子的分析，制备了一些非典型、具有特殊孔隙结构分布的硅胶，它们分别为：

① 双重孔径硅胶粒子（bimodal porous silica particles）。它由两种不同孔径的现代表面多孔硅胶粒子混合而成，这两种粒子外壳的孔径相差 10 倍。一种粒子是在无渗透的大核上，用小的固体微粒聚集成外壳，在微粒之间形成 100nm 的大孔。另一种粒子是在无渗透的微核上，用极小的超微粒子聚集成外壳，在超微粒子之间形成 10nm 的小孔。这两种粒子中的大孔和小孔就会构成色谱柱中全部粒子的双重孔径尺寸的分布。此种粒子至今未实现商品化。

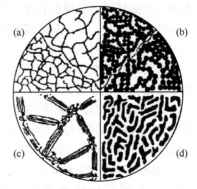

图 3-10　全多孔固定相内部的不同结构
（a）由单独的大分子交联后构成的均匀网络结构；
（b）由较小或较大的球形粒子构成堆积结构；
（c）由聚合物分子结晶构成大孔网络结构；
（d）由不同尺寸分子构成类似海绵结构

② 庞大多孔硅胶粒子（giga-porous silica particles）。它的粒径约 20μm，是由具有窄孔径分布的高纯硅溶胶的选择性凝聚制备的，其孔径为 400～800nm，允许很大的分子进入孔内而无阻碍。这种窄孔径分布的庞大多孔硅胶粒子，为蛋白质等生物大分子的分析提供感兴趣的新途径。

上述两种非典型硅胶粒子的外观如图 3-11 所示。

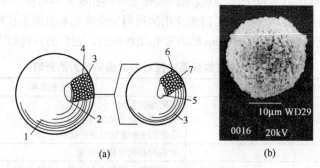

图 3-11　两种非典型硅胶粒子外观图示

（a）双重孔径硅胶粒子；（b）庞大多孔硅胶粒子（扫描电镜图片，d_p= 20μm，$\bar{D}$ =400～800nm）

1—大颗粒；2—无渗透的大核；3—表面微粒；4 —大孔（$\bar{D}$ =100nm）；

5—无渗透的小核；6—超微粒子；7—小孔（$\bar{D}$ =10nm）

2. 其他极性固定相

在液固色谱使用的极性固定相，除硅胶外，还有 Al_2O_3、ZrO_2、TiO_2、MgO 等，其中 Al_2O_3 由于具有较好的导热能力，今后，在亚-2μm 粒子的制作中，会扩展它的应用。

在极性吸附剂中，硅胶和硅酸镁为酸性吸附剂（表面 pH=5），氧化铝、二氧化锆、二氧化钛和氧化镁为碱性吸附剂（表面 pH=10～12）。如用酸性吸附剂分离碱性物质（如胺类），或用碱性吸附剂分离酸性物质（如羧酸、酚类），就可能造成色谱峰的严重拖尾或不可逆的保留，为克服此现象，可向流动相中加入改性剂。用硅胶分离碱性样品时，若向流动相中加入少许碱性物质（如三乙胺），就可减轻色谱峰的拖尾或永久性吸附。

第二类，非极性固定相。在 HPLC 中使用的非极性吸附剂为高聚物微球、聚合物包覆固定相和石墨化炭黑。

（1）高聚物微球　高聚物微球主要是由苯乙烯和二乙烯基苯以高交联度共聚制备的全多孔单分散微球，Ugelstad 等用种子溶胀聚合法制备的 7～20μm 全多孔单分散微球，后由 Phamacia 公司发展成 MonoBeads 系列和 SOURCE 系列，此外 Hitachi（日立）凝胶 3011、Yanoco（柳本）Gel-5510、Waters 公司 μ-Styragel 皆为相近的产品。近年还生产了 1～3μm 的非多孔单分散微球，已用于以超热水作流动相的 HPLC 分析和超高压填充毛细管液相色谱分析中。

高聚物微球的另一类产品称作流通粒子（flow-through particle），它是由 Afeyan、Regnier 等研制的灌注色谱（perfusion chromatography）固定相，是为生物大分子分离、纯化而专门设计的，其也是苯乙烯和二乙烯基苯的共聚物，粒径为 10μm、20μm、50μm，也可作为制备液相色谱固定相。此固定相颗粒内部的孔具有两种不同尺寸的孔径，一种是大孔，称作流通孔，孔径 400～800nm；另一种是小孔，称作扩散孔，孔径 30～100nm。小的扩散孔把大的流通孔连接在一起，如图 3-12 所示。这些孔道允许流动相直接进入颗粒内部并能贯穿通过颗粒。这相当于流通孔把一粒填料分割成许多细小的粒子，当溶质分子进入流通粒子时，同时存在扩散传质和对流传质，从而降低了传质阻力。流通粒子的多孔结构使其比表面积并未

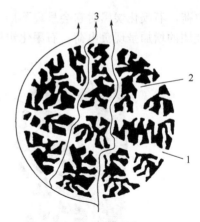

图 3-12　流通粒子
1—流通孔；2—扩散孔；3—流动相流动方向

减小，因此样品负载量也未减小；此外，由于流通孔的存在，色谱柱的通透性良好，降低了填充柱的阻力。所以用灌注色谱固定相制备的色谱柱具有高负载量、高柱效，可在低操作压力下以高流速进行分析。应当指出，流通粒子最适用于生物大分子的制备分离，而较少用于小分子的常规分析分离[7,8]。

（2）聚合物包覆固定相　聚合物包覆固定相是针对无机氧化物基体材料硅胶的缺点而研制出来的。硅胶在 pH>8 的碱性介质条件下会溶解而不稳定；在其孔隙中大分子难于扩散而降低柱效；硅胶表面的硅醇基具有离子交换作用，会影响分离。为了改善硅胶的不足之处，并将其制成非极性固定相，人们就在硅胶表面包覆聚丁二烯（PBD）[9,10]、聚苯乙烯（PS）[11]、苯乙烯-二乙烯基苯共聚物（PS-DVB）[12]、聚乙烯（PE）[13]等聚合物。早期的制备是采用物理包覆法，现多采用将硅胶表面改性后，再用引发剂与单体进行化学键合。还可用化学气相沉积法，将甲苯、己烷、异辛烷等进行高温热裂解，用热解碳沉积在硅胶表面制成非极性固定相[14]。近年还报道使用 Al_2O_3、TiO_2、ZrO_2 等氧化物来制备包覆前述聚合物的固定相。尤其是 TiO_2 和 ZrO_2 在机械强度和在广 pH 值范围内的稳定性方面要优于硅胶[15]。图 3-13 为聚合物包覆硅胶固定相结构示意图。

（3）石墨化炭黑[1]　石墨化炭黑是近年广泛推荐使用的非极性固定相，Knox 和 Gilbert 提出用硅胶作模板制备多孔玻璃炭小球的方法后，才解决了石墨化炭黑的生产方法问题。此法是利用全多孔硅胶微球作模板使其吸附酚醛树脂至饱和，然后在无氧条件下加热便生成玻璃碳微球，再用热 NaOH 将二氧化硅溶出，它所占的体积成为孔隙，就制成全多孔玻璃碳微球。再经高于 2000℃高温处理，除去微孔，就制成层状结构结晶体石墨化炭黑。此法已由 Shandon/Hypersil 公司投产，制成商品 Hypercarb，其粒径为 5～7μm、孔径为 25nm、比表面积约 110m²/g、耐压 70MPa。它可在极端 pH 下、存在盐类的流动相中和升温条件下具有良好的稳定性。它具有独特的保留机制，对平面分子结构非极性化合物呈现强烈的保留。对非平面分子结构的非极性化合物呈现弱的保留。若极性化合物随分子中极性官能团的增加呈现正

电荷，石墨化炭黑对它会呈现不期望的高亲和倾向；若极性化合物随分子中极性官能团的增加呈现负电荷，石墨化炭黑会降低对它的保留，并对结构相关化合物增强

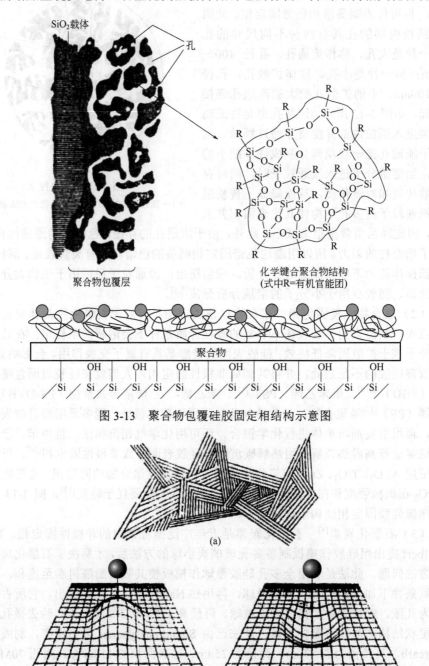

图 3-13　聚合物包覆硅胶固定相结构示意图

图 3-14　石墨化炭黑的层状结构及与样品分子相互作用的特性

（a）石墨化炭黑与非极性固定相的层状结构；（b）石墨化炭黑与非极性分子和极性分子相互作用的特性

选择性。它可用于分离在反相键合硅胶上不能分离的相关化合物，如高极性化合物的分离和几何异构体、非对映立体异构体的分离。石墨化炭黑已用于一甲胺、二甲胺和三甲胺的分离，多氯联苯的分离，非离子表面活性剂 Triton X100 的分析。在流动相中加入手性添加剂后，可用于手性化合物的分离（图 3-14）。

石墨具有三维立体结构，而石墨化炭黑微球的表面由片层状的六方晶体的碳所组成（图 3-15）。其排列情况类似于多核芳烃中的稠并环结构，它不同于通常的石墨，具有二维结构。

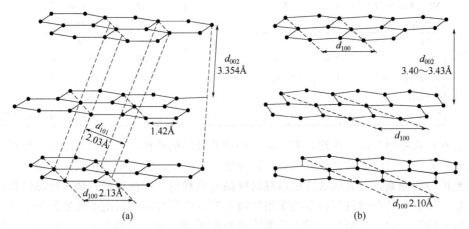

(a)   (b)

图 3-15 石墨与石墨化炭黑的晶体结构比较示意图
（a）石墨；（b）石墨化炭黑

在石墨化炭黑中，002 晶面之间的宽度[3.40～3.43Å(1Å=10^{-10}m)]比石墨（3.354Å）要宽。正是这种片层状的结构，赋予石墨化炭黑微球具有反相填料的保留特性。

用于液固色谱的全多孔硅胶，粒径 1～10μm，比表面积为 200～500m^2/g，平均孔径 6～100nm，孔容大于 0.7cm^3/g，早期生产的薄壳硅胶，其比表面积就小得多，为 1～14m^2/g，表 3-5 为液固色谱法常用的全多孔硅胶和早期生产的薄壳硅胶的物理性质。

表 3-5 液固色谱法常用的全多孔和早期生产的薄壳硅胶固定相的物理性质

类型	商品名称	形状	粒度/μm	比表面积/(m²/g)	平均孔径/nm	生产厂商
全多孔硅胶	YQG	球形	5～10	300	30	北京化学试剂研究所
	YQG-1	球形	37～55	400～300	10	青岛海洋化工厂
	Lichrospher Si-100	球形	5～10	370	10	E. Merck（德）
	Zorbax SIL	球形	6～8	300～250	6～8	Du Pont（美）
	Vydac HS	球形	5，10，20	500～300	8～10	Separation Group（美）
	TSK gel LS-310	球形	5～15	380～250	8～50	东洋曹达（日）

续表

类型	商品名称	形状	粒度/μm	比表面积/(m²/g)	平均孔径/nm	生产厂商
全多孔硅胶	Nucleosil	球形	5～10, 15～63	450～200	5, 10, 30, 400	Macherey-Nagel（德）
	Supeleosil	球形	3, 5	170～75	10～30	Supelco（美）
	DG 1-4	球形	37～75	500～25	10, 200, 400, 800	天津化学试剂二厂
	Porasil A-D	球形	37～75	500～25	10, 200, 400, 800	Waters（美）
	Micor Pak Si-150	球形	5	550	15	Varian（美）
	Econosphere	球形	3.5, 10	200	8	Alltech（美）
薄壳硅胶	YBK	球形	25～37～50	14～7～2	5～50	上海试剂一厂
	Zipax	球形	37～44	1	80	Du Pont（美）
	Corasil I，II	球形	37～50	14～7	5	Waters（美）
	Perisorb A	球形	30～40	14	6	E. Merck（德）
	Vydac SC	球形	30～40	12	5.7	Separation Group（美）

在选择吸附剂时，应注意表 3-4 中列举的吸附剂特性，吸附剂的形状和粒径不仅直接影响柱效率，并对填充色谱柱的方法产生影响。吸附剂的比表面积是一个最重要的特性因素，它直接决定色谱柱对样品的负载量（即柱容量）和对样品的保留性质。如欲保持色谱柱对样品的保留性质不变，必须控制吸附剂的比表面积仅在一个较窄的范围内发生变化。对大多数多孔性吸附剂，其比表面积约为 400m²/g。这是一个具有实用价值的最佳值。比表面积又是平均孔径的函数，随平均孔径和粒径的减小会增加比表面积，但同时也会使溶质在色谱柱中的传质过程变坏。比表面积的降低，意味着降低样品的负载量。对硅胶吸附剂平均孔径为 6～80nm，若孔径小于 6nm，它会对小分子溶质产生排阻作用，用它填充的色谱柱柱效要比具有相同粒径、孔径大于 6nm 的填充柱低。

表 3-6 为当代使用的硅胶表面多孔粒子（SPP，包括亚-2μm）构成的色谱柱目录（包括正相、反相、HILIC 等键合相）[6]。

表 3-6（a）　用于小分子分离的表面多孔粒子（SPP）的型号和它们的特性[①]

生产厂商	商品型号	粒度/μm	固核直径/μm	薄壳厚度/μm	孔径/Å	表面化学性质
Thermo Fisher Scientific	Accucore	2.6 4.0	1.6 3.0	0.5 0.5	80	C₁₈、C₈、RP-HS、aQ、Phenyl-Hexyl、PFP、Phenyl X、HILIC、Polar Premium（RP-Amide）HILIC-Urea
	Accucore XL	1.4（4.0）	0.9（3.0）	0.25（0.5）	80	C₁₈、C₈
YMC	Meteoric Core	2.7	1.7	0.5	80	C₁₈、C₈
Fortis	Speed Core	2.6	1.8	0.4	80	C₁₈、PFP、Biphenyl、HILIC
Knauer	Blue Shell Classic	4.5	3.5	0.5	80	C₁₈、C₈
	Blue Shell	2.6	1.6	0.5	80	C₁₈、C₁₈A、Phenyl-Hexyl、PFP、HILIC

续表

生产厂商	商品型号	粒度/μm	固核直径/μm	薄壳厚度/μm	孔径/Å	表面化学性质
Restek	Raptor	2.7（5.0）	1.7	0.5	90	C_{18}、ABC-C_{18}、Biphenyl
Waters	Coretecs	1.6（2.7）	1.1（1.9）	0.25（0.40）	90	C_{18}、HILIC
Supelco Sigma Aldrich	Ascentis Express	2.7（4.7）	1.7（3.5）	0.5（0.60）	80	C_{18}、C_8、Phenyl-Hexyl、RP-Amide、ES-CN、HILIC、CRS
	Asceutis Express	2.0	1.0	0.5	90	C_{18}、FS、HILIC、OH-5、ES-CN、C_8、Phenyl-Hexyl
Macherey-Nayel	NucleoShell	2.7	1.7	0.5	90	RP-18、RP-C_{18} plus、HILIC、PFP、Phenyl-Hexyl
	NucleoShell	5.0	3.8	0.60	90	RP-18、RP-C_{18} plus
Nocalal Tesque	CosnaCore	2.6	1.6	0.5	90	C_{18}、Cholesterol
Perkin Elmer	Brounlee SPP	2.7	1.7	0.5	90	C_{18}、C_8、Phenyl-Hexyl、PFP、RP-Amide、ES-CN、HILIC
Chroma Nik	Sunshell	2.6	1.6	0.5	90	C_{18}、C_8、Phenyl-Hexyl、PFP、HILIC-Amide
Advanced Clnomatography Technologies	ACE Ultra Core	2.5（5.0）	1.6（3.6）	0.45（0.70）	90	Super C_{18}、Super Phenyl-Hexyl（pH 稳定）
Advanced Materials Technology	Halo	5.0	4.5	0.25	90	C_{18}、C_8、Phenyl-Hexyl、PFP、ES-CN、HILIC、Penta-HILIC
	Halo	2.7	1.7	0.5	90	C_{18}、C_8、Phenyl-Hexyl、PFP、RP-Amide、ES-CN、HILIC、Penta-HILIC
	Halo	2.0	1.0	0.5	90	C_{18}、PFP
Phenomenex	Kinetax	1.3（1.7、2.6、5.0）	0.9（1.24、1.9、3.8）	0.20（0.23、0.35、0.60）	100	C_{18}、XB-C_{18}、EVO-C_{18}、C_8、Phenyl-Hexyl、Biphenyl、PFP、HILIC
Dianond Analytics	Flare Diamond Core Shell	3.6	2.6	0.5	120	C_{18}、C_8 HH（混合模式）、C_{18}t、HILIC
Agilent Technologies	PoreShell	4.0	3.0	0.5	120	SB-C_{18}、SB-C_8、SB-Ag、EC-C_{18}、EC-C_8、Phenyl-Hexyl、ES-CN、Bonus-RP、HILIC、Peptide-Mapping、PFP、NPH-C_{18}、NPH-C_8（高 pH 稳定固定相）
	PoreShell	2.7	1.7	0.5	120	C_{18}、C_8、Phenyl-Hexyl、PFP、HILIC

① David S Bell；Ronold E Majors，LC-GC North Am，2015（6）。

表 3-6（b）　用于大分子分离的表面多孔粒子（SPP）的型号和它们的特性[②]

生产厂商	商品型号	粒度/μm	固核直径/μm	薄壳厚度/μm	孔径/Å	表面化学性质
Thermo Fisher Scientific	Accucore 150	2.6	1.6	0.5	150	C_4、C_{18}、Amide、HILIC

续表

生产厂商	商品型号	粒度/μm	固核直径/μm	薄壳厚度/μm	孔径/Å	表面化学性质
YMC	Meteoric Core	2.7	1.7	0.5	160	C_{18}
Perkin Elmer	Brownlee SPP	2.7	1.7	0.5	160	C_{18}
Supelco Sigma Aldrich	BioShell	2.7 4.6 3.4	1.7 3.4 3.0	0.5 0.6 0.2	160 160 400	C_{18}、CN C_{18}、CN C_4、C_{18}
Advanced Meterials Technology	Halo	2.7 4.6 3.4	1.7 3.4 3.0	0.5 0.6 0.2	160 160 400	C_{18}、CN C_{18}、CN C_4、C_{18}
Phenomenex	Aeris WIDE PORE	3.6	3.2	0.2	200	C_4、C_8、C_{18}
Diamond Analytics	Flare WIDE PORE	3.6	3.4	0.1	250	C_{18}
Chroma Nik	Sun Shell	2.6 2.6	1.6 1.6	0.5 0.5	180 300	C_{18}、RP-Agua C_4、C_8、C_{18}
Agilent Technologies	PoreShell 300	5.0	4.5	0.25	300	C_3、C_8、C_{18}、Extend-C_{18}
	Advance Bio	3.5	3.0	0.25	450	C_4、C_8、Biphenyl
Phenomenex	Aeris Peptide	3.6 1.7	2.6 1.24	0.50 0.23	300 300	C_{18} C_{18}

② Michael W Dong, Szaboles Fekete, Davy Gaillarme. LC-GC North Am, 2014（6）。

表 3-7 为全多孔氧化铝和高聚物微球固定相的物理性质。

表 3-7 全多孔氧化铝和高聚物微球固定相的物理性质

类型	商品名称	形状	粒度/μm	比表面积/(m²/g)	平均孔径/nm	生产厂商
全多孔 氧化铝	Spherisorb AY	球形	5, 10, 30	100	15	Chrompak（荷兰）
	Spherisorb AX	球形	5, 10, 30	175	8	Chrompak（荷兰）
	Lichrosorb ALOX-T	无定形	5, 10, 30	70	15	E. Merck（美）
	Micro Pak-AL	无定形	5, 10	70		Varian（美）
	Bio-Rad AG	无定形	74	200		Bio-Rad（美）
全多孔 苯乙烯 -二乙 烯基苯 共聚微 球	交联度/% 40	球形	15	269	200～500	Phamacia（瑞典）： MonoBeads、SOURCE Hitachi（日）：3011 Yanaco（日）：Gel-5510 Waters（美）：U-Styragel
	50	球形	15	431	50～200	
	60	球形	15	463	30～50	
	80	球形	15	644	10～30	
	97	球形	15	674	10～30	

二、液液色谱固定相

液液色谱固定相由两部分组成，一部分是惰性载体，另一部分是涂渍在惰性载体上的固定液。

在液固色谱中使用的固体吸附剂，如全多孔球形或无定形微粒硅胶、全多孔氧化铝等皆可作为液液色谱固定相的惰性载体。要求其比表面积为 $50～250m^2/g$，平均孔径为 10～50nm。载体的比表面积太大，会引起不可忽视的吸附效应，从而引起色谱峰峰形拖尾。

液液色谱中使用的固定液如表 3-8 所示。

表 3-8 液液色谱法使用的固定液

正相液液色谱法的固定液		反相液液色谱法的固定液
β,β-氧二丙腈	乙二醇	甲基硅酮
1,2,3-三（2-氰乙氧基）丙烷	乙二胺	氰丙基硅酮
聚乙二醇 400，聚乙二醇 600	二甲基亚砜	聚烯烃
甘油，丙二醇	硝基甲烷	正庚烷
冰乙酸，2-氯乙醇	二甲基甲酰胺	

在惰性载体表面涂渍固定液有两种方法，一种是用含固定液的溶液浸渍惰性载体，再用蒸发法缓慢除去溶剂，此法固定液涂渍在载体上比较均匀。另一种方法是先将惰性载体装填在色谱柱中，再用含一定量固定液的流动相流经柱子，使固定液吸附在惰性载体上，此法若达稳定状态需较长时间，且固定液不易达到均匀分布。固定液涂渍量为每克载体 0.1～1.0g，当涂渍量每克载体>0.3g 为重负载柱。液液色谱柱的柱容量比液固色谱柱的大一个数量级，每克固定液为 $10^{-3}～10^{-4}$g（样品），而峰形无明显的扩展。

经过在惰性载体上机械涂渍固定液后制成的液液色谱柱，在使用过程由于大量流动相通过色谱柱，会溶解固定液而造成固定液的流失，并导致保留值减小，柱选择性下降。为了防止固定液的流失，可采取以下措施：

① 应尽量选择对固定液仅有较低溶解度的溶剂作为流动相；

② 流动相进入色谱柱前，应预先用固定液饱和，这种被固定液饱和的流动相再流经色谱柱时就不会再溶解固定液了；

③ 使流动相保持低流速经过固定相，并保持色谱柱温度恒定；

④ 进样时若溶解样品的溶剂对固定液有较大的溶解度，应避免过大的进样量。

当采取上述措施后，可延长液液色谱柱的使用寿命，但要完全避免固定液的流失仍然是困难的，当色谱柱使用一定时间后，仍会因固定液的流失而出现保留值减少，柱效下降的现象。现在化学键合固定相的使用日益广泛，已逐渐取代了液液色谱固定相。

第三节 流 动 相

在高效液相色谱分析中，除了固定相对样品的分离起主要作用外，流动相的恰当选择对改善分离效果也产生重要的辅助效应。

从实用角度考虑，选用作为流动相的溶剂应当价廉，容易购得，使用安全，纯度要高。除此之外，还应满足高效液相色谱分析的下述要求：

① 用作流动相的溶剂应与固定相不互溶，并能保持色谱柱的稳定性；所用溶剂应有高纯度，以防所含微量杂质在柱中积累，引起柱性能的改变。

② 选用的溶剂性能应与所使用的检测器相匹配。如使用紫外吸收检测器，则不能选用在检测波长有紫外吸收的溶剂；若使用示差折光检测器，不能使用梯度洗脱（因随溶剂组成的改变，流动相的折射率也在改变，就无法使基线稳定）。

③ 选用的溶剂应对样品有足够的溶解能力，以提高测定的灵敏度。

④ 选用的溶剂应具有低的黏度和适当低的沸点。使用低黏度溶剂，可减小溶质的传质阻力，利于提高柱效。另外从制备、纯化样品考虑，低沸点的溶剂易用蒸馏方法从柱后收集液中除去，利于样品的纯化。

⑤ 应尽量避免使用具有显著毒性的溶剂，以保操作人员的安全。

当进行色谱分析时，样品中两个相邻组分（1，2）的分离度 R，可按下式计算：

$$R = \frac{\sqrt{n_2}}{4} \frac{\alpha_{2/1}-1}{\alpha_{2/1}} \frac{k_2'}{1+k_2'} \tag{3-7}$$

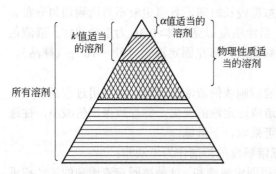

图 3-16　液相色谱法中选择流动相的一般方法

式中，n_2 为以第二组分计算的色谱柱的理论塔板数；$\alpha_{2/1}$ 为两个相邻组分的调整保留值之比，称分离因子；k_2' 为第二组分的容量因子。

由上式可知，影响 R 数值大小的主要有三个因素，即柱效、分离因子和容量因子。如果以影响分离度的因素来考虑作为流动相的溶剂选择原则，则如图 3-16 所示。此三角形图表明了在液相色谱分离中选择流动相的一般方法。

如将整个三角形代表所有的溶剂，首先应排除一些物理性质（沸点、黏度、紫外吸收等）不适于在液相色谱中使用的溶剂，如图 3-16 三角形底部划横线部分的面积，相当于一半以上的溶剂被排除在外。在剩下物理性质适用的溶剂中，还需选择洗脱强度适当的溶剂，即选择能使被分析样品中组分的容量因子（k'）值保持在最佳（1～10）。对含多组分的样品，k' 值可扩展在 0.5～20 之间。这样又排除了图 3-16 中划交叉线部分的面积。在能提供的洗脱强度适当并使样品组分 k' 值保持最佳的溶剂当中，还要进一步选择能将样品中不同组分分离开且能使每两个相邻组分的分离因子 $\alpha_{2/1}$ 大于 1.05 的溶剂，以获得具有满意分离度的分析结果，这样只有位于三角形顶端的空白面积对应的溶剂才能满足此要求。

当选择了能够提供适用 k' 和 α 值的溶剂作为液相色谱的流动相后，还必须与能提供高理论塔板数的色谱柱相组合，才能使样品中不同组分的分离达到所期望的分离度。

由上述可知，表征溶剂物理和化学特性的重要参数，对液相色谱法中流动相的选择会起到十分重要的作用。因此了解相关的特性参数和掌握选择溶剂的一般原则，对进行高效液相色谱的实践特别重要。

高效液相色谱法中常用溶剂的性质如表 3-9 所示。

一、表征溶剂特性的重要参数

表征溶剂特性的参数有沸点、分子量、相对密度、介电常数、偶极矩、水溶性等物理性质以及与所用检测器有关的折射率、紫外吸收截止波长。与高效液相色谱柱分离过程密切相关的最重要溶剂特性参数是溶剂强度参数 ε°、溶解度参数 δ、极性参数 P' 和黏度 η。

1. 溶剂强度参数（solvent strength parameter）ε°

在液固色谱中常用由 Snyder 提出的溶剂强度参数 ε° 来表示溶剂的洗脱强度。它定义为溶剂分子在单位吸附剂表面积 A 上的吸附自由能（E_a），表征了溶剂分子对吸附剂的亲和程度。

对 Al_2O_3 吸附剂，　$\varepsilon^\circ_{Al_2O_3} = \dfrac{E_a}{A}$ 。

并规定戊烷在 Al_2O_3 吸附剂上的 $\varepsilon^\circ_{(Al_2O_3)} = 0$ 。

对硅胶吸附剂，　$\varepsilon^\circ_{SiO_2} = 0.77\,\varepsilon^\circ_{Al_2O_3}$ 。

ε° 数值愈大，表明溶剂与吸附剂的亲和能力愈强，则愈易从吸附剂上将被吸附的溶质洗脱下来，即对溶质的洗脱能力愈强，从而使溶质在固定相上的容量因子 k' 愈小。依据各种溶剂在 Al_2O_3 吸附剂上的 ε° 数值的大小，可判别其洗脱能力的差别，从而得出溶剂的洗脱顺序。各种溶剂的 $\varepsilon^\circ_{Al_2O_3}$ 的数值可参见表 3-9。

在液固吸附色谱法中，对复杂混合物的分离难以用纯溶剂洗脱来实现，此时需采用二元混合溶剂体系来提高分离的选择性。在二元混合溶剂中，其洗脱强度随其组成的改变而连续变化，从而可找到具有适用的 ε° 值的混合物。在确定了混合溶剂洗脱强度 ε° 的前提下，还应选用黏度低的溶剂体系，以降低柱压并提高柱效。

对溶剂强度参数分别为 ε°_A 和 ε°_B 的两种溶剂，若 $\varepsilon^\circ_B > \varepsilon^\circ_A$，则由 A、B 构成的二元混合溶剂的溶剂强度参数 ε°_{AB} 可按下式计算[12]：

$$\varepsilon^\circ_{AB} = \varepsilon^\circ_A + \frac{\lg\left[N_B \times 10\beta n_B(\varepsilon^\circ_B - \varepsilon^\circ_A) + (1 - N_B)\right]}{\beta n_B} \tag{3-8}$$

式中，N_B 为溶剂 B 的摩尔分数；n_B 为吸附剂吸附一个 B 分子所占的面积，并假设 $n_B = n_A$；β 为吸附剂的活性，随含水量而变化，数值为 $0.6 \leqslant \beta \leqslant 1.0$，表示吸附剂（硅胶）表面未被水分子覆盖的（硅）羟基的多少。

某些二元混合溶剂的强度，如图 3-17 所示，对于给定的 ε° 数值，可由图提供几种不同的二元混合溶剂系统。此图最上端横线上的数字标明各种溶剂的溶剂强度

表 3-9　高效液相色谱法常用溶剂的性质①

溶剂	bp/℃	M	d(20℃)	e(20℃)	η(25℃)/mPa·s	RI	λ_{UV}/nm	ε°	δ	δ_d	δ_o	δ_a	δ_h	P'	x_e	x_d	x_n	选择性分组③	水溶性④	μ(25℃)	γ/(10^{-3} N/m)	$P'+0.25e$
全氟烃②	50			1.88	0.40	1.267	210	0.25	6.0	6.0	0	1	0	<-2								
正戊烷	36	72.1	0.629	1.84	0.22	1.355	195	0	7.1	7.1	0	0	0	0					0.010	0.00	18.4	0.5
正己烷	69	86.2	0.659	1.88	0.30	1.372	190	0.01	7.3	7.3	0	0	0	0.1					0.010	0.00		0.5
正庚烷	98	100.2	0.662	1.92	0.40	1.385	195	0.01	7.4	7.4	0	0	0	0.2					0.010	0.00		0.5
环己烷	81	84.2	0.779	2.02	0.90	1.423	200	0.04	8.2	8.2	0	0	0	-0.2					0.012	0.00		0.5
四氯化碳	77	153.8	1.590	2.24	0.90	1.457	265	0.18	8.6	8.6	0	0.5	0	1.6					0.008	0.00	26.8	2.3
三乙胺	89.5	101.1	0.728	2.4	0.36	1.401		0.54	7.5	7.5	0	3.5	0	1.9	0.56	0.12	0.32	I		0.87		2.4
异丙醚	68	102.06	0.724	3.9	0.38	1.365	220	3.9	7.0	6.9	0.5	0.5	0	2.4	0.48	0.14	0.38	I	0.62	0.00		3.2
间二甲苯	139	106.2	0.864	2.3	0.62	1.500	290	0.26	8.8	8.8			0					VII				
对二甲苯	138	106.2	0.864	2.3	0.60	1.493	290	0.26	8.8			0.5	0	2.5	0.27	0.28	0.45	VII		0.00		3.0
苯	80	78.1	0.879	2.30	0.60	1.498	280	0.32	9.2	9.2	0	0.5	0	2.7	0.23	0.32	0.45	VII	0.058	0.00	28.9	3.6
甲苯	110	92.1	0.866	2.40	0.55	1.494	285	0.29	8.9	8.9	0	0.5	0	2.4	0.25	0.28	0.47	VII	0.046	0.31		2.9
乙醚	35	74.1	0.713	4.30	0.24	1.350	218	0.38	7.4	6.7	2	2	0	2.8	0.53	0.13	0.34	I	1.30	1.15	17.1	4.0
二氯甲烷	40	84.9	1.336	8.9	0.41	1.421	233	0.42	9.6	6.4	5.5	0.5	0	3.1	0.29	0.18	0.53	V	0.17	1.14	28.1	5.6
1,2-二氯乙烷	83	96.9	1.250	10.4	0.78	1.442	228	0.44	9.7	8.2	4	0	0	3.5	0.30	0.21	0.49	V	0.16	1.86		6.3
异丙醇	82	60.1	0.786	20.3	1.9	1.384	205	0.82	10.2	7.2	2.5	4	4	3.9	0.55	0.19	0.27	II	互溶	1.66	21.8	
叔丁醇	82			12.5	3.60	1.385		0.70					4	4.1	0.56	0.20	0.24	II	混溶			
正丙醇	97	60.1	0.800	20.3	1.90	1.385	205	0.82		7.6	4	3		4.0	0.54	0.19	0.27	II	互溶	3.09	23	
正丁醇	118	74.04	0.810	17.5	2.60	1.397	210	0.70		7.0	3	2		3.90	0.59	0.19	0.25	II	20.1			8.3
四氢呋喃	66	72.1	0.880	7.6	0.46	1.405	212	0.57	9.1	7.6	2.5	3	0	4.0	0.38	0.20	0.42	III	互溶	1.75	27.6	
乙酸乙酯	77	88.1	0.901	6.0	0.43	1.370	256	0.58	8.6	7.0	3	2	0	4.4	0.34	0.23	0.43	VI	9.8	1.88	23.8	5.8
氯仿	61	119.4	1.500	4.8	0.53	1.443	245	0.40	9.1	8.1	3	0.5	0	4.1	0.25	0.41	0.33	VIII	0.072	1.15	27.2	5.6

续表

溶剂	bp/℃	M	d(20℃)	e(20℃)	η(25℃)/mPa·s	RI	λ_{UV}/nm	$\varepsilon°$	δ	δ_d	δ_o	δ_a	δ_h	P'	x_e	x_d	x_n	选择性分组	水溶性	μ(25℃)	γ/(10^{-3} N/m)	P'+0.25e
甲乙酮	80	72.1	0.805	18.5	0.38	1.376	329	0.51						4.7	0.35	0.22	0.43	Ⅶ	23.4	2.76		9.1
二氧六环	101	88.1	1.033	2.2	1.20	1.420	215	0.56	9.8	7.8	4	3	0	4.8	0.36	0.24	0.40	Ⅵ	互溶		33	
吡啶	115	79.05	0.983	12.4	0.88	1.507	305	0.71	10.4	9.0	4	5	0	5.3	0.41	0.22	0.36	Ⅲ	互溶			
硝基乙烷	114	75.07	1.045		0.64	1.390	380	0.60						5.2	0.28	0.29	0.43	Ⅶ	0.90	3.60		
丙酮	56	58.1	0.818	20.7	0.30	1.356	330	0.50	9.4	6.8	5	2.5	0	5.1	0.35	0.23	0.42	Ⅵ	互溶	2.69	23.3	
乙醇	78	46.07	0.789	24.6	1.08	1.359	210	0.88						4.3	0.52	0.19	0.29	Ⅱ	互溶	1.66	22	
乙酸	118	60.05	1.049	6.2	1.10	1.370	230	1.0	12.4	7				6.0	0.39	0.31	0.30	Ⅳ	互溶	1.68	27.8	
乙腈	82	41.05	0.782	37.5	0.34	1.341	190	0.65	11.8	6.5	8	2.5	0	5.8	0.31	0.27	0.42	Ⅵ	互溶		19.1	
二甲基甲酰胺	153	73.1	0.949	36.7	0.80	1.428	268		11.5	7.9		5	0	6.4	0.39	0.21	0.40	Ⅲ	互溶			
二甲基亚砜	189	78.02		4.7	2.0	1.477	268	0.75	12.8	8.4	7.5	7.5	7.5	7.2	0.39	0.23	0.39	Ⅲ	互溶			
甲醇	65	32.04	0.796	32.7	0.54	1.326	205	0.95	12.9	6.2	5	7.5	7.5	5.1	0.48	0.22	0.31	Ⅱ	互溶	2.87	22.6	
硝基甲烷	101	61.04	1.394		0.61	1.380	380	0.64	11.0	7.3	8	1	0	6.0	0.28	0.31	0.40	Ⅶ	2.1	3.56		
乙二醇	182	62.02		37.7	16.5	1.431		1.11	14.7	8.0	大	大	大	6.9	0.43	0.29	0.28	Ⅳ	互溶			
甲酰胺	210	45.01			3.3	1.447	210		17.9	8.3	大	大	大	9.6	0.36	0.33	0.30	Ⅳ	互溶			
水	100	18.0	1.000	78.5	0.89	1.333	180		21	6.3	大	大	大	10.2	0.37	0.37	0.25	Ⅷ	互溶	1.86	73	

① bp—沸点；M—分子量参数；d—相对密度（20℃）；e—一个电常数（20℃）；RI—折射率；λ_{UV}—UV 吸收截止波长（25℃）；η—动力黏度（25℃）；$\varepsilon°$—在 Al_2O_3 吸附剂上的溶剂强度参数；δ—溶解度参数（由沸点计算获得）；δ_o—色散点给子体作用力；δ_d—色散质子溶解度参数；δ_a—接受质子溶解度参数；δ_h—给子质子溶解度参数；P'—溶剂极性参数；x_e—质子接受体作用力；x_d—质子给子体作用力；x_n—强偶极作用力；μ—电偶极矩；γ—表面张力；P'+0.25e—离子对色谱溶剂强度。

② 见表 4-3。

③ 不同化合物的平均值。

④ 系指 20℃时溶解在溶剂中的水的质量分数。

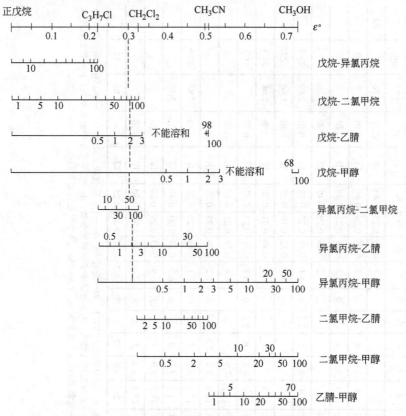

图 3-17 高效液相色谱法洗脱液混合物的溶剂强度

参数 $\varepsilon°$，此线下面所有横线上标的数字，是与 $\varepsilon°$ 数值对应的强极性溶剂的体积分数。从第二条横线开始，左端标记的为二元混合溶剂中极性弱的组分，横线右端标记的为极性强的组分。如欲获得 $\varepsilon°=0.30$ 的二元混合溶剂，则可由下述混合溶剂提供，如 76%二氯甲烷-戊烷、2%乙腈-戊烷、0.4%甲醇-戊烷、50%二氯甲烷-异氯丙烷、2%乙腈-异氯丙烷、0.3%甲醇-异氯丙烷。图 3-17 对指导如何选择具有确定 $\varepsilon°$ 值的二元混合溶剂进行等强度溶剂洗脱来改善分离的选择性，具有重要的实用价值。

在二元混合溶剂中，当极性强的溶剂在混合物中的体积分数小于5%或大于50%时，会引起分离因子 α 值的较大变化，当样品中的组分与溶剂分子形成氢键时，更会引起 α 值的巨大变化。使用二元混合溶剂的不足之处是由于非极性溶剂（如戊烷）和极性溶剂（如甲醇）有时不能以任意比例混合，而发生溶剂的分层现象。为此可加入分别能与这两种溶剂混溶的具有中等极性的第三种溶剂（如异丙醇、二氯甲烷、二氯乙烷、乙酸乙酯等），构成三元混合溶剂系统，而使混合溶剂强度发生改变，并可使用梯度洗脱操作。

对以硅胶为固定相的液固色谱法，当欲分离不同类型的有机化合物时，所选用的作为流动相的溶剂应具有适用溶剂强度参数。表 3-10 提供的溶剂强度参数可供参考。

表 3-10　在硅胶吸附剂上分离各种有机化合物适用的溶剂强度参数

有机化合物的类型	最佳的 $\varepsilon°$ 值		有机化合物的类型	最佳的 $\varepsilon°$ 值	
	无水溶剂	50%水饱和溶剂		无水溶剂	50%水饱和溶剂
芳烃	0.05～0.25	−0.2～0.25	酮类①	0.3	0.1
卤代烷烃或芳烃	0～0.3	−0.2～0.1	醛类①	0.2	0.1
硫醇类，二硫化物	0	−0.2	砜类①	0.3～0.4	0.2
硫化物	0.1	−0.1	醇类①	0.3	0.2
醚类	0.1	0	酚类①	0.3	0.2
硝基化合物①	0.02～0.3	0.1	胺类②	0.2～0.6	0～0.4
酯类①	0.2	0.1	酸类①	0.4	0.2
腈类①	0.2～0.3	0.1	酰胺类	0.4～0.6	0.3～0.5

① 指单官能团化合物，对多官能团化合物需较大的 $\varepsilon°$ 值。

② 叔胺需小的 $\varepsilon°$ 值，伯胺和仲胺需较大的 $\varepsilon°$ 值。

2. 溶解度参数（solubility parameter）δ

在液液色谱中常用 Hilderbrand 提出的溶解度参数 δ 表示溶剂的极性，它是从分子间作用力角度来考虑的，表示 1mol 理想气体冷却转变成液体时所释放的凝聚能 E_c 与液体摩尔体积 V_m 比值的平方根：

$$\delta = \sqrt{\frac{E_c}{V_m}}$$
（3-9）

式中，δ 的单位为 $J^{1/2}\cdot m^{-3/2}$。

对非极性化合物，由于凝聚能 E_c 很低，δ 值比较小；而对极性化合物即极性溶剂，由于凝聚能 E_c 较高，δ 值较大。因此溶解度参数 δ 可在液液分配色谱中作为衡量溶剂极性强度的指标。

溶解度参数 δ 是溶剂与溶质分子间作用力的总量度，它是分子间存在的 4 种分子间作用力的总和：

$$\delta = \delta_d + \delta_o + \delta_a + \delta_h$$
（3-10）

式中，δ_d 为色散溶解度参数，是溶剂和溶质分子间色散力相互作用能力的量度；δ_o 为偶极取向溶解度参数，是溶剂和溶质分子间偶极取向相互作用能力的量度；δ_a 为接受质子溶解度参数，是溶剂作为质子接受体与溶质相互作用能力的量度；δ_h 为给予质子溶解度参数，是溶剂作为质子给予体与溶质相互作用能力的量度。

在正相液液色谱中，溶剂的 δ 值愈大，其洗脱强度愈大，会使溶质在固定相的容量因子 k' 值愈小；在反相液液色谱中，溶剂的 δ 值愈大，其洗脱强度愈小，会使溶质在固定相的容量因子 k' 愈大。

由上述可知，溶剂的洗脱强度是由溶解度参数 δ 决定的，而溶剂对色谱分离的选择性则由 δ 中的色散力相互作用 δ_d、偶极相互作用 δ_o、接受质子的相互作用 δ_a 和给予质子相互作用 δ_h 四个部分的数值所决定。色谱分析中在确定了所选用溶剂的

δ 值，使溶质的容量因子 k' 保持在最佳范围（$1 \leqslant k' \leqslant 10$）之后，可通过选用 δ 值相近，但 δ_d、δ_o、δ_a 和 δ_h 不同的另一种溶剂来改善色谱分离的选择性。对于混合溶剂，其 δ、δ_d、δ_o、δ_a、δ_h 的数值，是组成混合溶剂的各种纯溶剂对应的 δ 值的平均值，可用下式表示：

$$\delta_{mix} = \sum_{i=1}^{n} \varphi_i \delta_i \tag{3-11}$$

式中，φ_i 和 δ_i 分别为每种纯溶剂的体积分数和溶解度参数。

3. 极性参数（polarity parameter）P'

极性参数 P' 又可称作极性指数，它是由 Snyder 使用 Rohrschneider 的溶解度数据推导出来的，它表示每种溶剂与乙醇（e）、对二氧六环（d）和硝基甲烷（n）三种极性物质相互作用的量度，并将 Rohrschneider 提供的极性分配系数 K_g'' 以对数形式表示，忽略了色散力的影响而导出的。

$$P' = \lg(K_g'')_e + \lg(K_g'')_d + \lg(K_g'')_n \tag{3-12}$$

式中，用乙醇、对二氧六环、硝基甲烷三种标准物质来表达每种溶剂的接受质子、给出质子和偶极相互作用的能力，它比较全面地反映了溶剂的性质。P' 既表示了每种溶剂的洗脱强度的大小，又能反映每种溶剂的选择性，为此 Snyder 规定了每种溶剂的选择性参数为：

$$x_e = \lg(K_g'')_e / P'; \quad x_d = \lg(K_g'')_d / P'; \quad x_n = \lg(K_g'')_n / P'$$

上述参数中 x_e 反映了溶剂作为质子接受体的能力（与 δ_a 相当）；x_d 反映了溶剂作为质子给予体的能力（与 δ_h 相当）；x_n 反映了溶剂作为强偶极子之间相互作用的能力（与 δ_o 相当）。

常用溶剂的 P' 和 x_e、x_d、x_n 值见表 3-9。

在液液分配色谱中，样品组分在固定相和流动相中的溶解度是决定其容量因子 k' 值的关键因素。极性参数 P' 可作为判定溶剂洗脱强度的依据。在正相液液色谱中，溶剂的 P' 值愈大，其洗脱强度也愈大，被洗脱溶质的 k' 愈小；在反相液液色谱中，溶剂的 P' 值愈大，其洗脱强度愈小，被洗脱溶质的 k' 愈大。因此通过改变洗脱溶剂的 P' 值，就可改变被分离样品组分的选择性。

对多元混合溶剂，P'_{mix} 值可按下式计算：

$$P'_{mix} = \sum_{i=1}^{n} \varphi_i P_i' \tag{3-13}$$

式中，φ_i 和 P_i' 分别为每种纯溶剂的体积分数和极性参数。

极性参数 P'、溶解度参数 δ 和溶剂强度参数 $\varepsilon°$ 三者之间的关系如图 3-18 所示，图中表明三者之间有密切的相关性。

由图 3-18 可知，P'、δ、$\varepsilon°$ 三者以相同的趋向增大或减小，因此，通常仅选择一个参数，如 P'，就可表达溶剂的极性大小。

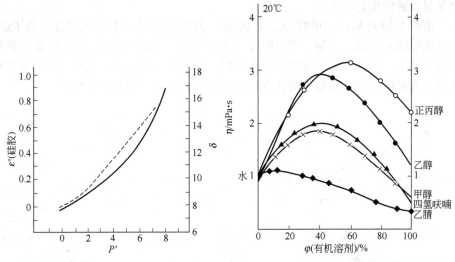

图 3-18　极性指数 P' 与溶剂强度参数 $\varepsilon°$　图 3-19　几种含水溶剂流动相的黏度变化
（虚线）及溶解度参数 δ（实线）的关系

4. 黏度 η

在高效液相色谱分析中，溶剂的黏度（系指动力黏度）是影响色谱分离的重要参数，当溶剂的黏度大时，会降低溶质在流动相中的扩散系数及在两相间的传质速度，并降低柱子的渗透性，导致柱效的下降和分析时间的延长。

通常溶剂的黏度应保持在 0.4～0.5mPa·s 以下。对黏度为 0.2～0.3mPa·s 的溶剂，可与黏度大的溶剂混合，组成溶剂强度范围宽、黏度适用的混合溶剂，以供选择使用。对黏度小于 0.2mPa·s 的溶剂，由于沸点太低，在高压泵输液过程会在检测器中形成气泡而不宜单独使用。

当两种黏度不同的溶剂混合时，其黏度变化不呈现线性。例如，在反相液液色谱中水与乙腈、甲醇、四氢呋喃、乙醇、正丙醇混合时，在 20℃ 时，其黏度变化如图 3-19 所示。由图中可看到，当水中含 40%（体积分数）甲醇时，其黏度最大，达 1.84mPa·s；当水中含 62%（体积分数）正丙醇时，其黏度高达 3.2mPa·s，显然这两种高黏度二元溶剂混合溶液不适于作液相色谱的流动相。

通常二元溶剂混合溶液的黏度，可近似按下述关系式计算：

$$\eta_{\text{mix}} = (\eta_a)^{x_a}(\eta_b)^{x_b} \tag{3-14}$$

$$x_a = -\frac{\varphi_a(\rho_a / M_a)}{\varphi_a(\rho_a / M_a) + \varphi_b(\rho_b / M_b)}, \quad x_b = 1 - x_a \tag{3-15}$$

式中，η_a、η_b 分别为纯溶剂 A、B 的动力黏度；x_a、x_b 分别为纯溶剂 A、B 在混合物中的摩尔分数；φ_a、φ_b 分别为纯溶剂 A、B 的体积分数；ρ_a、ρ_b 分别为 A、B 的密度；M_a、M_b 分别为 A、B 的分子量。

5.表面张力 γ 和介电常数 e

溶剂的表面张力 γ 和介电常数 e 也是重要的溶剂特性参数，它们与被分析组分的保留值密切相关。

由图 3-20 可知，在甲醇-水、乙腈-水、四氢呋喃-水三种二元混合溶剂体系中，随强洗脱溶剂甲醇、乙腈、四氢呋喃含量的增加，表面张力 γ、介电常数 e 的数值会逐渐减小，其和二元混合溶剂极性参数 P' 的变化趋势相同，因此它们对被分析溶质保留值变化的影响相似于极性参数 P' 对被分析溶质保留值变化的影响。

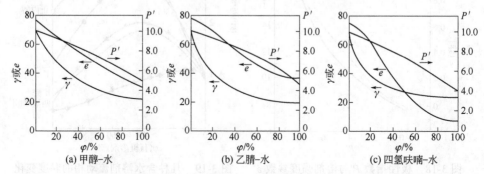

图 3-20　二元混合溶剂流动相的极性参数 P'、表面张力 γ、介电常数 e 随组成变化关系

P'—极性参数；γ—表面张力（$\times 10^{-3}$N/m）；e—介电常数

二、液固和液液色谱的流动相

1. 液固色谱的流动相

在液固色谱法中，当某溶质在极性吸附剂硅胶色谱柱上进行分离时，变更不同洗脱强度的溶剂作流动相时，此溶质的容量因子 k' 也会不同，依据下式可知：

$$\lg \frac{k_1'}{k_2'} = \beta A_s \left(\varepsilon_2^\circ - \varepsilon_1^\circ \right) \tag{3-16}$$

式中，k_1'、k_2' 分别为溶质被两种具有不同溶剂强度参数 ε_1° 和 ε_2° 溶剂洗脱时获得的容量因子；β 为吸附剂的活性，A_s 为溶质分子的表面积，二者皆为定值。

上式表明，k' 值商的对数与两种溶剂 ε° 数值之差成正比。因此可近似认为，ε° 值变化 0.05，就可使溶质的 k' 值变化 2~4。若采用的起始溶剂的洗脱强度太强（k' 值太小），则可再选用另一种洗脱强度较弱的溶剂，以使溶质的 k' 值达到最佳值（$1 \leqslant k' \leqslant 10$）；反之，若初始溶剂的洗脱强度太弱（$k'$ 值太大），就要选用另一个洗脱强度较强的溶剂来取代。通过试差法总可以找到洗脱强度适当的溶剂。

在液固色谱法中，若使用硅胶、氧化铝等极性固定相，应以弱极性的戊烷、己烷、庚烷作流动相的主体，再适当加入二氯甲烷、氯仿、乙醚、异丙醚、乙酸乙酯、甲基叔丁基醚等中等极性溶剂，或四氢呋喃、乙腈、异丙醇、甲醇、水等极性溶剂作为改性剂，以调节流动相的洗脱强度，实现样品中不同组分的良好分离。若使用苯乙烯-二乙烯基苯共聚物微球、石墨化炭黑微球等非极性固定相，应以水、甲醇、乙醇作为流动相的主体，可加入乙腈、四氢呋喃等改性剂，以调节流动相的洗脱强度。

在液固色谱法中，常用水对硅胶固定相进行减活处理，此时流动相中水的饱和度应小于 25%，若水含量过高，大量水附着在硅胶上会使液固色谱过程转变成液液色谱过程而影响分离效果。若选用极性强的有机溶剂，如甲醇、乙腈、异丙醇等代替水作减活剂，就可克服水的负面影响，并会对分离因子 α、容量因子 k' 的变化产生更大的影响。

在液固色谱法中，使用混合溶剂的最大优点是可获得最佳的分离选择性。此时，若混合溶剂中强极性溶剂的含量占绝对优势或含量很低，其分离因子 α 呈现最大值。此外，若使用具有氢键效应的溶剂，如正丙胺、三乙胺、乙醚、异丙醚、甲醇、二氯甲烷、氯仿等作改性剂，则可显著改善色谱分离的选择性。

使用混合溶剂的另一个优点是可使流动相保持低的黏度，并可保持高的柱效。如使用强极性乙二醇作改性剂，它的黏度高达 16.5mPa·s，大大超过高效液相色谱允许使用的黏度范围，但实际使用时，仅需将 1%～2% 的乙二醇加到弱极性溶剂中，就可获得洗脱强度高的混合溶剂，其黏度却符合高效液相色谱分析的要求。

2. 液液色谱的流动相

在正相液液分配色谱中，使用的流动相相似于液固色谱法中使用极性吸附剂时应用的流动相。此时流动相主体为己烷、庚烷，可加入 <20% 的极性改性剂，如 1-氯丁烷、异丙醚、二氯甲烷、四氢呋喃、氯仿、乙酸乙酯、乙醇、甲醇、乙腈等，这样溶质的容量因子 k' 会随改性剂的加入而减小，表明混合溶剂的洗脱强度明显增强。

在反相液液分配色谱中，使用的流动相相似于液固色谱法中使用非极性吸附剂时应用的流动相。此时流动相的主体为水，加入 <10% 的改性剂，如二甲基亚砜、乙二醇、乙腈、甲醇、丙酮、对二氧六环、乙醇、四氢呋喃、异丙醇等。溶质在混合溶剂流动相中的容量因子 k' 会随改性剂的加入而减小，表明混合溶剂的洗脱强度增强。

第四节　二元溶剂体系中液固和液液色谱的保留规律

一、溶质保留值的基本方程式

在液相色谱中和在气相色谱中一样，常用的保留值为保留时间 t_R、调整保留时间 t'_R 和容量因子 k'。

已知：
$$t'_R = t_R - t_M \tag{3-17}$$

死时间 t_M 与被测组分的性质无关，因此用调整保留时间 t'_R 作为被测组分的定性指标，具有更本质的含义，它充分反映了被测组分与固定相和流动相相互作用的热力学性质。

容量因子 k' 是液相色谱分析中衡量选择的流动相是否适用于特定分离的重要参数，也是调节流动相的洗脱强度、改善分离选择性的重要依据。它可依据下式计算：

$$k' = \frac{t'_R}{t_M} \tag{3-18}$$

由此可知，在液相色谱中死时间 t_M 的测量与保留时间 t_R 的测量具有同等的重要性。

二、液固色谱的保留值方程式[16]

卢佩章等在阐述液固吸附色谱保留值规律时，用统计热力学方法，提出了顶替吸附-液相相互作用模型。对用二元溶剂 A、B 作流动相的液固色谱，被测样品的容量因子 k' 与二元混合溶剂中具有强洗脱强度的溶剂 B 的浓度 C_B 之间存在下述关系：

$$\ln k' = a + b\ln C_B + cC_B \tag{3-19}$$

式中，a、b、c 皆为常数，并可用下述方法计算。

当强溶剂的浓度 C_B 较小时，样品分离主要取决于溶质和 A 溶剂分子在固定相表面的顶替吸附作用，因此式（3-19）中 cC_B 项可以忽略，已由实验证明 $\ln k'$ 与 $\ln C_B$ 之间有较好的线性关系：

$$\ln k' = a + b\ln C_B \tag{3-20}$$

若样品分别在三种已知不同低浓度 C_B 的二元混合溶剂中进行分析，就可得到三种 $\ln k'$ 值，再将它们进行回归分析，就可求出 a 值和 b 值。

若样品在纯 B 溶剂中分析，则 $\ln C_B = 0$，则式（3-19）简化成：

$$\ln k' = a + cC_B$$

就可求出 c 值：

$$c = \frac{\ln k' - a}{C_B} \tag{3-21}$$

若样品在含较高浓度 C_B 的二元混合溶剂中分析，此时 cC_B 不能忽略，若已知 a 值和 b 值，也可由式（3-19）变换求出 c 值：

$$c = \frac{\ln k' - a - b\ln C_B}{C_B} \tag{3-22}$$

由上述可知，利用式（3-21）或式（3-22）皆可求出 c 值。这样可用 4 个实验，即用三个含低浓度 C_B 的流动相和一个含高浓度 C_B 的流动相测得欲测化合物的 4 个 k' 值，就可求出式（3-19）中的三个常数值 a、b、c。本法是用 $\ln k'$ 和流动相中强溶剂 C_B 浓度关系曲线的两个极端情况来模拟出强溶剂 C_B 在各种不同浓度（全浓度）范围内的液固色谱保留值方程的适用性。

对多元混合溶剂组成的流动相，在忽略不同溶剂间相互作用的情况下，溶质的保留值方程式可表达为：

$$\ln k' = a + \sum_{i=1}^{n}(b_i\ln C_{Bi}) + \sum_{i=1}^{n}c_iC_{Bi} \tag{3-23}$$

三、液液色谱的保留值方程式[17]

上述液固色谱保留方程式基本上也适用于液液色谱。

在反相液液色谱分析中，由于固定液具有强疏水性，而以水为主体混有甲醇的二元混合溶剂流动相分子间具有强烈的氢键相互作用，因而固定液与流动相之间的分子间相互作用极其微弱，固定液不能有效地吸附流动相分子，流动相不会在固定液表面形成致密的单分子吸附层。在此种情况下，固定液吸附一个溶质分子并不需要从固定液表面顶替下流动相分子，从而产生 $\ln k'$ 与 C_B 呈现线性关系的现象，即

$$\ln k' = a + cC_B \tag{3-24}$$

在正相液液色谱分析中，以正己烷为主体混有强溶剂二氯乙烷或四氢呋喃等的二元混合溶剂流动相中，因强溶剂的浓度 C_B 含量很低，可以忽略，此时溶质的保留值方程可简化成：

$$\ln k' = a + b\ln C_B \tag{3-25}$$

同样对多元混合溶剂，保留值方程式可写成以下形式：

对反相色谱
$$\ln k' = a + \sum_{i=1}^{n} c_i C_{Bi} \tag{3-26}$$

对正相色谱
$$\ln k' = a + \sum_{i=1}^{n} (b_i \ln C_{Bi}) \tag{3-27}$$

参 考 文 献

[1] Stella C, Rudaz S, Veuthey J-L, et al. Chromatographia, 2001, 53: S113-S131.

[2] Kirkland J J, Truszkowski F A, Ricker R D. J Chromatogr A, 2002, 965: 25-34.

[3] Koyanagi K, Sallay I, Majors R E. LC-GC Europe, 2014, 27(8): 420-426.

[4] Wyndham K D, O'Gora J E, Walter T H, et al. PMSE Prepr, 2002, 87: 274-275.

[5] Wyndham K D, O'Gora J E, Walter T H, et al. Anal Chem, 2003, 75(24): 6781-6788.

[6] Dong M W, Fekete S, Guillarme D. LC-GC North Am, 2014, 32(6): 420-433.

[7] Afeyan N B, Gordon N F, Magsaroff I, et al. J Chromatogr, 1990, 519: 1.

[8] Afeyan N B, Fulton S P, Regnier F E. J Chromatogr, 1991, 544: 267.

[9] Sun L, Carr P W. Anal Chem, 1995, 67 (20): 3717.

[10] Li J W, Hu Y. Carr P W. Anal Chem, 1997. 69(19): 3884.

[11] Zhao J, Carr P W. Anal Chem, 1998. 70 (17): 3619.

[12] Zuo Y M, Zhu B R, et al. Chromatographia, 1994, 38: 756.

[13] Forgacs E, et al. J Liq Chromatogr, 1993, 16(12): 2483; 1993, 16 (17): 3757.

[14] Weber T P, Jackson P T, Carr P W. Anal Chem, 1995, 67(17): 3042.

[15] Xiang Y Q, Yan B W, McNeff C U, et al. J Chromatogr A, 2003, 1002: 71-78.

[16] 卢佩章, 邹汉法, 张玉奎. 中国科学(B 辑), 1991, 4: 347-358.

[17] 卢佩章, 戴朝政, 张祥民. 色谱理论基础. 第 2 版. 北京: 科学出版社, 1997: 265-274.

[18] Hayes R, Ahmed A, Zhang H, et al. J Chromatogr A, 2014, 1357: 36-52.

[19] Gritti F, Guiochen G. J Chromatogr A, 2012, 1228: 2-19.

CHAPTER 4

正相和反相键合相色谱法

化学键合相色谱法是由液液分配色谱法发展起来的。固定液的流失也使分配色谱法不适用于梯度洗脱操作。为了解决固定液的流失问题,人们将各种不同的有机官能团通过化学反应共价键合到硅胶(载体)表面的游离羟基上,生成化学键合固定相,并进而发展成键合相色谱法。

化学键合固定相对各种极性溶剂都有良好的化学稳定性和热稳定性。由它制备的色谱柱柱效高、使用寿命长、重现性好,几乎对各种类型的有机化合物都呈现良好的选择性,特别适用于具有宽范围 k' 值的样品的分离,并可用于梯度洗脱操作。

化学键合相色谱法可以分为正相、反相、亲水作用和疏水作用四种类型。

至今键合相色谱法已逐渐取代液液分配色谱法,获得日益广泛的应用,在高效液相色谱法中占有极重要的地位。

根据键合固定相与流动相对极性的强弱,可将键合相色谱法分为正相键合相色谱法和反相键合相色谱法。在正相键合相色谱法中,键合固定相的极性大于流动相的极性,适用于分离油溶性或水溶性的极性和强极性化合物。在反相键合相色谱法中,键合固定相的极性小于流动相的极性,适于分离非极性、极性或离子型化合物,其应用范围比正相键合相色谱法更广泛,据统计,在高效液相色谱法中,70%~80%的分析任务皆是由反相键合相色谱法来完成的。

第一节　分离原理

化学键合相色谱法中的固定相特性和分离机理都与借助物理涂渍的液液色谱法存在着差别,一般不宜将化学键合相色谱法统称作液液色谱法。

一、正相键合相色谱法的分离原理[1, 2]

在正相键合相色谱法中使用的是极性键合固定相。它是将全多孔（或薄壳）微粒硅胶载体经酸活化处理制成表面含有大量硅羟基的载体后，再与含有氨基（—NH$_2$）、氰基（—CN）、醚基（—O—）的硅烷化试剂反应，生成表面具有氨基、氰基、醚基的极性固定相（图4-1）。溶质在此类固定相上的分离机制属于分配色谱：

$$SiO_2\text{—}R\text{—}NH_2 \cdot M + x \cdot M \rightleftharpoons SiO_2\text{—}R\text{—}NH_2 \cdot x + 2M$$

$$K_p = \frac{[SiO_2\text{—}R\text{—}NH_2 \cdot x]}{[x \cdot M]}$$

式中，SiO_2—R—NH$_2$为氨基键合相；M为溶剂分子；x为溶质分子；SiO_2—R—NH$_2$·M为溶剂化后的氨基键合固定相；x·M为溶剂化后的溶质分子；SiO_2—R—NH$_2$·x为溶质分子与氨基键合相组合物。

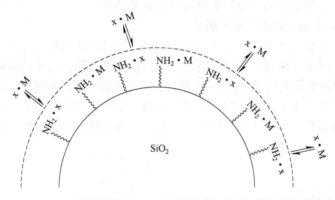

—— :SiO$_2$固相载体界面 --- :化学键合相液膜与流动相的接触界面

图4-1　正相键合相色谱法分离原理图

x·M—溶剂化的溶质分子；〰〰NH$_2$·M—溶剂化后的氨基键合固定相；
〰〰NH$_2$·x—溶质分子与氨基键合相组合物；x—溶质分子

二、反相键合相色谱法的分离原理[1,2]

在反相键合相色谱法中使用的是非极性键合固定相。它是将全多孔（或薄壳）微粒硅胶载体经酸活化处理后与含烷基链（C$_4$、C$_8$、C$_{18}$）或苯基的硅烷化试剂反应，生成表面具有烷基（或苯基）的非极性固定相。

关于反相键合相的分离机理有两种论点，一种认为属于分配色谱，另一种认为属于吸附色谱。

分配色谱的作用机制是假设在由水和有机溶剂组成的混合溶剂流动相中，极性弱的有机溶剂分子中的烷基官能团会被吸附在非极性固定相表面的烷基基团上，而溶质分子在流动相中被溶剂化，并与吸附在固定相表面上的弱极性溶剂分子进行置换，从而构成溶质在固定相和流动相中的分配平衡。其机理和前述正相键合相色谱法相似。

吸附色谱的作用机制认为溶质在固定相上的保留是疏溶剂作用的结果。根据疏溶剂理论，当溶质分子进入极性流动相后，即占据流动相中相应的空间，而排挤一部分溶剂分子；当溶质分子被流动相推动与固定相接触时，溶质分子的非极性部分（或非极性分子）会将非极性固定相上附着的溶剂膜排挤开，而直接与非极性固定相上的烷基官能团相结合（吸附）形成缔合配合物，构成单分子吸附层。这种疏溶剂的斥力作用是可逆的，当流动相极性减少时，这种疏溶剂斥力下降，会发生解缔，并将溶质分子释放而被洗脱下来。上述疏溶剂作用机制可如图 4-2 所示。

烷基键合固定相对每种溶质分子缔合作用和解缔作用能力之差，就决定了溶质分子在色谱过程的保留值。每种溶质的容量因子 k' 与它和非极性烷基键合相缔合过程的总自由能的变化 ΔG 值相关，可表示为：

$$\ln k' = \ln \frac{1}{\beta} - \frac{\Delta G}{RT}, \quad \beta = \frac{V_m}{V_s}$$

式中，β 为相比；ΔG 值与溶质的分子结构、烷基固定相的特性和流动相的性质密切相关。以下简述上述三个因素对溶质保留值的影响。

1. 溶质分子结构对保留值的影响

在反相键合相色谱法中，溶质的分离是以它们的疏水结构差异为依据的，溶质的极性越弱，疏水性越强，保留值越大。根据疏溶剂理论，溶质的保留值与其分子中非极性部分的总表面积有关，其与烷基键合固定相接触的面积越大，保留值也越大。

根据溶质分子中非极性骨架的差别，或衍生引入官能团的性质、数目、取代位置的不同，可初步预测溶质的保留顺序。如，具有支链烷基化合物的保留值总比直

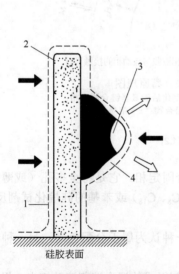

图 4-2 反相色谱中固定相表面上溶质
分子与烷基键合相之间的缔合作用

➡表示缔合物的形成；⇨表示缔合物的解缔
1—溶剂膜；2—非极性烷基键合相；
3—溶质分子的极性官能团部分；
4—溶质分子的非极性部分

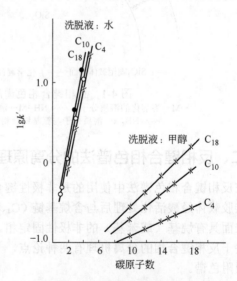

图 4-3 反相键合相碳链链长对样品
保留值的影响

洗脱液：甲醇，水
固定相：硅胶 Si 100，与丁基硅烷、癸基硅烷、
十八烷基硅烷反应
样品：乙醇

链化合物的保留值小。例如，对碳四醇的洗脱顺序为叔丁醇、仲丁醇、异丁醇和正丁醇。

另如，当苯酚分子中分别引入甲基、乙基、丙基时，其 k' 值增大；若引入一个硝基，其 k' 值增大，但若继续引入两个或三个硝基时，其 k' 值明显减小。

2. 烷基键合固定相特性对保留值的影响

烷基键合固定相的作用在于提供非极性作用表面，因此键合到硅胶表面的烷基数量决定着溶质 k' 的大小。烷基的疏水特性随碳链的加长而增加，溶质的保留值也随烷基碳链长度的增加而增大，如图 4-3 所示。

随着烷基碳链的增长，增加了键合相的非极牲作用的表面积，其不仅影响溶质的保留值，还影响色谱柱的选择性，即随烷基碳链的加长，其对溶质分离的选择性也增大。

3. 流动相性质对保留值的影响

流动相的表面张力愈大、介电常数愈大，其极性愈强，此时溶质与烷基键合相的缔合作用愈强，流动相的洗脱强度弱，导致溶质的保留值越大。

第二节　固　定　相

在化学键合固定相的制备中，广泛使用全多孔或表面多孔微粒硅胶作为基体。这是因为硅胶具有机械强度好、表面硅醇基反应活性高、表面积和孔结构易于控制的特点。

在键合反应前，为增加硅胶表面参与键合反应的硅醇基数量来增大键合量，通常用 2mol/L 盐酸溶液浸渍硅胶过夜，使其表面充分活化并除去表面含有的金属杂质。据计算，经活化处理的硅胶，每平方米约有 8μmol 的硅醇基，但由于位阻效应的存在，在每平方米硅胶表面最多只有 4.5μmol 的硅醇基参加与其他官能团的键合反应，剩余的硅醇基

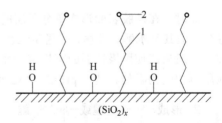

图 4-4　化学键合固定相的"刷子"结构
1—已键合官能团的链长；2—已键合官能团的端基

被已键合上的官能团所屏蔽，形成所谓"刷子"的结构（如图 4-4 所示）或为"尖桩篱笆"结构（如图 4-5 所示）。在图 4-4 中分析物与键合相的相互作用仅发生在键合烷基链的顶部，紧贴硅胶表面的硅醇基已被屏蔽，其与分析物的相互作用可以忽略。显然，微粒硅胶的表面积愈大，其键合量也愈大[3]。

一、键合固定相的制备及分类

用于制备键合固定相的化学反应可分为三种类型。

1. 形成 —Si—O—C— 键

这类是首先用来制备键合相的化学反应，利用硅胶的酸性特性，使硅胶表面的

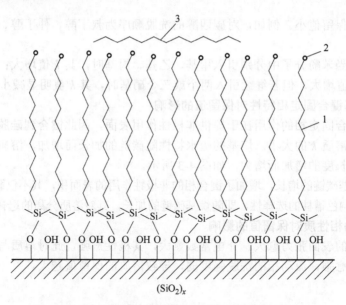

图 4-5　化学键合固定相的"尖桩篱笆"结构

1—键合官能团的烷基链；2—键合官能团的端基；3—分析物

硅羟基与正辛醇、聚乙二醇 400 等醇类进行酯化反应：

$$—Si—OH + HOR \xrightarrow[3\sim 8h]{150℃} —Si—O—R + H_2O$$

此时，在硅胶表面形成单分子层的硅酸酯。此类固定相有良好的传质特性和高柱效，但其易水解、醇解、热稳定性差，当用水或醇作流动相时，Si—O—C 键易断裂，一般只能使用极性弱的有机溶剂作流动相，用于分离极性化合物。这些使它的应用范围受到限制。其在 pH=2～8 范围保持热稳定性和化学稳定性。

2. 形成 —Si—C— 键或 —Si—N〈 键

如使硅胶表面的硅醇基先与磺酰氯反应：

$$—Si—OH + SO_2Cl_2 \longrightarrow —Si—Cl + HO—SO_2—Cl$$

生成的氯化硅胶可与格氏试剂（$C_6H_5—Mg—Br$）或烷基锂反应，生成具有硅碳键的苯基或烷基键合固定相。

$$—Si—Cl + \text{〈苯基〉}—Mg—X \longrightarrow —Si—\text{〈苯基〉} + MgXCl$$

氯化硅胶也可与伯胺（乙二胺）反应，生成具有硅氮键的氨基键合固定相。

$$—Si—Cl + NH_2CH_2CH_2NH_2 \longrightarrow —Si—NHCH_2CH_2NH_2 + HCl$$

上述两类键合相中的硅碳键和硅氮键要比 Si—O—C 键稳定，其耐热、抗水解能力优于硅酸酯类固定相，适于在 pH=4～8 的介质中使用。

3. 形成—Si—O—Si—C—键

当硅胶表面的硅醇基与氯代硅烷或烷氧基硅烷进行硅烷化反应时，就生成此类键合固定相。这也是制备化学键合固定相的最主要方法。硅烷化试剂含有 1～3 个官能团，可进行下述基本反应：

$$
-Si-OH + XSiR_3 \longrightarrow -Si-O-Si-R + HX \tag{4-1}
$$

$$
\begin{array}{c} -Si-OH \\ | \\ O \\ | \\ -Si-OH \end{array} + X_2SiR_2 \longrightarrow \begin{array}{c} -Si-O \\ | \\ O \\ | \\ -Si-O \end{array} Si \begin{array}{c} R \\ \\ R \end{array} + 2HX \tag{4-2}
$$

$$
\begin{array}{c} -Si-OH \\ | \\ O \\ | \\ -Si-OH \end{array} + X_3SiR \longrightarrow \begin{array}{c} -Si-O \\ | \\ O \\ | \\ -Si-O \end{array} Si \begin{array}{c} R \\ \\ X \end{array} + 2HX \tag{4-3}
$$

式中，X 代表—Cl、—OH、—OCH$_3$、—OC$_2$H$_5$ 等官能团；R 代表—C$_8$H$_{17}$、—C$_{10}$H$_{21}$、—C$_{18}$H$_{37}$、—(CH$_2$)$_n$CN、—(CH$_2$)$_n$NH$_2$、—CH$_2$OH、—(CH$_2$)$_n$—O—CH$_2$—OH、

—CH$_2$—CH—CH$_2$—OH等。
$\quad\quad\quad\;|$
$\quad\quad\;$ OH

硅胶表面参与反应的硅醇基与硅烷化试剂分子的摩尔比为（1∶1）～（2∶1）。显然硅烷化试剂的反应活性按 X$_3$SiR、X$_2$SiR$_2$、XSiR$_3$ 的顺序降低。硅烷化试剂中三个 X 基团都与硅醇基反应的可能性很小，未参与反应的 X 基团可水解成羟基或与邻近的已键合在硅胶上的官能团产生交换反应。为获得单分子层的键合相，使用的硅胶、硅烷化试剂和溶剂必须严格脱水，并在较高温度进行键合反应。由于空间位阻效应的存在，分子体积较大的硅烷化试剂，不可能与硅胶表面上的硅醇基全部发生反应，残余的硅醇基会对键合相的分离性能产生一定的影响。

对单分子层的化学键合固定相，特别是在非极性键合相的情况下，表面残余硅醇基的存在会降低硅胶表面的疏水性而对极性化合物或溶剂产生吸附，使键合相的分离性能改变，并引起色谱峰的拖尾或不对称（图 4-6）。

为防止上述现象的发生，通常在键合反应后，再用单官能团硅烷化试剂（如三甲基氯硅烷）或双官能团试剂（如六甲基二硅胺）进行封尾处理，以消除残余的硅羟基，并提高化学键合相的稳定性和色谱分离保留行为的重复性（图 4-7）。

为了减小硅胶键合相中残留硅醇基对色谱分离的不良影响，可采用以下措施：①利用具有低 pH 的流动相抑制硅醇基的离解；②借助增加（或减小）流动相的 pH 来抑制碱性（或酸性）分析物的离解；③在流动相中加一种竞争试剂，其可借助封闭硅醇来进一步降低峰形拖尾；三甲基胺或烷基胺化合物及两价金属阳离子（如 Ba^{2+}）都可作为硅醇的竞争试剂。

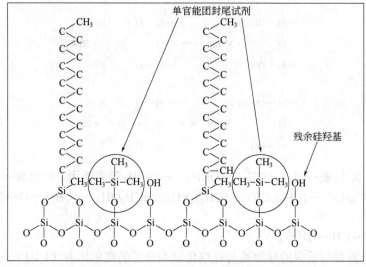

：C$_{18}$键合相　·····：硅羟基与极性分子(醇、酸)形成氢键

图 4-6　硅胶表面残留硅羟基对化学键合相保留行为的影响

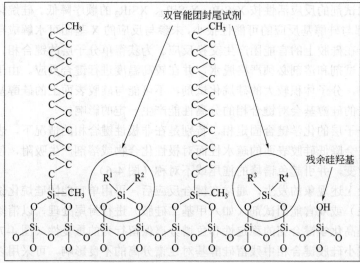

图 4-7　化学键合固定相中对残余硅羟基使用的单官能团和双官能团的封尾试剂

各种类型化学键合固定相的制备反应见表 4-1。

化学键合相的类型及其对应的分析应用范围见表 4-2。

表 4-1 化学键合固定相的制备反应

基体	反应试剂	制备反应	键合化学键类型	形成化学键合固定相类型
SiO₂	正辛醇或聚乙二醇 400	$-Si-OH + HOR \xrightarrow[3\sim8h]{150℃} -Si-O-R + H_2O$	形成 $-Si-O-C-$ 键	醚基键合固定相
	磺酰氯，格氏试剂（$C_6H_5-Mg-Br$）	$-Si-OH + SO_2Cl_2 \longrightarrow -Si-Cl + HO-SO_2-Cl$ $-Si-Cl + \phi-Mg-X \longrightarrow -Si-\phi + MgXCl$	形成 $-Si-C-$ 键	苯基键合固定相
	磺酰氯，乙二胺	$-Si-OH + SO_2Cl_2 \longrightarrow -Si-Cl + HO-SO_2-Cl$ $-Si-Cl + NH_2CH_2CH_2NH_2 \longrightarrow -Si-NHCH_2CH_2NH_2 + HCl$	形成 $-Si-N\diagup^{}_{\diagdown}$ 键	氨基键合固定相
	氯代硅烷烷氧基硅烷 $X_{(n)}-Si-R_{(4-n)}$ X: $-OCH_3$, $-OC_2H_5$, 　　$-Cl$, $-OH$ R: $-C_8H_{17}$, $-C_{18}H_{37}$, $-CH_3OH$, 　$-(CH_2)_nNH_2$, $-CH_2OH$, 　$-(CH_2)_n-O-CH_2-OH$, 　$-CH_2-\overset{OH}{\underset{}{CH}}-CH_2-OH$, 　$-CH_2CH_2CH_2-CN$	$-Si-OH + XSiR_3 \longrightarrow -Si-O-Si-R + HX$ $-Si-OH,\ -Si-O- + X_2SiR_2 \longrightarrow$ 结构 $+ 2HX$ $-Si-OH,\ -Si-O- + X_3SiR \longrightarrow$ 结构 $+ 2HX$	形成 $-Si-O-Si-C-$ 键	烷基键合固定相 氨基键合固定相 醚基键合固定相 二醇基键合固定相 氰基键合固定相

表 4-2 化学键合相的类型及应用范围

类型 键合官能团	性质	色谱分离方式	应用范围
烷基 C₈、C₁₈ $-(CH_2)_7-CH_3$ $-(CH_2)_{17}-CH_3$	非极性	反相、离子对	中等极性化合物，溶于水的高极性化合物，如：小肽、蛋白质、核苷、核苷酸，极性合成药物等
苯基 $-C_6H_5$ $-(CH_2)_3-C_6H_5$	非极性	反相、离子对	非极性至中等极性化合物，如：脂肪酸、甘油酯、多核芳烃、酯类（邻苯二甲酸酯）、脂溶性维生素、甾族性化合物，甾族激素
酚基 $-C_6H_4OH$ $-(CH_2)_3-C_6H_4OH$	弱极性	反相	中等极性化合物，保留特性相似于 C₈ 固定相，但对多环芳烃、极性芳香族化合物、脂肪酸等具有不同的选择性
醚基 $-CH-CH_2$ (O) $-(CH_2)_3-O-CH_2-CH-CH_2$ (O, OH)	弱极性	反相或正相	醚基具有斥电子基团，适于分离酚类、芳硝基化合物，其保留行为比 C₁₈ 更强（k' 增大）
二醇基 $-CH-CH_2$ (OH OH) $-(CH_2)_3-O-CH_2-CH-CH_2$ (OH OH)	弱极性	正相或反相	二醇基团比未改性的硅胶具有更弱的极性，易用水润湿，适于分离有机酸及其低聚物，还可作为分离肽、蛋白质的凝胶过滤色谱固定相
芳硝基 $-C_6H_4-NO_2$ $-(CH_2)_3-C_6H_4-NO_2$	弱极性	正相或反相	分离具有双键的化合物，如芳香族化合物，多环芳烃
氰基 $-CN$ $-(CH_2)_3-CN$	极性	正相（反相）	正相相似于硅胶吸附剂，为氢键接受体，适于分析极性化合物，溶质保留值比硅胶柱低；反相可提供与 C₈、C₁₈ 类基柱不同的选择性
氨基 $-NH_2$ $-(CH_2)_3-NH_2$	极性	正相（反相、阴离子交换）	正相（反相）极性化合物，如芳胺取代药、脂肪、甾族化合物，氯代衍生物；反相分离单糖、双糖和多碳水化合物；阴离子交换可分离有机酸、酚，有机碱和核苷酸
二甲氨基 $-N(CH_3)_2$ $-(CH_2)_3-N(CH_3)_2$	极性	正相、阴离子交换	正相相似于氨基柱的分离性能；阴离子交换可分离弱有机碱
二氨基 $-NH(CH_2)_2NH_2$ $-(CH_2)_3-NH-(CH_2)_2-NH_2$	极性	正相、阴离子交换	正相相似于氨基柱的分离性能；阴离子交换可分离有机碱

二、键合固定相的性质

1. 键合官能团含量的表达方法

键合固定相的键合完全程度和使用的重复性在实际使用中十分重要，为此需用适当的方法（如微量元素分析、热失重法、光谱法等）来测定硅胶表面键合有机官能团的含量。

（1）表面键合官能团的浓度

$$\alpha_B = \frac{m}{MS}$$

式中，m 为 1g 载体上键合有机官能团的质量，μg；M 为有机官能团的摩尔质量，g/mol；S 为载体的比表面积，m^2/g。文献报道的 α 值为 $2\sim4\mu mol/m^2$。它还可表示为：

$$\alpha_B = \frac{m}{M}$$

其单位为：$\mu mol/g$。

（2）表面碳覆盖率　其为硅胶表面含碳的质量分数：

$$w(C) = \frac{m \times 12 N_C}{M \times 10^6}$$

式中，N_C 为键合的有机官能团的碳数。对商品键合相，碳含量在 2%～50% 变化。

（3）有机官能团的表面覆盖率（度）　是表示键合程度的另一种方法。硅胶表面的硅醇基越多，键合有机官能团的数目也越多。硅胶表面游离硅醇基的浓度用单位表面积上所含羟基的量（μmol）表示，α_{OH} 为 $8\sim9\mu mol/m^2$，每个羟基平均占据 $0.2mm^2$，羟基间平均距离约 0.5nm，即表示在 $1nm^2$ 的面积上有 $4\sim5$ 个羟基，这与化学方法测定的结果相一致。键合相有机官能团的表面覆盖率 B（%）定义为在单位表面积上已键合的有机官能团的量（μmol）与可反应的硅醇基的量（μmol）之比：

$$B = \frac{\alpha_B}{\alpha_{OH}} = \frac{\alpha_B}{5 \times 10^{18} / (6.02 \times 10^{17})} = \frac{\alpha_B}{8.3}$$

式中，α_{OH}=5 个羟基/nm^2，$1m^2=10^{18}nm^2$；6.02×10^{17} 是以 μmol 为单位的阿伏伽德罗常数。

表 4-2 列出的键合相中，非极性烷基键合相是目前最广泛应用的柱填料，尤其是十八烷基硅烷键合相（octadecylsilyl，简称 ODS），其在反相液相色谱中发挥着重要作用，它可完成高效液相色谱分析任务的 70%～80%。反相液相色谱系统操作简单、稳定性与重复性好，已成为一种通用型液相色谱分析方法，它的分离对象几乎遍及所有类型的有机化合物。极性、非极性，水溶性、油溶性，离子型、非离子型，小分子、大分子，具有官能团差别或分子量差别的同系物，均可采用反相液相色谱技术实现分离。

2. 影响溶质保留行为的因素

烷基键合相表面键合的碳链长度愈长，其保留值也愈大 $[k_A'(C_{18}) > k_A'(C_8)]$。

对 ODS 固定相，其烷基覆盖量以硅胶表面含碳的质量分数表示，可达 $w=5\%\sim 40\%$，对不同商标的 ODS 固定相，其覆盖量往往不同，一般约为 10%（相当于 $1m^2$ 硅胶表面含 1μmol ODS 或 1g 硅胶表面含 0.4mmol ODS），显然，覆盖量愈大，对溶质的保留值也愈大。苯基和酚基键合相常用于反相色谱。

硅胶表面残留硅醇基会影响溶质的保留机理，对碱性化合物产生吸附效应，引起色谱峰的拖尾或不对称，影响色谱柱的稳定性和保留行为的重复性。

氨基、氰基、芳硝基、二醇基、醚基键合相皆可用作正相色谱（图 4-8），它们主要以氢键力与溶质相互作用，其氢键力依下列顺序逐渐减弱：

氨基>氰基>芳硝基>二醇基>醚基

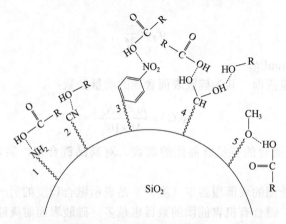

图 4-8　正相键合相色谱中的氢键（----）作用力

1—氨基键合相；2—氰基键合相；3—芳硝基键合相；4—二醇基键合相；5—醚基键合相

氨基键合相兼有质子接受体和给予体的双重性能，具有强极性。它对具有较强氢键作用力的样品显示强的分子间相互作用，而呈现大的 k' 值。氨基具有碱性，可在酸性水溶液中作为弱阴离子交换剂，用于分离酚、羧酸、核苷酸。氨基用作反相固定相可与糖分子中的羟基作用，因此广泛用于单糖、双糖及多糖的分离。应注意到，一级胺可与醛、酮的羰基反应生成席夫（Schiff）碱，因此不能用氨基柱去分析含羰基的化合物（如甾酮、还原糖等），而且分离时使用的流动相中也不能含有羰基化合物（如丙酮）。

氰基键合相为质子接受体，具有中等极性，分离选择性与硅胶类似，但比硅胶的保留值低。对酸性、碱性样品可获得对称的色谱峰；对含双键的异构体或双键环状化合物具有良好的分离能力。与氨基键合相比较，溶质在此类固定相的 k' 值会减小，它也可作为反相键合相使用。

芳硝基键合相具有电荷转移功能，呈弱极性，对芳香族化合物及多环芳烃有良好的分离选择性。

二醇基键合相呈弱极性，可用于分离有机酸及其低聚物，还可作为分离蛋白质的凝胶过滤色谱的固定相。

醚基键合相也呈弱极性，可分离能形成氢键的化合物，如酚类和硝基化合物，也可用作分离蛋白质的凝胶过滤色谱的固定相。

三、使用键合固定相应注意的问题

当使用键合固定相时，下述几点应予以注意。

1. 硅胶键合相的稳定性

键合相的使用寿命取决于键合的有机官能团在硅胶表面的覆盖程度，显然，覆盖量大或呈多分子覆盖层时，会增加其稳定性。

通常正相键合相的稳定性要低于反相键合相。

反相烷基键合相的稳定性与使用流动相的 pH 值相关，通常水溶液的 pH 值应保持在 2～8 之间，pH>8.5 会引起基体硅胶的溶解。pH<1.0，键合的硅烷会被水解从柱中洗脱下来。

此外，硅胶中含有的痕量金属离子杂质也是引起色谱峰形拖尾和损失色谱分离度的来源之一。它们在硅胶表面产生的活性吸附位比硅胶表面游离的硅醇基大 50 倍。因此用于制备键合相的硅胶应使用高纯度产品，其痕量金属含量应低于 0.1%，若含量偏高，应在进行硅烷化键合之前，先用盐酸处理，使金属含量减少 1/3 以上，再用 EDTA 处理硅胶，以进一步除去能够增强残留硅醇基活性的金属杂质。

2. 键合相色谱分离的重现性

使用键合相时经常会遇到，同一种类型的键合相，因生产厂家不同，或生产批号不同，而表现出不同的色谱分离特性，为此应在实验室中准备一定数量相同批号的键合固定相（或色谱柱），以保证分析结果有良好的重现性。

对各种型号的键合相，由于制备时选用基体硅胶特性的差别，及键合反应时官能团覆盖量的不同，会产生"载体诱导选择性的变化"。图 4-9 表达了在 5 种不同型号 ODS-硅胶键合相上 7 种多环芳烃混合物的分离选择性的变化。

由上述可知，采用键合相的液相色谱分离方法不宜推荐作为标准分析方法，否则会因采用不同厂商生产的同一型号键合相，由于载体诱导效应而影响分析结果的一致性。

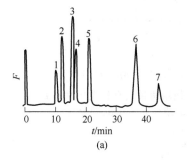

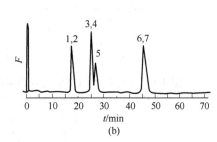

图 4-9

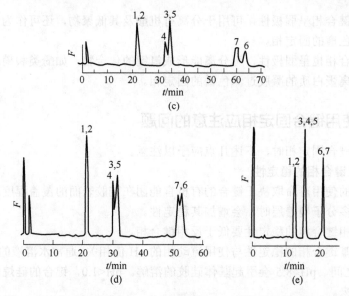

图 4-9　在 5 种不同型号 ODS-硅胶键合相上 7 种多环芳烃混合物的分离

固定相：(a) HC-ODS（8.5%）；(b) Lichrosorb RP-18（19.8%）；(c) Partisil-10ODS-2（16%）；
　　　　(d) Zorbax ODS（10%）；(e) μ-Bondapak C$_{18}$（10%）（括号内为碳含量）
样品：1—苯蒽；2—蒽；3—苯并[e]芘；4—苯并[b]氟代蒽烯；5—苯并[k]氟代蒽烯；
　　　6—苯并[ghi]苝；7—吲哚并[1,2,3-cd]芘；F—荧光强度

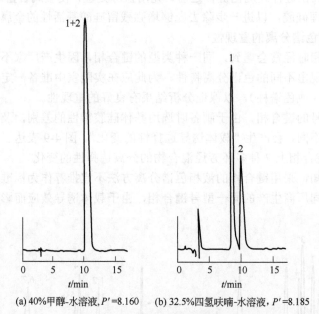

(a) 40%甲醇-水溶液, P'=8.160　　　(b) 32.5%四氢呋喃-水溶液, P'=8.185

图 4-10　在同一种 ODS-硅胶固定相上使用两种具有相近极性参数
（P'）的不同混合溶剂作流动相时山梨酸和苯甲酸的分离

固定相：μ-Bondapak ODS
检测器：UVD，278nm
样品：1—山梨酸；2—苯甲酸

3. 键合相色谱分离的选择性

在反相色谱分析中，使用同一种 ODS 固定相，并用两种极性参数 P' 值相近，但由不同溶剂组成的流动相时，会由于"溶剂诱导选择性的变化"，而获得不同的分析结果。图 4-10，表明在 μ-Bondapak ODS 固定相上分离山梨酸和苯甲酸，使用 40% 甲醇-水溶液二者不能分离开，若选用极性参数 P' 相近的 32.5% 四氢呋喃-水溶液，二者可完全分离。

4. 键合相色谱柱的再生

使用键合相色谱柱时，由于大量极性或非极性样品的连续注入，会引起固定相对样品的吸附、缔合等不良效应，而使柱分离性能变差，引起峰形加宽或拖尾等现象。此时应及时对色谱柱进行再生处理。对正相键合相柱可用 1∶1 甲醇-氯仿流动相来进行再生；对反相键合相柱可用甲醇流动相再生，若效果不好，可使用丙酮、二甲基甲酰胺或约 0.01mol/L 无机酸水溶液进行再生。

第三节　流　动　相

在键合相色谱中使用的流动相与液固色谱、液液色谱使用的流动相有相似之处，为了加深对通过选择溶剂来改善色谱分离选择性的理解，本节进一步讨论溶剂的选择性分组和提高色谱分离选择性的具体方法。

一、溶剂的选择性分组[4]

在第三章表 3-9 中列出了常见溶剂的极性参数 P' 和选择性参数 x_e、x_d 和 x_n。当将每种溶剂的三种 x_e、x_d 和 x_n 值组成一个三角形坐标时，就可发现选择性相似的溶剂分布在三角形平面中的一定区域内，从而构成选择性不同的溶剂分组。图 4-11 为溶剂选择性分组的三角形坐标图。表 4-3 列出了依据溶剂选择性分组的各种有机化合物的类型。

表 4-3　溶剂的选择性分组

组别	溶剂名称	组别	溶剂名称
I	脂肪族醚、三级烷胺、四甲基胍、六甲基磷酰胺	VI$_a$	磷酸三甲苯酯、脂肪族酮和酯、聚醚、二氧六环
II	脂肪醇	VI$_b$	腈、砜、碳酸丙烯酯
III	吡啶衍生物、四氢呋喃、酰胺（除甲酰胺外）、乙二醇醚、亚砜类	VII	硝基化合物、芳香醚、芳烃、卤代芳烃
IV	乙二醇、苯甲醇、甲酰胺、乙酸	VIII	氟烷醇、间甲苯酚、氯仿、水
V	二氯甲烷、二氯乙烷		

由溶剂选择性分组的三角形坐标图可知，常用溶剂可分为 8 个选择性不同的特征组，处于同一组中的溶剂具有相似的特性。因此对某一指定的分离，若某种溶剂

不能给出良好的分离选择性，就可用另一种其他组的溶剂来替代，从而可明显地改善分离选择性。

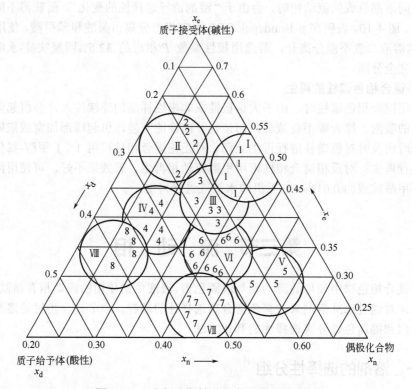

图 4-11　溶剂选择性分组的三角形坐标图

为了便于选择溶剂，对甲醇、乙腈、四氢呋喃、乙醚、氯仿、二氯甲烷、水等常用溶剂各处于第几选择性组，应有清晰的了解。

二、在键合相色谱分析中选择流动相的一般原则

在键合相色谱分析中常使用二元混合溶剂作为流动相，此时流动相的极性参数 P' 可按下述实例进行计算。

二元混合溶剂的极性参数 P' 为：

$$P'_{mix} = \varphi_a P'_a + \varphi_b P'_b$$

式中，P'_a、P'_b 分别为溶剂 A 和溶剂 B 的极性参数；φ_a、φ_b 分别为溶剂 A 和溶剂 B 在混合溶剂中所占的体积分数。

如 40%甲醇-水溶液的极性参数为：

$$P'_{mix} = 0.4 \times 5.1 + 0.6 \times 10.2 = 8.160$$

46 %乙腈-水溶液的极性参数为：

$$P'_{\text{mix}} = 0.46 \times 5.8 + 0.54 \times 10.2 = 8.176$$

33%四氢呋喃-水溶液的极性参数为：

$$P'_{\text{mix}} = 0.33 \times 4.0 + 0.67 \times 10.2 = 8.154$$

在正相和反相色谱中常用的优选溶剂在选择性三角形坐标中的位置如图 4-12 所示[4]。

在正相键合相色谱中，采用和正相液液色谱相似的流动相，即流动相的主体成分为己烷（或庚烷），为改善分离的选择性，常加入的优选溶剂为质子接受体乙醚或甲基叔丁基醚（第Ⅰ组）；质子给予体氯仿（第Ⅷ组）；偶极溶剂二氯甲烷（第Ⅴ组）。

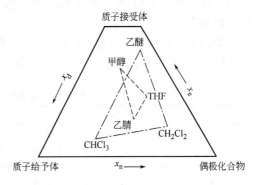

图 4-12　正相和反相色谱中选择性三角形优选的溶剂

——正相色谱；-----反相色谱

如由正己烷（C_6H_{14}）和氯仿（CH_3Cl）组成的二元混合溶剂，当以不同的百分含量组合时，可以计算每种组合二元混合溶剂对应的溶剂极性参数，见表 4-4。

表 4-4　正己烷-氯仿不同组成的二元混合溶剂的极性参数

CH_3Cl/%	C_6H_{14}/%	二元混合溶剂的极性参数
100	0	$P'_{CH_3Cl}=4.1$
95	5	$P'=0.95 \times 4.1+0.05 \times 0.1=3.895+0.005=3.90$
90	10	$P'=0.90 \times 4.1+0.10 \times 0.1=3.69+0.01=3.70$
80	20	$P'=0.80 \times 4.1+0.20 \times 0.1=3.28+0.02=3.30$
70	30	$P'=0.70 \times 4.1+0.30 \times 0.1=2.87+0.03=2.90$
60	40	$P'=0.60 \times 4.1+0.40 \times 0.1=2.46+0.04=2.50$
50	50	$P'=0.50 \times 4.1+0.50 \times 0.1=2.05+0.05=2.10$
40	60	$P'=0.40 \times 4.1+0.60 \times 0.1=1.64+0.06=1.70$
30	70	$P'=0.30 \times 4.1+0.70 \times 0.1=1.23+0.07=1.30$
20	80	$P'=0.20 \times 4.1+0.80 \times 0.1=0.82+0.08=0.90$
10	90	$P'=0.10 \times 4.1+0.90 \times 0.1=0.41+0.09=0.50$
5	95	$P'=0.05 \times 4.1+0.95 \times 0.1=0.205+0.095=0.30$
0	100	$P'_{C_6H_{14}}=0.1$

在正相键合相色谱中使用的改性剂，乙醚（或甲基叔丁基醚、异丙醚）为质子接受体（碱性），氯仿为质子给予体（酸性），二氯甲烷为偶极化合物，三者在水中的溶解度很小（乙醚 1.26%，甲基叔丁基醚 1.60%，异丙醚 0.55%；氯仿 0.82%；二氯甲烷 1.60%），它们与多种有机溶剂互溶，并可溶解极性和非极性有机化合物，向氯仿中加入 0.3%～1.0%的乙醇会改变分离的选择性。此外，氯仿-异丙醇-水组成的

互溶三元混合溶剂系统可用于反相色谱的分离。

在反相键合相色谱中，采用和反相液液色谱相似的流动相，即流动相的主体成分为水。为改善分离的选择性，常加入的优选溶剂为质子接受体甲醇（第Ⅱ组）、质子给予体乙腈（第Ⅵ$_b$组）和偶极溶剂四氢呋喃（第Ⅲ组）。其中乙腈黏度低，应优先予以使用。

如由水（H_2O）和甲醇（CH_3OH）组成的二元混合溶剂，当以不同的百分含量组合时，可以计算每种组合二元混合溶剂对应的溶剂极性参数，见表 4-5。

表 4-5　水-甲醇不同组成的二元混合溶剂的极性参数

CH_3OH/%	H_2O/%	二元混合溶剂的极性参数
100	0	$P'=5.1$
95	5	$P'=0.95×5.1+0.05×10.2=4.845+0.51=5.355$
90	10	$P'=0.90×5.1+0.10×10.2=4.59+1.02=5.61$
80	20	$P'=0.80×5.1+0.20×10.2=4.08+2.04=6.12$
70	30	$P'=0.70×5.1+0.30×10.2=3.57+3.06=6.63$
60	40	$P'=0.60×5.1+0.40×10.2=3.06+4.08=7.14$
50	50	$P'=0.50×5.1+0.50×10.2=2.55+5.10=7.65$
40	60	$P'=0.40×5.1+0.60×10.2=2.04+6.12=8.16$
30	70	$P'=0.30×5.1+0.70×10.2=1.53+7.14=8.67$
20	80	$P'=0.20×5.1+0.80×10.2=1.02+8.16=9.18$
10	90	$P'=0.10×5.1+0.90×10.2=0.51+9.18=9.69$
5	95	$P'=0.05×5.1+0.95×10.2=0.255+9.69=9.945$
0	100	$P'=10.2$

在反相键合相色谱中使用的改性剂，甲醇为质子接受体（碱性），乙腈具有较高的偶极矩，为质子给予体（酸性）。四氢呋喃为弱的质子接受体和弱的偶极化合物，它们三者都可与水互溶，其中乙腈对有机物有良好的溶解能力，黏度最低，是首选的改性剂，不足之处是具有毒性，价格较贵。

表 4-6 和表 4-7 分别列出了在正相色谱和反相色谱中使用的某些混合溶剂的特性，表达了当向己烷（或庚烷）、水中加入强洗脱溶剂后引起溶质容量因子 k' 下降的倍数。

表 4-6　正相色谱使用的某些混合溶剂的特性

溶剂	P'	于己烷中加入 20%体积的强洗脱溶剂时 k' 值下降的倍数	溶剂	P'	于己烷中加入 20%体积的强洗脱溶剂时 k' 值下降的倍数
己烷（或庚烷）	0.1	—	氯仿[①]	4.1	2.2
1-氯丁烷	1.0	1.2	乙酸乙酯	4.4	2.0
乙醚[①]	2.8	1.6	乙醇	4.3	2.0
二氯甲烷[①]	3.1	1.7	乙腈	5.8	2.6
四氢呋喃	4.0	2.0	甲醇	5.1	2.3

① 优选溶剂。

表 4-7　反相色谱使用的某些混合溶剂的特性

溶剂	P'	于水中加入 10%体积的强洗脱溶剂时 k' 值下降的倍数	溶剂	P'	于水中加入 10%体积的强洗脱溶剂时 k' 值下降的倍数
水	10.2	—	丙酮	5.1	2.2
二甲基亚砜	7.2	1.5	二氧六环	4.8	2.2
乙二醇	6.9	1.5	乙醇	4.3	2.3
乙腈①	5.8	2.0	四氢呋喃①	4.0	2.8
甲醇①	5.1	2.0	异丙醇	3.9	3.0

① 优选溶剂。

在反相键合色谱分析中，利用表 4-8 可以制作具有相同洗脱强度但由不同优选溶剂和水组成的二元混合流动相。在表中可看到具有不同组成的三个二元混合溶剂甲醇-水（50∶50）、乙腈-水（40∶60）、四氢呋喃-水（30∶70），它们都具有相同的洗脱强度。如果不存在特殊的分子间相互作用，对同一种实验溶质，用上述三种二元混合溶剂流动相洗脱，差不多可获得相同的保留时间。如利用下述规则，当流动相中优选溶剂（或称改性剂）部分改变 10%，则溶质的容量因子 k' 值将变化 2 倍，溶质的保留时间 t_R 将变化 3 倍，可粗略预测分离实验的最终结果。

表 4-8　具有等强度洗脱的二元混合溶剂流动相的对应组成（反相色谱）

由乙腈、甲醇两种改性剂组成的等强度洗脱体系

溶剂 B	$\varphi_B/\%$																			
乙腈（乙腈-水）	5	10	15	20	25	30	35	40	45	50	55	60	65	70	75	80	85	90	95	100
甲醇（甲醇-水）	7	14	21	28	34	40	45	50	55	60	65	70	74	78	82	86	90	95	98	100

由甲醇、乙腈、四氢呋喃三种改性剂组成的等强度洗脱体系

溶剂体系	甲醇-水	乙腈-水	四氢呋喃-水	容量因子（k'）	溶剂体系	甲醇-水	乙腈-水	四氢呋喃-水	容量因子（k'）
$\varphi_B/\%$	0	0	0	100	$\varphi_B/\%$	60	50	37	0.4
	10	6	4	40		70	60	45	0.2
	20	14	10	16		80	73	53	0.06
	30	22	17	6		90	86	63	0.03
	40	32	23	2.5		100	100	72	0.01
	50	40	30	1					

在高效液相色谱分析中，流动相的极性可用极性参数（P'）表示；溶质的洗脱强度可用容量因子（k'）表示，如图 4-13 所示。但应看到，流动相对溶质的洗脱强度越大，溶质的容量因子越小；反之，则流动相对溶质的洗脱强度越小，溶质的容量因子会越大。

在固定相的极性大于流动相极性的正相色谱中，流动相的极性（P'）与溶质的容量因子（k'）成反比关系，见图 4-13（a）。

在固定相的极性小于流动相极性的反相色谱中，流动相的极性（P'）与溶质的容量因子（k'）成正比关系，见图 4-13（b）。

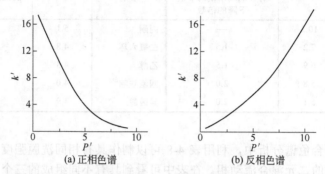

(a) 正相色谱　　　　　　(b) 反相色谱

图 4-13　流动相的极性（P'）和溶质容量因子（k'）的关联

三、改善色谱分离选择性的方法

1.调节流动相的极性

在高效液相色谱分析中，为使溶质获得良好的分离，通常希望溶质的容量因子 k' 保持在 1～10 范围内，若溶质的 k' 值大于 10 或小于 1，可通过调节流动相的极性来获取适用的 k' 值。由于正己烷和水皆为非选择性溶剂强度调节溶剂，如若改变流动相的极性，必须加入具有选择性溶剂强度调节功能的适用溶剂。

正相键合相色谱调节流动相极性的方法同样也适用于使用极性吸附剂的液固色谱和正相液液色谱，在此情况下，固定相的极性（P_s）大于流动相的极性（P_m）。若流动相的极性为 P_{m1} 时，溶质 x 的 $k'_x > 10$，可增大流动相的极性，使 $P_{m2} > P_{m1}$，则可使溶质 x 的 k'_x 值重新位于 1～10 之间。若流动相的极性为 P_{m1} 时，溶质 y 的 $k'_y < 1$，则可减小流动相的极性，使 $P_{m3} < P_{m1}$，这样也可使溶质 y 的 k'_y 值重新位于 1～10 之间，如图 4-14（a）所示。

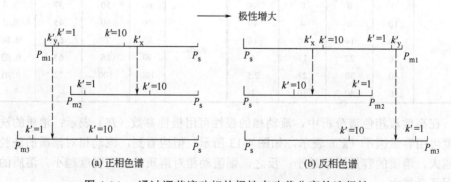

(a) 正相色谱　　　　　　　　　(b) 反相色谱

图 4-14　通过调节流动相的极性来改善分离的选择性

反相键合相色谱调节流动相极性的方法同样也适用于使用非极性吸附剂的液固色谱和反相液液色谱，此时固定相的极性（P_s）小于流动相的极性（P_m）。若流动相

的极性为 P_{m1}，溶质 x 的 $k'_x > 10$，此时可降低流动相的极性至 P_{m2}，使 $P_{m2} < P_{m1}$，就可调节溶质 x 的 k'_x 值，使其重新位于 $1 \sim 10$ 之间。若当流动相的极性为 P_{m1} 时，溶质 y 的 $k'_y < 1$，就可增大流动相的极性至 P_{m3}，使 $P_{m3} > P_{m1}$，也可调节溶质 y 的 k'_y，使其重新位于 $1 \sim 10$ 之间，如图 4-14（b）所示。此时应当注意，在反相色谱分析中，当流动相的极性减小时，会增强对溶质的洗脱强度，使溶质的 k' 值减小；当流动相极性增大时，会减小对溶质的洗脱强度，使溶质的 k' 值增大。

当溶剂或混合溶剂组成的流动相的极性参数 P' 发生变化时，溶质的 k' 值也随之变化，经试验表明，当流动相的 P' 值改变 2 时，溶质的 k' 值约变化 10 倍。

对正相色谱，k' 与 P' 的关系如下：

$$\frac{k'_2}{k'_1} = 10^{\frac{1}{2}(P'_1 - P'_2)}$$

式中，P'_1 和 k'_1 为初始流动相的极性参数和溶质的容量因子；P'_2 和 k'_2 为更换的另一种流动相的极性参数和同一溶质的容量因子。若 $P'_1 > P'_2$，则 $k'_1 < k'_2$；若 $P'_1 < P'_2$，则 $k'_1 > k'_2$。

对反相色谱，k' 与 P' 的关系为：

$$\frac{k'_2}{k'_1} = 10^{\frac{1}{2}(P'_2 - P'_1)}$$

式中，各参数含义同前。若 $P'_1 > P'_2$，则 $k'_1 > k'_2$；若 $P'_1 < P'_2$，则 $k'_1 < k'_2$。

当使用二元混合溶剂时，在正相色谱的情况下，以正己烷（H）作为流动相主体，其 $P'_H \ll 1$，它和极性溶剂 A 组成 H/A 混合流动相，若其 P'_{mix} 对给定的分离有合适的溶剂强度，即被分离溶质的 k' 在 $1 \sim 10$ 之间，为改善分离的选择性，欲用另一极性溶剂 B 代替 A，重新组成 H/B 混合流动相，在保持极性参数 P'_{mix} 不变和已知 A 组分体积分数 φ_A 的条件下，可按下述公式计算出将 H/A 改变为 H/B 时所需 B 组分的体积分数 φ_B。

$$\varphi_H P'_H + \varphi_A P'_A = \varphi_H P'_H + \varphi_B P'_B$$

由于 $P'_H \ll 1$，可近似认为：

$$\varphi_A P'_A = \varphi_B P'_B$$

$$\varphi_B = \varphi_A \frac{P'_A}{P'_B}$$

在反相色谱的情况下，水（W）作为流动相的主体，它与极性溶剂 M 组成 W/M 二元混合流动相，若其 P'_{mix} 对给定的分离有合适的溶剂强度，即对样品组分有合适的 k' 值，为改善分离的选择性，欲用另一极性溶剂 T 代替 M，重新组成 W/T 混合流动相，在保持 P'_{mix} 不变和已知 M 组分体积分数 φ_M 的条件下，也可计算所需 T 组分的体积分数 φ_T。

$$\varphi_W P'_W + \varphi_M P'_M = \varphi_W P'_W + \varphi_T P'_T$$

$$(1 - \varphi_M) P'_W + \varphi_M P'_M = (1 - \varphi_T) P'_W + \varphi_T P'_T$$

$$\varphi_{\mathrm{T}} = \varphi_{\mathrm{M}} \frac{P'_{\mathrm{W}} - P'_{\mathrm{M}}}{P'_{\mathrm{W}} - P'_{\mathrm{T}}}$$

2. 向流动相中加入改性剂

向流动相中加入改性剂主要有两种方法。

（1）离子抑制法　在反相色谱中常向含水流动相中加入酸、碱或缓冲溶液，以使流动相的 pH 值控制一定数值，抑制溶质的离子化，减少谱带拖尾、改善峰形，以提高分离的选择性。例如，在分析有机弱酸时，常向甲醇-水流动相中加入 1%的甲酸（或乙酸、三氯乙酸、H_3PO_4、H_2SO_4），就可抑制溶质的离子化，获对称的色谱峰。对于弱碱性样品，向流动相中加入 1%的三乙胺，也可达到相同的效果。

（2）离子强度调节法　在反相色谱中，在分析易离解的碱性有机物时，随流动相 pH 值的增加，键合相表面残存的硅羟基与碱的阴离子的亲和能力增强，会引起峰形拖尾并干扰分离，此时若向流动相中加入 0.1%～1%的乙酸盐或硫酸盐、硼酸盐，就可利用盐效应减弱残存硅羟基的干扰作用，抑制峰形拖尾并改善分离效果。但应注意经常使用磷酸盐或卤化物会引起硅烷化固定相的降解。

显然，向含水流动相中加入无机盐后，会使流动相的表面张力增大，对非离子型溶质，会引起 k' 值增加，对离子型溶质，会随盐效应的增加，引起 k' 值的减小。

四、多元混合溶剂的多重选择性

前述溶剂选择性三角形不仅可表示各种溶剂的选择性分组，还可用来表达多元混合溶剂的多重选择性。

1. 二元混合溶剂

如用三种二元混合溶剂流动相来组成溶剂选择性三角形△ABC 的三个顶点（图 4-15）。A 点，即①的组成为 40%甲醇（CH_3OH）-水溶液，其极性强度参数 $P'_{\mathrm{mix}①}=8.160$。B 点，即②的组成为 46%乙腈（CH_3CN）-水溶液，其极性强度参数 $P'_{\mathrm{mix}②}=8.176$。C 点，即③的组成为 33%四氢呋喃（THF）-水溶液，其极性强度参数 $P'_{\mathrm{mix}③}=8.154$。

上述三个顶点的二元混合溶剂流动相可对某一确定的分离任务提供各不相同的分离选择性。

2. 三元混合溶剂

如图 4-16 所示，三角形△ABC 的三个边 AB、BC、CA 上的任何一点，都可组成三元混合溶剂流动相。如在 AB 边的中间点④，其溶剂的体积分数 50%/50%/0 对应于 A、B、C 三个顶点的组成，即 φ_{CH_3OH}：φ_{CH_3CN}：$\varphi_{THF}=0.5 : 0.5 : 0$。

④点不含 THF，但仍含有 H_2O，

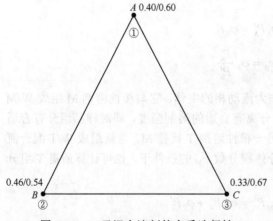

图 4-15　二元混合溶剂的多重选择性

在此点：

    CH_3OH 的体积分数为：$40\% \times 0.5 = 20\%$

    CH_3CN 的体积分数为：$46\% \times 0.5 = 23\%$

    ④点构成的三元混合溶剂的组成为：

    $\varphi_{CH_3OH} : \varphi_{CH_3CN} : \varphi_{H_2O} = 20\% : 23\% : 57\%$，$P'_{mix④} = 8.168$

同理可知 *BC* 边中间点⑤的三元混合溶剂的组成为：

    $\varphi_{CH_3CN} : \varphi_{THF} : \varphi_{H_2O} = 23\% : 16.5\% : 60.5\%$，$P'_{mix⑤} = 8.165$

在 *CA* 边中间点⑥的三元混合溶剂的组成为：

    $\varphi_{THF} : \varphi_{CH_3OH} : \varphi_{H_2O} = 16.5\% : 20\% : 63.5\%$，$P'_{mix⑥} = 8.157$

    由上述可知，在△*ABC* 三个边上的任何一点，都可对一确定的分离任务提供多种不同的分离选择性。

3. 四元混合溶剂

    如图 4-17 所示，在三角形△*ABC* 以内的任何一点，都可组成四元混合溶剂流动相，三角形内⑦点的体积分数 0.33/0.33/0.33 对应于 *A*、*B*、*C* 三个顶点的组成：即 $\varphi_{CH_3OH} : \varphi_{CH_3CN} : \varphi_{THF} = 0.33 : 0.33 : 0.33$，⑦点还含有 H_2O，在此点：

    CH_3OH 的体积分数为：$40\% \times 0.33 = 13.2\%$

    CH_3CN 的体积分数为：$46\% \times 0.33 = 15.2\%$

    THF 的体积分数为：$33\% \times 0.33 = 10.9\%$

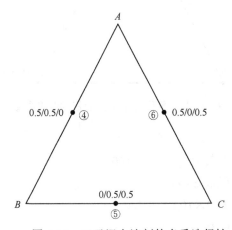

图 4-16　三元混合溶剂的多重选择性

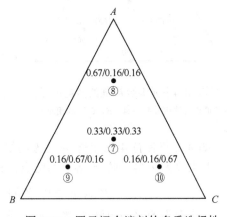

图 4-17　四元混合溶剂的多重选择性

    ⑦点构成四元混合溶剂的组成为：

    $\varphi_{CH_3OH} : \varphi_{CH_3CN} : \varphi_{THF} : \varphi_{H_2O} = 13.2\% : 15.2\% : 10.9\% : 60.7\%$，$P'_{mix⑦} = 8.182$

    同理可知，⑧点组成为：

    $\varphi_{CH_3OH} : \varphi_{CH_3CN} : \varphi_{THF} : \varphi_{H_2O} = 26.8\% : 7.4\% : 5.3\% : 60.5\%$，$P'_{mix⑧} = 8.179$

    ⑨点组成为：

    $\varphi_{CH_3OH} : \varphi_{CH_3CN} : \varphi_{THF} : \varphi_{H_2O} = 6.4\% : 30.8\% : 5.3\% : 57.5\%$，$P'_{mix⑨} = 8.190$

    ⑩点组成为：

$$\varphi_{CH_3OH} : \varphi_{CH_3CN} : \varphi_{THF} : \varphi_{H_2O} = 6.4\% : 7.4\% : 22.1\% : 64.1\%, P'_{mix\circledR} = 8.178$$

由此可知，在△ABC内的任何一点，都可对一确定的分离任务提供无限多的分离选择性。

4. 多元混合溶剂的重新组合

在前述三角形内选择各点多元混合溶剂的极性强度参数，按 P'_{mix} 数值大小排列顺序如下（图4-18）：

点位置	⑨	⑦	⑧	⑩	②	④	⑤	①	⑥	③
P'_{mix}	8.190	8.182	8.179	8.178	8.176	8.168	8.165	8.160	8.157	8.154

由数据可知，最大 P'_{mix} 为 8.190；最小 P'_{mix} 为 8.154。如果在上述 10 个点的位置仍未找到适用于特定分离任务的混合溶剂的组成，则可改变三角形三个顶点的溶剂组成，加大 A、B、C 三点 P'_{mix} 数值的差别，构成新的溶剂选择性改变的三角形（图4-19）。

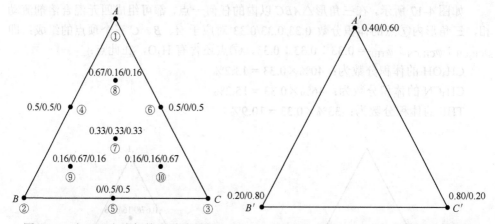

图 4-18　多元混合溶剂的多重选择性　图 4-19　重组三角形各个顶点的极性强度参数
（每点的体积分数与 A、B、C 三点相对应）

如 A' 点仍保持 40%甲醇-水溶液的组成，其 $P'_{mix(A')} = 8.160$。

B' 点改为 20%乙腈-水溶液的组成，其 $P'_{mix(B')}$ 为：

$$P'_{mix(B')} = 0.2 \times 5.8 + 0.80 \times 10.2 = 9.320$$

C' 点改为 80%四氢呋喃-水溶液组成，其 $P'_{mix(C')}$ 为：

$$P'_{mix(C')} = 0.8 \times 4.0 + 0.2 \times 10.2 = 5.240$$

此时就可由新组成的溶剂选择性三角形 $A'B'C'$ 重新选择适用的混合溶剂的组成。

综上所述，在溶剂选择性三角形△ABC上的任何一点，都对应一种具有确定组成的混合溶剂流动相，而每种流动相都可对一个确定的分离任务提供一个特定的分离选择性。因此，通过使用溶剂选择性三角形图示法，就可对某一确定的分离任务提供实现分离的多种途径，并可从中找到实现理想的完全分离时所需的最优化的流动相组成。

五、由溶剂选择性三角形描述混合溶剂组成的特性[4]

图 4-20 描述在反相色谱中，由溶剂选择性三角形指明水（H_2O）、乙腈（ACN）、甲醇（MeOH）和四氢呋喃（THF）构成的混合溶剂组成的特性。图中 100% MeOH、100%乙腈和 100% THF 可构成一个三角形。它们三者与 100% H_2O 又可构成一个四面体。在四面体内又可组成 a、b、c 三个小三角形，这三个小三角形的顶点描述当增加洗脱强度时，位于等效洗脱强度的混合溶剂的组成（见表 4-9）。

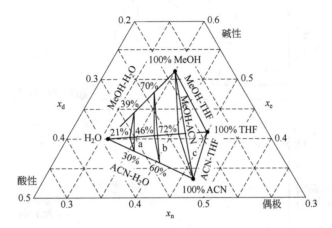

图 4-20　溶剂选择性三角形表达水、乙腈、甲醇、四氢呋喃混合物的特性

表 4-9　在溶剂选择性三角形中等效洗脱强度混合溶剂的组成

组成	小三角形		
	a	b	c
最低点的组成	ACN/H_2O=30/70	ACN/H_2O=60/40	ACN/H_2O=100/0
最高点的组成	MeOH/H_2O=39/61	MeOH/H_2O=70/30	MeOH/H_2O=100/0
最左边点的组成	THF/H_2O=21/79	THF/H_2O=46/54	THF/H_2O=72/28

在图 4-20 中小三角形 a、b、c 各个边上的每一点都对应一个三元混合溶剂的组成。在由 ACN、MeOH、THF 和 H_2O 构成的四面体内的第一个点都对应一个四元混合溶剂的组成。

六、溶质保留值随溶剂极性变化的一般保留规律

前述使用极性吸附剂的液固色谱、正相液液分配色谱、正相键合相色谱皆可称为正相色谱。使用非极性吸附剂的液固色谱、反相液液分配色谱、反相键合相色谱皆可称为反相色谱。

图 4-21 表达了作为极性函数的样品和溶剂，在正相色谱和反相色谱中，选择不同极性溶剂作流动相时，所引起的不同极性溶质（A>B）的保留值变化的一般规律。

在正相色谱（图 4-21 上半部）中，使用弱极性溶剂作流动相，则极性弱的 B 组

分先流出，A 组分后流出。当更换中等极性溶剂作流动相时，二者流出顺序不变，但它们的保留值都进一步减小。

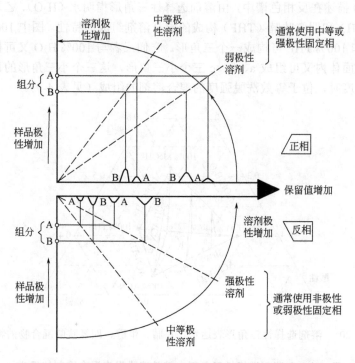

图 4-21 溶质保留值随溶质和溶剂极性变化的一般规律

在反相色谱（图 4-21 下半部）中，使用中等极性溶剂作流动相，则极性强的 A 组分先流出，B 组分后流出；当更换强极性溶剂作流动相时，二者流出顺序不变，但它们的保留值会进一步增大。

七、用线性溶剂化自由能关系（LSER）来表征反相液相色谱中溶质的保留值方程式[5~7]

Snyder 在溶剂选择性三角形（solvent-selectivity triangle，SST）中，用三个选择性参数 x_e、x_d 和 x_n 分别表达溶剂作为质子接受体、质子给予体和偶极间相互作用的能力。

Kamlet-Taft 基于线性溶剂化自由能关系（linear solvation energy relationship，LSER），提出用溶剂化参数（solvatochromic parameter），即溶剂的氢键酸度（α）、氢键碱度（β）和偶极度/极化度的比值（π^*）来表征溶剂的选择性。

SST 和 LSER 两种方法表达溶剂的选择性有其相似之处，由对应参数比较可看出氢键碱度 β 与作为质子接受体能力的 x_e 相当；氢键酸度 α 与作为质子给予体能力的 x_d 相当；偶极度/极化度的比值 π^* 与偶极间相互作用能力的 x_n 相当。

　　LSER 中对每种溶剂的 α、β 和 π^*首先被 α、β、π^*的总和值（Σ）进行归一化，然后用相互作用系数的分数 α/Σ（酸度）、β/Σ（碱度）和 π^*/Σ（偶极度）来表达各种溶剂的酸度、碱度和偶极度，如图 4-22 所示。按照归一化选择性因子 π^*/Σ、α/Σ 和 β/Σ 对有机溶剂的分类见表 4-10。

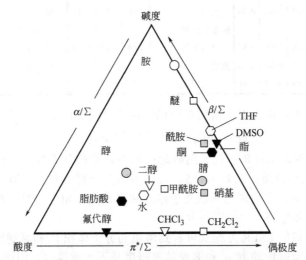

图 4-22　用 LSER 的酸度（α/Σ）、碱度（β/Σ）和偶极度（π^*/Σ）表达溶剂选择性的三角形图形

表 4-10　按 LSER 的归一化选择性溶剂的分类

溶剂	归一化选择性因数			溶剂	归一化选择性因数			溶剂	归一化选择性因数		
	π^*/Σ	α/Σ	β/Σ		π^*/Σ	α/Σ	β/Σ		π^*/Σ	α/Σ	β/Σ
芳环化合物				**醇**				**胺**			
苯	0.86	0.00	0.14	甲醇	0.28	0.43	0.29	三乙基胺	0.16	0.00	0.84
甲苯	0.83	0.00	0.17	乙醇	0.25	0.39	0.36	三丁基胺	0.20	0.00	0.80
对二甲苯	0.81	0.00	0.19	丙醇	0.24	0.36	0.40	**羧酸**			
氯代苯	0.91	0.00	0.09	丁醇	0.22	0.37	0.41	乙酸	0.31	0.54	0.15
溴代苯	0.93	0.00	0.07	异丙醇	0.22	0.35	0.43	**酯**			
苯甲醚	0.77	0.00	0.23	叔丁醇	0.19	0.33	0.48	乙酸甲酯	0.55	0.05	0.40
硝基苯	0.72	0.00	0.28	乙二醇	0.39	0.38	0.23	乙酸乙酯	0.55	0.00	0.45
氰基苯	0.69	0.00	0.31	三氟乙醇	0.32	0.68	0.00	丁内酯	0.64	0.00	0.36
二苯醚	0.66	0.00	0.34	**酰胺**				乙酰乙酸乙酯	0.60	0.00	0.40
苯乙酮	0.65	0.00	0.35	甲酰胺	0.46	0.33	0.21	**醚**			
喹啉	0.58	0.00	0.42	二甲基甲酰胺	0.56	0.00	0.44	二乙基醚	0.36	0.00	0.64
吡啶	0.58	0.00	0.42	二甲基乙酰胺	0.54	0.00	0.46	二异丙基醚	0.36	0.00	0.64
2,6-二甲基吡啶	0.51	0.00	0.49	六甲基磷酰胺	0.46	0.00	0.54	二丁基醚	0.34	0.00	0.66
苯甲醇	0.45	0.32	0.22	四甲基脲	0.51	0.00	0.49	四氢呋喃	0.51	0.00	0.49
				四甲基吡咯烷酮	0.57	0.00	0.43	1,2-二乙氧基醚	0.54	0.00	0.46

续表

溶剂	归一化选择性因数			溶剂	归一化选择性因数			溶剂	归一化选择性因数		
	π^*/Σ	α/Σ	β/Σ		π^*/Σ	α/Σ	β/Σ		π^*/Σ	α/Σ	β/Σ
醚				腈				其他			
对二氧六环	0.60	0.00	0.40	乙腈	0.60	0.15	0.25	氯仿	0.57	0.43	0.00
酮				硝基化合物				二氯乙烯	1.00	0.00	0.00
丙酮	0.56	0.06	0.38	硝基甲烷	0.64	0.17	0.19	二甲基亚砜	0.57	0.00	0.43
2-丁酮	0.55	0.05	0.40	其他				环丁砜	0.83	0.00	0.17
环己酮	0.59	0.00	0.41	二氯甲烷	0.73	0.27	0.00	水	0.45	0.43	0.18

Carr 等应用 LSER 提出了溶质在反相液相色谱的保留值方程式：

$$\lg k' = \lg k'_0 + mV_2 + S\pi_2^* + a\alpha_2 + b\beta_2$$

式中，$\lg k'_0$ 为此 LSER 方程式的截距；V_2 为溶质的分子体积；π^*、α、β 含义同前述；下标 2 表示溶质；系数 m、S、a、b 同 $\lg k'_0$ 一样为拟合系数，在此方程式被严格校正的情况下，它们应当为独立于溶质和色谱固定相之外的性质。另外，还应了解相比是构成 $\lg k'_0$ 的一个组成部分。

由溶质保留值的 LSER 方程式可看到溶质的分子体积 V_2 和氢键碱度 β 是两个主要的溶质变量，而氢键酸度 α 和溶质的偶极度是不太重要的。因而拟合系数 m、b 比 S、a 更重要。

随溶质分子尺寸的增加，k' 将更加依赖于流动相的组成，对同系列溶质，π^*、α、β 趋于一致，保留值的变化正比于分子中亚甲基数目的增加。因此与分子体积相关的系数 m 直接与 RP-HPLC 的疏水选择性相关联。

在液固和液液色谱中应用顶替吸附-液相相互作用模型推导出的保留值方程式，同样也适用于正相和反相键合相液相色谱。

第四节　新型高效化学键合固定相

前述各种早期化学键合相的制备方法虽然已获得广泛的应用，但在高效液相色谱的实践中也表现出许多不足之处，如键合后硅胶基体残留的硅醇基活性对色谱分离的干扰；硅胶基质在高 pH 值的不稳定性；缺少适用于生物大分子分析的键合固定相等。近年来已研制出许多新型键合固定相，以满足不同使用目的的需求，现简介如下。

一、新型单齿键合固定相[3,8~11]

单齿键合固定相是指在制备硅胶键合相时，使用的硅烷化试剂中只有一个硅原子，且每个硅原子上可连接 1～3 个疏水烷基链，如甲基、辛烷基、十八烷基或苯基等。前述各种化学键合固定相皆属于单齿键合固定相。由于此类硅烷化试剂价廉、易于在非水溶剂中制备，单齿键合固定相是制备最多、应用最广的商品液相色谱固定相。

　　在早期化学键合相制备中，为降低硅胶基体残留硅醇基的化学活性，常用短链三甲基氯硅烷（TMCS）或六甲基二硅胺（HMDS）进行封尾，以去掉残留的硅醇基。封尾作用可有效地改善化学键合相对碱性化合物的保留性能，但由于空间位阻等原因，封尾反应不完全，且 TMCS 和 HMDS 易水解，因此封尾反应不能彻底消除残留硅醇基的化学活性。

　　为了进一步降低硅醇基的活性，现已制备了以下两种类型的新型单齿键合固定相。

1. 空间保护（sterical protection）键合固定相

　　（1）键合比 C_{18} 更长的烷基链的固定相　如 C_{22} 或 C_{30}，在硅胶表面形成单分子层，给出比 C_{18} 更好的对称性，此长链烷基与分析物作用形成表面覆盖链，限制了硅胶表面硅醇基的靠近。此类键合相特别适用于刚性异构体的分离和离子型碱性化合物的分析，呈现特殊的选择性，形成空间保护键合固定相。

　　C_{30} 和 C_{18} 键合固定相性质比较如图 4-23 所示，由图可知，在 C_{30} 键合固定相上，色谱峰的对称性（A_s）和难分离物质对的分离因子（α）都获得了明显改善。

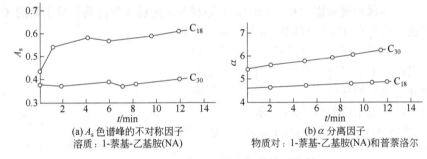

(a) A_s 色谱峰的不对称因子　　　　　　　(b) α 分离因子
溶质：1-萘基-乙基胺(NA)　　　　物质对：1-萘基-乙基胺(NA)和普萘洛尔

图 4-23　C_{30} 和 C_{18} 固定相的性质比较

　　（2）水平聚合（horizontal polymer-ization）键合固定相　为了改进硅胶键合固定相的水解稳定性，使用同时具有长链（C_{18}）、短链（C_3）和活性官能团（—OH、—Cl）的三官能团的硅烷化试剂与硅胶反应；或把 $CH_3(CH_2)_{17}SiCl$ 和 $CH_3(CH_2)_2SiCl$ 混合物与硅胶反应，制成单分子层的水平聚合相。这类固定相硅胶表面的硅醇基全部参加了反应，生成重要的—Si—O—Si—桥联结构平行于硅胶表面，使残留的硅醇基被有效地掩蔽，借助长链和短链烷基官能团，在硅胶表面实现高密度键合，使键合相的水解稳定性得到很大的提高，如图 4-24 所示。

　　（3）高密度键合固定相　如用 C_{12} 烷基链可在硅胶表面制成具有高键合密度的固定相，对硅胶的表面覆盖率可高达 25%。由实验表明，比 C_{18} 短的烷基链可提供更高的表面覆盖率，它限制了硅醇基与分析物的靠近。此类键合相具有尖桩篱笆的结构（见图 4-5），有很高的水解稳定性，对碱性化合物的拖尾效应很低。此时也可借助插入机理，向流动相中加入一种链烷烃（alcane）（见图 4-25），它可饱和固定相，允许它插入到烷基链之间，以避免硅醇基的影响。

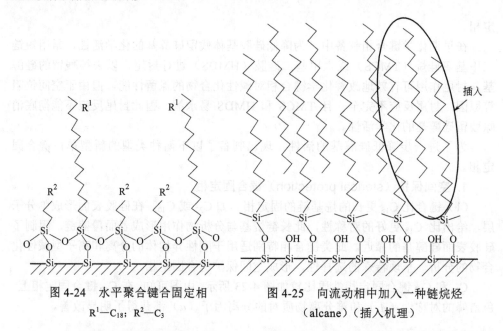

图 4-24　水平聚合键合固定相　　　　图 4-25　向流动相中加入一种链烷烃
R^1—C_{18}；R^2—C_3　　　　　　　（alcane）（插入机理）

（4）立体保护键合固定相　Kirkland 等制备了侧链含异丙基和异丁基的 C_{18} 键合固定相。由于在 C_{18} 烷基侧链引入较大的官能团以及立体效应，阻碍了硅醇基与分析物的相互作用，它在 pH=7 时对碱性化合物的分离呈现对称峰形并有很好的柱效，在低 pH 值时有较高水解稳定性。它的结构如图 4-26 所示。

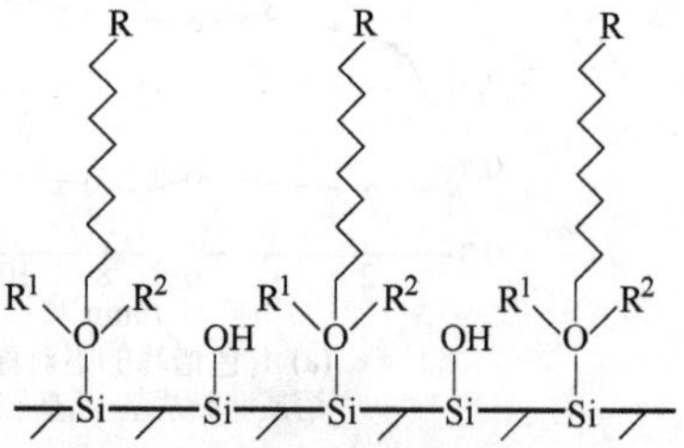

2. 静电屏蔽（electrostatic shield）键合固定相[3]

此类固定相采用另一种途径来降低未反应硅醇基的活性。它是键合在硅胶烷基链的中下部镶嵌一些极性包覆官能团，如烷基胺、酰胺、季铵或氨基甲酸酯等极性官能团，它可屏蔽硅醇基与分析物的相互作用，并增强了固定相在高 pH 值流动相中的稳定性。单层键合静电屏蔽固定相的结构可见图 4-27。

图 4-26　立体保护键合固定相
R—C_{18}；R^1—i-C_3；R^2—i-C_4

这些极性包覆固定相已发现在高含水量流动相中是一种稳定的固定相，并对极性分析物显示新的分离性质。

与一般键合的 C_{18} 和 C_8 固定相比较，用酰胺、氨基甲酸酯包覆的固定相显示出更低的疏水性和对亚甲基的选择性，以及对低分子量有机酸的选择性。

二、新型双齿键合固定相[12~14]

双齿键合固定相是指在制备硅胶键合相时，使用的每个硅烷化试剂分子中含有两个硅原子，每个硅原子含有一个长链烷基官能团。同时这两个硅原子可以用—O—

或—CH$_2$—CH$_2$—等基团连接，如图 4-28 所示。

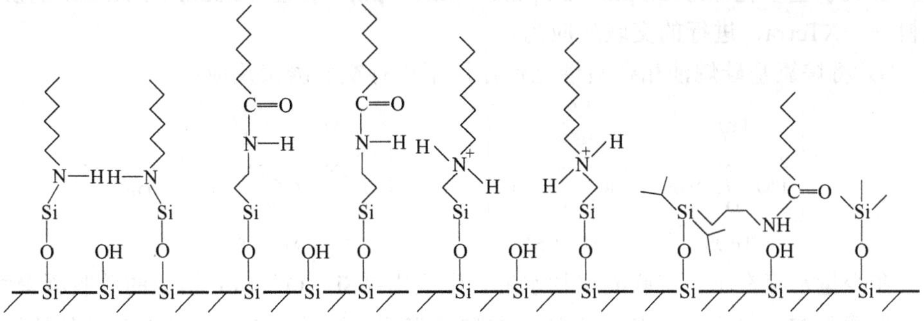

(a) 烷基胺　　(b) 烷基酰胺　　(c) 烷基季铵　　(d) 氨基甲酸酯

图 4-27　静电屏蔽键合固定相

　　Kirkland 等制备了双齿 C$_{18}$ 键合固定相，并与双重封尾技术相结合。它限制了残留硅醇基与分析物的接近，呈现出高柱效和反应的重现性，分析碱性化合物时峰形对称，并在 pH = 2～11.5 范围内表现出良好的水解稳定性。这是因为双齿硅烷化试剂一个分子与硅胶键合时会生成两个共价键，从而增强了键合相对 pH 值的稳定性。

　　现已制备出烷基链上含有酰胺官能团的双齿键合相，其会形成具有多层键合或呈现环状连接的键合相，如图 4-29 所示。它不仅阻断残留硅醇基与分析物的相互作用，还呈现对不同 pH 值的高度稳定性。它可同时用于离子型和非离子型化合物的分离，显示出巨大的应用潜力。

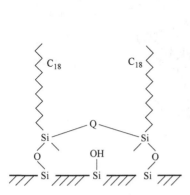

图 4-28　双齿键合固定相
Q：—O—或—CH$_2$—(CH$_2$)$_x$—CH$_2$—
（x=1～3）

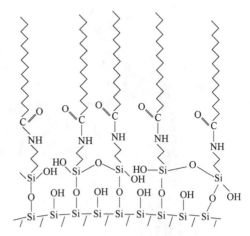

图 4-29　多层双齿键合固定相

三、杂化有机/无机粒子材料[15]

Waters 公司在 1999 年使用"杂交颗粒技术"（hybrid particle technology，HPT），

将 2/3 四乙氧基硅烷（TEOS）与 1/3 的甲基三乙氧基硅烷（MTEOS）进行杂化交联，合成了全多孔球形 2.5μm、3.5μm、5μm、7μm，孔径 12.5nm 的 HPLC 的反相填料——XTerra，进行的交联反应为：

① 将烷氧基硅烷油相在酸催化剂作用下进行交联凝聚反应：

$$\left[2\ \underset{\text{TEOS}}{\overset{\displaystyle \text{EtO}}{\underset{\displaystyle \text{EtO}}{\overset{|}{\underset{|}{\text{Si}}}}\text{—OEt}}}\ +\ \underset{\text{MTEOS}}{\overset{\displaystyle \text{H}_3\text{C}}{\underset{\displaystyle \text{EtO}}{\overset{|}{\underset{|}{\text{Si}}}}\text{—OEt}}} \right] \Longrightarrow \underset{\text{MPEOS}}{\text{EtO—Si—O—Si—O—Si—OEt}}$$

在少量水存在下，交联凝聚物水解，生成由 $\,(\text{Si—O—Si})_n\,$ 构成的硅胶凝聚物，搅拌下通入 N_2，加入十八烷基氯硅烷与硅胶表面硅醇基反应，完成十八烷基的衍生化反应。

② 在水包油（O/W）乳液中，对表面键合十八烷基的杂化硅球在致孔剂作用下实现全多孔结构，并获适当粒径的球体，然后加入三甲基氯硅烷，对硅球表面未反应的硅醇基进行封尾处理。

③ 当全多孔粒子定型和合成后表面熟化，再用标准的表面键合层保护措施，完成 XTerra 反相固定相的制备。

由于甲基基团存在于基体杂化颗粒的表面和内部，其化学稳定性大为增强，适用 pH 值范围达 2～12，它出现后迅速获得广泛应用，其基体立体结构如图 4-30 所示[13~16]。

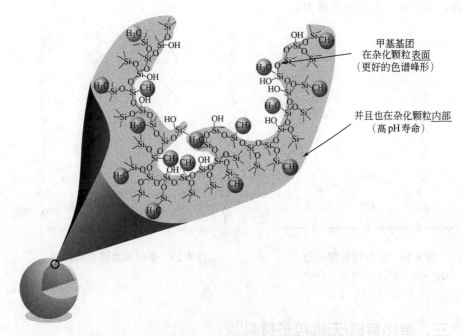

图 4-30 XTerra 基体（甲基聚乙氧基硅胶）的立体结构

　　2003 年 Wyndham 使用杂交颗粒技术，制备了经过"桥联乙基杂交"（ethyl-bridged hybrid，EBH）的全多孔 1.7μm 的反相 ACQUITY 新型固定相，为超高效液相色谱法（UPLC）的建立打下了坚实的基础。

　　表 4-11 为对前述各种新型高效化学键合固定相的简介[16,17]。

表 4-11　新型高效化学键合固定相简介

商品名称	供应商	性质	粒径 d_p/μm	孔径 $\bar{D}$/nm	碳覆盖率/%	注释
Develosil Combi-RP	Nomura Chemical	C_{30}	3.5	14	18	100%水用作流动相分析高极性化合物
Wakosil DNPH	Wako Chemical	C_{30}	5	12	27	分析正、异构烷基醛
YMC-30	YMC	C_{30}	5			
Proto SIL 300-3-C_{30}	Bischoff Chromatography	C_{30}	3.5	12、20、30	12.5	对异构体有高选择性
Acclaim 120	Dionex	C_{18}	3.5	12	18	高纯硅球，与 LC-MS 兼容
Acclaim 120	Dionex	C_8	3.5	12	11.2	高纯硅球，与 LC-MS 兼容
Acclaim 300	Dionex	C_{18}	3	30	7	大孔，生物大分子快速分析
SMT C_{18}™	Separation Methods Technologies	水平键合	5			
Nucleosil™ HD	Macherey-Nagel	高密度				
Ultrabase™ C_{18}	Backman	高密度				
Luna™ C_{18}	Phenomenex	高密度	5			在酸、碱 pH 值范围具有优越的稳定性
MAX RP™		高密度				
Zorbax™	Agilent	立体保护	5			
Bata Max	Keystone Scientific	静电屏蔽（C_{18}）	5	6	30	氰基屏蔽，分析酸、碱化合物
Hydro Bond AQ	Mac-Mod Analytical	静电屏蔽（C_{18}）	5	10	16	100%水用作流动相，分析酸、碱化合物
Acclaim PA	Dionex	静电屏蔽（C_{16}）	3.5	12	17	磺氨基屏蔽，适应100%水流动相
Acclaim PA2	Dionex	静电屏蔽（C_{18}）	3.5	12	16	磺氨基屏蔽，在pH=1.5~10 适应 100%水流动相
Acclaim OA	Dionex	特殊方式键合，C_{16}	3.5	12	17	极低 pH 下分析亲水有机酸
Acclaim surfactant	Dionex	特殊方式键合，C_{18}	5	12	12	分析阳离子、阴离子、非离子型表面活性剂
Acclaim Explosives	Dionex			12		分析爆炸物特殊柱
Stability-BS-C_{23}	Cluzeau-info-Lab-CIL	C_{23}，高密度静电屏蔽	5	10		氨基屏蔽，分析酸性化合物（维生素 C）
Polaris	Meta Chem Technologies	静电屏蔽（C_{18}）	3、5、10、15、25	15		酰胺-氨基甲酸酯屏蔽100%水作流动相，分析高极性化合物

续表

商品名称	供应商	性质	粒径 $d_p/\mu m$	孔径 $\bar{D}/nm$	碳覆盖率/%	注释
Pronto SIL 120-5-C_{18} Ace	Bischoff Chromatography	静电屏蔽（C_{18}）	3、5、10	10、20、30	19.5	具有高疏水性，分析强碱性化合物
Necleosil Protect	Macherey-Nagel	静电屏蔽				
Zobax Bonus-RP	Agilent	静电屏蔽	5			最高疏水性，最低的立体选择性
Suplex™ pKb-100	Supelco	静电屏蔽	5			
Supeleosil ABZ+Plus	Supelco	静电屏蔽	5			
Supeleosil LC-ABZ	Supelco	静电屏蔽	5			
C_{18} Amide-High Parity Advance	TCS	静电屏蔽（C_{18}）	5			酰氨基屏蔽
Discovery RP Amide C_{16}	Supelco	静电屏蔽（C_{16}）	5			酰氨基屏蔽
Symmetry Shield RP	Waters	静电屏蔽（C_8、C_{18}）	5			
Zobax™ Extend-C_{18}	Agilent	双齿键合（C_{18}）	3.5、5	8	12.5	可在高 pH 值分析树状碱性化合物，工作温度上限 60℃，在 pH=1～11 范围具有显著稳定性
Lichrospher ADS	MERCK	通道限制（二羟基和 C_4、C_8、C_{18}）	25	6		用于血浆、血清、牛奶、发酵液等含蛋白质大分子生物样品的分离
Xterra™ MS	Waters	水平键台	3.5			杂化粒子材料
Xterra RP	Waters	静电屏蔽（C_8、C_{18}）	2.5、3.5、5.7		12.5	可在广泛 pH 值范围使用，高温稳定

注：2011 年后 Dionex 并入 Thermo Fisher Scientific。

四、氟化烷基和苯基固定相[17,18]

氟化烷基和苯基固定相的典型结构如下：

氟化直链烷基固定相商品使用的为正丙基、正己基、正辛基和正癸基；氟化支链烷基固定相仅已列出的结构为商品使用的。氟化苯基固定相末端键合的为五氟苯基（pentafluorophenyl，PFP）。

氟化烷基和苯基固定相中包含已经氟化和未氟化的亚甲基基团，这些未氟化的亚甲基基团通常位于紧靠硅胶的表面，可以稳定已键合的氟化官能团。此类固定相的粒度为 3～5μm，孔径 6～100nm。

氟化烷基固定相与传统的 C_{18} 和 C_8 反相固定相比较，显示以下保留特性：

① 对许多烃类和芳烃显示更低的保留。

② 对含氟化合物、卤代化合物、酯、酮、硝基萘有更强的保留和分离的选择性。

③ 当流动相使用高含量有机改性剂时，可增强对许多化合物，包括碱性化合物的保留，并可借助亲水作用保留机理进行调节，在高含量有机改性剂存在下，可对许多化合物产生独特的保留特性，并用于 HPLC-MS 分离。

④ 可用于快速梯度洗脱表征化合物的亲油性（lipophilicity），并测量分子描述符（molecular descriptors），用以生成溶剂化方程式（solvation equation），并用于计算色谱的保留值。

在药物发现研究中，分子描述符和生成的溶剂化方程式用于调节分配测量、溶解度和生物转换过程。

分子描述符可借助振荡瓶法，用化合物在正丁醇-水两相的分配来进行测定。

⑤ 它可以改进胶束（micellar）液相色谱（即向流动相中加入表面活性剂，以调节色谱分离的选择性）的分离性能。

全氟苯基固定相的保留特性与全氟烷基固定相相似，但对碱性化合物的保留比全氟烷基固定相更强，它还可用于制备液相色谱。

氟化烷基和苯基固定相可增强对难分离化合物的选择性，如可分离辛基酚乙氧基表面活性剂、二甲基酚异构体、栖儿茶酸差向（立体）异构体、甾类、核酸、除草剂等。

图 4-31 为全氟苯基固定相对不同位置取代硝基萘混合物的分离谱图。

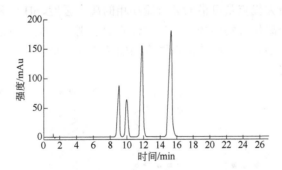

图 4-31　全氟苯基（PFP）键合相对硝基萘混合物的分离
色谱柱：FluoroSep-RP Phenyl，150mm×4.6mm，d_p 5μm，柱温 30℃
流动相：甲醇（55%）-水（45%）　　　　　　　流速：1mL/min
检测器：UVD（254nm）　　　　　　　　　　进样量：5μL

表 4-12 为常用氟化烷基和苯基固定相简介。

表 4-12　氟化烷基和苯基固定相简介

产品型号	供应商	固定相化学构成	比表面积/(m²/g)	孔尺寸/Å
Epic FDD	ES Industries	全氟十二烷	230	120
Epic FO-LB	ES Industries	全氟辛烷	230	120
FluoroSep octyl	ES Industries	全氟辛烷	450	60
FluoroSep propyl	ES Industries	全氟丙烷	120	300
FluoroSep-RP phenyl	ES Industries	全氟苯基烷基链	350	60
MacroSep HPR	ES Industries	全氟烷基链	—	300
MacroSep FSP	ES Industries	全氟苯基		300，1000
Chromegabond PFP/T	ES Industries	全氟苯基、丙基	350	60
Epic PFP LB	ES Industries	全氟苯基	230	120
Fluofix 120N(E)	Thermo Electron	全氟支链		120
Fluofix 300N(E)	Thermo Electron	全氟支链		300
Fluophase RP	Thermo Electron	全氟己基	310	100
Fluophase WP	Thermo Electron	全氟苯基	100	300
Fluophase PFP	Thermo Electron	全氟苯基	310	100
Curosil PFP	Phenomenex	全氟苯基		
DiscoveryFS HS	Supelco	全氟苯基		120
Allure PFP Propyl	Restek	全氟苯基、丙基		60
Ultra PFP		全氟苯基		100
TAC-1	Whatman	全氟苯基、丙基		159

注：1Å=10⁻¹⁰m。

五、反相/离子交换混合模式固定相[19,20]

混合模式固定相是使用多于一种模式的色谱分离方法，即将反相和离子交换（RP/IEX）作用相结合，键合在同一固定相中，并允许在一次样品分析中同时分析非极性和极性（或可电离）化合物。

这种方法的最大优点是可借助调节流动相的离子强度、pH 值和有机改性剂的用量，精确利用被分离化合物的物理、化学性质的差别，来优化色谱分离的选择性。

使用 RP/IEX 混合模式硅胶键合固定相的色谱柱，依据官能团的排布，可有五种方式，见图 4-32。

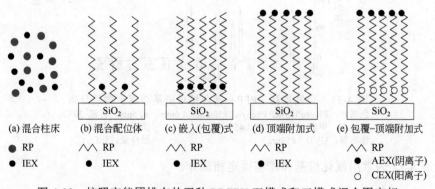

图 4-32　按照官能团排布的五种 RP/IEX 双模式和三模式混合固定相

典型的RP/IEX构成的二元混合模式固定相，如图4-32中（a）～（d）所示。

（1）类型1 是由RP和IEX（可为AEX或CEX）两种不同固定相混合后得到的混合柱床，如由Thermo-Fisher公司提供的型号为Hypersil Duer（C_{18}/SAX或C_{18}/SCX）的二元混合模式固定相。

（2）类型2 是在硅胶基体上交互键合RP和IEX两种配位体，由于这两种配位体之间水合稳定性的差异而会产生分离选择性的变动，此类固定相，如由Grace公司提供的Mixed-Mode C_{18}/cation或C_{18}/anion型号的二元混合模式固定相。

（3）类型3 是将离子交换官能团嵌入反相烷基配位体内，成为单一配位体键合在硅胶表面，通常疏水性强，可认为是用IEX改性的反相材料，如由SIELC公司生产的型号为Primesep™100（RP/SCX）和PrimesepB（RP/SAX）的二元混合模式固定相。

（4）类型4 是将离子交换官能团键合在反相烷基配位体末端，成为单一配位体，它显示均一的IEX特性，可认为是用RP改性的离子交换材料，如由Dionex公司生产的型号为Acclaim Mixed-Mode WAX-1和WCX-1离子交换官能团通过嵌入一个亲脂间隔臂酰氨基连接在疏水RP链的末端，其结构为：

WAX-1：
WCX-1：

（5）类型5 是使用"纳米聚合物-硅胶杂化"（nanopolymer-silica hybrid，NSH）技术制备的同时具有RP/AEX/CEX三种混合模式的固定相。这种材料以高纯全多孔硅球为基体，在硅球孔洞的内孔表面键合反相（RP）和弱阴离子交换（AEX）官能团，孔洞内提供弱的阴离子交换作用。在硅球的外表面涂渍带负电荷的纳米聚合物微粒（CEX），提供强的阳离子交换作用。此种特殊结构可保证将孔洞内的阴离子交换作用和硅球外的阳离子交换作用的空间分割开，就可使反相（RP）、阴离子交换（AEX）、阳离子交换（CEX）三种保留机理同时发生作用，并可独立控制。此类三重混合模式固定相已由Dionex公司生产，型号为Acclaim Trinity™ PI，见图4-33。

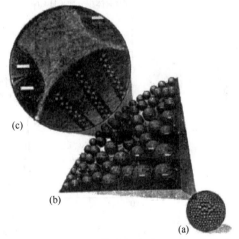

图4-33 用NSH技术制备的三重混合模式固定相Acclaim Trinity™ PI
（a）用纳米聚合物微粒涂渍硅胶粒子的全貌；
（b）用带负电荷纳米聚合物微粒（阳离子交换剂）涂渍硅胶表面的放大图像；
（c）内孔由反相和弱阴离子交换官能团的组成和外表面提供的强阳离子交换作用

  RP/IEX 混合模式固定相的保留机理是疏水作用和离子交换作用之间复杂相互影响的结果，它的分离选择性依赖于样品分子的疏水性，所带电荷的特性及色谱分离条件（如流动相的离子强度、pH 值和有机改性剂的用量等）。

  RP/IEX 柱的正交保留（RP 或 IEX）组合，它们提供的多重保留机理至今仍未被充分认识，其对改善色谱分离的选择性产生十分重要的作用，可作为对反相（RP）、离子交换（IEX）或亲水作用色谱（HILIC）方法和多维色谱方法的补充，它对高亲水性、高电荷分析物的保留和选择性的调节有很大的方便性，应予以重视。

  RP/IEX 双重混合模式固定相已用于蛋白质、肽、寡聚核苷酸、RNA、儿茶酚胺的分离。与 RP/AEX 或 RP/CEX 双重混合模式柱比较，对 RP/AEX/CEX 三重混合模式柱将提供一个更广阔的应用范围。由于 RP/AEX/CEX 保留机理的组合效应，特别适用于分析活性药物成分（active pharmaceutical ingredients，API）和它的对离子（counterion）。传统的 API 和对离子的分析要使用不同的色谱柱，甚至需用不同的分析仪器来进行二者的检验。现在已表明，仅使用 RP/AEX/CEX 三重混合模式柱，就可在一次分析中同时测定活性药物成分（API）和它的对离子，如可同时分析盘尼西林 G 和它的对离子（K⁺）；治疗糖尿病药物格华止中的活性药物成分，1,1-二甲双胍盐酸盐和它的对离子（Cl⁻），见图 4-34。

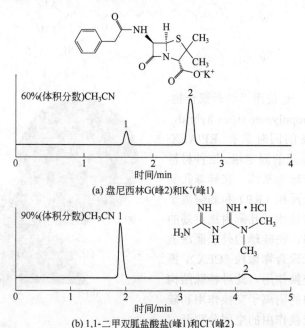

(a) 盘尼西林G(峰2)和K⁺(峰1)

(b) 1,1-二甲双胍盐酸盐(峰1)和Cl⁻(峰2)

图 4-34　Acclaim Trinity™ PI 柱的药物 API 和它的对离子分析
色谱柱：50mm×3.0mm，柱温：30℃；流动相：乙腈-0.02mol/L 乙酸铵溶液（pH=5.2）
流速：(a) 0.6mL/min，(b) 0.5mL/min；进样量：2μL；检测器：ELSD

  表 4-13 为五种 RP/IEX 混合模式色谱固定相简介。

表 4-13 五种 RP/IEX 混合模式色谱固定相简介

产品型号	制造商	固定相化学类型	基体材料
Hypersil™Duet C₁₈/SAX	Thermo-Fisher	类型 1 RP/SAX，双重混合模式	硅胶：5μm，12nm，170m²/g
Hypersil Duet C₁₈/SCX	Thermo-Fisher	类型 1 RP/SCX，双重混合模式	硅胶：5μm，12nm，170m²/g
Mixed Mode C₁₈/anion	Grace	类型 2 RP/阴离子交换，双重混合模式	硅胶：7μm，10nm，350m²/g
Mixed Mode C₁₈/cation	Grace	类型 2 RP/阳离子交换，双重混合模式	硅胶：5μm，10nm，350m²/g
Mixed Mode C₁₈/cation	Grace	类型 2 RP/阳离子交换，双重混合模式	硅胶：5μm，7μm，10nm，350m²/g
Primesep™ 100	SIELC	类型 3 RP/SCX，双重混合模式	硅胶：5μm，10μm，10nm
Primesep B	SIELC	类型 3 RP/SAX，双重混合模式	硅胶：5μm，10μm，10nm
Obelise™ R	SIELC	类型 5 两性，RP/阴离子交换/阳离子交换，三重混合模式	硅胶：5μm，10μm，10nm
Acclaim® Mixed Mode WAX-1	Dionex	类型 4 RP/WAX，双重混合模式	硅胶：3μm，5μm，12nm，350m²/g
Acclaim Mixed Mode WCX-1	Dionex	类型 4 RP/WCX，双重混合模式	硅胶：3μm，5μm，12nm，300m²/g
Acclaim Trinity P1	Dionex	类型 5 RP/WAX/SCX 依据 NSH 技术的三重混合模式	硅胶：3μm，30nm，100m²/g
Omni Pac™ PAX	Dionex	RP/SAX，双重混合模式，借助涂渍具有烷基醇季铵官能团胶乳的聚合物微球	乙基乙烯苯/二乙烯基苯聚合物微球（交联度55%），8.5μm
Omni Pac PCX	Dionex	RP/SCX，双重混合模式，借助涂渍具有磺酸官能团胶乳的聚合物微球	乙基乙烯苯/二乙烯基苯聚合物微球（交联度55%），8.5μm

注：2011 年后 Dionex 并入 Thermo Fisher Scientific。

第五节　化学键合固定相分类方法简介

随高效液相色谱方法的迅速发展，制造商已把大量具有商业价值的化学键合固定相引入市场，但他们并未能提供对这些产品进行评价的标准检验方法。在他们提供的产品目录中，仅标明所用载体的粒度、孔径、孔径分布、孔容积和比表面积及键合配体的覆盖率。这些参数不能确切表达化学键合固定相的色谱分离特性，因而使色谱工作者经常遇到使用由不同厂商提供的相同类型的色谱柱，却获得不同的色谱分离特性的问题。制造商和液相色谱工作者都期望能有一种标准的检验程序，以对化学键合固定相的色谱分离特性做出确切的评价。据 1997 年统计，已有 600 多种新型反相固定相进入市场，至今化学键合固定相的总数已达 1000 种以上。液相色谱工作者面临应依据何种标准，来选择最合适的化学键合固定相，来解决特定的分析任务的问题。

此种标准的选择也涉及柱与柱间、各批产品间色谱分离性能重复性的检验。

气液色谱方法的发展已为解决此类问题提供了先例，1970 年麦克雷诺 10 种探针溶质的提出，完满地解决了对气液色谱柱分离特性的评价方法。1971 年 Grob 溶质的出现也对毛细管气相色谱柱化学活性的评价做出了重要的贡献。

迄今致力于研究评价化学键合相色谱分离特性的化学文献已近百篇，但至今也没有一种方法被广泛接受作为统一的评价标准。出现这种局面的原因是复杂的，这主要因为化学键合固定相呈现的色谱分离特性是多种因素组合后的总体表现，难以仅用一种简单的表征方法来表达。

由于化学键合固定相的制作方法繁多，采用的基体材料和键合的特征官能团多种多样，以下仅以硅胶作基体材料的化学键合固定相予以说明。

用硅胶制作的化学键合固定相的色谱分离特性是由以下诸因素决定的。

① 载体硅胶的性质。包括：硅胶的粒径（μm）及其分布、比表面积（m^2/g）、孔径（nm）及其分布、孔容积（mL/g）；硅胶的活化方法（用酸处理会显示多层分子固定相的选择性；用碱处理会显示单分子层固定相的选择性）；活化处理后硅胶表面硅醇基的密度等。

② 硅烷化试剂的性质。包括：含有不同的烷基链长度（如 C_4、C_8、C_{12}、C_{18}、C_{22}、C_{30}）或含有长、短两种烷基链（如 C_{18} 和 C_3）；含 i-C_3 和 i-C_4 侧链的 C_{18} 烷基链；中间镶嵌极性官能团（氨基、酰氨基、季铵基、氨基甲酸酯基）的 C_{18} 烷基链；硅胶表面键合官能团的浓度（$\mu mol/m^2$）；硅胶表面碳覆盖率（%）；键合反应后硅胶表面残留硅醇基的密度。

③ 流动相的性质。水作为流动相主体，甲醇、乙腈、四氢呋喃作为改性剂，可调节色谱分离的选择性。

④ 分析物的性质。包括分析物与反相键合相的疏水性相互作用，氢键相互作用，离子交换相互作用，立体空间阻碍作用，与残留硅醇基的相互作用等。

由上述各种因素可看出，表征化学键合相色谱分离特性的方法应能反映硅胶基体物理性质（粒径、孔径等）和键合官能团与分析物之间的物理化学相互作用（疏水、氢键、离子交换、空间阻碍等）的综合特性，并可作为化学键合相的分类方法。

一、Tanaka 分类方法

1989 年 Tanaka 等首先提出对用不同方法制备的反相 C_{18}（ODS）键合固定相进行分类的方法，并提出用下述 6 个参数来评价反相固定相的特性（见表 4-14）[20, 21]。

Tanaka 还提出以 *A*、*B*、*C*、*D*、*E*、*F* 6 个参数组成平面六轴极坐标，再由每种 C_{18} 固定相提供的 *A*、*B*、*C*、*D*、*E*、*F* 的数值，就可构成一幅六角形图像，由各像中各个角的突出或凹陷程度，就可约略判断每种反相固定相的特性。表 4-15 为常用反相色谱柱测定的柱特性参数。图 4-35 为平面六轴极坐标示意。图 4-36 为某些反相色谱柱的平面六轴极坐标显示的六角形图像。

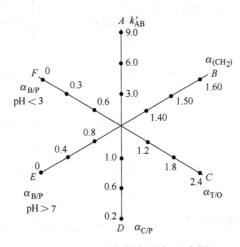

图 4-35　平面六轴极坐标示意图

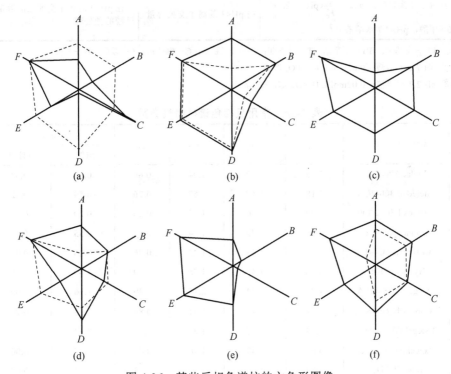

图 4-36　某些反相色谱柱的六角形图像

（a）　TSK-120A（——），TSK-120T（-------）；

（b）Cosmosil5 C_{18}（——），　Cosmosil5 C_{18}-300（-------）；（c）Vydac ODS（——）；

（d）Nucleosil C_{18}（——），Nucleosil C_{18}-300（-------）；（e）Cosmosil C_{18}-P（——）；

（f）Lichrosorb RP-18-Ⅰ（——），Lichrosorb RP-18-Ⅱ（-------）

表 4-14　评价反相固定相特性的参数

测量参数（流动相组成）	固定相性质	制备固定相的相关因素
A 戊基苯（AB）的容量因子：$k'_{AB}=\dfrac{t'_{R(AB)}}{t_M}$ （80%甲醇水溶液）	烷基链的数量	硅胶表面积，表面碳覆盖率
B 疏水选择性：$\alpha_{CH_2}=\dfrac{k'_{PB}{}^{①}}{k'_{BB}}$ （80%甲醇水溶液）	疏水性	表面碳覆盖率
C 形状（立体）选择性：$\alpha_{T/O}=\dfrac{k'_T{}^{①}}{k'_O}$ （80%甲醇水溶液）	立体选择性	硅烷化官能度，表面碳覆盖率
D 氢键容量：$\alpha_{C/P}=\dfrac{k'_C{}^{①}}{k'_P}$ （30%甲醇水溶液）	氢键容量	表面硅醇量，封尾表面碳覆盖率
E 总离子交换容量：$\alpha_{B/P}=\dfrac{k'_B}{k'_P}(pH=7.6)^{①}$ （30%甲醇，pH=7.6 水溶液）②	在 pH>7 的离子交换容量	表面硅醇量离子交换位
F 酸性离子交换容量：$\alpha_{B/P}=\dfrac{k'_B}{k'_P}(pH=2.7)^{①}$ （30%甲醇，pH=2.7 水溶液）③	在 pH<3 的离子交换容量	在 pH=3 时离子交换位的数量，硅胶的预处理

① PB—戊基苯；BB—丁基苯；T—苯并菲；O—邻三联苯；C—咖啡因；P—苯酚；B—苯胺。
② pH 7.6 水溶液：0.02mol/L KH$_2$PO$_4$ 溶液。
③ pH 2.7 水溶液：0.02mol/L H$_3$PO$_4$-KH$_2$PO$_4$ 溶液。

表 4-15　常用反相色谱柱特性参数

序号	常用反相色谱柱	k'_{AB}	α_{CH_2}	$\alpha_{T/O}$	$\alpha_{C/P}$	$\alpha_{B/P}$	
						pH>7	pH<3
1	Vydac 300-C$_{18}$	2.05	1.49	1.94	0.66	0.62	0.03
2	Nucleosil 300-7C$_{18}$	2.18	1.47	1.67	0.76	0.59	0.12
3	Cosmosil 5C$_{18}$-300	2.99	1.50	1.37	0.46	0.20	0.12
4	μBondapak C$_{18}$	3.29	1.43	1.24	0.72	0.55	0.11
5	Cosmosil 5C$_{18}$-P	3.61	1.43	1.22	0.76	0.26	0.05
6	Hypersil ODS	4.16	1.46	1.75	1.29	2.49	1.43
7	TSKgel ODS-120A	4.28	1.44	2.13	1.29	1.16	0.09
8	LiChrosorb RP-18-Ⅱ	5.14	1.48	1.81	0.80	2.13	0.74
9	TSKgel ODS 80T$_M$	5.55	1.47	1.28	0.64	0.54	0.01
10	Capcellpak C$_{18}$ SG	5.63	1.49	1.46	0.41	0.47	0.06
11	Inertsil ODS	5.82	1.48	1.32	0.53	0.26	0.07
12	Nucleosil 100-5C$_{18}$	5.93	1.47	1.59	0.58	1.47	0.07
13	TSKgel ODS-120T	6.45	1.49	1.86	0.48	0.48	0.08
14	LiChrosorb RP-18-Ⅰ	6.47	1.49	1.80	0.63	1.04	0.15

续表

序号	常用反相色谱柱	k'_{AB}	α_{CH_2}	$\alpha_{T/O}$	$\alpha_{C/P}$	$\alpha_{B/P}$	
						pH>7	pH<3
15	Cosmosil 5C$_{18}$	7.21	1.51	1.51	0.45	0.15	0.08
16	YMC A-302 ODS	7.36	1.52	1.41	0.47	0.45	0.06
17	Ultrasphere ODS	7.45	1.52	1.45	0.45	0.43	0.29
18	Develosil ODS-5	7.73	1.51	1.46	0.44	0.21	0.08
19	Zorbax BP-ODS	9.30	1.52	1.58	0.46	0.74	0.15

二、Tanaka 分类表征方法

A、B、C、D、E 和 F 六个参数全面地表达了键合固定相的分离特征。当观察到一个六边形的对称情况，就显示出所采用键合固定相具有的独特之处，通常 A、B、C 数值愈大，表明键合烷基数量、疏水性和立体选择性愈大，D、E、F 较小的数值，表明仅有较少的硅醇活性位和离子交换位。

三、扩展 Tanaka 分类方法

在 Tanaka 工作基础上，2000 年 Euerby 和 Petersson 将前述对反相固定相特性评价方法扩展用于评价 85 种反相类型化学键合固定相，并增加用戊基苯作溶质测定理论塔板数：

$$n = 16\left[\frac{t_{R(AB)}}{w_b}\right]^2$$

作为评价柱特性的第七个参数。2003 年他们又扩展到 135 种不同类型化学键合固定相，提供了大量实验数据，并利用化学计量学的主成分分析法，对固定相的分类方法做出有价值的评价，也为提供统一、可普遍接受的反相键合相的标准分类检验方法做出了贡献[22]。

表 4-16 为由 Euerby 和 Petersson 提供，按上述七个色谱参数分类方法测定的 135 种反相键合相的实验数据，它对选择适用的化学键合相用于特定的分离有重要的参

表 4-16　表征反相键合固定相特性的色谱参数

柱编号	固定相型号[①]	k_{PB}	α_{CH_2}	$\alpha_{T/O}$	$\alpha_{C/P}$	$\alpha_{B/P}$		N/m^{-1}	$d_p/\mu m$	供应厂商	固定相类型[②]
						pH7.6	pH2.7				
1	Ace 5C$_{18}$	4.58	1.46	1.52	0.40	0.47	0.13	79200	5	Hichrom	1
2	ACE Aq	2.30	1.35	1.22	0.48	0.32	0.11	73500	5	Hichrom	1,2
3	Ace CN	0.26	1.08	1.73	0.51	0.74	0.15	35200	5	Hichrom	3
4	Ace Phenyl	1.20	1.26	1.00	0.88	0.46	0.14	15100	5	Hichrom	4
5	Aquasil C$_{18}$	4.14	1.41	1.84	0.18	2.29	0.16	85900	5	Hypersil	1,2,11
6	Astec Polymer C$_{18}$	4.92	1.35	4.09	0.15	0.04	0.01	31300	5	Astec	1,5
7	Betabasic C$_{18}$	4.49	1.47	1.56	0.39	0.80	0.12	83200	5	Hypersil	1

柱编号	固定相型号[①]	k_{PB}	α_{CH_2}	$\alpha_{T/O}$	$\alpha_{C/P}$	$\alpha_{B/P}$ pH7.6	pH2.7	N/m^{-1}	$d_p/\mu m$	供应厂商	固定相类型[②]
8	Betabasic CN	0.18	1.06	1.82	0.43	0.77	0.17	15100	5	Hypersil	3
9	BetaMax Acidic	2.84	1.33	2.04	0.29	0.55	−0.03	58800	3	Hypersil	1,6
10	BetaMax Basic(CN)	0.37	1.04	2.04	0.42	1.70	0.19	23700	3	Hypersil	3
11	BetaMax Neutral C_{18}	10.62	1.49	1.50	0.40	1.00	0.10	85600	3	Hypersil	1
12	C_{18} multiring	1.86	1.46	2.35	0.56	1.23	0.09	35800	5	Vydac	1
13	Chromolith C_{18}	4.22	1.24	1.31	0.48	0.63	0.12	108000	Monolith	Merck	1
14	Curosil PFP	1.77	1.27	2.49	0.71	0.85	0.10	21700	3	Phenomenex	7
15	Develosil ODS-MG-5	6.70	1.49	1.24	0.51	0.10	0.07	63300	5	Phenomenex	1,2
16	Discovery C_{18}	3.32	1.48	1.51	0.39	0.28	0.10	80300	5	Supelco	1
17	Discovery C_{18} HS	6.68	1.40	1.55	0.40	0.38	0.10	99300	5	Supelco	1
18	Discovery C_8	1.10	1.34	1.00	0.43	0.41	0.09	33100	5	Supelco	8
19	Discovery CN	0.29	1.00	1.00	1.00	1.60	0.55	12800	5	Supelco	3
20	Discovery F5 HS	1.70	1.26	2.55	0.68	0.85	0.34	68700	5	Supelco	7
21	Discovery PEG HS	0.23	1.06	2.57	0.02	0.07	−0.04	31400	5	Supelco	9
22	Discovery RP-amide	1.65	1.35	1.81	0.49	0.44	0.19	82600	5	Supelco	6
23	EU Column	6.19	1.46	1.50	0.56	1.00	0.12	64700	5	Bischoff	1
24	Fluofix(ec)	0.57	1.24	0.58	0.81	2.06	0.38	60500	5	Neos	7
25	Fluofix(nec)	0.48	1.20	0.67	1.37	3.90	0.26	68900	5	Neos	7
26	Fluophase PFP	1.60	1.23	2.50	0.63	0.70	0.30	56000	5	Hypersil	7
27	Flouphase RP	0.98	1.21	0.62	0.73	2.12	0.60	35200	5	Hypersil	7
28	FluoroSep RP Octyl	1.44	1.23	0.63	0.75	4.12	0.52	62600	5	ES Industries	7
29	Genesis AQ	6.07	1.49	1.26	0.53	0.42	0.11	79900	4	Jones	1,2
30	Genesis C_{18}	6.25	1.50	1.41	0.44	0.29	0.10	72600	4	Jones	1
31	Genesis C_8	2.09	1.33	1.01	0.55	0.60	0.12	74500	4	Jones	8
32	Genesis CN	0.22	1.16	1.90	0.60	1.00	0.18	13600	4	Jones	3
33	GromOSil 100DS-2FE	4.68	1.46	1.72	0.59	0.72	0.17	92300	3	Grom	1
34	Grom-Sil ODS-0 AB	3.46	1.45	1.40	0.72	0.67	0.19	119000	3	Grom	1
35	Grom-Sil ODS-4 HE	6.28	1.50	1.27	0.54	0.31	0.10	49300	5	Grom	1,2,11
36	Grom-Sil ODS-7 pH	12.68	1.54	1.53	0.39	0.32	0.06	98900	4	Grom	1
37	Hichrom RPB	4.56	1.40	1.21	0.36	0.18	0.11	71900	5	Hichrom	10
38	Hypersil 100 HS C_{18}	7.66	1.53	1.40	0.42	1.01	0.25	78964	5	Hypersil	1
39	Hypersil C_{18} BDS	4.50	1.47	1.49	0.39	0.19	0.17	74600	5	Hypersil	1
40	Hypersil Elite C_{18}	4.76	1.49	1.52	0.37	0.30	0.14	75100	5	Hypersil	1

柱编号	固定相型号①	k_{PB}	α_{CH_2}	$\alpha_{T/O}$	$\alpha_{C/P}$	$\alpha_{B/P}$ pH7.6	$\alpha_{B/P}$ pH2.7	N/m^{-1}	$d_p/\mu m$	供应厂商	固定相类型②
41	Hypersil ODS	4.44	1.45	1.28	0.38	1.04	0.64	76100	5	Hypersil	1
42	HyPURITY C$_{18}$	3.20	1.47	1.60	0.37	0.29	0.10	78800	5	Hypersil	1
43	HyPURITY C$_4$	0.55	1.30	0.72	0.44	0.30	0.10	20600	5	Hypersil	12
44	HyPURITY C$_8$	1.59	1.35	1.00	0.34	0.30	0.11	83200	5	Hypersil	8
45	HyPURITY CN	0.08	1.12	1.87	0.81	2.21	0.08	30700	5	Hypersil	3
46	HyPURITY Advance(C$_8$)	1.13	1.00	1.59	0.39	0.80	0.13	38400	5	Hypersil	6,8
47	Inertsil CN3	0.57	1.04	1.97	0.26	3.27	0.03	22700	5	Hichrom	3
48	Inertsil ODS3	7.74	1.45	1.29	0.48	0.29	0.01	130400	3	Hichrom	1
49	Inertsil ODS	6.31	1.47	1.57	0.36	0.53	0.01	44000	5	Hichrom	1
50	J Sphere ODS	10.60	1.51	1.59	0.39	0.43	0.06	124800	4	YMC	1
51	Jupiter C$_{18}$ 300A	2.26	1.48	1.65	0.37	0.47	0.27	24700	5	Phenomenex	1
52	Kromasil C$_{18}$	7.01	1.48	1.53	0.40	0.31	0.11	84900	5	Hicrom	1
53	RP Select B(C$_8$)	2.76	1.32	1.21	0.66	1.40	0.14	43300	5	Merck	8
54	Lichrosphere RP18	7.92	1.48	1.73	0.54	1.39	0.19	46100	5	Merck	1
55	Luna C$_{18}$	5.97	1.47	1.17	0.40	0.24	0.08	89700	5	Phenomenex	1
56	Luna 18(2)	6.34	1.47	1.23	0.41	0.26	0.06	80700	5	Phenomenex	1
57	Luna CN	0.17	1.14	1.47	0.75	3.51	0.24	25300	5	Phenomenex	3
58	Luna NH$_2$	−0.17	1.01	4.05	0.47	0.43	3.41	13300	5	Phenomenex	13
59	Luna Phenyl-Hexyl	2.82	1.33	1.10	0.91	0.33	0.11	85100	3	Phenomenex	14
60	MetaSil Basic	2.03	1.32	1.25	0.32	0.29	0.09	96000	3	Ansys	10
61	Monochrom MS	1.69	1.27	2.53	0.83	0.66	0.15	53000	5	Ansys	7
62	Novapak C$_{18}$	4.49	1.49	1.44	0.48	0.27	0.14	70200	4	Waters	1
63	Nucleodur C$_{18}$ Gravity	7.71	1.48	1.80	0.45	0.36	0.07	67300	5	Macherey-Nagel	1
64	Nucleosil C$_{18}$	4.80	1.44	1.68	0.70	2.18	0.13	48800	5	Macherey-Nagel	1
65	Nucleosil C$_{18}$ HD	6.04	1.48	1.54	0.40	0.47	0.10	86700	5	Macherey-Nagel	1
66	Nucleosil C$_{18}$ Nautilus	3.37	1.40	1.98	0.33	0.48	0.01	73300	5	Macherey-Nagel	1,6
67	Nucleosil C$_8$ HD	3.05	1.38	0.91	0.49	0.51	0.13	80000	5	Macherey-Nagel	8
68	Omnisphere C$_{18}$	8.54	1.48	1.69	0.41	0.56	0.11	119600	3	Varian	1
69	Optimal ODS-L	5.87	1.48	1.26	0.51	0.30	0.09	65200	5	Capital HPLC	1
70	Optimal ODS H	6.15	1.48	1.38	0.44	0.24	0.09	82700	5	Capital HPLC	1
71	Perfluorphenyl HS	3.31	1.29	2.72	0.65	0.74	0.19	66400	5	ES Industries	7
72	Perfluorpropyl ESI	0.16	1.15	1.00	1.15	1.47	0.39	9200	5	ES Industries	7

续表

柱编号	固定相型号[①]	k_{PB}	α_{CH_2}	$\alpha_{T/O}$	$\alpha_{C/P}$	$\alpha_{B/P}$		N/m^{-1}	$d_P/\mu m$	供应厂商	固定相类型[②]
						pH7.6	pH2.7				
73	Phenomenex Aqua	6.21	1.48	1.27	0.60	0.52	0.11	113600	3	Phenomenex	1,11
74	Platinum C_{18}	2.12	1.39	1.23	0.81	2.82	0.21	56800	5	Alltec	1
75	Platinum C_{18} EPS	0.97	1.31	1.98	2.62	10.11	0.26	57700	5	Alltec	1,2
76	Polaris Amide C_{18}	2.87	1.43	2.43	0.20	0.15	-0.02	76700	3	Ansys	1,6
77	Polaris C_{18} A	3.20	1.44	1.85	0.34	0.33	0.11	58800	5	Ansys	1,6
78	Polaris C_{18} Ether	2.98	1.45	1.63	0.46	0.38	0.10	81300	3	Ansys	1,6
79	Polaris C_8 Ether	0.82	1.29	1.49	0.50	0.56	0.31	51300	3	Ansys	8,6
80	Prism NRP(C_{18} nec)	1.68	1.35	2.24	0.42	1.23	0.01	49700	3	Hypersil	1,6
81	Prism RP(C_{18} ec)	2.54	1.33	1.66	0.38	0.59	0.01	70400	3	Hypersil	1,6
82	Prodigy ODS2	4.94	1.49	1.43	0.37	0.50	0.01	60500	5	Phenomenex	1
83	Prodigy ODS3	7.27	1.49	1.26	0.42	0.27	0.09	73000	5	Phenomenex	1
84	Prontosil C_{18}-AQ	4.80	1.46	1.28	0.58	0.56	0.11	120200	3	Bischoff	1,11
85	Purospher RP18	4.78	1.44	1.93	0.72	1.29	-0.07	27600	5	Merck	1
86	Purospher RP18e	6.51	1.48	1.75	0.46	0.34	0.08	66000	5	Merck	1
87	Resolve C_{18}	2.40	1.46	1.59	1.29	4.06	1.23	47700	4	Waters	1
88	Selectosil C_{18}	4.94	1.45	1.69	0.68	1.98	0.14	61300	5	Phenomenex	1
89	SMT Total coverage C_{18}	7.26	1.48	1.59	0.56	0.93	0.07	41200	5	SMT	1
90	Spherisorb A5Y	0.73	1.41	1.71	0.84	1.44	13.39	25800	5	Waters	15
91	Spherisorb ODS1	1.78	1.47	1.64	1.57	2.84	2.55	85800	5	Waters	1
92	Spherisorb ODS2	3.00	1.51	1.56	0.59	0.76	0.23	82600	5	Waters	1
93	Spherisorb ODSB	5.09	1.46	1.78	0.80	3.56	0.06	51400	5	Waters	1
94	Summit ODS (W)	5.45	1.47	1.29	0.56	0.40	0.10	88300	3	Crawford	1
95	Supelcogel TR-100	11.99	1.44	2.81	0.34	0.20	0.06	12900	5	Supelco	1
96	Supelcosil LC_{18}	4.82	1.47	1.42	0.46	1.93	0.89	60800	5	Supelco	1,5
97	Supelcosil LC_{18} DB	5.16	1.51	1.40	0.42	0.47	0.14	52300	5	Supelco	1
98	Supelcosil LC-ABZ	3.14	1.37	2.23	0.24	0.20	0.03	67500	5	Supelco	6
99	Superspher RP 18e	5.47	1.47	1.64	0.44	0.42	0.11	49900	5	Merck	1
100	Suplex pkb 100	1.24	1.35	2.84	0.34	0.29	0.00	41200	5	Supelco	16
101	Symmetry C_{18}	6.51	1.46	1.49	0.41	0.68	0.01	56100	5	Waters	1
102	Symmetry Shield RP18	4.66	1.41	2.22	0.27	0.20	0.04	82700	5	Waters	1,6
103	Symmetry Shield RP8	2.30	1.32	1.87	0.27	0.19	0.04	80400	5	Waters	8,6
104	Synergi Max RP	4.91	1.44	1.15	0.33	0.32	0.08	87100	4	Phenomenex	17
105	Synergi Polar RP	1.18	1.22	1.35	2.53	1.00	0.14	46600	4	Phenomenex	6,11
106	Syngeri Hydro-RP	7.63	1.47	1.47	0.58	0.83	0.25	113300	4	Phenomenex	1,11
107	Targa C_{18}	6.06	1.63	1.27	0.52	0.10	0.14	97200	5	Higgins	1
108	TSKGel Super ODS	2.22	1.47	1.65	0.33	0.33	0.10	1.12600	2	TosoHaas	1
109	TSKGelODS-80TM	5.07	1.46	1.34	0.58	0.65	0.09	91000	5	TosoHaas	1

柱编号	固定相型号[1]	k_{PB}	α_{CH_2}	$\alpha_{T/O}$	$\alpha_{C/P}$	$\alpha_{B/P}$ pH7.6	$\alpha_{B/P}$ pH2.7	N/m^{-1}	$d_p/\mu m$	供应厂商	固定相类型[2]
110	TSKGelODS-80TS	4.57	1.45	1.24	0.52	0.30	0.08	95800	5	TosoHaas	1
111	μBondpak	1.97	1.39	1.28	0.78	1.12	0.15	19200	5	Waters	1
112	Ultracarb ODS(30)	13.27	1.52	1.39	0.48	0.73	0.06	65400	5	Phenomenex	1
113	Ultrasphere ODS	6.41	1.52	1.42	0.48	0.31	0.16	66300	5	Hichrom	1
114	Uptisphere 3 HDO	4.88	1.46	1.29	0.57	0.55	0.11	108700	3	Interchim	1
115	Uptisphere 3 ODS	6.19	1.48	1.36	0.49	0.52	0.10	108200	3	Interchim	1
116	XTerra MS C_{18}	3.52	1.42	1.26	0.42	0.35	0.10	41500	3.5	Waters	1
117	XTerra Phenyl	1.26	1.28	0.88	0.62	0.35	0.11	39300	5	Waters	4
118	XTerra RP18	2.38	1.29	1.83	0.33	0.20	0.07	40700	3.5	Waters	1,6
119	YMC Basic(C_8)	1.40	1.26	0.98	0.57	0.51	0.27	52100	5	YMC	8
120	YMC HYdrosphere C_{18}	3.90	1.34	1.20	0.56	0.39	0.08	90700	5	YMC	1,16
121	YMC ODS-AQ	4.44	1.46	1.25	0.57	0.41	0.11	19300	5	YMC	1,11
122	YMC ProC$_{18}$	7.42	1.53	1.29	0.46	0.26	0.08	79800	5	YMC	1
123	ZirChrom PBD	1.28	1.41	2.08	0.32	18.77	9.20	73300	5	ZiChrom	18
124	Zorbax Bonus-RP	1.74	1.43	1.60	0.31	0.30	0.04	42300	5	Agilent	6
125	Zorbax Eclipse XDB-C$_{18}$	5.79	1.50	1.30	0.47	0.35	0.09	38500	5	Agilent	1
126	Zorbax Extend C_{18}	6.66	1.50	1.49	0.38	0.20	0.08	86600	5	Agilent	1
127	Zorbax Rx C_{18}	5.68	1.57	1.61	0.54	0.55	0.11	88100	5	Agilent	1
128	Zorbax SB-C_{18}	6.00	1.49	1.20	0.65	1.46	0.13	76900	5	Agilent	1
129	Zorbax SB-C_{18} 300	1.23	1.44	1.22	0.76	1.00	0.12	41500	5	Agilent	1
130	Zorbax SB-C_3	0.91	1.32	1.06	2.71	0.88	0.11	63700	5	Agilent	12
131	Zorbax SB-C_8	1.97	1.37	1.08	1.27	0.81	0.12	63000	5	Agilent	8
132	Zorbax SB-CN	0.36	1.18	2.12	1.14	1.62	0.10	55900	5	Agilent	3
133	Zorbax SB-Phenyl	1.09	1.30	1.18	3.69	1.08	0.13	69100	5	Agilent	4
134	Zorbax-SB Aq	0.93	1.31	1.18	2.54	1.27	0.13	35300	5	Agilent	2,16
135	Hypersil CEC Basic C_{18}	1.55	0.71	2.52	1.28	2.71	0.18	98300	3	Hypersil	16

① 固定相型号: nec—未封尾; ec—封尾。

② 类型代号 固定相类型 类型代号 固定相类型 类型代号 固定相类型

类型代号	固定相类型	类型代号	固定相类型	类型代号	固定相类型
1	C_{18}	7	全氟取代	13	氨基
2	水	8	C_8	14	苯基-己基
3	氰基	9	聚乙烯醇	15	氧化铝
4	苯基	10	混合烷基	16	非球形
5	聚合物	11	极性封尾	17	C_{12}
6	极性屏蔽	12	短烷基配位体	18	氧化锆

考价值。表中提供了化学键合烷基、苯基、氰基、全氟取代基、混合烷基，短链烷基、氨基、混合己基苯基，酰氨基改性极性屏蔽，极性封尾，聚合物涂渍层，三氧化二铝和二氧化锆载体等不同类型固定相的色谱特性。它为研究化学键合固定相的分类方法，深入发掘探针化合物与固定相分子间的相互作用，提供了有益的探索。现在还提出了用三角形或正四边形图来评价固定相选择性的方法[22]。

第六节　离子对色谱法

在反相键合相色谱法中，已介绍了用离子抑制法来改善色谱分离的选择性，以分析有机弱酸或弱碱。对完全离子化的强酸或强碱，其在反相键合相上的保留值很低，接近于死时间流出，不能进行分析。为了分析离子化的强极性化合物，在 20 世纪 70 年代将"离子对萃取"原理引入到高效液相色谱法中，提出了离子对色谱法（ion-pair chromatography）。

一、分离原理

离子对色谱法是将一种（或数种）与样品离子电荷（A^+）相反的离子（B^-，称为对离子或反离子，counterion）加入到色谱系统的流动相（或固定相）中，使其与样品离子结合生成弱极性的离子对（呈中性缔合物）。此离子对不易在水中离解而迅速进入有机相中，存在下述萃取平衡：

$$A_W^+ + B_W^+ \rightleftharpoons (A^+ \cdot B^-)_O$$

式中，下标 W 为水相，O 为有机相。

此时样品 A 会在水相和有机相中分布，其萃取系数 E_{AB} 为：

$$E_{AB} = \frac{[A^+ \cdot B^-]_O}{[A^+]_W [B^-]_W}$$

由于加入的对离子 $[B^-]_W \gg [A^+]_W$，所以 $[A^+]_W$ 很小。

若固定相为有机相，流动相为水溶液，就构成反相离子对色谱，此时 A^+ 的分布系数 K 为：

$$K = \frac{[A^+ \cdot B^-]_O}{[A^+]_W} = E_{AB}[B^-]_W$$

其容量因子 k' 为：

$$k' = K \frac{V_s}{V_m} = \frac{E_{AB}[B^-]_W}{\beta}$$

$$\beta = \frac{V_m}{V_s}$$

当流动相的 pH 值、离子强度、有机改性剂的类型、浓度及温度保持恒定时，k' 与对离子的浓度 $[B^-]_W$ 成正比。因此，通过调节对离子的浓度，就可改变被分离样品

离子的保留时间 t_R。

$$t_R = t_M(1+k')=t_M(1+E_{AB}[B^-]_W/\beta)$$

式中，t_M 为死时间。

若固定相为具有不同 pH 值的缓冲水溶液，流动相为有机溶剂，就构成正相离子对色谱。其分布系数 K、容量因子 k' 和保留时间 t_R 为：

$$K = \frac{[A^+]_W}{[A^+ \cdot B^-]_O} = \frac{1}{E_{AB}[B^-]_W}$$

$$k' = K \frac{V_s}{V_m} = \frac{1}{E_{AB}[B^-]_W \beta}$$

$$t_R = t_M(1+k') = t_M \frac{1}{E_{AB}[B^-]_W \beta}$$

式中，t_M 为死时间。

二、固定相、流动相和对（反）离子

正相离子对色谱的固定相是在多孔硅胶载体上机械涂渍具有不同 pH 值的缓冲溶液，并将对离子也涂渍在固定相上，再用有机溶剂作流动相，来分析有机羧酸、磺酸盐、有机胺类等。常用的对离子为四丁基铵正离子$(C_4H_9)_4N^+$、高氯酸根负离子 ClO_4^- 等。

典型的正相离子对色谱系统见表 4-17。

表 4-17 正相离子对色谱系统

固定相[①]	流动相	对（反）离子	样品
pH = 9.0	环己烯/CHCl₃/正戊醇	*N,N*-二甲基-5*H*-二苯并[*a,d*]环庚烯-5-丙胺	羧酸类
0.1mol/L HClO₄	磷酸三丁酯、乙酸乙酯、丁醇、CH₂Cl₂ 和（或）正己烷组成的各种混合液	ClO₄⁻	胺类
HPO₄²⁻ / PO₄³⁻ 缓冲液	丁醇/ CH₂Cl₂/己烷	四丁基铵正离子	羧酸类
0.1mol/L HClO₄	二氯甲烷、三氯甲烷、丁醇和（或）戊醇	ClO₄⁻	胺类
pH=5～6	CH₂Cl₂ 和（或） CHCl₃	苦味酸盐[②]	胺类
pH=6～8.5	丁醇/庚烷	四丁基铵正离子	磺胺类
0.2～0.25mol/L HClO₄	丁醇/ CH₂Cl₂/己烷	ClO₄⁻	胺和季铵盐化合物
0.1mol/L 甲磺酸	丁醇/ CH₂Cl₂/己烷	CH₃SO₃⁻	胺类
pH=8	丁醇/ CH₂Cl₂/己烷	四丁基铵正离子	羧酸类
pH=7.4	CH₂Cl₂/CHCl₃/丁醇和（或）戊醇	四丁基铵正离子，四戊基铵正离子	葡萄糖醛酸和共轭磺酸盐

① 含有各种盐和对（反）离子的缓冲水溶液。

② 为检测无紫外吸收的化合物用的可显色的对（反）离子。

图 4-37 为用正相离子对色谱分离生物胺的实例。

在正相离子对色谱中，要求对离子能较强地吸附在固定相表面上，不易洗脱下来，在色谱柱内生成的离子对缔合物只溶于流动相的有机溶剂内，而不溶于水。当色谱柱使用一定时间后由于对离子的流失或 pH 值的变化，会使柱效降低，则需重新涂渍对离子和固定液，进行再生。

反相离子对色谱的固定相可分为四类，即：①C$_8$ 或 C$_{18}$ 反相键合相；②ODS 反相键合相，以十二烷基磺酸钠作对离子，俗称"皂色谱"；③硅胶机械涂渍正戊醇反相液液色谱固定相；④硅胶机械涂渍液体离子交换剂，其自身也兼作对离子。

流动相皆为以水作主体的缓冲溶液，或水-甲醇（乙腈、二氯甲烷等）混合溶剂，可分析羧酸、磺酸、胺类、酚类、药物、染料等。常用的对离子为四丁基铵正离子 $(C_4H_9)_4N^+$、十六烷基三甲基铵正离子 $(C_{16}H_{33})N^+(CH_3)_3$ 及高氯酸根负离子 ClO_4^- 和十二烷基磺酸负离子 $(C_{12}H_{23})SO_3^-$ 等。

典型的反相离子对色谱系统见表 4-18。

表 4-18　反相离子对色谱系统

固定相	流动相[①]	对（反）离子	样品
1.键合相 ODS-Silica[②] Li Chrosorb RP-2[②] μ-Bondapak C$_{18}$[②]	0.1mol/L $HClO_4^-$ 水-乙腈 pH=7.4 甲醇-水；pH=2～4	ClO_4^- 四丁基铵正离子 四丁基铵正离子	胺类 羧酸 染料
2."皂色谱" SAS-Silica[②] ODS-Silica[②]	水-丙醇和（或）CH_2Cl_2 水-甲醇/H_2SO_4	十六烷基三甲基铵离子 十二烷基磺酸负离子	磺酸 胺类
3.有机固定相正戊醇	pH=7.4	四丁基铵正离子	羧酸和磺酸盐
4.液体离子交换剂 二（2-乙基己基）磷酸-CHCl$_3$ 三正辛基胺	pH=3.8 0.05mol/L $HClO_4$	二（乙基己基）磷酸盐 三（十八烷基）铵正离子	酚类 羧酸和磺酸盐

① 除经特别指明外，均指加有缓冲剂的水溶液。

② 系指反相分配填料，不能用有机固定相。

图 4-38 为用反相离子对色谱分离有机酸的实例。

现在绝大多数反相离子对色谱都是在非极性的烷基键合相上完成的。含有对离子的极性流动相不断通过色谱柱，与样品离子生成疏水性的离子对，后者在疏水固定相表面分配或吸附，然后再被流动相洗脱下来。

三、影响离子对色谱分离选择性的因素

1. 溶剂极性的影响

在正相离子对色谱中，丁醇或戊醇与 CH_2Cl_2、CH_3Cl、正己烷构成的混合溶剂是常用的流动相。混合溶剂的极性愈高，溶剂的洗脱强度就愈大，会使溶质的 k'

减小。

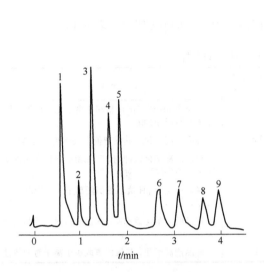

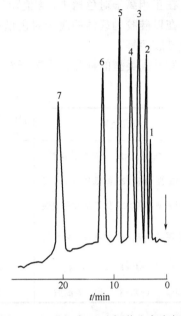

图 4-37　正相离子对色谱分离生物胺

固定相：0.1mol/L HClO$_4$ + 0.9mol/L NaClO$_4$

流动相：乙酸乙酯-磷酸三丁酯-己烷（72.5∶10∶17.5）

组分：1—甲苯；2—苯乙基胺；3—3-对羟苯基乙胺；4—3-甲氧基对羟苯基乙胺；5—多巴胺；6—去甲变肾上腺素；7—变肾上腺素；8—去甲肾上腺素；9—肾上腺素

图 4-38　反相离子对色谱分离有机酸

固定相：C$_8$ 烷基键合相硅胶

流动相：0.03mol/L 四丁基铵+戊醇，pH=7.4

组分：1—4-氨基苯甲酸；2—3-氨基苯甲酸；3—4-羟基苯甲酸；4—3-羟基苯甲酸；5—苯磺酸；6—甲酸；7—甲苯-4-磺酸

在反相离子对色谱中，常使用水-甲醇、水-乙腈混合溶剂作流动相。当增加甲醇、乙腈含量，降低水的体积比时，会使流动相的洗脱强度增大，使溶质的 k' 减小。

在离子对色谱中，溶剂的极性并不严格遵循表 3-9 中列出的极性参数 P' 的数值，这是因为溶剂洗脱强度是溶剂溶解离子和离子对的能力的函数，而溶剂极性参数 P' 是溶解极性非离子型化合物能力的函数。因此可以认为，在离子对色谱中，流动相的洗脱强度是极性参数 P' 和溶剂的介电常数 e 的函数，可用 $P' + 0.25e$ 表示每种溶剂在离子对色谱中的洗脱强度，此数值已列入表 3-9 的最后一列。

2. 离子强度的影响

在反相离子对色谱中，增加含水流动相的离子强度，会使溶质的 k' 值降低；而在正相离子对色谱中，增加离子强度，会使溶质的 k' 值增大，离子强度每增加一倍，k' 值增大 2～3 倍。

3. pH 值的影响

在离子对色谱中，改变流动相的 pH 值是改善分离选择性的很有效的方法。

在反相离子对色谱中，当 pH 值接近 7 时，溶质的 k' 值最大，此时样品分子完全电离，最容易形成离子对。当流动相的 pH 值降低时，样品阴离子 X$^-$开始形成不离解的酸 HX，从而导致固定相中样品离子对的减少。因此对阴离子样品来讲，其 k'

值随体系的 pH 值降低而减小。

在正相离子对色谱中，k' 值随体系 pH 值的减小而增大。

在以硅胶为载体的离子对色谱中，使用的最适宜 pH 值为 2～7.4，pH 值超过 8 会使硅胶溶解。

对不同类型的样品，在离子对色谱测定中适用的 pH 值，见表 4-19。

表 4-19　pH 值的选择

样品类型	pH 值范围（反相离子对色谱）	备注
Ⅰ.强酸型（$pK_a<2$）如磺酸化染料	2～7.4	在整个 pH 值范围样品都可离子化，按不同样品选择不同 pH 值
Ⅱ.弱酸型（$pK_a>2$）如氨基酸和羧酸	6～7.4	样品能离子化，其保留值取决于离子对特性
Ⅲ.弱酸型（$pK_a>2$）如氨基酸和羧酸	2～5	样品的离子化被抑制，其保留值只同样品性质有关（不生成离子对）
Ⅳ.强碱型（$pK_a>8$）如季铵类化合物	2～8	样品在整个 pH 值范围都能离子化，情况同强酸型相似
Ⅴ.弱碱型（$pK_a<8$）如儿茶酚胺	6～7.4	样品的离子化被抑制，其保留值只同样品性质有关
Ⅵ.弱碱型（$pK_a<8$）　如儿茶酚胺	2～5	样品能离子化，其保留值取决于离子对的特性

图 4-39 表达了在分析中性分子或可离解的酸、碱时，反相键合相色谱和反相离子对色谱适用流动相的 pH 值范围。

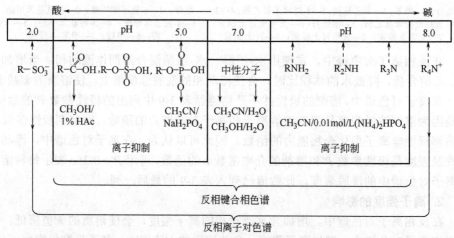

图 4-39　分析中性分子或可离解酸、碱时适用的流动相的 pH 值范围

4. 温度的影响

对机械涂渍型固定相，使用时色谱柱应恒温，以保证柱的稳定性。

在离子对色谱中使用的流动相黏度都较大，提高柱温利于降低流动相的黏度，提高柱效。此外，在离子对色谱中，柱温的变化对分离选择性的调节比其他类型色谱要大，它是控制分离选择性的一个重要变量。

5. 离子对试剂的性质和浓度的影响

在离子对色谱中，能够提供对（反）离子的常用离子对试剂，见表 4-20。

表 4-20　常用的离子对试剂

对离子：阴离子（Y^-）
溴化物、氯化物、碘化物、硝酸盐、高氯酸盐、磷酸盐
羧酸（盐）：乙酸、苯甲酸、柠檬酸、甲酸、苦味酸、丙酸、水杨酸、三氟乙酸、三氯乙酸
烷基磺酸（盐）：C_1、C_4、C_5、C_6、C_7、C_{10} 等
烷基硫酸（盐）：C_1、C_4、C_5、C_6、C_7、C_8、C_{10}、C_{11}、C_{12} 等
β-萘磺酸、环己磺酰胺
对离子：阳离子（X^+）
伯胺：十二烷基胺、甲胺、己胺、丙胺、α-羟乙基胺
仲胺：二辛胺、二乙胺
叔胺：二甲基辛基胺、三癸基胺、三（十二烷基）胺、三乙胺、三辛胺
季铵：四甲铵、四乙铵、四丁铵、四戊铵、四庚铵、十六烷基三甲铵、十六烷基三丁铵、十四烷基三甲铵、癸基二甲基苄基铵、十烷基吡啶、十四烷基吡啶、十六烷基吡啶、萘基三甲铵、萘基三丁铵、苄基三甲铵、苄基三乙铵、苄基三丁铵

分析有机碱的常用离子对试剂为高氯酸盐和烷基磺酸盐。分析有机酸的常用离子对试剂为叔胺盐和季铵盐。

在离子对色谱法中，测定无紫外吸收的样品时，可采用间接光度法，即使用具有紫外吸收的离子对试剂作为检测的探针，常用的为含有苯环和吡啶环的胺盐或磺酸盐。

在正相离子对色谱中，离子对试剂的烷基链越长，疏水性越强，会使生成的离子对缔合物的 k' 值降低。在反相离子对色谱中，离子对试剂的烷基链越长，其分子量、疏水性增大，会使生成的离子对缔合物的 k' 值增大。此时，若使用无机盐离子对试剂，会因其疏水性减小而使缔合物的 k' 值显著降低。

在正相离子对色谱中，常随对离子浓度的增加，缔合物的 k' 值降低；在反相离子对色谱中，随对离子浓度的增加，缔合物的 k' 值会增加。通常使用的离子对试剂的浓度在 $10^{-4} \sim 10^{-2}$ mol/L 范围以内。

另外，应注意通常使用的长链离子对试剂皆为表面活性剂，它在低浓度时主要提供对离子，但当浓度升高到临界值时，会形成胶束溶液，反而起到使缔合物产生胶束增溶作用，从而引起负效应。

参 考 文 献

[1] 王俊德, 商振华, 郁蕴璐. 高效液相色谱法. 北京: 中国石化出版社, 1992: 107-139.

[2] [美]Snyder L R, Kirkland J J, Dolan J W. 现代液相色谱技术导论. 第 3 版. 陈小明, 唐雅妍, 译. 北京:人民卫生出版社, 2012.

[3] Stella C, Rudaz S, Veuthey J-L, et al. Chromatographia, 2001, 53: S113-S131.

[4] Ramis-Ramos G, Garcia-Álvarez-Coque M C.10 Solvent Selection in Liquid Chromatography// Fanoli S, Poole C F, Schoenmakers P, et al. Liquid Chromatography Fandamentals and Instrumentation. Amsterdam: Elsevier,

2013.

[5] Snyder L R, Carr P W,Rutan S C.J Chromatogr A.1993, 656: 537-547.

[6] Tan L C, Carr P W, Frechet J M J, et al. Anal Chem,1994, 66(4): 450-457.

[7] Tan L C, Carr P W, Abraham M H. J Chromatogr A, 1996, 752: 1-18.

[8] Naish-Chnmberlain P J, Lynch R J. Chromatographia, 1990, 29(1/2): 79-88.

[9] 龙远德，杨晓晔，黄天宝. 色谱，1999, 17(4): 339-341.

[10] 黄晓佳，杨新立，刘学良，王俊德. 化学试剂，2001.23 (2): 77-81.

[11] Kirkland J J, Henderson J W. J Chromatogr Sci.1994,32: 473.

[12] Kirkland J J, Adams J B, Van Straten M A, et al. Anal Chem, 1998, 70 (20): 4344.

[13] Kirkland J J, Van Straten M A, Claessens H A. J Chromatogr A, 1998, 797: 111.

[14] Kirkland J J, Martosella J D, Henderson J W, et al. Amer Lab, 1999, 11: 22.

[15] Wgndham K D, O'Gara J E, Walter T H, et al. Anal Chem, 2003, 75(24): 6781-6788.

[16] Mojors R E. LC-GC Europe, 2000: 232-252.

[17] Przybyciel M. Recent Development in LC column Technology. www.lcgceurope. com, 2003: 29-32.

[18] Przybyciel M. LC-GC Europe, 2006: 19-27.

[19] Liu X d, Pohl C A.3.HILIC behavior of RP/IE Mixem-mode SP and their Application.//Wang Perry G, He Wei Xuan. Hydrophilic Interaction LC and Advanced Application. New York: CRC Press, 2011: 47-73.

[20] Kimata K, Iwaguchi K, Onishi S, et al. J Chromatogr Sci, 1989, 27 (12): 721-728.

[21] Krupczynska K, Buszewski B. Jandera P. Anal Chem, 2004, 76(3): 227A-234A.

[22] Euerby M R, Petersson P. LC-GC Europe, 2000, 9: 665-677; J Chromatogr A, 2003, 994: 13-36.

第五章

亲水作用键合相色谱法

在高效液相色谱分离方法中，反相液相色谱法（RPLC）是最强有力的分离技术。当样品分子具有足够多的疏水性时，60%～70%的样品都可用 RPLC 进行分离。RPLC 应用的主要局限性是它对强极性或可离解化合物缺少适当的保留值和选择性，因而它们会以接近死时间的时刻，很快地从 RPLC 色谱柱洗脱出来。为了增加它们在 RPLC 柱的保留，可以采用两种方法，一种方法是将亲水化合物用疏水主体试剂进行衍生化，如对亲水的氨基酸、肽用 9-氟芴甲基-氯代甲酸盐（FMOC）进行衍生化，以获得具有疏水性的产物来增强保留值和选择性。另一种方法是将离子对试剂加入到反相色谱的流动相中，使离子型转化成疏水缔合分子来进行分离。显然这两种方法既耗费工作时间，又不能保证衍生化的完全，还会损伤反相固定相的分离性能，并会引入干扰峰。

正相液相色谱法（NPLC）也是一种有用的分离技术，它可作为扩展 RPLC 选择性的补充，可用于极性分子的分离，但由于使用非极性疏水流动相，使极性分子在非水流动相显现差的溶解度，从而限制了强极性和可离解化合物的分离。

显然，离子交换色谱法（IEC）是分析可离解化合物的另一种途径，其仅局限于离子型化合物的分离，且使用的流动相也与近年快速发展、广泛使用的质谱检测器（MSD）不相适应。

1975 年 Linden 在进行糖类化合物分离时，用正相色谱未经改性的硅胶作固定相，使用含一定量水-有机溶剂混合物作流动相，使糖类极性分子溶解在流动相中，较好地实现了糖类混合物的分离，从而显现出一种新型色谱分离方法的雏形[1]。

1990 年 Alpert 报道了对强极性的肽、蛋白质和核酸的分离，他仍以裸露硅胶作固定相，并用含少量水的盐类溶液与大量乙腈的混合物作流动相，采用质谱检测器实现了混合物样品的良好分离，并首次将这种分离方法命名为亲水作用液相色谱（hydrophilic interaction liquid chromatography，HILIC）[2～5]。

　　进入 21 世纪以后，随基因组学、蛋白质组学、糖代谢组学、金属组学、药物学的研究、开发和临床医学的快速发展，愈来愈多的极性小分子出现在分析实验室，对生物活性物质（氨基酸、肽、核碱、核苷、核苷酸、单糖、多糖等）、生理代谢物质（体液、生物流体、药物代谢物等）、极性药物和食品与环境污染物的分析需求急剧增加，HILIC 的出现恰好满足了上述领域对多种极性小分子分析任务的需求，也促进了 HILIC 方法的迅速发展，使它成为在高效液相色谱领域仅次于反相液相色谱的第二种重要的分离方法（见表 5-1）。

表 5-1　应用 HILIC 方法的相关领域的文献比例

医药和临床	生物（蛋白质组学、代谢组学、糖组学）	食品	无机化合物	其他
46%	18%	8%	3%	25%

　　从 2000 年到 2012 年，在 HILIC 领域发表的研究论文在迅速地增加。从 2000 年到 2008 年发表的论文总数约为 350 篇，到 2012 年已跃升至 1300 多篇，如图 5-1 所示[6]。这些论文研究的内容涉及固定相的性质和分类、流动相的组成、影响 HILIC 分离的各种因素、HILIC 的分离机理和对大量强极性分子（特别是小分子）分离、分析的应用。

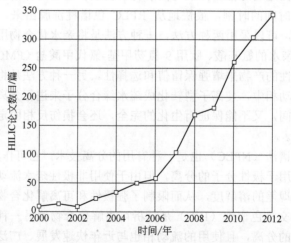

图 5-1　HILIC 在 2000～2012 年发表的论文数

　　亲水作用液相色谱是用于分析强极性和可离解化合物的强有力的分析技术。HILIC 使用正相色谱亲水的极性固定相，并由大量有机溶剂（如＞5%乙腈、四氢呋喃等非质子化溶剂）和含水缓冲物组成的混合物作流动相（类似于反相色谱中使用的低极性流动相），可使用紫外吸收检测器（UVD、PDAD）、蒸发光散射检测器（ELSD）、带电荷气溶胶检测器（CAD）和电喷雾（ESI）质谱检测器（MSD）。它在强极性物质分析中可作为对反相色谱、正相色谱和离子交换色谱的替代方法，并可用于对可离解化合物（如金属组学中的金属离子、酸根阴离子）的分析。

由于 HILIC 使用了正相液相色谱的固定相（如硅胶、氨基、二醇基键合相），并采用了与反相液相色谱相似的流动相（如乙腈、甲醇；有机改性剂；确定 pH 值的含水缓冲物），还可分析与离子交换色谱相近的分析物（如强极性、可离解化合物），因此可把 HILIC 看作是将 RPLC、NPLC 和 IEX 进行杂化后建立的新型分离方法[7]。它们的相关性见图 5-2。

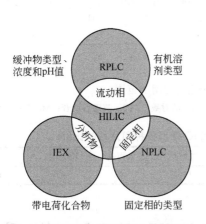

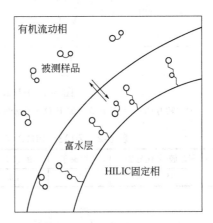

图 5-2　HILIC 作为 RPLC、NPLC
和 IEX 组合的相关性特征

图 5-3　HILIC 固定相表面的"富水层"
和流动相的"有机溶剂层"

在 HILIC 中使用的各种亲水极性固定相都可从含高比例有机溶剂与少量水缓冲物组成的流动相中吸附水分子，在其表面形成一个"富集水层"。分析物可在固定相表面的"富水层"和流动相中的"有机溶剂层"中进行亲水液液分配而被滞留，见图 5-3。

在 HILIC 分析中，分析物的容量因子 k 应大于 2.0，以确保与不被滞留的基体化合物分离开。

分析物（A）的疏水性程度，可用它正辛醇/水两相体系的分配系数（D）的对数来表示：

$$\lg D = \lg \frac{[A]_{正辛醇}}{[A]_水}$$

$\lg D > 0$ 表示疏水性强，$\lg D < 0$ 表示亲水性强，通常建议 $\lg D$ 为负值的化合物采用 HILIC 模式进行分离。若 $\lg D=1$ 或 $\lg D > 0$，其不具有亲水性，不适用于用 HILIC 模式进行分离，却可用反相液相色谱（RPLC）模式进行分离。

HILIC 亲水分配和 RPLC 疏水分配在样品分离应用范围的差别，见图 5-4[8]。

2011 年由 Perry G. Wang 和 Wei Xuan He 主编出版了 "Hydrophilic Interaction Liquid Chromatography (HILIC) and Advanced Applications" 专著，由许多专家提供了一系列有价值的综述，使色谱工作者获得有关 HILIC 的当代最新的信息[9,10]。2003～2012 年在 HILIC 中使用各种固定相的比例见表 5-2。

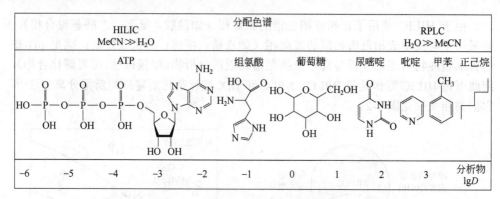

图 5-4 HILIC 分配色谱应用的范围

分析物 lg$D$；分析物在正辛醇/H_2O 两相分配系数（D）的对数；ATP：三磷酸腺苷；MeCN：乙腈

表 5-2 2003～2012 年在 HILIC 使用各种固定相的比例

裸露硅胶/杂化硅胶	两性离子	酰胺类	二醇类	氰丙基	氨丙基	其他
35%	25%	14%	12%	1%	9%	4%

第一节 亲水作用液相色谱的分离机理[11~15]

一、分子极性

用于 HILIC 分析的样品，多为强极性化合物，它们可为离子型、质子型或具有强偶极官能团；它们的一个明显特征是分子中含有多重极性基团。用于描述分析物极性的一个经验式如下式所示：

$$分子极性 = \frac{分子中极性官能团的数目}{分子中含有的碳原子数}$$

当分析物分子中存在的亲水极性官能团与 HILIC 固定相上的极性官能团相互作用时，如果分析物在固定相表面的富水层和流动中疏水有机层之间进行亲水液液分配，并占有主导地位，就可利用上述经验式去预测分析物的洗脱顺序，分子极性愈强，就会被愈后洗脱出来，其与反相液相色谱（RPLC）的洗脱顺序恰好相反。

二、分离机理

HILIC 固定相表面的去质子化硅羟基（—SiO⁻）和键合的官能团与 RPLC 中的 C_{18} 固定相不同，通常没有过高的覆盖率或被包覆，它们直接暴露在表面上流动相的富水层，甚至能与富水层中存在的分析物分子中的极性官能团直接接触。对不同类型的 HILIC 固定相，它们可与分析物分子之间产生不同类型的相互作用。在 HILIC 分析中应当考虑在固定相和分析物之间存在的，除亲水液液分配之外不希望的第二种或第三种的分子间相互作用，如离子交换、形成氢键、偶极诱导作用或疏水作用。显然，我们也可利用第二种或第三种分子间的相互作用来获取 HILIC 方法的最优化的选择性。正是由于 HILIC 固定相表面化学结构的多样性，也给色谱工作者更多的机会，依据不同固定相的选择性，并通过正确控制色谱实验的分析操作条件，来更有效地分析强极性化合物。

在 HILIC 方法发展的初期，对其保留机理的研究主要着重于亲水液液分配，较少注重静电相互作用（如离子交换和偶极相互作用）、氢键的形成和疏水相互作用，而这些第二种或第三种的分子间的相互作用的确存在于分析物和固定相的主体官能团之间。

静电相互作用存在于分析物和固定相之间的阳离子和阴离子（或偶极间）之间的相互吸引或同性电荷之间的相互排斥，这些相互作用可通过改变分析操作条件，如调节流动相的 pH 值、改变盐或酸类添加剂的种类或浓度，改变柱温，来减弱静电相互作用的影响，以优化分离的选择性。

氢键是由分子中的质子给予体和质子接受体官能团之间的相互作用而生成的，可通过改变流动相中疏水有机溶剂的种类［如乙腈、四氢呋喃是典型极性非质子化溶剂（氢键中质子接受体），而甲醇、乙醇、异丙醇、乙酸是典型极性质子化溶剂（氢键中质子给予体）］，来调节分离的选择性。如甲醇可在固定相表面富水层取代水分子而占有固定相表面的活性作用位点（如—NH₂，—C—OH），而降低固定相表面的亲水性，形成一个更疏水的固定相表面，从而会降低具有形成氢键能力分析物的滞留。

如以胞嘧啶为例，它在硅胶固定相的亲水作用色谱的分离机理包括三个方面，即亲水液液分配、静电相互作用和氢键的形成，如图 5-5 所示。

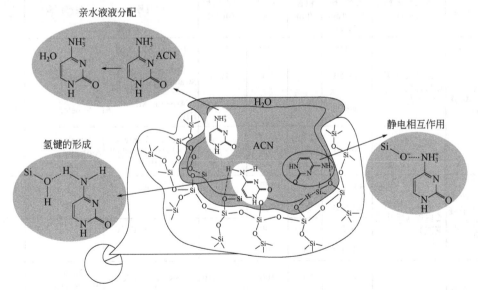

图 5-5　胞嘧啶在 HILIC 硅胶固定相分离机理的表达

在亲水分配色谱分析中，要求在固定相表面形成一个富水层，需要在流动相中有一定的含水量（由添加盐或酸溶液提供），通常为 0.5%～3.0%，但要<40%，如

含水量超过 40%，则 HILIC 分离机理就会转化成为 RPLC 作用机理。

　　HILIC 分离恰是一种比较简单的亲水液液分配作用机理，但也包含在强极性分子间的第二种静电相互作用和在中等极性分子间的第三种氢键相互作用及极弱地存在于非极性分子间的第四种疏水相互作用。HILIC 对分析物的保留机理不同于离子交换色谱（IEC），在 HILIC 固定相的富水层和疏水有机溶剂之间的亲水液液分配中，强极性化合物比弱极性化合物有更强的亲水性，因而分析物在 HILIC 固定相的分离是依据分析化合物的极性和固定相溶剂化的强度来实现分离的。

第二节　固　定　相

一、固定相的分类

　　亲水作用液相色谱使用的固定相大部分为正相色谱中使用的亲水极性固定相。近年，许多用于 HILIC 分离的商品柱种类在日益增加，然而，它至今还没有类似于在 RPLC 中广泛使用的 C_{18} 通用商品柱。现在用于 HILIC 分离的固定相，依据末端官能团的不同，可主要分为四类，见表 5-3，其化学结构见表 5-4。

表 5-3　亲水作用液相色谱（HILIC）固定相和柱参数

固定相类型	固定相名称（官能团）	柱尺寸（柱内径×柱长）/(mm×mm)	粒径/μm	孔径/Å	比表面积/(m²/g)	柱型号	生产厂商	使用率
裸露硅胶	全多孔超纯球形硅胶	2×150	3	100	450	Pursuit XRs Si	Varian	35%
		2×250	5	100	450	Uptisphere Strategy HILIC	Interchim	
		4.6×150	5,10	100	450	Ascentis Atlantis，HILIC	Supelco	
	熔融硅核-表面多孔层硅胶	2×150	2.7（多孔层：0.5）	90		Ascentis Express Fused Core Parashell Kinetex HILIC	Supelco、Agilent、Phanomenex	
两性离子硅胶键合相	磺基三甲铵乙内酯（磺化甜菜碱）	4.6×150	5	200	140	ZIC-HILIC	Merck SeQuant	25%
		2.1×150	3,5	100,200				
		4.6×250	5	100		Nucleodur HILIC		
		2.1×125	3	100				
中性硅胶键合相	酰氨基：氨基甲酰	4.6×150	5,10	100	180～450	TSK-gel Amide-80	TOSOH Bio-Science	14%
		2.0×150	3,5	100		X Bridge Amide	Waters	
						Unisol Amide	Agala Technologies	

续表

固定相类型	固定相名称（官能团）	柱尺寸（柱内径×柱长）/(mm×mm)	粒径/μm	孔径/Å	比表面积/(m²/g)	柱型号	生产厂商	使用率
中性硅胶键合相	二醇基	2×150	3			Pursuit XRs Diol	Varian	12%
	多羟基	2×150	3	200	200	Luna DIOL	Phenomenex	
	氰丙基	4.6×250	5	120	320	Uptisphere 5CN	Interchim	1%
	氟苯基							1%
氨基硅胶键合相	氨丙基	2×250	5	120	340	Uptisphere 12AA NH₂	Interchim	7%
		2×150	3	180		Polaris NH₂	Varian	
		2×150	3	100	450	Luna NH₂ / TSK-gel NH₂-100	Phenmenex / TOSOH Bio-Science	
	聚氨基/PVA 共聚物	2.1×150	5	300		Astec apHera NH₂	Sigma Aldrich	
	三唑基	2×150	5	120	300	Cosmosil HILIC	Nacalaitesque	
其他	聚丁二酰亚胺，聚天冬氨酸，聚天冬酰胺，磷酸胆碱，3-*P,P*-二苯基镰丙磺酸盐等							5%

表 5-4　HILIC 固定相的化学结构

固定相的性质	固定相的名称	固定相的化学结构
负电荷	裸露硅胶	
两性	磺基三甲铵乙内酯	
	磷酸胆碱	
	3-*P,P*-二苯基镰丙磺酸盐	
中性	酰氨基	
	氨基甲酰基	
	天冬酰胺	

固定相的性质	固定相的名称	固定相的化学结构
中性	二醇基	
	1,3-二羟基丙基醚	
	多羟基	
	氰丙基	
	氟苯基	
正电荷	氨基	
	聚氨基/PVA 共聚物咪唑基	
	三唑基	
其他	聚丁二酰亚胺	
	聚天冬氨酸	
	聚（2-羟乙基）天冬酰胺	

固定相的性质	固定相的名称	固定相的化学结构
其他	聚（2-磺乙基）天冬酰胺	

以下分别介绍四类固定相的分离特性[16]。

1. 裸露硅胶[17~19]

在反相色谱中，硅胶作为制备键合固定相的基体材料，已获得长期使用，在正相吸附色谱中，硅胶也是广泛使用的柱填料。

未经改性的全多孔裸露硅胶，其表面的硅醇基（—Si—OH）在通常使用的 pH 为 4～5 的条件下可以离解：—SiOH→—SiO⁻+H⁺，其去质子化生成带负电荷的 —SiO⁻，它可与分析物上带正电荷的离子或官能团产生静电吸引的阳离子交换作用而被滞留；它对分析物上带负电荷的离子或官能团产生静电排斥作用，会阻止其滞留，而仅有很短的保留时间。

硅胶表面存在的硅醇基具有亲水性，可在其表面吸附水分子形成"富水层"，以提供对分析物的保留。现已充分认识到硅胶吸附剂的质量会明显影响它作为一种 HILIC 固定相的适用性。

硅醇基离解的 pK_a 值是指在硅胶表面存在所有硅醇基离解的平均值。对 A 型硅胶（金属含量较高），其硅醇基团提供一个较低的平均 pK_a 值，在大多数 pH 条件下，它对呈碱性极性分析物的正电荷基团会提供较强的静电吸引力，造成较强的滞留作用，甚至会造成色谱峰形拖尾。而对呈酸性极性官能团（如酸根）会提供较强的静电排斥力，会导致极弱的滞留。因而应当采用金属含量低的 B 型或 C 型的高纯硅胶作为 HILIC 的固定相，它们具有非常高的比表面积，由于它们表面的硅醇基通常具有更高的平均 pK_a 值，因此对呈酸性或碱性极性分析物都呈现适当的保留能力，并可在流动相的较高流速下保持更高的柱效[10]。

对于未经化学键合改性，但经"乙基桥联杂化"（ethylene bridged hybrid）制备的硅胶，它与普通的裸露硅胶具有不同的选择性，并可耐受 pH 值从 3 到 9 的剧烈变化。

近年引入的熔融硅核-表面多孔粒子（fused-core superficially porous shell particles）硅胶，显示与全多孔裸露硅胶十分相近的选择性，但具有较低的柱容量。

在 HILIC 分析中，使用裸露硅胶的优点是不存在固定相的流失，并当用质谱检测器时，可保持高灵敏度。

为了表明 HILIC 固定相的保留特性和选择性，常选用两类探针化合物对色谱柱的分离性能进行表征[12,13]。一类为呈碱性的核苷与核酸的碱基：①尿嘧啶；②腺嘌呤核苷；③尿嘧啶核苷；④胞嘧啶；⑤胞嘧啶核苷；⑥鸟嘌呤核苷。另一类为呈酸性的有机酸：①水杨酸；②2,5-二羟基苯甲酸；③乙酰水杨酸；④水杨尿酸；⑤马尿酸；⑥*α*-羟基马尿酸。

在裸露硅胶固定相上，碱性探针化合物的分离见图 5-6，酸性探针化合物的分离见图 5-7。

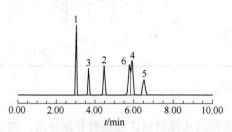 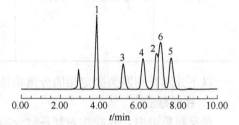

图 5-6　碱性探针化合物在裸露硅胶
色谱柱的分离

色谱柱：4.6mm×250mm，5μm；柱温 30℃
流动相：乙腈-水（85∶15，体积比）含 10mmol/L
乙酸铵；流速 1.5mL/min
检测器：UVD（248nm）
色谱峰：1—尿嘧啶；2—腺嘌呤核苷；3—尿嘧啶核苷；
4—胞嘧啶；5—胞嘧啶核苷；6—鸟嘌呤核苷

图 5-7　酸性探针化合物在裸露硅胶
色谱柱的分离

色谱柱：4.6mm×250mm，5μm；柱温 30℃
流动相：乙腈-水（85∶15，体积比）含 20mmol/L
乙酸铵；流速 1.0mL/min
检测器：UVD（228nm）
色谱峰：1—水杨酸；2—2,5-二羟基苯甲酸；3—乙酰
水杨酸；4—水杨尿酸；5—马尿酸；6—*α*-羟
基马尿酸

由于硅胶对极性分析物具有较强的静电相互作用，在图 5-6 中的碱性探针化合物胞嘧啶和鸟嘌呤核苷未被分离开；在图 5-8 中的酸性探针化合物 2,5-二羟基苯甲酸和 *α*-羟基马尿酸未被分离开。

2. 两性离子——硅胶键合固定相

在 HILIC 中使用的两性离子官能团主要为磺基三甲铵乙内酯（sulfobetaine，或称磺化甜菜碱），其已实现商品化。另有磷酸胆碱（phosphocholine）和 3-*P*,*P*-二苯基镤丙磺酸盐（3-*P*,*P*-diphenyl phosphonium propyl sulfonate），但至今未实现商品化[20]。

磺基三甲铵乙内酯固定相具有一个位于分子内，但接近固定相末端带正电荷的季铵离子和一个在固定相外部末端带负电荷的丙基磺酸阴离子，此固定相在 HILIC 中的应用仅次于裸露硅胶[22~24]。

磷酸胆碱固定相具有一个分子内带负电荷的磷酰基和分子末端带正电荷的季铵离子[21]。

上述具有两性离子的固定相存在明显的正、负电荷中心，其整体具有一个为"零"的净电荷，因此具有"带有电荷但呈现中性"的特征，固定相表现出弱的静电相互作用，从而提供在占优势的亲水液液分配保留机理以外的，第二种静电相互作用的滞留，并贡献到固定相的选择性[5]。

具有两性离子官能团的固定相可用于多种极性样品的分离，有一定的通用性。近年报道一种新的具有 3-*P*,*P*-二苯基镤丙磺酸盐的固定相，它分子中含有二苯基镤正离子，分子末端为丙磺酸负离子，这种两性离子硅胶键合相采用三甲基氯硅烷"封尾"后，由于封尾剂引入了疏水的三甲基官能团，抑制了固定相中正、负电荷中心的静电相互作用，因而仅有亲水液液分配机理发挥作用，在 pH=4.1 的低浓度缓冲

物中，对不同类型极性分析物就显示出比一般两性离子固定相更弱的保留作用。这也表明在固定相表面被"封尾"的硅醇基具有空间阻碍作用[20]。

近年具有两性离子官能团的整体柱也已经出现，如由 Merck 公司制作的具有磺基三甲铵乙内酯官能团的毛细管整体柱（Cap Rod ZIC-HILIC）[25]。

在磺基三甲铵乙内酯两性离子硅胶固定相上，前述碱性和酸性探针化合物的分离谱图，见图 5-8 和图 5-9。

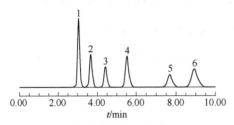

图 5-8　碱性探针化合物在磺基三甲铵乙内
酯色谱柱上的分离
色谱柱：4.6mm×250mm，5μm；柱温 30℃；
流动相：乙腈-水（85∶15，体积比）含 10mmol/L
乙酸铵
流速 1.5mL/min
检测器：UVD（248nm）
色谱峰：1—尿嘧啶；2—腺嘌呤核苷；3—尿嘧啶核
苷；4—胞嘧啶；5—胞嘧啶核苷；6—鸟嘌
呤核苷

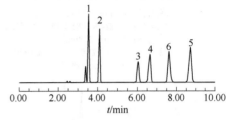

图 5-9　酸性探针化合物在磺基三甲铵乙内
酯色谱柱上的分离
色谱柱：4.6mm×250mm，5μm；柱温 30℃
流动相：乙腈-水（85∶15，体积比）含 20mmol/L 乙酸铵
流速 1.0mL/min；检测器：UVD（228nm）
色谱峰：1—水杨酸；2—2,5-二羟基苯甲酸；3—乙酰
水杨酸；4—水杨尿酸；5—马尿酸；6—α-羟
基马尿酸

由于磺基三甲铵乙内酯具有比硅胶更弱的静电相互作用，它可使碱性探针化合物（图 5-8）和酸性探针化合物（图 5-9）都获得完全的分离。

3. 中性官能基团-硅胶键合固定相

在 HILIC 中使用的中性官能基团，有酰氨基、二醇基、氰丙基和氟苯基固定相。

（1）酰氨基固定相　具有氨基甲酰官能团的酰氨基固定相是一种最常应用的中性硅胶键合相，尤其是 TSKgel Amido-80（TOSOH Bio-Science）；X Bridge Amide（Waters）；Unisol Amide（Agala Technologies）色谱柱，在强极性化合物分析中获得广泛地应用[24]。

这些中性固定相具有非离子型极性官能团，存在一个永久的偶极矩，但缺少完整的正、负电荷。它们与极性分析物的相互作用，除了亲水液液分配作用以外，还存在氢键相互作用，由于氢键比正、负离子间的静电相互作用要弱（离子键的键能大于 100kJ/mol，氢键的键能为 30～50kJ/mol），因此氢键相互作用对保留值的贡献也较弱。此外，流动相的组成和柱温也会影响固定相和分析物之间的氢键相互作用。此类固定相特别适用于分离肽、低聚糖和糖蛋白。

在酰胺固定相中，具有天冬酰胺官能团的固定相值得关注，它是为 HILIC 分离特别研发的一种固定相，其制备过程为首先在氨丙基硅胶上涂渍聚丁二酰亚胺层，然后用乙醇胺处理，以生成所需的固定相。

在氨基甲酰和天冬酰胺中性硅胶键合相上，前述碱性和酸性探针化合物的分离谱图，见图 5-10 和图 5-11。

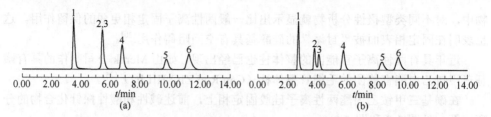

图 5-10 碱性探针化合物在氨基甲酰（a）和天冬酰胺（b）色谱柱上的分离

色谱柱：4.6mm×250mm，5μm；柱温 30℃
流动相：乙腈-水（85：15，体积比）含 10mmol/L 乙酸铵；流速 1.5mL/min
检测器：UVD（248nm）
色谱峰：1—尿嘧啶；2—腺嘌呤核苷；3—尿嘧啶核苷；4—胞嘧啶；5—胞嘧啶核苷；
6—鸟嘌呤核苷

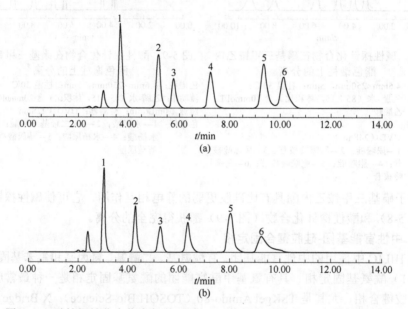

图 5-11 酸性探针化合物在氨基甲酰（a）和天冬酰胺（b）色谱柱上的分离

色谱柱：4.6mm×250mm，5μm；柱温 30℃
流动相：乙腈-水（85：15，体积比）含 20mmol/L 乙酸铵；流速 1.0mL/min
检测器：UVD（228nm）
色谱峰：1—水杨酸；2—2,5-二羟基苯甲酸；3—乙酰水杨酸；4—水杨尿酸；
5—马尿酸；6—α-羟基马尿酸

在碱性探针化合物分析中可看到在氨基甲酰固定相上腺嘌呤核苷和尿嘧啶核苷不能分离开，而在天冬酰胺固定相上就可实现基线分离。

酸性探针化合物马尿酸和 α-羟基马尿酸的洗脱顺序与在磺基三甲胺乙内酯固定相上的洗脱顺序恰好相反。

（2）二醇基-硅胺键合固定相　此类固定相包括二醇基、交联二醇基、多羟基和聚乙烯醇（PVA）四种。交联二醇固定相是通过乙醚交联剂高度交联在硅胶表面的，如 Phenomenex 公司生产的 Explore Luna HILIC 固定相。与交联二醇固定相相似，多羟基和聚乙烯醇固定相包含键合在硅胶上的多羟基层和 PVA 聚合物，其具有许多羟基在聚合物表面并提供固定相的极性[26]。

二醇官能团具有比酰胺官能团更弱的永久偶极矩，其与极性分析物的相互作用除亲水液液分配作用外，还产生较弱的氢键贡献到分析物的保留。

当二醇固定相表面残留带负电荷的硅醇基（—SiO⁻）时，它会对强极性分析物产生静电相互作用，因此，若使用不含盐类的流动相，就不能把具有高容量因子的强极性分析物洗脱下来，但若使用含低浓度（5～20mmol/L）乙酸铵或甲酸铵的流动相，就可观察到强极性分析物容量因子的明显下降。对 Expolore Luna HILIC 色谱柱，由于游离硅醇基已被屏蔽，它例外显示很弱的静电相互作用，对强极性分析物显示最弱的保留，它是 HILIC 中最疏水的固定相[20]。

通过提高柱温，可使氢键相互作用减弱，可降低保留值，但也可减少拖尾而改善峰形。

在二醇基-硅胶固定相上，碱性和酸性探针化合物的分离谱图，见图 5-12 和图 5-13。

对碱性探针化合物的分离，交联二醇和多羟基固定相对胞嘧啶核苷和鸟嘌呤核苷有更好的选择性，尤其是交联二醇固定相显示了快速和高效的分离。

对酸性探针化合物的分离，它们都显示相似的选择性，但交联二醇固定相显示两组重叠峰，仅有很低的选择性。

酸性探针化合物马尿酸和 α-羟基马尿酸的洗脱顺序与在磺基三甲铵乙内酯固定相上相同，但与在酰氨基固定相上的恰好相反。

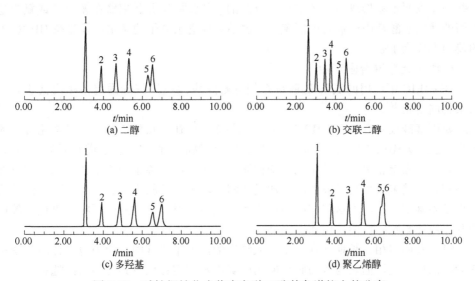

图 5-12 碱性探针化合物在各种二醇基色谱柱上的分离

色谱柱：4.6mm×250mm，5μm；柱温 30℃

流动相：乙腈-水（85：15，体积比），含 10mmol/L 乙酸铵；流速 1.5mL/min

检测器：UVD（248nm）

色谱峰：1—尿嘧啶；2—腺嘌呤核苷；3—尿嘧啶核苷；4—胞嘧啶；5—胞嘧啶核苷；
　　　　6—鸟嘌呤核苷

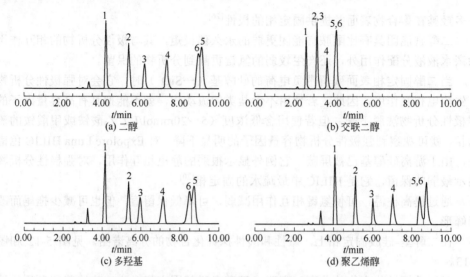

图 5-13　酸性探针化合物在各种二醇基色谱柱上的分离

色谱柱：4.6mm×250mm，5μm；柱温 30℃
流动相：乙腈-水（85：15，体积比）含 20mmol/L 乙酸铵；流速 1.0mL/min
检测器：UVD（228nm）
色谱峰：1—水杨酸；2—2,5-二羟基苯甲酸；3—乙酰水杨酸；4—水杨尿酸；
　　　　5—马尿酸；6—α-羟基马尿酸

（3）氰丙基和氟苯基固定相　此类固定相在 HILIC 中的应用十分有限，由于在这些基团表面不易形成用于亲水液液分配的"富水层"，并且埋藏在氰丙基或氟苯基下面的残留硅醇基由于被官能团覆盖，也不会促进水分子的聚集，因此在 HILIC 中的使用率仅为 1%。

4.氨基-硅胶键合固定相

在 HILIC 中使用的氨基-硅胶键合相有氨丙基、咪唑、三唑固定相和聚氨基/PVA 共聚物固定相[16]。

氨丙基硅胶键合相在 HILIC 方法提出以前，已在正相色谱中用于糖类化合物的分离，但当以 HILIC 方式运行时，它对极性分析物的保留与正相色谱有明显的不同。

氨丙基固定相中含有带正电荷的伯胺阳离子，此阳离子同样存在于咪唑和三唑固定相。咪唑被吸引到硅胶表面是通过在咪唑环上的仲胺主体。三唑与硅胶的偶联位点是不确定的。由于这些官能团都带有正电荷，对带电荷的分析物，可通过静电相互作用而影响它们的保留和选择性。

氨丙基固定相在长期保存时是不太稳定的，而聚氨基固定相因包含仲胺和季铵官能团而更稳定，但它与含伯胺官能团的氨丙基固定相比较具有不同的选择性。

在氨基键合固定相上，碱性和酸性探针化合物的分离谱图见图 5-14 和图 5-15。碱性探针化合物中的腺嘌呤核苷和尿嘧啶核苷在氨丙基固定相上不能完全分离，而在咪唑和三唑固定相上被很好地分离。

酸性探针化合物中的 2,5-二羟基苯甲酸和乙酰水杨酸在氨丙基固定相上可很好地分离，而在咪唑和三唑固定相上仅部分分离。咪唑和三唑固定相的分离性能也有很大差别，在咪唑固定相上，水杨尿酸和马尿酸共同洗脱，但与 α-羟基马尿酸分离开；而在三唑固定相上，马尿酸与 α-羟基马尿酸共同洗脱，而与水杨尿酸分离开。

应当指出，酸性探针化合物都带有负电荷，而氨丙基、咪唑、三唑固定相都带有正电荷，它们之间的静电相互作用十分强烈，如在氨丙基固定相上，可观察到 α-羟基马尿酸的明显拖尾峰。

5. 其他键合固定相

除上述 HILIC 四种主要固定相外，还有聚丁二酰亚胺、聚天冬氨酸、聚（2-羟

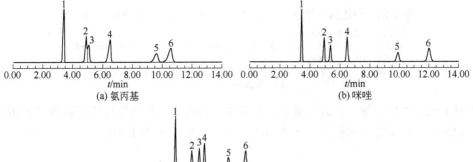

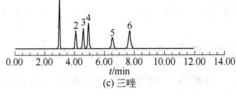

图 5-14　碱性探针化合物在氨丙基、咪唑和三唑基色谱柱上的分离

 色谱柱：4.6mm×250mm，5μm；柱温 30℃；

 流动相：乙腈-水（85：15，体积比）含 10mmol/L 乙酸铵；流速 1.5mL/min；

 检测器：UVD（248nm）

 色谱峰：1—尿嘧啶；2—腺嘌呤核苷；3—尿嘧啶核苷；4—胞嘧啶；5—胞嘧啶核苷；6—鸟嘌呤核苷

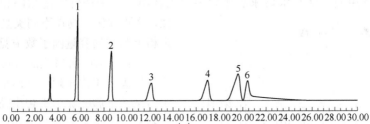

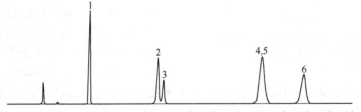

图 5-15

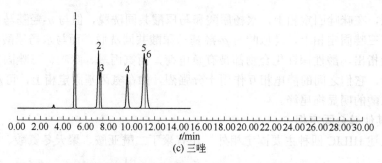

图 5-15　酸性探针化合物在氨丙基、咪唑和三唑基色谱柱上的分离

　　色谱柱：4.6mm×250mm，5μm；柱温 30℃
　　流动相：乙腈-水（85：15，体积比）含 20mmol/L 乙酸铵；流速 1.0mL/min
　　检测器：UVD（228nm）
　　色谱峰：1—水杨酸；2—2,5-二羟基苯甲酸；3—乙酰水杨酸；4—水杨尿酸；
　　　　　　5—马尿酸；6—α-羟基马尿酸

乙基）天冬酰胺、聚（2-磺乙基）天冬酰胺、环糊精及糖类等有待开拓的固定相，它们只用于有限的特殊样品，其在 HILIC 分析中的应用少于 10%。

二、固定相保留特性及选择性的评价标准

　　在亲水作用色谱中，极性化合物的分离是依据分析物在疏水流动相和定位在极性固定相上的富水层之间的亲水液液分配。分析物的容量因子或相对保留值反映了它们与固定相之间亲水作用的强弱，当分析物仅有弱保留时，可限制流动相中疏水有机溶剂的含量在一个窄的范围，并会限制固定相的选择性。

1. 用参比化合物的容量因子来评价 HILIC 固定相的相对保留特性[22]

　　通常选用胞嘧啶和水杨尿酸作为参比化合物，用来评价固定相的相对保留特性，这两种化合物在不同类型 HILIC 固定相上测定的容量因子数值见图 5-16。

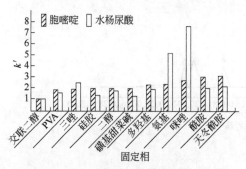

图 5-16　胞嘧啶和水杨尿酸在不同类型
HILIC 固定相上的容量因子

　　由图 5-16 可看到胞嘧啶的容量因子是按固定相排布顺序逐渐增大的，在实验条件下胞嘧啶是不带电荷的，因而特别显示出亲水液液分配作用是它首要的保留机理。有趣的是，胞嘧啶在交联二醇固定相上呈现最低的保留，而在大多数 HILIC 固定相上却有相当接近的保留值，这些不同固定相在化学结构上的差异似乎并未造成胞嘧啶在固定相保留特性上的明显不同，这些固定相也反映出亲水液液分配是作为对强特效相互作用（氢键或静电相互作用）的对立面，而被特别强调的保留机理。

　　在图 5-16 中，水杨尿酸的容量因子在不同类型 HILIC 固定相具有不同的数值，显示各种固定相具有不同的保留特性。水杨尿酸也在交联二醇固定相上呈现最低的

保留，在其他中性固定相（PVA、二醇、多羟基）上显示相似的保留特性。然而，在阳离子固定相，特别是在氨基和咪唑固定相上显示极强的保留。在实验条件下，水杨尿酸带有负电荷，其与氨基、咪唑带正电荷的伯胺或仲胺之间产生强烈的静电相互吸引作用。与此不同的是，在硅胶固定相，带有负电荷的—SiO⁻会与水杨尿酸的负电荷产生静电排斥作用而降低保留。在酰胺固定相残留的硅醇基—SiO⁻带负电荷，它和水杨尿酸仅产生氢键相互作用而使保留值降低。在天冬酰胺固定相，其官能团上的碳原子呈负电性，也使水杨尿酸的保留值降低。

由上述分析可知，在 HILIC 中，带有电荷的固定相和分析物之间的静电相互作用对保留和选择性是十分重要的。对带有正电荷的氨基、咪唑固定相，可对带负电荷的分析物增强保留，但对带正电荷分析物的保留却很弱，因此，此类固定相的静电相互作用对保留和选择性的影响也必须予以关注。在硅胶、酰胺、天冬酰胺固定相上发现的负电荷或电负性可同样诱导带电荷分析产生静电相互作用，但其作用强度不如氨基、咪唑固定相那样强烈。对中性固定相，如交联二醇、PVA、二醇、多羟基固定相，对静电相互作用是较少有贡献的，如关注溶质的电荷状态，它们仅呈现相似的保留程度。

2. Irgum 对 HILIC 固定相选择性的评价

2011 年 Irgum 等为研究 HILIC 固定相的选择性和溶质与 HILIC 固定相之间相互作用的机理，提出了一个用主成分分析法（principal componet analysis，PCA）来研究 HILIC 固定相的选择性分类[27]。

他们选用了 22 种亲水和极性的 HILIC 色谱柱（见表 5-5）和 21 种不同性质的探针化合物（见表 5-6），并由 21 种探针化合物组成 17 组探针物质对（见表 5-7），构成物质对的原则是：首先选择一个对某种特定分子间相互作用有典型性的化合物，再选择一个恰好缺少这种相互作用的化合物，组成探针物质对，二者各有自身的特色。由选择的探针物质对，可用于研究它们与各种 HILIC 固定相之间的亲水相互作用、形成氢键能力、偶极-偶极相互作用、Π-Π 相互作用、静电相互作用（阳离子或阴离子交换作用）以及亲水或疏水的形状选择性等。

在相同 HILIC 实验条件下，于室温，用乙腈-水（80/20，体积分数），含 25mmol/L 乙酸铵溶液作流动相，测得水相 pH=6.8，流速为 0.5mL/min，由二极管阵列检测器（DAD）在适当检测波长以相近灵敏度检测。在上述 22 种 HILIC 固定相，用甲苯作为死时间（t_M）标志物，再测定每种探针溶质的调整保留时间（t'_R），再计算每种探针物质的容量因子（k'）和每个探针物质对的分离因子（α）：

$$k' = t'_R / t_M$$

$$\alpha_{i/j} = k'_i / k'_j = t'_{R_i} / t'_{R_j}$$

再以 k' 和 $\alpha_{i/j}$ 分别作为主成分分析的变量，来评价 HILIC 色谱柱的分类。主成分分析是一种多变量分析技术，此实验使用 Umetrics（Umea，瑞典）提供的 SIMCA-P+Ver.12.0.0.0 软件包进行数据处理。

数据的定标设定在漂移的平均值中心，数据朝向平均值，以单位变量来平衡变化的变量。因而观测分布的平均值将位移到轴系统的中心，这些数据将更加客观。

他们以探针物质对的分离因子($\alpha_{i/j}$)作为主成分分析的变量，采用了 12 组探针物质对［删除了表 5-5 中 10、12（阳离子交换）；13、15（阴离子交换）和 17（疏水形状选择性）五组探针物质对］在 21 种 HILIC 色谱柱（因氰丙基柱仅显示极弱的亲水性而被删除）上的分离因子（$\alpha_{i/j}$）数据，确定了两个正交主成分向量 PC1（可为 $\alpha_{CYT/URA}$ 主要反映亲水相互作用）和 PC2（可为 $\alpha_{BA/CYT}$，主要反映阴离子交换作用），正交系指 $\alpha_{CYT/URA}$ 和 $\alpha_{BA/CYT}$ 在化学性质上无相关性。以 PC1（50%）作横坐标；以 PC2（20%）作纵坐标（50%和20%分别为向量 $\alpha_{CYT/URA}$ 和 $\alpha_{BA/CYT}$ 在数据基体中占有的百分数），绘制在二维空间的得分（score）和载荷（loading）双图（biplot），可得到 HILIC 色谱柱的分类聚集图，即可分为氨基柱（表 5-5 中的 19、20、21 号柱）、中性柱（表 5-5 中的 5、6、7、8、9、10、11 号柱）、硅胶柱（表 5-5 中的 13、14、15、16、17、18 号柱）和两性柱（表 5-5 中的 1、2、3、4、12 号柱）四大类，见图 5-17。

表 5-5　Irgum 测试色谱柱的参数

序号	标记名称	制造商	载体	官能团	粒径/μm	孔径/A	比表面积/(m^2/g)	柱尺寸/(mm×mm)
1	ZIC-HILIC	Merck	硅胶	聚磺烷基三甲铵乙内酯，两性	5	200	135	4.6×100
2	ZIC-HILIC	Merck	硅胶	聚磺烷基三甲铵乙内酯，两性	3.5	200	135	4.6×150
3	ZIC-HILIC	Merck	硅胶	聚磺烷基三甲铵乙内酯，两性	3.5	100	180	4.6×150
4	ZIC-HILIC	Merck	多孔聚合物	聚磺烷基三甲铵乙内酯，两性	5	—	—	4.6×50
5	Nucleodur HILIC	Macherey-Nagel	硅胶	磺烷基三甲铵乙内酯，两性	5	110	340	4.6×100
6	PCHILIC	Shiseido	硅胶	磷酸胆碱，两性	5	100	450	4.6×100
7	TSKgel Amide 80	Tosoh Bioscience	硅胶	酰胺（聚氨基甲酰基）	5	80	450	4.6×100
8	TSKgel Amide 80	Tosoh Bioscience	硅胶	酰胺（聚氨基甲酰基）	3	80	450	4.6×50
9	PolyHydroxyethyl A	Poly LC	硅胶	聚（2-羟乙基）天冬酰胺	5	200	188	4.6×100
10	LiChrospher 100 Diol	Merck	硅胶	2,3-二羟丙基	5	100	350	4.0×125
11	Luna HILIC	Phenomenex	硅胶	交联二醇	5	200	185	4.6×100
12	PolySulfoethyl A	Poly LC	硅胶体	聚（乙-磺乙基）天冬酰胺	5	200	188	4.6×100
13	Chromolith Si	Merck	硅胶整体柱	未衍生化	N/A	130	300	4.6×100
14	Atlantis HILIC Si	Waters	硅胶	未衍生化	5	100	330	4.6×100
15	Purospher STAR Si	Merck	硅胶	未衍生化	5	120	330	4.0×125
16	LiChrospher Si100	Merck	硅胶	未衍生化	5	100	400	4.0×125

序号	标记名称	制造商	载体	官能团	粒径/μm	孔径/A	比表面积/(m²/g)	柱尺寸/(mm×mm)
17	LiChrospher Si60	Merck	硅胶	未衍生化	5	60	700	4.0×125
18	Cogent Type C Silica	Microsolv	硅胶	硅胶氢化物（"C型"硅胶）	4	100	350	4.6×100
19	LiChrospher 100 NH₂	Merck	硅胶	3-氨丙基	5	100	350	4.0×125
20	Purospher STAR NH₂	Merck	硅胶	3-氨丙基	5	120	330	4.0×125
21	TSKgel NH₂-100	Tosoh Bioscience	硅胶	氨烷基	3	100	450	4.6×50
22	LiChrospher 100 CN	Merck	硅胶	3-氰丙基	5	100	330	4.0×125

表 5-6　Irgum 探针实验物质的分配系数（$\lg D$）和水相电离常数（pK_a）

序号	化学名称	英文缩写	$\lg D$	pK_a
1	胞嘧啶	CYT	−1.24	4.83，9.98
2	尿嘧啶	URA	−0.86	9.77，13.79
3	2-硫代胞嘧啶	S-CYT	−0.52	6.49，9.48
4	腺嘌呤	ADI	−0.55	3.15，5.43，9.91
5	腺嘌呤核苷	ADO	−2.1	2.73，5.2
6	N-乙烯基咪唑	V-IMI	0.41	5.92
7	N-乙基咪唑	E-IMI	0.14	7.25
8	N-甲基咪唑	M-IMI	−0.23	6.82
9	1,3-二羟基丙酮	DHA	−1.53	N/A
10	甲基甘露醇	M-GLY	−0.89	N/A
11	二甲基甲酰胺	DMF	−0.63	N/A
12	α-羟基-γ-丁内酯	HBL	−0.79	N/A
13	苯基三甲基氯化铵	PTMA	−5.87	N/A
14	苄基三甲基氯化铵	BTMA	−6.15	N/A
15	苄基三乙基氯化铵	BTEA	−5.08	N/A
16	苯甲酸	BA	−1.09	4.08
17	山梨酸	SA	−0.35	5.01
18	苯磺酸	BSA*	−1.22	−2.36
19	色氨酸	TRP	−3.7	2.54，9.4，16.6
20	顺-二氨二氯化铂（Ⅱ）	CDDP	−2.19	N/A
21	反-二氨二氯化铂（Ⅱ）	TDDP	—	N/A

注：1. $\lg D$：在 pH6.8 包含离子化型体的丁醇-水两相分配系数的对数。

2. pK_a：在水相测定的酸电离常数的负对数。

3. N/A：非酸性物质。

4. *：苯磺酸英文缩写应为 BSA，文献中用 BSU。

表 5-7　Irgum 探针物质对

编号	探针物质对的组成	测量参数 $\alpha_{i/j}=K_{P(i)}/K_{P(j)}$	$\lg\alpha_{i/j}$	与固定相的相互作用
1	胞嘧啶/尿嘧啶	$\alpha_{CYT/URA}=K_{P(CYT)}/K_{P(URA)}$	1.44	亲水相互作用
2	胞嘧啶/2-硫代胞嘧啶	$\alpha_{CYT/S\text{-}CYT}=K_{P(CYT)}/K_{P(S\text{-}CYT)}$	2.40	亲水相互作用
3	N-乙基咪唑/N-甲基咪唑	$\alpha_{E\text{-}IMI/M\text{-}IMI}=K_{P(E\text{-}IMI)}/K_{P(M\text{-}IMI)}$	0.60	疏水相互作用
4	1,3-二羟基丙酮/甲基甘露醇	$\alpha_{DHA/M\text{-}GLY}=K_{P(DHA)}/K_{P(M\text{-}GLY)}$	1.72	氢键给予体
5	1,3-二羟基丙酮/二甲基甲酰胺	$\alpha_{DHA/DMF}=K_{P(DHA)}/K_{P(DMF)}$	2.42	多点氢键
6	腺嘌呤核苷/腺嘌呤	$\alpha_{ADO/ADI}=K_{P(ADO)}/K_{P(ADI)}$	3.82	多点氢键
7	甲基甘露醇/α-羟基-γ-丁内酯	$\alpha_{M\text{-}GLY/HBL}=K_{P(M\text{-}GLY)}/K_{P(HBL)}$	1.13	定向氢键（亲水形状选择性）
8	顺二氨二氯化铂（Ⅱ）/反二氨二氯化铂（Ⅱ）	$\alpha_{CDDP/TDDP}=K_{P(CDDP)}/K_{P(TDDP)}$	N/A	偶极-偶极相互作用
9	N-乙烯基咪唑/N-乙基咪唑	$\alpha_{V\text{-}IMI/E\text{-}IMI}=K_{P(V\text{-}IMI)}/K_{P(E\text{-}IMI)}$	2.93	Π-Π 电子相互作用
10	苯基三甲基氯化铵/胞嘧啶	$\alpha_{PTMA/CYT}=K_{P(PTMA)}/K_{P(CYT)}$	4.73	阳离子交换作用
11	苄基三甲基氯化铵/胞嘧啶	$\alpha_{BTMA/CYT}=K_{P(BTMA)}/K_{P(CYT)}$	4.96	阳离子交换作用
12	苄基三乙基氯化铵/胞嘧啶	$\alpha_{BTEA/CYT}=K_{P(BTEA)}/K_{P(CYT)}$	4.10	阳离子交换作用
13	苯磺酸/胞嘧啶	$\alpha_{BSA/CYT}=K_{P(BSA)}/K_{P(CYT)}$	0.98	阴离子交换作用
14	苯甲酸/胞嘧啶	$\alpha_{BA/CYT}=K_{P(BA)}/K_{P(CYT)}$	0.88	阴离子交换作用
15	山梨酸/胞嘧啶	$\alpha_{SA/CYT}=K_{P(SA)}/K_{P(CYT)}$	0.28	阴离子交换作用
16	色氨酸/腺嘌呤	$\alpha_{TRP/ADI}=K_{P(TRP)}/K_{P(ADI)}$	6.73	两性（四极静电）
17	山梨酸/苯甲酸	$\alpha_{SA/BA}=K_{P(SA)}/K_{P(BA)}$	0.32	疏水形状选择性

注：1.N/A 表示非酸性物质。

2.X 表示后未使用。

3.K_P 为在 pH6.8 包含离子化型体的丁醇-水两相的分配系数。

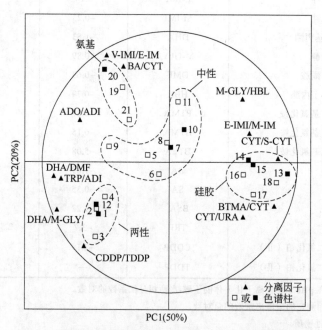

图 5-17　依据简化实验物质对分离因子用主成分分析获得
21 种（表 5-6）HILIC 色谱柱的得分、载荷双图

　　全部 HILIC 色谱柱间的明显区别是它们的选择性主要依据的是哪种分子间的相互作用，如果选择性主要建立在亲水分配和多点取向氢键相互作用，这就是两性柱通常显示的选择性作用模式；如果选择性首先建立在静电相互作用（阳离子或阴离子交换）的吸附模式，这就是硅胶柱和氨基柱显示的选择性作用模式；中性柱的选择性总是位于两性柱和裸露硅胶柱、氨基柱的中间位置。

3. Tanaka 对 HILIC 固定相选择性的评价

　　2011 年 Tanaka 研究小组也对 HILIC 固定相的选择性分类进行了研究，他们选用了 15 种 HILIC 色谱柱（见表 5-8），并用 13 种极性探针化合物，组成 8 组探针物质对［见表 5-9（a）、（b）］，由选用的探针物质对来表征它们与 HILIC 固定相之间的 8 种相互作用［如亚甲基（—CH$_2$）间，羟基（—OH）间；空间构型异构体；位置结构异构体；分子形状选择性；静电相互作用（阳离子和阴离子交换作用）和固定相表面富水层 pH 值的影响等］对 HILIC 固定相选择性的影响[28]。

表 5-8　Tanaka 测试使用的 HILIC 色谱柱

序号	官能团	柱名称	粒径/μm	柱尺寸/(mm×mm)	生产厂商
1	两性	ZIC-HILIC	5	4.6×150	Merck SeQuant (Umea Sweden)
2		ZIC-HILIC	3.5	4.6×150	
3		Nucleodur-HILIC	3	4.6×150	Macherey-Nagel (Düren Germany)
4	酰胺	Amide-80	3	4.6×150	Tosoh (Tokyo，Japan)
5		Amide-80	5	4.6×150	
6		X Bridge Amide	3.5	4.6×150	Waters (Milford MA，USA)
7	聚丁二酰亚胺衍生物	PolySULFOETHYL	3	2.1×100	Poly LC (Columbia MD，USA)
8		PolyHYDROXYETHYL	3	2.1×100	
9	环糊精	CYCLOBOND1	5	4.6×250	Astec (Whippany Nj，USA)
10	二醇	LiChrospher Diol	5	4.6×100	Merck (Darmstadt，Germany)
11	裸露硅胶	Chromolith Si	整体柱	4.6×100	Merck
12		Halo HILIC	2.7	4.6×150	Advanced Material Technology (Wilmington DE，USA)
13	氨基	COSMOSIL HILIC	5	4.6×150	Nacalai
14		Sugar-D	5	4.6×150	
15		NH$_2$-MS	5	4.6×150	

表 5-9（a）　Tanaka 选用的探针实验物质

序号	探针物质	英文缩写	表征 HILIC 特征集团的贡献
1	尿嘧啶核苷（尿苷）	U	对亚甲基（—CH$_2$）的选择性
2	5-甲基尿苷	5MU	
3	2′-脱氧尿苷	2dU	对羟基（—OH）的选择性
4	Vidarabine 阿糖腺苷	V	对构型（空间）异构体的选择性
5	腺嘌呤核苷（腺苷）	A	
6	2′-脱氧鸟苷	2dG	对结构（位置）异构体的选择性

续表

序号	探针物质	英文缩写	表征 HILIC 特征集团的贡献
7	3′-脱氧鸟苷	3dG	对结构（位置）异构体的选择性
8	4-硝基苯-α-D-吡喃葡萄糖苷	NPαGlu	对分子形状的选择性
9	4-硝基苯-β-D-吡喃葡萄糖苷	NPβGlu	
10	对甲苯磺酸钠	SPTS	对阴离子交换作用的选择性
11	N,N,N-三甲苯基氯化铵	TMPAC	对阳离子交换作用的选择性
12	可可碱（3,7-二甲基黄嘌呤）	Tb	对固定相表面富水层 pH 值影响的选择性
13	茶碱（1,3-二甲基黄嘌呤）	Tp	

表 5-9（b） Tanaka 探针物质对

序号	选用的探针物质对	物质对英文缩写	测量参数 $\alpha_{i/j} = \dfrac{k_i}{k_j}$	与固定相的相互作用
1	尿苷/5-甲基尿苷	U/5MU	$\alpha_{U/5MU} = \dfrac{k_U}{k_{5MU}} (= \alpha_{CH_2})$	疏水相互作用
2	尿苷/2′-脱氧尿苷	U/2dU	$\alpha_{U/2dU} = \dfrac{k_U}{k_{2dU}} (= \alpha_{OH})$	亲水相互作用
3	阿糖腺苷/腺苷	V/A	$\alpha_{V/A} = \dfrac{k_V}{k_A}$	构型（空间）异构体的选择作用
4	2′-脱氧鸟苷/3′-脱氧鸟苷	2d/3d	$\alpha_{2d/3d} = \dfrac{k_{2d}}{k_{3d}}$	结构（位置）异构体的选择作用
5	4-硝基苯-α-D-吡喃葡萄糖苷/ 4-硝基苯-β-D-吡喃葡萄糖苷	NPαGlu/ NPβGlu	$\alpha_{NPαGlu/NPβGlu} = \dfrac{k_{NPαGlu}}{k_{NPβGlu}} (= \alpha_{α/β})$	对分子形状的选择作用
6	对甲苯磺酸钠/尿苷	SPTS/U	$\alpha_{SPTS/U} = \dfrac{k_{SPTS}}{k_U} (= \alpha_{AX})$	阴离子交换作用
7	N,N,N-三甲苯基氯化铵/尿苷	TMPAC/U	$\alpha_{TMPAC/U} = \dfrac{k_{TMPAC}}{k_U} (= \alpha_{CX})$	阳离子交换作用
8	可可碱/茶碱	Tb/Tp	$\alpha \dfrac{Tb}{Tp} = \dfrac{k_{Tb}}{k_{Tp}}$	对固定相表面富水层 pH 值的选择作用

在相同实验条件下，30℃，以乙腈-水（90∶10，体积比）含 20mmol/L 乙酸铵作流动相（pH=4.7），流速 0.5mL/min，用 UVD（254nm）检测。以甲苯作为死时间（t_M）标志物，测定每种探针物质的容量因子（$k' = t'_R/t_M$），再分别计算 8 组探针物质对的分离因子（$\alpha_{i/j} = k'_i/k'_j$）。

他们首先用主成分分析法，选用尿苷的容量因子 k(U)（主要反映亲水相互作用）和 N,N,N-三甲苯基氯化铵的容量因子 k(TMPAC)（主要反映阳离子交换作用）作为正交的主成分向量 PC1 和 PC2（正交系指此二探针化合物与固定相间的相互作用互不相干），并以 PC1（74.0%）作横坐标，以 PC2（21.6%）作纵坐标［74% 和 21.6% 分别为向量 k(U) 和 k(TMPAC) 在数据基体中占有的百分数］，绘制出二维轮廓图（profiling plot），见图 5-18。在图中显示出 15 种 HILIC 色谱柱（表 5-8）可细分为五个聚集群，如硅胶柱位于图中右上角的 11、12；氨丙基柱位于底部中间偏右的 13、14、15；两性柱位于图中间偏下的 1、2、3；中性酰胺柱位于图中间偏左的 4、5；

中性二醇柱、多羟基柱和环糊精柱位于图中下方偏右的 7、9、10。由 PC1 坐标看，从右到左，亲水性愈来愈强；由 PC2 坐标看，由下到上阳离子交换作用愈加突出；由上到下阴离子交换作用更加突出。在图 5-18 中 8 柱（Poly HYDROXYETHYL）远离五个聚集群，显示较强亲水性；6 柱（X Bridge Amide）位于两性柱，中性柱和氨丙基柱的中间位置，与这三个聚集群的特性相接近。

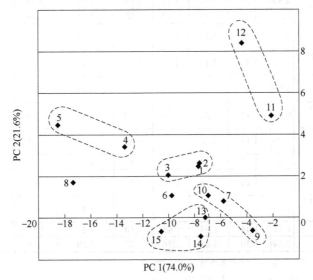

图 5-18　15 种 HILIC 色谱柱，由主成分分析法获得的色谱柱分成 5 组的轮廓图

图 5-18 表述了 15 种色谱柱在分离选择性上的相似性分布。也表明主成分分析可从众多共存的化学信息中，通过拟合数据在统计学上显著的方差和随机测量误差，消除相互叠加信息，降低了数据的维数，而显示出原始数据结构的本质特征。

Tanaka 小组为了表达每根 HILIC 色谱柱的分离特性，还使用雷达图（radar plots）。雷达图是在二维平面上表达多维数据分布的方法，此法 Tanaka 早已用于反相液相色谱柱的分类和分离特性的表达。

在表达 HILIC 色谱柱分离特性的雷达图（图 5-19）中，他们使用了 $k(U)$、$\alpha(CH_2)$、$\alpha(OH)$、$\alpha(V/A)$、$\alpha(2d/3d)$、$\alpha(\alpha/\beta)$、$\alpha(AX)$、$\alpha(CX)$ 和 $\alpha(Tb/Tp)$ 九组参数（见表 5-10），绘出了具有九轴的雷达图。在图 5-19 中已将表 5-10 中的 $k'(U)$ 和各个 α 值已作归一化处理，以 1.0 作为最大值，但 $\alpha(AX)$ 和 $\alpha(CX)$ 除外，是以它们各自的平均值作为 1.0，因而它们具有比 1.0 更大的数值是可以允许的。图 5-19 为本研究涉及的 15 种 HILIC 色谱柱的雷达图。

表 5-10　Tanaka 测试 HILIC 色谱柱雷达图中九轴坐标表达固定相的特性参数

序号	柱名称	$k(U)$	$\alpha(CH_2)=$ $\dfrac{k(U)}{k(5MU)}$	$\alpha(OH)=$ $\dfrac{k(U)}{k(2dU)}$	$\alpha(V/A)$ $=\dfrac{k(V)}{k(A)}$	$\alpha(2d/3d)$ $=\dfrac{k(2d)}{k(3d)}$	$\alpha(\alpha/\beta)=$ $\dfrac{k(NP\alpha Glu)}{k(NP\beta Glu)}$	$\alpha(AX)=$ $\dfrac{k(SPTS)}{k(U)}$	$\alpha(CX)=$ $\dfrac{k(TMPAC)}{k(U)}$	$\alpha(Tb/Tp)$ $=\dfrac{k(Tb)}{k(Tp)}$
1	ZIC-HILIC(5μm)	2.11	1.67	2.03	1.50	1.11	1.14	0.05	4.41	1.18
2	ZIC-HILIC(3.5μm)	2.10	1.71	2.07	1.51	1.12	1.14	0.05	4.33	1.20

序号	柱名称	$k(U)$	$\alpha(CH_2)=$ $\dfrac{k(U)}{k(5MU)}$	$\alpha(OH)=$ $\dfrac{k(U)}{k(2dU)}$	$\alpha(V/A)$ $=\dfrac{k(V)}{k(A)}$	$\alpha(2d/3d)$ $=\dfrac{k(2d)}{k(3d)}$	$\alpha(\alpha/\beta)=$ $\dfrac{k(NP\alpha Glu)}{k(NP\beta Glu)}$	$\alpha(AX)=$ $\dfrac{k(SPTS)}{k(U)}$	$\alpha(CX)=$ $\dfrac{k(TMPAC)}{k(U)}$	$\alpha(Tb/Tp)$ $=\dfrac{k(Tb)}{k(Tp)}$
3	Nucleodur HILIC (3μm)	2.20	1.28	1.55	1.46	1.08	1.14	0.15	3.46	1.00
4	Amide-80(3μm)	2.30	1.27	1.67	1.29	1.08	1.18	0.03	3.62	1.30
5	Amide-80(5μm)	4.58	1.27	1.64	1.28	1.08	1.18	0.06	2.82	1.32
6	X Bridge Amide (3.5μm)	2.55	1.29	1.70	1.30	1.07	1.16	0.09	1.18	1.38
7	PolySULFOETHYL (3μm)	1.58	1.48	2.13	1.21	1.06	1.24	*	7.66	1.00
8	PolyHYDROXYETHYL(3μm)	3.02	1.36	1.92	1.31	1.07	1.21	0.09	2.47	1.14
9	CYCLOBOND1 (5μm)	0.70	1.13	1.21	1.24	1.10	1.20	0.44	5.36	1.01
10	LiChrospher Diol (5μm)	1.50	1.15	1.36	1.32	1.06	1.17	0.01	3.27	1.04
11	Chromolith Si	0.31	1.12	1.00	1.16	1.11	1.31	*	65.27	1.22
12	Halo HILIC (2.7μm)	0.64	1.16	1.08	1.18	1.13	1.29	*	43.86	1.26
13	COSMOSIL HILIC (5μm)	1.60	1.14	1.60	1.36	1.03	1.13	2.81	0.09	0.80
14	Sugar-D(5μm)	1.58	1.44	1.74	1.45	1.10	1.22	5.18	*	0.52
15	NH₂-MS(5μm)	2.44	1.30	1.88	1.36	1.07	1.20	7.54	*	0.54

注：1. k（容量因子）$=t'_R/t_M$，以甲苯作死时间探针。

2. α（分离因子）$=k_i/k_j$（i 和 j 为一个物质对）。

3. "*"号表示 SPTS 或 TMPAC 在甲苯前洗脱出。

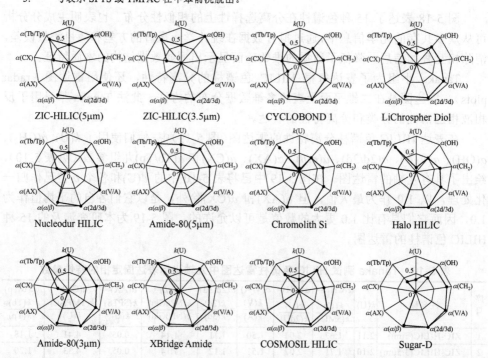

ZIC-HILIC(5μm)　　ZIC-HILIC(3.5μm)　　CYCLOBOND 1　　LiChrospher Diol

Nucleodur HILIC　　Amide-80(5μm)　　Chromolith Si　　Halo HILIC

Amide-80(3μm)　　XBridge Amide　　COSMOSIL HILIC　　Sugar-D

图 5-19　表达 HILIC 15 种色谱柱（表 5-10）分离特性的雷达图

k(U)—尿苷的保留值；α(OH)—亲水性程度；α(CH₂)—疏水性程度；α(V/A)—构型异构体的分离程度；
α(2d/3d)—位置（结构）异构体的分离程度；α(α/β)—分子形状的选择性；α(AX)—阴离子交换作用的程度；
α(CX)—阳离子交换作用的程度；α(Tb/Tp)—固定相的酸、碱性质

由雷达图可以看到，具有相似官能团的色谱柱并未生成完全相同的图形，仅可具有一定的相似性，如 ZIC-HILIC 和 Nucleodur HILIC；Amide-80 和 X Bridge Amide；Chromolith Si 和 Halo HILIC 以及 COSMOSIL、NH₂-MS、Sugar-D。

上述 HILIC 色谱柱可粗略分为两组，一组为包含酰氨基、磺酸盐和两性基团的色谱柱，其为氢键接受体，亲水作用强，显示强保留和良好的选择性。另一组为包含羟基、氨丙基的色谱柱，为氢键给予体，显示低保留和较差的选择性。

第三节　流　动　相

一、流动相的组成

在亲水作用色谱分析中，流动相的组成包括以下几个部分。

1. 流动相中使用的有机溶剂

流动相中使用的有机溶剂通常为乙腈、四氢呋喃、对二氧六环、丙酮、二甲基甲酰胺、甲醇、乙醇、丙醇、异丙醇等。

2. 流动相中使用的缓冲盐类

流动相中最常用的缓冲盐类为甲酸铵、乙酸铵以及草酸铵和各种磷酸铵等的水溶液。

3. 流动相中使用的改性剂

流动相中使用的改性剂有氢氧化铵、三羟甲基氨基甲烷（Tris）、甲酸、乙酸、三氟乙酸（TFA）、三乙胺（TEA）等。

在 HILIC 流动相中使用各种添加剂的用量，如图 5-20 所示。

对可电离的酸、碱分析物，三氟乙酸加入到流动相，可引起分离选择性的变化，这主要是因为 TFA 可在低 pH 值抑制硅醇基的电离。

二、流动相对保留值和选择性的影响

在亲水作用色谱分析中，分析物的保留和选择性除与固定相的性质和结构相关

以外，还会受到流动相的影响[28~30]。

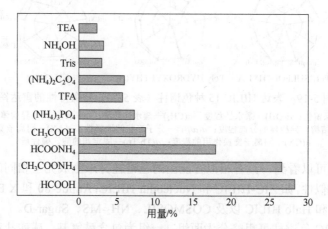

图 5-20　HILIC 流动相各种添加剂的用量

在流动相中，疏水有机溶剂的性质和含量、流动相的 pH 值、添加可离解盐类的种类及浓度、柱温等都会直接影响分析物在色谱柱中的保留和选择性。

1. 有机溶剂性质的影响

在 HILIC 中使用的疏水有机溶剂分为两类，一类为极性非质子化溶剂，如乙腈、四氢呋喃和对二氧六环，它们仅为氢键接受体；另一类为极性质子化溶剂，如甲醇、乙醇、异丙醇和乙酸，它们既是氢键给予体，也是氢键接受体。其中最常应用的为乙腈（ACN）、四氢呋喃（THF）、甲醇（MeOH）和异丙醇（IPA），它们分子极性强弱的排布顺序为 ACN＞MeOH＞THF＞IPA。它们形成氢键时，对质子给予和接受质子能力的差别，见表 5-11。

表 5-11　ACN、THF、MeOH、IPA 四种溶剂形成氢键能力的比较

溶剂	质子给予能力 α	接受质子能力 β	溶剂	质子给予能力 α	接受质子能力 β
ACN	0.19	0.31	MeOH	0.93	0.62
THF	0.00	0.55	IPA	0.76	0.95

为说明流动相中含不同性质有机溶剂对分离的影响，在 Inertsil 二醇柱分离含 6 种水溶性维生素（water-soluble vitamins，WSV）样品，流动相分别含有相同量（90%）的四种有机溶剂（MeOH、IPA、THF 和 ACN）及 10%含 10mmol/L 乙酸铵缓冲物水溶液。进行 HILIC 分析后获得的分离谱图，如图 5-21 所示。

由谱图可以看到，对同一种样品，四种有机溶剂的洗脱强度顺序如下：

MeOH＞IPA＞THF＞ACN

在含 MeOH 和 IPA 的醇类流动相可观察到很差的分离；在 THF 中样品获适当的分离；在 ACN 中样品获得完全分离。

上述分离结果表明，水溶性维生素（WSV）样品的保留行为不可能单独用洗脱强度或溶剂极性来预测，当色谱柱和样品结构确定时，保留行为仅作为流动相性质

的函数。

WSV 样品保留行为的一种满意的解释是依据这四种溶剂在构成氢键能力上的明显差别。MeOH 与水比较，是作为一个强的质子给予体（$\alpha=0.93$），也是较强的质子接受体（$\beta=0.62$）；ACN 是一种弱的质子接受体（$\beta=0.31$），也是更弱的质子给予体（$\alpha=0.19$）。WSV 六种样品皆为可接受质子或给出质子的化合物，具有较强的形成氢键的能力。当甲醇与分析物一起进入 HILIC 固定相的富水层，甲醇就会取代在固定相表面被水分子占据的活性位点，会扰动富水层的存在，而在 HILIC 固定相表面生成一个更疏水的固定相，这样就会使具有生成氢键潜力的 WSV 分析物，如烟酰胺、吡哆素、核黄素、烟酸和抗坏血酸

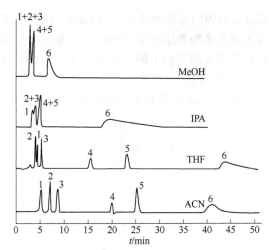

图 5-21　流动相中有机溶剂性质
对 WSV 样品分离的影响

色谱柱：Inertsil Diol 柱（4.6mm×150mm，5μm），柱温 25℃
流动相：90（MeOH、IPA、THF、ACN）：10，含 10mmol/L
乙酸铵水溶液（pH=5.0）；流速 0.6mL/min
进样量：20μL
检测器：DAD
色谱峰：1—烟酰胺（维生素 pp）；2—吡哆素（维生素 B$_6$）；
3—核黄素（维生素 B$_2$）；4—烟酸；5—L-抗坏血酸
（维生素 C）；6—硫胺酸（维生素 B$_1$）

很快被洗脱，而仅有极弱的保留。IPA 具有很强的形成氢键的能为（$\alpha=0.76$，$\beta=0.95$），它和 MeOH 相似，对 WSV 样品的保留同样很弱。THF 对 WSV 样品给出适当的保留，它没有给出质子的能力（$\alpha=0.00$），但它接受质子的能力（$\beta=0.55$）比乙腈更强。乙腈给出质子的能力（$\alpha=0.19$）和接受质子的能力（$\beta=0.31$）都较弱，当它和分析物一起进入 HILIC 的富水层时，不会干扰亲水液液分配的顺利进行，而使 WSV 样品获得满意的完全分离。

同样地，在 Kromasil KR100-5SIL 硅胶柱分离表阿霉素模拟物样品，也可看到 MeOH、IPA、THF、ACN 四种有机溶剂对分析物保留和选择性的影响（见图 5-22）。含甲醇的流动相会使四种易形成氢键的分析物无保留地洗脱；异丙醇具有一个较长的烷基链和较弱的亲水性，对固定相表面活性位的竞争比甲醇弱，并用较长的滞留时间使分析物部分分离开；四氢呋喃对分析物可提供更有效的滞留，但未能对分析物的四个组分提供基线分离；乙腈是比四氢呋喃更弱的质子接受体，其可使分析物有更长的滞留时间，进而实现四个组分的完全分离。值得关注的是，在乙腈中组分 2、3 的洗脱顺序与在 THF 和 IPA 中的洗脱顺序不同，这是由组分 2 和 3 分子结构的差别决定的，乙腈与组分 3 形成分子外部氢键的能力大于与组分 2 形成分子内部氢键的能力，当乙腈被 THF 或 IPA 取代时，上述氢键对保留的贡献会减弱，而导致保留时间的缩减和洗脱顺序的倒置。

2. 有机溶剂含量的影响[14,24]

HILIC 使用的流动相，以疏水有机溶剂乙腈、四氢呋喃、对二氧六环、甲醇、

乙醇、异丙醇等作为主体（占 60%～80%），其含量的变化对分析物保留的影响，可用乙酰水杨酸和胞嘧啶两种探针；测定它们在氨丙基、硅胶、酰氨基和磺基三甲铵乙内酯四类固定相上的容量因子 k'，再绘制 $\ln k'$ 对流动相中乙腈含量变化的图示，如图 5-23 所示。

从图 5-23 中可看到，随乙腈在 65%～95% 范围变化，乙酰水杨酸和胞嘧啶两种

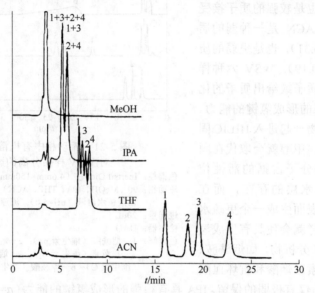

图 5-22　流动相中有机溶剂性质对分离选择性的影响

色谱柱：Kromasil KR100-5SIL，5μm

流动相：90（MeOH、IPA、THF、ACN）：10，含 20mmol/L 甲酸钠水溶液（pH=2.9）

色谱峰：1—外道诺红菌素；2—道诺红菌素；3—表阿霉素；4—阿霉素

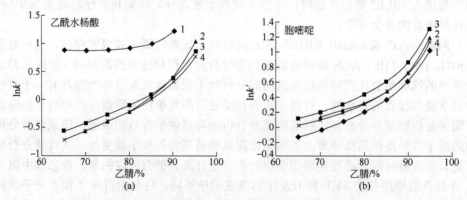

图 5-23　乙酰水杨酸和胞嘧啶的 $\ln k'$-乙腈含量图

色谱柱：1—氨丙基柱；2—硅胶柱；3—酰胺柱；4—磺基三甲铵乙内酯

柱温：30℃

流动相：乙腈-水，含 5mmol/L 乙酸铵（65～95：35～5，体积比）

探针的 ln*k'* 呈非线性的增加，当乙腈含量在 65%～85% 范围变化，ln*k'* 差不多随乙腈含量的增加呈线性增加。但乙酰水杨酸在氨丙基柱上的变化除外，它在 65%～85% 乙腈含量范围 ln*k'* 几乎呈直线，但当乙腈含量在 85% 以上时，ln*k'* 会快速增加。此例外反映出，在较低乙腈含量范围，氨丙基固定相的正电荷与乙酰水杨酸离解的负电荷酸根之间的静电吸引作用起主要作用；而随乙腈含量的进一步增加，流动相的介电常数会降低，并使带电荷溶质的活性系数降低，从而使亲水液液分配机理发挥主要作用，并导致 ln*k'* 重新呈现接近线性的快速增加。

由上述可知，流动相中有机溶剂含量的微小变化，就可使分析物的 ln*k'* 产生明显的变化，因此它是影响分析物保留的重要因素。

同样，若以吡啶作探针，在硅胶固定相上测定它的容量因子 *k'* 随流动中乙腈百分含量的增加所发生的变化，见图 5-24。

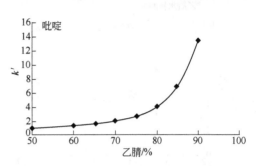

图 5-24　在硅胶固定相，随流动相中乙腈百分含量的增加吡啶容量因子 *k'* 的变化

由图 5-24 可看到，在硅胶固定相随流动相中乙腈百分含量的增加，吡啶会更强烈地滞留，这是因为随乙腈含量的增加，降低了流动相的介电常数；吡啶正离子与去质子化硅醇基（—SiO$^-$）之间的静电吸引作用会随流动相极性的降低而增强，最终导致吡啶的容量因子 *k'* 以对数曲线形式快速增加。

由上述可知，在 HILIC 分析中控制有机溶剂和水的比例是调节分离选择性的一个重要因素。对大多数 HILIC 色谱柱，当乙腈含量小于 60% 时，分析物仅有很弱的保留。

3. 流动相 pH 值的影响[18,24]

在 HILIC 流动相中，除含疏水有机溶剂外，还含有一部分可离解盐类的水溶液，它提供了流动相的 pH 值。通常用电位法测定流动相混合物的 pH 值不能反映流动相混合物真实的氢离子活度，仅表达流动相混合物的表观 pH 值，也即盐溶液的 pH 值。

在氨丙基、硅胶、酰胺和磺基三甲铵乙内酯四类固定相中，仍以乙酰水杨酸和胞嘧啶作探针，以乙腈-水（90：10，体积比）、含 10mmol/L 甲酸铵的溶液流动相，在 pH 3.3～6.5 范围测定两种探针的保留时间（t_R）随流动相 pH 值变化的情况，绘制 t_R-pH 图，如图 5-25 所示。

在 HILIC 中流动相的 pH 值是另一个色谱参数，它关系到可离解分析物的保留，通过离解显示流动相 pH 值的影响。在 HILIC 中典型的带电荷的分析物比不带电荷的分析物更容易滞留。图 5-25 显示在四种固定相上，乙酰水杨酸在 pH 4.8～6.5，t_R 几乎不变化；当 pH 由 4.8 降至 3.3，t_R 逐渐降低，但在氨丙基固定相，当 pH=3.3 时，t_R 有一个明显的降低。乙酰水杨酸的 pK_a 接近 3.5，在 pH 4.8～6.5 范围，它已离解生成带负电荷的酸根离子，可与带正电荷的氨丙基固定相产生静电相互作用，而保持较高的保留时间。而当 pH 在 4.8 以下，尤其当 pH 接近它的 pK_a 值（3.5）时，乙酰水杨酸的离解被抑制，通过质子化生成不带电荷的中性分子，使静电相互作用消失，而导致保留时间的逐渐下降。与此同时，在不同的 pH 值时，固定相也同时改变它的电荷状态，并与 H⁺ 产生相互排斥，也引起保留时间的下降。

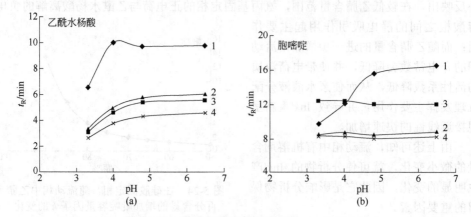

图 5-25　乙酰水杨酸和胞嘧啶的 t_R-pH 图

色谱柱：1—氨丙基柱；2—硅胶柱；3—酰胺柱；4—磺基三甲铵乙内酯柱

柱温：30℃

流动相：乙腈-水（90∶10，体积比），含 10mmol/L 甲酸铵

为了比较，由图 5-25 中可看到，在不同 pH 值的流动相中，胞嘧啶具有与乙酰水杨酸不同的保留行为。在硅胶、酰胺和磺化三甲铵乙内酯固定相，当流动相 pH 值在 3.3～6.5 改变时，胞嘧啶的保留时间仅稍有变化；然而在氨丙基固定相，胞嘧啶的保留时间 t_R 从 pH 6.5 到 4.8 会逐渐降低，在低于 pH 4.8 时，t_R 就明显下降，这是因为胞嘧啶具有两个 pK_a 值，分别为 4.6 和 12.2，当流动相的 pH 值低于 pK_1(4.6)，胞嘧啶带有正电荷，会与带正电荷的氨丙基固定相产生静电排斥作用，而导致 t_R 的快速下降。

4. 流动相含不同种类添加剂的影响

在 HILIC 流动相中存在含不同盐类和酸类添加剂的水溶液，添加剂种类的不同也会影响分析物的保留特性。

为了调节带电荷分析物与固定相之间的静电相互作用，可向流动相中加入缓冲盐类溶液，如甲酸铵、乙酸铵、氯化铵、甲酸钠和乙酸钠。

当向含 90%乙腈的流动相中加入甲酸铵溶液时，由于小直径的铵离子会在 HILIC 固定相表面形成比大直径钠离子更完全的带正电荷的静电层，会对酸性分析物的阴离子产生静电吸引，而产生更长的保留。因此，在添加剂中多使用铵盐，而较少使用钠盐。

当用乙酸铵取代甲酸铵时，带正电荷的分析物会与乙酸根阴离子缔合成中性分子，其在整体流出物中有更大的溶解度，而降低保留。

当用氯化铵取代乙酸铵或甲酸铵时，由于 Cl⁻ 比 SiO⁻ 对 NH₄⁺ 有更强的竞争能力，会使酸性分析物仅有更弱的保留。

当分析碱性分析物时，也可向流动相中添加酸类物质，如乙酸、磷酸、高氯酸和三氟乙酸。

如在含 80%乙腈的流动相，用硅胶固定相来分析碱性化合物吡啶时，可向流动相中分别加入 0.1%（体积分数）的高氯酸、磷酸和乙酸，吡啶在这三种酸类添加剂中测得的容量因子 k' 值分别为 0.8、4.1 和 7.3。

由于高氯酸比其他两种酸的酸性更强，有最低的 pK_a 值，含高氯酸的流动相具有低的 pH 值，会导致硅醇固定相表面的 SiO⁻ 大部分被质子化，只留下很小比例的 SiO⁻ 空位，从而降低吡啶正离子与去质子化硅醇基的静电相互作用，而呈现吡啶很弱的保留。

含磷酸的流动相由于具有较高的 pH 值，会导致硅胶表面有较多的去质子化 SiO⁻ 的空位，增强吡啶的保留。

含乙酸的流动相，其有最高的 pK_a 值，可看到吡啶有最强的保留。

当进行梯度洗脱时，最好在 A、B 两种流动相中皆加入缓冲盐溶液，以保持流动相的离子强度稳定，在 B 溶液添加缓冲盐浓度应小于 10mmol/L。

5. 流动相中添加剂浓度变化的影响

为表达分析物的保留特性随 HILIC 流动相中添加剂浓度的变化，现以水杨尿酸和胞嘧啶作为探针，测定它们在氨丙基、硅胶、酰氨基和磺基三甲铵乙内酯四类固定相上的容量因子 k'，绘制 $k'-c$（盐浓度）图，如图 5-26 所示。

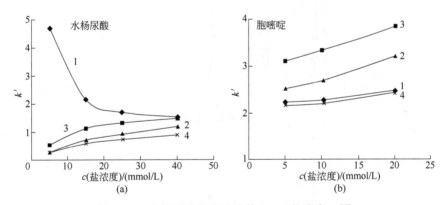

图 5-26 水杨尿酸和胞嘧啶的 $k'-c$（盐浓度）图
色谱柱：1—氨丙基柱；2—硅胶柱；3—酰胺柱；4—磺基三甲铵乙内酯柱
柱温：30℃
流动相：对水杨尿酸，乙腈-水（80：20，体积比）含 5～40mmol/L 乙酸铵；
对胞嘧啶，乙腈-水（85：15，体积比）含 5～20mmol/L 乙酸铵

由图 5-26 可看到，水杨尿酸在氨丙基柱随盐浓度由 5mmol/L 到 40mmol/L 的增加，它的容量因子会剧烈下降，这是因为随盐浓度的增加，降低了带正电荷的氨丙基柱与水杨尿酸带负电荷酸根离子间的静电相互作用。而在酰胺、硅胶和磺基三甲铵乙内酯色谱柱，随盐浓度的增加，特别是在 5～15mmol/L 浓度范围，可观察到水杨尿酸的 k' 有一个小的但明显的增加。这是水杨尿酸带负电荷的酸根离子与硅胶、

酰胺固定相表面去质子化硅酸基（—SiO⁻）的相互静电排斥作用，随盐浓度的增加而减弱的结果。对磺基三甲铵乙内酯柱，随盐浓度增加，水杨尿酸的 k' 值仅缓慢增加，表明带负电荷的水杨尿酸酸根与带正电荷的季铵主体之间没有明显的静电吸引作用。

对胞嘧啶，随盐浓度的增加，可看到在四种色谱柱，k' 值有相似的递增趋向，但对酰胺和硅胶柱，k' 值增加得更快。由于在实验条件下胞嘧啶不带电荷，k' 值增加与静电相互作用无关，只与亲水液液分配的强度相关。

在 HILIC 流动相的低含量水溶液中，随添加盐浓度的增加，高含量的有机溶剂可迫使盐离子进入固定相表面的富水层，随水合离子的增多，富水层的亲水性进一步增大，就会使分析物和固定相间的静电吸引作用减弱，而使保留值下降；若二者间为静电排斥作用，就会使保留值增加。

随添加盐浓度的增加，除引起分析物保留值的变化外，还可观察到分析物分离选择性的变化，如在硅胶固定相，分离前述酸性探针化合物，在 10mmol/L 乙酸铵溶液中乙酰水杨酸、水杨尿酸和 α-羟基马尿酸三个组分会彼此紧密相连地洗脱出来，而在 20mmol/L 乙酸铵溶液中却被很好地分离开，并使峰形获得改善，见图 5-27。

当使用带有正或负电荷的固定相时，比使用中性或两性固定相时需要加入更高浓度的缓冲盐溶液。

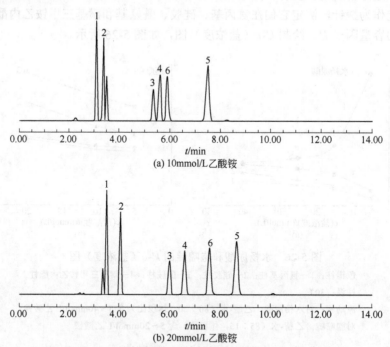

(a) 10mmol/L乙酸铵

(b) 20mmol/L乙酸铵

图 5-27　酸性探针化合物在硅胶色谱柱的分离

色谱柱：4.6mm×250mm，5μm；柱温 30℃
流动相：A.乙腈-水（85：15，体积比），含 10mmol/L 乙酸铵；流速 1mL/min
　　　　B.乙腈-水（85：15，体积比），含 20mmol/L 乙酸铵；流速 1mL/min
检测器：UVD，228nm
色谱峰：1—水杨尿酸；2—2,5-二羟基苯甲酸；3—乙酰水杨酸；4—水杨尿酸；
　　　　5—马尿酸；6—α-羟基马尿酸

6. 柱温的影响

柱温是可以影响保留和选择性的另一个参数，通常增加柱温会降低保留值。增加柱温会加快溶质扩散而会改进峰形。

为了说明柱温对保留的影响，以乙酰水杨酸和胞嘧啶为探针，测定它们在 10～80℃柱温下的容量因子，并绘制 $\ln k'$-$1/T$ 的范德霍夫图示，图 5-28 为上述两种探针在氨丙基、硅胶、酰氨基和磺基三甲铵乙内酯色谱柱上的 $\ln k'$-$1/T$ 图。

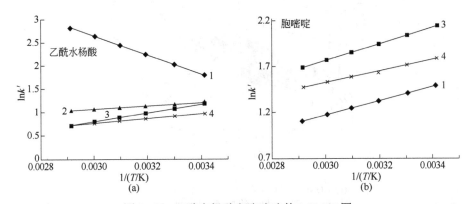

图 5-28　乙酰水杨酸和胞嘧啶的 $\ln k'$-$1/T$ 图

色谱柱：1—氨丙基柱；2—硅胶柱；3—酰胺柱；4—磺基三甲铵乙内酯柱

流动相：乙腈-水（90：10，体积比），含 10mmol/L 乙酸铵

柱温变化范围：10～80℃（对应 $1/T$ 为 0.0035～0.0029）

由图 5-28 可看到，乙酰水杨酸在硅胶、酰胺和磺基三甲铵乙内酯柱，随柱温的升高，保留值会降低，由范德霍夫图中直线的斜率看，表明酰胺柱对温度的变化更灵敏。然而对氨丙基柱，却观察到随柱温上升，保留值也在增加的现象，这只能用带正电荷的氨丙基固定相与带负电荷的乙酰水杨酸酸根之间的静电相互作用的增强来解释。

对胞嘧啶，它在氨丙基、酰氨基和磺基三甲铵乙内酯色谱柱，在 $\ln k'$-$1/T$ 图上，正常地显示出随柱温的升高，保留值呈下降趋势。

三、流动相各种影响因素的图示方法

1. 3D 响应面图

流动相中诸多因素，对分析物保留值的影响，可通过使用 DOE 软件，绘制 3D 响应面图来表达。

图 5-29 为在氨丙基柱（YMC-PackNH₂）上绘制的 3D 响应面图，其中（a）表达了流动相中乙腈含量和乙酸铵浓度变化时，对酸性分析物保留时间的影响，（b）表达了流动相中乙酸铵浓度和柱温对酸性分析物保留时间的影响。

由图 5-29 中可看到，随乙酸铵浓度的增大，酸性分析物的保留时间在下降，表明氨丙基柱的静电吸引作用被逐渐抑制。流动相中随乙腈含量的增加，保留时间在增加，表明增强了对酸性分析物的亲水相互作用。柱温由 10℃ 向 60℃ 的跃升，反而会引起酸性分析物保留时间的增加。

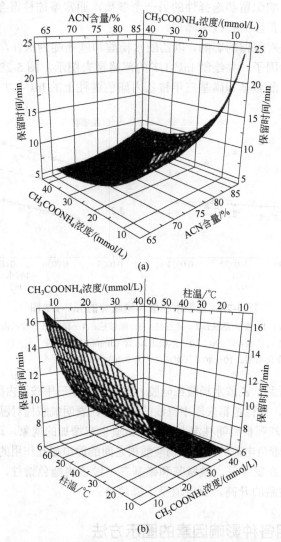

图 5-29　由 DOE 软件生成的对氨丙基柱（YMC-PackNH$_2$）的 3D 响应面图
（a）乙腈含量和乙酸铵浓度对酸性分析物保留值的影响；
（b）乙酸铵浓度和柱温对酸性分析物保留值的影响

2. 变量相对重要性比较图

为了表达流动相中多种变量对探针溶质保留值影响的相对重要性，可以水杨尿酸作为探针物质，在氨丙基柱、酰胺柱、天冬酰胺柱、硅胶柱和磺基三甲铵乙内酯柱五种色谱柱上，测定流动相中乙腈含量，缓冲盐浓度和柱温三个变量因素，对水杨尿酸保留值影响的相对重要性，用 DOE 软件对测得的保留值进行统计分析，由所获统计结果，绘制三个变量相对重要性的比较图，见图 5-30。

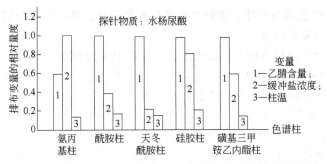

图 5-30 在五种 HILIC 柱上三个变量相对重要性的比较图

由图 5-30 可看到，在酰胺柱、天冬酰胺柱、硅胶柱、磺基三甲铵乙内酯柱四根色谱柱中，乙腈含量是影响保留值的最重要的因素（表示亲水液液分配是占优势的保留机理），而在氨丙基柱却指明缓冲盐浓度要比乙腈含量更重要（表明静电相互作用，即阴离子交换是占优势的保留机理）。对带负电荷的硅胶柱和两性磺基三甲铵乙内酯柱，缓冲盐的浓度对保留也有重要的影响。对不带电荷的天冬酰胺柱，缓冲盐浓度对保留仅有小的影响，对所有五根色谱柱，柱温对保留值的影响最小。

第四节　静电排斥亲水作用液相色谱

静电排斥亲水作用液相色谱（electrostatic repulsion hydrophilic interaction liquid chromatography, ERLIC）是亲水作用液相色谱的另一种操作模式[31, 32]。

在离子交换色谱分析中，当分析物（如氨基酸、肽和蛋白质）与离子交换色谱柱具有相同电荷时，由于静电排斥作用，分析物很快会被缓冲溶液流动相洗脱在死体积中，而无法分析。然而，当在缓冲溶液流动相中含有大于 60% 的乙腈有机溶剂时，上述分析物就会被滞留而获得分离。此时使用的离子交换柱差不多就相当于在HILIC 中的一根中性柱，这种现象反映出在含水流动相中有足够的有机溶剂亲水液液分配就可显现出来，而不依赖于静电效应存在的事实，这样就产生一种以离子交换色谱柱取代亲水作用色谱柱，但仍使用亲水色谱流动相的新型亲水作用色谱模式，即静电排斥亲水作用色谱，这是一种混合模式的色谱分离。

以胰蛋白酶肽为例，它们在不同类型固定相上的假想取向，如图 5-31 所示。由图 5-31中可看到，胰蛋白酶肽的碱性残基会被阳离子交换剂吸引，而被阴离子交换剂排斥，而磷酸化肽中的磷酸根却被阴离子交换剂吸引。由此

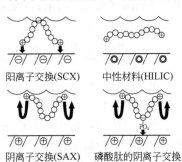

图 5-31　在不同类型固定相上胰蛋白酶肽的假想取向

⊕ 一种碱性残基（精氨酸 Arg 或赖氨酸 Lys 的 N 端或 C 端）；◎ 一种中性极性残基；⊖ 一种磷酸化残基

可知，在 ERLIC 色谱分析中，除亲水液液分配作用外，存在的静电相互作用也是调节分离选择性的重要因素。

对极性化合物分析 ERLIC 显现出比 HILIC 具有更好的选择性。如用一根弱阴离子交换柱（Poly WAX LP）和一根亲水作用色谱柱（PolyHYDROXYETHYL A）去分析同一种肽标准物质，它含有胰蛋白酶肽（1，4，6）、酸性肽（9，12）、酸性磷酸肽（13）、碱性肽（15，17）和磷酸肽（20）共 9 种，在相似的色谱分析条件下获得分离谱图，如图 5-32 所示。由图中可看到，在 HILIC 分析中，9 种肽标准物质中有 7 种肽聚集在前 10min 内分离，未能全部分离开，而另外两种肽却延滞到 60min 和 90min 才洗脱出，其分离选择性较差，而在 ERLIC 分析中，可清楚地看到在 50min 内获得 9 种肽标准物质的基线分离，呈现出良好的分离选择性。

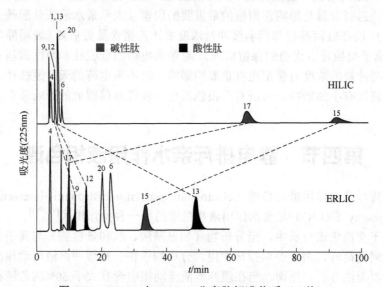

图 5-32　HILIC 与 ERLIC 分离肽标准物质（9 种）

HILIC 色谱柱：PolyHYDROXYETHYL A（4.6mm×200mm，5μm，300A）
流动相：乙腈-水（63∶37），20mmol/L，甲基磷酸钠，pH=2.0，流速 1mL/min
ERLIC 色谱柱：PolyWAX LP（4.6mm×200mm，5μm，300A）
流动相：乙腈-水（70∶30），20mmol/L 甲基磷酸钠，pH=2.0，流速：1mL/min
色谱峰：1,4,6—胰蛋白酶肽；9,12—酸性肽；13—酸性磷酸肽；15,17—碱性肽；20—磷酸肽

在一个阳离子交换柱，如果缓冲溶液流动相不含有机溶剂，肽和蛋白质样品中存在的磷酸根官能团受到静电排斥，会降低保留值。但当流动相中含 70%乙腈，就会导致保留值的净增加，在这种情况下，通过磷酸根官能团赋予的亲水分配作用，要比阳离子交换固定相赋予的静电排斥作用更强。

在 ERLIC 中组合使用了静电排斥和亲水作用两种混合模式，可在等度洗脱条件下实现多种肽的分离，而不需像在离子交换色谱中，必须使用增加盐浓度的梯度洗脱，才能将多种肽进行分离。ERLIC 的这种功能使它在蛋白质组学研究中获得广泛应用。

在蛋白质组学研究中，常需分析蛋白质经胰蛋白酶降解后在降解液中的多种肽的组成，为此多使用由离子交换柱（IEC）-反相色谱柱（RPC）构成的二维高效液相色谱系统，以完成对降解液中复杂肽组成的分离。

如以静电排斥亲水作用色谱（ERLIC）取代蛋白质组二维高效液相色谱分析中的一维离子交换色谱（IEC），就可在一种阴离子交换柱存在下，使用含 70%乙腈、pH 在 2～4 的缓冲溶液流动相来分离胰蛋白酶降解液中组成复杂的各种肽类。对于大多数胰蛋白酶肽，其羧基官能团不带有电荷，而肽的碱性残基带有正电荷，在色谱柱中静电排斥和亲水相互作用基本平衡，它们会在接近死体积处被洗脱；对具有磷酸根的肽和具有唾液酸残基的糖肽，由于带有负电荷而被固定相滞留，因而实现了胰蛋白酶肽、磷酸肽和糖肽的分离。

当流动相存在较高的乙腈含量（>60%）时，由于亲水相互作用足以使胰蛋白酶降解液中所有的肽被滞留，并会以等电点降低的顺序被洗脱出。因此使用 ERLIC-RPLC 二维色谱技术，可使 30%～40%的肽和蛋白质的分辨率优于 IEC-RPLC 二维色谱技术，并使极端碱性肽和疏水肽的分辨率增加 120%，由于这种分辨率的改进，ERLIC 已取代 IEC 作为蛋白质二维 HPLC 分离中的一维色谱柱。

ERLIC 对带有电荷分析物的分离是十分灵敏的，它与 IEC 方法的不同，意味着在大多数情况下不需要使用高浓度盐的梯度洗脱来冲洗带有高电荷的分析物。因而 ERLIC 将日益扩展用于蛋白质组学中肽和蛋白质的选择性分离。

参 考 文 献

[1] Linden J C, Lawhead C L. J Chromatogr, 1975, 105: 125-133.

[2] Alpert A J. J Chromatogr, 1990, 499: 177-196.

[3] Pontén E, Appelblad P, Jonsson T. LC-GC North America The Column, 2010, 6(6).Apr.27, www. Chromatography online.com.

[4] Wood ruff M.LC-GC North America The Column, 2011, 7(1). Jan.24. www.Chromatography online.com.

[5] Pontén E. LC-GC North America Special Issues, 2012. Apr.1.www.Chromatography online.com.

[6] Guillarme D. LC-GC North America Publications, 2013. Jul.1. www.Chromatography online.com.

[7] Vouthey J.L, Guillarme D, Kohier I, et al. LC-GC Europe Publications, 2013. May.2. www.Chromatography online. com.

[8] Heckendorf A, Jonsson T, HILIC Partition Technigue, 2012. Jan.16. www.nestgrp.com/protoco/s/polylc/ erlic/erlic.Shtml#erl.

[9] Wang P G, He W X .Hgdrophilc Interaction Liquid Chromatography(HILIC)and Advanced Applications, Florida: CRC Press, 2011.

[10] Gama M R, Collins C H, Bottoli C B G, et al. Trends in Anal Chem, 2012, 37: 48-60.

[11] Heckendorf A, Krull I S, Rathore A. North America Publications, 2013, 31(12): 998-1007.

[12] Kadar E P, Wajcik C E. J Chromatogr B, 2009, 877: 471-476.

[13] Hao Z, Lu C Y, Xiao B, et al. J Chromatogr A, 2007, 1147: 165-171.

[14] Christopherson M J, Yoder K J, Hill J T. J Lig Chromatogr Relat Technol, 2006, 29: 2545-2558.

[15] Heckendorf A, Krull I S, Rathore A. LC-GC North America Publications, 2013, 21(12): 998-1007.

[16] Ikegami T, Tomomatsa K, Tanaka N, et al. J Chromatogr A, 2008, 1184: 474-503.

[17] Ali M S, Rafiaddin S, Khatri A R. J Sep Sci, 2008, 31: 1645-1650.

[18] Gao Y, Gaiki S. J Chromatogr A, 2005, 1074: 71-80.

[19] Gao Y, Srinivasan S, Gaiki S. Chromatographia, 2007, 66: 223-229.

[20] Qiu H, Zhang Y, Armstrong D W, et al. J Chromatogr A, 2011, 1218: 8075-8082.

[21] Jiang W, Fischer G, Irgum K, et al. J Chromatogr A, 2006, 1127: 82-91.

[22] Jiang W, Irgum K. Anal Chem, 2001, 73: 1993.

[23] Viklund C, Sjögrem A, Irgum K, et al. Anal Chem, 2001, 73: 444.

[24] Hemstrom P, Irgum K. J Sep Sci, 2006, 29: 1784-1821.

[25] Wohlgemuth J, Karas M, Jiang R, et al. J Sep Sci, 2010, 33: 880-890.

[26] McCalleg D V. J Chromatogr A, 2010, 1217: 3408-3417.

[27] Dinh N P, Jonsson T, Irgum K. J Chromatogr A, 2011, 1218: 5880-5891.

[28] Kowachi Y, Ikegami T, Tanaka N, et al. J Chromatogr A, 2011, 1218: 5903-5919.

[29] Karatapanis A E, Fiamegos Y C, Stalikas C D. Chromatographia, 2010, 9/10: 751-759.

[30] Li R P, Huang J X. J Chromatogr A, 2004, 1041: 163-169.

[31] Alpert A J. Anal Chem, 2008, 80(1): 62-76.

[32] Heckendorf A, Alpert A J. LC-GC Europe Publications, 2011, 24(1)Jan.1.www. Chromatographyon line.com.

CHAPTER 6

疏水作用键合相色谱法

近年在实验室科学研究和工业规模制备中，疏水作用色谱（hydrophobic interaction chromatography，HIC）已成为分离和纯化生物化合物的强有力的技术[1~5]。

疏水作用色谱是在高盐浓度存在下，使生物分子被吸附到具有弱疏水性的固定相上，它利用生物分子表面的疏水区间，键合定位在固定相的疏水配位体上，然后借助降低流动相盐浓度的下行梯度洗脱，来实现生物分子的分离。

由于 HIC 固定相上键合比反相固定相上更弱的疏水配位体（如丁基、苯基），并且键合密度也低于反相固定相，因而与生物分子的相互作用较弱，是反相键合相的 1/100～1/10。洗脱时逐渐降低无机盐的浓度（即降低离子强度），使疏水性小的生物分子先洗脱，疏水性大的后洗脱。在洗脱过程中，无机盐（主要为硫酸铵）溶液的浓度对生物分子（如蛋白质）的活性没有损害。由于洗脱过程没有加入有机改性剂或离液序列试剂（如 KCNS），因而在疏水色谱分离后可以保持生物分子的活性。

HIC 可认为是一种通用的色谱分离技术，如同离子交换、凝胶过滤色谱，但由于固定相对生物分子，特别是生物大分子，具有比其他色谱技术更弱的分子间相互作用，并有较高的分离能力，尤其经 HIC 分离后可以保持蛋白质的生物活性，因此它在蛋白质的分离、纯化中获得广泛的应用。

如果说亲水作用键合相色谱（HILIC）主要用于强极性或可离解小分子化合物的分离，则可认为疏水作用键合相色谱（HIC）主要用于不同类型生物大分子的分离、纯化，它具有分离条件温和、分离效率高、柱容量大的优点，因而在生化分离中，特别是在活性蛋白质的分离中，成为优先考虑的色谱分离手段。

第一节　疏水作用液相色谱的分离原理

在生物体系中，疏水相互作用具有很大的重要性，它是保持蛋白质结构稳定性和蛋白质折叠效应的主要驱动力[6]。

一、蛋白质结构特点

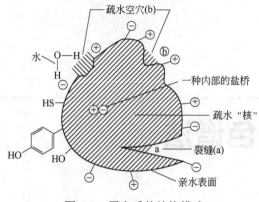

图 6-1　蛋白质的结构模式

在生物大分子中，以蛋白质为例，其分子结构如图 6-1 所示。蛋白质分子同时具有疏水和亲水官能团，通常其分子内部具有一个疏水核，并被一个亲水外壳包围，以使此分子体系具有最低的熵值。它的内部可能有些亲水残基，而在外部表面仍存在一些疏水区间。此外，还有一些不同长度的裂缝会进入疏水核中。由于热运动，蛋白质分子整体会稍有变形，我们观察到的是蛋白质分子的瞬间形象。

二、疏水作用机理

疏水色谱固定相早期多使用软胶琼脂糖作基体，现多采用高交联苯乙烯-二乙烯基苯共聚微球（2～10μm）或全多孔单分散硅球（2～10μm）作基体制成高效疏水色谱固定相，它们的表面呈现疏水性。当蛋白质分子中的疏水区间与疏水固定相表面接近时，则处于动态的蛋白质分子通过折叠翻转过来把内部疏水基团变成外部，以降低整个吸附体系的熵值，如果平衡可以建立，则蛋白质对疏水固定相就可实现可逆性键合，见图 6-2。

使用疏水作用色谱固定相，并不要求它具有整体的疏水表面，仅要求它在亲水表面具有彼此分离并间隔不同距离的疏水区间，在固定相表面具有疏水区间，蛋白质分子就会与其键合。然而这种疏水作用很弱，但会随温度或离子强度的增加而增强，因此上述这种"理想"（true）疏水作用色谱分离会在高离子强度下完成。

然而，以上述方式进行的蛋白质吸附经常是慢的，并由于在此过程中外部蛋白质表面的翻转伸展存在着高能量障碍，因此蛋白质与疏水基构成热力学稳定的络合物是不易实现的。

蛋白质分子中存在的裂缝将会引起上述表面翻转伸展的快速进行，因而即使蛋白质表面不存在疏水性，也可引起实现上述热力学的稳定状态，只不过需要无限长的时间才可实现。因此，如果

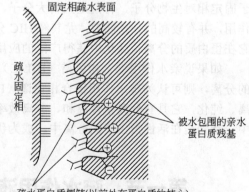

图 6-2　一种蛋白质对疏水固定相的键合（随蛋白质分子的翻转，此时的键合很牢固）

不存在动力学慢的过程，大多数的蛋白质可吸附到任何疏水基体上。

三、两亲作用色谱

　　如果蛋白质在经 CNBr 活化并偶联氨丙基的琼脂糖疏水固定相上进行分离，因为此固定相表面同时存在离子化基团和疏水性基团，它们与蛋白质的相互作用呈现双重的复合效应，如图 6-3 所示。由于固定相具有电荷吸引和疏水作用双重功能，对图中蛋白质 A，其表面仅有亲水的正、负电荷，在高离子强度或呈酸性 pH 值溶液中，不能与固定相发生键合使用。对蛋白质 C，它具有大的疏水空穴，表面也带有亲水的正负电荷，它可在低离子强度或酸性 pH 值溶液中与固定相紧密键合，也可在高离子强度盐溶液再加上疏水溶剂（如乙二醇）条件下将蛋白质 C 洗脱下来。蛋白质 B 仅具有较小的疏水空穴和亲水的正负电荷，它仅在酸性 pH 值溶液中不能与固定相发生键合。对上述这种具有电荷吸引和疏水作用的双重亲和作用的色谱分离可称作"两亲作用色谱"（amphiphilic interaction chromatography，AIC），应注意此时蛋白质在柱上键合和洗脱条件与理想疏水色谱（true hydrophobic interaction chromatography，THIC）的条件恰好相反。由此可看出，疏水作用色谱的分离实践远远比它的理论解释要复杂，其原因可能如下。

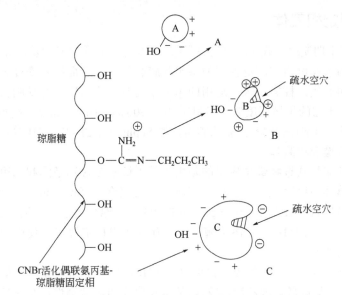

图 6-3　蛋白质在经 CNBr 活化偶联氨丙基-琼脂糖疏水固定相
上分离的电荷及疏水双重复合效应（两亲作用色谱）

A—在高离子强度或酸性 pH 不发生键合；B—在酸性 pH 不发生键合；
C—在酸性 pH 或低离子强度可紧密键合［用高离子强度盐溶液加上疏水溶剂
（如乙二醇）可洗脱下蛋白质］

　　① 被疏水固定相键合的生物大分子不仅可与非极性配位基相互作用，也会与固定相上存在的其他官能团相互作用，因此它们之间除疏水作用外，还存在如电荷吸

引键合或氢键桥连等多种相互作用的叠加影响。

② 疏水作用是由固定相的非极性烷基嵌入生物大分子蛋白质的一个非极性空穴中产生的，但反应水介质中存在的不同因素，如中性盐（NaCl）的浓度、介质的温度、pH 值、疏水有机溶剂或表面活性剂的介入，都会影响生物大分子与固定相键合的适应性，从而会改变键合过程的动力学，并会改变生物大分子洗脱特性和顺序。

在疏水作用色谱的分离实践中，两亲作用色谱的应用比理想疏水作用色谱的应用更广泛，并具有更多的选择性。

显然，当固定相上的烷基疏水官能团用芳环配位体或包含电子转移的取代基取代后，如二硝基苯，则此时的分离已变换成电荷转移亲和色谱，也可看作是疏水作用色谱的第三种类型。

第二节 固 定 相

疏水作用键合相由固定相载体和疏水配位体两部分构成[1~3]。

一、固定相载体

HIC 发展早期使用的载体材料为琼脂糖、纤维素、葡聚糖和甲基丙烯酸酯共聚物。

琼脂糖为亲和色谱中广泛使用的亲水凝胶载体，其表面羟基密度大，可被多种有机疏水基团取代，柱容量大，适用的 pH 使用范围比较广，容易制得稳定的疏水键合相。但由于它的机械强度低，仅耐压 10~20bar，不能在高压、高流速下使用。经过改进制备的半刚性凝胶-交联琼脂糖，如 Sepharose CL-4B、6B 等，至今仍是应用广泛的疏水键合相载体。

甲基丙烯酸酯共聚物最早应用的是由甲基丙烯酸 2-羟乙基酯和二甲基丙烯酸乙二醇酯两种单体高度交联共聚生成的半刚性大孔聚合物 Spheron，它全部由疏水基团组成，可直接用作 HIC 固定相，Spheron P-300 成功地分离了人血清白蛋白（HSA）、胰凝乳蛋白酶原（CHTG）和溶菌酶，它的疏水作用稳定性好，使用一年仍可保持起始时的分离效率。

20 世纪 80 年代后，高效疏水作用色谱（HP-HIC）不断发展，开发了 HIC 耐高压的多种载体，如硅胶、苯乙烯-二乙烯基苯共聚物和新型刚性甲基丙烯酸酯的共聚物以及整体柱。

硅胶是高效液相色谱广泛应用的固定相载体，它的机械强度高，耐高压，可制成具有不同孔径、不同粒度的全多孔和表面多孔硅球，它在 HIC 中也是重要的载体。

苯乙烯和二乙烯基苯的高交联共聚物可制成具有不同孔径和不同粒径的疏水微球，如具有 400~800nm 流通孔和 30~100nm 扩散孔的贯通粒子，可考虑用作 HIC

的固定相，并可在全部 pH 范围使用，但它们的疏水性太强，应适当改性降低疏水性后，再用于 HIC 的色谱分离。

甲基丙烯酸缩水甘油酯、季戊四醇二甲基丙烯酸酯和聚乙二醇三种单体生成的共聚物；二甲基丙烯酸亚乙基酯和乙烯基甲基丙烯酸酯的共聚物，都可制成刚性聚合物，其可耐压 2.4～4.4MPa。

二、疏水配位体

HIC 固定相的一个重要特点是疏水配位基具有较弱的疏水性，其与生物分子（如蛋白质）的相互作用比较温和，从而能很好地保留蛋白质的生物活性。

疏水配位体的类型、烷基配位体碳链的长度是决定固定相疏水性的关键因素。HIC 固定相和反相固定相不同，一般偶联配体的密度较低，仅保持较弱的疏水性。因而具有中等疏水特性的配位体获广泛应用。

常用的疏水配位体为 C_4 烷基、碳链较短（$<C_8$）的烷氨基、苯基或芳氨基以及高分子配位体聚氧乙烯醚或聚乙二醇，它们与生物大分子仅有弱的疏水相互作用，通过梯度洗脱逐渐减少流动相中无机盐（NaCl）的浓度，就可使蛋白质（或核酸）按其疏水性的差异而被顺序洗脱出来。因此疏水作用色谱可看作是一种"弱亲和作用"色谱。

疏水配位体的疏水特性可用表面张力表征，如疏水性最弱的水，表面张力为 $70mJ/m^2$；疏水性最强的烷基 $C_6～C_{16}$，表面张力为 $18～28mJ/m^2$。对疏水聚合物聚苯乙烯（PS）、聚乙二醇（PEG）、聚乙烯醇（PVA）、聚乙烯吡咯烷酮（PVP）、葡聚糖，其表面张力位于水和烷基之间，如图 6-4 所示。

聚醚疏水配位体包括聚乙二醇（PEG）、聚丙二醇（PPG）、聚丁二醇（PBG）以及乙二醇与丙二醇的共聚物（PEPG）。它们具有中等疏水性。配位体的键合密度过高会导致

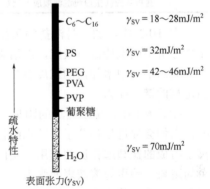

图 6-4 基于各种化学物质表面张力的疏水特性标度

蛋白质和配位体之间的多点吸附，并对蛋白质不发生变性的洗脱带来困难。

第三节 流 动 相

一、流动相的组成

疏水色谱的流动相多采用无机盐溶液，如硫酸铵，它们对蛋白质的生物活性没有影响。流动相的起始浓度（具有一定的离子强度）对分离有明显的影响，浓度高，

离子强度大，容量因子大，对样品的选择性好，获得的峰形尖锐。

为了调节分离的选择性，流动相中包括具有一定 pH 值的缓冲溶液，现多采用中性缓冲溶液，如磷酸盐、乙酸盐缓冲体系。

洗脱样品时，逐渐降低流动相中易溶盐的浓度，降低洗脱液的离子强度，会增强流动相的洗脱能力。

二、影响 HIC 分离选择性的因素[6]

1. 流动相中易溶盐的类型和浓度

在 HIC 吸附分离中，使用易溶盐的类型会影响以后发生的盐析效应和蛋白质的沉淀效应。表 6-1 列出了一些由阴离子和阳离子构成的易溶盐，按照在水溶液中对蛋白质溶解度的影响进行排序。

表 6-1　一些易溶盐对在水中蛋白质溶解度的影响

◄────────── 盐溶效应（蛋白质稳定性）增加
阴离子：PO_4^{3-}、SO_4^{2-}、CH_3COO^-、Cl^-、Br^-、NO_3^-、ClO_4^-、I^-、CNS^-
阳离子：NH_4^+、Rb^+、K^+、Na^+、Li^+、Mg^{2+}、Ca^{2+}、Ba^{2+}
盐析效应（蛋白质沉淀效应）增加 ──────────►

在 HIC 中，加入易溶盐的类型会影响在水溶液中蛋白质的溶解度，显然，在 HIC 分析中应保持盐溶效应，以增强蛋白质的稳定性和与固定相的疏水相互作用。

向水溶液中增加盐的浓度会导致溶液表面张力的增加，从而促进蛋白质对疏水固定相的键合能力。

在表 6-1 中，位于左边的阴离子和阳离子组成的盐对 HIC 的保留，显示正面影响，它们会促进生物分子与疏水配位体的相互作用。位于表 6-1 右边的阴离子和阳离子组成的盐却起相反的作用。实际上，盐的组成对蛋白质保留的影响是一个很复杂的现象，除引起溶液表面张力的变化外，还会引起蛋白质结构的变化。在洗脱过程改变易溶盐的类型会导致分离选择性的改变。

在 HIC 中通常借助高浓度盐溶液来增强疏水相互作用，当溶液中盐浓度增至中等水平，蛋白质的键合量会呈线性增加，在更高盐浓度会呈指数增加。但应注意，伴随盐浓度的增大，离子强度也会进一步增大，就会造成蛋白质聚集或沉淀的现象发生，这是不希望看到的。

被疏水配位体吸附的蛋白质，可利用降低洗脱液中盐的浓度的方法被梯度洗脱或分步洗脱下来。也可使用不影响分离选择性的双盐组合系统的协同效应来进行洗脱，此时，在保持蛋白质溶解度的前提下，来改变键合容量。

2. pH 值

流动相的 pH 值也是影响蛋白质在 HIC 保留的重要因素。pH 值的变化会影响蛋白质的等电点、溶解度和生物活性。当 pH 由 7 升至 9～10 时，大多数蛋白质的疏水性会减弱，而有利于洗脱。在 pH 5.0～8.5 范围，蛋白质的保留比较稳定。在 HIC

发展早期普遍采用在降低盐浓度（降低离子强度）的同时适当增加 pH 值的方法来洗脱蛋白质。现随高效 HIC 的发展，硅胶广泛用作固定相载体，为防止硅胶在碱性介质溶解，现多采用中性缓冲溶液体系，如磷酸盐体系、乙酸盐体系，在洗脱过程保持流动相 pH 不变，仅降低易溶盐的浓度（降低离子强度）来完成蛋白质的分离。

3. 加入添加剂

低浓度添加剂加入到流动相中，不仅可改变蛋白质的溶解度，还可改变蛋白质的构型，也可促进键合蛋白质的洗脱。

最广泛应用的添加剂是混溶的醇、洗涤剂或离液序列盐溶液。醇和洗涤剂的非极性疏水基团，通过对疏水配位体的竞争吸附，可实现对键合蛋白质的取代，离液序列盐（如 KCNS、尿素等）溶液通过影响水分子对蛋白质排布的有序结构，而促使蛋白质在疏水配位体上解吸。应当指出，只有当其他比较温和的条件都不能使蛋白质解吸时，才可加入添加剂作为最后的手段。

4. 温度

因为疏水相互作用对温度有强依赖性，升高温度会增强蛋白质在固定相上的保留，降低温度会促使蛋白质从固定相上洗脱下来。对较弱的疏水相互作用，在中等洗脱条件，蛋白质未变性的情况，利用降低温度可促进蛋白质的洗脱和分离。

升高温度会使蛋白质的溶解度变小，生物活性降低。因此，在 HIC 分析中，只要求在相对稳定的室温下进行，不必严格控制色谱柱和流动相的温度。

5. 生物分子的特性

在蛋白质的活性结构中，其内部的疏水核是 HIC 分离中必须考虑的一个重要因素。极性氨基酸经常分布在蛋白质分子的外表面。蛋白质的疏水特性是由非极性疏水氨基酸的数目和分布决定的。当蛋白质与疏水配位体相互作用时，蛋白质分子通过折叠翻转，把 40%～50%的非极性氨基酸暴露在外表面而发生疏水相互作用。

因此，通过理论计算出每种氨基酸的疏水性标度，才能正确估算整个蛋白质分子的疏水性，才可在 HIC 分离中预测不同蛋白质分子分离的选择性，这正是 HIC 分离中多依靠实践经验而缺少理论指导的原因。

第四节　疏水作用色谱的应用

一、疏水作用色谱的操作过程

应用 HIC 纯化生物分子的典型实践过程包括以下一系列操作步骤[7]。

1. 疏水固定相的选择

疏水固定相的选择依赖于目标化合物的疏水性，它优先在低盐浓度与固定相键合，尽可能防止生物分子沉淀析出。要考虑固定相的价格和对实验环境的要求。

使用盐的浓度要经过实验，最开始通常选择 1mol/L $(NH_4)_2SO_4$ 溶液。

2. 进样前将样品与含盐洗脱缓冲溶液进行平衡

为使目标生物分子键合到疏水固定相上，样品应和含盐洗脱缓冲溶液平衡，使样品溶液具有相近的盐浓度。当盐加入到欲进样的样品溶液中时，要求小心避免蛋白质沉淀，特别是在制备色谱纯化过程，蛋白质样品溶液和盐接触的时间比小型预实验的时间更长。

3. 进样后目标生物分子的洗脱

进样后在适当的盐浓度使目标生物分子全部保留在疏水固定相上。首先利用含盐洗脱缓冲溶液清洗出未键合的杂质分子，然后利用梯度洗脱或分步洗脱降低洗脱液中盐的浓度，将目标生物分子洗脱下来。使用线性梯度洗脱和分步洗脱，如图6-5所示。

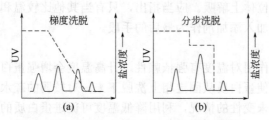

图 6-5 具有不同疏水性生物分子混合物的分离
（a）借助降低盐浓度的梯度洗脱；（b）分步洗脱
具有最低疏水性的生物分子首先洗脱；中等疏水性的生物分子要大大降低盐浓度；
对紧密键合的蛋白质需用无盐缓冲溶液才能洗脱下来

在 HIC 洗脱中，一般首先使用线性梯度洗脱，获得目标生物分子的全部谱图，并确定各个组分洗脱时流动相中盐含量的最佳组成，梯度洗脱可获最佳分离度、最短的分离时间和更低的流动相消耗。在了解优化洗脱条件后，也可利用分步洗脱获得各个目标分子的纯组分。

如果目标分子与固定相键合的十分紧密，可考虑加入适当的添加剂，或更换疏水性更低的固定相。洗脱中可通过调节加入盐的类型，改变 pH 值，或用双盐系统的组合协同效应来实现目标混合物的完全分离。

4. 疏水固定相的清洗和再生

当疏水固定相运行几次分离循环后，应对色谱柱进行清洗和再生，以保持色谱柱起始的分离特性。为此可使用"原位清洗"（cleaning-in-place），在色谱柱上直接进行，以避免更换固定相，重新填充色谱柱。对疏水色谱柱的清洗，通常使用 0.1～1.0mol/L 的 NaOH 溶液，低碳链醇和洗涤剂也可使用，但应注意，清洗后，必须用起始含盐洗脱缓冲溶液冲洗色谱柱，以使疏水色谱柱恢复原状。

二、蛋白质混合物的分离[7]

在聚醚-SiO_2 高效疏水色谱柱（ϕ2mm×40mm 不锈钢柱），研究了细胞色素 c（Cyt-c）、肌红蛋白（Myo）、核糖核酸酶（RNase）、溶菌酶（Lys）、牛血清白蛋白

（BSA）、伴刀豆球蛋白 A（ConA）、转铁蛋白（FER）和 α-胰凝乳蛋白酶原（α-CTY-A）八种蛋白质的保留行为，在不同浓度尿素存在下，8 种蛋白质的容量因子（k'），如表 6-2 所示。

表 6-2　在不同浓度尿素存在下 8 种蛋白质的容量因子（k'）

尿素浓度 /(mol/L)	Cyt-c	MyO	RNase	Lys	BSA	ConA	FER	α-CTY-A
1.0	6.00	6.80	9.67	8.33	4.00	3.33	6.00	17.33
2.0	3.34	3.67	4.00	2.84	2.00	1.67	1.33	6.67
3.0	2.00	2.67	2.00	1.67	0.93	0.80	0.80	3.33
4.0	1.80	1.20	0.87	0.73	0.89	0.73	0.73	1.33

流动相由下述三种溶液混合，制成具有不同浓度尿素的洗脱液：

① 3.0mol/L (NH$_4$)$_2$SO$_4$-20mmol/L KH$_2$PO$_4$ 溶液（pH=7.0）。

② 8.0mol/L 尿素-20mmol/L KH$_2$PO$_4$ 溶液（pH=7.0）。

③ 20mmol/L KH$_2$PO$_4$ 溶液（pH=7.0）。

3.0mol/L (NH$_4$)$_2$SO$_4$-20mmol/L KH$_2$PO$_4$ 水溶液是一种弱的洗脱剂，当向流动相中加入尿素后，由表 6-2 可看到，8 种蛋白质的容量因子快速下降，这种加速蛋白质洗脱的现象是由于引起蛋白质构型变化而引起的，但应注意，尿素浓度过高会引起蛋白质发生沉淀。

为进行分步洗脱，推荐在流动相中(NH$_4$)$_2$SO$_4$ 的浓度对上述 8 种蛋白质分别为 1.80mol/L、0.75mol/L、1.56mol/L、1.05mol/L、0.60mol/L、1.12mol/L、0.45mol/L、0.75mol/L，用 UVD（280nm）检测。

现在，毫无疑问，HIC 是用于分离具有生物活性的、多种多样的生物分子的最有效的手段，它的通用性、保持生物活性、保持分子构象、键合容量大的特点，决定了它在生物分子纯化制备的重要性。现在不仅在生物实验室，也在生物工程的下游纯化制备中具有重要的作用，随着更多高选择性的配位体和高键合容量固定相的出现，开拓了 HIC 应用的新时代，它必将在生产具有医疗作用的蛋白质和核酸产品中发挥更大的作用。

参 考 文 献

[1]　练鸿振, 茅力. 色谱, 1990, 8(3): 150-153.

[2]　凌凤香, 樊立民, 陈立仁, 等. 分析化学, 1996, 24(5): 510-514.

[3]　陈国亮, 李华儒. 色谱, 1996, 14(3): 172-175.

[4]　李玉龙, 孙彦, 胡宗定. 色谱, 1997, 15(2): 114-117.

[5]　刘彤, 耿信笃. 色谱, 1998, 16(1): 30-34.

[6]　Tomaz C T, Queiroz J A. Hydrophobic Interaction Chromatography//Edited by Fanalis, Poole C F, Schoenmakers P, et al. Liquid Chromatography Fundamental and Instrumentation. Amsterdam:Elsevier, 2013.

[7]　Feng W, Jiang X-Q, Geng X-D. J Lig Chromatogr, 1995, 18(2): 217-226.

CHAPTER 7

第七章

梯度洗脱

进行高效液相色谱分析时，常用两种洗脱方式，一种为等度洗脱（isocratic elution），另一种为梯度洗脱（gradient elution）。

用等度洗脱进行色谱分离，由不同溶剂构成的流动相的组成，如流动相的极性、离子强度、pH 值等，在分离的全过程中皆保持不变。用梯度洗脱进行色谱分离时，在洗脱过程中含两种或两种以上不同极性溶剂的流动相的组成会连续或间歇地改变，其间可调节流动相的极性，改善样品中各组分间的分离度。

若试样中含有多个组分，其容量因子 k' 值的分布范围很宽（从 $k'<1$ 至 $k'>20$），如用低强度的流动相进行等度洗脱，此时 k' 值小的组分会以较大的分离度从柱中流出，而 k' 值大的组分保留值很大，流出峰形很宽；而具有强保留的杂质组分可能会滞留在色谱柱上，不易被检测，这样会降低柱效并干扰色谱分离。如用高强度的流动相进行等度洗脱，虽然强保留组分可在适当的时间范围内作为窄峰被洗脱下来，但弱保留的组分就会在色谱图的起始部分挤在一起流出，而不能获得满意的分离。对上述等度洗脱时存在的问题，若改用梯度洗脱就可圆满地予以解决。此时可先用低强度流动相开始洗脱，待 k' 值小的组分以满意的分离度彼此分离后，逐渐增加流动相的洗脱强度，使 k' 值大的强保留溶质能在适当的保留时间内，也以满意的分离度从色谱柱中洗脱，从而获得满意的分析结果。图 7-1 为烷基胺同系列的荧光衍生物使用等度洗脱和梯度洗脱时，所获分析结果谱图的比较[1~6]。

使用梯度洗脱时，也会使干扰分离的强保留杂质组分在较短的时间内从柱中清除，使色谱柱保持干净状态，以进行下一次的分析。

高效液相色谱分析中的梯度洗脱和气相色谱分析中的程序升温相似，它们都给色谱分离带来新的活力。

梯度洗脱一般是指流动相的组成随分析时间的延长呈现线性变化，即线性梯度洗脱，它可用于反相和正相 HPLC 及离子对色谱法。

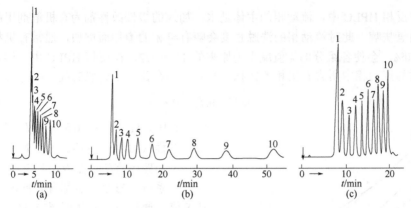

图 7-1 用一个 $C_1 \sim C_{10}$ 烷基胺同系列衍生的亚萘基苯并咪唑氨磺酰荧光
衍生物的反相 HPLC 分离谱图

（a），（b）等度洗脱；（c）线性梯度洗脱

色谱柱：$\phi 4.2\text{mm} \times 300\text{mm}$，填充 C_{18}-Lichrosorb 100 固定相，柱死体积 $V_m = 3.1\text{mL}$

流动相：（a）甲醇-水（95∶5）（高洗脱强度）；
　　　　（b）甲醇-水（80∶20）（低洗脱强度）；
　　　　（c）甲醇-水（70∶30）$\xrightarrow[\text{线性梯度}]{20\,\text{min}}$ 100%甲醇（洗脱强度适中）。

流速：1mL/min
检测器：荧光检测器；激发波长 365nm；发射波长 410nm
谱图中色谱峰数与烷基胺同系列的碳数相一致

第一节　基本原理

　　梯度洗脱在实验操作上比等度洗脱复杂，在分离原理上也和等度洗脱稍有不同，但当很好地理解了等度洗脱的原理后，再相应地理解梯度洗脱的原理就不困难了。依据 HPLC 的保留机理，必须充分理解溶质的容量因子 k' 对流动相组成的依赖性[3~5]。

一、等度洗脱

　　在等度洗脱中，两个相邻色谱峰 1 和 2 的分离度 R 可表示如下：

$$R = \frac{\sqrt{N_2}}{4} \times \frac{\alpha_{2/1} - 1}{\alpha_{2/1}} \times \frac{k_2'}{1 + k_2'} \qquad (7\text{-}1)$$

　　式中，N_2 和 k_2' 为溶质 2 的理论塔板数和容量因子；$\alpha_{2/1}$ 为溶质 2 和 1 的分离因子；k' 和 α 表达了溶质的保留特性和色谱峰的相对位置，其取决于溶质、固定相和流动相的性质以及温度等因素。N 表达了色谱柱的柱效，它控制色谱峰的扩展程度，其由色谱柱自身的特性和色谱分析操作条件决定。

　　从色谱分离角度看，k' 值小有利于缩短分析时间，从 R 与 $k'/(1+k')$ 的关系看，k' 值大可提高分离度。当分离一个含多组分的样品时，k' 的最佳范围是 1~10，通过改变流动相的组成可以调节 k' 值到合适的大小。

在反相 HPLC 中，流动相的主体是水，加入的极性改性剂为有机溶剂甲醇、乙腈和四氢呋喃。此时流动相的洗脱强度会随有机相的增加而增加，通常有机相比例增加 10%，会使各组分的 k' 值减小为原来的 $1/3 \sim 1/2$。在反相 HPLC 中，溶质 k' 值的对数与流动相中所含有机相的体积分数 φ 之间存在一个近似的线性关系：

$$\lg k' = \lg k'_w - S\varphi \tag{7-2}$$

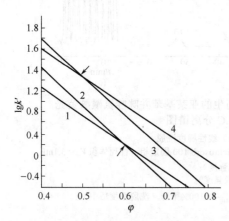

图 7-2　反相 HPLC 中 $\lg k'$ 与 φ 之间的近似线性关系图（箭头指明出峰顺序改变）

式中，$\lg k'_w$ 是 $\varphi = 0$ 时的 $\lg k'$ 值，由此线性方程式可绘制 $\lg k'$-φ 图，如图 7-2 所示，S 为图中直线的斜率。对某确定的色谱分离系统，每个溶质都有其特定的 $\lg k'$ 和 S 值，通过改变 φ 就可调节 k' 值。当代表两种溶质相邻的直线互相平行时（图 7-2 中直线 1 和 4；2 和 3），改变 φ 对相应组分的分离因子 α 仅有较小的影响；当两种溶质相邻直线的斜率 S 有较大的差别时（如图 7-2 中直线 1 和 2；3 和 4 所示），通过调节 φ，可使分离因子 α 发生较大的改变，甚至改变色谱峰的流出顺序。

对于容量因子分布很宽、含多组分的复杂样品，若想仅用一种洗脱强度的流动相，通过等度洗脱来实现所有组分的完全分离，在实际上是不可能的。

二、梯度洗脱

在梯度洗脱中，两个相邻色谱峰 1 和 2 的分离度 R 的测定方法几乎与等度洗脱中的关系式相同，即

$$R = \frac{\sqrt{N_2}}{4} \times (\alpha_{2/1} - 1) \times \frac{\overline{k'_2}}{1 + \overline{k'_2}} \tag{7-3}$$

式（7-3）中，用溶质 2 在梯度洗脱期间 k'_2 的平均值 $\overline{k'_2}$ 代替了等度洗脱中的 k'_2。

梯度洗脱过程可用组分色谱峰通过色谱柱的迁移图来表示（见图 7-3）。图中 r 坐标表示组分色谱峰在柱进出口之间迁移距离的分数；k' 坐标表示组分的容量因子；横坐标 t 表示梯度洗脱时间。r-t 曲线（实线）表示在梯度洗脱的任一时刻 t（$t = 0$，表示梯度洗脱开始；$t = t_G$，表示梯度洗脱结束），组分色谱峰在色谱柱中的位置。k'-t 曲线（实线）表示组分色谱峰在梯度洗脱任一时刻的瞬时 k' 值。由于在梯度洗脱中流动相的洗脱强度是递增的，所以 k' 值会随洗脱时间的增加而减小。在图 7-3 中对梯度洗脱中的平均容量因子 $\overline{k'}$ 作了定义：它是组分沿色谱柱迁移至一半时的瞬时 k' 值（$r = 0.5$）。

由图 7-3 可看到，在梯度洗脱过程中各组分色谱峰的容量因子 k' 值会迅速降低，从而缩短了保留时间；当离开色谱柱的最后时刻，每个组分色谱峰的 k' 值都相当小，这样就保证了所有晚洗脱的组分都产生峰宽相近的窄峰，并克服了在等度洗脱中经常出现的谱峰拖尾的现象。此外，随梯度洗脱的进行，流动相的洗脱强度会逐渐增加，每个较晚洗脱出的色谱峰都会比在它前面的色谱峰以稍快的速度向前迁移。因此梯度洗脱可生成对称

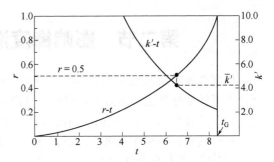

图 7-3　梯度洗脱中色谱峰通过色谱柱的迁移图
r-t 曲线（实线）：表示色谱峰位置随洗脱时间的变化；
k'-t 曲线（实线）：表示色谱峰在迁移期间的瞬时 k' 值
图中表示某组分洗脱在柱中心处的 $\bar{k}'$ 值（r=0.5）
（$\bar{k}'$ =4.0）；t_G—梯度洗脱结束时间

性好的窄峰，从而提高检测的灵敏度，可使其增加 2 倍或更多。

在线性梯度洗脱中平均容量因子 $\bar{k}'$ 与梯度洗脱条件的关系如下：

$$\bar{k}' = \frac{t_G F}{1.15 V_m \Delta\varphi S} \qquad (7\text{-}4)$$

式中，t_G 为梯度洗脱时间，min；F 为流动相流速，mL/min；V_m 为色谱柱死体积，mL；$\Delta\varphi$ 为梯度洗脱过程流动相中有机溶剂，即强洗脱组分 B 体积分数的变化量；S 为等度洗脱 $\lg k' = \lg k'_w - S\varphi$ 关系式中的斜率。在反相 HPLC 中对分子量<500 的小分子，S 值通常为 3～5；对蛋白质等大分子 S 值可达 50～100。计算 S 的经验式为：$S=0.25\sqrt{M_w}$（$\sqrt{M_w}$：分子量）。

在梯度洗脱中样品中各组分的平均容量因子 $\bar{k}'$ 最好在 1～10 范围内，利用式（7-4）可预测最佳的梯度洗脱时间：

$$t_G = \frac{1.15 V_m \Delta\varphi S \bar{k}'}{F} \qquad (7\text{-}5)$$

若对小分子进行梯度洗脱，平均容量因子的最佳值 $\bar{k}'$ = 5，S 的最佳值 S=4，若梯度洗脱从 20%甲醇-水流动相开始，至 70%甲醇-水流动相结束，其 $\Delta\varphi$ = 70%−20%=50%=0.5，若色谱柱为 ϕ0.46cm×25cm，其死体积 $V_m \approx$ 2.5mL，流动相流速为 1.0mL/min，则：

$$t_G = \frac{1.15 \times 2.5 \times 0.5 \times 4 \times 5}{1.0}\,\text{min} = 28.75\,\text{min}$$

在梯度洗脱中式（7-4）表达了影响组分平均容量因子 $\bar{k}'$ 的各种因素，其中梯度洗脱条件 t_G、φ、$\Delta\varphi$、F 等的任何变化，均能对色谱分离的结果产生可预测的影响，这也是对梯度洗脱分离进行操作条件优化的依据。

第二节 影响梯度洗脱的各种因素

梯度洗脱对组成复杂的混合物，特别是对保留值相差很大的混合物分离极为重要，它可提高分离度、缩短分离时间、降低最小检测量。前述式（7-4）表明梯度洗脱过程平均容量因子 $\bar{k}'$ 的变化规律，和等度洗脱相类似，当 $\bar{k}'$ 减小，会使峰形变窄，分析时间缩短，分离度也减小；若 $\bar{k}'$ 增大，会使峰形展宽，分析时间延长，分离度增大。因此，为获得最佳的分离结果，要充分理解 t_G、$\Delta\varphi$、φ、F 对梯度洗脱的影响。

一、梯度洗脱时间（t_G）对分离的影响

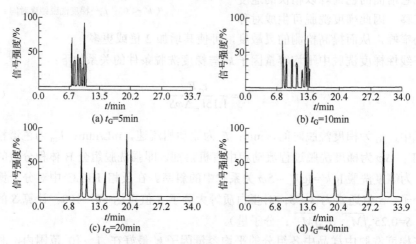

图 7-4 梯度洗脱时间（t_G）对分离的影响

图 7-4 表示含有 7 个组分的样品，由相同起始时间进行梯度洗脱，并且强洗脱溶剂 B 在流动相中的浓度变化范围（10%～60%）也完全相同，仅梯度洗脱时间 t_G 不同，分别为 5min、10min、20min、40min，可以看到 t_G 对分离结果的影响，随梯度洗脱时间 t_G 的延长，各组分的平均容量因子 $\bar{k}'$ 增大，组分间的分离度 R 增加，总分析时间延长，由此可确定，在满足一定分离度（如 $R=1.0$）的前提下，梯度洗脱时间不宜太长，在本例中梯度洗脱时间 t_G 选择 20min 就可实现各组分较好的分离。

二、梯度陡度（T）对保留值的影响

首先介绍梯度洗脱中梯度陡度的概念，和气相色谱程序升温中使用的升温速率 γ（℃/min）相似，在液相色谱梯度洗脱中梯度陡度 T 定义为：

$$T = \frac{\Delta\varphi}{t_G} \qquad (7\text{-}6)$$

式中，T 表达了在单位时间，流动相中强洗脱溶剂组分 B 的浓度变化速率，%/min；

$\Delta\varphi$ 为梯度洗脱中强洗脱溶剂组分 B 体积分数（%）的变化量。

在图 7-5 四种分离谱中，强洗脱溶剂 B 在流动相中的体积分数的变化皆为 $\Delta\varphi=$ 50%，梯度洗脱时间分别为 5min、10min、20min、40min，因此可计算出对应的梯度陡度 T，其分别为 10%/min、5%/min、2.5%/min 和 1.25%/min，由此可知，梯度陡度 T 与梯度洗脱时间 t_G 成反比；当 $\Delta\varphi$ 保持恒定时，则随 t_G 增大而 T 减小，反之，若 t_G 减小则 T 增大。

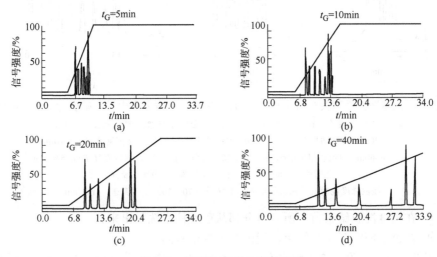

图 7-5 梯度陡度对分离的影响

将梯度陡度 T 的定义式（7-6）代入式（7-4），就导出平均容量因子 $\bar{k}'$ 与 T 的关系式：

$$\bar{k}' = \frac{F}{1.15V_mTS} \tag{7-7}$$

式（7-7）表明，$\bar{k}'$ 与 T 成反比，梯度陡度 T 增加会使 $\bar{k}'$ 值减小，从而可缩短梯度洗脱时间，但也降低了各组分间的分离度；反之，若 T 减小，则会使 $\bar{k}'$ 值增大，可改善各组分间的分离度，却延长了总的分析时间。此种关系也由图 7-5 表达出来。因此在梯度洗脱中梯度陡度的选择既不能太大，也不能太小，其数值适中才能获得满意的分离效果。

图 7-6 为烷基胺同系列荧光衍生物在反相色谱分离中梯度陡度对分离的影响[6]。

三、强洗脱溶剂组分 B 浓度变化范围（$\Delta\varphi$）的影响

进行梯度洗脱时，选择强洗脱溶剂 B 的浓度变化范围（即最初和最终的 φ_B 数值）应依据下述原则：

① 样品流出的谱峰不要太靠近色谱图的开始处（即 $k'\approx0$），最好第一个谱峰的保留时间为死时间 t_M 的 2 倍。

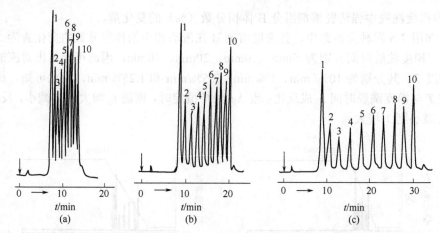

图 7-6　烷基胺同系列荧光衍生物（1~10）在反相色谱分离中梯度陡度对分离的影响

（a）在 10min 内流动相由甲醇-水（70：30）变至甲醇 100%，梯度陡度 T=3%/min；

（b）在 20min 内流动相由甲醇-水（70：30）变至甲醇 100%，梯度陡度 T=1.5%/min；

（c）在 40min 内流动相由甲醇-水（70：30）变至甲醇 100%，梯度陡度 T=0.75%/min

色谱柱、检测器及荧光衍生物与图 7-1 中所述相同

线性梯度洗脱流动相起始组成：甲醇-水（70：30）　　　流速：1mL/min

② 在梯度洗脱结束前，所有组分都从色谱柱中洗脱出来。

③ 在色谱图的开始和结束，无浪费的保留时间。

图 7-7 所示仍为图 7-4 中含有 7 个组分的样品的分离情况：进行梯度洗脱时，强洗脱溶剂 B 的浓度（φ_B）变化范围分别为 15%~100%、25%~100%、35%~100% 和 45%~100%；梯度洗脱时间分别为 35min、31min、27min 和 22min，以保持在每种梯度洗脱条件下的梯度陡度 T 相同，即皆为：

$$T = \frac{\Delta \varphi}{t_G} = \frac{0.85}{35} = \frac{0.75}{31} = \frac{0.65}{27} = \frac{0.55}{22} = 0.024$$

此时通过与 $\Delta\varphi$ 成比例地改变 t_G 而使 $\bar{k}'$ 保持恒定的分离模式，由图 7-7 中可看到，若梯度洗脱开始，B 浓度值较低（15%），则谱图起始较空旷，无组分峰出现，则指明梯度洗脱可从 B 浓度的较高值开始。若梯度洗脱开始，B 浓度值过高（45%），则谱图后部较空旷，表明梯度洗脱未结束全部组分已被洗脱出，并使较早流出的组分峰产生重叠，而降低分离度。因此对此样品，选择梯度洗脱时溶剂 B 的浓度变化范围为从 20% 或 30% 开始至 100% 结束，　梯度洗脱时间在 30min 左右，可获最佳分

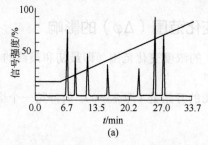

(a)

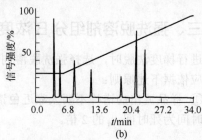

(b)

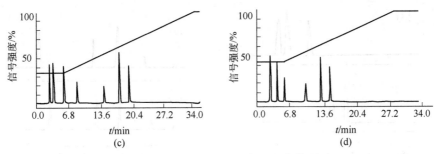

图 7-7　陡度不变时 B 起始浓度对分离的影响

溶剂梯度：（a）15%～100%B 在 35min 内；（b）25%～100%B 在 31min 内；
（c）35%～100%B 在 27min 内；（d）45%～100% B 在 22min 内

离效果。

图 7-8 为烷基胺同系列荧光衍生物在反相色谱分离中，流动相强洗脱溶剂甲醇起始浓度变化对分离的影响[6]。

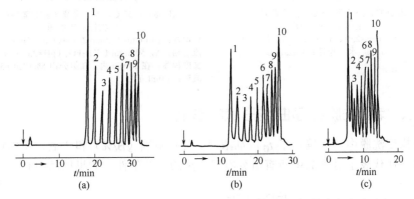

图 7-8　烷基胺同系列荧光衍生物（1～10）在反相色谱分离中流动相
强洗脱溶剂甲醇起始浓度变化对分离的影响

开始洗脱时流动相组成：（a）甲醇-水（50：50）；（b）甲醇-水（60：40）；（c）甲醇-水（80：20）
色谱柱检测器及荧光衍生物与图 7-1 中所述相同，线性梯度洗脱过程，在流动相中
甲醇以等度陡度增加（每 6mL 流动相中，甲醇增加 10%），流动相流速：1mL/min

四、柱温变化对保留值的影响

在等度洗脱时，柱温的变化对保留值有很大的影响。图 7-9 表示等度洗脱香草香精主体成分的 HPLC 分离谱图。可以看到，随柱温的升高，由 25℃上升到 35℃，再升高到 45℃，各组分的保留时间逐渐减小，对应的各组分的容量因子 k' 也相应减小。

但在进行梯度洗脱时，柱温的变化对保留值的影响就不如等度洗脱时那样剧烈，图 7-10 为梯度洗脱含苯胺和苯甲酸衍生物样品的分离谱图，柱温分别为 38℃、57℃和 77℃，可看到，在梯度洗脱时，保留值随柱温变化并不敏感。如与图 7-9 比较，等度洗脱时柱温变化 20℃（从 25℃升到 45℃），保留值变化了 1 倍；而梯度洗脱时，柱温变化 40℃（从 38℃升到 77℃），保留值近似变化 20%[2,7～10]。

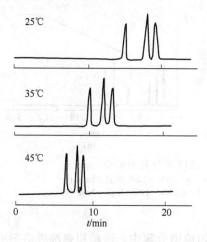

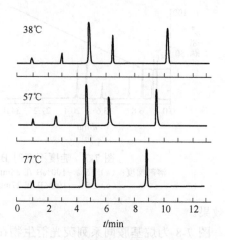

图 7-9 HPLC 等度洗脱时柱温变化
对保留值的影响

在 25℃、35℃ 和 45℃ 分离香草香精
主体组分的谱图
色谱柱：φ4.6mm×250mm，C$_8$ 固定相（5μm）
流动相：50%乙腈-水，流速：1mL/min

图 7-10 HPLC 梯度洗脱时柱温变化
对保留值的影响

在 38℃，57℃，77℃ 分离苯胺和苯甲酸
衍生物样品的谱图
色谱柱：φ4.6mm×150mm Zorbax C$_{18}$（5μm）
流动相：A，50mmol/L KH$_2$PO$_4$（pH=2.6）；B，乙腈
梯度程序：在 13min 内，B 组分由 5%增至 65%
流速：1.0mL/min

五、梯度洗脱程序曲线形状的影响

在梯度洗脱中，在确定了 t_G 溶剂浓度的变化范围（B/%）和 T 后，所确定的梯度洗脱条件代表了对样品中所有组分实现分离的最佳条件。如果样品中有两组最关

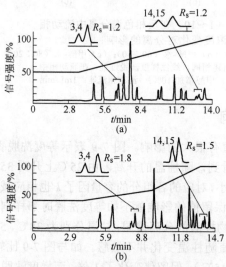

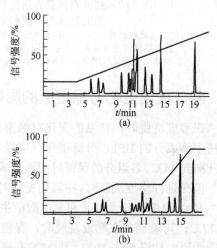

图 7-11 用两个不同陡度部分组成的梯度使
两对关键峰都获得较高的分辨率

图 7-12 为改进分辨率和缩短分离时间，在
两个较陡的梯度部分中间插入等度洗脱

键的色谱峰对，使用一个梯度陡度洗脱仍不能达到完全分离（$R=1.5$），则此时可以改变梯度洗脱程序曲线的形状，即在一个梯度洗脱中，采用两个不同的梯度陡度，从而使两组关键色谱峰对的分离度均获得进一步的提高，如图7-11所示[1]。

基于相似的考虑，如若在一个梯度洗脱中聚集在谱图中间部分的组分过于密集，未能实现理想的分离，此时也可改变梯度洗脱程序曲线的形状，由一阶梯度洗脱改变成二阶梯度洗脱，即在有两个梯度陡度的一阶梯度洗脱的中间部分加入适当时间间隔的等度洗脱部分，这样就可使谱图中间部分的组分色谱峰获得理想的分离，如图7-12所示[9]。

在梯度洗脱分离中使用多阶线性洗脱，对分离度可以提供一定的改进，如图7-13所示，对难分离的物质对，二阶线性梯度洗脱提供较小的改进，三阶线性梯度洗脱可提供一个小的但很明显的改进，这种方法仅需简短的计算，并不需要额外附加的实验数据[9]。

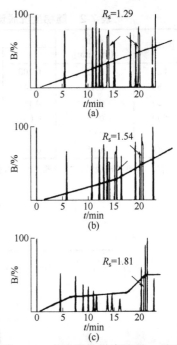

图 7-13 多阶线性梯度洗脱，对难分离物质对，可以改进分离度 R_s：（a）一阶线性梯度洗脱；（b）二阶线性梯度洗脱；（c）三阶线性梯度洗脱

六、流动相流速（F）对梯度洗脱的影响[11]

由方程式（7-4）可知，梯度洗脱过程在保持平均容量因子 $\bar{k}$ 恒定不变的条件下，V_m、$\Delta\varphi$、S 保持不变，则梯度洗脱时间（t_G）与流动相流速（F）成反比，因此，当增加流动相流速（F）时，会使梯度洗脱时间缩短，而不会改变分离的选择性和柱效。

使用一台 UHPLC 仪器，用 100mm×2.1mm 色谱柱，装填 Acclaim C_{18} 固定相 [2.2μm(TPP)/20Å]，分析一个由 9 个组分构成的混合物样品，流动相 A 溶剂为水，溶剂 B 为乙腈，起始流动相流速 F=0.35mL/min。初始梯度洗脱程序见表 7-1。开始保持 0.2min，随后在 4.2min 内，B 由 10%升高至 95%，并保持 2.0min，然后再返回到 10%，为加速梯度洗脱，流动相的流速是逐渐增加的、梯度洗脱时间在逐渐降低。

在梯度洗脱过程中，随流速的增加，其各个步骤运行的时间和柱压力降的变化见表 7-2。与各个步骤对应的分离谱图见图 7-14。

表 7-1　初始梯度洗脱条件

步骤	时间/min	B/%	步骤	时间/min	B/%
0	0.00	10	3	6.40	95
1	0.20	10	4	6.60	10
2	4.40	95	5	8.60	10

表 7-2　随梯度洗脱流速的增加各个洗脱步骤的时间及柱压变化

图编号	流速 /(mL/min)	每个步骤时间/min					柱压/bar
		1	2	3	4	5	
（a）	0.35	0.200	4.400	6.400	6.600	8.600	109～254
（b）	0.49	0.143	3.143	4.571	4.714	6.143	154～353
（c）	0.63	0.111	2.444	3.556	3.667	4.778	198～448
（d）	0.77	0.091	2.000	2.909	3.000	3.909	242～540
（e）	0.91	0.077	1.692	2.462	2.538	3.308	287～627
（f）	1.05	0.067	1.467	2.133	2.200	2.867	333～689

注：在每种洗脱情况，步骤"0"的时间为"0"，从时间"0"min开始所有步骤的洗脱时间。

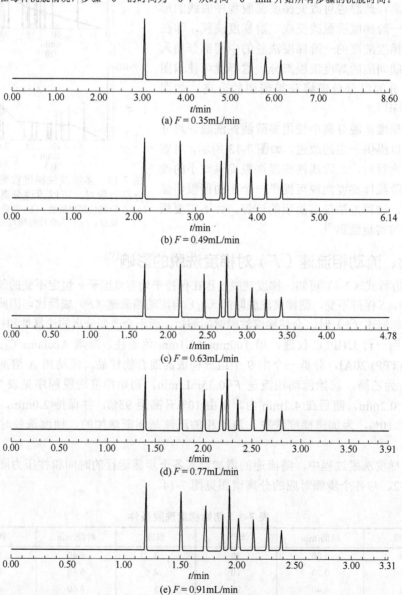

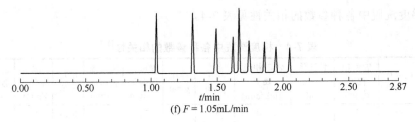

(f) $F = 1.05 \text{mL/min}$

图 7-14 与表 7-2 相对应，在各种不同洗脱流速下获得的 9 个组分混合样品的分离谱图

七、色谱柱死体积（V_m）对梯度洗脱时间（t_G）的影响[12]

色谱柱的死体积（V_m）由柱内径和柱长决定，对不同构型的色谱柱，其具有的柱死体积和推荐估算的梯度洗脱时间（t_G）的关系如表 7-3 所示。

表 7-3 不同构型色谱柱的柱死体积（V_m）和推荐估算的梯度洗脱时间（t_G）的关系

柱长 L/mm	柱内径 d_c/mm	柱死体积（V_m）/mL	流动相流速 F/（mL/min）	梯度洗脱时间 t_G/min
250	4.6	2.5	1.0	60
150	4.6	1.6	2.0	20
150	2.1	0.33	0.4	20
100	4.6	1.0	2.0	10
100	2.1	0.22	0.4	10
50	2.1	0.11	0.5	5

八、色谱系统的滞留体积（V_D）对梯度洗脱时间（t_G）的影响[13,15]

使用相同内径（$d_c=2.1\text{mm}$）、相同长度（$L=100\text{mm}$）的色谱柱，相同的流动相流速 $F=0.4\text{mL/min}$，在具有三种不同滞留体积的色谱系统中，不同滞留体积（V_D）对梯度洗脱时间（t_G）的影响，见图 7-15。

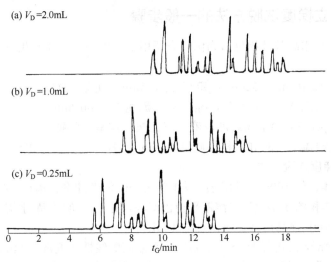

图 7-15 具有不同滞留体积的色谱系统对梯度洗脱时间的影响

梯度洗脱中各种参数的相关性见表 7-4。

表 7-4　梯度洗脱中各种参数的相关性[14]

柱长 L/mm	柱内径 d_c/mm	固定相粒度 d_p/μm	柱死体积 V_m/ mL	流动相流速 F /(mL/min)	柱压 p/psi	柱压 p/bar	梯度洗脱时间 t_G/min	梯度滞留时间 t_D/min	t_D/t_G 比值	梯度洗脱体积 V_G/mL	最高梯度滞留体积 V_D/mL
150	4.6	5	1.6	2.0	1900	130	7.5	1.0	0.13	15	7.5
100	4.6	3	1.1	1.5	2700	180	6.7	1.3	0.20	10	5.0
100	2.1	3	0.22	0.3	2600	175	7.0	6.7	0.95	2.1	1.0
50	2.1	3	0.11	0.5	2100	145	2.1	0.8	0.38	1.0	0.5
75	2.1	2.5	0.17	1.0	9200	625	1.6	0.4	0.25	1.6	0.8
75	2.1	2	0.17	1.0	14000	975	1.6	0.4	0.25	1.6	0.8
75	1.0	2	0.038	0.2	13000	860	1.8	2.0	1.12	0.36	0.2

在梯度洗脱中，影响分离度 R 的因素，除了 N 和 $\bar{k}'$ 外，还有分离因子 α。α 在梯度洗脱中改变的不如梯度陡度 T 和理论板数 N 那样大，并且在改变梯度陡度 T 时，仅使相邻谱峰的 α 值产生微小的变化。如需改变 α，可通过更换流动相中强洗脱有机溶剂的种类（如用四氢呋喃替换甲醇）来实现。

以上有关影响梯度洗脱因素的讨论，都是以二元梯度洗脱为基础进行的，对三元或四元梯度洗脱，应将各种影响因素转换成矢量方式进行处理，以获得理想的结果。

第三节　优化梯度洗脱的方法

对于给定的样品，为建立一个优化的梯度洗脱方法，应遵循一定的实验步骤，并解决实验操作中遇到的实际问题。

一、建立梯度洗脱方法的一般步骤

以反相键合相高效液相色谱为例，介绍用二元混合溶剂流动相进行梯度洗脱的一般步骤。

色谱柱：ϕ0.46cm×25cm；固定相 C_{18}，5μm；柱温 40℃。

流动相：溶剂 A-B=水-乙腈，φ_B 可变，流速 1～2mL/min。

改性剂：pH=3.0 磷酸盐缓冲溶液；三乙胺；烷基磺酸钠。

样品：进样体积≤50μL；样品质量≤100μg；样品为含 7 个组分的酚类混合物。

1. 建立梯度洗脱方法

用 20 倍体积的 100%乙腈溶剂，以 1.0mL/min 流速冲洗色谱柱，直至基线稳定。再以 20 倍柱体积的 5%乙腈-水溶液平衡色谱柱。用 1∶1 的乙腈-水溶液溶解酚类混合物配成 1mg/mL 样品溶液，每次进样 10μL。

首先在 24min 内进行 5%～100%乙腈-水溶液的线性梯度洗脱（流速 1mL/min），流动相中强洗脱溶剂乙腈以每分钟增加 4%的梯度陡度进行洗脱，如图 7-16（a）所示。图中显示死时间 t_M=1.0min，样品中第一个和第七个组分的保留时间分别为 t_i=9.5min 和 t_f=18min，此时末峰与首峰的保留时间差 Δt_g 为：

$$\Delta t_g = t_f - t_i = 18min - 9.5min = 8.5min$$

梯度洗脱时间 t_G=24min，通常可依据 $\Delta t_g/t_G$ 的比值，来判定此分离是否需要进行梯度洗脱。判定标准规定为：

$\Delta t_g/t_G \leqslant 0.25$，进行等度洗脱；

$\Delta t_g/t_G > 0.25$，应进行梯度洗脱。

在本分离中：

$$\Delta t_g / t_G = \frac{8.5}{24} = 0.354$$

因 0.354>0.25，本分离应用梯度洗脱进行分离。

由图 7-16（a）可看到，首次确定的梯度洗脱时间范围 t_G 并不合适，因在色谱图开始和结束前存在时间浪费，此时的梯度陡度 T 为：

$$T = \frac{\Delta \varphi}{t_G} = \frac{0.95}{24} = 0.0396 \approx 0.04$$

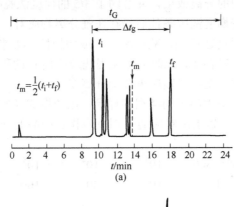

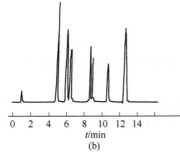

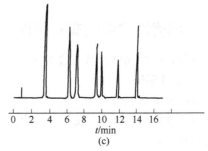

图 7-16 含 7 组分酚类混合物的梯度洗脱

（a）t_G=24min、φ_B5%～100%；（b）t_G=10min、φ_B25%～65%；（c）t_G=15min、φ_B30%～80%

2. 改变梯度洗脱条件

图 7-16（a）中造成洗脱时间浪费的原因是梯度洗脱中强洗脱溶剂（B）选择的

浓度（B/%）变化范围太宽，为此可缩小 B 浓度的变化范围为 25%～65%，并在保持图 5-16（a）的梯度陡度 T 的前提下，计算出此时应保持的梯度洗脱时间 t_G：

$$t_G = \frac{\Delta\varphi}{T} = \frac{0.40}{0.04}\,\text{min} = 10\,\text{min}$$

按 t_G=10min、T=0.04、φ_B 25%～65%的梯度洗脱条件进行第二次梯度洗脱，获得的谱图如图 7-16（b）所示。由此谱图可知，在梯度洗脱开始部分仍有时间浪费，但最末峰却在梯度洗脱后才流出，这仍表明选择 B 的浓度变化范围仍不合适。

另由图 7-16（a）、（b）都可看到，谱图中间两个难分离峰对（组分 2 和组分 3；组分 4 和组分 5）的分离度偏小，也应降低梯度陡度以改善它们的分离度。

3. 再次改变梯度洗脱条件

此时可选择溶剂 B 的浓度变化范围为 30%～80%，梯度洗脱时间间隔延长至 15min，此时的梯度陡度为：

$$T = \frac{\Delta\varphi}{t_G} = \frac{0.5}{15} = 0.033$$

使用此梯度洗脱条件，获得的谱图为图 7-16（c），此图表明酚类混合物中的 7 个组分获得了比较理想的分离效果，并节约了 3/5 的梯度洗脱时间。

如若经过上述改变梯度洗脱条件后仍存在难分离物质对，此时应在保持较小梯度陡度 T 的条件下，通过延长 t_G、减小流速 F 或增加柱长 L 来进一步改善分离度。

如仍有难分离物质对存在，此时应更换强洗脱溶剂 B 的种类，如将乙腈更换为甲醇或四氢呋喃，通过改变出峰顺序来改善分离度。

此外对分子量差别很大的不同类型的样品，应依据式（7-5），按样品的分子量范围，采用不同的 S 值，以求出对应的 t_G 时间范围。样品的分子量与 S 值的对应关系如下：

样品分子量	100～500	10^3	10^4	10^5
S 值	4	10	30	100

二、梯度洗脱中的实验条件

为获得理想的梯度洗脱分离效果和良好的重现性，必须在实验中注意以下问题。

1. 色谱柱平衡

当每次梯度洗脱分析结束时，流动相的组成已和梯度洗脱开始时大不相同，为了进行下一次的梯度洗脱，必须用起始的流动相对色谱柱彻底平衡后，再重新开始梯度洗脱程序。

如对 $\phi 0.46\text{cm} \times 25\text{cm}$ 的色谱柱，用 5%～100%的乙腈-水溶液进行梯度洗脱，洗脱结束后至少需要 15～20 倍柱死体积的起始流动相充分洗脱后才可达到柱平衡，此柱的死体积 V_m=2.5mL，此时最少需要 2.5mL×15mL=37.5mL；5%乙腈-水溶液流过柱子，才可开始下一次梯度分析。实践表明，用起始流动相使色谱柱平衡周期足够长，才能获得重现性好的谱图，见图 7-17。

对色谱柱进行平衡再生的时间通常约等于梯度时间 t_G，这意味着会加倍延长每个样品的分析时间。由于色谱平衡主要受再生溶剂体积的影响，因此可用增加再生溶剂流速的方法来缩短柱平衡时间。也有文献提出使用反向梯度来缩短柱再生时间。

柱平衡时间不足时，将呈现色谱图中早期洗脱峰的保留时间发生改变，而后期洗脱谱峰一般不受影响。也应防止用于柱再生溶剂流过柱的体积过大，而造成色谱柱吸附再生溶剂中的杂质，引起柱分离性能的改变。当进行反相色谱梯度洗脱时，最好从 5% 或超过 5% 的有机相（B）开始，可缩短柱平衡时间；若从纯水开始梯度洗脱，则色谱柱就需较长的平衡时间。

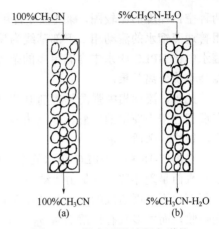

图 7-17　梯度洗脱过程色谱柱
中流动相的平衡

（a）用 5%～100% 的 CH_3CN-H_2O 溶液进行梯度洗脱，结束时的流动相组成为 100%CH_3CN；
（b）再次开始梯度洗脱时的流动相组成，此时需用 15～20 个色谱柱死体积的 5%CH_3CN-H_2O，充分洗涤色谱柱后，使流动相组成恢复为 5%CH_3CN-H_2O 才能进行梯度洗脱

2. 空白梯度

在样品进行梯度分离之前，必须进行一次空白梯度，即不注入样品，仅按梯度洗脱程序运行得到的基线。空白梯度试验是在与样品梯度洗脱程序完全相同的条件下进行的，此时会存在基线漂移并出现杂质峰，如图 7-18 所示。

图 7-18 所示为使用普通蒸馏水和经 Milli-Q 柱净化处理后用于 HPLC 分析水的

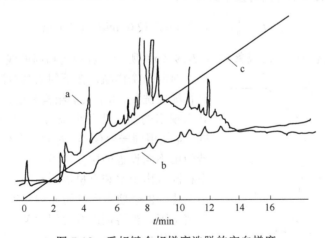

图 7-18　反相键合相梯度洗脱的空白梯度

a—普通蒸馏水的空白梯度；
b—用 Milli-Q 净化后的 HPLC 级水的空白梯度；
c—0～100% 乙腈-水梯度洗脱程序线
色谱柱：ϕ0.4cm×30cm；μ-Bondapak C_{18}
流动相：乙腈-水，0～100% 线性梯度洗脱；流速 4mL/min
检测器：UV，254nm

两种空白梯度的比较图，梯度程序皆用 0～100%乙腈-水流动相，图中上部基线为使用普通蒸馏水的流动相，下部基线为使用 HPLC 级水的流动相。可以看出，普通蒸馏水中比 HPLC 级水中含有更多的杂质，显然使用普通蒸馏水用作梯度洗脱的流动相会干扰分离效果。

此外，流动相中强洗脱溶剂 B 也应使用高纯 HPLC 级，以减小杂质含量。通常在反相色谱中使用的甲醇、四氢呋喃、乙腈改性剂中，乙腈因来源和精制工艺的原因，往往含杂质较多。

在图 7-18 中，HPLC 级水的空白梯度基线（b）虽所含杂质较少，但其基线并不平直而呈现漂移。这是由流动相中水和溶剂 B 的折射率不同，它们对紫外线的吸收程度也不同而造成的。尤其是在低紫外吸收波长（如 180～220nm），水对紫外线无吸收，而大多数有机溶剂随 φ_B（%）在梯度洗脱过程的增加，而增加对紫外线的吸收，从而可观察到向上漂移的基线。为消除此种漂移，可向水中加入低浓度、对紫外线无吸收的无机盐或缓冲溶液。

3. 线性梯度洗脱的滞后现象

当确定了线性梯度洗脱程序后，从 $t=0$ 开始梯度洗脱实验操作，但由于实现梯度洗脱的仪器设备结构或电子控制系统的多种原因，实际观测到的梯度洗脱是向后平移了一段时间，称为梯度系统的滞留时间，用 t_D 表示，它可从梯度洗脱谱图中计算出来。如在谱图 7-16（a）中，$t_G=24$min，梯度初始峰和终止峰保留时间的平均值 t_m 为：

$$t_m = \frac{1}{2}(t_i + t_f) = \left[\frac{1}{2}(9.5 + 18.0)\right]\text{min} = 13.75\,\text{min}$$

梯度洗脱的滞留时间可按下式计算：

$$t_D = t_m - \frac{1}{2}t_G = 13.75\,\text{min} - 12.00\,\text{min} = 1.75\,\text{min}$$

线性梯度洗脱的滞后现象如图 7-19（a）所示。若使用相同的线性梯度洗脱程

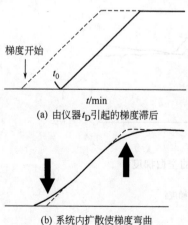

(a) 由仪器 t_D 引起的梯度滞后

(b) 系统内扩散使梯度弯曲

图 7-19　线性梯度轮廓

序，对同一个样品，在不同的高效液相色谱仪上进行梯度洗脱，由于仪器结构和电路控制的差异，其表现出的梯度洗脱系统的滞留时间 t_D 各不相同。即使用同一台仪器，对同一个样品进行分析，若使用不同设置的梯度洗脱程序（如 t_G、$\Delta\varphi$、T 不相同），由于水和有机溶剂互混后引起的体积微小变化，也会使滞留时间 t_D 发生变化。在低压梯度情况下，当溶剂混合比例阀至色谱柱入口之间的滞留体积 V_D 为 2～6mL 时，若流动相的流速 $F=2$mL/min，则滞留时间 $t_D = \dfrac{V_D}{F}$ 为 1～3min。对高压梯度仪器，通常 V_D 为 1～3mL，此时 t_D 值会更小些。当使用 t_D 值不同的设备时，通常会导致

组分峰的保留时间发生变化，但各组分峰的相对位置却不会发生明显的变化。

另由图 7-19（b）可看到，在梯度洗脱开始与结束处的轮廓应为直线，但实际上却变成了圆滑的虚线。这是因为水和有机溶剂的混合不是在无限小的空间内完成的，而是在具有一定体积的梯度混合器内实现的，并与脉动阻尼器和连接管路的体积相关，这些体积愈大，梯度洗脱开始与结束处的轮廓会更圆些，这就使梯度洗脱的线性变差。因此，梯度洗脱轮廓线的线性程度和开始与结束两端的弯曲程度，可作为评价 HPLC 系统梯度洗脱线性优劣的判别标准。

第四节　梯度洗脱的图示方法

为了能够形象地表达梯度洗脱的过程，可用图示方法表示。梯度洗脱可以二元、三元、四元混合溶剂体系进行，其中应用最多的为二元溶剂体系。

一、二元溶剂梯度洗脱

当进行二元溶剂梯度洗脱时，经常使用一个弱洗脱强度的溶剂 A 和一个强洗脱强度的溶剂 B 进行组合构成流动相。当以强洗脱溶剂 B 的体积分数 φ_B（%）作纵坐标，以梯度洗脱时间 t 作横坐标时，可绘制出 $\varphi_B\text{-}t$ 的梯度洗脱曲线。若在单位时间内，溶剂 B 在流动相中的体积分数以恒定速率增加，则流动相的洗脱强度呈"线性梯度"输出；若不以恒定速率增加，则流动相的洗脱强度呈"非线性梯度"输出，即以"指数形式"呈现凸形或凹形输出，如图 7-20 所示。

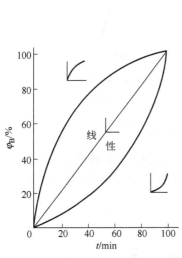

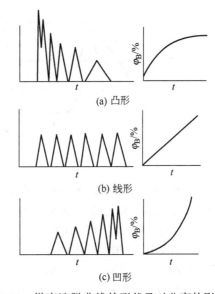

图 7-20　梯度洗脱形状　　　图 7-21　梯度洗脱曲线的形状及对分离的影响

　　当梯度洗脱过程中的 t_G、$\Delta\varphi$、t 确定后，对应于不同梯度洗脱曲线的形状，可获得不同的色谱分离谱图，如图 7-21 所示。若梯度洗脱曲线呈线性，如图 7-21（b）所示，此时分离谱图中每个组分的谱带宽度相等，且各个谱带间有相接近的分离度（或分离度 $R \geqslant 1.0$）。若呈现"指数形式"的凸形洗脱曲线，如图 7-21（a）所示，在分离开始时，B 溶剂的体积分数迅速增加，使各组分谱带以较低的平均容量因子 $\overline{k'}$ 值洗脱，并且最终谱带的 k' 值也较低，开始被洗脱组分的色谱峰峰形尖锐，但组分间的分离度较小；而在分离的后期，B 溶剂的体积分数增长减慢，使后被洗脱组分的色谱峰谱带加宽，且组分间的分离度增大。若呈现"指数形式"的凹形洗脱曲线，如图 7-21（c）所示，则谱图变化与图 7-21（a）恰好相反，即分离开始被洗脱组分的色谱峰谱带较宽，组分间分离度较好，而后被洗脱组分的色谱峰谱带较尖锐，组分间分离度减小。

　　由二元梯度洗脱曲线呈现的三种形状可以看出，"指数形式"的凸形和凹形洗脱曲线获得的分离结果，并不是进行梯度洗脱目的所期望的，仅有"线性梯度"洗脱曲线获得的分离结果，才是进行梯度洗脱所期望的。

二、三元溶剂梯度洗脱

　　在反相键合相色谱中，常用水作为流动相的主体，另选两种改性剂，如甲醇和乙腈，来改变流动相的组成，以调节流动相的极性和洗脱强度。

　　三元溶剂梯度洗脱，可用一个三棱镜体形式的图形表示，如图 7-22 所示。此三棱镜体的前面为 $\triangle ABC$，后面为 $\triangle A'B'C'$，底面为长方形 $BCC'B'$，两个侧面分别为长方形 $ABB'A'$ 和 $ACC'A'$。

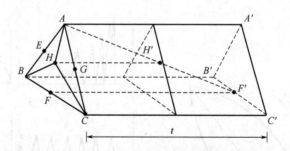

图 7-22　三元溶剂梯度洗脱的图示

　　若 $\triangle ABC$ 的 3 个顶点，A 表示构成流动相主体的水，B 和 C 分别表示加入的改性剂甲醇（MeOH）和乙腈（ACN），则 A、B、C 三点的组成和极性参数分别为

　　A 点：H_2O　100%；　P'_A =10.2

　　B 点：MeOH　100%；　P'_B =5.1

　　C 点：ACN　100%；　P'_C = 5.8

　　显然，图 7-22 中 AA'、BB'、CC' 3 条直线都具有各自的极性参数，且每条线上的各点 P' 值相同，这 3 条线的长度相等，可作为梯度洗脱时的时间坐标 t。

在△ABC 的 3 个边 AB、BC、CA，除 3 个顶点外，这 3 条边上的每一点都代表一种二元混合溶剂，下面以 3 个边上的中间点 E、F、G 为例，来确定它们的组成和极性参数。

E 点： H_2O 50%；MeOH 50%

$$P'_E = 10.2 \times 50\% + 5.1 \times 50\% = 5.10 + 2.55 = 7.65$$

F 点： MeOH 50%，ACN 50%

$$P'_F = 5.1 \times 50\% + 5.8 \times 50\% = 2.55 + 2.90 = 5.45$$

G 点： ACN 50%，H_2O 50%

$$P'_G = 5.8 \times 50\% + 10.2 \times 50\% = 2.90 + 5.10 = 8.00$$

在△ABC 平面内，除 3 个顶点外，此面上的任何一点都代表一种三元混合溶剂，以 H 点（即此平面的中心点）为例，来确定它的组成和极性参数。

H 点： H_2O 33.3%，MeOH 33.3%，ACN 33.3%

$$P'_H = 10.2 \times 33.3\% + 5.1 \times 33.3\% + 5.8 \times 33.3\%$$

$$= 3.40 + 1.70 + 1.90 = 7.03$$

显然，在三棱镜体内（除去 6 个端点 A、A'、B、B'、C、C'和 3 条棱边 AA'、BB'、CC'）的任何一点也和△ABC 面上的任何点（除去 3 个顶点 A、B、C）一样，也代表一种三元混合溶剂。现以三棱镜体长度 50%处中间截面上的 H'点为例，来确定它的组成和极性参数。由图 7-22 中可看到，H'和 H 位于同一条直线上，其组成和极性参数与 H 点相同，即

H'点： H_2O 33.3%；MeOH 33.3%；ACN 33.3%

$$P'_{H'} = 7.03$$

如果以二阶线性梯度进行三元溶剂梯度洗脱，即从图 7-22 中 A 点起始，到达 H'点作为第一阶；再由 H'点最终达 F'点作为第二阶，则与此 3 点对应的流动相组成和极性参数见表 7-5。

表 7-5　三棱镜图中 A、H'、F'三点的流动相组成和极性参数

梯度	A	H'	F'
组成	H_2O：100%	H_2O：33.3%	
		MeOH：33.3%	MeOH：50%
		ACN：33.3%	ACN：50%
极性参数	10.2	7.03	5.45（与 F 点相同）
洗脱时间	0 　　一阶　→	$\frac{1}{2}t$ 　　二阶　→	t

在此三元溶剂梯度洗脱中，随洗脱时间的增加，三元混合溶剂流动相的极性参数逐渐减小，其洗脱强度逐渐增强。

三、四元溶剂梯度洗脱

仍以反相键合相色谱为例，以水作为流动相的主体，另选 3 种改性剂，如甲醇、乙腈和四氢呋喃，来改变流动相的组成，以调节流动相的极性和洗脱强度。

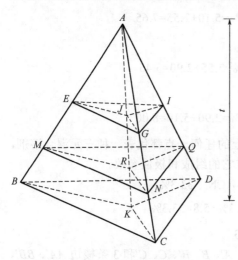

四元溶剂梯度洗脱可用一个正四面体形式的图示表示，如图 7-23 所示。它的 4 个面分别为 $\triangle ABC$、$\triangle ACD$、$\triangle ADB$ 和 $\triangle BCD$。

若以正四面体的顶点 A 表示流动相的主体水，其他三个顶点 B、C、D 分别表示加入的改性剂甲醇（MeOH）、乙腈（ACN）和四氢呋喃（THF），则 A、B、C、D 4 个顶点的组成和极性参数分别如下。

A 点：H_2O　100%；P'_A=10.2

B 点：MeOH　100%；P'_B=5.1

C 点：ACN　100%；P'_C=5.8

D 点：THF　100%；P'_D=4.0

图 7-23　四元溶剂梯度洗脱的图示

除 4 个顶点外，在正四面体 6 个棱边 AB、AC、AD、BC、CD 和 DB 上的每一点都代表一种二元混合溶剂，在 4 个三角形 $\triangle ABC$、$\triangle ACD$、$\triangle ADB$ 和 $\triangle BCD$ 面上的每一点（除去 4 个顶点）都代表一种三元混合溶剂。以 $\triangle BCD$ 面上的中心点 K 为例，来确定它的组成和极性参数：

K 点：MeOH　33.3%；ACN　33.3%；THF 33.3%

$$P'_K=5.1×33.3\%+5.8×33.3\%+4.0×33.3\%$$
$$=1.70+1.93+1.33=4.96$$

在正四面体 3 个棱边 AB、AC 和 AD 的中间点（50%）作一截面 $\triangle EGI$，其高度相当于由顶点 A 至底面 $\triangle BCD$ 的中心点 K 所作垂直线 AK 的 50%，此垂直线 AK 的长度可作为梯度洗脱的时间坐标。$\triangle EGI$ 的 3 个顶点 E、G 和 I 的组成和极性参数分别如下。

E 点：H_2O　50%；MeOH　50%

$$P'_E=10.2×50\%+5.1×50\%=5.1+2.55=7.65$$

G 点：H_2O　50%；ACN　50%

$$P'_G=10.2×50\%+5.8×50\%=5.1+2.9=8.0$$

I 点：H_2O　50%；THF　50%

$$P'_I=10.2×50\%+4.0×50\%=5.1+2.0=7.1$$

由 $\triangle EGI$ 各顶点的参数可计算出其中心点 J 点（位于 AK 垂线上）四元混合溶剂的组成和极性参数，如下所示。

J 点：H_2O　50%；MeOH　50%×33.3%=16.7%

ACN　50%×33.3%=16.7%；THF　50%×33.3%=16.7%

$$P_J' =10.2\times50\%+5.1\times16.7\%+ 5.8\times16.7\%+4.0\times16.7\%$$

$$=5.10+0.85+0.97+0.67=7.59$$

在正四面体垂线的 80%高度处，再作一截面△MNQ，此三角形 3 个顶点 M、N 和 Q 的组成和极性参数分别如下所示。

M 点：H_2O　20%；MeOH　80%

$$P_M' =10.2\times20\%+5.1\times80\%=2.04+4.08=6.12$$

N 点：H_2O　20%；ACN　80%

$$P_N' = 10.2\times20\%+5.8\times80\%=2.04+4.64=6.68$$

Q 点：H_2O　20%；THF　80%

$$P_Q' = 10.2\times20\%+ 4.0\times80\%=2.04+3.20=5.24$$

由△MNQ 各顶点的参数可计算出其中心点 R 点（位于 AK 垂线上）四元混合溶剂的组成和极性参数，如下所示。

R 点：H_2O　20%；MeOH　80%×33.3%=26.6%

ACN　80%×33.3%=26.6%；THF　80%×33.3%=26.6%

$$P_R' =10.2\times20\%+5.1\times26.6\%+5.8\times26.6\%+4.0\times26.6\%$$

$$=2.04+1.36+1.55+1.07=6.02$$

如果以线性梯度进行四元梯度洗脱，即从图 7-23 中的 A 点开始计时，经过 J 点、R 点，最后到达 K 点，总洗脱时间为 t，则与此四点对应的四元混合溶剂的组成和极性参数见表 7-6。

表 7-6　四面体图中 A、J、R、K 四点的流动相组成和极性参数

图中的点	A	J	R	K
梯度组成	H_2O：100%	H_2O：50%	H_2O：20%	H_2O：0
		MeOH：16.7%	MeOH：26.6%	MeOH：33.3%
		ACN：16.7%	ACN：26.6%	ACN：33.3%
		THF：16.7%	THF：26.6%	THF：33.3%
极性参数	10.2	7.59	6.02	4.96
洗脱时间	0　⟶	50% t　⟶	80% t　⟶	t

在此四元溶剂梯度洗脱中，随洗脱时间的增加，四元混合溶剂流动相的极性参数逐渐减小，其洗脱强度逐渐增强。

由以上对二元、三元、四元梯度洗脱图示方法的简介，可以看到梯度洗脱实验技术比较复杂。前面叙述涉及的相关计算及图示表达，都可以通过编制相应的计算机软件，由计算机控制的梯度洗脱单元来完成。

四、用极坐标和球面坐标描述梯度洗脱[7]

在反相液相色谱中，当使用甲醇-乙腈-水三元混合溶剂进行洗脱时，可用在 x、y 轴平面上，由 1/4 圆面积上构成的极坐标来表达，它们的组成如图 7-24 所示。

在三元混合溶剂中，甲醇（A）和乙腈（B）为流动相中的有机溶剂，其组成总和用圆半径的平方 r^2 表示，其与 A、B 的关系用下式表达：

$$r^2 = A + B$$

流动相中的甲醇　　　　$A = x^2 = r^2\cos^2\theta$

流动相中的乙腈　　　　$B = y^2 = r^2\sin^2\theta$

其中 θ 为 1/4 圆周上某确定点 M 与 x 轴的夹角。

流动相中的水　　　　　$C = 1 - r^2$

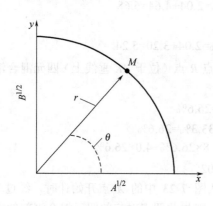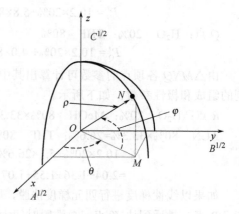

图 7-24　用极坐标表达三元混合　　　　图 7-25　用球面坐标表达四元混合
　　　　溶剂体系的组成　　　　　　　　　　　　　溶剂体系的组成

此时用 1/4 圆周上的 M 点就可表达由 A、B、C 三式决定的有确切组成的一个三元混合溶剂流动相。

显然此种极坐标也同样可表示色谱分析参数，如流动相 pH 值、柱温、梯度洗脱时间等的相互关系，并可用实验设计方法进行优化。

在反相液相色谱中，当使用甲醇、乙腈、四氢呋喃、水四元混合溶剂作流动相时，可用实验设计方法中的球面坐标来表达它们的组成，如图 7-25 所示。

在四元混合溶剂中，甲醇（A）、乙腈（B）和四氢呋喃（C）为流动相中的有机溶剂，其组成总和用球体积半径的平方 ρ^2 表示，其与 A、B、C 在三维空间的关系用下式表达：

$$\rho^2 = A + B + C$$

流动相中的甲醇　　　　$A = x^2 = \rho^2\cos^2\varphi\cos^2\theta$

流动相中的乙腈　　　　$B = y^2 = \rho^2\cos^2\varphi\sin^2\theta$

流动相中的四氢呋喃　　$C = z^2 = \rho^2\sin^2\varphi$

式中，φ 为球体半径 ON 在三维空间与 x 轴和 y 轴组成平面的夹角；θ 为半径 ON 在 x、y 轴平面投影线 OM 与 x 轴的夹角。

流动相中水的组成：$D = 1 - \rho^2$。

此时在三维空间球面上的 N 点就可表达由 A、B、C、D 四个参数决定的有确切组成的一个四元混合溶剂流动相。

在上述四元体系中，每种成分的组成都可由 ρ、θ、φ 来确定，角 θ 和 φ 限制在 $0°\sim90°$（$0\sim\dfrac{\pi}{2}$ 半径）内，其可为零或正值，如果 ρ 限制为 1，即它们的总和为 100%。例如，如果在四元流动相中水的组成为 55%，并且 θ 为 70°、φ 为 30°，则可由 D 求出 ρ。

$$55\%=1-\rho^2$$
$$\rho^2=45\%=0.45$$
$$A=0.45\cos^2 30°\cos^2 70°=3.95\%$$

则
$$B=0.45\cos^2 30°\sin^2 70°=29.80\%$$
$$C=0.45\sin^2 30°=11.25\%$$

由此可知：
$$A+B+C+D=3.95\%+29.80\%+11.25\%+55\%=100\%$$

使用极坐标和球面坐标的几何转换，意味着当转换返回到真实混合物的组成时，以规范形式的通用设计将会损失一些它的通用性，但这种方法的适应性将弥补它的不足之处。

利用极坐标和球面坐标的中心组成实验设计（central composite experimental design，CCED），克服了在流动相中溶剂的体积相互依赖，容许把流动相组成和其他因素，如 pH、流速、温度、梯度时间都包括在实验设计中[7]。

参 考 文 献

[1]   朱彭龄. 分析测试技术与仪器, 2000, 6(4): 193-199.

[2]   Wolcott R G, Dolan J W. LC-GC International, 1999, 12(1): 14-18.

[3]   [美]施奈德 L R, 格莱吉克 J L, 柯克兰 J J 著. 实用高效液相色谱法的建立. 王杰, 等译. 北京: 科学出版社, 2000: 151-177, 228-240.

[4]   Snyder L R, Kirkland J J, Dolan J W 著. 现代液相色谱技术导论. 陈小明, 唐雅妍译. 北京: 人民卫生出版社, 2012: 197-222.

[5]   Snyder L R, Kirkland J J, Glajch J L. Practical HPLC Method Development. Second Edition. New York: John Wiley & Sons Inc, 1997.

[6]   Jandera P, Churváček J. Gradient Elution in Column Liquid Chromatography: Theory and Practice. Amsterdam: Elsevier, 1985: 59-129.

[7]   Morris V, Hughes J, Marriott P. J Chromatogr A, 2003, 1008: 43-56.

[8]   Thompson J D. Carr P W. Anal Chem, 2002, 74(16): 4150-4159.

[9]   Jupille T, Snyder L, Molnor I. LC-GC Europe, 2002, 9: 596-601.

[10]   Wolcott R G, Dolan J W. LC-GC International, 1999(1): 14,16,18.

[11]   Dolan J W, Brand S. LC-GC Europe, 2010, 23(8).

[12]   Dolan J W. LC-GC Europe, 2013, 26(1): 18-22.

[13]   Dolan J W. LC-GC Europe, 2002, 11: 706-710.

[14]   Dolan J W. LC-GC North America, 2011, 29(8).

[15]   Dolan J W. LC-GC Europe, 2013, 26(6): 330-337.

第八章

高效液相色谱法的基本理论

高效液相色谱法和气相色谱法在各种溶质的分离原理、溶质在固定相的保留规律、溶质在色谱柱中的峰形扩散过程等方面有许多相似之处，在气相色谱法中应用的表达色谱分离过程的基本关系式，绝大多数也适用于高效液相色谱法。

1. 保留值的基本关系式

$$t_R = t_R' + t_M \tag{8-1}$$

$$V_R = V_m + V_S K_P = V_m(1 + k') \tag{8-2}$$

$$k' = \frac{K_P}{\beta} = \frac{t_R'}{t_M} \quad \left(\beta = \frac{V_M}{V_S}\right) \tag{8-3}$$

式中，V_R 为保留体积；V_m 为在柱温、柱平均压力下，色谱柱中流动相的体积（柱死体积）；V_S 为色谱柱中固定相的体积；K_P 为溶质的分配系数；k' 为溶质在色谱柱中分离后的容量因子；β 为相比率，是色谱柱中流动相与固定相的体积比。

$$\alpha_{2/1} = \frac{t_{R(2)}'}{t_{R(1)}'} = \frac{V_{R(2)}'}{V_{R(1)}'} = \frac{k_{(2)}'}{k_{(1)}'} \tag{8-4}$$

式中，$\alpha_{2/1}$ 为分离因子，表示在相同色谱操作条件下，两个相邻组分的调整保留值之比，表征了色谱柱分离的选择性。

2. 色谱柱柱效的基本关系式

理论板数 $$N = 16\left(\frac{t_R}{w_b}\right)^2 = 5.54\left(\frac{t_R}{w_{h/2}}\right)^2 \tag{8-5}$$

式中，w_b 为峰宽或称基线宽度，表示由色谱峰顶点与色谱峰两侧拐点处作切线与峰底基线相交两点间的距离；$w_{h/2}$ 为半高峰宽，或称半峰宽，表示通过色谱峰峰高的中间点作平行于峰底的直线，此直线与峰两侧相交点之间的距离。

理论板高 $$H = \frac{L}{N}$$ (8-6)

有效板数 $$N_{\text{eff}} = 16\left(\frac{t_R'}{w_b}\right)^2 = 5.54\left(\frac{t_R'}{w_{h/2}}\right)^2 = N\left(\frac{k'}{1+k'}\right)^2$$ (8-7)

有效板高 $$H_{\text{eff}} = \frac{L}{N_{\text{eff}}} = H\left(\frac{1+k'}{k'}\right)^2$$ (8-8)

3. 相邻组分分离度的基本关系式

分离度 $$R = \frac{2(t_{R_2} - t_{R_1})}{w_1 + w_2} = \frac{2(t_{R_2}' - t_{R_1}')}{w_1 + w_2}$$ (8-9)

式（8-9）表示两个相邻色谱峰的分离程度，以两个组分保留值（或调整保留值）之差与它平均峰宽值之比。

分离度还可表示为： $$R = \frac{\sqrt{N_2}}{4} \times \frac{\alpha_{2/1} - 1}{\alpha_{2/1}} \times \frac{k_2'}{1 + k_2'}$$ (8-10)

理论板数可表示为： $$N = 16R^2\left(\frac{\alpha_{2/1}}{\alpha_{2/1} - 1}\right)^2 \times \left(\frac{1 + k_2'}{k_2'}\right)^2$$ (8-11)

保留时间可表示为： $$t_R = t_M(1 + k') = \frac{L}{u}(1 + k) = \frac{NH}{u}(1 + k)$$ (8-12)

$$t_R = 16R^2\left(\frac{\alpha_{2/1}}{\alpha_{2/1} - 1}\right)^2 \times \left(\frac{1 + k_2'}{k_2'^2}\right)^3 \times \frac{H}{u}$$ (8-13)

式中， u 为流动相平均线速度，表示流动相沿色谱柱轴向移动的平均线速，单位为 cm/s。

式（8-13）表明，色谱分析的保留时间 t_R 是分析要求的分离度 R、相邻组分的分离因子 $\alpha_{2/1}$、组分的容量因子 k'、色谱柱的理论板高 H 和流动相平均线速度 u 等因素的函数。其中 k' 和 $\alpha_{2/1}$ 与色谱分离过程的热力学因素相关；H 和 u 与色谱分离过程的动力学因素相关；R 既与热力学因素相关，也与动力学因素相关。由此可以看出，保留时间 t_R 是色谱分析中表征在一定的色谱柱上溶质在色谱分离过程分离特性的重要参数，式（8-13）也是以后讨论高效液相色谱分离操作条件优化的关键方程式。

第一节　表征液相色谱柱填充性能的重要参数[1~3]

现在高效液相色谱分析中使用的色谱柱具有以下特征：

① 固定相使用全多孔的、粒径 5~10μm 的填料。

② 色谱柱具有较小的内径（4~6mm）、短的柱长（10~25cm）和高的入口压

力（5～10MPa）。

③ 色谱柱具有高柱效（理论塔板数为 $5 \times 10^3 \sim 5 \times 10^4$ 塔板/m）。

对这种具有高分离性能的色谱柱，表征色谱柱的填充情况常用总孔率、柱压力降和柱渗透率表示。

一、总孔率

总孔率（total porosity）系指被固定相填充后的色谱柱，在横截面上可供流动相通过的孔隙率，用 ε_T 表示。

$$\varepsilon_T = \frac{F}{u\pi r^2} = \frac{Ft_M}{L\pi r^2} = \frac{Ft_M}{V} \tag{8-14}$$

式中，F 为流动相的体积流速，mL/min；u 为流动相的平均线速，cm/s；r 为柱内径的半径，cm；t_M 为柱的死时间，min；L 为柱长，cm；V 为色谱柱的空体积，mL。

ε_T 表达了色谱柱填料的多孔性能，其由柱内颗粒间孔隙 (ε_e) 和颗粒内的孔隙 (ε_i) 两部分组成 $(\varepsilon_T = \varepsilon_e + \varepsilon_i)$。当使用全多孔硅胶固定相时，$\varepsilon_T$ 约为 0.85；对表面多孔硅胶固定相，ε_T 约为 0.75；使用非多孔的玻璃微珠（或硅胶）固定相时，ε_T 约为 0.40，可认为是柱中颗粒之间的孔率。

在了解总孔率的概念后，就可引入色谱柱的自由截面积 q。

$$q = \varepsilon_T \pi r^2 \quad (r \text{ 为柱内半径})$$

柱的自由截面积仅为柱实际截面积的一部分，即为流动相通过色谱柱时能够使用的截面积，因此流动相通过色谱柱的平均线速度 u，也可按下式计算：

$$u = \frac{F}{q} = \frac{F}{\varepsilon_T \pi r^2} \tag{8-15}$$

二、柱压力降

色谱柱的柱压力降 Δp 可用达西（Darcy）方程式计算：

$$\Delta p = p_i - p_0 = \frac{\eta L u}{k_0 d_p^2} = \frac{\varphi \eta L u}{d_p^2}$$

式中，η 为流动相的黏度，mPa·s；k_0 为色谱柱的比渗透系数；d_p 为固定相颗粒直径，μm；φ 为色谱柱对流路的阻抗因子；p_i、p_0 分别为色谱柱的入口压力和出口压力，MPa。

因此

$$k_0 = \frac{1}{\varphi} = \frac{\varepsilon^3}{180(1-\varepsilon)^2} \tag{8-16}$$

流动相的平均线速度 u 可表达为柱性能参数的函数：

$$u = \frac{\Delta p d_p^2}{\varphi \eta L} = \frac{k_0 d_p^2 \Delta p}{\eta L} \tag{8-17}$$

　　阻抗因子 φ 表征色谱柱对流动相阻力的大小，它与色谱柱使用的固定相性质和填充方法密切相关，可参见表 8-1。

表 8-1　色谱柱的 φ 值

固定相性质	色谱柱 φ 值	
	干法填充	湿法填充
薄壳型填料	600～700	300～400
全多孔球形填料	800～1200	500～700
全多孔无定形填料	1000～2000	700～1500

三、柱渗透率

　　柱渗透率（column permeability， K_{F} ）表示流动相通过柱子的难易程度。在高效液相色谱法中，由于使用液体流动相，其黏度大于气体流动相，且固定相粒度又小，为保证柱子在较低压力下正常操作，总希望柱渗透率要大。

$$K_{\text{F}} = k_0 d_{\text{p}}^2 = \frac{d_{\text{p}}^2}{\varphi} = \frac{d_{\text{p}}^2}{180} \times \frac{\varepsilon^3}{(1-\varepsilon)^2} \approx \frac{d_{\text{p}}^2}{1000} \quad (\varepsilon = 0.40, \quad \varphi = 1000)$$

$$K_{\text{F}} = \frac{u \eta L}{\Delta p} = \frac{F \eta L}{\varepsilon_{\text{T}} \pi r^2 \Delta p} = \frac{\eta L^2}{\Delta p t_{\text{M}}}$$

　　流动相通过色谱柱的死时间 t_{M} ，溶质在色谱柱的保留时间 t_{R} ，表达为柱性能参数的函数：

$$t_{\text{M}} = \frac{\eta L^2}{K_{\text{F}} \Delta p} = \frac{\eta L^2 \varphi}{d_{\text{p}}^2 \Delta p} \tag{8-18}$$

$$t_{\text{R}} = t_{\text{M}}(1+k') = \frac{\eta L^2}{K_{\text{F}} \Delta p}(1+k')$$

$$= \frac{1000 \eta L^2}{d_{\text{p}}^2 \Delta p}(1+k') = \frac{\eta L^2 \varphi}{d_{\text{p}}^2 \Delta p}(1+k')$$

$$= \frac{\eta N^2 H^2 \varphi}{d_{\text{p}}^2 \Delta p}(1+k') = \frac{\eta N^2 h^2 \varphi}{\Delta p}(1+k')$$

　　由上述又可看出，保留时间不仅与色谱过程的热力学因素 k' 有关，还直接与决定柱效和分离度的柱性能参数 ε_{T} 、 Δp 、 K_{F} 及流动相的黏度 η 相关，而这些参数皆为影响色谱分离过程动力学的重要因素。

第二节　高效液相色谱的速率理论[1~3]

　　当样品以柱塞状或点状注入由全多孔微粒固定相填充的液相色谱柱后，在液相流动相驱动下实现各个组分的分离，并引起色谱峰形的扩展，此过程与气液色谱的分离过程相似。但液体流动相与气体流动相在影响谱带扩展的性质上有明显的差别，如表 8-2 所示。从表中可以看到，液体的扩散系数约是气体的 10^{-4}，液体的黏度比气体的约大 100 倍，密度比气体约大 1000 倍。此外，在气相色谱法中流动相与固定相之间的相互作用可以忽略不计，而在液相色谱法中它们之间的相互作用却是不能忽略的。

表 8-2 液体和气体流动相性质的差别

性 质	流动相	
	液体	气体
1.扩散系数 $D/(cm^2/s)$	10^{-5}	10^{-1}
2.密度 $\rho/(g/mL)$	1	10^{-3}
3.黏度 $\eta/mPa \cdot s$	1	10^{-2}
4.雷诺数[①]	100	10

① 雷诺数 Re 是流体在管道内内摩擦流动的一项重要指标。$Re = vd\rho/\eta$，其中 v 为介质线速；d 为管道内径；ρ 为介质密度；η 为介质黏度。层流：$Re < 2320$；湍流：$Re > 2320$。

在高效液相色谱分析中，溶质在色谱柱中的谱带扩展是由涡流扩散、分子扩散和传质阻力三方面的因素决定的。由于液体流动相的黏度和密度都大大高于气体流动相，而其扩散系数又远远小于气体流动相，因此由分子扩散引起的峰形扩展较小，可以忽略。此外由于使用了全多孔固定相，不仅存在固定相和流动相的传质阻力，还存在滞留在固定相孔穴中的滞留流动相的传质阻力。因此，在高效液相色谱分析中，上述诸因素提供的对理论塔板高度的贡献可表示为：

$$H = H_E + H_L + H_S + H_{MM} + H_{SM}$$

涡流　分子　固定相　移动　滞留
扩散　扩散　　　　流动相　流动相

传质阻力

一、影响色谱峰形扩展的各种因素

1. 涡流扩散（eddy diffusion）项 H_E

当样品注入由全多孔微粒固定相填充的色谱柱后，在液体流动相驱动下，样品分子不可能沿直线运动，而是不断改变方向，形成紊乱似涡流的曲线运动。由于样品分子在不同流路中受到的阻力不同，因此其在柱中的运行速度有快有慢，从而到达柱出口的时间不同，导致峰形的扩展，它与液体流动相的性质、线速度、样品的性质、固定相的性质无关，仅与固定相的粒度和柱填充的均匀程度有关。涡流扩散引起的色谱峰形扩展如图 8-1 所示，其对理论塔板高度提供的贡献为：

$$H_E = A = 2\lambda d_p$$

式中，λ 是不均匀因子，它表达了色谱柱填充的均匀程度，当全多孔球形固定相的粒度为 5～40μm 时，λ 值为 1～2。

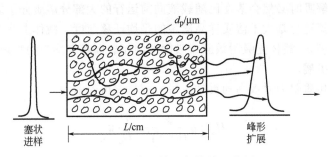

$d_p/μm$

塞状
进样

L/cm

峰形
扩展

图 8-1　涡流扩散引起的峰形扩展

2. 纵向扩散（molecular diffusion）项 H_L

当样品以塞状（或点状）进样注入色谱柱后，沿色谱柱的轴向，即流动相向前移动的方向，会逐渐产生浓差扩散，也可称作分子扩散，而引起色谱峰形的扩展，如图 8-2 所示，其对理论塔板高度的贡献为：

$$H_L = \frac{B}{u} = \frac{2\gamma D_M}{u} \qquad (8\text{-}19)$$

式中，γ 为柱中填料间的弯曲因子，

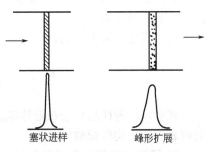

塞状进样　　　峰形扩展

图 8-2　分子扩散引起的峰形扩展

$\gamma \approx 0.6$；D_M 为溶质在液体流动相中的扩散系数，$D_M \approx 10^{-5} \mathrm{cm}^2/\mathrm{s}$。

样品在色谱柱中滞留的时间愈长，色谱谱带的分子扩散也愈严重。由于 D_M 的数值很小，因此 H_L 项对总板高的贡献也很小。在大多数情况下，可假设 $H_L \approx 0$，此点也是在高效液相色谱分析中，当注入样品呈现点状进样时，存在无限直径效应的根本原因。

3. 固定相的传质阻力（the resistance to mass transfer in the stationary phase）项 H_S

溶质分子从液体流动相转移进入固定相和从固定相移出重新进入液体流动相的过程，会引起色谱峰形的明显扩展，如图 8-3 所示。

在流动相中溶质分子的迁移速度依赖于它在液液色谱的液相固定液中的溶解和扩散，或依赖于它在液固色谱的固相（吸附剂）上的吸附和解吸。液液色谱中溶解进入固定液层深处的溶质分子，其扩散离开固定液时，已落在另一些已随载液向前运行的大部分溶质分子之后。对于液固色

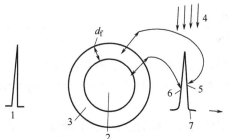

d_f

图 8-3　固定相的传质阻力引起的
色谱峰形的扩展

1—进样后起始峰形；2—载体；3—固定液（液膜厚度为 d_f）；4—液体流动相；5—溶解在固定液表面溶质分子到达峰的前沿；6—溶解在固定液内部溶质分子到达峰的后尾；7—样品移出色谱柱时的峰形

谱，当溶质分子被吸附在吸附剂的活性作用点上时，它再从表面解吸会有较大的阻力，当它最后解吸时必然会落在已随载液向前运行的大部分溶质分子之后。在上述过程中载液的流速总是大于溶质样品谱带的平均迁移速度。载体上涂布的固定液液膜愈薄（薄壳型）、载体无吸附效应或吸附剂固相表面具有均匀的物理吸附作用时，都可减少谱带扩展。

固定相的传质阻力对板高的贡献，对液液色谱可表示为：

$$H_S = q \frac{k'}{(1+k')^2} \times \frac{d_f^2}{D_L} u \qquad （8-20）$$

式中，q 为构型因子（对均匀液膜或薄壳材料 $q=2/3$；对大孔固定相 $q=1/2$、对球形非多孔固定相 $q=1/30$）；d_f 为固定液液膜（或薄壳）厚度；D_L 为溶质在液相固定液中的扩散系数。

对液固色谱可表示为：

$$H_S = 2t_a \left(\frac{k'}{1+k'} \right)^2 u = 2t_d \frac{k'}{(1+k')^2} u$$

式中，t_a 为样品分子在液体流动相的平均停留时间；t_d 为样品分子被吸附在固定相表面的平均停留时间。

4. 移动流动相的传质阻力（the resistance to mass transfer in the moving mobile phase）项 H_{MM}

在固定相颗粒间移动的流动相，对处于不同层流的流动相分子具有不同的流速，溶质分子在紧挨颗粒边缘的流动相层流中的移动速度要比在中心层流中的移动速度慢，因而引起峰形扩展。与此同时，也会有些溶质分子从移动快的层流向移动慢的层流扩散（径向扩散），这会使不同层流中的溶质分子的移动速度趋于一致而减少峰形扩展，如图 8-4 所示。

移动流动相的传质阻力对板高的贡献可表示为：

$$H_{MM} = \omega \frac{d_p^2}{D_M} u \qquad （8-21）$$

式中，ω 为色谱柱的填充因子，柱长较短、内径较粗的柱子 ω 数值较小。

5. 滞留流动相的传质阻力（the resistance to mass transfer in the stagnant mobile phase）项 H_{SM}

柱中装填的无定形或球形全多孔固定相，其颗粒内部的孔洞充满了滞留流动相，溶质分子在滞留流动相的扩散会产生传质阻力。对仅扩散到孔洞中滞留流动相表层的溶质分子，其仅需移动很短的距离就能很快地返回到颗粒间流动相的主流路，而扩散到孔洞中滞留流动相较深处的溶质分子就会消耗更多的时间停留在孔洞中，当其返回到主流路时必然伴随谱带的扩展，如图 8-5 所示。

滞留流动相的传质阻力对板高的贡献可表示为：

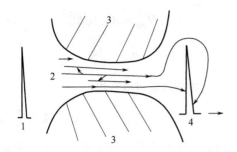

图 8-4　移动流动相的传质阻力
引起的色谱峰形的扩展

1—进样后的起始峰形；2—移动流动相在固定相
颗粒间构成的层流；3—固定相基体；4—样品移
出色谱柱时的峰形

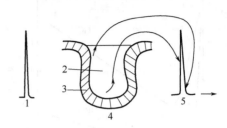

图 8-5　滞留流动相的传质阻力
引起的色谱峰形的扩展

1—进样后的起始峰形；2—滞留流动相；
3—固定液膜；4—固定相基体；5—样品
移出色谱柱时的峰形

$$H_{SM} = \frac{(1-\Phi+k')^2}{30(1-\Phi)(1+k')^2} \times \frac{d_p^2}{\gamma_0 D_M} u \qquad (8-22)$$

式中，Φ 为孔洞中滞留流动相在总流动相中占有的百分数；γ_0 为颗粒内部孔洞的弯曲因子。

二、范第姆特方程式的表达及图示

速率理论从动力学观点出发，依据基本的实验事实研究各种色谱操作条件（液体流动相的性质及流速、固定相基体的粒径、固定液的液膜厚度、色谱柱填充的均匀程度、固定相的总孔率等）对理论塔板高度的影响，从而解释在色谱柱中色谱峰形扩展的原因。前述影响色谱峰形扩展的各种因素，可用 Van Deemter 方程式表达。

在高效液相色谱中，对液液分配色谱，其范第姆特方程式的完整表达为：

$$H = 2\lambda d_p + \frac{2\gamma D_M}{u} + q \frac{k'}{(1+k')^2} \times \frac{d_f^2}{D_L} u + \omega \frac{d_p^2}{D_M} u + \frac{(1-\Phi+k')^2}{30(1-\Phi)(1+k')^2} \times \frac{d_p^2}{\gamma_0 D_M} u$$

由上式可看出，d_p、d_f、u、λ、γ_0、q、ω 值愈小，D_L、D_M 愈大时，H 值愈小，可获高柱效。

它的简化表达式为：
$$H = A + \frac{B}{u} + Cu \qquad (8-23)$$

将 H 只对 u 作图，也可绘出和气相色谱相似的曲线，但与气相色谱的 H-u 曲线具有明显的不同点，见图 8-6。

在高效液相色谱中，由于使用了全多孔微粒固定相，以及溶质在液体流动相的扩散系数很小，其在 H-u 曲线的最低点远远低于气相色谱，此最低点对应的最低理论塔板高度 $H_{\min}$ 和最佳线速 U_{opt} 可按下式计算：

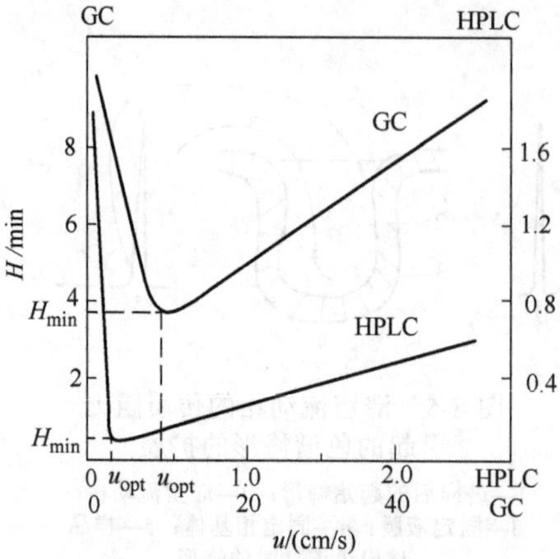

图 8-6 高效液相色谱（HPLC）和气相色谱（GC）的 $H\text{-}u$ 曲线比较

$$H_{\min} = A + 2\sqrt{BC}$$

$$u_{opt} = \sqrt{\frac{B}{C}}$$

由图 8-6 可以看出：

① 当 $u < u_{opt}$ 时，分子扩散项 $\frac{B}{u}$ 对板高起主要作用，涡流扩散项 A 对板高起次要作用。即液体流动相线速愈小，理论塔板高度 H 增加愈快，柱效愈低。

② 当 $u > u_{opt}$ 时，传质阻力项 Cu 对板高起主要作用，涡流扩散项 A 对板高的贡献也不可忽略。即随液体流动相线速增大，板高 H 也增大，使柱效下降，但其变化十分缓慢。

③ 当 $u = u_{opt}$ 时，分子扩散项对板高的贡献可以忽略，主要是涡流扩散项和较小的传质阻力项提供对板高的贡献。

由低的 $H_{\min}$ 值可看出 HPLC 色谱柱要比 GC 的填充柱具有更高的柱效。由低的 u_{opt} 值可看出 $H\text{-}u$ 曲线具有平稳的斜率，表明采用高的液体流动相流速时，色谱柱效无明显的损失，这也为 HPLC 的快速分离奠定了基础。

第三节 诺克斯方程式[1~5]

在高效液相色谱发展过程，早期多使用 37～55μm 的薄壳型固定相，后又发展了 5～10μm 无定形或球形全多孔固定相，现又发展了 3～5μm 球形非多孔固定相。由于固定相粒度的差异，制备出的色谱柱性能呈现明显的不同，为了在相同条件下比较不同粒度固定相填充的色谱柱的性能，Giddings 首先提出了描述色谱柱性能的折合参数的概念。Knox 使用折合参数提出了和范第姆特方程式相似的诺克斯方程式，进一步阐明影响色谱峰形扩展的因素，并用于比较、判断不同粒度固定相填充的色谱柱性能的优劣。

一、描述色谱柱性能的折合参数

折合参数概念的提出，是为了对由不同粒度固定相填充的色谱柱的性能用统一的参数来比较，从而抵消由于粒度不同带来的影响，并扩大折合参数的通用性。

基汀斯提出的无量纲折合参数有折合柱长 λ、折合理论塔板高度 h、折合线速 ν 及适用于微型柱的折合柱径 ζ（直径），其定义如下：

折合柱长 $\qquad\qquad\qquad \lambda = \dfrac{L}{d_p}$ （8-24）

折合理论塔板高度 $\qquad\qquad h = \dfrac{H}{d_p}$ （8-25）

折合线速 $\qquad\qquad\qquad \nu = \dfrac{ud_p}{D_M}$ （8-26）

折合柱径 $\qquad\qquad\qquad \zeta = \dfrac{d_c}{d_p}$ （8-27）

在上述折合参数中 λ、h、ζ 是将柱长 L、理论塔板高度 H 和柱内直径 d_c，用填充固定相颗粒的平均粒度 d_p 求归一化。而 ν 则表示流动相在柱内的平均线速度 u 与流动相在颗粒内扩散线速度（D_M / d_p）的比值，即用流动相在颗粒内的扩散线速度对 u 进行归一化。

$$\nu = \frac{ud_p}{D_M} = \frac{u}{\dfrac{D_M}{d_p}} = \frac{L}{t_M} \times \frac{d_p}{D_M} = \frac{\lambda d_p^2}{t_M D_M}$$

上述四个折合参数的概念十分重要，它提供可用统一的参数来比较由不同粒度固定相所填充色谱柱的性能。

二、诺克斯方程式

诺克斯采用上述折合参数的概念，提出了和范第姆特方程式相似的诺克斯方程式，指出色谱柱的折合理论塔板高度是由涡流扩散、分子扩散和传质阻力三方面因素提供的，可表达为：

$$h \;=\; h_f \;+\; h_d \;+\; h_m \qquad\qquad （8\text{-}28）$$
$$\text{涡流扩散　分子扩散　传质阻力}$$

1. 涡流扩散项 h_f

$$h_f = A\nu^{1/3}$$

式中，ν 为折合线速；A 为常数，反映柱填充的均匀程度。好的色谱柱，A 值为 0.3～1.0；差的色谱柱，A 值为 2～5。

2. 分子扩散项 h_d

$$h_d = \frac{2D_{eff}(1+k')}{ud_p}$$

式中，D_{eff} 为有效扩散系数。

$$D_{eff} = \frac{\gamma D_M}{1+k'} + \frac{k'\gamma_0 D_L}{1+k'}$$

式中，γ 为色谱柱内颗粒间的弯曲因子；γ_0 为柱中全多孔颗粒内的弯曲因子；D_M、D_L 分别为溶质在流动相、固定相中的扩散系数。

因此：

$$h_d = \frac{2\gamma D_M + 2\gamma_0 D_L k'}{u d_p} = \left(2\gamma + 2\gamma_0 k' \frac{D_L}{D_M}\right)\frac{D_M}{u d_p} = \frac{2\gamma + 2\gamma_0 k' \dfrac{D_L}{D_M}}{\nu} = \frac{B}{\nu}$$

对每种确定的溶质，其 B 值为 1.5～2.0，但 B 值会随 k' 的变化而改变。

3. 传质阻力项 h_m

$$h_m = q\frac{k'}{(1+k')^2} \times \frac{D_M}{D_L}\nu = \frac{1}{30} \times \frac{k'}{(1+k')^2} \times \frac{D_M}{D_L}\nu = C\nu$$

式中，q 是构型因子，约为 $\dfrac{1}{30}$，对确定的溶质，C 值为 0.01～0.3。

4. 诺克斯方程式的简化表达式

$$h = A\nu^{1/3} + \frac{B}{\nu} + C\nu \qquad (8\text{-}29)$$

式中，A、B、C 为常数，取对数后，绘制 $\lg h$-$\lg \nu$ 曲线，如图 8-7 所示。

由图 8-7 可以看到：在低的 ν 值时，$\dfrac{B}{\nu}$ 项起主要作用；在高的 ν 值时，$C\nu$ 项起主要作用；在中间的 ν 值时，$A\nu^{1/3}$ 项起主要作用。

诺克斯方程式的重要特点在于，当用同种材料、不同粒度的固定相装填色谱柱时，通过绘制 h-ν 图，可获相似的曲线，并可在相同的基点上比较不同粒度色谱柱的性能，对色谱柱性能的优劣做出判断（如图 8-8 所示）。

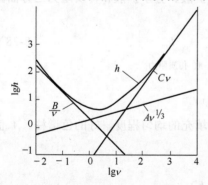

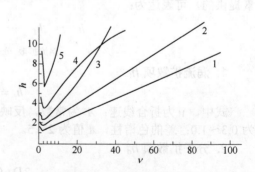

图 8-7　$\lg h$-$\lg \nu$ 曲线（A=1，B=2，C=0.1）

图 8-8　h-ν 曲线（B=1.5）
1—A=1，C=0.01；2—A=1，C=0.03；3—A=1，C=0.1；
4—A=2，C=0.03；5—A=4，C=0.03

由图 8-8 可看出，对曲线 1、2、3，其 A、B 值皆相同，随 C 值的增大，h-ν 曲线后部的斜率增大，表明其传质阻力增大。对曲线 2、4、5，其 B、C 值相同，随 A 值的增加，h-ν 曲线的最低点上升，表明涡流扩散增大，柱填充的均匀性变差。

通常可由 h-ν 曲线做出如下判断：

① ν=5 时，若 h>3，可推测此色谱柱的填充均匀性较差。

② ν=100 时，若 h>10，可推断此色谱柱具有差的质量传递特性。

三、诺克斯方程式在表面多孔粒子（SPP）填充色谱柱中的应用[6]

2012 年，Gritti 和 Guiochon 为说明用 2.7μm 表面多孔粒子（SPP）填充 100mm× 4.6mm 色谱柱时，可提供相当于 1.7μm 全多孔粒子（TPP）填充 100mm×2.1mm 色谱柱的柱效，并可在 1.7μm 全多孔粒子填充柱的 2/3 柱压下操作的合理解释，他们使用 2.6μm Kinetax 表面多孔粒子和 2.5μm Luna 全多孔粒子（或 3.0μm Atlants 全多孔粒子）填充在同样的 100mm×4.6mm 的色谱柱中，以萘（k'=3.0）为实验溶质，用乙腈（65%）-水（35%）溶液作流动相进行了两种色谱柱的折合板高（h）的测定，并提出了两个新的参数，一个为 ρ：表示 SPP 粒子中固体核对粒子粒径的比值；另一个为 Ω：表示溶质分子在 SPP 表面多孔层的分子扩散对在整个固定相颗粒上分子扩散的比值。

如对表面多孔粒子（SPP）ρ=0.73，对全多孔粒子（TPP）ρ=0，对非多孔粒子（NPP）ρ=1.0；另如，对 NPP，Ω=0，对 TPP，Ω=1.0，对 SPP，Ω=0.01～0.99。

他们通过实验测定了折合板高 h 方程式中的 A、B、C 数值，结果为：

	A	B	C
对 SPP 粒子柱	1.5（ν=20）	4.2	0.0037
对 TPP 粒子柱	2.5（ν=20）	6.2	0.0084

从而获得不同于以往公认的一些结论：

① 在折合板高的方程式中，传质阻力项中，C 对折合板高 h 的贡献最小。

② 在折合板高 h 方程式中，分子扩散项中，B 对折合板高 h 的贡献最大。

③ 在折合板高 h 方程式中，涡流扩散项中，在低折合线速 ν=0～15 范围，A 值随 ν 增加而加大，当 ν=20 时，A 值为常数，并且 A 值的大小与柱填充粒子的粒子尺寸分布（particle size distribution，PSD）的宽窄无关。

④ 对 SPP 粒子，在折合板高方程式中的 A、B、C 数值皆低于 TPP 粒子在折合板高方程式中的 A、B、C 数值，因而，可较好地解释用 SPP 粒子填充的色谱柱可获得较高柱效的原因。

在分离效能上，SPP 优于 TPP，可用一个含 13 种麻醉药、消炎镇痛药、抗抑郁药和 β-受体阻滞剂在亚-2μm TPP 柱和在亚-3μm SPP 柱的分离谱图予以说明，见图 8-9。

2009 年已制备了粒径 1.7μm、核径对粒径比值 ρ=0.73 的亚-2μm 的 SPP 色谱柱，提供最低 HETP 值在 2.6～4.3μm，并对肽进行了十分有效的分离。

2008 年 Desmet 等提出了应用于 2.7～5.0μm 表面多孔粒子的折合板高方程式[7,8]：

$$h = h_A + h_B + h_{Cm} + h_{CS} \tag{8-30}$$

式中，h_A 为涡流扩散的贡献；h_B 为分子扩散的贡献；h_{Cm} 和 h_{CS} 分别为在流动相和固定相质量传递的贡献，并对影响 h_B 和 h_{Cm}、h_{CS} 的各种因素进行了详细的讨论。

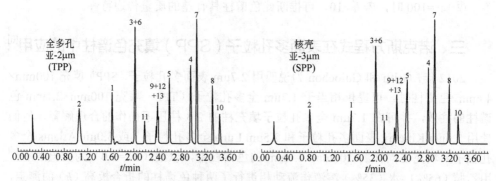

图 8-9　亚-3μm SPP 柱与亚-2μm TPP 柱分离性能的比较

（13 种药物化合物的快速分离）

色谱柱：亚-2μm TPP：50mm×2.1mm，1.7μm ACQUITY BEH（Waters），40℃

亚-3μm SPP：50mm×2.1mm，2.6μm Kinetex C$_{18}$（Phonomenex），40℃

流动相：A，20mmol/L 磷酸盐缓冲溶液（pH=6.85），B，乙腈

梯度程序：5%乙腈 $\xrightarrow{1min}$ 5%乙腈 $\xrightarrow{3min}$ 95%乙腈；流速：500μL/min

进样量：2μL；检测器：UVD（230nm）

色谱峰：1—吗啡；2—阿替洛尔；3—可待因；4—利多卡因盐酸盐；5—丙胺卡因；6—醋丁洛尔；7—安非他酮；8—布比卡因；9—普萘洛尔；10—曲米帕明；11—酮洛芬；12—氟比洛芬；13—布洛芬

2014 年 Guiochon 等也提出应用于 1.6μm 表面多孔粒子的折合板高方程式[9, 10]：

$$h = A(v) + \frac{B}{v} + C_p v \qquad (8\text{-}31)$$

式中，A 为涡流扩散项系数；B 为分子扩散项系数；C_p 为液-固传质阻力项的系数，并对影响 B 和 C_p 的各种因素进行了扼要的讨论。

Desmet 和 Guiochen 对表面多孔粒子折合板高方程式的表达，进一步从理论上阐明了 SPP 粒子具有高柱效的内在原因。

2013 年、2014 年 Dong、Fekete 和 Guillarme 的研究论文[11,12]中也指出，对由 SPP 粒子填充的色谱柱，由于固体核的存在，溶质在柱中的扩散直接依赖于 ρ 值，当 ρ =0.63 时，在分子扩散项的 B 值比全多孔粒子 TPP 填充色谱柱的低 30%，这种 B 值的降低会增加 10%的总柱效。用 SPP 粒子与 TPP 粒子比较，由 SPP 填充色谱柱的折合板高 h 比 TPP 填充色谱柱的折合板高 h 低 40%～60%。还指出，对涡流扩散项，由 SPP 填充的色谱柱其 A 值比 TPP 柱明显低 30%～40%。他们仍解释为由于 SPP 粒子较窄的粒子尺寸分布，SPP 的 PSD（5%）优于 TPP 较宽的 PSD（约 20%），还推测可能是由 SPP 粒子比 TPP 粒子具有更粗糙的表面所致。

第四节 色谱柱的操作参数、"无限直径"效应和柱外效应

一、三个柱操作参数的表达式

色谱柱的分离性能优劣，是由构成色谱柱的固定相的粒度、色谱柱的柱长及由色谱柱内径和填充状况产生的柱压力降三个柱操作参数来决定的。

由达西方程式、折合参数和保留时间可导出 d_p、L、和 Δp 的下述多种形式的表达式：

$$d_p = \sqrt{\frac{K_F}{k_0}} = \sqrt{\frac{\eta L u}{k_0 \Delta p}} = \sqrt{\frac{\eta L u \varphi}{\Delta p}}$$

$$= \sqrt{\frac{\eta \lambda \nu D_M \varphi}{\Delta p}} = \sqrt{\frac{\eta N h \nu D_M \varphi}{\Delta p}}$$

$$d_p = \sqrt{\frac{\eta L^2 \varphi}{t_R \Delta p}(1+k')} = \sqrt{\frac{t_R \nu D_M}{N h (1+k')}}$$

$$L = \sqrt{\frac{d_p^2 t_R \Delta p}{\eta \varphi (1+k')}} = \sqrt{\frac{N t_R h \nu D_M}{(1+k')}}$$

$$\Delta p = \frac{\eta L u}{k_0 d_p^2} = \frac{\eta L u \varphi}{d_p^2} = \frac{\eta \lambda \nu D_M \varphi}{d_p^2} = \frac{\eta N h \nu D_M \varphi}{d_p^2} = \frac{\eta L u}{K_F}$$

$$\Delta p = \frac{\eta L^2 \varphi}{t_R d_p^2}(1+k') = \frac{\eta N^2 h^2 \varphi}{t_R d_p^2}(1+k') = \frac{\eta N^2 h^2}{t_R K_F}(1+k')\left(K_F = \frac{d_p^2}{\varphi}\right)$$

这三个柱操作参数也决定了样品中任一组分的保留时间 t_R 和死时间 t_M：

$$t_R = \frac{\eta L^2 \varphi}{d_p^2 \Delta p}(1+k') = \frac{\eta}{\Delta p} \times \frac{N^2 H^2}{K_F}(1+k')$$

$$t_M = \frac{\eta L^2 \varphi}{\Delta p d_p^2} = \frac{\eta}{\Delta p} \times \frac{N^2 H^2}{K_F}$$

二、"无限直径"效应

在速率理论中已经指出，由于高效液相色谱柱装填了 $5 \sim 10\mu m$ 的微粒固定相，并且溶质在液体流动相中的扩散系数很小（$D_M = 10^{-5} cm^2/s$），当溶质以点进样方式注入色谱柱后，溶质在色谱柱中的分子扩散很小，因而产生从样品注入柱中心起直至样品离开柱的整个分离过程中样品分子不接触柱内壁的现象，即产生可保持高柱效的"无限直径"效应（infinite diameter effect）。

"无限直径"效应产生的原因是溶质注入柱中心点后，在流动相驱动下沿纵向运行的同时，产生非常慢的径向扩散。诺克斯提出了描述因径向扩散产生径向峰宽 w_r 的方程式：

$$w_r^2 = 2.4d_p z + \frac{32D_M}{u}z + w_i^2$$

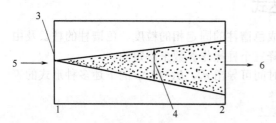

图 8-10 "无限直径"效应产生的径向峰宽
1—柱入口；2—柱出口；3—点进样；4—径向峰宽；
5—流动相；6—纵向运行

式中，z 为溶质沿柱方向运行的长度，即柱长 L；w_i 为进样延迟引起的谱带扩展的初始宽度。

上式中第一项是溶质沿柱纵向运行时产生的涡流扩散，第二项是溶质沿柱径向产生的分子扩散。图 8-10 为"无限直径"效应产生径向峰宽的示意图。

由"无限直径"效应产生的径向峰宽可用下述实例加以说明。

例如，L=100mm；d_p=5μm；w_i=2.5mm（10μL 注射器）；u=5mm/s；D_M=3×10^{-3}mm/s

$$w_r^2 = [2.4\times(5\times10^{-3})\times10^2 + \frac{32\times3\times10^{-3}}{5}\times10^2 + 2.5^2]\,mm^2$$

$$w_r = 3.1mm$$

此例中，溶质迁移 100mm 后，径向峰宽为 3.1mm，如若 d_p=10μm，径向峰宽增大至 w_r=3.25mm。由此可知，只要色谱柱的内径 $d_c > w_r$，并保持柱内固定相填充均匀，溶质在柱内的纵向运行过程就永远不能达到管壁，此时由于"无限直径"效应的存在，可保持高柱效，这时色谱柱内径 d_c=4mm 就可以了。

实际分析时不可能完全实现中心注射的点进样，因此在选用色谱柱内径时，应留有余地，为此当使用 5～10μm 固定相时，d_c 选用 5～7mm 更可稳妥。同时若使用柱长 L=100mm、柱内径 d_c=2mm 的色谱柱，充填 d_p=5～10μm 的固定相，可能会获得最差的柱效和最差的分离效果。

表 8-3 列出了使用不同内径（d_c）的色谱柱，填充不同粒度（d_p）的固定相，使用 10μL 或 1μL 注射器向色谱柱进行点进样时，可以保持"无限直径"效应存在的最大柱长。此表列出数据的条件是：在柱出口处 $w_r = d_c - 1$（mm）；因进样引起谱带扩展的初始宽度 w_i=2.5mm（10μL 注射器），w_i=1mm（1μL 注射器）；流动相的平均线速 u=5mm/s；溶质的扩散系数 D_M=3×10^{-3}mm^2/s。

由表 8-3 可看到，对 5μm 固定相，使用柱内径 d_c 为 4.6mm 的色谱柱，柱长 L 从 100mm 到 250mm，都可保持"无限直径"效应，Δp 在 10.0MPa 以下，柱效 N 可达 5×10^3 塔板/m 以上。对 3μm 固定相，使用柱内径 d_c 为 2～3mm 的色谱柱，柱长从 100～150mm，都可保持"无限直径"效应，且柱效 N 可达 1×10^4 塔板/m 以上水平。

表 8-3 保持"无限直径"效应的最大柱长

柱内径 d_c/mm	注射器体积 /μL	柱长/mm		
		固定相粒度 5μm	固定相粒度 3μm	固定相粒度亚-2μm
5	10 1	100～200	100～150	—
3	10 1	100～150	100～150	50～100
2	10 1	—	50～100	10～50

Laird 等已证明当溶质达到柱内壁时，柱效显著下降，会丧失"无限直径"效应，塔板高度可增大 2～3 倍。

三、柱外效应

柱外效应（extra-column effect）系指由色谱柱以外的因素引起的色谱峰形扩展的效应。柱外因素常指从进样口到检测池之间，除色谱柱以外的所有死空间，如进样器（I）、连接管（C）、检测器（D）等的死体积，都会导致色谱峰形加宽、柱效下降。总的柱外效应（OC）引起峰形扩展所提供的方差应为各个独立影响因素提供的方差之和：

$$\sigma_{OC}^2 = \sigma_I^2 + \sigma_C^2 + \sigma_D^2$$

1. 进样器死体积因素引起的峰形扩展的方差

由进样器死体积 V_I 因素引起峰形扩张的方差 σ_I^2 可表示为：

$$\sigma_I^2 = \frac{V_I^2}{12}$$

由 σ_I^2 引起峰形扩展增加 5%时，斯柯特（R. P. W. Scott）推导出塞状进样时的进样体积 V_i 的计算公式：

$$V_i = \frac{1.1 \times V_R}{\sqrt{N}}$$

若进样组分的 $k'=1$，其 $V_R=1.0mL=1000μL$，$N=5\times10^3$ 时，可计算出此时允许的最大进样体积：

$$V_i = \frac{1.1 \times 1000}{\sqrt{5\times10^3}}μL = 15.5μL$$

若保持高柱效 $n=10^4$ 理论塔板/m，则 $V_i=7.07μL$。

2. 毛细管连接管死体积因素引起的峰形扩展的方差

斯柯特推导出由毛细管连接管死体积因素引起的峰形扩展方差 σ_C：

$$\sigma_C^2 = \frac{\pi(d_c')^4 lF}{384D_M}$$

式中，d_c' 为连接管内径，cm；l 为连接管长度，cm；F 为流动相流量，mL/s。当因 σ_C^2 引起的峰形扩散小于 5%时，

$$\sigma_C^2 = \frac{0.1V_R^2}{N}$$

将上述两种表达 σ_C^2 的公式结合，可推导出在上述情况下允许的连接管的最大长度 l。

$$l = \frac{38.4V_R^2 D_M}{\pi(d_c')^4 FN}$$

若使用柱内径 4.6mm，柱长 100mm，填充 d_p=5μm 全多孔固定相的色谱柱，其最佳工作状态时，折合线速 v=5，折合板高 h=3，溶质的 D_M =10⁻⁵cm²/s。可分别求出对应最佳工作状态的 u_{opt}、流动相的 F、t_M，对应 k'=1 组分的 t_R、V_R 及柱效 N。

$$u_{opt} = \frac{vD_M}{d_p} = \frac{5\times10^{-5}}{5\times10^{-4}}\text{ cm/s}=0.1\text{cm/s}=1\text{mm/s}$$

对全多孔柱，$\varepsilon_T = 0.8$，d_c =4.6mm

$$F = u\varepsilon_T\pi r^2 = \frac{1}{4}u\varepsilon_T\pi d_c^2$$

$$= \left(\frac{1}{4}\times1\times0.8\times3.14\times4.6^2\right)\text{mm}^3/\text{s} =13.3\text{mm}^3/\text{s}$$

$$=1.33\times10^{-2}\text{mL/s}$$

$$t_M = \frac{L}{u} = \frac{100}{1}\text{s} = 100\text{s}$$

$$t_R = t_M(1+k') = [100\times(1+1)]\text{s} = 200\text{s}$$

$$V_R = t_R F = (200\times1.33\times10^{-2})\text{mL} =2.66\text{mL}$$

$$N = \frac{L}{H} = \frac{L}{hd_p} = \frac{100\times10^3}{3\times5} =6.67\times10^3$$

若使用 d_c'=2.5×10⁻²cm 的连接管，由上述有关数值可求出所用连接管的最大长度 l。

$$l = \frac{38.4\times2.66^2\times10^{-5}}{3.14\times(2.5\times10^{-2})^4\times(1.33\times10^{-2})\times6.67\times10^3}\text{cm}=24.9\text{cm}$$

上述计算是以 u_{opt} 值为基础的，实际使用的 u 通常稍大于 u_{opt}，因此实际使用的连接管长度要低于上述计算值。

若使用相同柱内径的色谱柱，且增加柱长，则可使用比上述计算值更长的连接管。若使用相同柱长的色谱柱，但柱内径更小，如 d_c=2mm，则只能使用比上述计算值更短的连接管。由此可知，当色谱柱长越短、柱内径越细，或柱内体积越小时，

柱外的连接管应当更短，或采用内径更细的毛细管作连接管，以减小柱外效应。

3. 检测器死体积因素引起的峰形扩展的方差

由检测器的死体积因素引起的峰形扩展的方差 σ_D^2 可表示为：

$$\sigma_D^2 = \frac{V_d^2}{12}$$

式中，V_d 为检测池的体积。通常只要检测池体积小于色谱峰洗脱体积的 1/10（决定于组分的 k' 值），即 $V_d < 0.1 V_R$，检测池死体积产生的柱外峰形扩展就不十分明显。

Martin 提出允许检测池的最大体积为：

$$V_d = \frac{V_R}{\sqrt{N}}$$

当由 σ_D^2 引起的峰形扩展不超过 5% 时，将 V_d 与前述 V_I 比较可得出：

$$V_d = \frac{V_R}{\sqrt{N}} = \frac{V_I}{1.1}$$

进样组分 $k'=1$，$V_R=1.0mL=1000\mu L$，$N=5\times10^3$ 时，可计算出所允许的检测池的最大体积 V_d。

$$V_d = \frac{1000}{\sqrt{5\times10^3}} \mu L = 14.1\mu L$$

通常一般检测池池体积多为 5～10μL，因此由检测池死体积引起的峰形扩展并不明显。但应注意到，当使用小于 5μm 的固定相，或柱长小于 50mm，或柱内径小于 2mm 时，检测池的死体积必须小于或等于 2μL，才会引起较小的柱外峰形扩展。

柱外效应存在的直观标志，可由 k' 值小的组分（如 $k'<3$）的峰形拖尾或峰宽增加而呈现出来，也可通过绘制 $H\text{-}u$ 曲线看出，k' 值小的组分的 $H\text{-}u$ 曲线形状与 k' 值大的组分明显不同。此外，非保留峰的理论塔板高度大于保留峰时也是存在柱外效应的一个标志。通常柱外效应对 k' 值较大的组分影响并不明显，但当使用微填充柱或毛细管柱或柱效愈高时，柱外效应的影响也愈显著。

在高效液相色谱分析中，"无限直径"效应的存在是获得高柱效的有利因素，而柱外效应却是引起色谱峰形扩展、降低柱效的不利因素。充分了解这两种相反效应的产生原因和影响因素，会利于保持色谱柱的高柱效并获得理想的分离效果。

第五节　分离阻抗和动力学图

一、分离阻抗

由于构成色谱柱的种类繁多，它们可具有不同的柱内径与柱长，可用不同粒度的固定相填充。为了评价不同色谱柱的分离能力，必须确定适当的评价标准。若仅用简单的理论塔板高度来测量是不完全的，因为塔板理论是描述样品分子在色谱柱内运行时，引起样品组分谱带扩张的各种因素，它并未表达由于仪器对色谱柱的压力限制产生的流路阻力对色谱峰形的影响。

1977 年由 Bristow 和 Knox 首先引入分离阻抗 E（separation impedance）[13]，定义为：

$$E = \frac{t_M \Delta p}{N^2 \eta} \tag{8-32}$$

它与色谱柱的性能参数密切相关，其中 t_M 为死时间；Δp 为柱压力降；N 为理论塔板数；η 为流动相的黏度。

由理论塔板高度 $H\left(H = \dfrac{L}{N}\right)$、折合理论塔板高度 h、柱渗透率 $K_F\left(K_F = \dfrac{u \eta L}{\Delta p}\right)$、柱阻抗因子 $\varphi\left(\varphi = \dfrac{d_p^2}{K_F}\right)$，可导出 E 和 H、h、K_F 及 φ 的关系式：

$$E = \frac{H^2}{K_F} = h^2 \varphi \tag{8-33}$$

由式（8-33）可看出，用分离阻抗 E 评价色谱柱的分离性能比仅用 H 或 h 更有意义，它不仅可用于回答充满固定相粒子的柱子有多大效率，更重要的是它可帮助设计一个具有某种固定相构型的色谱柱，以获取高柱效，这也表明色谱柱因构型不同产生的阻力，对色谱柱的渗透率，即色谱柱的动力学特性，有重要的影响。如欲设计一个具有高 E 值的色谱柱，其必与一个大的 φ 值相对应，这可借助在色谱柱的填料中，用一种含高比例细微粒子的填料充填在色谱柱的末端来实现。现在高速发展的超高压液相色谱（UHPLC）技术就是借助在色谱柱中填充亚-2μm 微小的固定相粒子，使色谱柱的柱阻抗因子 φ 值很大，柱渗透率 K_F 很小来实现的。

二、动力学图

2005 年 Desmet 等提出了动力学图（kinetic plots），它可看作是对分离阻抗 E 概念的一种形象化的表达方式，也直观地表达了任何色谱柱的动力学特性[14~20]。

在传统的 H-u 图中不含有任何流路阻力或柱渗透性的信息，通过 E 的定义式可将 H-u 图转换成 E-u 图，见图 8-11。

但从图 8-11（b）可看到，E 随 u 改变，仅是一种量纲测量，由图中不能告知为实现 1 万或 2 万板数所需的时间和柱长，不能直接提供动力学信息。

为了表达色谱柱的动力学特性，必须进行坐标转换，即将 x 轴坐标由线速 u 转换成能够表达受到柱压力降 Δp 限制的柱板数（N），由 H-N 或 E-N 图就可很容易地表达色谱柱的动力学特性。

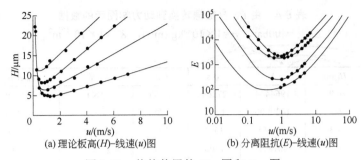

(a) 理论板高(H)-线速(u)图   (b) 分离阻抗(E)-线速(u)图

图 8-11   传统使用的 $H\text{-}u$ 图和 $E\text{-}u$ 图

为此 Desmet 等由分离阻抗 E 概念起始，导出以下一系列公式：

首先由描述色谱柱压力降 Δp 的方程直接获得：

$$u = \frac{\Delta p}{\eta} \times \frac{K_{\mathrm{F}}}{L} \qquad (8\text{-}34)$$

已知 $L=NH$，

$$N = \frac{\Delta p}{\eta} \times \frac{K_{\mathrm{F}}}{uH} \qquad (8\text{-}35)$$

已知 $t_{\mathrm{M}} = \dfrac{L}{u}$，

$$t_{\mathrm{M}} = \frac{\Delta p}{\eta} \times \frac{K_{\mathrm{F}}}{u^2} \qquad (8\text{-}36)$$

由 E 定义式：

$$E = \frac{\Delta p}{\eta} \times \frac{t_{\mathrm{M}}}{N^2} \qquad (8\text{-}37)$$

导出

$$t_{\mathrm{M}} = \frac{\eta}{\Delta p} E N^2 \qquad (8\text{-}38)$$

由上述各式都可看到，u、N、t_{M}、E 都与表达色谱柱动力学特性的 $\Delta p / \eta$ 比值相关，而 Δp 就是限制色谱柱理论板数 N 的重要因素。因而若将理论板数 N 作为自变量，分别绘制 $t_{\mathrm{M}}\text{-}N$ 曲线、$t_{\mathrm{M}}/N\text{-}N$ 曲线、$t_{\mathrm{M}}/N^2\text{-}N$ 曲线或 $E\text{-}N$ 曲线，就可表达出色谱柱对应某特定理论塔板数 N 时所需的死时间 t_{M}，和达到单位板数（t_{M}/N）时所需的死时间，及应具有的分离阻抗 E 或与 E 具有相当维度的比值 t_{M}/N^2：

$$t_{\mathrm{M}}/N^2 = \frac{\eta}{\Delta p} E \qquad (8\text{-}39)$$

动力学图的绘制是十分容易的，当色谱柱的 Δp、η 和 K_{F} 确定后，就可将一系列的由实验获得 u、H 数据，用前述相关的计算公式和相关计算程序转换成 t_{M}、t_{M}/N、t_{M}/N^2 和 E，并建立直接绘制动力学图的相关数据，如表 8-4 所示。

1. $t_{\mathrm{M}}\text{-}N$ 图

由 $t_{\mathrm{M}}\text{-}N$ 图可直接显示对具有一定几何构型固定相填充的色谱柱，它实现快速分离时所对应理论板数 N 的范围，并可对不同的色谱柱进行比较，判定既实现快速分离，又具有最高柱效的色谱性，见图 8-12。

表 8-4 由 u、H 数据转换到动力学图示的数据

已知： $\Delta p_{max} = 400\text{bar}$， $\eta = 1 \times 10^{-3}\text{kg/(m·s)}$， $K_F = 1 \times 10^{-12}\text{m}^2$

u/(mm/s)	H/μm	N	t_M/s	L/m	t_M/N/s	t_M/N^2/s	E
0.5	6.9	1964444	27200	13.60	1.38×10^{-2}	7.05×10^{-9}	282
1.0	6.7	1020000	6800	6.80	6.67×10^{-3}	6.54×10^{-9}	261
1.5	7.3	620351	3022	4.53	4.87×10^{-3}	7.85×10^{-9}	314
2.0	8.5	401818	1700	3.40	4.23×10^{-3}	1.05×10^{-8}	421
3.0	9.7	233581	762	2.28	3.26×10^{-3}	1.40×10^{-8}	558
4.0	12.3	138125	425	1.70	3.08×10^{-3}	2.23×10^{-8}	891
4.7	13.1	109897	304	1.44	2.76×10^{-3}	2.51×10^{-8}	1006

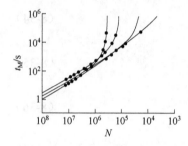

图 8-12 死时间(t_M)-板数(N) 动力学图

此图的优点是不需要预先知道色谱柱填充固定相的几何构型（即为 TPP、SPP 或 NPP）和所用色谱柱的长度，因为当依据折合板高 h 和柱阻抗因子 φ 来比较不同色谱柱的分离性能时，如何选择一个通用的色谱柱长度 L 是不易确定的。

2. E-N 图或 t_M/N^2-N 图

因为 E 和 t_M/N^2 二者只相差一个常数 $\eta / \Delta p$，因此显示的图形是相似的，仅 y 坐标的单位不同，显然 E-N 图比 t_M/N^2-N 图更完美。在图中与每根色谱柱对应的曲线都有一个最低点对应一个最佳板数 N_{opt}，并对应一个最小的分离阻抗 E_{min}，如对一个普通填充柱，其 E_{min} 约为 2000，而对一根整体柱，E_{min} 为 200～400。因此由 E_{min} 就充分表达了色谱柱内因固定相几何构型不同而引起的差异，见图 8-13。

N_{opt} 是在与 H-u 曲线同样的 u_{opt} 值下达到的，它可被认为是色谱柱达到实现最完美的动力学性能和最低柱压力降消耗的最佳性价比。

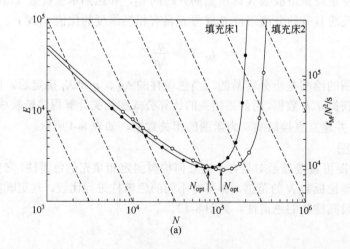

(a)

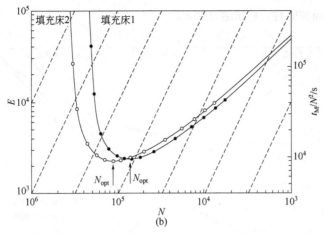

图 8-13　分离阻抗（E）（或 t_M/N^2）-板数（N）动力学图

（a）N 由小到大；（b）N 由大到小

E-N 图或 t_M/N^2-N 图的另一个特点是图中具有互相平行的斜线，它们是 Knox 和 Saleem 限度，这些线是对具有同样几何形态结构，但具有不同尺寸的固定相，它们全部具有的动力学优化工作点的连线。它可将具有相似结构的一系列固定相归属到同一组中。如果发现两根曲线位于相近的平行斜线区内，但它们具有不同的最低点，就可作为对两根色谱柱显示固定相填充均匀程度差别的标志，此时，N_{opt} 数值愈大，表示柱填充的均匀度愈好。

N_{opt} 是比 u_{opt} 更优的显示固定相动力学潜力的最佳量，是固定相实现它的板压消耗超过板数生成速度时，所对应最小比值的板数。

应注意，使用 E-N 图时，进行比较的色谱柱应用相同的压力降，如 Δp 为 400bar，它不允许使用不同的压力体系进行比较。

此外还应注意 E-N 和 t_M/N^2-N 图中，x 轴 N 值变化的方向，它是由起点逐渐增大，还是减小，注意所获曲线的形状差别。

3. t_M/N-N 图

t_M/N-N 图是 1997 年由 Poppe 首先引入的，又称"Poppe 图"见图 8-14[16]。t_M/N 的含义是色谱柱产生每一块理论塔板数时所对应的分析时间[17]。

图 8-15 中以十肽作探针，测定板数时，对 1.3μm、1.7μm、2.6μm SPP 粒子，填充到 50mm×2.1mm 色谱柱，在 Waters ACQUITY UPLC™ 1-Class 仪器系统进行测定；对 5.0μm SPP 粒子，填充到 150mm×4.6mm 色谱柱，在 Waters Breeze™ HPLC 仪器系统进行测定。

对 1.3μm 和 1.7μm SPP 柱,柱压达 1000bar,

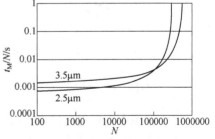

图 8-14　由 d_p=2.5μm 和 3.5μm 填充的色谱柱获得的 t_M/N-N 动力学图

对 2.6μm、5.0μm SPP 柱，柱压达 600bar。

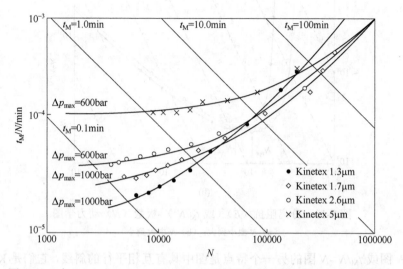

图 8-15　由 1.3μm、1.7μm、2.6μm SPP 粒子填充 50mm×2.1mm 色谱柱，
5.0μm SPP 粒子填充 150mm×4.6mm 色谱柱，以十肽作实验物探针测定的
t_M/N-N 动力学图（$1bar=10^5Pa$）

两种仪器皆用 UVD 检测。

此图显示这些柱子皆达到最大柱效时的理论分离速度，对 1.3μm 柱，当理论板数 $N<45000$ 时，可实现最快速的分离。

4. 其他动力学图

（1）L-N 图和 H-N 图　在动力学图系列中，还可绘出 L-N 图和 H-N 图，见图 8-16。

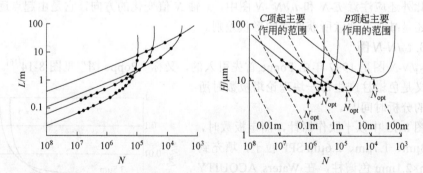

图 8-16　柱长（L）-板数（N）动力学图和板高（H）-板数（N）动力学图

在 L-N 图中可获得对应最大板数（N_{max}）时所需的柱长。

在 H-N 图中可获得对应最佳板数（N_{opt}）时所对应的板高。

（2）t_R-N 图　以 t_R 替代 t_M 可绘制 t_R-N 图，见图 8-17 和图 8-18。

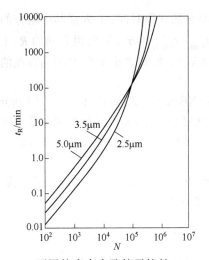 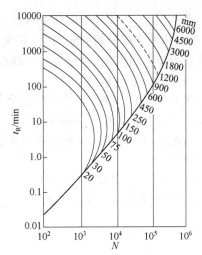

图 8-17　不同粒度全多孔粒子柱长 150mm 时的保留时间（t_R）-板数（N）动力学图　　图 8-18　5μm 粒子在不同长度色谱柱中的保留时间（t_R）-板数（N）动力学图

（3）t_R-n_p 图　n_p 是在色谱图中显现的色谱峰数目（number of peak，n_p），即峰容量。如果用已知 t_M-N 图中的数据，并选择最大的、实际可能存在的容量因子 k'，可同样很直接地转换 N 值成为一系列等度分离的峰容量（峰数），见图 8-19（a）。

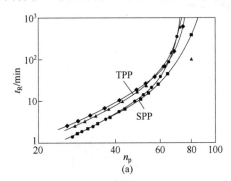 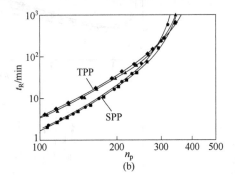

图 8-19　t_R-n_p 图

（a）等度洗脱；（b）梯度洗脱

TPP 柱：◆XBridge（3.5μm），▲ACE（3.0μm）；SPP 柱：●Kinetex（2.6μm），■HALO（2.7μm）；仪器：Agilent1290，二元高压梯度，UVD：210nm，V_L=1μL；光程：10mm（DAD），滞留体积 V_D=120μL，t_G/t_M=12

样品：尿嘧啶作 t_M 标志，二苯并噻吩亚砜测柱效，流动相：ACN/H$_2$O=50：50

$$n_p = \frac{1+\sqrt{N}}{4\ln(1+k')} \tag{8-40}$$

因而可由从 N 转换获得的 n_p 值直接绘制 t_R-n_p 图，可以表达对一个给定的固定相，作为所需分析时间（t_R）的一种函数，其可以产生的等度洗脱时的最大峰容量（n_p）。

适用于等度洗脱和梯度洗脱的计算 n_p 的通用方程式为：

$$n_p = 1 + \sum_{i=1}^{n} \frac{t_{R(i)} - t_{R(i-1)}}{4\sigma_{t(i)}} \tag{8-41}$$

　　式中，$\sigma_{t(i)}$ 为色谱峰的标准偏差；$t_{R(i)}$ 为组分的保留时间；n 为样品中组分的个数。对任何两个组分间的分离度，定义为 $R = [t_{R(i)} - t_{R(i-1)}]/4\sigma_t$，若两组分间的 $R = 1.0$，则峰宽为 $4\sigma_t$，因而清楚地表达了峰容量 n_p 的含义，即与理论板数 N 相当存在的色谱峰的个数，见图 8-19（b）。

　　图 8-19（a）、（b）表达了两种全多孔粒子 XBridge（3.5μm）和 ACE（3.0μm）柱及两种表面多孔粒子 Kinetex（2.6μm）和 HALO（2.7μm）柱在等度洗脱与梯度洗脱情况下的 t_R-n_p 图，从图中可清楚看到梯度洗脱获得的峰容量远高于等度洗脱时的峰容量。

　　（4）E_{eff}-N_{eff} 图或 t_R/N_{eff}^2-N_{eff} 图　用有效板数 N_{eff} 取代板数 N，用有效分离阻抗 E_{eff} 取代分离阻抗 E，就可绘出 E_{eff}-N_{eff} 图（见图 8-20）。

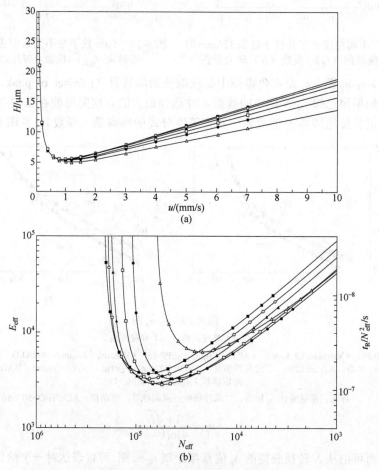

图 8-20　由 H-u 曲线数据转换成的 E_{eff}-N_{eff} 动力学图

（a）H-u 曲线；（b）E_{eff}-N_{eff} 动力学图

（计算使用的相关参数为：d_p=3μm，柱阻抗因子 φ=700，D_M=10^{-9}m^2/s，η=10^{-3}Pa·s）；
△k'=1；●k'=2；□k'=3；▲k'=5；○k'=7；■k'=9

$$N_{\text{eff}} = N\left(\frac{k'}{1+k'}\right)^2 \qquad (8\text{-}42)$$

$$E_{\text{eff}} = \frac{t_{\text{R}}}{N_{\text{eff}}^2} \times \frac{\Delta p}{\eta} \qquad (8\text{-}43)$$

$$E_{\text{eff}} = E\frac{(1+k')^5}{k'^4} \qquad (8\text{-}44)$$

E_{eff}-N_{eff} 图的优点是它可直接显示固定相的优化保留因子 k'_{opt}，在此数值可实现标准物质对的最快速分析。

图 8-20（a）为通常的 H-u 曲线，经计算 N、t_{M}、N_{eff} 公式和理论板高方程（$H=Au^n+B/u+Cu$），当 $A=0.5$、$B=2$ 时，C 项按下式计算：

$$C = \frac{0.37+4.69k'+4.64k'^2}{24(1+k')^2}$$

分别将 k' 值为 1、2、3、5、7、9 代入，可绘出 6 个 E_{eff}（或 $t_{\text{R}}/N_{\text{eff}}^2$）-$N_{\text{eff}}$ 曲线，见图 8-20（b）。

第六节　超高效液相色谱

从 20 世纪 60 年代开始，高效液相色谱仪器的压力上限保持在 6000psi（400bar），使用由 30μm、10μm、5μm、3.5μm 粒子填充 15～25cm 色谱柱，获得 $n\geqslant5000$ 的柱效，可在 5～30min 内实现大多数样品的分离。

20 世纪 90 年代后，液相色谱使用了粒度 $d_{\text{p}}=3.5$μm 的固定相，2000 年报道了使用粒度 $d_{\text{p}}=2.5$μm 的固定相，由于高压输液泵提供压力的限制，仅实现了用色谱柱长为 3～5cm 的快速分析。

直至 2004 年美国 Waters 公司在匹茨堡会议上展出了最新研制的 ACQUITY 超高效液相色谱（ultra performance liquid chromatography，UPLC），它使用 d_{p} 仅为 1.7μm 的新型固定相，色谱仪提供的 Δp 达 140MPa（20000psi），可使在常规高效液相色谱需要 30min 时间的样品分析在超高效液相色谱缩短为仅需 5min，并呈现出色谱柱柱效达 20 万理论塔板/m 的超高柱效[21]。

UPLC 保持了 HPLC 的基本原理，全面提升了液相色谱的分离效能，不仅提高了分辨率，也使检测灵敏度和分析速度大大提高，使液相色谱在更高水平上实现了突破。因此，必将大大拓宽液相色谱的应用范围，并大大加强了 UPLC 在分离科学中的重要地位。

一、超高效液相色谱的理论基础[22～25]

在高效液相色谱的速率理论中，范第姆特方程式的简化表达式为

$$H = A + \frac{B}{u} + Cu$$

如果仅考虑固定相的粒度 d_p 对 H 的影响，其简化方程式可表达为：

$$H = a(d_p) + \frac{b}{u} + c(d_p)^2 u \tag{8-45}$$

此时范第姆特方程式的 H-u 曲线，如图 8-21 所示。

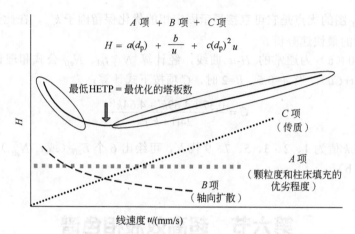

图 8-21   仅考虑 d_p 时的 H-u 曲线

由粒度 d_p 分别为 10μm、5μm、3.5μm、2.5μm 和 1.7μm 固定相填充的色谱柱，对同一实验溶质测定的范第姆特方程式的 H-u 曲线，如图 8-22 所示。

这些曲线表达了 HPLC 技术从 20 世纪 70 年代至 2004 年所取得的快速进展。

由式（8-45）可明显看到，随色谱柱中装填固定相粒度 d_p 的减小，色谱柱的 H 也越小，色谱柱的柱效也越高。因此，色谱柱中装填固定相的粒度是对色谱柱性能产生影响的最重要的因素。

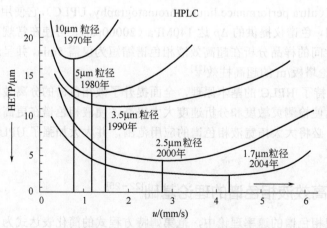

图 8-22   对应不同粒度 d_p 的 H-u 曲线

具有不同粒度固定相的色谱柱，都对应各自最佳的流动相的线速度，在图 8-22 中，不同粒度的范第姆特曲线对应的最佳线速度为：

d_p/μm	10	5	3.5	2.5	1.7
u/(mm/s)	0.79	1.20	1.47	2.78	4.32

上述数据表明，随色谱柱中固定相粒度的减小，最佳线速度向高流速方向移动，并且有更宽的优化线速度范围。因此，降低色谱柱中固定相的粒度，不仅可以增加柱效，同时还可增加分离速度。

但是，应当看到，在使用小颗粒的固定相时，Δp 会大大增加，使用更高的流速会受到固定相的机械强度和色谱仪系统耐压性能的限制。然而，只要使用很小粒度的固定相，只有当达到最佳线速度时，它具有的高柱效和快速分离的特点才能显现出来。

因此，要实现超高效液相色谱分析，除必须制备出装填 $d_p<2$μm 固定相的色谱柱外，还必须提供高压溶剂输送单元、低死体积的色谱系统、快速的检测器、快速自动进样器以及高速数据采集、控制系统等。上述这几个单独领域最新成果的组合，才促成超高效液相色谱的实现。

二、实现超高效液相色谱的必要条件

UPLC 的实验表明液相色谱已进入超越 HPLC 的崭新时代，它使液相色谱的分离效率和分离速度在性能上达到了新的高度，这主要依靠 Waters 公司在以下几个方面取得的技术进展。

1. 高柱效的 ACQUITY UPLC 色谱柱[26,27]

2003 年 Wyndham 等仍使用杂化颗粒技术（HPT），用桥连乙基杂化（ethyl-bridged hybrid，BEH）进一步增强了杂化颗粒的机械强度，使用制备硅胶反相整体柱的原料四乙氧基硅烷 TEOS 与 1/5 双（三乙氧基硅）乙烷（BTEE）进行杂化交联，合成了全多孔球形 5μm、孔径约 15nm 的有机-无机杂化颗粒（SiO$_2$）(O$_{1.5}$Si—CH$_2$—CH$_2$SiO$_{1.5}$)$_{0.25}$，再经十八烷基三氯硅烷表面改性和三甲基氯硅烷封尾后，制成反相固定相。由于基体颗粒内乙基基团构成桥式交联，颗粒具有更高的化学稳定性，其机构强度也有了极显著的提高。Waters 公司在上述工作的基础上制成了全多孔球形 1.7μm 的 UPLC 反相固定相，它保持与传统 HPLC 固定相相似的保留行为及样品容量，耐压超过 140MPa（20000psi），还优化了填料的孔径和孔体积，成为商品牌号为 ACQUITY UPLC™ 新型固定相，其基体进行的交联反应如下：

$$\text{TEOS} \qquad \text{BTEE} \qquad \Longrightarrow \qquad \text{EPEOS}$$

反应后生成桥式乙基聚乙氧基硅胶全多孔球形填料。ACQUITY UPLC™ 基体的立体结构如图 8-23 所示[16,17]。

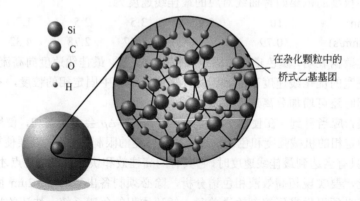

Si
C
O
H

在杂化颗粒中的
桥式乙基基团

图 8-23　ACQUITY UPLC^{TM} 基体的立体结构

当合成出耐高压并能在广泛 pH 值范围使用的新型固定相后，还要进行颗粒的筛选，以获取粒径分布尽可能窄的填料。如在 HPLC 中使用的 5μm 颗粒填料中，其粒径分布一般较宽，会含有大量的 4μm 以下和 6μm 以上的粒子，填充后会造成柱效的损失。Waters 公司开发的筛分技术，可以大批量生产 1.7μm 粒径分布很窄的高质量填料。

最后要将高质量的填料装填进 2.1mm×100mm 的色谱柱，即使柱筛板能堵住 1.7μm 小颗粒不外流，又不至于引起柱压的大幅升高，还能获得达 20 万块/m 理论塔板数高柱效的色谱柱。Waters 公司新设计的装填技术使用了全新筛板、柱管和连接件，在超过 140MPa（20000psi）压力下装填，产生了更稳定的柱床，保证了 ACQUITY UPLC 色谱柱的高柱效和长寿命。

为加强可追溯性，在每根 ACQUITY UPLC^{TM}C₁₈（φ2.1mm×100mm）色谱柱都装备一个称为 eCord^{TM} 的装置，它可记录色谱柱的进样次数、最大反压及温度，还包括该色谱柱独特的分析证书（certificate of analysis）。

UPLC 系统的心脏是色谱柱，为实现 UPLC 潜在的分离度、分离速度和灵敏度，必须制造出耐高压的反相填料，以充分显现 UPLC 的全新特性。

现在 Waters 公司已提供下述四种 ACQUITY BEH 色谱柱，如图 8-24 所示。

2. 超高效液相色谱的输液泵

制造超高压输液泵除了实现密封和提供高压驱动力外，还需解决在超高压下溶剂的可压缩性及绝热升温问题。

Waters 公司为 ACQUITY UPLC^{TM} 色谱柱装备了先进的二元溶剂管理系统，两个溶剂输送组件平行操作，每个溶剂输送组件都包括一台用独立柱塞驱动的二元高压梯度泵，提供自动连续的溶剂压缩补偿。可以在小于 140μL 系统体积内将两种溶剂混合，每个组件都备有一个自动的溶剂选择阀，可进行 4 种溶剂切换。六通道 Performance PLUS^{TM} 真空脱气机可以除去多至 4 路洗脱液中的气体，外加 2 路清除

ACQUITY UPLC^TM 样品管理器中的洗针溶剂中的气体。经过集成改进的真空脱气技术可使 4 种流动相溶剂得到良好的脱气。对柱长 10cm、填充 1.7μm 固定相的色谱柱，其达到最佳柱效时的 1.0mL/min 流速，耐压可达 105MPa（15000psi）。在此压力下，溶剂尤其是梯度分离时使用的混合溶剂，其压缩性会有显著变化，因此溶剂输送系统可在很宽的压力范围内具有补偿溶剂压缩性变化的能力，从而能在等度或梯度分离条件下保持流速的稳定性和梯度的重现性。

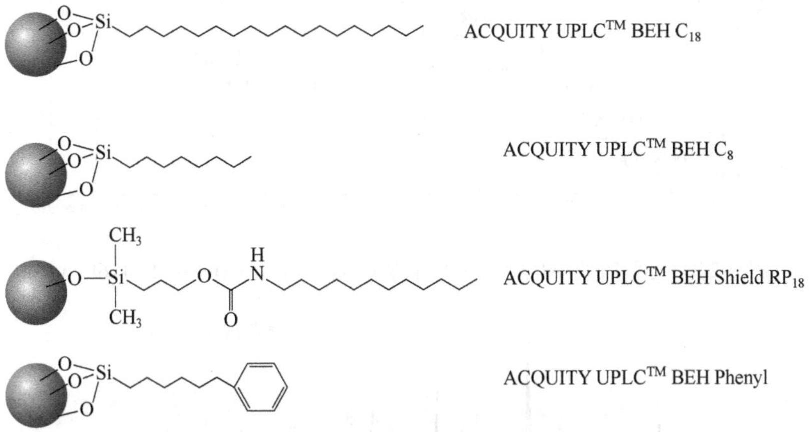

ACQUITY UPLC^TM BEH C$_{18}$

ACQUITY UPLC^TM BEH C$_8$

ACQUITY UPLC^TM BEH Shield RP$_{18}$

ACQUITY UPLC^TM BEH Phenyl

图 8-24　ACQUITY BEH 色谱固定相化学组成

UPLC 对流动相流路通道的要求比 HPLC 更高，应使用死体积更小的连接管路、孔径更小的过滤片，注入更纯的样品试液，见表 8-5。

表 8-5　UPLC 和 HPLC 对输液系统通路要求的比较

流路通道	UPLC	HPLC
连接管路	0.125～0.0625mm（0.005～0.0025in）内径管路	0.175～0.125mm（0.007～0.005in）内径管路
柱过滤片	<2μm 粒子（0.2μm 过滤片）	5μm 粒子（2.0μm 过滤片） 3μm 粒子（0.5μm 过滤片）
样品过滤	<2μm 粒子，必须用 0.2μm 滤膜过滤	5μm 或 3μm 粒子，可用 0.5μm 滤膜过滤，或离心分离后取清液

在普通 HPLC 的高压梯度系统，在起始 3%（0～3%）和最后 3%（97%～100%）时的梯度混合性能较差。而 ACQUITY^TM 的超高压输液泵梯度性能极佳，当梯度陡度为 1%，梯度范围为 100%～90% 时，获得的梯度运行曲线如图 8-25 所示。

图 8-26 为用 UPLC 梯度分析乙酰替苯胺、烷基芳酮混合物时保留时间的重现性。其精确、可靠的梯度性能与 HPLC 的重现性不相上下。

溶剂输送系统要求流路的体积最小，使小内径即 1～2mm 的 ACQUITY UPLC^TM BEH 色谱柱能充分发挥作用。在与质谱直接相连或高通量应用时这一点尤为重要。溶剂还必须满足 UPLC^TM 方法中溶剂混合的需求，这是保证高精密度梯度洗脱的先决条件，而且有利于 LC 检测器发挥最佳性能。

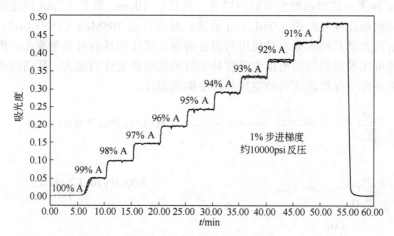

图 8-25　超高效液相色谱输液泵的梯度运行曲线（1psi=6.89476kPa）

梯度重现性 $N=34$

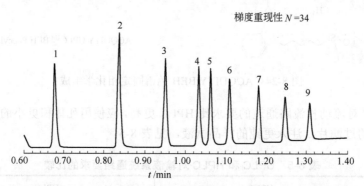

图 8-26　UPLC 34 次进样分析烷基芳酮混合物时保留时间的重现性

1—乙酰替苯胺（0.677）；2—苯乙酮（0.837）；3—苯丙酮（0.951）；4—苯丁酮（1.035）；5—二苯甲酮（1.064）；
6—苯戊酮（1.111）；7—苯己酮（1.182）；8—苯庚酮（1.247）；9—苯辛酮（1.307）

（括号内为保留时间，单位 min）

3. 超高效液相色谱的高速检测器

UPLC 色谱柱使用 1.7μm 固定相，分离获得的色谱峰半峰宽小于 1s，这就对 UPLC 的检测器提出了挑战。首先当色谱峰通过检测器时，它必须有一个非常高的采样速度和非常小的时间常数，使它能收集足够的数据点，以获得准确、可重现的保留时间和峰面积。其次检测器的流通池死体积要尽可能小，减少谱带扩展以保持高柱效。最后检测器的光学通道要提供能满足 UPLC 高灵敏度的检测要求。

ACQUITY UPLC 使用采样速度达 40 点/s，池体积仅为 500nL（约为 HPLC 池体积的 1/20）的新型光导纤维传导的流通池，光路长度 10mm，当光束通过光导纤维进入流通池后，利用聚四氟乙烯池壁的全反射特征，不损失光能量，而使检测灵敏度比 HPLC 增加 2~3 倍。光源可使用可变波长的紫外线或二极管阵列系统。

ACQUITY UV 光导检测器流通池示意图，见图 8-27。

4. 低扩散、低交叉污染的自动进样器

在 UPLC 中进样系统也是非常关键的因素，传统的 HPLC 中使用的手动或自动进样阀，都不是为极端高压情况下设计的。在 UPLC 中为保护色谱柱不受极端高压力波动的影响，进样过程应当相对无压力波动；进样系统的死体积必须足够小，以降低样品谱带的扩展；快速进样周期可使 UPLC 在具有高样品容量的同时也实现高速度，并使无人照管、长时间运行的自动进样得以实现，还具有极低交叉污染的小体积进样能力。

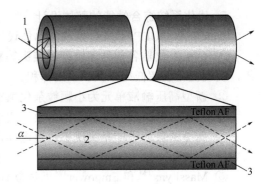

图 8-27　UPLC 光导检测器流通池示意图
1—入射光通道；2—流动相；
3—聚四氟乙烯池壁的全折射层

在 ACQUITY UPLC 中为降低死体积，减少交叉污染，其自动化进样器的设计使用了下述新技术。

① 针内针进样探头（XYZZ）为高速进样机械装置，可快速进样。针内针的含义是使用液相色谱管路（PEEK 材料）充当进样针以减少死体积，而"外针"是一小段不锈钢硬管，用来扎破样品瓶盖，内针通过外针套管进入样品瓶的底部吸取样品，样品针的高度可根据样品瓶的深度程控调节（图 8-28）。

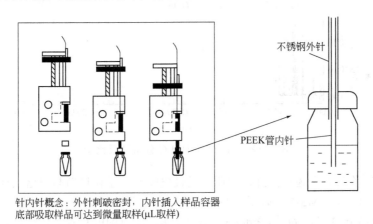

不锈钢外针

PEEK管内针

针内针概念：外针刺破密封，内针插入样品容器
底部吸取样品可达到微量取样(μL取样)

图 8-28　针内针进样探头示意图

② 压力辅助进样。为了降低进样时的交叉污染，采用一强、一弱的双溶剂的进样针清洗步骤，这两种洗针溶剂需同时得到良好的脱气。此技术可保证可靠、重现的进样。

在自动进样器内，可安置 96 位或 384 位样品盘，每个位置可放置 2mL 或 4mL 样品瓶，新型的样品组织器可接受 21 个样品盘的编程。

5. 优化系统综合性能的整体设计

Waters ACQUITY UPLC 系统的总体设计有以下特点：

① UPLC 仪器各部件连接管线接头等整体系统的死体积远低于常规 HPLC 系统，实现优化的超低死体积和系统体积。

② 新型高压输液单元为小颗粒杂化填料柱提供了最优化的流速。

③ 最优化的高速检测器的创新设计实现了样品的高灵敏度检测。

④ 新型的自动进样器实现了快速进样，配合专用样品组织器，增大了 10 倍样品容量。

⑤ MassLynx™ 和 Empower™ 两种软件平台，可以完全控制此套创新设备。

由于使用了优化的总体设计，ACQUITY UPLC 系统实现了样品的高效、快速分析，使样品的分析时间仅为 HPLC 的 1/6，而检测灵敏度却至少提高了 3 倍。图 8-29 为对同一样品使用 HPLC 和 UPLC 进行分析获得的谱图，由谱图比较可明显看到 UPLC 在解决组成复杂样品分析上的优越性，它具有的高效、快速和高灵敏度可大大提高分析工作效率。

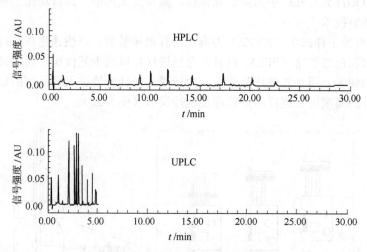

图 8-29 UPLC 和 HPLC 分析结果比较

UPLC 除具有上述优点外，它还可通过电喷雾离子化接口与质谱仪连接，实现 LC-MS 联用或 LC-MS-MS 联用，并能解决复杂的生物样品的分析问题。

在 2015 年 3 月第 66 届 Pittcon 会议上，第二代 UHPLC 仪器已经出现，其典型产品为由 Thermo Scientific 公司生产的 Vanquish UHPLC 系统，它是一个集低扩散和对生物样品兼容的全新系统，它的双柱塞二元泵的压力上限达 150MPa（1500bar 或 22500psi），其他公司生产的第二代 UHPLC，如 Agilent 1290 Infinity Ⅱ 泵压力上限为 130MPa，JASCO LC-4000 泵压力上限也达 130MPa。这些第二代 UHPLC 仪器在自动进样器、柱箱设计和温度控制、内置二极管阵列检测器等方面都进行了明显的改进，进一步降低了全系统的谱带扩展，更加适用于对复杂组成样品的分析。

三、超高效液相色谱的特点、现状及在快速和超快速液相色谱分析中的应用

自从 Waters 公司提供超高效液相色谱（UPLC）仪器以来，现已有十几家厂商可以生产此系列仪器，由于此类仪器提供柱压可达 1000～1500bar，因而也称作超高压液相色谱（ultra-high pressure liquid chromatography，UHPLC）

1. UPLC（或 UHPLC）方法的特点

ACQUITY UPLC 系统是最新出现的液相色谱仪器，与传统的 HPLC 比较，UPLC 的分离度是 HPLC 的 1.7 倍，分析速度是 5～9 倍，保持相同分离度时的检测灵敏度是 3 倍，因而 UPLC 系统在生化分析和药物分析领域获得愈来愈多的应用。

在 UPLC 中使用亚-2μm（1.7μm、1.8μm、1.9μm）反相固定相时，柱压力降 Δp 增大，但可在高线速下运行，可减小流动相消耗量，并缩短分析时间。当使用 1.9μm 固定相时，可在常规 HPLC 系统最高压力范围内（40～60MPa）所能达到的高线速下运行，见图 8-30。

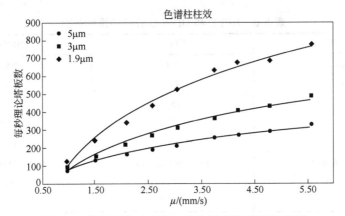

图 8-30 柱效与流动相线速度和固定相粒度的关联

（在线速度较高的条件下，小粒度柱的柱效更高）

在 UPLC 中使用固定相的粒度越小，其柱压力降越大，因此要保证实现高效、高速分析，必须具有在极高操作压力下能确保分离可靠运行的系统，如图 8-31 所示。

在 UPLC 保持恒定高柱效前提下，固定相粒度越小，其对应的柱长越短，因此应尽量减小色谱系统的死体积，降低柱外效应，以保持极高柱效下的色谱峰容量，如图 8-32 所示。

总的来讲，UHPLC 方法与 HPLC 方法比较具有以下特点：

① 提高了色谱分析的分离度，增加了谱图中色谱峰的峰容量。

② 提高了色谱分析的分析速度，提高了色谱实验室工作效率。

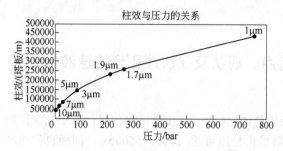

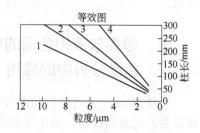

图 8-31 柱效与柱压力降和固定相粒度的关联
1bar=10⁵Pa

图 8-32 在保证高柱效恒定条件下色
谱柱长和固定相粒度的关联

1—塔板数 10000；2—塔板数 13500；3—塔板
数 17000；4—塔板数 25000；使用小粒度填料
可以实现高通量、高效分离

③ 由于使用 50（或 100）mm×2.1mm 小型柱，分析操作中降低了有机溶剂的消耗量，也降低了进样量。

④ 提高了液相色谱仪器的利用率。

⑤ 易于实现 HPLC 和 UHPLC 方法的相互转换。

在 HPLC 和 UHPLC 分析中典型的操作参数如表 8-6 所示。

表 8-6 HPLC 和 UHPLC 分析的操作参数

参数	HPLC	UHPLC
流速 F/(mL/min)	1.0	0.6
柱内径 d_c/mm	4.6	2.1
柱长 L/mm	150	100
粒径 d_p/μm	5	1.8
进样量 V/μL	15	2.1
梯度洗脱时间 t_G/min	40%～60%B，15	40%～60%B，3.5
柱效(N)/(塔板/m)	8000	14814
柱压/bar	60	859

2. UPLC（或 UHPLC）的发展现状[12,10,28]

（1）亚-2μm SPP 粒子的出现 从 UPLC 方法提出至今已经历 10 年的发展，除 Waters 公司可提供 1.7μm 全多孔杂化硅胶粒子 ACQUITY 以外，现已有多家厂商都可提供亚-2μm 全多孔硅球。

当前在 UHPLC 固定相研制上的最大进展是亚-2μm 表面多孔粒子（SPP）的引入，有 Phenomenex 公司研制的 1.3μm 和 1.7μm 的 Kinetex 粒子和由 Waters 公司研制的 1.6μm 的 Cortecs 粒子，现已获得应用，它们已进一步提高了 UHPLC 的分离性能，可提供 2～4μm 的理论塔板高度 H（见图 8-33）。

现在厂商提供的亚-2μm 的全多孔粒子（TPP）和表面多孔粒子（SPP）的固定相，见表 8-7。

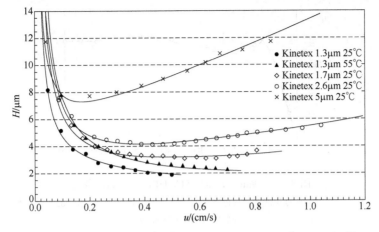

图 8-33 表面多孔粒子 Kinetex（1.3μm、1.7μm、2.6μm 和 5.0μm）的 *H-u* 图

表 8-7 亚-2μm SPP 和 TPP 商品

粒子形态	厂商	商品名称	平均粒径 $\overline{d_p}$ /μm
SPP	Phenomenex	Kinetex	1.3
			1.7
	Waters	Cortecs	1.6
TPP	Agilent	Zorbax RR	1.8
	Alltech	Altima，Platinum，Prasphere	1.5
	Bischoff	Pronto PEARL sub-2 TPP Ace	1.8
	Thermo	HyPersil GOLD	1.9
	Waters	ACQUITY	1.7

　　亚-2μm SPP 柱的真正突破来自 2013 年，Phenomenex 公司提供 1.3μm 和 1.7μm 的 Kinetex SPP 柱；Waters 公司提供 1.6μm Cortecs SPP 柱，它们都提供异常低的（约 2μm）最低板高，提供色谱柱的柱效达 500000 塔板/m，1.3μm 的 Cortecs SPP 柱提供最短的分析时间。

　　尽管它们具有极好的色谱性能，但也表明这些柱的柱效还是受到现代 LC 仪器在压力上限和柱外谱带扩展的限制，即使提供 1000bar 的柱压，也难达到各柱的最佳线速（u_{opt}）。对 1.3μm SPP 材料填充到短的窄孔柱（50mm×2.1mm），使用现代 UHPLC 设备，柱外谱带扩张效应仍对表观动力学性能产生重要的影响。

　　应当指出，对一个 UHPLC 系统，使用色谱柱的死体积（V_M）和梯度洗脱时系统的滞留体积（V_D），并由它们引起的柱外谱带扩展，仍是影响 UHPLC 柱效的主要因素。此外，使用窄孔柱（2.1mm）的管壁效应也会使首先洗脱组分的柱效下降。

　　图 8-34 为在 Waters ACQUITY UPLC 1-Class 仪器系统产生的柱外效应方差图示。这也是当前 UHPLC 仪器系统提供的最小柱外效应方差。

　　（2）SPP 粒子的动力学图　2014 年 Guillarme 等对由 1.3μm SPP 粒子填充色谱柱的分离性能进行了详细研究，他们对由不同粒径表面多孔粒子填充色谱柱的各种性能进行了测定，如表 8-8 所示。

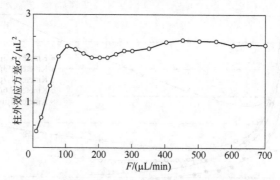

图 8-34　Waters ACQUITY UPLC 1-Class 仪器

用一个"零"死体积部件替代色谱柱，流动相：乙腈（37%）-水（63%）溶液

检测器：DAD（240nm）

表 8-8　不同粒径表面多孔粒子（SPP）的性能

粒径 d_p/μm	柱尺寸 L（mm） $\times\phi$（mm）	最大柱压力降 Δp_{max}/bar	核径/球径比 ρ	柱渗透率 K_F	最低板高 H_{min}/μm	最低折合板高 h_{min}/μm	最低分离阻抗 E_{min}
1.3	50×2.1	1000	0.69	1.7×10^{-11}	1.95	1.50	2000
1.7	50×2.1	1000	0.73	3.1×10^{-11}	3.17	1.85	3000
2.6	50×2.1	600	0.73	5.2×10^{-11}	4.12	1.59	3200
5.0	150×4.6	600	0.76	2.5×10^{-10}	7.48	1.50	1850

由上述数据可知，1.3μm SPP 粒子提供的 $h_{min}=1.95$μm，因而可提供最高理论塔板数>500000 塔板/m 的高柱效，并提供最短的分析时间。

为了表明 1.3μm SPP 粒子的优越性能，并与 1.7μm、2.6μm、5.0μm SPP 粒子进行比较，绘制了以下各种动力学图示。

① 分离阻抗（E）-线速（u）图。见图 8-35。

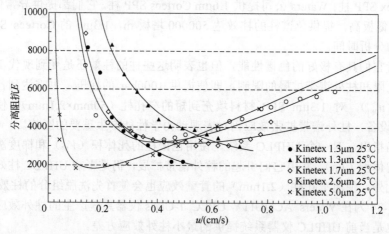

图 8-35　以对羟基苯甲酸丁酯作探针，测定由 Kinetex 1.3μm、1.7μm、2.6μm

和 5.0μm SPP 粒子填充色谱柱的分离阻抗（E）-流动相线速（u）图

仪器：Waters ACQUITY UPLC™ 1-Class 系统（提供压力 1200bar）；Waters Breeze™ HPLC 系统（提供压力 600bar）

流动相：乙腈（37%～40%）-水（63%～60%）溶液；检测器：UVD

② 柱长（*L*）-板数（*N*）图。见图 8-36。

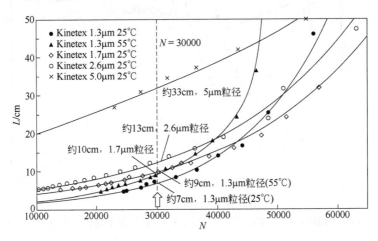

图 8-36 以对羟基苯甲酸丁酯为探针，测定由 1.3μm、1.7μm、2.6μm 和 5.0μm SPP
粒子填充色谱柱的柱长（*L*）-板数（*N*）动力学图

对 1.3μm，1.7μm 填充柱，Δp_{max}=1000bar

对 2.6μm，5.0μm 填充柱，Δp_{max}=600bar

③ t_M/N-*N* 图。见图 8-37。

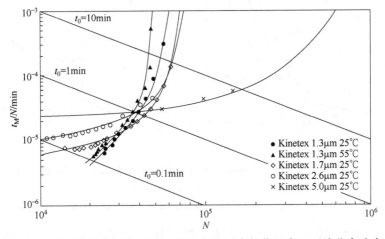

图 8-37 以对羟基苯甲酸丁酯为探针，在最高操作压力下理论分离速度
（即生成每块板数所需时间）t_M/N-*N* 动力学图

对 1.3μm，1.7μm 填充柱，Δp_{max}=1000bar

对 2.6μm，5.0μm 填充柱，Δp_{max}=600bar

④ 假想 t_M/N-*N* 图。见图 8-38。

图 8-38 表明，当 1.3μm SPP 粒子改进了机械强度，能承受 1500bar 和 2000bar
的最高压力时，分析时间可进一步缩小。构成上述假想 t_M/N-*N* 动力学图时应注意到，
在很高压力下，流动相黏度、因摩擦热引起的柱温、溶质在柱中的扩散、相比等引
起的变化并未考虑在内。

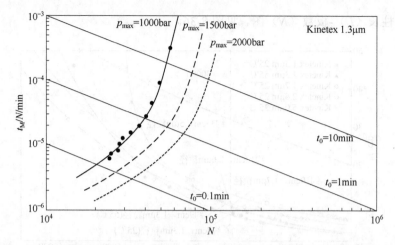

图 8-38 以对羟基苯甲酸丁酯为探针，对 1.3μm SPP 粒子柱的假想 t_M/N-N 动力学图

例如，1.3μm SPP 粒子在 1000bar 时的 t_M 为 1min，则在 1500bar 和 2000bar t_M 会降至 0.4min 和 0.2min，这三种情况下，柱效都保持在 40000 塔板/m。

⑤ t_G/n_p-n_p 图。见图 8-39（t_G：梯度洗脱时间）。

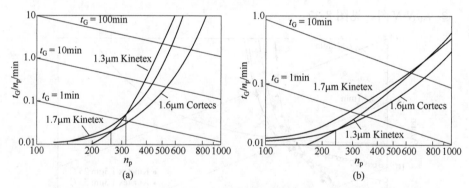

图 8-39 对 1.3μm、1.7μm、1.6μm SPP 柱的梯度动力学图示的比较

（a）小分子对羟基苯甲酸丁酯；（b）十肽

最大操作压力，对 Cortecs：Δp_{max} =1200bar，对 Kinetex：Δp_{max} =1000bar，梯度 $\Delta \varphi$ =0.9（从 5%～95%）

图 8-39 以梯度洗脱时间（t_G）对最大峰容量（n_p）的比值（t_G/n_p），对最大峰容量（n_p）作图，可以看到，对分离峰容量 n_p <250 的超快速分离，1.3μm Kinetex 最合适，它优于 1.6μm 和 1.7μm SPP 粒子。对分离峰容量 n_p >300 的小分子和肽的梯度快速分离，1.6μm Cortecs 更为适用。如果除考虑峰容量 n_p 外还希望获得高柱效 N；则应选择 1.6μm Cortecs；这些 SPP 粒子具有的极好分离性能应归功于这些材料具有适当的柱渗透率（K_F =3.5×10^{-11}cm^2）和它们具有的高机械稳定性（Δp_{max} =1200bar），此时获得的图示是指色谱柱在它们所允许的最高柱压下操作时（达动力学性能限度），可以实现的最佳性能。

由前述的各种动力学图示可以找出它们与色谱柱分离性能的关联：

① t_M-N 图主要表达了色谱柱的柱效。

② t_M/N-N 图和 t_R/N-N 图可用于色谱柱性能参数，如 d_p、L、u_{opt} 的优化。

③ E-N 图、t_M/N^2-N 图和 E_{eff}-N_{eff} 图及 t_M/N_{eff}^2-N 图表达了色谱渗透性能的优劣。由图中可找到实现优化分离所需的最低塔板数，并可用于评价色谱柱填充的均匀性。

④ t_M-n_p 图和 t_R-n_p 图表达了色谱柱的柱负载容量。合理地应用动力学图可以找到实现色谱分离的最佳化条件。

3. UHPLC 在快速和超快分析中的应用[29,30]

在 UHPLC 分析中，为实现能在 1～2min 内完成的超快速分析，建议 UHPLC 系统的柱外体积数值见表 8-9。

表 8-9 为实现超快速分析对 UHPLC 系统建议的柱外体积

柱内径/mm	柱长/mm	流通池最大体积/μL	最大的柱外总体积/μL
2.1	100	2	7
	75	2	6
	50	1	5
	30	1	4
3.0	100	5	14
	75	2	12
	50	2	10

现在常用的不同 HPLC 和 UHPLC 系统的体系扩散的比较数据（5σ 谱带扩展）见表 8-10。

表 8-10 不同 HPLC 和 UHPLC 系统的体系扩散的比较数据（5σ 谱带扩展）

系统名称	谱带扩展 (5σ)/μL	系统名称	谱带扩展 (5σ)/μL
Shimadzu UFLC	41	Waters ACQUITY UPLC H-Class（柱管理器）	12
Agilent 1200	28	Waters ACQUITY UPLC H-Class（柱加热器）	9
Shimadzu Nexera（微孔流通池）	26	Waters ACQUITY UPLC（1μL 定量环管）	8
Agilent 1290（双柱）	23	Waters ACQUITY UPLC 1-Class FNT（流通注射针）	7.5
Thermo Accela	21		
Agilent 1290（单柱）	20	Waters ACQUITY UPLC 1-Class FL（固定定量环管）	5.5
Dionex Ultimate 3000	17		

注：FNT—flow through needle；FL—fixed loop。

应用 UHPLC 系统实现快速和超快速分析实例见图 8-40～图 8-42。

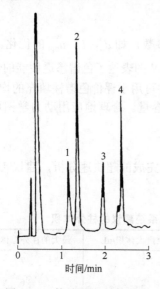

图 8-40　快速蛋白质的分离

色谱柱：10mm×4.6mm，1.5μm Prosphere HPZAP C₁₈
流动相：A，0.1%三氟乙酸水溶液；B，含 0.1%三氟乙酸的乙腈
梯度程序：25%B $\xrightarrow{4min}$ 75%B；流速：1.0mL/min；
检测器：UVD（280nm）
色谱峰：1—细胞色素 c；2—溶菌酶；3—β-乳球蛋白；4—卵清蛋白

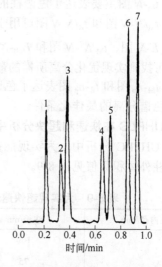

图 8-41　超快分离 β-阻滞剂药物

色谱柱：20mm×2.1mm，1.9μm Hypersil GOLD，30℃
流动相：A，0.1%甲酸水溶液；B，含 0.1%甲酸的乙腈
梯度程序：15%B $\xrightarrow{1min}$ 100%B；流速：0.5mL/min；
检测器：ESI-MS
色谱峰：1—阿替洛尔；2—纳多洛尔；3—吲哚洛尔；4—噻吗洛尔；5—美托洛尔；6—氧烯洛尔；7—普萘洛尔

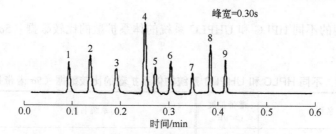

峰宽=0.30s

图 8-42　烷基苯基（甲）酮的超快分离

色谱柱：30mm×4.6mm，1.8μm Zoqax SB-C₁₈；50℃
流动相：A，H₂O；B，乙腈　　梯度程序：50%B $\xrightarrow{0.3min}$ 100%B
检测器：二极管阵列检测器；池体积 5μL
样品：100ng/μL　　　　　　　进样量：3μL
色谱峰：1—乙酰苯胺；2—苯乙酮；3—乙基乙基（甲）酮；4—丙基苯基（甲）酮；5—二苯基（甲）酮；6—戊基苯基（甲）酮；7—己基苯基（甲）酮；8—庚基苯基（甲）酮；9—辛基苯基（甲）酮

四、HPLC 和 UHPLC 之间的方法转换[31~34]

自从 UHPLC 方法出现后，许多实验室开始购入 UHPLC 仪器，原来使用的 HPLC 方法如何转换成 UHPLC，就成为一个在质量控制（QC）实验室必须解决的问题。此外，对研究、开发实验室，由于使用 UHPLC 仪器对新产品或复杂样品制定的快

速或超快速分析方法，怎样在仅配备 HPLC 仪器的质量控制实验室应用 UHPLC 提供的方法，也是一个需要研究的课题。因此，在液相色谱的分析实践中存在着对 HPLC 和 UHPLC 之间进行方法转换的需求，为了实现它们之间的转换必须解决以下存在的问题。

1. HPLC 和 UHPLC 之间进行方法转换的前提条件

① 在色谱柱中使用固定相的性质和选择性应当相同。

② 使用的流动相组成（强洗脱有机溶剂 B%、缓冲物组成、pH 等）应当相同。

③ 检测器的工作条件（检测波长）应当相同。

④ 分离时的柱温应当相同。

2. 方法转换的变动条件

① 固定相的粒度由大变小（或相反）。（5μm→2.2μm，2.0μm，1.9μm，1.8μm，1.7μm，1.6μm，1.3μm）

② 色谱柱的内径由宽变窄（或相反）。（4.6mm→3.0mm，2.1mm）

③ 色谱柱的长度由长变短（或相反）。（150mm→100mm，75mm，50mm，30mm）

④ 色谱柱的压力降（Δp）由低变高（或相反）。（150bar→400bar，600bar，1000bar，1300bar）

⑤ 色谱仪系统的死体积（V_M）和梯度滞留体积（V_D）由大变小（或相反）。

⑥ 检测器的采样速度由慢到快（或相反）。（3～5 点/s→40～100 点/s）

⑦ 流动相的流量由大变小（或相反）。（1～2mL/min→0.2 mL/min，0.4mL/min，0.6mL/min，0.8mL/min）

⑧ 梯度洗脱时间由长变短（或相反）。（30～60min→5～10min）

3. 方法转换的基本规则

（1）色谱柱分离效能 S_e

$$S_e = \frac{L}{d_p} \qquad (8\text{-}46)$$

式中，L 为色谱柱的柱长，mm；d_p 为固定相粒度，μm。

对不同规格的色谱柱，只要能保持柱长（L）和固定相粒度（d_p）的比值 S_e 相同，就能获得相接近的分离效果。例如：

对 HPLC 柱：$L=150$mm，$d_p=5$μm，$S_e = \dfrac{150 \times 10^3}{5} = 30000$

对 UHPLC 柱：$L=50$mm，$d_p=1.7$μm，$S_e = \dfrac{50 \times 10^3}{1.7} = 29412$

（2）色谱柱柱长的计算

$$L_2 = L_1 \frac{d_{p_2}}{d_{p_1}} \qquad (8\text{-}47)$$

例如，对 HPLC 柱：$L_1=150$mm，$d_{p_1}=5$μm

计算 $d_{p_2} = 1.7$μm 的 UHPLC 的柱长：$L_2 = \left(150 \times \dfrac{1.7}{5}\right)$mm $= 51$mm

对 d_{p_2} = 2.2μm 的 UHPLC 的柱长：$L_2 = \left(150 \times \dfrac{2.2}{5}\right)\text{mm} = 66\,\text{mm}$

（3）对流动相流速的计算

$$F_2 = F_1 \left(\frac{d_{c_2}}{d_{c_1}}\right)^2 \frac{d_{p_1}}{d_{p_2}} \tag{8-48}$$

式中，F 为流速；d_c 为柱内径；d_p 为固定相粒度。

例如，对 HPLC 柱：F_1=1.0mL/min，d_{c_1}=4.6mm，d_p=5μm

计算 d_{c_2} =2.1mm，d_p=1.7μm 的 UHPLC 的流速：

$$F_2 = \left[1.0 \times \left(\frac{2.1}{4.6}\right)^2 \times \frac{5}{1.7}\right]\text{mL/min} = 0.61\text{mL/min}$$

若对 d_{c_2} =2.1mm，d_p =2.2μm 的 UHPLC 的流速：

$$F_2 = \left[1.0 \times \left(\frac{2.1}{4.6}\right)^2 \times \frac{5}{2.2}\right]\text{mL/min} = 0.47\text{mL/min}$$

（4）对柱压的计算

$$p_2 = p_1 \left(\frac{d_{c_1}}{d_{c_2}}\right)^2 \left(\frac{d_{p_1}}{d_{p_2}}\right)^2 \frac{L_2}{L_1} \times \frac{F_2}{F_1} \tag{8-49}$$

式中，p 为柱压。

例如，对 HPLC 柱：p_1=90bar，d_{c_1}=4.6mm，d_{p_1}=5μm，L_1=150mm，F_1=1.0mL/min。
计算：d_{c_2} =2.1mm，d_{p_2}=1.7μm，L_2=50mm，F_2 =0.6mL/min UHPLC 柱的柱压 p_2。

$$p_2 = \left[90 \times \left(\frac{4.6}{2.1}\right)^2 \times \left(\frac{5}{1.7}\right)^2 \times \frac{50}{150} \times \frac{0.6}{1.0}\right]\text{bar} = 747.1\text{bar}$$

若仅考虑固定相粒径（d_p）对柱压的影响，近似式为 $p_2 = p_1 \left(\dfrac{d_{p_1}}{d_{p_2}}\right)^2$。

则此时估算的 $p_2 = \left[90 \times \left(\dfrac{5}{1.7}\right)^2\right]\text{bar} = 779\text{bar}$。

这两种不同计算方法估算的柱压相差约 40bar，二者十分接近。

（5）对进样量的计算

$$V_{\text{inj2}} = V_{\text{inj1}} \left(\frac{d_{c_2}}{d_{c1}}\right)^2 \frac{L_2}{L_1} \tag{8-50}$$

式中，V_{inj} 为进样量。

例如，对 HPLC 柱，d_{c_1} =4.6mm，L_1=150mm，V_{inj1}=10μL。
计算对 d_{c_2} =2.1mm，L_1=50mm 的 UHPLC 柱的进样量。

$$V_{\text{inj2}} = \left[10 \times \left(\frac{2.1}{4.6}\right)^2 \times \frac{50}{150}\right]\mu L = 0.695\mu L$$

按照色谱柱死体积 V_M 也可计算进样量：

$$V_{\text{inj2}} = V_{\text{inj1}} \frac{V_{M_2}}{V_{M_1}}$$

例如，对 HPLC 柱：$d_{c_1} = 4.6\text{mm}$，柱长 $L_1 = 150\text{mm}$，$\varepsilon_T = 0.85$，计算 V_{M_1}。

柱 1 死体积 $V_{M_1} = \pi r^2 L_1 \varepsilon_T = \left[3.1416 \times \left(\frac{4.6}{2}\right)^2 \times 150 \times 0.85\right]\text{mm}^3 = 2119\text{mm}^3$

$d_{c_2} = 2.1\text{mm}$，柱长 $L_2 = 50\text{mm}$，$\varepsilon_T = 0.85$，计算 V_{M_2}。

柱 2 死体积 $V_{M_2} = \pi r^2 L_2 \varepsilon_T = \left[3.1416 \times \left(\frac{2.1}{2}\right)^2 \times 50 \times 0.85\right]\text{mm}^3 = 147\text{mm}^3$

因此对 UHPLC 柱的进样量为：

$$V_{\text{inj2}} = \left(10 \times \frac{147}{2119}\right)\mu L = 0.694\mu L$$

由计算结果可知，两种计算进样量方法所获结果十分相近。

若柱 2 填充的为表面多孔粒子（SPP），计算柱 2 死体积时 $\varepsilon_T = 0.75$，则此时柱 2

死体积 $V_{M_2} = \pi r^2 L \varepsilon_T = \left[3.1416 \times \left(\frac{2.1}{2}\right)^2 \times 50 \times 0.75\right]\text{mm}^3 = 130\text{mm}^3$，此时的进样量为：

$$V_{\text{inj2}} = \left(10 \times \frac{130}{2119}\right)\mu L = 0.613\mu L$$

（6）梯度洗脱时间 t_G 的计算

$$t_{G_2} = t_{G_1} \times \frac{V_{M_2}}{V_{M_1}} \times \frac{F_1}{F_2} \tag{8-51}$$

式中，t_G 为梯度洗脱时间；V_M 为柱死体积；F 为流速。

例如，梯度洗脱时流动相组成相同，A：50mmol/L NH₄Ac 水溶液（pH=4.7），B：乙腈。

梯度程序相同：A/B 由起始 A/B=90/10 到终了 A/B=0/100。

对 HPLC 柱：$d_{c_1} = 4.6\text{mm}$，$L_1 = 150\text{mm}$，$F_1 = 1.0\text{mL/min}$，$t_{G_1} = 30\text{min}$，$\varepsilon_T = 0.85$。

$$V_{M_1} = \pi r^2 L \varepsilon_T = \left[3.1416 \times \left(\frac{4.6}{2}\right)^2 \times 150 \times 0.85\right]\text{mm}^3 = 2119\text{mm}^3$$

计算对 UHPLC 柱的梯度洗脱时间 t_{G_2}。

UHPLC 柱：$d_{c_2} = 2.1\text{mm}$，$L_2 = 50\text{mm}$，$F_2 = 0.6\text{mL/min}$，$\varepsilon_T = 0.85$。

$$V_{M_2} = \pi r^2 L \varepsilon_T = \left[3.1416 \times \left(\frac{2.1}{2}\right)^2 \times 50 \times 0.85\right]\text{mm}^3 = 147\text{mm}^3$$

$$t_{G_2} = \left(30 \times \frac{147}{2119} \times \frac{1.0}{0.6}\right)\text{min} = 3.46\,\text{min}$$

在进行此计算之前，应首先计算 HPLC 和 UHPLC 两个系统的梯度滞留体积 V_D（对 HPLC，V_D=1～2mL；对 UHPLC，V_D=0.1～0.5mL）和色谱柱死体积的比值。

$$\frac{V_{D_1}}{V_{M_1}} = K_1, \quad \frac{V_{D_2}}{V_{M_2}} = K_2$$

若 $K_1 = K_2$，就可直接进行上述换算。

若 $K_1 > K_2$，为正值，应在梯度洗脱开始前加入一个 Z min 的等度洗脱。

若 $K_1 < K_2$，为负值，应在梯度洗脱开始 Z min 后再注入样品（延迟进样），这样才可使两个体系的梯度洗脱满足 $K_1 = K_2$ 的相互适应的条件，时间 Z 可用下式计算：

$$Z = \left|K_1 - K_2\right| \frac{V_{M_2}}{F_2} (\text{min}) \qquad (8\text{-}52)$$

若梯度洗脱方法转换时不能满足 $K_1 = K_2$ 条件，则梯度洗脱时间转换误差可能达到 30%，或导致两个峰共洗脱或峰序反转的现象。

通常 K 值较小可获敏锐峰形，而大的 K 值会导致峰形平滑。

现在许多生产 UHPLC 仪器的厂商都提供了 HPLC 和 UHPLC 方法转换的各种计算程序软件，可参见表 8-11。

表 8-11　HPLC 和 UHPLC 方法转换计算程序的来源

计算程序名称	来源	Internet 网址
ACQUITY UPLC Calculator	Waters	www.waters.com
Agilent Method Translator and Intelligent System Emulation Technology	Agilent Technologies	www.chem.agilent.com/
DryLab 2010	Molnar Institute Shimadzu	www.molnar-Institute.com www.shimadzu.com
HPLC Calculator	University of Geneva, Switzerland	www.unige.ch/sciences/pham/fanal/Icap/divers/downloads.php
HPLC Method Development Calculator	Thermo	www.thermo.com/columns
HPLC Performance Optimization Calculator	Gustavas Adolphus College	http://homepages.gac.edu/dstoll/caka/ators/optimize.html
Method Transfer Services	Crawford Scientific	www.craw ford scientific.com
U-HPLC Calculator	Perkin Elmer	www.perkinelmer.com
Rapid Separation LC (RSLC) Method Transfer Calculator	Dionex	www.dionex.com
ACD/Chrom Workbook	ACD/Labs	www.acdlabs.com/Products/spectrus/workbooks/chrom

由前述对 UPLC 的简介中可以看到，正是当许多色谱工作者触及传统 HPLC 的分离极限时，UPLC 却冲破 HPLC 的壁垒，使液相色谱的分离能力获得进一步的延伸和扩展。UPLC 比 HPLC 提供了更高的柱效、分离度、灵敏度和更快的分析速度，从而为每次分析提供更多的信息，并大大提高色谱分析实验室的工作效率和分析质

量。UPLC 与 HPLC 在分析速度、分离度和检测灵敏的比较如图 8-43 所示。

图 8-44 为 ACQUITY UPLC™ 仪器的外观图。

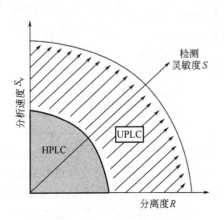

图 8-43 UPLC 和 HPLC 分离度 R、检测灵敏度 S 和分析速度 S_v 的比较

图 8-44 ACQUITY UPLC™ 仪器外观图

1—四元溶剂切换的二元高压梯度泵；2—自动进样器及样品盘；3—恒温柱箱；4—超高性能 PDA、UVD 或 ELSD 检测器；5—样品组合器：可随机任意组合样品盘，可保持 4～40℃温控

随 UPLC 技术的快速发展，现已有多家厂商生产此类仪器，可参见表 8-12[35]。

表 8-12 UPLC 仪器性能比较

厂商名称	仪器型号	柱固定相特性	色谱系统压力	配备的检测器	柱尺寸
Waters	ACQUITY UPLC™	ACQUITY UPLC（1.7μm）	140MPa（20000psi）	UVD, PDA、ELSD	ϕ2.1mm×100mm
Thermo Scientific	Accela™	Hypersii Gold（1.9μm）	105MPa（15000psi）	PDA	ϕ2.1mm×100mm
	UltiMate 3000		XRS：125MPa（18500psi）BioRS：100MPa（14500psi）	PDA CAD MS	
	Vanquish		150MPa（22500psi）	PDA MS	
Agilent	1290 InfinityLC	Zorbax RRHT（1.8μm）	80～120MPa（12000～18000psi）	PDA	ϕ4.6mm×50mm
	1290 Infinity Ⅱ		130MPa（19000psi）	PDA MS	
JASCO	X-LC™	C$_{18}$（1.8μm）	105MPa（15000psi）	UVD, PDA, FLD	ϕ2.1mm×50mm
	LC-4000 UHPLC		130MPa（19000psi）	PDA MS	

续表

厂商名称	仪器型号	柱固定相特性	色谱系统压力	配备的检测器	柱尺寸
Shimadzu	Nexera UHPLC LC-30A	Shim-pack-XDODS（2.2μm）	130MPa（19000psi）	UVD, PDA, FLD, ELSD	φ2.0mm× 50mm
	Nexera-i		66MPa（9200psi）	PDA MS	
Hitachi	Lachrom Ultra™	Lachrom UltaC-18（2.0μm）	60MPa（8600psi）	UVD, FLD,	φ2.0mm× 50mm
CVC Micro Tech Scientific InC	Nano XPLC	1.7μm 微粒填充毛细管柱	140MPa（20000psi）	CVC-UV-1000 MS	φ0.025mm× 100mm
Perkin Elmer	FLEXAR FX-15		120 MPa（18000psi）	UVD PDA	

在组合化学和各种化合物库的合成中，需要对合成的大量化合物进行高通量的库筛选，UPLC 可实现高柱效、高分离度的快速分析，而使其具有的优势得到充分发挥。如在多肽合成研究中，在同样条件下，UPLC 分离出的色谱峰要比 HPLC 多出一倍，UPLC 的高峰容量可使化学家获得远比传统 HPLC 更具确定性的谱图，如图 8-45 所示的多肽指纹图。

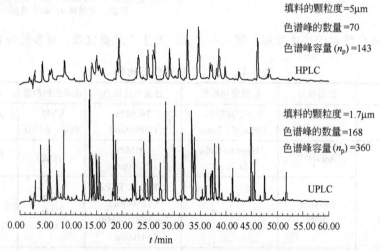

填料的颗粒度=5μm

色谱峰的数量=70

色谱峰容量 (n_p)=143

HPLC

填料的颗粒度=1.7μm

色谱峰的数量=168

色谱峰容量 (n_p)=360

UPLC

图 8-45　用 UPLC 和 HPLC 分离多肽的指纹图比较（色谱峰容量 n_p 定义见第十章）

在新药合成中对作为候选药物的先导化合物的筛选，确定药物破坏性试验的分析方法，对通用分析方法的开发，都需在更短的时间内获得更多的信息，UPLC 就可满足这种需求。

在蛋白质组学研究中，需对一个基因组所表达的全部蛋白质进行表征，由于蛋白质的种类和数量总是处于一个新陈代谢的动态过程，与传统的针对单一蛋白质的研究不同，它需要采用高通量大规模的研究手段，并需与质谱结合实现对蛋白质的鉴定，UPLC-MS 或 UPLC-MS/MS 联用，恰能满足蛋白质组学研究的需要，可以预计这些联用技术必将在蛋白质组学研究中发挥重要的作用。

第七节　高效液相色谱分离条件的优化

在色谱分析中，分离度、分析速度和柱容量三者之间的关系，呈现如图 8-46 所示的幻想三角形，即其中任一因素都要受到另外两个因素的制约，因此至今也未曾找到高分离度、高柱容量和快速分析三者同时存在的色谱分析系统。在任何情况下，色谱分析都只能沿三角形中的一个边去实现最佳参数的选择，即越要在一个方向上实现最佳化，则在另外两个参数上的损失也越大。

在高效液相色谱分析中，分离条件的优化是指在选定的色谱柱上（即柱容量恒定条件下）实现以下两个要求：

① 在保证一定分离度的条件下，实现分析速度的最优化；②在保证一定分析时间的条件下，实现难分离物质对分离度的最优化。

在高效液相色谱分离中，涉及的各种色谱参数分类如下。

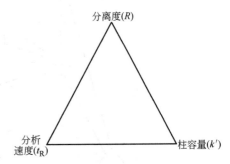

图 8-46　色谱分析中的幻想三角形

一、色谱参数的分类[36,37]

① 描述色谱柱的物理参数。色谱柱的柱长 L、柱内径 d_c、柱总孔率 ε_T 和柱渗透率 K_F。

② 描述固定相的参数。不同类型固定相的特性 S_p、固定相的粒度 d_p 和固定液的液膜厚度 d_f。

③ 描述流动相的参数。流动相中强洗脱溶剂的浓度 c_B、流动相中改性剂的浓度 c_m、流动相在色谱柱中的平均线速 u、流动相的黏度 η 和流动相的扩散系数 D_M。

④ 描述色谱分离过程的热力学参数。色谱柱压力降 Δp 和柱温 T_c。

⑤ 描述色谱柱分离性能的参数。色谱柱的理论塔板数 n、相邻组分的分离因子 α 和分离度 R。

⑥ 描述溶质保留性能的参数。溶质的容量因子 k' 和溶质的保留时间 t_R。

在上述的色谱参数中存在着相关性，如在本章已指出的表示色谱柱填充性能的三个参数 ε_T、Δp、K_F 与表达色谱柱操作参数的 d_p、Δp、L 及表示色谱分离条件构成幻想三角形的三个参数 R、t_R、k'，它们都是相互关联的。

二、色谱参数的相关性

在上述参数中还存在相互制约的因果关系，如溶质的容量因子 k' 是由固定相的总体特性、流动相的总体特性和柱温 T_c 决定的；另如流动相的总体特性受柱温 T_c 影响，也直接影响溶质的容量因子 k'、相邻溶质的分离因子 α、色谱柱的柱效 n 和柱压力降 Δp。

上述各种色谱参数的相互关联和相互制约可用图 8-47 表示[38]。

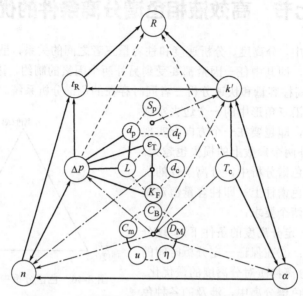

图 8-47　可供优化考虑的色谱参数的相互关系图

柱物理参数四边形：由 L（柱长）、d_c（柱内径）、ε_T（柱总孔率）、K_F（柱渗透率）构成，中心点表示柱总体特性

固定相参数三角形：由 S_p（固定相特性）、d_p（固定相粒度）、d_f（固定液液膜厚度）构成，中心点表示固定相总体特性流动相参数圆形：由 C_B（强洗脱剂浓度）、C_m（改性剂浓度）、u（平均线速）、η（黏度）、D_M（扩散系数）构成，中心点表示流动相总体特性色谱分离参数三角形：由 R（分离度）、t_R（保留时间）、k'（容量因子）、Δp（柱压力降）、T_c（柱温）、n（理论塔板数）、α（分离因子）构成

　　图中的各个参数既各自独立又相互关联，因而构成一幅复杂的色谱参数关系图。对高效液相色谱，在确定了 HPLC 的分离模式及采用的色谱柱系统之后，通常主要通过改变流动相的组成，获得样品中各组分的最佳分离度和最短的分析时间。

　　在色谱分离中，应首先确定样品中存在的"最难分离的物质对"，通常当最难分离物质对实现完全分离时，其他组分的分离必然不成问题。

三、色谱分离条件优化标准的选择

　　为了评价色谱图分离情况的优劣，常使用两种优化标准：

　　① 选择对难分离物质对的分离优化标准，如难分离物质对的分离度 R。

　　② 选择对整体色谱图的优化标准，如描述色谱图的总体分离度（或分离因子）乘积归一化的优化标准 r：

$$r = \prod_{i=1}^{n-1}\left(\frac{R_{i,i+1}}{\bar{R}}\right) = \prod_{i=1}^{n-1}\left(\frac{S_{i,i+1}}{\bar{S}}\right)$$

$$\bar{R} = \frac{1}{n-1}\sum_{i=1}^{n-1}(R_{i,i+1}); \quad \bar{S} = \frac{1}{n-1}\sum_{i=1}^{n-1}(S_{i,i+1})$$

当确定了色谱优化标准后，还需利用优化标准去构成能随色谱分析操作条件变化的目标函数，并确定评价目标函数质量优劣的标准，最后由不同操作条件下获得目标函数的优劣数值作为评价色谱分离条件优劣的依据。

从 20 世纪 70 年代开始，不少色谱工作者先后提出多种并行优化的目标函数，如色谱响应函数（chromatographic response function，CRF）或色谱优化函数（chromatographic optimi zation function，COF）。

Berridge 提出的色谱响应函数为：

$$CRF = \sum_{i=1}^{n-1} R_i + n^x + a(t_m - t_0) - b(T_0 - T_1)$$

式中，n 为可检测组分峰的总数，$n-1$ 为峰对数；t_m 为设定的最大允许分析时间；t_0 为最后一个峰的保留时间；T_0 为第一个峰的最小允许保留时间；T_1 为第一个峰的实际保留时间；R_i 为每个峰对的分离度；b、x 为每个因数的权重因子，其值依据需要自行确定。CRF 值愈小，愈接近优化分离。

Glajch 和 Kirkland 提出的色谱优化函数为：

$$COF = \sum_{i=1}^{n-1} A_i \ln \frac{R_i}{R_{id}} + \alpha(t_m - t_0)$$

式中，R_i 为第 i 峰对的分离度；R_{id} 为对第 i 峰对希望达到的分离度，A_i、α 分别为对分离度项和分析时间项设定的权重因子；t_m、t_0 含义同前，当实现优化分离时，COF 值趋向于零，若谱图分离结果很差，COF 呈现大的负值。

在目标函数中，由于把峰数、分离度、分析时间等因素并行起来考虑优化分离是不全面的，还应与数值分析中的顺序优化的单纯形法、混合液设计实验法、重叠分离度图方法相结合，才能组成样品分离条件优化的串行优化方法。

四、色谱分离条件的优化方法

当进行色谱分离条件优化时，首先确定需要优化的可变因素（其可为双因素、三因素或多因素），再选择由可变因素构成的色谱响应（或优化）函数，确定判别达到优化的标准［如 CRF 趋向最小（大）值；COF=0］，最后可采用数值分析中的顺序优化法（如单纯形法，混合物设计实验法、重叠分离度图法）或并行优化法（如窗图法）来进行分离条件的优化，此时应使用各种优化法对应的计算机运行程序，不断从计算出的 CRF（或 COF）数值与优化目标的标准进行比较，并判定最终优化分离条件的实现（各种顺序优化和并行优化方法，参见本书第二版）。

五、等度洗脱和梯度洗脱的优化图示方法

在高效液相色谱法中，使用具有恒定溶剂组成的等强度流动相洗脱时，可由溶剂选择性三角形组成二元溶剂、三元溶剂和四元溶剂的流动相，它们都具有恒定的溶剂强度，流动相组成的变化仅改变对样品组分的选择性。

在梯度洗脱中，通常多注重溶剂组成改变时对样品组分选择性的影响。但也应看到在梯度洗脱过程中流动相的溶剂强度也在改变。

Glajch 和 Kirkland 对不同情况的洗脱进行了分类，如表 8-13 所示。

表 8-13　流动相洗脱系统分类

类型	名　称	分离条件
1	简单等强度洗脱（SI）	溶剂强度、选择性和组成保持恒定
2	等强度多溶剂程序洗脱（IMP）	溶剂强度保持恒定，溶剂选择性和组成改变
3	等选择性多溶剂梯度洗脱（IMGE）	溶剂强度和组成改变；选择性保持恒定，这是因为改性剂的比例保持恒定
4	选择性多溶剂梯度洗脱（SMGE）	溶剂强度，组成和选择性全在改变

图 8-48 表示了在反相液相色谱中表 8-13 中 4 种洗脱体系的洗脱情况。

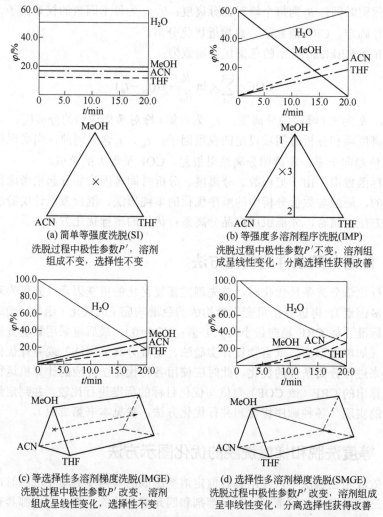

(a) 简单等强度洗脱(SI)
洗脱过程中极性参数P'，溶剂组成不变，选择性不变

(b) 等强度多溶剂程序洗脱(IMP)
洗脱过程中极性参数P'不变，溶剂组成呈线性变化，分离选择性获得改善

(c) 等选择性多溶剂梯度洗脱(IMGE)
洗脱过程中极性参数P'改变，溶剂组成呈线性变化，选择性不变

(d) 选择性多溶剂梯度洗脱(SMGE)
洗脱过程中极性参数P'改变，溶剂组成呈非线性变化，分离选择性获得改善

图 8-48　用溶剂组成-时间图表示反相 HPLC 中四种流动相体系的分类

图 8-48（a）表示简单等强度洗脱（simple isocratic，SI）时溶剂组成 φ-时间图。此法是最基本的，在色谱运行过程中，流动相组成不改变，它可用单一溶剂或混合溶剂（其对应溶剂三角形面上的任何一点）来实现。此图中三角形的中心点组成设定为 20%MeOH、16.8%ACN、11.8%THF 和 51.4%H$_2$O，借助混合液设计实验法，可用来方便地优化任何真实的混合物的分离。反相色谱中 H$_2$O 作为流动相主体，MeOH、ACN、THF 作为改性剂，在指定分离中改变它们的比例可获得最好的选择性。

图 8-48（b）表示等强度多溶剂程序洗脱（isocratic multi-solvent programming，IMP）。虽然在此情况下同样保持溶剂强度在全部分离中不改变，但是在色谱运行中借助流动相组成的连续或分步变化，使分离选择性获得改善。在对应的溶剂三角形中溶剂组成顺序由 1 变到 2 的过程，混合物中的各组分获得完全分离，而对应 1、2、3 点的溶剂组成都不能将混合物的各组分分离开。

图 8-48（c）表示等选择性多溶剂梯度洗脱（isoselective multi-solvent gradient elution，IMGE）。到现在为止，典型的梯度洗脱分离皆以此方式完成，依据选择性来看，它相似于简单等度洗脱。此时改性剂的选择性和它们的相对组成在色谱运行中并未改变，此时表达溶剂选择性的平面三角形用一个立体三棱镜图形取代。然而在运行过程中流动相主体（H$_2$O）的比例减小，而有机改性剂（MeOH、ACN、THF）的比例却在增加，其结果使溶剂强度发生改变。由有机改性剂组成线的相近斜率指明，当梯度洗脱分离时，为保持恒定的选择性，溶剂强度以线性方式在连续减小。此情况表明使用由"四元"溶剂组成的流动相进行优化，可以在一个包括广范围 k' 值混合物的梯度洗脱中，对所有的组分峰提供最好的分离度。

图 8-48（d）表示选择性多溶剂梯度洗脱（selective multi-solvent gradient elution，SMGE）。此时表明在色谱运行过程溶剂的强度、选择性和组成皆在改变。在分离过程中依据选择性的变化，SMGE 梯度洗脱相似于 IMP 程序洗脱，由于运行过程中溶剂强度同样改变，因此 SMGE 系统表现出要比 IMP 系统具有更强的分离潜力。此事实在实际分离中特别重要。在梯度洗脱过程，当刚开始溶剂梯度时，流动相的溶剂强度低，k' 值高的溶质在色谱柱中无明显的移动。此时低溶剂强度的流动相对洗脱 k' 值低的色谱峰是适用的，而具有高 k' 值的组分不受流动相的影响，仍保留在色谱柱入口处，随着流动相溶剂强度的连续或分步增加，高 k' 值组分逐渐被洗脱出，选择性在不断改变，最终使具有不同 k' 值组分的分离获得优化结果。图 8-48（d）表明当流动相的强度和选择性二者同时变化时，在溶剂组成-时间图中会出现多个非线性的图线。

应当指出，在 SI、IMP、IMGE 体系中，当选择性或强度改变时，所有溶剂组成变化是线性的，而在 SMGE 体系中，当溶剂选择性和强度同时改变时，

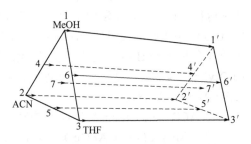

图 8-49　四元溶剂梯度洗脱体系的三棱镜图
MeOH—甲醇；ACN—乙腈；THF—四氢呋喃

溶剂组成的变化呈现非线性。对许多分离问题，非线性变化，包括分步函数，对优化是更有利的。

由前述对流动相洗脱系统分类可以看到等强度洗脱可用溶剂选择性平面三角形表示，梯度洗脱可用立体三棱镜图或锥形四面体图来表示。

用三棱镜图表示一个四元溶剂的梯度洗脱体系（图 8-49），三棱镜的各个端点皆表示二元溶剂体系，三棱镜的三个侧面及所有的边皆表示三元溶剂体系，三棱镜前后两个三角形端面皆表示四元溶剂体系。若已知 MeOH、ACN、THF 和 H_2O 的溶剂极性参数 P' 分别为 5.1、5.8、4.0 和 10.2，则三棱镜前端面三角形中 1、2、3、7 点的溶剂组成和溶剂极性参数 P' 分别为：

1 点　46%MeOH，$P'=0.46×5.1+0.54×10.2=7.85$

2 点　53%ACN，$P'=0.53×5.8+0.47×10.2=7.86$

3 点　38%THF，$P'=0.38×4.0+0.62×10.2=7.85$

7 点　15.2%MeOH+17.5%ACN+12.5%THF+54.8%H_2O

　　　　$P'=0.152×5.1+0.175×5.8+0.125×4.0+0.548×10.2=7.87$

当梯度洗脱时，MeOH 体积分数由 46%增大至 74%，ACN 由 53%增大至 85%，THF 由 38%增大至 60%，则可求出三棱镜后端面 1′、2′、3′、7′点的溶剂极性参数 P'。

1′点　74%MeOH，$P'=0.74×5.1+0.26×10.2=6.43$

2′点　85%ACN，$P'=0.85×5.8+0.15×10.2=6.46$

3′点　60%THF，$P'=0.60×4.0+0.40×10.2=6.48$

7′点　24.4%MeOH+28.0%ACN+19.8%THF+27.8%H_2O

　　　　$P'=0.244×5.1+0.280×5.8+0.198×4.0+0.278×10.2=6.49$

由上述计算可以看出，当进行梯度洗脱时，随 MeOH、ACN、THF 体积分数的增加，对由 7 点变至 7′点的四元溶剂体系，其所含 H_2O 的体积分数由 54.8%减少至 27.8%，体系的溶剂强度参数 P' 由 7.87 降至 6.49。在此色谱运行过程，可获得样品中多元组分的满意分离结果。

六、优化 HPLC 分离条件的计算机辅助方法

利用计算机辅助优化 HPLC 分离条件的计算机软件有以下几种。

① DryLab 软件：1986 年提出，可在个人计算机上以 Windows 或 Macintosh 格式下运行，它由不断开发的子程序逐渐组合成独立应用的程序，如用于等度洗脱的 DryLab I、用于梯度洗脱的 DryLab G、用于混合液设计技术的 DryLab S 和适用于两个或多个变量（pH 值、改性剂浓度、温度）同时变化的 DryLab MP。2010 年发表的 DryLab V.4.2 版本是一个可预测并实现 3D 视频的软件，用于 Windows 操作系统（XP～Win7、Win8）。

② ACD Auto Chrom V.2012 全自动化实验设计方法开发软件。

③ S-Matrix Fusion AEQbD 用于 HPLC 实验设计（DoE）方法开发软件。

④ PESOS 基于溶剂选择性三角形概念提出的方法开发软件。

　　本节提出的各种色谱参数对色谱工作者来说十分重要，透彻理解这些参数可在色谱理论指导下，通过选定色谱柱和优化的分离条件来实现对组成复杂样品组分的完全分离。

　　当色谱柱柱效较低时（如 10000～30000 塔板/m），若样品中各组分不能完全分离开，可利用智能优化方法，先设定色谱优化函数后，再用数值分析优化方法（如单纯形法、窗图法、混合液设计实验法和重叠分离度图法）来优化色谱分离条件，以获最佳的分离效果。

　　现在随超高效（压）液相色谱（UHPLC）技术的快速发展，色谱柱的柱效已达 200000～500000 塔板/m，一次进样就可完成组成复杂样品的全分析，从而使应用数值分析优化方法进行色谱分离条件优化的必要性和重要性也日益下降。

参 考 文 献

[1] [美]Sngder L R，Kirkland J J，Dolan J W 著. 现代液相色谱技术导论.第 3 版. 陈小明，唐雅研译. 北京：人民卫生出版社，2012.

[2] 王俊德，商振华，郁蕴璐. 高效液相色谱法. 北京：中国石化出版社，1992: 10-31.

[3] [美]Scott R P W. 现代液相色谱. 李玲颖，等译. 天津：南开大学出版社，1992: 22-98.

[4] Scott R P W. Liquid Chromatography Column Theory. Chichester: John Wiley & Sons, 1992.

[5] Horvath C. High Performance Liquid Chromatography: Advances and Perspectives. New York: Academic Press, 1980, (2): 1-56.

[6] Gritti F, Guiochon G. LC-GC North Am, 2012, 30(7): 586-596.

[7] Desmet G, Broeckhoven K. Anal Chem, 2008, 80: 8076-8088.

[8] Broeckoven K, Cabooter D, Desmet G. J Pharm Anal, 2013, 3(5): 313-323.

[9] Gritti F, Guiochon G, et al. J Chromatogr A, 2014, 1334: 30-43.

[10] Hays R, Ahmed A, Zhang H. J Chromatogr A, 2014, 1357: 36-52.

[11] Dong M W. LC-GC North Am, 2014, 32(7): 420-433.

[12] Fekete S, Guillarme D. J Chromatogr A, 2013, 1308: 104-113.

[13] Bristow P A, Knox J H. Chromatographia, 1977, 10: 279-289.

[14] Desmet G, Gzil P, Clieq D. LC-GC Europe, 2005, 18(7): 403-409.

[15] Desmet G, Clieq D, Gzil P. Amal Chem, 2005, 77(13): 4058-4070.

[16] Poppe H J. J Chromatogr A, 1997, 778: 4-21.

[17] Neue U D. LC-GC Europe, 2009, 1.

[18] Broeckhoven K, Desmet G. et al. J Chromatogr A, 2012, 1228: 20-30.

[19] Desmet G, Clieq D, et al. Anal Chem. 2006, 78(7): 2150-2162.

[20] Billen J, Desmet G. J Chromatogr A, 2007, 1168: 73-99.

[21] Waters. ACQUITY Ultra Performance LC™, 2004.

[22] Quanyou Alan Xu. Ultra-High Performance Liquid Chromatography and Its Application. New Jersey: John Wiley & Sons Inc, 2013.

[23] Majors R E. LC-GC Europe, 2006(1):1.

[24] Dong M W. LC-GC North Am, 2013, 31(10): 868-880.

[25] Majors R E. LC-GC North Am, 2014, 32(9): 840-853.

[26] Wyndham K D, O'Gora J E, Walter T H, et al. Anal Chem, 2003, 75(24): 6781-6788.

[27] Nalwa H S. Hand book of Organic-Inorganic Hybrid Materials and Nanocomposites, Stevenson Ranch

California: American Scientific Publishers, 2003, (1): 147-148.

[28] Fekete S, Guillarme D. J Chromatogr A, 2013, 1320: 86-95.

[29] Pursch M, Cortes H, Hoffmann B W. LC-GC Europe, 2008(3):152-159.

[30] Destefano J J, Langlois T J, Kirkland J J. J Chromotogr Sci, 2008, 46(3):254-260.

[31] Dolan J W. LC-GC North Am, 2008, 1.

[32] Majors R E. LC-GC Europe, 2011, 1.

[33] http: //chro macademy.com, LC-GC Europe, 2013, 1.

[34] Petersson P, Euertry M R, James M A. LC-GC North Am, 2014, 32(8): 558-567.

[35] Dong M W. LC-GC North Am, 2015, 23(4): 254-261.

[36] Berridge J C. Techniques for the Automated Optimization of HPLC Separation. Chichester: John Wiley & Sons, 1985.

[37] Schoenmakers P J. Optimization of Chromatographic Selectivity. Amsterdam: Elsevier, 1986.

[38] 卢佩章, 张玉奎, 梁鑫淼. 高效液相色谱法及其专家系统. 沈阳: 辽宁科学技术出版社, 1992.

第九章

微柱液相色谱法

微柱液相色谱（μ-LC）是微柱高效液相色谱（micro-column HPLC）的简称。它是在对常规高效液相色谱柱进行微型化处理的过程中逐步发展起来的，由于使用了新型微粒固定相和微型精密加工制造技术，色谱柱的分离效能大大提高，流动相的消耗量大大减小。

在微柱液相色谱分析中，由于流动相通过微柱的流量很小，它易于与质谱（MS）或核磁共振波谱（NMR）构成联用系统，也利于它与多种 HPLC 柱，如 SEC、IC 等，组成二维 HPLC 偶联体系。

微柱液相色谱法是一种微量、超微量分析技术，它在样品注入、微柱制备、仪器组成等方面都比常规 HPLC 的实验技术要求更高。此方法已在医药、食品、环境、高聚物分析中获得不少应用，近年来它在生物大分子（蛋白质、多肽）分析、手性药物分离、神经科学研究等领域具有广泛的应用前景，受到愈来愈多的关注。

第一节　方法简介

微柱高效液相色谱的研究起始于 1967 年 Horváth 等用内径 0.5～1.0mm 的不锈钢毛细管柱填充薄壳固定相分离了核糖核苷的开创性工作[1]。当时高效液相色谱正处于起步阶段，色谱工作者的精力都集中于内径 4.6mm 常规液相色谱柱的研究，所以 Horváth 的工作并未受到重视。直到 1973 年 Daido Ishii 用湿法淤浆填充聚四氟乙烯微填充柱，并成功地分离了多环芳烃，才使微柱液相色谱逐步受到重视[2]。1976 年 Scott 和 Kuerca 在内径 1.0mm、长 10m 的微柱上，用改装的紫外吸收检测器分析了一系列的烷基苯[3]。同年，日本 JASCO 公司推出了第一台微柱液相色谱仪商品，标志着微柱液相色谱进入了一个新的发展时期。以后 Beckmann、Gilson、Hewiett-Packard、Perkin-Elmer、Schimadzu、Varian 和 Waters 等公司也都生产了微柱液相色谱的商品仪器。1984～1987 年出版了 4 本有关微柱液相色谱的专著[4~7]。Novotny 在 1981 年和 1988 年先后发表了两篇有关微柱液相色谱最新进展的论文[8,9]。1983 年 Frank 发表了有关开管柱液相色谱理论和实践的综述[10],1997 年又发表了微柱、HPLC 现代进展和未来前景的综述[11],1997 年 Vissers 对微柱液相色谱的仪器、检测和应用的进展做了综述[12],1999 年 Vissers 又对微柱液相色谱的最新进展做了全面的阐述[13]。随着分离科学技术的发展和分析仪器微型化的发展趋向,近年在微柱液相色谱领域又开拓了超高压填充毛细管柱和纳米柱液相色谱,在纳米柱制作中还使用了微芯片制作技术,制成了并列整体载体结构（COMOSS）的纳米柱,为微柱液相色谱的发展开拓了新途径。

一、微型柱的分类

目前微柱液相色谱还未有一个统一的分类方式,多数文献按色谱柱内填充状态和色谱柱内径大小两种方式分类。

按色谱柱内填充状态不同,可将微柱分为紧密填充（毛细管）柱、疏松（部分）填充（毛细管）柱和开管（毛细管）柱三类,如图 9-1 所示[9]。

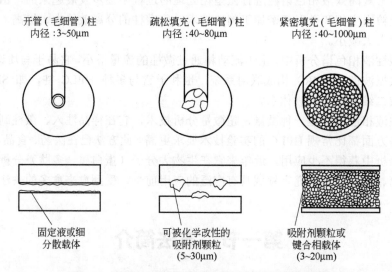

图 9-1　液相色谱微柱按填充状态的不同类型分类

与紧密填充柱比较,疏松填充柱和开口柱有更好的渗透性和更高的柱效,但这两类色谱柱的样品容量低,柱选择性差,对仪器的要求苛刻,至今距实用阶段仍有相当距离。因此,真正具有实用价值的是紧密填充柱,它是至今研究最多、使用最广的微型色谱柱,也是本章讨论的重点内容。

按色谱柱的内径大小可将微柱分为内径 0.5～1.0mm 的微孔填充柱、内径 100～500μm 的毛细管填充柱和内径 10～100μm 的纳米填充柱,这些不同类型的微柱与内径 4.6mm 的常规柱和内径 2.1mm 的细径柱的比较见表 9-1。

在 HPLC 中，微柱液相色谱已经建立了如同常规柱的完整技术，其使用会更经济些，并可完成常规柱不能实现的分析任务。至今微柱液相色谱既作为研究工具也在常规分析中获得愈来愈多的应用。

表 9-1　HPLC 中不同类型色谱柱的比较[14,15]

柱型		柱内径 d_c/mm	流动相流速 /(μL/min)	样品容量 /mg	检测灵敏度 提高倍数	柱长 /cm
微柱	微孔填充柱	0.5～1.0	20～60	0.05～0.5	20～25	15～25
	毛细管填充柱	0.1～0.5	1～20	0.001～0.05	80～2000	15～25
	纳米填充柱	0.01～0.1	0.1～1.0	<0.001	2000～10^4	15～40
细径柱		2.1	200～400	50～500	5	20～50
常规柱		4.6	500～2000	100～1000	1	3～25

二、微柱液相色谱法的优点和缺点[16,17]

色谱柱由常规柱小型化为微柱后，随柱内径的减小，呈现出以下一些优点：

① 可以分析极少量的样品，特别适用于分析贵重样品和从活体采集具有生物活性的样品。

② 色谱柱中填充固定相的用量大大缩减，仅为常规 HPLC 的 1%～10%，简化了填充方法，不仅降低了分析成本，也便于选择和更换固定相。

③ 分析中流动相用量也大大减小，仅为常规 HPLC 的 1%～10%，流动相对环境的污染减小，有利于环境保护。

④ 微柱随内径的减小，缩减了固定相的用量，减小了柱阻力，使输送流动相的压力降低，不仅可使分析时间缩短，还大大提高了柱效，理论塔板数可达 10 万～30 万塔板/m。

⑤ 通过微柱的流动相使用了很低的流量，因此微柱 HPLC 易与质谱（MS）或核磁共振波谱（NMR）构成联用系统，也易与其他 HPLC 柱组成二维 HPLC 偶联体系。

与上述诸多优点相对应，微柱液相色谱在使用发展过程中，也表现出一些不足之处，它们也是实现微柱液相色谱理想分离结果所必须解决的关键技术问题，可归纳为：

① 微柱液相色谱丧失了常规柱具有的"无限直径"效应，而要保持高柱效的优势，就突出了柱外效应对降低柱效的影响。

② 微柱对样品容量的降低，使常规高效液相色谱进样技术的应用受到限制。

③ 由于进样量的减小，样品从微柱洗脱出的浓度（或质量）很小，需使用高灵敏度检测器进行检测。

④ 制作微柱的成本虽然降低，但要制作一根高柱效、高选择性的微柱，仍需较高的实验技能。

⑤ 由于微柱的流动相仅使用每分钟几至几十微升的流量，需使用高精度、稳定性好、低流量的新型高压输液泵。

至今影响微柱液相色谱技术发展的关键问题已陆续圆满解决，才使微柱液相色谱的应用日益扩展。

第二节 基本理论

微柱液相色谱是在常规液相色谱进行微型化的基础上发展起来的，在分离原理上既遵循常规液相色谱的一般规律，又有其自身的特殊之处。研究微柱色谱分离过程的基本理论，对理解微柱具有高柱效的原因、改进微柱色谱柱的制备技术、研制高性能的微柱液相色谱仪，都具有指导意义。

一、柱外效应

色谱柱的微型化主要是降低了柱内径，与此同时在色谱柱外由于进样器、检测器、连接管路死体积和电路响应时间引起的色谱谱带扩展的影响也要相应减小，以保持微柱的最高分离性能[5,6,12,13,16,17]。

表达柱效的理论塔板数是由色谱峰的标准偏差 σ_T 计算的，σ_T 由色谱柱内分离过程产生谱带扩展的标准偏差 σ_c 和色谱仪因柱外效应引起谱带扩展的标准偏差 σ_e 组成。除非 σ_e 与 σ_c 比较可以忽略，σ_T 才仅可由 σ_c 决定。

在高效液相色谱分析中，由于柱外效应引起的谱带扩展总是要显示出来，其对分离度产生影响的一般可接受的标准是使分离度 R 最多降低 5%。由此可推导出：

$$R = \frac{\Delta t}{\sigma_T} = \frac{\Delta t}{1.05\sigma_c} \tag{9-1}$$

式中，Δt 为两个相邻色谱峰保留时间的差值。

由上述可用方差表达色谱峰形扩展情况：

$$\sigma_T^2 = \sigma_c^2 + \sigma_e^2 \tag{9-2}$$

式（9-2）成立的前提是由柱外效应产生的方差 σ_e^2 满足下述条件：

$$\sigma_e^2 \leqslant 1.1025\sigma_c^2 \tag{9-3}$$

并使色谱柱理论塔板数的损失不超过 10%。

对微柱液相色谱，由柱外效应引起的最大可接受的方差 $\sigma_{e(a)}^2$ 可按式（9-4）计算。

$$\sigma_{e(a)}^2 \leqslant 0.10\sigma_c^2 \tag{9-4}$$

由于 $\quad \sigma_c^2 = \dfrac{V_R^2}{N}$，$V_R = V_M(1+k')$，$V_M = \pi r^2 L \varepsilon_T$，$N = \dfrac{L}{H}$

$$\sigma_c^2 = \frac{\pi^2 r^4 L^2 \varepsilon_T^2 (1+k')^2}{N} = \pi^2 r^4 \varepsilon_T^2 L H (1+k')^2$$

因此 $\quad \sigma_{e(a)}^2 \leqslant 0.10\pi^2 r^4 \varepsilon_T^2 L H (1+k')^2$

式中，V_R 为溶质保留体积；V_M 为色谱柱的死体积；r 为柱管内径半径；L 为柱长；H 为理论塔板高度；N 为理论塔板数；ε_T 为总孔率；k' 为容量因子。

当 $L = 15\text{cm}$、$\varepsilon = 0.75$、$N = 15000$ 时，作为柱内径 d_c 和容量因子 k' 函数的 $\sigma_{e(a)}^2$ 可容易地计算出来，并可用三维图示表示（图 9-2）。从图 9-2 中可看到，随着柱内径的减小，其对应的可接受的柱外效应会快速地减小，因此使用小内径柱必然要求柱外效应迅速降低。对一根微柱，它的最大可接受的柱外效应方差应为进样器（I）、检测器（D）、连接管路（CT）死体积和电路响应时间（ER）提供的柱外效应方差的代数和：

$$\sigma_{e(a)}^2 = \sigma_I^2 + \sigma_D^2 + \sigma_{CT}^2 + \sigma_{ER}^2 \tag{9-5}$$

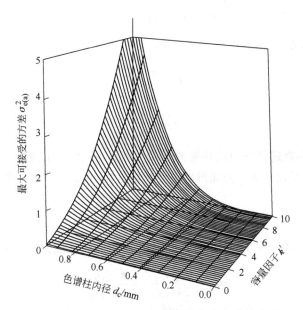

图 9-2　作为色谱柱内径 d_c 和容量因子 k' 函数的最大可接受的方差 $\sigma_{e(a)}^2$ 的三维示意图

如果仅从构成微柱色谱仪的组件考虑，而不涉及任何实验溶质，则最大可接受的柱外效应的方差也可表达为：

$$\sigma_c^2 = \frac{V_0^2}{N} \tag{9-6}$$

$$\sigma_{e(a)}^2 \leqslant 0.10\sigma_c^2 \leqslant 0.10\frac{V_0^2}{N} \tag{9-7}$$

构成 $\sigma_{e(a)}^2$ 的各个方差可分别表达为：

$$\sigma_I^2: \qquad\qquad\qquad \sigma_I^2 = \frac{V_i^2}{K_I^2} \tag{9-8a}$$

式中，V_i 为可注入样品体积；K_I 为样品液流形状因子，对理想塞状进样，$K_I^2 = 12$；

V_i 与色谱柱死体积 V_M 的关系为：

$$V_i = 0.60 \frac{V_M}{\sqrt{N}}$$

$$\sigma_I^2 = \frac{V_i^2}{12} = \frac{1}{12}\left(0.60\frac{V_M}{\sqrt{N}}\right)^2 = 0.03\frac{V_M^2}{N} \tag{9-8b}$$

σ_D^2：
$$\sigma_D^2 = \frac{V_D^2}{K_D^2} \tag{9-9a}$$

式中，V_D 为检测器体积；K_D 为检测器的形状因子。

对圆柱形检测器　　　　$K_D^2 = 12$，　$V_D = \pi r_D^2 L_D$

式中，r_D 和 L_D 分别为检测器的内径半径和长度。

$$\sigma_D^2 = \frac{\pi^2 r_D^4 L_D^2}{12} \tag{9-9b}$$

σ_{CT}^2：
$$\sigma_{CT}^2 = \frac{V_{CT}^2}{K_{CT}} \tag{9-10a}$$

式中，V_{CT} 为直通式开口连接管的体积；$V_{CT} = \pi r_{CT}^2 l_{CT}$；$r_{CT}$ 和 l_{CT} 分别为连接管的内径半径和管路长度；K_{CT} 为通过管路兰米纳（Laminar）液流的扩散因子：

$$K_{CT} = \frac{24 D_m l_{CT}}{u r_{CT}^2}$$

式中，D_m 为流动相的扩散系数；u 为流动相的线速度。因而可导出：

$$\sigma_{CT}^2 = \frac{(\pi r_{CT}^2 l_{CT})^2}{\dfrac{24 D_m l_{CT}}{u r_{CT}^2}} = \frac{\pi^2 r_{CT}^6 l_{CT} u}{24 D_m} \tag{9-10b}$$

因 $u = \dfrac{F}{\pi r_{CT}^2}$，$F$ 为流动相体积流速（通常为 300μL/min）；连接管内径直径 $d_c^1 = 2 r_{CT}$（通常为 10~20μm）；式（9-10b）又可转换成：

$$\sigma_{CT}^2 = \frac{\pi^2 r_{CT}^6 l_{CT} u}{24 D_m} = \frac{\pi r_{CT}^4 l_{CT} F}{24 D_m} = \frac{\pi (d_c^1)^4 l_{CT} F}{384 D_m} \tag{9-10c}$$

σ_{ER}^2：
$$\sigma_{ER}^2 = (\pi r^2 \varepsilon_T u)^2 \tau_{RC}^2 \tag{9-11}$$

σ_{ER}^2 表达与电路响应时间对应的最终体积方差，它是电路中放大器、过滤器和其他电子部件中，由电阻和电容组合结构产生的时间延迟造成的。其中，r、ε_T 为色谱柱内径半径和总孔度；τ_{RC} 为电阻和电容的响应时间常数（表达输出电压信号达输入信号 63% 时所需时间），可表达为：

$$\tau_{\mathrm{RC}} = \frac{\theta^2 HL}{u^2}$$　　　　　　（9-12）

式中，θ^2 表示对 $k'=0$ 溶质的体积方差中增加的分量；H 为理论塔板高度；L 为色谱柱柱长；u 为流动相线速。

综合以上产生柱外效应的各种因素，对不同类型微柱，它们对非滞留和稍滞留化合物，由于柱外效应产生的最大可接受方差 $\sigma_{e(a)}^2$ 如表 9-2 所示。

表 9-2　不同类型微柱对非滞留和稍滞留化合物的最大可接受方差 $\sigma_{e(a)}^2$

微柱类型	柱内径(d_c)	柱长/cm	$\sigma_{e(a)}^2(nL^2)$		
			$k'=0$	$k'=1$	$k'=2$
微孔柱	1.0mm	15.0	45300	181000	408000
		25.0	75600	302000	680000
毛细管柱	300μm	15.0	370	1470	3310
		25.0	610	2450	5510
纳米柱	75μm	15.0	1.4	5.7	13
		25.0	2.4	9.6	22
		40.0	3.8	15	34

注：1.填充固定相的粒度 $d_p = 5\mu m$，允许的柱效损失低于 5%（$\theta^2 = 0.05$），柱的总孔率 $\varepsilon_T = 0.70$，保持理想塞状进样，优化的流动相流速和理论塔板高度（$H = 2d_p$）。

2. $\sigma_{e(a)}^2 \leqslant 0.1\pi^2 r^4 LH\varepsilon_T^2(1+k')^2$。

减小死体积，特别是柱后死体积，是纳米 LC 分析获得成功的关键。

二、管壁效应

高效液相色谱的速率理论是从动力学观点出发，研究溶质在色谱柱中运行过程中各种操作条件对理论塔板高度的影响，从而解释在填充色谱柱中溶质色谱峰形沿轴向扩展的原因，并特别强调由于溶质在液体流动相中具有很低的扩散系数（比在气体流动相中低 4 个数量级），从而造成沿轴向的分子扩散明显减小，保持了"无限直径效应"的存在，才使常规高效液相色谱柱 ［ϕ 4.6mm×（10～25）cm］获得了高柱效。在对常规高效液相色谱柱的研究上，为获得更高的柱效，人们的注意力长期集中在色谱柱填充固定相的粒径（d_p）上，并通过减小固定相的粒径（由 10μm→7μm→5μm→3μm→亚-2μm）来提高柱效。

随着对 HPLC 微型化研究的进展，人们又把注意力集中在减小色谱柱的内径上，随色谱柱内径的减小，固定相的填充量也相应减少，因而在常规高效液相色谱柱中存在的"无限直径效应"，在微柱中已不复存在。这也促使色谱工作者认真研究微柱呈现的特性，而使在常规柱中未受关注的"管壁效应"（即影响溶质谱带在色谱柱内径方向展宽因素）重新受到重视，并揭示了"管壁效应"对色谱柱柱效的影响。

诺克斯（Knox）[18]曾对常规液相色谱柱的填充柱层进行了详细研究，认为固定相填充床层在径向分布上是不均匀的，在沿柱轴向的"中心区"固定相填充的紧密且均匀，而在距柱管内壁约 $30d_p$ 距离的"管壁区"固定相填充的疏松且杂乱。对内径 4.6mm 常规柱，若分别填充 10μm、5μm、3μm 的固定相，在柱管内部径向截面积中，"管壁区"面积占总截面积的百分数分别为 24.39%、12.62%和 7.67%。对内径 1.0mm 的微填充柱，若也分别填充 10μm、5μm、3μm 固定相，并按 $30d_p$ 作为"管壁区"，则"管壁区"面积在柱管内部径向截面积中所占百分数升高至 84.00%、51.00%和 32.75%。即使在微柱中按 $10d_p$ 作为"管壁区"，也填充粒径同上述的固定相，此时"管壁区"面积在柱管内部径向截面积中所占百分数也高达 36.00%、19.00%和 11.64%。由此可知，微柱中"管壁区"所占的比例已远大于常规柱，即管壁效应明显增大，有关计算见表 9-3。

表 9-3　在色谱柱内径向截面积中"管壁区"面积所占的比例

柱参数		固定相粒径		
		$d_p =10$μm	$d_p =5$μm	$d_p =3$μm
常规柱 $d_c =4.6$mm $r = 2.3$mm	管壁区宽度 $W =30d_p$	300	150	90
	柱内径向截面积 $S = \pi r^2$	16619064	16619064	16619064
	中心区面积 $S_1 = \pi(r - W)^2$	12566400	14522046	15343889
	管壁区面积 $S_2 = S - S_1$	4052664	2097018	1275175
	S_2百分数$=\dfrac{S_2}{S}\times100\%$	24.39	12.62	7.67
微柱 $d_c =1.0$mm $r =0.5$mm	管壁区宽度 $W =30d_p$	300	150	90
	柱内径向截面积 $S = \pi r^2$	785400	785400	785400
	中心区面积 $S_1 = \pi(r - W)^2$	125664	384846	528103
	管壁区面积 $S_2 = S - S_1$	659736	400554	257297
	S_2百分数$=\dfrac{S_2}{S}\times100\%$	84.00	51.00	32.75
微柱 $d_c =1.0$mm $r =0.5$mm	管壁区宽度 $W =10d_p$	100	50	30
	柱内径向截面积 $S = \pi r^2$	785400	785400	785400
	中心区面积 $S_1 = \pi(r - W)^2$	502656	636174	693979
	管壁区面积 $S_2 = S - S_1$	282744	149226	91421
	S_2百分数$=\dfrac{S_2}{S}\times100\%$	36.00	19.00	11.64

注：表中宽度单位为 μm，面积单位为 μm²。

Kennedy 等[19]的实验发现，在"中心区"和"管壁区"内，流动相的流速和色谱柱的相比 $\left(\beta = \dfrac{V_M}{V_s}\right)$ 皆不相同，"中心区"的流速较快、相比较小，"管壁区"的流速较慢、相比较大。由于"管壁效应"的存在，当溶质因径向扩散到"管壁区"，也会导致溶质谱带的纵向（轴向）展宽，而造成柱效的损失。

最初色谱工作者认为微柱的柱效要低于常规液相色谱柱，但有研究发现"管壁效应"对微柱柱效的影响比普遍认为的要小得多。这是因为随微柱柱内径的减小及固定相填充量的减少，溶质分子沿径向扩散的路径和传质阻力也会减小；当溶质分子纵向截面"中心区"移向"管壁区"，会造成溶质谱带的扩展，但也会有溶质分子从"管壁区"移向"中心区"，就会造成溶质分子在径向截面迁移速度的平均化而减小谱带的扩展。

Scott[17]的实验结果表明，当色谱柱内径减至一定限度以下时，"管壁效应"就退居次要地位。他解释为由于周围的柱壁如此互相靠近，以致液体流过时可能存在的不均匀性变得很不显著了。因此在选定的微柱色谱系统中，"管壁效应"并不是柱效损失的主要原因，若系统中存在相对大的柱外死体积，则"柱外效应"就成为造成柱效损失的主要原因。Scott还用溶质在流动相驱动下通过色谱柱时产生的热效应对传质的影响，解释了微柱具有高柱效的原因。他指出：对常规 HPLC 的宽径柱，随柱长增加会导致压力降增大，在正常流速下柱内产生的热量将影响传质过程，压力降增大后，流动相载带溶质在柱中的渗透变成非均一流动，会生成多层通道使涡流扩散恶化，但对柱径小的微柱，由于采用流动相的流速很小，就可保持与常规柱相当的线速，其产生的热量相对较小，且热量会迅速向柱壁传送，因此它对传质过程的影响也小。况且周围的柱壁很接近，不均匀流动可以忽视，从而微柱可获得高柱效，并随柱长的增加，柱效也会增加[16]。

Novotny 也指出过分强调管壁效应的影响是不正确的[20]。

三、稀释效应

样品在色谱柱的分离过程存在着色谱的稀释效应（dilution effect），即样品注入色谱柱后，由流动相载带至色谱柱末端经检测器检测时的最大浓度远低于进样时的起始浓度，样品的稀释度 D 可由进样时的起始浓度 c_0 和检测器检测出的色谱峰呈极大值时的最终浓度 c_{max} 的比值来测定[18,19]。

$$D = \frac{c_0}{c_{max}} = \frac{\pi r^2 \varepsilon_T (1+k') \sqrt{2\pi LH}}{V_i} \tag{9-13}$$

式中，r 为色谱柱内半径；ε_T 为柱总孔率；k'为组分的容量因子；L 为色谱柱柱长；H 为色谱柱的理论塔板高度；V_i 为进样体积。

由式（9-13）可看到，D 与色谱柱内半径的平方和柱长及板高的平方根成正比，进而在相同的色谱分离和进样条件下，设定呈现高斯分布的峰形。此时 c_{max} 与 r^2 成反比例的增加，即色谱柱内半径 r 愈大，c_{max} 值愈小，而使稀释度 D 值增大；反之，r 愈小，c_{max} 值愈大，就会使 D 值减小。由此可看出，使用微柱进行色谱分析，可减小色谱分离过程的稀释效应而提高对色谱峰的检测灵敏度。通过计算可知，当色谱柱直径从 4.6mm 减少到 300μm 时，检测色谱峰的峰高和质量灵敏度会增加 235 倍。

此时增加的灵敏度倍数 f 可按下式计算：

$$f = \frac{d_1^2}{d_2^2} = \frac{(4.6 \times 1000)^2}{300^2} = 235$$

式中，d_1 为常规柱柱径；d_2 为微柱柱径。

　　然而，必须强调指出，仅当微柱与它对应的常规柱比较，可负载同样的样品量和色谱柱操作特性完全一致的情况下，微柱的优点才可被充分地利用。事实上，一根色谱柱可负载的样品量正比于柱中填充的固定相用量，因此微柱的上述优点仅当样品量被严格限用时（如极少量生物活性样品和价格昂贵样品）才是有价值的。

四、分离阻抗

　　由于构成微柱的种类繁多，并具有不同的柱内径和柱长，可用不同粒度的固定相制成填充柱，或为开管柱，为了评价不同微柱的分离能力，也可用分离阻抗 E 作为评价参数：

$$E = \frac{t_M}{N^2} \times \frac{\Delta p}{\eta} \tag{9-14}$$

$$E = \frac{H^2}{K_F} = h^2 \varphi \tag{9-15}$$

　　式中，t_M 为死时间；Δp 为柱压力降；N 为理论塔板数；η 为流动相的黏度；H 为理论塔板高度；K_F 为柱渗透率；h 为折合理论塔板高度；φ 为柱阻抗因子。

　　Knox 考虑到微柱的分离潜力，已使用适当的柱参数和典型的实验数据，对不同的微柱做出了评价，综合了测定数据，列出了表 9-4，对不同类型 LC 色谱柱的理论性能进行了比较。

表 9-4　不同类型 LC 色谱柱理论性能的比较

色谱柱类型	最低折合板高 h_{min}	柱阻抗因子 φ	最低分离阻抗 E_{min}	固定相粒径 d_p/μm
常规柱或微型柱	2	500～1000	2000	5～10
毛细管柱	2	约 150	600	3～5
开管柱	0.8	32	20	—

　　由表 9-4 可看出，开管柱的 E_{min} 仅相当于常规柱或微型柱的 1/100，小得多，因此它具有很大的性能潜力，优于常规柱或微型柱。然而，由于构成仪器实践体系的限制，明显地延缓了它的发展，开管柱需要具有合乎需要的小内径，再辅以所需要的低于纳升体积的进样器和检测器，才能满足构成仪器的要求。因此除非产生重要技术的突破，否则很难实现。

第三节　仪器装置

　　微柱液相色谱仪是在常规液相色谱仪的基础上发展起来的，但由于色谱仪器的核心——色谱柱的尺寸和结构发生了变化，随色谱柱尺寸的减少，流动相的流速也剧烈地减小，柱外效应对柱效和分离度的影响变得异常突出，确实产生了对仪器结构设计的新需求。适用于微柱液相色谱分析的仪器，其设计的主要目的是确保微柱的高柱效不受损失，因此在仪器的总体结构上必须尽量减少柱外空间的死体积，并能提供微柱需要的流动相的低流速。

微柱液相色谱仪应包括以下几个部分[9]：

① 准确，无脉动，输出流量在 nL/min～μL/min 级范围的输液泵。

② 配有体积小于 1μL 定量进样管的高压进样阀。

③ 配备内径 0.03～1.0mm 的填充毛细管微柱或 100～500μm 的开管柱。

④ 配置死体积 1pL～1μL 的高灵敏度检测器。

只有配备上述基本组件的微柱液相色谱仪才能获得理想的柱效和分离效果。显然，常规的高效液相色谱仪并不适用于微柱液相色谱分析，除非对它的各个仪器部件（如输液泵、进样器、色谱柱、检测器等）做出相应的改造，否则不可用于微柱液相色谱分析。

一、输液泵系统

用于内径 0.1～1.0mm 微型填充毛细管柱，流动相体积流速在 1～500μL/min 范围；内径<100μm 的开管柱，流动相的体积流速在 1nL/min～1μL/min 范围[5]。

用于微柱液相色谱分析的高压输液泵，其输出流量应当准确，并有良好的重复性。由于输出流量较小，早期曾使用气动放大泵和螺杆注射泵，后经改造常规往复式柱塞泵，使其也可输出低流量流动相。现多采用小型螺杆注射泵和往复式柱塞泵。往复式柱塞泵优于螺杆注射泵，它具有对大的柱反压的补偿能力、快的流路平衡和稳定性，并可用于梯度洗脱。由于液流的可压缩性和黏度，一些时间要消耗于流路平衡。在梯度分析中对微小的液流的混合有一定的困难，在低流速下柱加压是一个耗时的过程，若在梯度洗脱中使用螺杆注射泵，会明显增加梯度延迟[12]。

当对微柱进行二元、三元、四元梯度洗脱时，使用低压梯度仍是最经济的方法，此时应使用精密时间比例电磁阀。此阀能准确控制每种溶剂的比例，确保不存在渗漏和黏结，使每种低流量溶剂在小体积混合器中彻底混合。当使用高压梯度时也必须使用小体积的混合器，为保证高的混合效率，混合器也可使用一个很小的填充柱。对内径 1.0mm、长 200～300mm 的微柱，其柱体积为 100～150μL；对内径 0.5mm、长 250mm 的微柱，其柱体积已小至 30μL。由此可知，梯度洗脱中所用混合器体积要远小于柱体积，并要具有很高的混合效率，这在仪器制作上的难度很大[5]。

对内径接近 1.0mm 的微柱，当流动相流速为 50～150μL/min 时，可使用 Agilent 公司增强型 HP1200 往复式柱塞泵或 JASCO 公司 Familic-300 螺杆注射泵。它们都具有与常规液相兼容的低流量输液系统，它们都可用于等度洗脱和二元、三元、四元梯度洗脱。国内 529 厂生产的 LB-1 型往复柱塞泵可提供稳定工作在每分钟几十微升的输液流量。Shimadzu 公司 LC-10 泵系统的最小输液流量为 1μL/min[15]。

对内径<100μm 的微柱，使用流动相的流量在 nL/min～μL/min 范围。如内径为 50～300μm 的开管柱，流量范围 50nL/min～1μL/min。若用梯度洗脱，泵系统应提供至少 1%的流量控制精度和重复性，但是很难找到这种性能稳定可靠的机械泵供应市场。

最近 Dionex 公司推出用于纳米柱分析的 Nano 液相色谱系统——UltiMate™ 系列，它提供的高精度往复式双柱塞泵，其流量范围为 50nL/min～200μL/min，既可用于等度洗脱，也可用于低压四元梯度洗脱，可在 60s 内完成 0～100% 的梯度变化[21]。

国内陈令新、关亚风等研制了一种可取代机械泵的、结构简单的电渗泵（electroosmotic pump，EOP）。电渗泵无阀、无活塞、无脉动、无磨损、无材料疲劳也无渗漏，是一种新发展的性能优异的微流量高压泵，它是利用一种多孔微粒硅胶（2～5μm）介电物质填充到石英毛细管（ϕ 320μm×20cm）中，制成电渗柱，在此填充柱两端施加直流高压，在电渗柱入口端连接溶剂瓶，出口端连接液气分离器，当接通直流高压后，溶剂液流通过电渗驱动，不断由电渗柱出口排出而提供稳定、准确的低流量溶剂液流的输出。此种泵是将电色谱（electrochromatography，EC）、毛细管电泳（capillary electrophoresis，CE）和液相色谱柱制作技术组合后制成的输液微泵，是一种新颖的流体和样品的输送方式。此种填充毛细管电渗泵结构示意如图 9-3[22～24] 所示。

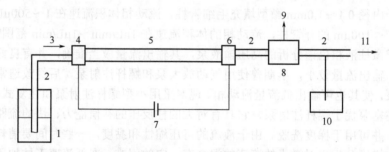

图 9-3　填充毛细管电渗泵结构示意图

1—溶剂储罐；2—石英毛细管导管（ϕ50μm）；3—液流方向；4，6—导电空心电极；
5—石英毛细管填充柱 [（ϕ320μm×（10～20）cm，内填 2μm 硅胶]；7—直流高压电源（0～30kV）；
8—液气分离器；9—气体排出方向；10—液压传感器；11—输出液流

电渗泵的输出压力取决于驱动电压、电渗柱的阻力和流体的性质。此类泵可产生 0～20MPa 的输出压力和每分钟几十纳升到 3μL/min 的输出流量，很适合微柱液相色谱的使用。

如欲用往复式柱塞泵提供 nL/min 的流量，也可使用分流技术，此系统依据应用填充阻力柱或依据微流路处理器概念的流路分流装置，借助总流路的一部分被分流后，以恒定的调节比例使小部分液流流向微柱。LC-Packing 和 Agilent 公司采用分流技术，可使泵稳定工作在很低的流量[16]。

此外 Micro-Tech Scientific 公司生产的一种螺杆注射泵和往复式柱塞泵相结合的微流量泵，可提供每分钟几纳升到 5μL/min 的流量，有很高的精密度和重复性，但价格昂贵[16]。

二、进样系统

对微柱 HPLC，可允许的进样体积是相当小的，对内径 1.0mm 微填充柱，进样量小于 1μL；对内径 50～100μm 的开管柱，进样体积仅为几纳升。在微柱液相色谱仪的进样系统存在两种不同的色谱峰形扩展因素。

第一种谱带扩展因素正比于进样体积的数量，进样体积愈大，引入色谱柱中谱带的宽度也愈大。

第二种谱带扩展因素是进样器自身的设计和结构，进样器存在的死体积会使样品塞的方波脉冲形状遭到破坏，使谱带前沿变形，后部拖尾。

进样系统存在的这两种不同的谱带扩展因素就构成柱外效应的主要来源之一。

1. 高压进样阀

微柱液相色谱仪使用的进样系统是配备内置可更换不同体积定量管的小体积进样阀，如 Valco Instruments 公司 C14W 型、Rheodyne 公司 7410 或 7520 型。由于样品在阀内置定量管内的扩散会引起谱带扩展，因此定量管的内径和体积要很小，对注入大于 20nL～1μL 的样品，可经手动进样阀进样，为减小柱外效应，对低于 20nL 的进样，可将微柱直接连接到 Valco 进样阀，实现无连接管的直接进样，如图 9-4 所示[25]。

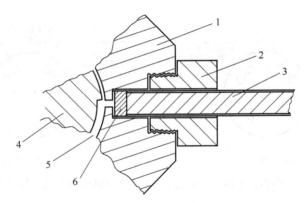

图 9-4 Valco 进样阀与微柱的低死体积连接

1—进样阀主体；2—进样阀接头；3—微柱；4—进样阀旋转体；
5—内置定量管中样品体积；6—不锈钢多孔烧结片

对进样量在 20nL 以下的样品，也可在进样阀和微柱之间安装一个三通分流装置，以实现分流进样，但使用分流进样法会抵消微柱色谱的首要优点，即进样量小和溶剂消耗量少的特点[5]。熔融硅毛细管柱的分流进样如图 9-5 所示。

图 9-6 为 Valco 生产的用于小体积进样，配有内置定量管的微量四孔进样阀示意图。

阀中大孔可与普通管路连接，小孔专用于与微柱连接。内置定量管为专门在阀体上加工的长形槽沟，其容积可分别为 0.06μL、0.2μL、0.5μL 或 10μL，可满足用户进行微柱液相色谱分析的不同需求。

此外，对很小体积样品的进样，可使用移动进样技术、静态分流以及压力脉冲驱动停流进样技术等，这些技术的共同特点是控制进样时间并仅使通过进样器液流中样品塞的一小部分注射到柱头[12,13]。

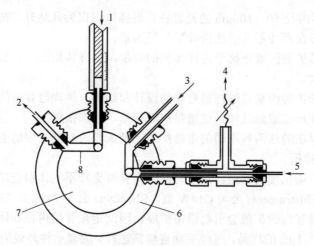

图 9-5　熔融硅毛细管柱的分流进样

1—注入样品；2—过量样品废液；3—流动相入口；4—分流器出口；5—熔融硅毛细管柱；
6—进样阀主体；7—进样阀旋转体；8—内置定量管（0.1μL）

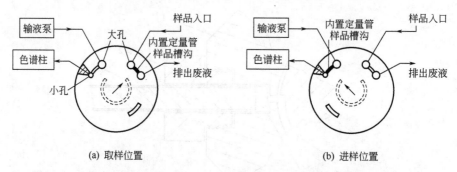

(a) 取样位置　　　　　　　　　　　　　　(b) 进样位置

图 9-6　用于小体积进样，配有内置定量管的 Valco 微量进样阀（四孔阀）

大孔：0.4064mm，配有 $\dfrac{1}{16}$ in Valco 接头（1in=0.0254m，下同）；

小孔：0.2540mm，配有 $\dfrac{1}{8}$ in Valco 接头；

内置样品定量管槽沟尺寸为 0.06μL、0.2μL、0.5μL 或 10μL

对微升范围样品的自动进样使用商品自动进样器很容易实现。然而，对纳升范围样品的进样自动化需通过对常规自动进样器的硬件改进才能实现，并已用于毛细管微柱液相色谱[12,13]。如 LC Packing 公司生产的新型 Switchos™ II 型毛细管微柱液相色谱仪就设计了自动化微量进样器[14]。这些商品仪器的自动进样装置声称可重复进样 50nL～5μL 样品体积，并不会造成样品损失。

2. 最大允许进样体积

当进样体积过大时，也会增大谱带扩展，为减小柱外效应的影响，在微柱液相色谱分析中，要严格控制进样量，对一个非滞留组分，色谱柱的进样体积 V_i 可由式（9-16）估算。

$$V_i^2 = K_I^2 \sigma_{(I)}^2 \qquad (9\text{-}16)$$

因已知

$$\sigma_I^2 = 0.03 \frac{V_0^2}{n} = 0.03(\pi r^2 \varepsilon_T)^2 HL$$

所以

$$V_i^2 = 0.03 K_I^2 (\pi r^2 \varepsilon_T)^2 HL$$

式中，V_i^2 是最大允许进样体积的平方；K_I 为样品液流形状因子，为进样方式的特征常数；σ_I^2 为进样器提供柱外效应的方差；r 为柱内半径；ε_T 为微柱的总孔率；H 和 L 为微柱的理论塔板高度和柱长；0.03（3%）为通常进样时产生柱效损失因子 θ^2 的数值。

当向微柱注入最大允许进样体积 $V_{i(M)}$ 时：

$$V_{i(M)}^2 = \theta^2 K_I^2 (\pi r^2 \varepsilon_T)^2 HL$$

柱效损失因子 θ^2 值会增大，可估算 $\theta^2 =0.05$（柱效损失 5%），由此 θ^2 值，计算出各种微柱的最大允许进样体积见表 9-5[13]。

表 9-5　对不同内径和柱长微柱的最大允许进样体积

微柱内径 r/mm	微柱柱长 L/cm	最大允许进样体积 $V_{i(M)}$/nL	
		固定相粒径 d_p=3μm	固定相粒径 d_p=5μm
1.0	15.0	400	520
	25.0		670
0.3（300μm）	15.0	36	47
	25.0		61
0.075（75μm）	15.0	2.3	2.9
	25.0		3.8
	40.0		4.8

注：计算依据 θ^2=0.05，K_I^2=12（理想塞状进样方式），ε_T=0.70，假定在流动相最佳线速下 $H=2d_p$，非滞留组分容量因子 k'=0。

当向微柱注入样品时，为防止柱效损失并降低柱外效应，通常允许的进样体积要低于色谱柱死体积的 1%[6]。

3. 柱上浓缩（大体积进样）

在微柱 LC 技术中的一个共同问题是由于小的进样体积或进样质量而造成检测灵敏度的损失。为解决此问题可采用柱上浓缩（聚焦）技术来解决，此技术的关键是与流动相比较，溶解样品的溶剂具有显著低的洗脱强度，当注入的样品溶液被流动相驱动到达色谱柱柱头时，样品在柱头聚焦，浓缩成很窄的样品塞，而达到富集样品的目的。已经报道的使用大体积进样，在柱上聚焦的富集因子可达几百倍，所以可明显增加微柱 LC 技术的检测灵敏度[16]。

大体积进样已常规用于蛋白质和多肽分析，特别对含很低浓度的多肽水溶液样品，其在反相微柱柱头浓缩很容易实现。柱上聚焦也用于环境样品中多环芳烃和酸性农药的痕量分析。

随着微柱内径的降低，对毛细管柱和纳米柱，如进行柱上聚焦，因流动相的低流速，会使一给定样品体积在柱上聚焦的负载时间很长，这对毛细管柱和纳米柱是不实用的。为此可使用微型化预柱进行样品富集，此微型预柱必须恰当地连接到分析柱上，并成为分离系统的一个部分。此法的优点在于当进行样品浓缩时，可用很大的样品负载流速。此外，对特定组分分离的选择性，可借助在预柱中选用特殊固定相来进行调节[14]。

三、柱系统

在微柱液相色谱系统中使用的色谱柱不同于常规柱，由于它的内径很小，还需填充 3～5μm 固定相，柱管必须承受填充时的高压，因此选择微柱要遵循一定的条件。

1. 柱材料

不锈钢、聚四氟乙烯、硼硅玻璃、熔融硅一般都可用作制造微柱的材料。

常规液相色谱柱（内径 4.6mm、壁厚 2mm）多用不锈钢材料制作。但当将不锈钢管径加压拉伸成小内径不锈钢管时，在拉伸过程随管壁厚度减小，机械强度变差。如内径<2mm 的不锈钢毛细管，大多数都不是密封管，易生成纵向缝隙，且内表面粗糙，不易进行内壁抛光（仅可用作气相色谱的开管柱），不能承受装柱时的高压，它们不适合制作高性能的微柱。在微柱发展早期，制造商为克服不锈钢微柱的缺陷，制出了内壁衬有玻璃薄层的不锈钢微柱，这种改进虽增强了微柱的机械强度，解决了内壁抛光的问题，但难于将任何类型的压力接头与此类微柱连接，并难以形成足够的密封以承受填充压力，当用普通的压力接头与此类微柱连接时，必须小心操作，防止内衬玻璃层产生裂纹或破碎。此类微柱曾在早期被 Scott 等使用过，但未能获得推广[5]。

聚四氟乙烯管适于制作厚壁短填充微柱，它具有挠性并易于加工，但它很难实现与进样器和检测器的零死体积连接。

硼硅玻璃（Pyrex 玻璃）可用于制作气相色谱的开管柱，但它们由于机械强度差、不具有挠性，很难与进样器和检测器连接，也不适合用作微柱材料。

熔融硅材料已表明最适合制作小口径的液相色谱微柱，熔融硅材料的优点是：

① 机械强度高、挠性好，易于进行加工处理。

② 可耐高压至 80MPa，可用于制备微粒填充微柱和微孔开管柱。

③ 具有平滑的内表面，可确信因管壁效应仅产生最小的谱带扩展。

④ 具有良好的化学惰性，它的低金属成分含量可降低溶质分子和柱内壁的化学和物理的相互作用。

⑤ 具有良好的光学透光度，可容许观察柱填充床的填充情况。

⑥ 具有很高的紫外线（UV）的传导性能，允许在微柱上进行光学检测。

⑦ 在化学性质上熔融硅与用作液相色谱固定相硅胶基质相似，其表面的硅醇基可与十八烷基硅烷、苯基硅烷、氰丙基硅烷等反应，生成化学键合液相色谱固定相，直接制成微孔开管柱。

熔融硅微孔柱管不仅可用作分离柱，还可直接构成光学检测池，提供仅有纳升级的池体积，并仅产生低于 0.02%柱分离能力的损失。

2. 柱尺寸

微柱的内径和柱长已如表 9-1 所示。

对组成复杂的样品分离，需使用较长的微柱时，为保证具有高分离效果，常将几根短的微柱串联使用，如需使用 50cm 微柱，可将两根 25cm 微柱串联后使用，其连接部分的结构如图 9-7 所示[6]。用短的微柱串联来取代长的微柱，主要是由于填充长的微柱难以获得高柱效，而用短的微柱串联使用，柱效损失约 10%。如将柱长分别为 25cm、25cm、50cm，理论塔板数分别为 14500、14700、31000 的三根内径为 1.59mm 的不锈钢微柱串联成 100cm，它们皆填充 5μm 无定形 ODS，理论上 100cm 微柱的总柱效应为 60200 塔板/m；当以苯作溶质，用含 70%甲醇的 10mmol/L KH$_2$PO$_4$ 溶液作流动相，用 UVD（230nm）检测，测得柱效为 58700 塔板/m，表明偶联柱保持了原三根柱 97.5%的柱效。

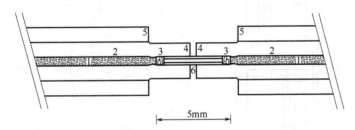

图 9-7　两根短微柱的串联连接

1—填充的固定相；2—熔融硅毛细管柱；3—石英（玻璃）毛细管；4—内径 0.2mm、外径 2mm 聚四氟乙烯管；5—内径 2mm、外径 4mm 聚四氟乙烯管；6—内径 0.13mm、外径 0.31mm 不锈钢毛细管

3. 柱填料

对小口径微柱填充的固定相粒径和常规柱相似，可使用 3～20μm 的粒子，用球形微粒比用无定形微粒会获得更均一的填充柱床，显然填充比较长的微柱宜使用粒径较大的 10～20μm 的粒子，填充 25cm 的微柱宜使用粒径较小的 3～5μm 的粒子。至今粒径仅为 1～2μm 的粒子也已用于微柱的填充。

4. 柱接头

在一根微柱两个末端的柱接头是色谱峰扩展的一个潜在来源。柱接头的构造要设计得十分精密，并具有尽可能小的死体积。在一些高效微柱液相色谱系统中，为减小死体积，已将微柱的前端直接与微量进样阀相连；并在微柱的末端实现了柱上光学检测，从而删除了柱接头的使用。

四、检测器系统

在微柱液相色谱仪器中，随着微柱柱径的减小，应当使用具有更小扩散特性的检测器。检测器系统对色谱峰形扩展的总贡献包括检测池的体积、检测池入口和出口的形状、流动相在检测池中的热平衡等因素，但检测池体积是影响峰形扩展的最主要因素。

在微柱液相色谱发展早期 Scott 等曾改造常规液相色谱仪使用的 UVD，将样品池体积由 10μL 降低至约 1μL，如图 9-8 所示。检测器由一个直径 1.27cm、厚 3mm 的不锈钢圆盘组成。样品池为在圆盘中间部分直径为 0.46mm 的孔道，体积约 0.5μL；微柱到样品池的入口连接管内径为 0.15mm、长 3cm，体积也约 0.5μL，样品池总体积稍超过 1μL[25]。

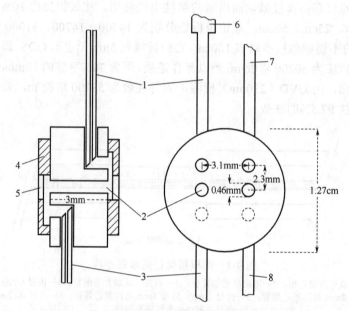

图 9-8　用于微柱经改进的 UV 检测器及连接管

1—样品池入口连接管（内径 0.15mm，长 3cm）；2—样品池（1μL）；3—样品池出口连接管（内径 0.15mm，长 3cm）；4—聚四氟乙烯垫片；5—石英透镜；6—微柱；7—参比池入口连接管（同样品池入口管）；8—参比池出口连接管（同样品池出口管）

为了减小色谱峰形扩展，还研制出使用光导纤维的光度检测池，如图 9-9 所示。池体和柱间连接很短，并与辐射光源的热量绝缘。辐射光通过池体的光能损失与 20cm 长的光导纤维比较是可忽略的。检测池体积仅为 0.04μL，噪声很小，充分满足了微柱检测的要求[26]。

近年来色谱工作者不仅致力于常规液相色谱检测器（RID、UVD、FLD、ECD）的微型化，还特别设计适用于微柱检测的新型检测器，并急剧地降低了检测器的尺寸，已从微升降至纳升或更低。现在被强力推荐的"柱上检测"，已有不同的设计方案，其可使样品从微柱固定相洗脱出，立即在洗脱点用一个窄光束或极端小的微电极来监测，从而大大减小色谱峰谱带的扩展，图 9-10 为微孔填充柱实现"柱上检测"，连接微流路电导池的剖面图。微孔填充柱为内径 0.25mm、长 10cm 的熔融硅毛细管柱，柱末端安装有全多孔聚四氟乙烯过滤器，微流路电导池的两个导电电极用长度 0.2～0.5mm 的聚四氟乙烯管绝缘[6]。

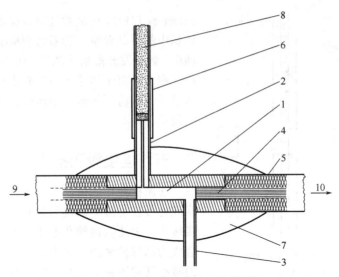

图 9-9　使用光导纤维的光度检测池

1—检测池，池体内径 200μm，长 1mm；2—入口熔融硅毛细管，内径 20μm；
3—出口毛细管；4—石英纤维光导体；5—聚酰亚胺涂层；6—连接微柱的毛细管；
7—环氧树脂固化层；8—熔融硅毛细管填充柱；9—入射光；10—出射光

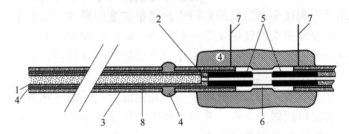

图 9-10　用于微填充柱"柱上检测"的微流路电导池

1—熔融硅柱管（内径 0.25mm，外部用环氧树脂粘接不锈钢保护管）；2—全多孔
聚四氟乙烯过滤器；3—不锈钢保护管；4—环氧树脂固化层；5—导电电极；
6—聚四氟乙烯管；7—输入、输出导线；8—微柱固定相

　　图 9-11 为结构简单的毛细管填充柱柱上紫外吸收检测器的结构示意。将熔融硅毛细管填充柱柱管末端 2～5mm 的聚酰亚胺涂层剥离掉，形成可透过紫外线的光窗，将此透光窗部分安装在光学通道中，由紫外光源发射的紫外线经聚光器聚光后，恰可照射在熔融硅毛细管柱后的透光窗处，样品经毛细管柱分离后，被流动相载带至柱后透光窗处，即被检测。在此种柱上检测几乎不存在因检测器死体积引起的谱带扩展，从而保持了毛细管柱的高柱效。上述光路也可用于可见光和荧光的检测。应当指出，由于毛细管柱仅为几百微米的内径，此种柱上检测尽管仅有极端小的光径长度，池体积仅为几十纳升，但仍可获得低于纳克的灵敏度[27, 28]。

　　此外，由于微柱使用的流动相流速的剧烈降低，也为使用气相色谱中的氢火焰离子化检测器、热离子化检测器创造了条件。如果利用激光的高校准特性，将激光技术与微柱技术相结合，使用激光诱导荧光检测器（laser-induced fluorescence

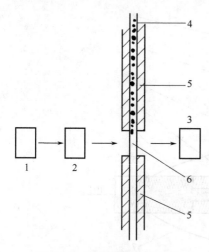

图 9-11 毛细管填充柱柱上
检测的 UVD

1—紫外光源；2—聚光器；3—光电倍增管
接收器；4—毛细管填充柱；5—聚酰亚胺
保护涂层；6—熔融硅管透光窗

detector，LIFD）可从微柱出口检测纳升到皮升体积中的样品含量。随着新型检测技术的不断涌现，如蒸发光散射检测器、化学发光检测器、诱导耦合等离子体原子发射光谱检测器、电喷雾粒子计数检测等都已用作微柱液相色谱的检测技术。

五、连接管和接头

在微柱液相色谱仪中，将微柱与进样阀偶联或将微柱与检测器偶联都要使用连接管和连接接头，因此连接管和连接接头存在的死体积会成为谱带扩展的重要因素，并且随微柱内径的减小其对谱带扩展的影响也愈大。常用毛细管的内径和容积见表 9-6。

对微柱液相色谱研究早期，Scott 和 Kucera 就推荐将微柱直接与进样阀和检测器连接，显然这是消除连接管和接头产生柱外效应引起谱带扩展的最理想的方法。然而，在有些情况下，连接管和接头的使用是不可避免的。优先推荐使用的是内径 30～60μm、外径 0.2～0.4mm 的窄孔熔融硅毛细管作为连接管，连接管使用的长度应尽可能最短。连接接头的使用，使流动相在纵向运行时，会由连接管到接头，再由接头到连接管，存在尺寸上的变化，会造成流动相的径向混合呈不连续状态，而增大峰形扩展。连接接头的出口应做成小孔，并与连接管的外径相适应，它与连接管的紧密连接会对降低峰形扩展做出明显的贡献。图 9-12 所示是用于等度和梯度洗脱的微柱液相色谱仪的一般流路。

表 9-6 典型毛细管的内径和容积

内径/mm	内径/in	容积/(μL/cm)	内径/mm	内径/in	容积/(μL/cm)
0.025	0.001	0.0055	0.17	0.007	0.249
0.05	0.002	0.022	0.20	0.008	0.345
0.075	0.003	0.050	0.25	0.010	0.507
0.10	0.004	0.088	0.30	0.012	0.730
0.12	0.005	0.127	0.50	0.020	2.026

Waters 公司生产的 CapLC 系统配置节约样品的自动进样器，超级灵敏度的双波长 UVD（或 PDAD），多重溶剂梯度洗脱，准确精密的流量输出，易与 MS 连接或组成二维 HPLC，是用于微柱 HPLC 分析的理想仪器。

2002 年奥弗内（Oefner）等报道了由 4 根平行的 ϕ0.2mm×60mm 聚苯乙烯-二乙烯基整体毛细管阵列柱，和 4 个 UVD 阵列检测器及一个内部装有 4 根 1μL 旁通定量管的进样阀、阀前连接具有一个入口和 4 个出口的歧路接头构成的 HPLC 分析系统。

4 根并列的毛细管整体柱可单独控温，它可用于测定部分变性的生物样品在不同柱温下的分离变化及确定最佳的分离条件。此法已用于分析单链寡聚核苷酸和双链核酸以及在 30℃、40℃、50℃、60℃下分析多肽；在 40℃、55℃、70℃、80℃分析蛋白质，了解它们的变性情况。图 9-13 为整体毛细管阵列柱 HPLC 仪器装置的示意图[29]。

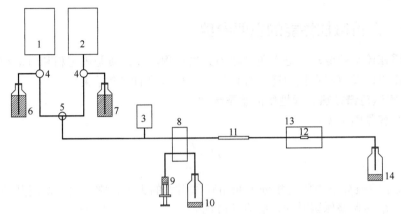

图 9-12　用于等度和梯度洗脱的微柱液相色谱仪的一般流路

1,2—往复柱塞式恒流泵；3—压力表；4—三通阀；5—T 形三通；
6,7—流动相溶剂储罐；8—微型进样阀；9—样品注射针；10,14—废液罐；
11—微柱；12—微型流通池；13—紫外吸收检测器

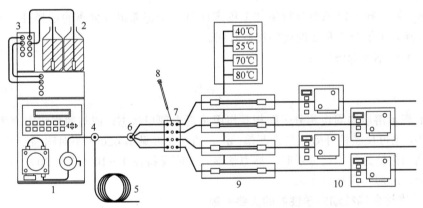

图 9-13　整体毛细管阵列柱 HPLC 仪器装置示意图

1—中低压梯度洗脱泵；2—溶剂储罐；3—脱气装置；4—分流器；5—气阻毛细管；
6—单一入口和 4 个出口的歧路接头；7—内置 4 根 1μL 定量管的进样阀；8—注射针；
9—4 根整体毛细管阵列柱；10—4 个 UVD 阵列检测器

第四节　微柱的制备

在高效液相色谱分析中，微柱的制备同常规柱制备一样，是一个具有一定难度的实践工作，它需要专用的填充设备和一定的实际经验，如果已有制备常规液相色谱柱的实践经验，再去制作微柱就会容易获得比较满意的结果。为检查已制备出微柱的分离能力，必须了解评价微柱性能的重要参数，了解影响微柱分离效率的相关因素，掌握微柱的制备方法，才能制备出分离效能高、重现性良好、可以解决实际分析问题的微柱[15]。

一、评价微柱性能的重要参数

溶质在流动相驱动下进入色谱柱的分离过程涉及溶质与固定相和流动相之间的热力学作用以及溶质在柱中迁移过程的动力学作用的综合结果。

1. 表达色谱柱热力学性质的重要参数

（1）容量因子 k'

$$k' = \frac{t'_R}{t_M}$$

k' 表示溶质分子与固定相分子间相互作用力的大小，它决定了溶质从柱中流出的顺序。t'_R 为调整保留时间；t_M 为死时间。

（2）分离因子 $\alpha_{2/1}$

$$\alpha_{2/1} = \frac{t'_{R(2)}}{t'_{R(1)}} \tag{9-17}$$

$\alpha_{2/1}$ 表示在一定色谱分析条件下色谱柱对两个相邻组分分离的选择性。$t'_{R(1)}$ 和 $t'_{R(2)}$ 分别表示组分 1 和 2 的调整保留时间。

（3）峰不对称因子 A_s

$$A_s = \frac{a}{b} \tag{9-18}$$

A_s 表示溶质与固定相分子间相互作用是否为理想状态，或与理想状态产生偏差的大小，也可反映柱外效应是否严重。a、b 的释义参见第 420 页不对称因子的详解。

当用微柱进行色谱分析时，热力学参数 k' 应保持在 $1\sim10$（或至 20），$\alpha_{2/1}$ 应大于 1.05，A_s 应尽量接近 1.0。

2. 表达色谱柱动力学性质的重要参数

（1）折合板高 h

$$h = \frac{H}{d_p} \tag{9-19}$$

h 表示理论塔板高度用固定相粒径归一化后作为表达柱效的通用方式。H 为理论塔板高度，d_p 为固定相径粒。

（2）阻抗因子 φ

$$\varphi = \frac{1}{k_0} = \frac{180(1-\varepsilon)^2}{\varepsilon^3} \tag{9-20}$$

式中，k_0 为比渗透系数；ε 为孔率；φ 表示色谱柱对流动相阻力的大小。

（3）分离阻抗 E

$$E = \frac{H^2}{K_F} = h^2\varphi \qquad (9\text{-}21)$$

式中，K_F 为柱渗透率。

E 表示综合了柱效（H 或 h）和柱阻力因素，可更全面地表达色谱柱的分离能力。当用微柱进行色谱分析时，动力学参数 $h \approx 2.0$，φ 保持在 $100 \sim 1000$，E 保持在 $500 \sim 2000$。

二、影响微柱分离效率的相关参数

微柱的分离效率受以下两方面因素的影响。

1. 色谱柱参数

如色谱柱管材料、柱管的内径和长度、柱两端筛板的选择、柱管内壁的光洁程度、柱管的刚性等。

至今熔融硅毛细管柱已作为微柱的优选材料，其刚性和内壁光洁度为制作高柱效微柱提供了良好条件，并表明在提高匀浆填充效率上发挥了显著的作用。

2. 柱填充参数

如匀浆填充时使用的填充压力、固定相粒径的选择、制作匀浆时溶剂的选择、匀浆液的浓度、匀浆罐的形状和尺寸，以及为使匀浆中的颗粒悬浮采用的表面活性剂等。

当制备微柱时，如选用的色谱柱参数和柱填充参数很好的配合，就可制出具有高分离效率的微柱。

如用内径在 $200 \sim 300\mu m$、长 $1m$ 的熔融硅管制作的毛细管填充柱，其柱效可达每米 100000 块理论塔板数。内径 $44\mu m$、长 $1.95m$ 熔融硅纳米填充柱的柱效可达每米 226000 块理论塔板数。这两种高柱效微柱填充的都是 $5\mu m$ 粒径的固定相。近来已经使用 $3\mu m$ 的固定相来填充微柱，已实现进一步降低理论塔板高度，从而增加了分离效率。

经典的填充柱色谱理论，如范第姆特方程式并未提及理论塔板高度 H 和色谱柱柱管内径 d_c 的关联，即色谱柱柱管内径 d_c 的大小并不影响填充柱的理论塔板高度 H。

Kennedy 和 Jorgenson 解释了填充柱液相色谱理论与微柱液相色谱实验结果之间的偏离[19]。他们认为由于小内径填充柱（微柱）比常规填充柱具有更均匀的截面填充结构，导致各个流路具有几乎相同的渗透性，因而强烈地降低流动相各个流路的不均匀性，即降低了流动相纵向流速的差异，因此有序的内壁填充结构可减少峰形扩展。填充结构变量的减小会得到更均一的保留因子，也可降低色谱柱谱带扩展。这两种效应都贡献到谱带扩展的降低。最后小口径填充柱容许在柱中所有可能流路与保留区间之间更快地转移柱中扩散物，使得分析物能够扩散跨越全部的柱截面积。

文献中报道，用 $5\mu m$ 十八烷基键合相填充的微柱对非滞留化合物其最小折合板高为 1.0，对稍滞留化合物为 $1.2 \sim 1.3$，从而显示很高的柱效。

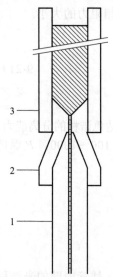

图 9-14 匀浆罐与微柱
连接的示意图
1—毛细管柱；2—聚四氟
乙烯接头；3—聚四氟
乙烯匀浆罐

三、微柱的制备方法

微柱的柱效不仅与柱填料（固定相）的性质有关，也与柱床的结构密切相关，柱床的结构直接受填充技术的影响，只有填充均匀、紧密的柱床，才可减小涡流扩散和色谱峰的谱带扩展。

微柱的填柱方法应用最多的是高压匀浆湿法填充，填充过程填料破碎率为 0.5%～1.5%。此外还有干法填充和电动填充法。

微柱也可用原位合成方法制备成整体微柱。

1. 高压匀浆湿法填充

常规高效液相色谱柱多采用高压匀浆湿法填充，它同样也用于微柱的制备，使用相同的装柱设备，仅在匀浆罐与微柱的连接上要进行改动，为便于与熔融硅毛细管柱连接，匀浆储罐和过渡接头皆需采用聚四氟乙烯材料，如图9-14 所示。

适用于微柱匀浆填充的操作条件如表 9-7 所示。

表 9-7　微柱匀浆填充的操作条件

固定相	5～10μm 硅胶	20μm Licrosorb RP18	5～10μm 硅胶或 C_{18}	3μm、5μm、10μm C_{18}	5μm ODS
匀浆溶剂组成	甲基碘戊烷（有毒品）	甲醇+三氯乙烷（1：100）	甘油+甲醇（25：100）	甘油+2-丙醇（1：99）	异丙醇
填充压力/MPa	175	50	137	175	103

填充微柱的固定相填料中必须不含有可阻塞过滤垫的纤维状杂质。球形填料可生成均匀性更强的填充柱床，但商品提供的微柱使用无定形硅胶颗粒却提供比球形填料更高的柱效，这指明与无定形填料对应的不规则的流路，存在于呈锯齿形的柱床内部结构中，有利于溶质浓度在柱中心区和管壁区之间迅速达到交换平衡，从而改善了峰形谱带扩展。

当制备匀浆液时，应选择与填料具有适当密度和黏度的有机溶剂，以保证在柱填充操作过程无明显的沉降现象发生，也可加入适当的阻凝溶剂，以配成使用满意的"平衡密度"溶剂混合物。

在柱填充过程应确信填料是作为单个粒子冲撞进入柱内并形成柱床，而不是许多粒子的凝聚体沉积成柱床。对反相 ODS 填料，由于硅胶颗粒表面包覆烷基外壳，在填充情况下很易造成表面带有静电荷，其结果会使颗粒凝聚，如用 10μm 粒子填充，在匀浆液中会凝聚成 40μm 或更大直径的凝聚体，导致柱床给出低柱效，并会在短期使用后产生明显的柱床沉降，此情况下应在匀浆液中加入阻凝溶剂，以获得满意的填充效果。

获得满意填充效果的微柱多为内径几百微米至 1mm、长 25cm 的柱子，使用 5～

10μm 的填料，匀浆液中约含 3%（质量分数）的填料，除使用适当的匀浆溶剂外，装填时还要使用适当的驱动溶剂以顶替匀浆液进入微柱。装填开始驱动溶剂的压力可为最大装填压力的 50%～60%，再逐渐增加到最大压力，也可在最佳压力下填充。理想的驱动溶剂应与匀浆溶剂不相混溶，若混溶也可进行填充，但会影响填充效果。微柱填充多使用下行匀浆填充技术。

Hartwick 和 Meyer 详细研究了影响微柱填充的各种因素，认为匀浆溶剂组成、匀浆浓度和填充压力是最重要的因素。其他的影响因素包括填充方向（上行、下行）、驱动（填充）溶剂组成、填充线速等[6]。

用薄壁不锈钢毛细管制备的微柱，其柱效（N）与填充压力（p）及匀浆液浓度（c）之间的关系如图 9-15 所示。由安全考虑填充压力限于 110MPa，当超过最高安全填充压力（p_s）范围，匀浆液浓度为 100mg/mL 时，微柱柱效随填充压力的增加而增大；在最大安全压力范围内，柱效随所用匀浆液浓度的变化而改变。对 30mg/mL 的稀匀浆液，柱效不随填充压力变化而保持恒定；对 65mg/mL 的中等浓度匀浆液，其最高柱效（N接近 5000 塔板/m）对应一个最佳填充压力；对 100mg/mL 的浓匀浆液，其达到最大安全压力时柱效 N 仅接近 3000 塔板/m。由图 9-15 可知，对给定类型的微柱，获最佳填充效果时应优化两个参数，即最佳匀浆液浓度（65mg/mL）和最佳填充压力（55MPa）。

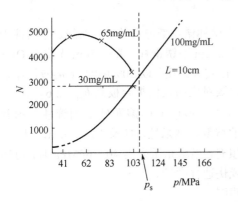

图 9-15　微柱柱效（N）与填充压力（p）及匀浆液浓度（c）的关系
微柱：内径 1mm，柱长 10cm
填料：5μm 不规则无定形 ODS
匀浆液浓度分别为：30mg/mL，65mg/mL，100mg/mL
最大安全压力 p_s：110MPa
匀浆溶剂：异丙醇
驱动溶剂：甲醇

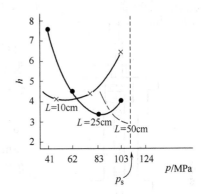

图 9-16　对不同柱长微柱的 h-p 图
微柱：内径 1mm，长度分别为 10cm、25cm 和 50cm
填料：5μm 不规则无定形 ODS
匀浆液浓度：65mg/mL
匀浆溶剂：异丙醇；驱动溶剂：甲醇
折合板高 h 检测条件：流动相为 60%甲醇-水；实验溶质为苯；折合线速为 $v=10$

图 9-16 表示用不同长度薄壁不锈钢毛细管制备的微柱，其折合板高 h 随填充压力变化的情况。随柱长的增加，填充压力随之增加。可以找到与每种长度柱子的最低折合板高（最高柱效）相对应的最高安全填充压力（p_s）。经实测，当折合线速 $v=10$ 时，对 50cm 微柱，其折合板高 $h=2.86$，理论塔板数可高达 35000 塔板/m。

基于上述研究结果，用 5μm 无定形 ODS 填料填充内径 1mm 不同长度的不锈钢微柱的最佳填充条件见表 9-8。

表 9-8　内径 1mm 不锈钢微柱的最佳填充条件

填充技术	恒压填充	填充方向		下行
匀浆液组成	65mg/mL 异丙醇溶液	填充溶剂		甲醇
微柱长度	10cm	25cm		50cm
填充压力	55 MPa	83MPa		103MPa

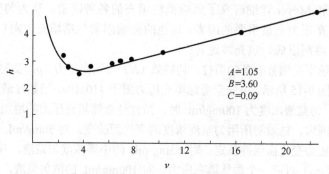

$A=1.05$
$B=3.60$
$C=0.09$

图 9-17　微柱的 *h-v* 曲线

进样体积：0.5μL，流通池体积：0.5μL

诺克斯方程式：$h = 1.05v^{1/3} + \dfrac{3.60}{v} + 0.09v$

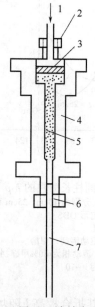

图 9-18　用于干法填充毛细管
微柱的实验装置

1—H$_2$ 或 Ar 导入管；2—气路
接头；3—不锈钢过滤垫片；
4—柱填料储罐；5—柱填料；
6—安装毛细管柱接头；
7—熔融硅毛细管柱

图 9-17 为微柱诺克斯方程式 *h-v* 曲线。色谱柱为内径 1mm、长 25cm 不锈钢柱，填充 5μm 无定形 ODS 固定相，苯酚作实验溶质，以 20%甲醇-水溶液作流动相，与最高柱效对应的最低折合板高 h_{min} =2.6。

对内径 100～500μm 的熔融硅毛细管柱和内径 10～100μm 的熔融硅纳米柱，柱长 10～40cm，用 3～5μm 固定相填充，当填充压力为 40～60MPa 时，可制备出高效柱或快速柱[20,30]。

2. 干法填充

为制备毛细管填充柱发展了干法填充技术，其填充设备如图 9-18 所示[31,32]。

干法填充是用气体 H$_2$ 或 Ar 作为填料的传送体，以乙醇或甲醇作为填料的去静电剂，阻止填料因静电结团，填料粒径 3～5μm，通过改变气体的压力，以调节毛细管柱的填充密度。通常填料密度愈高，柱效也愈高。与匀浆湿法填充比较，干法填充极大地改善了柱子的稳定性，可获得与湿法相同或更高的柱效。

干法填充的操作条件如下：欲填充的熔融硅毛细管柱内径 250μm，长度 25～70cm，可将 1～2g 填料置于容器中，在摇动下加入几滴乙醇（或甲醇），盖好盖子、密闭，待乙醇缓慢蒸发并被填料吸附，2h 后静电消除，就易于将填料填充在毛细管柱中。

填料储罐内径 1～3mm、长 4～5cm，使用的不锈钢过滤垫片内径为 6mm、厚 1mm，孔径 0.2μm。

装填时，熔融硅毛细管柱末端装有孔径 0.5μm 聚四氟乙烯塞子。

干法填充设备安装后，将填料置于储罐中，装填开始施加 0.5MPa 压力，然后逐渐增压，可在不同气体压力下进行填充，使填料到达所需的长度。

不同的填充压力对柱效的影响，如表 9-9 所示。

表 9-9　填充压力对柱效的影响

填充压力/MPa	柱总孔度（ε_T）	折合板高（h）	柱效(N)[①]/(塔板/m)
0.7	0.715	2.60	76900
1.0	0.688	2.37	84400
1.5	0.665	2.32	86200
2.0	0.651	2.23	89700
2.5	0.643	2.13	93500

① 熔融硅毛细管柱：ϕ 250μm×35cm；填料：5μm ODS。

此法也可用于填充内径 100～500μm 熔融硅毛细管柱，并适当增加或减少填料的用量。

干法填充的微柱与湿法填充相比，其装填压力较低，对填料无破坏，操作安全、方便，填充过程不使用有机溶剂，对环境无污染。

3. 电动填充法

此法是一种简单、高效的新填充方法，它以水或乙醇为溶剂，配制成柱填料的悬浮液，用高压电场将填料输送到毛细管柱中。它可同时填充多根微柱并不会损坏填料。此法可制备出非常均匀的填充柱床，并获得高柱效，它也是毛细管电色谱制备填充电色谱柱的主要方法之一，其详细操作条件可参见已发表的专利[33]。

4. 毛细管整体柱的制备

随着常规液相色谱整体柱制备技术的发展，Tanaka 等连续发表多篇文章，报道了毛细管整体硅胶柱的制备方法。他们先后在内径 50μm、75μm、100μm、250μm 熔融硅毛细管中制备出长度 33.5cm 的整体硅胶柱[31,32,34~36]。

制备方法如下：取两根 100～200cm 熔融硅毛细管柱，在 40℃用 1mol/L NaOH 溶液处理 3h，以有效地吸引整体柱的硅胶骨架连接到熔融硅毛细管内壁上。在 10mL 0.01mol/L 己酸溶液中加入 4mL 四甲氧基硅烷（TMOS）、0.88g 聚乙二醇（PEG，M=10000）和 0.90g 尿素，在 0℃搅拌 45min。此反应物均匀溶液被加压通入熔融硅毛细管柱，并于 40℃进行反应，在 2h 内生成硅凝胶，并保持 40℃放置过夜。形成的整体硅胶柱在 120℃加热 3h，用尿素水解生成的氨气处理整体硅胶柱，以完成中等孔隙的形成，随后用水和甲醇清洗整体柱，待干燥后，于 330℃热处理 25h，以彻底分解毛细管中残留的有机硅氧烷。在全部制作过程中不应出现凝胶结构的损伤和裂缝。制备以后，每根毛细管的两个末端（每端 10～15cm）具有大的死体积可以切割掉，并可从制备的两根 100cm 的毛细管中获得 2～4 根 33.5cm 长的毛细管整体硅胶柱。

毛细管整体硅胶柱的表面改性可在柱上完成，为此可向整体柱中连续通入在 8mL 甲苯中含有 2mL 十八烷基二甲基-*N,N*-二乙氨基硅烷的反应液，保持压力 5kPa，于 60℃保持 3h，即可。

上述以硅凝胶基质为载体，用原位聚合法制备的整体柱，借助烧结将硅胶颗粒用硅凝胶键合在一起。整体硅胶柱的生成经历溶胶-凝胶转变，由相分离产生的硅凝胶连续凝结成聚集体，其中含有大孔和中孔成为聚集体的死体积，聚集体的骨架是硅胶微粒，从而形成多孔的网状结构。此整体硅胶柱是在无收缩的熔融硅毛细管中生成的，如对内径 50μm、长 25cm 的整体硅胶柱，其流通孔尺寸为 8μm、骨架微粒尺寸为 2.2μm，其流通孔尺寸/骨架尺寸的比值约为 4（通常为 3～5），远大于常规液相色谱柱的此比值（为 0.25～0.4），并呈现较高的柱渗透率（$K_F \approx 1 \times 10^{-12} m^2$），其高于用 5μm 粒子制备填充柱的柱渗透率（$K_F \approx 4 \times 10^{-14} m^2$）。毛细管整体硅胶柱由于骨架尺寸小、流通孔尺寸/骨架尺寸比值大，其具有的分离阻抗 E 仅约为 400，远低于常规粒子填充柱的 E 值（约为 3000）。由于具有上述特性，对毛细管整体硅胶柱其表达柱效的理论塔板数可达 50000～100000 塔板/m。此类整体柱若用于毛细管电泳（CE），柱效还可提高 3～4 倍。

毛细管整体柱除用硅胶制备外，还可用丙烯酰胺、丙烯酸酯（或甲基丙烯酸酯）、苯乙烯和二乙烯基苯等用原位聚合法制备[31]。

采用原位合成方法制备整体柱，不需高压力源，制柱装置简单，制备长度不受限制，且柱尾端不需筛板。但对内径 0.5～1.0mm 的微柱，由于柱内聚合物的收缩，柱壁与聚合物之间形成较大的空隙，会导致聚合物的脱落，至今仍没有好的解决方法。

由以上对制备微柱方法的介绍可知，具有高柱效的微柱，不仅与填料的性质（粒径、形状、孔度）有关，也与柱床的结构相关，而柱床的结构又直接受填充和整体柱制作方法的影响。

一根好的微柱，由于其内径小、填料粒径小，具有装填密度沿柱长和沿柱径填料粒度分布均匀的特点，具有良好的稳定性，其经多次加压和卸压后均能保持柱床的稳定性。通常进行头尾颠倒安装，进行逆向冲洗，反复地干燥和存放等都不会影响它的柱床结构，而仍能保持高柱效。

现在不少液相色谱柱制造商，如德国 Macherey-Nagel 公司可提供内径为 1.5mm、1.0mm、0.75mm、0.5mm、0.4mm、0.3mm，长度为 4～30cm 的熔融硅微柱；Waters 公司也提供内径 1.0mm 的微孔填充柱、内径 30μm 的毛细管填充柱和内径 75μm 的纳米填充柱。

第五节 微柱液相色谱的新技术

微柱液相色谱经历了近 40 年的发展，从早期的使用不锈钢柱管的微孔填充柱，发展到使用熔融硅毛细管的毛细管填充柱。进入 20 世纪 80 年代后期，随生命科学研究、临床医学研究、新型药物研制、生物工程技术的发展、对产品质量控制和环境监测指标的升级，提供了大量组成复杂样品的分析任务。为此必须提供具有高效分离能力和高灵敏度检测能力的全新分析方法，并用于微量和痕量组分的分离和检测。

纳米（标度柱）液相色谱技术和超高压液相色谱技术正是适应上述分析要求，先后于 20 世纪 80 年代末期和 90 年代末期提出。它们突破了常规液相色谱理论的约束，采用粒径约为 1.0μm 的粒子填充色谱柱。在实验装置上采用当代的最新技术，用微流路处理器提供纳升数量级微小、稳定的流动相流量，用微芯片制作技术在硅晶片上蚀刻出纳米尺寸的色谱柱管，制造了填充压力高达 410MPa（60000psi）的高压输液泵和耐压 1030MPa（150000psi）的高压进样阀，实现了前人从未实践过的毛细管液相色谱分离技术。创建了理论塔板数高至 20 万～40 万塔板/m 的高柱效，完成了组成复杂生物样品的分离，还实现了与 MS 的联用。从这些新技术的进展，可充分看到色谱工作者的创造能力。

一、纳米液相色谱技术

1. 纳米液相色谱柱的制备及流路

Karlsson 和 Novotny 首先用匀浆湿法填充法制备了内径 44μm 的纳米柱，其长 1.95m，用 5μm ODS 填充，获得了理论塔板数达 226000 塔板/m 的高柱效，其分离性能已超过大口径（4.6mm）的常规液相色谱柱、微孔和毛细管填充柱[37]。

Kennedy 和 Jorgenson 系统地制备了内径分别为 15μm、21μm、25μm、33μm、42μm 和 50μm，长 30～35cm 的纳米柱，用 5μm ODS 固定相填充，这些纳米柱的性能随内径的降低而获得改进。在柱径降低的范围内，对非滞留组分，其最低折合板高 h_{min} 由 1.4 降至 1.0；对容量因子 $k'=2.7$ 的稍滞留组分，其最低折合板高 h_{min} 由 2.4 降至 1.5。这种随柱内径降低、柱效增高的现象，反映随柱内径降低，降低了溶质在柱内的分子扩散和传质阻力，这种效应可解释为由于在纳米柱中流路线速范围的减小和柱内壁的存在而获得更均匀的填充密度。纳米柱均匀、紧密填充结构也同样降低了横贯柱子的溶质保留值的变化。纳米柱性能的改进也会随因柱径降低减弱了流动相流路的不均匀性而提高，此论文详述了纳米柱的制作方法[38]。

Chervet 等详细报道了纳米（标度柱）液相色谱仪的流路，如图 9-19 所示。

此文提供的纳米（标度柱）液相色谱仪可用于等度和梯度洗脱。

仪器使用常规往复式柱塞泵，可输出 300～400μL/min 流量，此流路可以 1:2000 的比例分流，以获得 150～200nL/min 的纳升流量。

低压在线过滤器安置在储液罐和输液泵之间，以避免纳米液相色谱系统的堵塞。

微流路处理器安置在泵和进样器之间，它可分流流量至纳升液流，并可补偿在梯度洗脱时的黏度变化，保持高度恒流驱动，还可用于平滑因泵柱塞和停流电机引起的基线噪声。它还安装有高压在线过滤器以捕集由泵密封圈及流动相产生的机械微粒。当等度洗脱时，分流液可再循环返回到储液罐，在梯度情况下以废液排出。

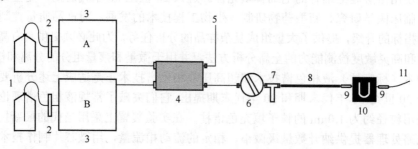

图 9-19　纳米（标度柱）液相色谱仪流路图

1—储液罐；2—在线过滤器；3—输液泵（梯度）；4—微流路处理器；5—分流液再循环/废液排出；
6—微量进样阀；7—分流器（1∶10）；8—纳米柱：$\phi 75\mu m \times 30cm$，填充 $5\mu m$ C_{18} 固定相；
9—聚四氟乙烯接头；10—UVD（3nL 流通池）；11—废液（可连接到 MS）

微量进样阀配有 20nL 内置定量管，用于纳升标度进样，为满足纳米柱低负载的要求，阀后附加一个 1∶10 的样品分流器，以实现 2～3nL 的进样量，分流器与进样阀和纳米柱相连。

对大于 20nL 的大体积进样，可不用分流器，而用 PEEK 管接头将微柱直接连接到进样阀，柱另一端用零死体积的 Teflon 接头与检测器纳米流通池连接。

紫外吸收检测器具有 U 形流通池，光程 80mm，池体积仅 3nL。流通池出口还可用内径小于 20μm、长度小于 15cm 的熔融硅毛细管与质谱仪连接，以保证尽量小的柱外扩展。

上述通过分流方式实现纳米液相色谱所需纳升流速的操作方式，对压力变化敏感，难以保持恒定的流速，分析的重复性较差，为克服此缺点已有人提出一些非分流方式的纳升流速梯度溶剂洗脱装置。

Isobe 等[39]提出，可供给极端低纳升流速（<50nL/min）的一种全新无分流梯度洗脱装置，称作直接纳升流速 LC（direct nanoflow LC，DNLC）系统，它与一个微型电喷射界面（electrospray interface，ESI）柱连接，可与一个四极矩-飞行时间（Q-TOF）串联质谱偶联，在蛋白质组学研究中，用于分辨复杂生物样品——核糖体中接近于 100 种蛋白质的组成。

DNLC 系统的流路如图 9-20 所示。它由两大部分组成，一部分为纳米 LC 系统，由保持恒流的纳升流路输液泵（耐压 30MPa）、两位六通切换阀、进样阀、微型电喷射界面柱及串联质谱组成。另一部分为梯度系统，由高压输液泵 A、B（皆为 HP1100、G1312A）、两位六通切换阀、歧路接头、循环纳米连接系统（ReNCon）组成。ReNCon 梯度装置包括三个部分，即由 PEEK 管（长 8cm，外径 1.6mm，内径 0.254mm，内容积 4.0μL）10 根构成溶剂储存器；它们之间通过一个十孔歧路接头与一个十通切换阀连接。流路中的两位六通阀是关键部件，阀切换至虚线（---）位置，梯度洗脱液进入 ReNCon 系统，与此同时纳米 LC 系统可直接连通运行；阀切换至实线（——）位置，纳升流路输液泵可将 ReNCon 系统中的梯度洗脱液通过进样阀对 ESI 柱进行梯度洗脱。

此流路使用的纳米 ESI 柱为内径 150μm、外径 375μm 的熔融硅毛细管柱，经激光拉伸器使顶部喷嘴缩至外径为 0.3～0.5μm（经扫描电镜测量），柱长 2.5cm，填充 1μm C_{18} 固定相，用金属接头连接至 LC 流路中，将 0.9～1.5kV 高电压施加到金属接头，由 ESI 柱喷射的离子流进入 Q-TOF MS/MS 中。

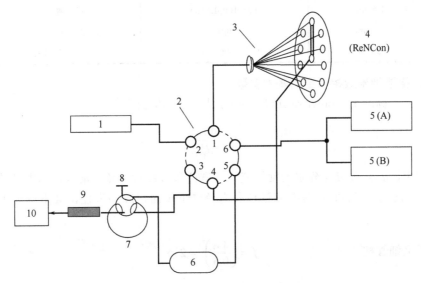

图 9-20　DNLC 系统流路示意图

1—纳升流路输液泵；2—两位六通切换阀；3—单一入口，10 个出口的歧路接头；
4—循环纳米连接系统（ReNCon）；5—两个高压输液泵 A 和 B；　6—废液收集器；7—定量管；
8—进样阀；9—微型电喷射界面柱（ESI）；10—串联质谱

史密兹也提出在蛋白质组学研究中使用纳升电喷射电离的在线高效纳米液相色谱与质谱偶联技术。特别设计了向纳米毛细管柱进样的分流装置及纳米毛细管柱与电喷射管的连接装置，并用于组成复杂的肽和蛋白质样品分析[40]。

Cappiello 等提出可用于微柱和纳米柱的可变梯度发生器，使用一个 14 孔切换阀，装有 6 根定量管，每个管装有选择的溶剂混合物，第一个管充满最弱的洗脱溶剂，最后一个管充满最强的洗脱溶剂，用由 CPU 控制的电子开关，在给定时刻使切换阀连通选好的定量管，就可产生特定的溶剂梯度。此梯度发生器不仅精确控制梯度步骤的重复性，还可实现不同形状梯度洗脱曲线的洗脱[41]。

Deguchi 等提出一种"渐进跟踪 10 孔阀"（asymptotic trace 10 port valve，AT10PV）纳升流速梯度洗脱发生器，可提供 50～500nL/mm 的流速，并具有很好的重复性。它相似于离线形成并储存梯度洗脱溶剂在定量管的方法，其特点是可在 10 孔切换阀的很短的切换周期内，提供纳升流量的梯度洗脱[42]。

Chervet 提出了对纳米液相色谱的确切定义及相关的基本因素。他建议液相色谱技术按照使用的流速范围命名，要比用柱管内径或材料命名会更好，提出："具有 10～150μm 内径的填充微柱、流速在 10～1000nL/min 的技术可称作纳米液相色谱。"对高效液相色谱技术的命名和定义做出如表 9-10 的表述。

表 9-10 HPLC 技术的命名和定义

柱内径	流速	命名
3.2～4.6mm	0.5～2.0mL/min	常规高效液相色谱
1.5～3.2mm	100～500μL/min	微孔高效液相色谱
0.5～1.5mm	10～100μL/min	微柱液相色谱
150～500μm	1～10μL/min	毛细管柱液相色谱
10～150μm	10～1000nL/min	纳米液相色谱

2. 描述纳米液相色谱的基本参数

（1）下标因子（down-scale factor）f 或称浓缩倍数[21,43]

$$f = \frac{d_{常规柱}^2}{d_{微柱}^2}$$

式中，$d_{常规柱}$ 和 $d_{微柱}$ 分别为常规液相色谱柱和微柱的内径。常规柱的内径通常为 4.6mm，对内径 300μm 的毛细管柱和内径 75μm 的标准纳米柱，其下标因子分别如下：

对毛细管柱

$$f = \left(\frac{4.6}{0.3}\right)^2 = 235$$

对纳米柱

$$f = \left(\frac{4.6}{0.075}\right)^2 = 3762$$

对内径 75μm、长 50cm 的标准纳米柱，其与梯度洗脱结合，显示强的分离能力，峰容量 n_p 可达 300～500。由此可知，毛细管液相色谱的浓缩倍数为常规液相色谱的 235 倍，而纳米液相色谱的浓缩倍数为常规液相色谱的 3762 倍，此因数适用于纳米液相色谱系统的所有组件或参数，如流速、进样体积、检测器体积和连接毛细管体积等。因此在纳米液相色谱分析中，只需使用很少的样品和流动相，就可获得高灵敏度的检测和高分离效率。

（2）体积流速 一个色谱系统的体积流速 F 为：

$$F = u\pi d_c^2 \varepsilon_T / 4$$

式中，u 为流动相线速；d_c 为柱内径；ε_T 为柱总孔度。

对纳米柱，若典型线速 $u = 1$mm/s，柱总孔度 $\varepsilon_T = 0.70$，柱内径 $d_c = 75$μm，其体积流速 $F = 186$nL/min。

（3）最大进样体积 常规 HPLC 的最大进样体积 V_{imax} 也可用于纳米柱：

$$V_{imax} = \frac{QK\pi d_c^2 \varepsilon_T L(1+k)}{\sqrt{N}}$$

式中，Q 为由进样引起柱板数损失的分数，典型值为 0.05；K 为描述进样形状的常数，对理想塞状（矩形）进样，$K = 4$；d_c 为柱内径；ε_T 为柱总孔度；L 为柱长；

k 为溶质的容量因子；N 为理论塔板数，它可用下式表达：

$$N = \frac{L}{hd_p}$$

式中，h 为折合板高；d_p 为粒径。

V_{imax} 又可表达为：

$$V_{imax} = 0.628d_c^2\varepsilon_T(1+k)\sqrt{Lhd_p}$$

对典型内径 75μm、长 15cm 纳米柱，填充 5μm C$_{18}$ 固定相，具有好的柱效，其 $h=2$，对稍保留的组分 $k=1$ 时，可计算出最大进样体积 $V_{imax} \leqslant 6.1$nL。

（4）检测体积　用于纳米柱的紫外吸收检测器，使用 Z 形或 U 形毛细管流通池，其灵敏度正比于流通池的长度，对一个理想的适用于纳米柱流通池的检测体积可计算出为 1nL，对容量因子 $k>1$ 的色谱峰，其流通池的检测体积相似于进样体积。

（5）最大样品质量（负载能力 loadability）　与最大进样体积相似，纳米柱可承受的最大样品质量 M_{max} 为：

$$M_{max} = \frac{c_m\pi d_c^2\varepsilon_T Lk}{2\sqrt{N}}$$

式中，c_m 为由柱中洗脱一个峰的最大样品浓度。对内径 75μm、长 15cm 的纳米柱的最大样品量，对非滞留组分将低于 50ng，对滞留组分更要低于此值，以防纳米柱超载。

Chervet 提出对内径 50μm 和 75μm 纳米柱所需流速和检测器池体积的要求，见表 9-11[44]。

表 9-11　对纳米柱的流速和体积的要求

要求项目		流速①/(nL/min)	进样体积②/nL	流通池体积/nL	连接毛细管内径③/μm
纳米柱	50μm	80	≤1.5	≤1.5	≤10
	75μm	180	≤3.0	≤3.0	≤20

① 按 h-u 曲线计算最高板数。

② 对 $k=0$ 非滞留组分。

③ 最大长度 15cm。

3. 芯片纳米流路系统

1998 年 Regnier 等首次报道了用微芯片蚀刻技术制备纳米柱的新方法[45,46]。他们用在现代集成电路生产成百万微米尺寸晶体管的微型印刷术，在一个单晶硅片或石英晶片上，经原位微机械加工，制作出"并列整体载体结构"（collocated monolith support structures，COMOSS）。此类结构尺寸均匀性的程度需要双倍的结构模式，如精密蚀刻宽 1～2μm、深 10μm 通道具有 5μm×5μm 整体结构（图 9-21）。在直径 7.62cm（3in）和 20.32cm（8in）的晶片上，可蚀刻出最长 4.5cm 和 15cm 的色谱柱。为使微芯片蚀刻通道的内表面活化以产生高密度的硅醇基，并满足使用电渗泵和键合固定相的需求，先用真空泵吸入 50%CH$_3$OH 水溶液清洗通道，再于 20mmHg

（1mmHg=133.322Pa）真空度下吸入 0.1mol/L NaOH 溶液反应 1h，反应后再用 50% CH₃OH 水溶液清洗，最后用 pH=7.0 的 10mmol/L NaH₂PO₄-Na₂HPO₄ 缓冲溶液处理。为了制备氨基固定相，再吸入 5% 3-(氨丙基)-三乙氧基硅烷于室温反应 4h。待表面氨基化反应后，再导入 1%聚苯乙烯磺酸钠（M_r=70000）溶液至色谱柱，再反应 4h 以完成静电涂渍。最后柱子用 10mmol/L NaH₂PO₄-Na₂HPO₄ 缓冲溶液（pH=7.0）清洗，储存以备使用。

上述制备的 COMOSS 柱与填充毛细管柱比较更相似于薄层色谱板，这也意味着，对均匀分布的样品，由通道的单一入口进入大量水平排布的多个通道；分析物在通过柱通道全部长度后，如何在柱末端将所有通道的液体均匀收集成单一液流，而不引起谱带扩展将会成为一个关注的问题。为解决此问题，在 COMOSS 中特殊设计了柱入口分流和柱出口收集的整体结构，创造了一个通道网络，它可引入液流进入柱头，并重复经历二元分流和二元收集，直到液流达到柱尾，此整体通道结构如图 9-22 所示。

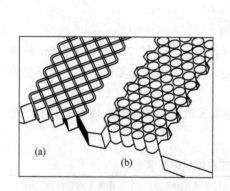

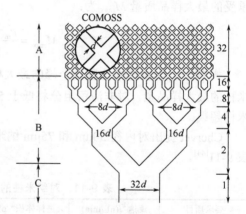

图 9-21　原位微机械加工并用作液相色谱
纳米柱的 COMOSS 结构图
（a）正六面体整体结构；（b）圆筒形整体结构

图 9-22　并列整体载体结构（COMOSS）
微芯片的内部分流器的构型
A—分流通道；B—并列整体收集器；C—偶合通道

借助二元分流系统横跨 COMOSS 柱的通道总数 C 可用方程式 $C=2^n$ 表示，n 为液流分流的次数。COMOSS 柱使用的二元分流入口分布器的 n 值可为 2 个、4 个、8 个、16 个、32 个通道，可跨越全柱（现已制出 22 个、64 个直至 4096 个通道的 COMOSS），此通道数目可由所希望的柱尺寸来决定。

在 COMOSS 柱中所有通道都具有同样相同的尺寸，由于通道网络众多，流动相在柱入口的线速将高于在柱中通道网络中的线速。上述分流和收集结构会对液流产生阻碍作用，当流路用机械泵驱动流动相时，会产生不希望的压力降；当用电渗泵驱动流动相时，会引起气泡的生成。为防止这些现象出现，在 COMOSS 柱，其入口和出口通道宽度尺寸的选择恰好为沿着柱入口至出口任何一点所有通道截面积的总和。如具有 32 个通道 COMOSS 柱的通道截面积总和为 480μm²。因此无论对压力驱动或电渗驱动的纳米柱体系，在 COMOSS 柱的入口至出口的任何一点的流动相线速都是相同的。

对具有 32 个通道的 COMOSS 柱,蚀刻 1.5μm×10μm 的矩形通道,其 1cm 长度对应 4nL 体积,对 4.5cm 长的柱子对应的体积为 18nL。对一个 4096 个通道柱将具有体积 520nL/cm,对长 10cm 柱,体积为 5.2μL。

对最小的 COMOSS 柱用常规 HPLC 泵系统,在理想的梯度方式能输出 10nL/min 的流量。不幸的是 COMOSS 柱不可能使用机械泵系统,集成的整体柱系统只能用电渗泵驱动流动相。在 COMOSS 柱通道中存在足够的离子化表面,可形成在 pH=4 以上电渗泵所需的双电层。通道毛细管壁可用有机硅固定相键合。通道用 pH=7.0、10mmol/L 磷酸盐缓冲液(或缓冲液与乙腈的组合物)充满,当施加电压后,可驱动液体流向负极。当施加电压为 1700V/cm 时,分析物通过通道网络,以 4.5mm/s 线速迁移。

具有 32 个通道入口分布器和 1.5μm×10μm 矩形通道的 4.5cm COMOSS 柱,占有组合截面积 480μm²,柱效达每米 77000 理论塔板数,板高仅为 0.58μm,每米柱长达到 170 万理论塔板数。

由上述可知,用微机械加工制作高效液相色谱的微柱和纳米柱比用常规填充柱的途径更简单并具有更好的重复性,此法也可在单一晶片上制备出上百个纳米柱。然而,用 COMOSS 柱实现 HPLC 分析仍存在一些有待解决的问题,例如,怎样驱动相同的流动相同时进入许多平行柱?怎样驱动成百个纳升体积的样品进入同一芯片的多根柱中?如何在每一个芯片同时实现多柱的同时检测……这些问题仍有待科技的发展而获得解决[47,48]。

Harris 发表了综述,依据近十几年芯片技术的发展,指出微型全分析系统(μ-TAS)或称作"在一个芯片上的实验室"(lab-on-a-chip),必定会在 LC 领域获得重要的发展,以满足制药和蛋白质组实验室对高通量、快速分析系统的需求。一些研究者和公司都表达了希望芯片基 LC 可取代在工业上常规使用的 LC 系统,并预期 5~10 年芯片基 LC 可以出现。他也指出制作芯片基 LC 的一些关键部件,如芯片与外界的界面、输出一定压力的电动力泵、芯片上平行色谱柱制作和正确安置、溶剂混合器的制作等,对色谱工作者指明了研究方向。

Lee 等报道用于在芯片上进行梯度洗脱的电化学泵系统[49]。这种泵可用光刻蚀法(photolithography)在硅片和玻璃基质上加工,电极用 Au 或 Pt,用环氧基光刻胶(epoxy-based photoresist)构成泵箱,再用玻璃盖板和聚二甲基硅酮垫圈密封,用一注射针从注液口将流动相注满泵室,待注液口被玻璃盖板密闭后,向电极供电并控制水电解生成气体的速度,在低反压下,当功率<1mW 时可提供>1μL/min 的流动相流速;当功率<4mW 时可提供 20nL/min 的流速。借助两个电化学泵与一个聚合物电喷雾喷嘴的组合,可产生朝向质谱仪的溶剂梯度洗脱。此电化学泵结构示意见图 9-23。

4. 芯片 HPLC 系统

2014 年 Belder 等使用通用的高压输液泵,由低压进样泵驱动的样品注射器和一个特制的由硼硅玻璃基质制作的微流路芯片及荧光检测器实现了高效芯片基液相色谱分析，完成了对含有 8 个组分多环芳烃混合物的分离，柱效高达 66200～78400 塔板/m[50]。实验装置如图9-24所示。

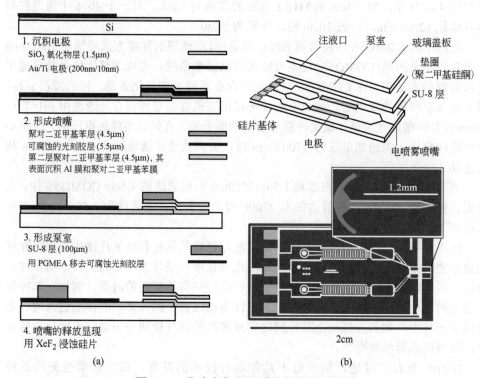

1. 沉积电极
SiO₂ 氧化物层 (1.5μm)
Au/Ti 电极 (200nm/10nm)

2. 形成喷嘴
聚对二亚甲基苯层 (4.5μm)
可腐蚀的光刻胶层 (5.5μm)
第二层聚对二亚甲基苯层 (4.5μm)，其
表面沉积 Al 膜和聚对二亚甲基苯膜

3. 形成泵室
SU-8 层 (100μm)
用 PGMEA 移去可腐蚀光刻胶层

4. 喷嘴的释放显现
用 XeF₂ 浸蚀硅片

(a)　　　　　　　　　　(b)

图 9-23　芯片电化学泵系统的结构示意图

（a）在长 5.08cm，表面积 6.45cm² 硅片上制作电化学泵的加工过程；（b）具有电喷射喷嘴的电化学泵的
装配示意图（上部为喷嘴放大图；下部照片显示芯片电化学泵的全部结构，放大部分为位于芯片边缘 1.2mm
喷嘴，芯片外显现的喷嘴，内部通道为 5μm×10μm，喷嘴末端 0.3mm 加工成尖锥形，孔径 20～25μm）

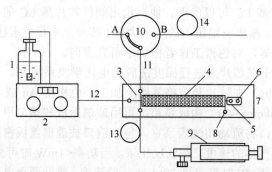

图 9-24　具有高压洗脱和低压灌注样品组件的高效芯片基液相色谱实验装置图
1—流动相（80%乙腈-水溶液）储液罐；2—高压输液泵；3—灌注样品交叉口；4—芯片中色谱柱室
（填充 3μm TPP）；5—荧光检测窗口；6—废液排出口；7—硼硅玻璃基质芯片组件；8—固定相填充通道，
填充后用光敏聚合材料封闭；9—由低压进样泵驱动的样品注射针；10—三通切换选择阀
（A：低压灌注样品；B 高压洗脱）；11—连接毛细管（12cm，50μm）；12—连接毛细管
（10cm，75μm）；13—阻尼毛细管（82cm，50μm）；14—阻尼毛细管（70cm，50μm）

该实验装置中有三个主要控制部分。

（1）低压灌注进样 关闭高压输液泵，将三通切换选择阀 10，置于位置 A，开启低压进样泵，驱动注射针 9 将样品溶液灌注进入芯片交叉口 3，由于采用了动态进样，随进样时间不同，灌注进入色谱柱的样品量也不相同。图 9-25 显示，以非滞留样品 7-氨基-4-甲基香豆素溶液为例，表达灌注时间对荧光信号强度的影响。

（2）芯片基色谱柱 匀浆填充 3μm Prontosil C_{18} 全多孔粒子，填充长度为 46mm，耐压 50bar，填充完成后，

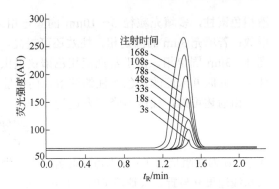

图 9-25 样品注射时间对荧光强度的影响
样品：7-氨基-4-甲基香豆素溶液
（2μmol/L 80%乙腈-水溶液）
灌注流速：F_i =10μL/min；流动相流速：F=15μL/min

填充通道 8 注入 800μL 1,3-丁二醇二丙烯酸酯、200μL 乙腈和 3mg 2,2-二甲氧基-2-苯基苯乙酮，在激光作用下生成聚合物，封闭此通道。

硼硅玻璃作为芯片基体材料，是因为它具有突出的刚性，耐化学腐蚀和极好的透光特性。

（3）检测器 使用可外挂在芯片组件外的荧光显微镜，用放大 20 倍目镜在芯片荧光检测窗口 5 进行成像检测，使用激发光 350nm，发射光 420nm，经光电倍增管放大后进行检测。

进行 HPLC 分析时，三通切换选择阀置于位置 B，开启高压输液泵使流动相 80%乙腈-水溶液以 5～120μL/min 的流速进入芯片基色谱柱，实现样品分离。

利用此装置已完成对含有 8 个组分的多环芳烃混合物的分离，见图 9-26。

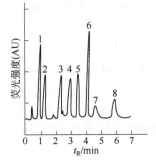

图 9-26 在高效芯片基液相色谱装置上 8 种多环芳烃混合物的分离图
进样时间：78s；灌注流速：
F_i=10μL/min；流动相流速：
F=60μL/min（80%乙腈-水溶液）
色谱柱：3μm Prontosil C_{18}，
柱长 46mm
色谱峰：1—7-氨基-4-甲基香豆素
（N=66200 塔板/m）；2—二氢蒽醌
（N=70500 塔板/m）；3—蒽-9-
Cartaldehyde（N =7020 塔板/m）；
4—苯并蒽酮（N=74200 塔板/m）；
5—蒽（N=73800 塔板/m）；6—荧蒽
（N=76800 塔板/m）；7—芘
（N=84900 塔板/m）；8—苯并[a]蒽
（N=78400 塔板/m）

二、填充毛细管柱超高压液相色谱技术

由液相色谱的范第姆特方程式显示，色谱柱的等效理论塔板高度 H，是由涡流扩散、分子扩散、固定传质阻力、移动流动相传质阻力和滞留流动相传质阻力提供的板高贡献的总和。其中涡流扩散项提供的板高 H_E 与色谱柱中填充固定相的粒径（d_p）成正比；移动流动相传质阻力项提供的板高 H_{MM} 和滞留流动相传质阻力项提供的板高 H_{SM} 均与固定相粒径的平方（d_p^2）成正比。因此从液相色谱理论可以预测，使用固定相的粒径愈小，就愈会降低等效理论塔板高度，从而可提高柱效。1975 年 Halasz 曾提出对常规高效液相色谱仪的压力上限为 50MPa。因此使用内径 4.6mm 的常规

液相色谱柱，多填充粒径 5～10μm 的固定相，柱长 10～25cm，柱效达 10^4 理论塔板数；若填充 3μm 的固定相，柱效还可提高，但柱压力降会增加 4 倍以上。如若填充 1～3μm 固定相，由于常规液相色谱仪提供柱压的限制，只能使用 3～5cm 长的柱子，此时并未能改进色谱柱的柱效，而仅能缩短分析时间。

由前述可知，柱压力降可表达为[51,52]：

$$\Delta p = \frac{\varphi \eta L u}{d_p^2}$$

式中，φ 为柱阻抗因子；η 为流动相黏度；L 为柱长；u 为线速度；d_p 为固定相粒径。已知线速度 u 与折合线速度 v 的关系可表达为：

$$u = \frac{v D_m}{d_p}$$

式中，D_m 为流动相扩散系数。

将两式结合：

$$\Delta p = \frac{\varphi \eta L v D_m}{d_p^3}$$

由此可知，柱压力降 Δp 与固定相粒径 d_p 的立方成反比。因此用小粒径固定相填充色谱柱会导致柱压力降的迅速增大。例如，用 1μm 粒径的固定相填充常规液相色谱柱，在柱子的最佳流速下操作，所需的压力要比用 5μm 粒径固定相填充柱子的压力大 125 倍。

当用很小粒径的固定相填充色谱柱时，随柱入口和出口压力降的增大，当流动相流过色谱柱时还会产生摩擦热，其产生的能量耗散（ΔE）为柱压力降 Δp 和流动相流速 F 的乘积：

$$\Delta E = \Delta p F$$

如用 1μm 粒径粒子填充一根内径 4.6mm 的常规柱，在流速为 1mL/min 和入口压力达 350MPa 时，流动相通过色谱柱产生的能量耗散 $\Delta E > 5$W。对大口径柱，由于热扩散较差，残留热可明显提高流动相温度，也会引起溶质分子的热分解；摩擦热又会引起色谱柱轴向和径向的温度梯度；溶剂的黏度和分析物的容量因子也会随温度升高而改变，当梯度洗脱时还会引起附加的谱带扩展[53]。

在大口径柱中较差的热扩散问题可借助降低柱径来克服，因小口径柱有大的表面积，可使生成热有效地耗散，如在内径 30μm、长 50cm 的熔融硅毛细管柱中填充 1.5μm 粒径的固定相，当在 410MPa 下操作时，产生的能量耗散 ΔE 仅约 0.4mW。在毛细管填充柱液相色谱中也呈现出如 Jorgenson 等在毛细管电泳中提出的，在填充毛细管中产生的微量摩擦热易于在空气中耗散的结论。

由于在理论上阐明使用很小粒径（1～1.5μm）固定相可明显提高柱效，在实践中已证实使用小口径毛细管填充柱可有效进行热耗散，因此要实现用 1～1.5μm 固定相填充几十至几百微米小口径熔融硅毛细管柱进行微柱液相色谱分析时，必须要提供柱压高至几百 MPa 的超高压液相色谱仪才能实现[53~55]。

1. 超高压液相色谱的实验装置

1997 年 MacNair 等首先进行了这种实践。他们用 1.5μm 非多孔 C_{18} 硅胶固定相填充内径 30μm、长 66cm 的熔融硅毛细管柱，在 410MPa 柱压下，接近最佳流速，对稍滞留化合物（$k' < 0.5$）柱效可达 300000 塔板/m 理论塔板数，对较多滞留化合物（$k'=2$）柱效达 200000 塔板/m 理论塔板数，理论塔板高度低于 2.1μm，可在 10～30min 完成一个样品分析。使用的超高压液相色谱填充色谱柱的实验装置如图 9-27 所示[56]。

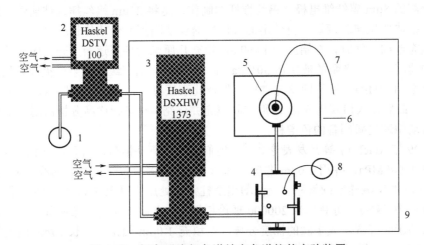

图 9-27　超高压液相色谱填充色谱柱的实验装置

1—溶剂储罐；2—单阶气动放大泵；3—三阶气动放大泵；4—进样装置；
5—匀浆填充罐；6—磁搅拌平台；7—待填充毛细管柱；8—排放废液；
9—0.5mm 厚不锈钢板制作的箱子（122cm×61cm×76.2cm）

单阶气动放大泵（DSTV 100 型）以 N_2 作气源，入口操作压力 0.5MPa。此泵中活塞面积比为 1∶100，它可将流动相加压至 50MPa 并送入到大的三阶气动放大泵（DSXHW 1373 型）。三阶气动放大泵的工作方式与单阶气动放大泵相同。此两泵构成的气动放大系统的总放大倍数为 1575，若单阶泵入口 N_2 压力为 0.7MPa，则由三阶泵输出流动相压力达 1100MPa。

三级气动放大泵的活塞杆经金刚砂磨光后，使此系统的放大倍数增至 1622，活塞杆在液压室的密封全部改用聚醚醚酮（PEEK）材料，可耐压 450MPa。

此气动放大系统的所有高压部件安放在一个由 0.5mm 厚不锈钢板制作的安全箱内，此箱前门安有 1.3cm 厚聚碳酸酯（Lexan）观察窗，可监控系统压力。

三级气动放大泵高压液体出口用外径 0.48cm、内径 0.16cm 的不锈钢管与进样装置连接。进样装置与匀浆填充罐之间用内径 0.24cm 的不锈钢管连接，此管与匀浆填充罐连接的末端装有 0.5μm 不锈钢过滤垫，以阻止填料反冲进入进样装置。匀浆填充罐安有电磁搅拌器，以保持 2mL 匀浆的分散良好。熔融硅毛细管柱经高压接头连接到匀浆填充罐，经黄铜垫圈和聚酰胺圆柱体固定密封，以防止高压液体的渗漏。

2. 毛细管填充柱的装填

使用上述超高压液相色谱装置可装填内径 30μm、外径 360μm、长 50～80cm 熔融硅毛细管色谱柱，装填固定相为 1.5μm 非多孔硅胶，并用十八烷基硅烷进行了化学改性。匀浆液为 33%丙酮和 67%正己烷混合液，并经 3μm 滤膜过滤。上述匀浆装入匀浆填充罐前应剧烈摇动或超声振荡几分钟，以保持均匀。

在装填前，先在熔融硅毛细管柱出口端制作一个烧结片，再用 25μm 长的钨丝推杆将用于烧结的 5μm 球形硅胶推入柱末端，在出口处保留 1mm 长的空间，然后用电弧定位将钨丝推杆和硅胶灼烧成烧结片，最后在柱出口的空间插入一个用于电化学检测的 8μm 碳纤维电极。钨丝推杆的制作，是将 25μm 钨丝插入玻璃管，然后用玻璃拉伸器拉伸玻璃管，拉伸出的含钨玻璃丝切断到所希望的长度[54]。

填充毛细管柱时，起始压力 14MPa，填充几厘米后柱压逐渐上升，应保持相对恒定的速度填充；当泵的液压达 50MPa 后，可周期启动三级放大泵以提高泵压；当泵压高至 410MPa，柱子即填充完毕；保持此泵压过夜，然后慢慢降压，关闭匀浆液入口。最后在入口端用 5μm 球形硅胶填充并烧结，在进行样品分析前用几倍柱体积的流动相通过新制备的色谱柱。

1999 年 MacNair 等又发表论文[57]，他们使用电驱动恒流注射泵，产生的流动相压力高达 900MPa，并用 1.0μm 非多孔球形 C_{18} 硅胶固定相[55]，填充内径 33μm、长 25～50cm 的熔融硅毛细管柱。当流动相至柱入口处压力高至 500MPa，对稍保留小分子有机物（$k'=1$）可获每米 200000 理论塔板数。此泵用于与指数稀释法结合，可进行由胰肽酶降解生成多肽的梯度分离，在填充 1.0μm 固定相、长 27cm 的毛细管柱上，30min 分析过程，峰容量可达 300。

输出流动相最大操作压力达 900MPa 的恒流注射泵的外形如图 9-28 所示。此泵用 440V 三相交流电驱动 560W（3/4 马力）电机，再经过 150∶1 减速器变速，以供给线性调速控制器进口轴承较大的转矩，减速器和线性调速控制器安装在由 5cm 直径不锈钢管制作的支撑框架上，在每个接合点要焊接牢靠，以经受在高压操作时所

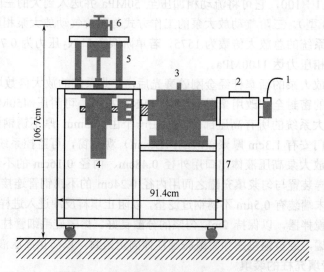

图 9-28　超高压恒流注射泵外形示意图

1—440V 交流三相电源；2—560W（3/4 马力）电机；3—150∶1 减速器；
4—线性调速控制器；5—导向杆；6—恒流注射泵；7—用 5cm 直径不锈钢管制作的
支撑框架（长 91.4cm，宽 61cm，高 106.7cm）

承受的转矩。线性调速控制器用于将电机的旋转运动转换成输出轴的线性运动，相当于进口轴承转动 36 转，其输出轴移动 2.54cm。恒流注射泵的不锈钢活塞直径 1.12cm，直接连接到线性调速控制器的输出轴，当泵输出最大操作压力达 900MPa 时，测定活塞直径与线性调速控制器偶联的额定功率达 27120W。

注射泵体积 10mL，可输出 8mL 液体，输出液体流速可由电机转速测定，虽然此泵能输出液体流速达 1.7mL/min，但通常操作在低流速约 20μL/min。

用匀浆填充法制备填充毛细管柱，使用含 33%乙腈和 67%正己烷的混合溶液，把 1.5μm 固定相配成 10mg/mL 的匀浆液，填充前把 $\phi 150\mu m \times 22cm$ 的熔融硅毛细管柱的出口用 5μm 硅胶粒子填充 3mm 长作为塞子，匀浆填充压力约 35MPa。

表 9-12 列出了使用 25cm 长的熔融硅毛细管柱填充不同粒径的固定相，作为粒径函数的预定分析时间、理论塔板数和所需压力。

表 9-12 使用 25cm 柱时的预定分析时间、理论塔板数和所需压力

粒径 $d_p/\mu m$	保留时间 t_R/min	理论塔板数 N	所需压力[①] $\Delta p/MPa$
5.0	30	25000	1.9
3.0	18	42000	8.7
1.5	9	83000	70
1.0	6	125000	230

① 柱内径 30～33μm，在最佳流速下操作，分析物的容量因子 $k'=2$，扩散系数 $D_e=6.7\times10^{-6}cm^2/s$，色谱柱阻抗因子 $\varphi=450$，流动相黏度 $\eta=0.001Pa\cdot s$。

由表 9-12 可看出，随柱填充固定相粒径的减小，柱压力降增大，但保留时间减小，柱效增大。这就是驱动超高压液相色谱研究的动力所在。

Tolley 也使用 1.5μm 非多孔硅胶经 C_{18} 改性的固定相，填充了内径 150μm、长 22cm 的熔融硅毛细管柱，在最佳流速下柱压高达 90MPa，对非滞留组分的死时间为 200s，并使柱效高达每米 83000 理论塔板数，实现了等度和梯度分析。他称此法为很高压液相色谱（very high pressure liquid chromatography，VHPLC），并实现与质谱和串联质谱的联用[58]。

为了获得很高压，他们改造了一台 Waters 6000 型往复式柱塞泵使其输出压力高达 120MPa，对上述填充毛细管的操作压力可为 79～93MPa。VHPLC 的实验装置如图 9-29 所示。

改造后的 Waters 6000 型泵具有较低的齿轮比、高反压制动阀和强度高的连接管路，最高输出压力为 137.5MPa，梯度洗脱时，由两个电磁阀按比例将水相和非水相输入到搅拌混合室（200μL）以保持溶剂组成的快速变化，由色谱工作站的计算机控制电磁阀以产生梯度。此泵对梯度提供的最低实用流速为 300μL/min，用内径 50μm、长 200cm 毛细管实现柱前分流，当柱压为 79MPa 时，分流后色谱柱流速为 0.5μL/min。

3. 梯度洗脱装置

在恒流注射泵出口用外径 0.16mm、内径 0.13mm 厚壁不锈钢毛细管与不锈钢溶剂储罐相连接（见图 9-30），它也可作为匀浆填充罐，其内部体积为 2.3mL 并具有较大的直径以允许 8mm 长的微型搅拌棒自由转动。此储罐安置在搅拌器平台的上部，并靠近注射泵的出口，它用于产生流动相梯度，并保证溶剂极好地混合。梯度的形成使用指数稀释法，注射泵驱动一个强极性流动相连续地进行入包含有一个弱极性流动相的溶剂储罐中，形成一个恒定变化的溶剂混合物进入色谱柱。溶剂储罐

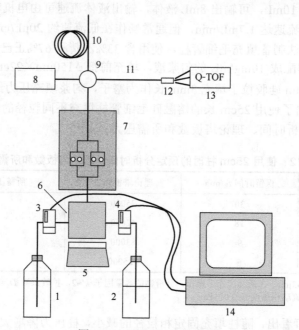

图 9-29　VHPLC 实验装置

1—溶剂 A 储液罐；2—溶剂 B 储液罐；3，4—电磁阀；5—搅拌器平台；
6—搅拌混合室；7—改造后的 Waters 6000 型往复式柱塞泵；8—137.5MPa 压力传感器；
9—四通；10—毛细管分流器；11—填充毛细管柱；12—电喷雾接口；
13—混合型四极矩-时间飞行串联质谱仪（Q-TOF）；14—色谱工作站

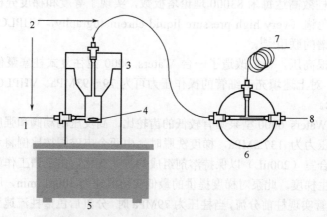

图 9-30　在超高压液相色谱中用于梯度洗脱的溶剂储罐及分流装置图

1—由注射泵输出的强极性流动相；2—外径 0.16mm 厚壁不锈钢毛细管连接管；
3—装有弱极性流动相的溶剂储罐；4—8mm 微型搅拌棒；5—搅拌器平台；
6—可耐高压的 T 形三通；7—毛细管分流器；8—填充毛细管色谱柱

出口仍用外径 0.16mm 厚壁不锈钢毛细管与耐高压 T 形三通连接，由于注射泵输出流量为 20μL/min，而填充毛细管色谱柱仅需 50μL/min 的流量，因此在 T 形三通上连接一个带有聚酰胺筒形接头的毛细管分流器。T 形三通的最后一个出口与填充毛细管色谱柱相连，并使色谱柱的入口端位于三通通道的中心位置。这种连接可保证 T 形三通的死体积不影响色谱柱的梯度洗脱。

当用超高压液体进行梯度分析时，由流动相非理想行为导致流速存在不可避免的误差，其原因如下：

① 当大多数极性溶剂混合时，混合前它们体积的总和并不等于最终混合后的体积。在大多数情况下，混合后的体积会减小，当使用恒流泵时，输出的流量会低于期望的数值。

② 一些流动相的黏度随压力增加而增大，在超高压下流动相黏度变化的结果也导致输出流量的降低。

③ 由于液体的非零压缩性，柱入口压力愈大，流动相密度也愈大，当在柱出口测量的流速较大时，典型有机溶剂比水更容易压缩。

上述三个原因会使超高压液相色谱进行梯度洗脱时，对流动相流量测定的准确性产生影响。

4. 样品注入装置

为进行色谱分析，将毛细管柱从匀浆填充罐卸下，入口顶端直接安装在进样装置的进样阀和废液排放阀通道一半的位置（如图 9-31 所示）。注入样品以静态分流方式实现，在进样阀和废液排放阀之间的通道，从进样阀用注射器注入约 100μL 样

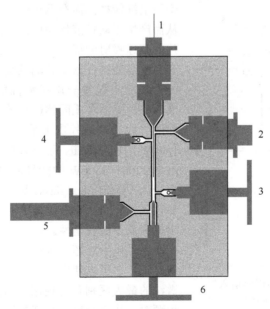

图 9-31 超高压液相色谱进样装置图

1—毛细管填充柱；2—插入式栓塞；3—进样阀；4—废液排放阀；
5—流动相入口；6—截止阀

品，用单阶气动放大泵在短时间间隔供给 5.5MPa 的压力，驱动一个短的样品塞进入色谱柱，然后打进废液排放阀，用乙腈-水（1：9），（水中含 0.1%的三氟乙酸）流动相冲洗未注入柱中的多余样品。当通道完全冲洗干净后，再关闭废液排放阀。此时可启动三级气动放大泵，并开始记录数据，几秒钟以后，柱压稳定，流动相以一定流速供应色谱柱，此短暂时间滞后并不明显影响柱性能的评价。

当进行色谱分析时，使用压力储存技术注入样品。进样时先拆下毛细管柱，将柱头插入到一个含有样品的不锈钢压力容器，再用 2.8MPa 氮气将样品压入柱头。然后将毛细管柱接入色谱系统，通过测量柱后流动相的流速和进样时间的乘积，计算出进样体积。

对样品的检测可使用光程 150μm 长的紫外吸收检测器。也可将色谱柱通过纳米电喷雾接口与四极矩-时间飞行串联质谱偶联并用于分辨和表征蛋白质的特性。

2003 年李（Lee）等报道了他们在 1999 年提供的超高压液相色谱装置上[59]，用涂渍聚丁二烯的 1μm 非多孔二氧化锆颗粒填充了内径 50μm、长 13cm 的熔融硅毛细管柱，并在 90℃高柱温、柱压力降 179MPa 下，于 60s 内实现了 5 种除草剂的分析。分析时使用静态分流进样技术，以 40mmol/L NaH_2PO_4 水溶液-乙腈混合液（55：45）作流动相，使用 UVD 检测器，柱效高达 420000 塔板/m，实现了快速、高效分析。

Lee 等还特别探讨了在超高压毛细管液相色谱中使用气动放大泵涉及的安全问题，并提供了如图 9-32 所示的安全防护措施[60,61]。

当进行超高压毛细管液相色谱的分析操作时，可遇到在进样单元，由于不正确安装毛细管柱，而在毛细管柱入口处发生断裂，从而产生流动相液体喷射或硅胶粒子、柱破裂碎片的高速喷射的情况。为防止此种不安全现象的产生，可通过在欲安装的毛细管色谱柱起始端的一定长度上包覆一层可耐高能量冲击的胶质玻璃，来消除液体或固体碎片喷射而产生的不安全问题。胶质玻璃外皮可承受每平方毫米 1000～1500W 的能量冲击，胶质玻璃骨架可承受每平方毫米 2200～3500W 的能量冲击。采用的胶质玻璃型号为 VO45I Plexiglass。显然毛细管色谱柱部分如再罩在一个塑料瓶内，如图 9-32 所示，可进一步提高操作的安全性。

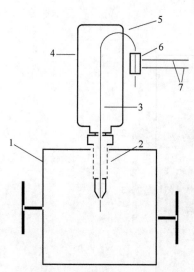

图 9-32 超高压液相色谱入口
系统的安全防护

1—进样单元；2—毛细管连接器；
3—填充毛细管柱；4—塑料瓶；5—孔洞；
6—光二极管阵列检测器；7—光导纤维

通过以上对超高压液相色谱方法和实验装置的介绍，它虽也使用纳升流量，但和纳米液相谱法的最大区别是它使用了 1.0～1.5μm 的固定相颗粒，从而产生了极高的柱压力降。此种超高压液相色谱技术由于安全性能的限制，距实际应用还有较大距离。

参 考 文 献

[1] Horváth C G, Preiss B A, Lipsky S R. Anal Chem, 1967, 39: 1422-1428.

[2] Ishii D, Asai K, Hibi K, Jonokuchi T, Nagaya M. J Chromatogr, 1977, 144: 157-168.

[3] Scott R P W, Kucera P. J Chromatogr, 1976,125: 251-263.

[4] Kucera P. Microcolumn High Performance Liquid Chromatography. Amsterdam: Elsevier, 1984.

[5] Scott R P W. Small-Bore Liquid Chromatography Columns: Their Properties and Uses. New York: John Wiley & Sons, 1984.

[6] Novotny M V, Ishii D. Microcolumn Seperation: Colums, instrumentation and ancil-lary techniques. Amsterdam: Elsevier, 1985: 19-34, 57-72, 73-85, 87-104, 277-296.

[7] Belenkii B G, Gankina E S, Maltsev V G. Capillary Liquid Chromatography. New York: Consultants Bureau, 1987.

[8] Novotny M. Anal Chem, 1981, 53(12): 1294A-1301A.

[9] Novotny M. Anal Chem, 1988, 60(8): 500A-509A.

[10] Yang F J. J HRC & CC, 1983, 6: 348-358.

[11] Yang F J. LC-GC, 1997, 5: 34-44.

[12] Vissers J P C, Claessens H A. Cramers C A. J Chromatogr A, 1997, 779: 1-28.

[13] Vissers J P C. J Chromatogr A, 1999, 856: 117-143.

[14] 傅若农. 国外分析仪器, 2000, 4: 1-10.

[15] Rozing G. LC-GC Europe, 2003, 6(1): 14-19.

[16] 陈令新, 关亚风, 马继平. 化学进展, 2003, 15(2): 107-116.

[17] Scott R P W, Kucera P. J Chromatogr Sci, 1971, 9: 641-644.

[18] Knox J H, Parcher J F. Anal Chem, 1969, 41: 1599-1606.

[19] Kennedy R T, Jorgenson J W. Anal Chem, 1989, 61(10): 1128-1135.

[20] Karlsson K-E, Novotny M. Anal Chem, 1988, 60(17): 1662-1665.

[21] 刘勇建，牟世芬. 分析仪器, 2001, 4: 40-43.

[22] 陈令新，关亚风. 色谱, 2002, 20(2): 115-117.

[23] 陈令新，关亚风，马继平. 分析化学, 2003, 31(5): 619-623.

[24] 陈令新，关亚风. 广西师范大学学报, 2003, 21(3): 181-182.

[25] Scott R P W, Kucera P. J Chromatogr, 1979, 169: 51-72.

[26] Jancček M, Kahle V, Krejči M. J Chromatogr, 1988, 438: 409.

[27] Tong D, Bartle K D, Clifford A A, Eddge A M. J Microcol Sep, 1995, 7: 265-287.

[28] Takeuchi T, Ishii D. Chromatographia, 1988, 25: 697-700.

[29] Premstaller A, Oefner P J, Oberacher H, et al. Anal Chem, 2002, 74(18): 4688-4693.

[30] Borra C, Han S M, Novotny M. J Chromatogr, 1987, 385: 75-85.

[31] 傅若农. 国外分析仪器, 2001, 1: 1-8.

[32] Ishizuka N, Tanaka N, et al. Anal Chem, 2000, 72(6): 1275-1280.

[33] Yan C. US 5453163. 1993.

[34] Tanaka N, Kobayashi H, et al. Anal Chem, 2001, 73(15): 421A-429A .

[35] Ishizuka N, Tanaka N, et al. J Chromatogr A, 2002, 960: 85-96 .

[36] Motokawa M, Tanaka N, et al. J Chromatogr A, 2002, 961: 53-63.

[37] Karlsson K E, Novotny M. Anal Chem, 1988, 60(17): 1662-1665.

[38] Kennedy R T, Jorgenson J W. Anal Chem, 1989, 61(10): 1128-1135.

[39] Natsume T, Yamauchi Y, Isobe T, et al. Anal Chem, 2002, 74(18): 4725-4733.

[40] Shen Y, Zhao R, Berger S J, et al. Anal Chem, 2002, 74 (16): 4235-4249.

[41] Cappiello A, Famiglini G, Fiorucci C, et al. Anal Chem, 2003, 75(5): 1173-1179.

[42] Deguchi K, Ito S, Yoshioka S, et al. Anal Chem, 2004, 76(5): 1524-1528.

[43] Rieux L, Sneekes E-J, Swart R. LC-GC North Am, 2011(10):1.

[44] Chervet J P, Ursem M, Salzmann J P. Anal Chem, 1996, 68(9): 1507-1512.

[45] He B, Tait N, Regnier F. Anal Chem, 1998, 70(18): 3790-3797.

[46] He B, Regnier F. J Pharm Biomed Anal, 1998, 17(6,7): 925-932.

[47] Golubovic N C, Kang Q, Henderson H T, Pinto N. Proc SPIE-Int Soc Opt Eng, 1998, 3515: 86-93.

[48] Eijkel J C T, Prak A, Cowen S, Craston D H, Manz A. J Chromatogr A, 1998, 815(2): 265-271.

[49] Xie J, Miao Y, Shih J, et al. Anal Chem, 2004, 76(13): 3756-3763.

[50] Thurmann S, Dittmor A, Belder D. J Chromatogr A, 2014, 1340: 59-67.

[51] Halasz I, Endele R, Asshauer J. J Chromatogr, 1975, 112: 37-60.

[52] Jorgenson J W, Lukacs K D. Anal Chem, 1981, 53(8): 1298.

[53] Jerkovich A D, Mellors J S, Jorgenson J W. LC-GC Europe, 2003, 6(1): 20-23.

[54] Mellors J S, Jorgenson J W. Anal Chem, 2004, 76(18): 5441-5450.

[55] Patel K D, Jerkovich A D, Link J C, et al. Anal Chem, 2004, 76(19): 5777-5786.

[56] MacNair J E, Lewis K C, Jorgenson J W. Anal Chem, 1997, 69(6): 983-989.

[57] MacNair J E, Patel K D, Jorgenson J W. Anal Chem, 1999, 71(3): 700-708.

[58] Tolley L, Jorgenson J W, Moseley M A. Anal Chem, 2001, 73(13): 2985-2991.

[59] Lippert J A, Xin B, Wu N, Lee M L. J Microcol Sep, 1999, 11: 631.

[60] Xiang Y, Lee M L, et al. J Chromatogr A, 2003, 983: 83-89.

[61] Xiang Y, Maynes D R, Lee M L. J Chromatogr A, 2003, 991: 189-196.

CHAPTER 10

二维高效液相色谱法

自从高效液相色谱技术出现之后，研究者一直致力于减少在色谱分离过程的谱带扩展，以提高色谱柱的柱效和分离的选择性。从薄壳和键合固定相的引入，到紧跟其后的全多孔、表面多孔微球填料的使用，使柱效和选择性得到很大的提高，从而提升了 HPLC 在当代作为强力分析工具的地位。

HPLC 由于可以正相、反相、离子交换、体积排阻等多种方式操作，在解决实际分析任务时比 GC 具有更大的灵活性。对容量因子分布较宽的样品还可使用与 GC 中程序升温相似的梯度洗脱方法来实现所期望的分离。但随分析样品复杂性的日益增加，仅寄希望于一根高效液相色谱柱，去解决所有不同类型的分析问题，如一个样品中含有多个难分离的物质对、在高纯样品中分析含有的痕量杂质等，在实际应用中是不可行的。这也意味着每根色谱柱的分离能力是有一定限度的。为了解决组成复杂样品的分离，在 20 世纪 70 年代就由 Huber 等提出了二维高效液相色谱分离技术，其在一维和二维填充柱之间用一个或两个多孔切换阀组成连接界面，就可实现各维色谱柱的独立运行或将一维柱未能分离开的谱峰进行切割，待进入二维柱进行再次分离，从而显示出二维高效液相色谱的超强分离能力。

第一节　描述分离体系效能的参数

在色谱分析中，当确定所使用的色谱柱以后，除可用 N 表示柱效，用 α 或 R 表示色谱柱的选择性以外，还可用峰容量 n_p、信息量 $I_{(s)}$ 来表达此分离体系总的效能特性。

一、峰容量

峰容量 n_p 是一个模拟数，表达在色谱图中横坐标 x 的适当距离内，可容纳分离

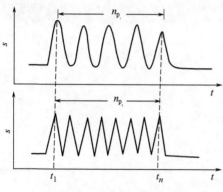

图 10-1 峰容量的示意图

开谱带的最大数目，如图 10-1 所示[1~3]。

Giddings 将峰容量 n_p 表达为："在相邻组分分离度 $R=1$（每个谱带峰宽 $w_b=4\sigma$）的条件下，在第一个峰和最后一个峰之间所能容纳的色谱峰数。"

Giddings 已推导出计算峰容量的表达式：

$$n_p = 1 + \frac{\ln(1+k)'}{\ln\left(\frac{\sqrt{N}}{2}+1\right) - \ln\left(\frac{\sqrt{N}}{2}-1\right)} \quad （10\text{-}1）$$

式中，k' 和 N 为最后一个色谱峰的容量因子和理论板数。式（10-1）中分母可进行下述数学变换：

$$\ln\left(\frac{\sqrt{N}}{2}+1\right) - \ln\left(\frac{\sqrt{N}}{2}-1\right) = 2\left(\frac{2}{\sqrt{N}} + \frac{8}{3n\sqrt{N}} + \frac{32}{5n^2\sqrt{N}} + \cdots\cdots\right)$$

若简化计算只取第一项，则 n_p 可表示为：

$$n_p = 1 + \frac{\sqrt{N}}{4}\ln(1+k') \quad （10\text{-}2）$$

若典型 $\phi 4.6\text{mm} \times 300\text{mm}$ 高效液相色谱柱柱效达 24000 塔板/m，则 100mm 柱的柱效仅为 8000 塔板/m。在 HPLC 分析中溶质的容量因子最大为 10，由此可计算出一根典型 HPLC 填充柱的峰容量为：

$$n_p = 1 + \frac{\sqrt{8000}}{4}\ln(1+10) = 56$$

而在实际分析时，色谱图中容纳的峰容量会低于此计算值。

在 HPLC 分析中峰容量 n_p 会随流动相线速度 u 的降低而增大；随色谱柱柱长 L 的增加，n_p 增大，但同时伴随分析时间 t_R 的延长和柱压力降 Δp 的增大；n_p 随温度的变化比较复杂，因温度会同时引起 N 和 k' 的变化，当 k' 较小时，温度升高会减小 n_p 值，温度降低时会增大 n_p 值；当进行梯度洗脱时，$n_{p(G)}$ 要比等度洗脱时高许多，可按下式计算，并见图 10-2。

$$n_{p(G)} = 1 + \frac{V_{R_t} - V_{R_1}}{w_G}$$

式中，V_{R_1} 和 V_{R_t} 为第一个和最后一个梯度洗脱峰的洗脱体积；w_G 为梯度洗脱峰的基线宽度（每个峰的宽度基本相同）。

峰容量 n_p 表达了一维色谱分离体系分离效能的限度。

对一个二维色谱分离体系，其峰容量 n_{p_T} 并不是一维柱峰容量 n_{p_1} 和二维柱峰容量 n_{p_2} 的加和，而是二者的乘积：

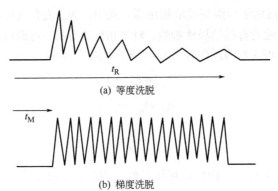

(a) 等度洗脱

(b) 梯度洗脱

图 10-2 不同洗脱方法的峰容量

$$n_{p_T} = n_{p_1} n_{p_2} \tag{10-3}$$

从而呈现超强分离能力（图 10-3）。

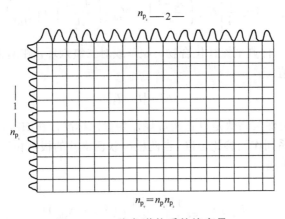

图 10-3 二维色谱体系的峰容量

二、信息量

依据 Shannon 信息论可知，信息的概念与事件发生的概率相关联，出现概率小的事件包含的信息量大，呈现出信息量是概率的单调递减函数[4,5]。

因此信息量 $I_{(s)}$ 可定义为：

$$I_{(s)} = -\log_2 P_i \tag{10-4}$$

式中，P_i 为事件出现的概率，取以 2 为底的对数，是因概率呈现正和负的两重性，其单位为 bit，它为 binary digit 的缩写。

1979 年 Huber 和 Sevcik 先后将信息论的概念应用于多维色谱系统，对一维气相色谱，信息量 $I_{(s)}$ 可表达为：

$$I_{(s)} = \log_2 \left[\frac{1}{4} \left(\frac{A-1}{A} \right) \sqrt{N_{\text{eff}}} \right] \tag{10-5}$$

式（10-5）也适用于一维高效液相色谱。式中，N_{eff}为有效板数；A为与色谱系统固定相和流动相性质有关的极性参数。对气相色谱分析，可通过测定3个相邻正构烷烃（$n+1$，n，$n-1$）的保留时间t_R，按下述式（10-6）～式（10-8）求出A值。

$$\Delta_{n+1} = t_{R_{n+1}} - t_R \tag{10-6}$$

$$\Delta_n = t_{R_n} - t_{R_{n-1}} \tag{10-7}$$

$$A = \frac{\Delta_{n+1}}{\Delta_n} \tag{10-8}$$

对HPLC中的正相或反相色谱可用乙醇、丙醇、丁醇3个同系列取代3个相邻正构烷烃，来计算A值。

对由两根极性不同的色谱柱构成的二维气相色谱系统或二维高效液相色谱系统，其提供的信息量$I_{(s)TD}$可表示为：

$$I_{(s)TD} = \log_2 \frac{1}{4}\left\{ N_{eff1}\left(\frac{A_1-1}{A_1}\right)^2 + N_{eff2}\left[\left(\frac{A_2-1}{A_2}\right)^2 + \left(\frac{\Delta I}{100}\right)^2\right]\right\}^{\frac{1}{2}} \tag{10-9}$$

式中，ΔI为一种典型探针化合物，如苯或对二氧六环，在两根单独色谱柱上测得保留指数的差值：

$$\Delta I = |I_1 - I_2| \tag{10-10}$$

在GC中测定保留指数是以正构烷烃作为参比标准；在HPLC中可以正构醇、正构酮或乙酸酯系列作为参比标准。当两根串联色谱柱的极性相等，则$\Delta I = 0$，$A_1 = A_2$，式（10-9）可简化成：

$$I_{(s)TD} = \log_2 \frac{1}{4}\left[\left(\frac{A_1-1}{A_1}\right)^2 (N_{eff1} + N_{eff2})\right]^{\frac{1}{2}} \tag{10-11}$$

对二维高效液相色谱，它们提供的信息量$I_{(s)TD}$主要由两根色谱柱柱效贡献。当两根柱子的极性相差很大时，不仅由$\left(\frac{A_1-1}{A_1}\right)$提供选择性的贡献，还由$\Delta I$提供保留值的贡献，从而使提供的信息量增大，即大大增强色谱的分离能力。

多维色谱是借助两根或多根性能不同色谱柱的串联组合，在一次色谱分析中获得双重分析信息。

第二节　二维高效液相色谱的技术功能

二维高效液相色谱能够将样品在经过一维色谱柱分离的基础上，利用高压切换阀，把谱图中某个色谱峰（混合组分峰）的一部分（或全部）选择性地切换到二维色谱柱上进行再次分离，从而显现二维高效液相色谱的下述独特优点：

① 大大提高色谱系统的选择性和分离能力，与通常的一维高效液相色谱相比较，不但分离效果好，还能节省分析时间。

② 能从含多种未知组分、组成复杂的样品中分离出需要分析的组分，而不需对样品进行预处理。

③ 可对纯净样品中含有的痕量杂质进行分析，并可进行对痕量组分的富集以提高检测灵敏度。

④ 具有反冲洗脱功能，可减少分析柱的沾污。当进行重复分析时，不必对分析柱进行再生。

⑤ 易于实现自动化操作，分析数据可靠，重现性好。

二维高效液相色谱具有以下几种技术功能。

一、切割功能

从一维色谱柱分离出的混合组分峰，可利用切割功能，分别切割谱峰的前端、中心部分或终端，将其转移到二维色谱柱进行再次分离，以改善分离的选择性。二维 HPLC 的切割功能如图 10-4 所示[6]。

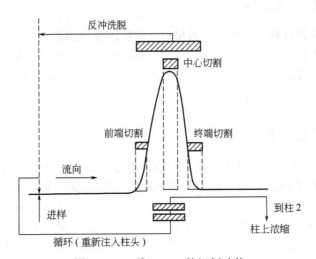

图 10-4　二维 HPLC 的切割功能

1. 前端切割
将一维色谱峰的前端切割进入二维色谱柱做进一步的分离。

2. 终端切割
待一维色谱峰的大部分流出后，仅将终端的很小部分切割进入二维色谱柱做进一步的分离。

3. 中心切割
待一维色谱峰的前端流出后，立即将洗脱峰的中间部分切割进入二维色谱柱做进一步的分离。

在上述 3 种切割方式中以中心切割最为重要，它可将一维柱谱图中的混合物组分峰切割到二维柱，以实现完全分离，如图 10-5（a）所示。此外，终端切割可用于测定溶剂中的痕量杂质，如图 10-5（b）所示。

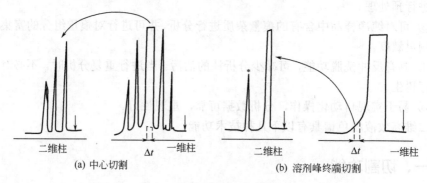

（a）中心切割　　　　　　　　　　（b）溶剂峰终端切割

图 10-5　中心切割和溶剂峰终端切割的示意图

*—杂质峰

二、反冲洗脱功能

当进行复杂组成样品分析时，若仅对一维柱洗脱出的前面一些组分感兴趣，而对其余重组分不需测定，则此时可利用切换阀，使一维柱中流动相反向流动，将重组分从一维柱中洗脱出，从而缩短分析时间，并且可保护一维柱不致被重组分沾污，使其保持柱分离性能恒定不变。

三、痕量组分的富集功能

在超纯分析和环境监测中，经常因痕量组分含量低，无法直接进行检测。此时可利用二维高效液相色谱，将一维柱未能检测的痕量组分切割到捕集柱中。捕集柱位于一维柱和二维柱之间，并可连续多次进行同样切割将痕量组分在捕集柱中富集，待富集到一定程度，就可将捕集柱中富集的痕量组分再切割到二维柱进行检测。也可以利用一维流动相和二维流动相洗脱强度的差异，用一维流动相将痕量组分或欲分析组分洗脱到二维柱的柱头，进行富集，然后再用二维流动相洗脱进行分离和检测。

二维高效液相色谱的上述各种技术功能，都是通过多通路切换阀连接来实现的，因此只有充分了解二维高效液相色谱的流路构成，才能完全发挥它的各种功能。

第三节　二维高效液相色谱的流路系统

在市场上尚未出现定型的二维高效液相色谱仪时，色谱工作者多使用高效液相色谱仪的主要单元部件自行组装出适用于专用目的的二维高效液相色谱系统。由于液相色谱具有多种分离作用机理，如吸附色谱、正/反相分配色谱、离子色谱、体积排阻色谱、亲和色谱等，因此当用不同分离机理的色谱柱组成二维高效液相色谱系统后，其对选择性的调节远大于二维气相色谱，从而具有更强的多维分离能力。

在二维高效液相色谱系统中，多通路切换阀是系统中的一个重要部件，利用一个或多个多通路切换阀作为连接界面，就可实现二维高效液相色谱的多种不同功能。

一、多通路切换阀

在二维高效液相色谱系统中多使用由 Valco 和 Rheodyne 公司生产的耐高压、耐腐蚀、死体积很小的多孔切换阀作为联接界面[7]。

Valco 公司最新生产的 4 孔、6 孔、8 孔、10 孔 W 型多通路切换阀，主体材料为 Nitronic 不锈钢，质量优于 SS316 不锈钢，为防止发生样品吸附，可要求采用 Hastelloy C 型材料；阀旋转密封材料为 Valco H（填充石墨的聚四氟乙烯），在室温下不受任何溶剂、强酸、强碱的侵蚀，在高温下不受邻二氯苯、三氯苯的侵蚀，但不能完全阻止四氢呋喃的作用。此类阀还配有 1.587mm（1/16in）的 ZNI 型接头和 ZF1 型密封圈。W 型切换阀仅有很小的死体积，引起最低的峰形扩展，可耐 49MPa（7000psi）的高压，可用于手动（CW）、气动（ACW）和电动（ECW）3 种操作方式。

Rheodyne 公司生产的耐高压、耐腐蚀的 7000 型六孔切换阀可耐压 49MPa（7000psi）配有 1.587mm（1/16in）接头；最高使用温度为 80℃（不锈钢主体）、50℃（金属钛主体，密封材料为 Tefzel）；使用 PEEK 材料制造的 9010 型六孔切换阀，耐压 35MPa（5000psi），最高使用温度为 50℃（密封材料为 Tefzel），可在 pH 值为 0～14 的条件下使用。

此外岛津公司的 SCL-10AVP 六孔切换阀也在二维高效液相色谱系统中获得应用。

二、流路系统

1. 一般二维 HPLC 流路

在二维高效液相色谱技术发展早期，主要使用中心切割技术，将一维柱流出的感兴趣谱峰切割到二维柱，仅对此谱峰进行再次分离，从而获得更多的信息。其多使用单个六通切换阀或两个六通切换阀组成二维 HPLC 流路系统，如图 10-6 和图 10-7 所示。

2. 全二维 HPLC 流路

1990 年 Bushey 和 Jorgenson 首先提出全二维高效液相色谱（comprehen-sive two dimensional HPLC）的概念。他们指出，大多数二维 HPLC 仅将感兴趣的一维柱流出物经切换阀进入二维柱，所有这些方法，仅限于使样品的一部分得到充分的二维分析，而不能使全部样品都获得二维色谱分析。Majors 已对这种技术进行了全面的综述[8]。

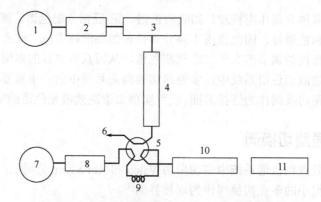

图 10-6　使用单切换阀的二维 HPLC 流路系统

1—一维流动相；2, 8—恒流柱塞泵；3—Rheodyne 7125 进样阀；4—一维氰基柱
（或苯基柱）；5—Valco 六孔切换阀；6—废液出口；7—二维流动相；9—捕集柱；
10—二维苯基柱（或 C_{18} 柱）；11—UVD 检测器

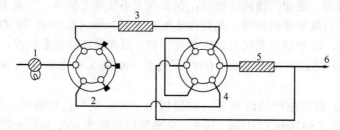

图 10-7　使用双切换阀的二维 HPLC 流路系统

1—进样器；2, 4—Rheodyne 7000 型切换阀；3—一维 ODS 柱；
5—二维三乙酸纤维素柱；6—UVD（254nm）检测器

　　为实现全部样品的二维分离，应选择两根分离机理尽可能完全不同的色谱柱，以使二维色谱分离体系产生的信息量仅有最低的交叉。期望在一个适当短的分析时间间隔，实现切换的全部自动化，并使样品在全二维柱系统获得全部成分的三维立体图形，以充分有效地表达分离获得的二维色谱的有效数据。

　　在 Bushey 的论文中，用一个阳离子交换微柱（CEC）作一维柱，用另一个体积排阻柱（SEC）作二维柱，并用 UVD 检测。两柱之间安装有由计算机定时控制切换的八孔切换阀，阀上装有两个定量环管，从一维柱洗脱的流出物可定时切换到两个定量环管之一，然后由第二个高压输液泵驱动，使流出物进入二维柱进行再次分离，用计算机定时控制八孔阀切换流路，如图 10-8 所示。此全二维 HPLC 的流路如图 10-9 所示。用此系统分离蛋白质组分的全二维 HPLC 的三维立体图示如图 10-10 所示[9]。

　　进行全二维 HPLC 分析时，一维柱和二维柱中流动相的流速、八孔切换阀上定量环管的尺寸和阀的切换时间，都需进行适当的选择。在上述分析中，一维柱流动相流速为 5μL/min；定量环管体积为 30μL，八孔切换阀每 6min 切换一次，在每 6min 内从一维柱将有 5μL/min×6min =30μL 的流出物充满一个定量环管，并被二维高压输液泵驱入二维柱完成一次二维分离。因此当下一个定量环管被一维流出物充满之前，前一个定量环管的内容物已在二维柱完成分析。这样在一维柱进行全部分析的同时，一维柱的流出物也全部进入二维柱，每 6min 进行一次二维柱的分离，从而使在二维柱获得的三维立体分离谱图与一维柱的运行是同时进行的。

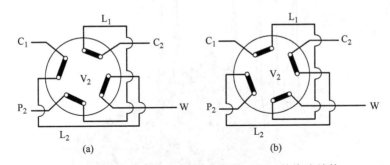

图 10-8 用计算机控制单个八孔阀（V_2）的流路结构

（a）一维柱 C_1 流出物泵入切换储存环管 L_2，与此同时，二维泵 P_2 将切换储存环管 L_1 的内容物驱入二维柱 C_2；（b）二维泵 P_2 将切换储存环管 L_2 的内容物驱入二维柱，与此同时，一维柱 C_1 新的流出物又泵入切换储存环管 L_1，过量部分以废液 W 排出

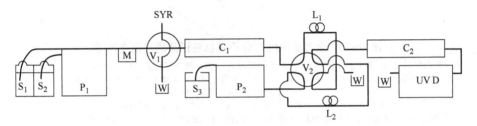

图 10-9 全二维 HPLC 流路图

S_1,S_2,S_3—流动相溶剂；P_1——维微梯度注射泵；M—52μL 混合器；V_1—0.5μL 微进样阀；SYR—注射针；C_1—一维阳离子交换柱（CEC）；V_2—计算机控制的八孔切换阀（两个位置）；L_1,L_2—30μL 用于切换的储存环管；P_2—二维双柱塞泵；C_2—二维体积排阻柱（SEC）；UVD—紫外检测器（215nm）；W—废液

全二维 HPLC 分析的优点是消除了在使用中心切割二维 HPLC 时必须对一维柱各个洗脱峰预先进行保留时间测定的需求，并可对完全未知的样品进行分析。

全二维 HPLC 显示出超强分离能力，其总峰容量 n_{p_T} 等于一维柱峰容量 n_{p_1} 和二维柱峰容量 n_{p_2} 的乘积。

它的总分离度 R_T 等于一维柱分离度 R_1 平方和二维柱分离度 R_2 平方加和的 $\dfrac{1}{2}$ 次方：

$$R_T = \sqrt{R_1^2 + R_2^2}$$

3. 一维柱和二维柱的组合

Jorgenson 等报道了用阳离子交换微柱（CEC，$\phi 0.75mm \times 125mm$，$d_p = 5\mu m$）作一维柱，用 POROS R_2/H 填充反相 LC 微柱（RPLC，$\phi 0.5mm \times 100mm$）作二维柱，用计算机控制的 Valco 八孔切换阀作联接界面，构成全二维 HPLC 系统，并实现了对 8 种蛋白质的全二维 CEC-RPLC-MS 的联用分析，如图 10-11 所示[10]。

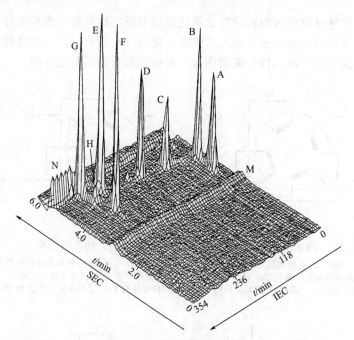

图 10-10　全二维 HPLC 分析蛋白质样品的三维立体图

A—葡萄糖氧化酶；B—卵白蛋白；C—β-乳球蛋白 A；　D—胰蛋白酶原；E—α-胰凝乳蛋白酶原 A；
F—伴清蛋白；G—核糖核酸酶 A；H—血红蛋白；M—排阻体积，"压力"脊状隆起峰；
N—排阻体积，"盐"脊状隆起峰
蛋白质浓度：卵白蛋白和 α-胰凝乳蛋白酶原 A 为 2g/L，其他蛋白质为 3g/L
一维柱流动相：A0.2mol/L NaH$_2$PO$_4$（pH=5），B0.2mol/L NaH$_2$PO$_4$/0.25mol/L Na$_2$SO$_4$（pH=5）
梯度洗脱：B 由 0→100%，从 20min 开始至 260min；流速 5μL/min；八孔切换阀，每 6min 切换一次
二维柱流动相：0.2mol/L NaH$_2$PO$_4$（pH=7）；流速 2.1mL/min
检测：UVD（215nm）
数据采集速度：0.5 点/s
图中垂直于 IEC 时间坐标的每一条线，表示对 SEC 柱的一次进样

　　Jorgenson 等还报道了用 6 根常规体积排阻色谱柱（SEC）串联作为一维柱（每根柱ϕ7.8mm×300mm），并通过 2 个四通切换阀平行连接两根反向色谱柱（RPLC）作为联接界面，也是二维色谱柱（每根柱ϕ4.6mm×250mm），也构成一个全二维 HPLC 系统，一维柱流出物可交替进入任何一根二维柱。此全二维 HPLC 还与质谱（MS）联用，实现了对由卵白蛋白和血清白蛋白经胰肮酶降解生成的多肽片断的分离、检测和定性分辨。此联用系统的构成如图 10-12 所示[11]。

　　Murphy 报道用硅胶正相柱（NPLC，ϕ3mm×150mm，d_p=3μm，$\overline{D}$=7nm）作一维柱，以反相柱（RPLC，ϕ4.6mm×33mm，C$_{18}$，d_p=3μm，$\overline{D}$=10nm）作二维柱，用计算机控制切换的 Valco 八通切换阀作为联接界面，构成全二维 HPLC 系统，并实现对脂肪醇乙氧基化合物（AE）的分析。其可在硅胶柱上用乙腈-水梯度洗脱获得乙氧基分布；在 C$_{18}$ 柱上用甲醇-水等度洗脱获得烷基分布，从而可由分析获得一种 AE 中每种烷基组分的乙氧基分布情况，充分显示了全二维 HPLC 的高选择性[12,21]。

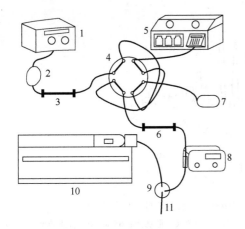

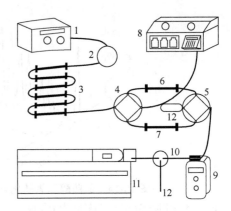

图 10-11 全二维 CEC-RPLC-MS
联用系统示意图

1—一维柱输液泵；2—进样器；3—一维 CEC
微柱；4—八孔切换阀；5—二维柱输液泵；
6—二维 RPLC 微柱；7,11—废液；8—UVD；
9—T 形三通；10—质谱仪（MS）

图 10-12 全二维 SEC-RPLC-MS
联用系统示意图

1—一维柱输液泵；2—进样器；3—6 根 SEC 组成的一
维柱；4，5—四通切换阀；6，7—两根平行的 RPLC
组成二维柱；8—二维柱输液泵；9—UVD；10—T 形
三通；11—质谱仪（MS）；12—废液

  Köhne 和 Welsch 报道用填充键合四氯酞酰亚胺丙基硅胶的微柱（TCP，ϕ 0.32mm×
200mm，d_p=5μm）作一维柱，并以填充非多孔 C_{18} 硅胶的短柱（RPLC，ϕ 4.6mm×30mm，
d_p=1.5μm）作二维柱，用电驱动 Valco 六通切换阀作联接界面，构成全二维 HPLC，
分析了含氨基、氯代和硝基的 20 余种酚衍生物[13]。

  Trathnigg 用标准条件液相色谱柱（LC under critical conditions，LCCC），即常
规反相柱（ϕ 4.6mm×150mm，填充 Zorbax300 C_{18}，d_p=3.5μm，$\bar{D}$ =30nm）作一维柱，
以体积排阻（SE）级液体吸附（LA）色谱柱，称作液体排阻吸附柱（LEAC，
ϕ 4.6mm×250mm，填充 ODS，d_p=5μm，$\bar{D}$ =10nm）作二维柱，用一个电控六通切
换阀连接一个全部吸附-解吸柱（full adsorption-desorption column，FADC）作为联
接界面，构成一个全二维 HPLC 系统，如图 10-13 所示，并实现了对脂肪醇乙氧基化
合物的全二维 HPLC 分析。其三维立体分离图如图 10-14 所示。以后又报道了利用

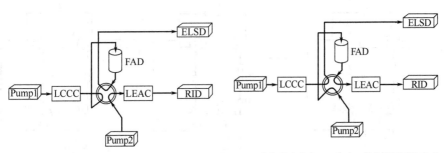

(a) 一维柱流出物切割到FAD   (b) 一维柱流出物由FAD流向二维柱进行再次分离

图 10-13 由 LCCC-LEAC 构成的全二维 HPLC 系统

Pump1——一维输液泵；ELSD——一维蒸发光散射检测器；Pump2——二维输液泵；
RID——二维折光指数检测器；FAD——全吸附-解吸柱

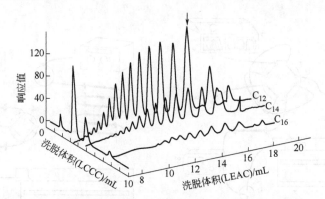

图 10-14　脂肪醇乙氧基化合物 Brij30 的全二维 HPLC 的分离

一维柱：85%甲醇-水溶液；二维柱：具有不同乙腈含量的水溶液（对 C_{12} 脂肪醇：65%；对 C_{14} 脂肪醇：70%；对 C_{16} 脂肪醇：75%）二维柱按乙氧基数（重复单元）分离；一维柱按脂肪醇碳数（结构单元）分离

同样的全二维 HPLC 系统，实现了对脂肪酸聚乙二醇醚的分析[14,15]。

4. 中心切割的新流路

　　Sweeney 报道了一种使用中心切割二维 HPLC 的新流路系统，以具有混合分离功能的 C_4（丁二烯）包覆硅胶作为一维柱（ϕ 4.6mm×100mn，Sephasil C_4，d_p=5μm），用反相柱（ϕ 4.6mm×250mm ODS，d_p=5μm）作二维柱，并用一根恒温捕集柱收集一维柱流出物。捕集柱填充 Nucleosil C_{18}（d_p=3μm）或表面覆盖碳薄层的二氧化锆 Zir Chrom-CARB（d_p=3μm）。再由捕集柱和 4 个六通电磁阀构成一维柱和二维柱的联接界面，通过 4 个六通电磁阀的不同组合，可使此中心切割二维 HPLC 体系具有 6 种不同功能，可满足二维 HPLC 不同目的操作要求，如图 10-15 所示[16]。

　　在此流路中，要求捕集柱在捕集一维柱流出物时，为阻止样品沿捕集柱迁移，捕集柱的保留容量必须大于一维柱。在反相系统中，此要求易于实现，只要使捕集柱中固定相烷基链长大于一维柱中固定相的烷基链长即可。在本流路中，一维柱使用 C_4 包覆硅胶固定相，捕集柱使用 C_{18} 固定相，因而捕集柱的保留容量远大于一维柱。降低捕集柱温度，变化流动相的洗脱强度，对痕量组分重复进行多次中心切割等，

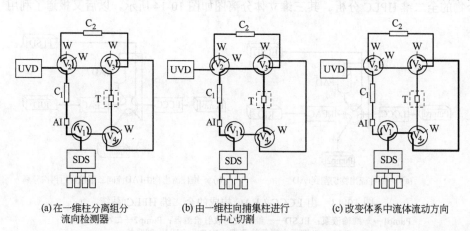

| (a) 在一维柱分离组分流向检测器 | (b) 由一维柱向捕集柱进行中心切割 | (c) 改变体系中流体流动方向 |

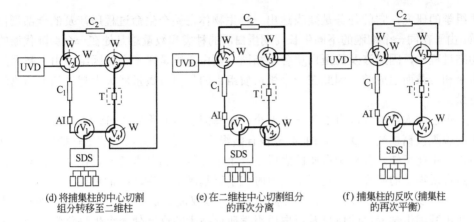

图 10-15　具有中心切割和低温捕集功能的二维 HPLC 的流路图

C₁——维色谱柱；C₂—二维色谱柱；T—可调控温度的捕集柱；V₁～V₄—两位六通切换阀；
SDS—低压四元溶剂驱动系统；UVD—紫外吸收检测器；AI—自动进样器；W—废液出口

这些方法都可进一步增强捕集柱的保留容量。然后通过升高捕集柱的温度或增强流动相的洗脱强度，就可把聚集在捕集柱中的富集物转移到二维柱中进行再次分离。

使用此系统进行组成复杂样品分析时，具有以下优点：

① 分析痕量组分时，增强了信噪比。

② 可对受热不稳定的组分进行富集，并可直接与 NMR 或 MS 联用。

③ 组分的富集和收集过程可自动化进行而不需人工干预。

本流路的捕集功能，已用于低分子量聚苯乙烯低聚物样品，并已证明此系统可用来收集和洗脱高至 32 种中心切割流出物，而不会顺序降低二维柱分离的分离度。它利用一维柱按分子量分离每种低聚物，再用二维柱依据构型的立体化学差别来分析每个重复结构单元。

此中心切割二维 HPLC 流路已用于人血、兔血浆、兔胆汁的组成分析。如果将一维柱和二维柱更换成非手性柱和手性柱，并用硅胶保护柱来捕集中心切割组分，也可用于手性化合物的分离。

由前述介绍的几种二维 HPLC 流路可以看到，具有中心切割的二维 HPLC 流路特别适于对痕量组分的富集；而全二维 HPLC 流路具有更强的分离能力，特别适用于对组成复杂未知物的全分析[22,23]。

第四节　二维高效液相色谱在蛋白质组学研究中的应用

2001 年 2 月人类基因组的全序列测序工作完成后，生命科学研究进入了后基因组时代。后基因组时代的任务是研究基因组的功能活动，即显示生命所有遗传信息转移到整体水平上对生物功能的研究。但此类研究不能直接反应生命活动的执行体——蛋白质的种类、含量和功能。20 世纪 90 年代中期，在生命科学研究中又开展了蛋白质组学的研究，它的任务是要表达出一种生物体在整个生命过程所涉及的全部蛋白质。由于在同一个细胞的不同生长周期蛋白质的种类和数量总是处在一个新陈代谢的动态过程中，因此涉及的蛋白质各不相同。蛋白质组是在一个基因组中由于基因的拼接和转录而生成的，因此在一个蛋白质组中的蛋白质数量就大大超过基因编码的数量。

现已知人类的基因有 3 万～4 万个，由基因表达的蛋白质可达上百万。构成基因的脱氧核糖核酸（DNA）由 4 种核苷酸组成，而组成蛋白质的氨基酸却多至 20 多种。由此可知，分析蛋白质的组成是一个十分复杂的分析任务。在生命科学中已把蛋白质组学的研究看作是后基因组时代了解基因功能活动的最重要的途径。

20 世纪 90 年代以前一个蛋白质化学家一年仅能鉴定 2～3 个蛋白质的组成，而现在由基因组学提供的信息及蛋白质组学研究技术的进展使一个生物化学家一个星期可以鉴定几百个蛋白质的组成。但这和需要研究的上百万个蛋白质比较，在研究速度上仍然存在很大差距。

当前蛋白质组学研究技术主要依靠双向电泳技术、质谱技术、计算机图像分析与大规模数据处理技术。

蛋白质组研究中使用的双向电泳为二维毛细管凝胶电泳（two-dimensional capillary gel electrophoresis，TDCGE），其用来分离蛋白质，有很高的分离效能，使用的固定相为交联（甲基双丙烯酰胺作交联剂）或非交联聚丙烯酰胺凝胶（polyacrylamide gel）。后者可分离分子量高达 200000Da 的亲水蛋白质，但会造成分子量很大的疏水蛋白质的损失。此外，由于凝胶柱具有稳定性较差，使用寿命较短的缺点，导致分析结果的重复性较差，且不能分析分子量<20000Da 的蛋白质，为获得更好的分析结果，许多研究工作者已使用二维高效液相色谱（TDHPLC）来分离、纯化组成复杂的蛋白质样品，并作为 TDCGE 互补的方法和潜在的取代者。

Unger 等首先报道了在蛋白质组学研究中使用全二维 HPLC 实现了 11 种蛋白质混合物在 20min 内的快速高效分离。他们使用的全二维 HPLC 系统的流路，如图 10-16 所示[17]。

流路中用组合式 100Q 部件（perseptive biosystems）提供一个二元梯度泵系统以驱动一维流动相，并配备一个气动六通阀自动进样器。一维柱和二维柱间安装有由计算机控制的进行全二维切换的十孔切换阀。二维柱流路由两个高压梯度泵驱动二维流动相经混合室，交替进入两根二维柱，分离后用 UVD 检测。

一维柱用非多孔粒径 2.5μm TSK-gel NP 固定相（键合二乙氨乙基和磺酸官能团的聚合物固定相）填充 ϕ4.6mm×35mm 色谱柱。一维柱流动相 A 为 0.01mol/L KH_2PO_4 水溶液，pH=6.0；流动相 B 为 0.5mol/L KH_2PO_4 水溶液，pH=6.0。流速 1mL/min。典型的梯度洗脱程序为：在 20min 内由 100% A（0.01mol/L KH_2PO_4）到 60%B（0.3mol/L KH_2PO_4），然后用 100%B（0.5mol/L KH_2PO_4）冲洗一维柱 5min，最后在 15min 内由 100% B 到 100%A。

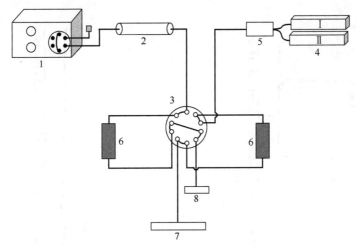

图 10-16　全二维 HPLC 流路系统

1—一维高压二元梯度泵系统和气动六通阀自动进样器；2—一维离子交换柱（IEC）；
3—计算机控制的全二维十孔切换阀；4—二维的两个高压梯度泵；5—混合室；
6—二维两根反相柱（RPC）；7—UVD；8—废液容器

二维柱用非多孔粒径 1.5μm Micra NPS ODSI 硅胶粒子（C_{18} 改性硅胶）填充 ϕ 4.6mm×14mm 色谱柱两根，连接到十孔切换阀，这两根二维柱交替接受每隔 1min 从一维柱全切割出的组分，并在二维柱进行再次分离。二维柱流动相：（A）0.1%TFA（三氟乙酸）水溶液；（B）0.1%TFA 乙腈溶液；流速 2.5mL/min。典型梯度洗脱程序为：起始为 18%B，在 25s 内增至 70%B，至 30s 增至 100%B，并至 35s 保持 100%B，待至 40s 降至 18%B，并保持 18%B 直至 60s，对二维柱进行再生。

11 种蛋白质混合物在一维离子交换柱（IEC）分离的色谱图如图 10-17 所示。

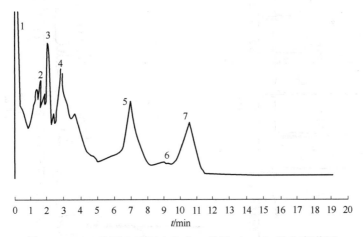

图 10-17　11 种蛋白质混合物在一维柱（IEC）的分离谱图

1—5 种蛋白质的混合峰：细胞色素 C（Cyt），胰岛素（Ins），肌红蛋白（Myo），核糖核酸酶（Rib），溶菌酶（Lys）；2—伴清蛋白（Con）；3—卵清蛋白（Ova）；4—牛血清白蛋白（BSA）；5—β-乳球蛋白 B（β-Lact B）；6—β-乳球蛋白 A（β-Lact A）；7—胰蛋白酶抑制物（Try-inh）

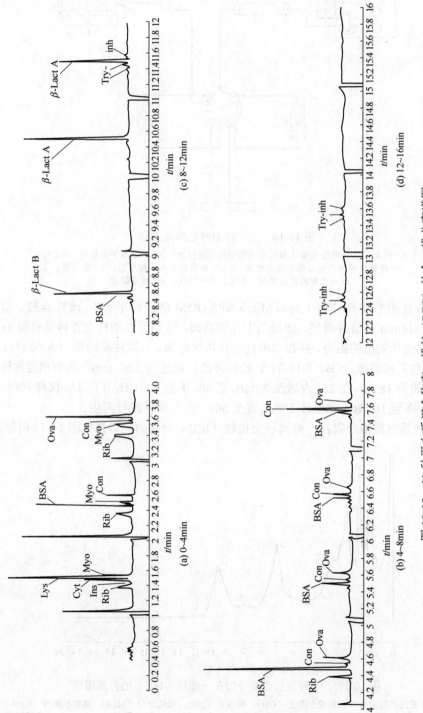

图 10-18 11 种蛋白质混合物在二维柱（RPC）的全二维分离谱图

各种蛋白质缩写含义见图 10-17

由谱图可看到，1 号峰为 5 种蛋白质的混合物峰，2～4 号峰可初步分离开，4 号、5号、7 号峰严重拖尾。为在二维柱（RPC）获得理想的分离，将一维柱在 20min 的全部流出物以 1min 间隔交替地切换到二维柱之一。从而在二维柱实现 11 种蛋白质全二维的完全分离。图 10-18 为 11 种蛋白质混合物在二维柱（RPC）的全二维分离谱图，它以 0～4min、4～8min、8～12min 和 12～16mm 4 组分离谱图表达。从 4组图中可清楚地看到 11 种蛋白质都获得完全的分离，充分显示了全二维高效液相色谱在解决组成复杂蛋白质混合物分析中的高效、高速的特点。此法已在蛋白质组学研究中发挥了愈来愈重要的作用。

Aebersold 等提出用于高通量蛋白质组学分析的一种四重微毛细管柱的二维HPLC 系统（图 10-19），此四重二维 HPLC 可平行分离 4 种不同的样品，从而可节约 4 倍的分析时间，已用于分析标准的多肽混合物[24]。此系统预柱和主分离柱皆填充 C_{18} AQ 树脂填料，粒径 5μm，孔径 20nm。预柱为熔融硅毛细管，内径 250μm、长 7～20mm，主分离柱毛细管内径 150μm、长 10～11cm。柱末端过滤垫片皆用聚二甲基硅酮制作。经主柱分离后的肽组分与同位素编码亲和标记（isotope-codedaffinity tag ICAT）试剂作用，经基体辅助解吸电离/四极矩/飞行时间质谱分析，可表征酵母中蛋白质的表达。

Unger 及其同事又发表了与样品制备组合的全在线二维 HPLC 系统（图 10-20），并用于分子量低于 20kDa 的蛋白质和肽的分析。此系统提供快速分离，具有高分离

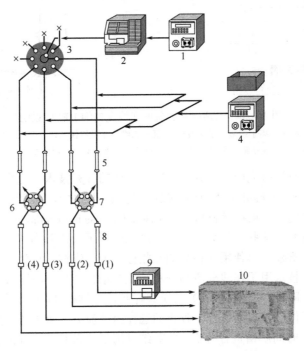

图 10-19　四重微毛细管二维 HPLC 系统

1—高压输液泵；2—自动进样器；3—八孔进样阀；4—纳升流量输液泵；5—4 根预柱；
6，7—六通切换阀；8—四根毛细管 C_{18} 分离柱；9—UVD；10—流出组分收集器

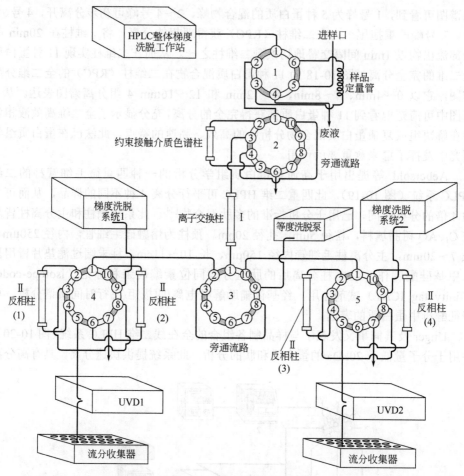

图 10-20　包括样品制备的在线全二维 HPLC 系统

I——一维柱（阴离子或阳离子交换柱）；II——二维柱［反相柱（1）、（2）、（3）、（4）］

1—六通切换阀；2—制备样品十通切换阀；3—梯度洗脱流路；4，5—用于二维全切换的十通切换阀

能力，在蛋白质组学研究中可作为二维凝胶电泳的补充技术。此系统可在 96min 内分离接近 1000 个色谱峰并可避免因离线处理样品引起的损失。利用具有离子交换功能的新型硅胶基的"约束接触材料"（restricted access materials，RAM）来分离低分子量的目标分析物。这些目标分析物随后进入阴离子（或阳离子）交换色谱柱，即此系统的一维色谱柱，再使用 4 根短的反相柱作为二维柱，这种包括 4 根平行反相柱的新型柱切换技术用于在线分流和分离。在二维柱（1）和柱（2）实现梯度洗脱和 UVD 检测的同时，二维柱（3）可负载样品，二维柱（4）可进行再生。此系统整体梯度洗脱工作站可自动运行，收集的选择组分流分，可离线使用基体辅助激光解吸/离解，飞行时间质谱进行分析。此系统已用于从人胎儿成纤细胞生物样品中获得蛋白质表达谱（protein mapping），表明它可以取代二维凝胶电泳的肽和小分子量蛋白质的表达谱。

在此系统中用于样品制备的具有阳离子或阴离子交换功能的 RAM 柱可负载 100μL（50μg 蛋白质/μL）人血过滤液。一维柱为 ϕ 4.6mm×35mm，填充 2.5μm 非多孔离子交换填料 TSKgel SP-NPR 或 TSKgel DEAE-NPR 聚合物微球。线性梯度洗脱在 96min 内，磷酸盐缓冲溶液浓度由 10mmol/L～1.0mol/L，流速为 0.5mL/min。二维柱为 ϕ 4.6mm×14mm，填充 1.5μm 非多孔反相硅胶填料 MICRA ODSI。梯度洗脱用（A）0.1%三氟乙酸（TFA）水溶液；（B）0.1%TFA 乙腈溶液。梯度洗脱程序为：4%B $\xrightarrow{6min}$ 40%B $\xrightarrow{6.66min}$ 100%B 再保持至 6.81min，流速为 2mL/min[25]。

2003～2004 年 Hanash[26]、Wehr[27]、Horvath[28]先后发表二维液相色谱在蛋白质组学研究中重要作用的综述。

在二维 HPLC 分析中，多数研究者都用普通商品高效液相色谱仪和多通路阀自行组装成具有二维或全二维的液相色谱系统。但由于缺少完善的整体设计和使用现成组件性能的缺陷，很难达到理想的分离效果。鉴于全二维 HPLC 在蛋白质组研究的重要性，Waters 公司首先开展了全二维高效液相色谱仪的研制，并提供商品仪器 Alliance Comprehensive 2D Bioseparations System，即用于生物分离的 2796 型，它在典型生物样品分离的无机盐溶液和不同 pH 值缓冲溶液作流动相的条件下经久耐用，它的全部流路都使用金属钛和 PEEK 材料。此系统的高压容量使它特别适用于蛋白质纯化和多肽（或核酸）分析，它具有自动柱切换功能，流路驱动和收集功能完全支持全二维分离方法，此仪器流路如图 10-21 所示[18～20]。

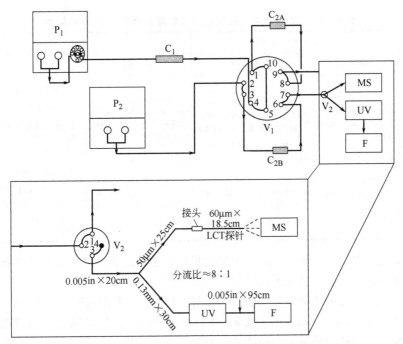

图 10-21　Waters 2796 型全二维 HPLC 仪的流路

P_1—一维高压输液泵（四元梯度）；P_2—二维高压输液泵（二元梯度）；C_1—一维阳离子交换柱（IEX）；C_{2A}，C_{2B}—并联二维反相 C_4 柱（RPC）；V_1—具有自动柱切换功能的十通阀；V_2—四通阀；UV—紫外吸收检测器；F—流出物收集器；MS—质谱仪；in—英寸，1 英寸= 2.54cm

当将蛋白质样品注入一维阳离子交换柱后,使用具有一定 pH 值的缓冲溶液作流动相,并加入一定浓度的 NaCl 溶液调节离子强度,使蛋白质样品经阳离子交换柱分离后进入十通阀,再经二维反相柱进行第二次分离。乙腈-水反相流动相从二维反相柱将分离后的蛋白质组分驱至另一个四通阀,首先排除少量含无机盐的流动相后,立即进入分流器,使 80%～90%的馏分进入 UVD 检测,并用馏分收集器(F)收集。另外的 20%～10%馏分可进入 MS,可用电喷雾离子化-飞行时间质谱分析完整的蛋白质;也可使用基体辅助激光解吸离子化-飞行时间质谱分析蛋白质消化后的组分。

此仪器配有 MassLynx™软件,Alliance Bioseparations System 的高效数据平台,作为单独的数据工作站可控制单柱或二维柱色谱和质谱分析,并可实时监控流动相的组成、pH 值、电导值、切换阀位置、系统压力和柱温。用 MassLynx 还可运行易于使用和了解应用管理的 FractionLynx 和 OpenLynx 程序,可有效地追踪样品馏分,对所有的辅助数据和现存信息制订了易于理解的表格。上述所有能力的组合,不仅覆盖样品的数据,还可充分利用已有的知识。

Chakraborty 等已用 Alliance 全二维生物分离系统与质谱联用表征了复杂蛋白质混合物的特征,分析了酵母核糖体蛋白质和酸化大肠杆菌的细胞溶质。其二维高效液相色谱分离条件如表 10-1 所示。在一维柱后配有在线电导检测器,在二维柱后连接 Waters Micromass® LCT［ESI (MALDI)-TOF］质谱仪[18]。

表 10-1　Waters 全二维色谱仪分析蛋白质样品的测定条件

样品	一维色谱柱（IEX）		二维色谱柱（RP）	
	固定相	流动相	固定相	流动相
酵母核糖体蛋白质	3.5μm 非多孔阳离子交换树脂（IEX）填充至 4.6mm×35mm 色谱柱	A：含 10% ACN 的 50mmol/L 甲胺,6mol/L 尿素,0.5mmol/L DTT 的缓冲溶液（pH =5.6） B：A+1mol/L NaCl	3.5μm Waters Symmetry 300™ C₄ 反相填料填充至 2.1cm×50cm 色谱柱	A：0.1% TFA-水溶液 B：0.1% TFA-乙腈溶液 梯度：在 12min 内,B 由 20%增至 60%,梯度陡度为 0.5mL/min
酸化大肠杆菌的细胞溶质	3.5μm 非多孔阳离子交换树脂（IEX）填充至 4.6mm×35mm 色谱柱	A：含 10% ACN 的 20mmol/L 乙酸缓冲溶液（pH=4.0） B：A+1mol/L NaCl	3.5μm Waters Symmetry 300™ C₄ 反相填料填充至 2.1cm×10cm 色谱柱	A：0.1% TFA-水溶液 B：0.1% TFA-乙腈溶液 梯度：在 12min 内,B 由 20%增至 60%,梯度陡度为 0.5mL/min

在此全二维液相色谱系统中,十通切换阀每 20min 将一维柱后的流出物切换到二维柱进行再次分离,并由质谱仪进行检测。

图 10-22 为酵母核糖体蛋白质经一维柱(IEX)分离出的第三部分(F_3),再经二维柱(RP)分离后,经电喷雾电离(ESI)获得总离子流(TIC)的分离谱图(左上部)和经自动数据处理后分辨出各谱峰分子量的扩展图(主体部)。表 10-2 为由 F_3 部分分子量数值确定的各谱峰对应的蛋白质组成。

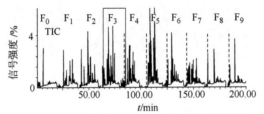

(a) 样品经全二维HPLC分离后的总离子流色谱图

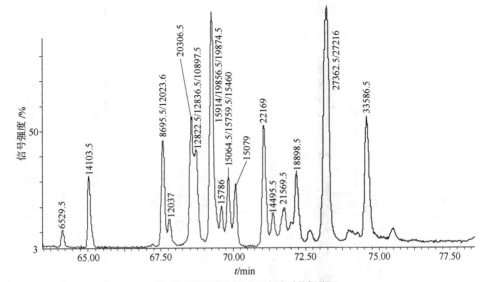

(b) 总离子流谱图中F₃部分经自动数据处理
后分辨出各个谱峰分子量的扩展图

图 10-22　酵母核糖体蛋白质的质谱总离子流色谱图

表 10-2　由 F₃ 部分各谱峰分子量，利用数据库确定的对应蛋白质组成

保留时间/min	谱图观察的分子量(M_w)	分辨出的蛋白质	预测的分子量（M_w数据库）
65.04	14103.5	L26A-M	14102.6
67.57	12023.5	L33A-M	12023
67.57	8695.5	L38-M	8695.4
67.80	12037	L33B-M	12037
68.71	12822.5	L31A-M	12822
68.71	12836.5	L31B-M	12836
69.25	19874.5	L6A-M4+AC	19872.5
69.25	19856.5	L6B-M	19855.4
69.25	15914	S15-M+AC	15912.8
69.58	15786	S19A-M	15786
71.06	22169	S9B-M	22167.6
71.75	21569.5	L9A 或 L9B-M+AC	21569.2 或 21568.1
74.57	33586.5	L5-M	33583.9

图 10-23（a）为总离子流色谱图中保留时间为 65.04min 的谱峰经电喷雾电离（ESI）

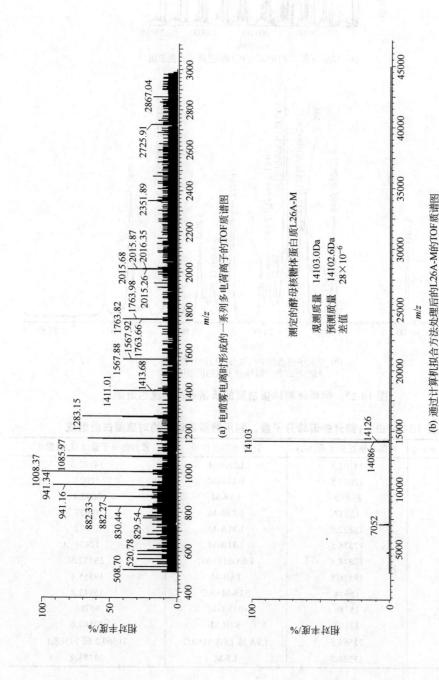

（a）电喷雾电离时形成的一系列多电荷离子的TOF质谱图

测定的酵母核糖体蛋白质L26A-M

观测质量   14103.0Da
预测质量   14102.6Da
差值 28×10^{-6}

（b）通过计算机拟合方法处理后的L26A-M的TOF质谱图

图 10-23　F_3 中 $t_R = 65.04$min 谱峰酵母核糖体蛋白质 L26A-M 的质谱图

形成的一系列多电荷离子的 TOF 质谱图。图 10-23（b）为通过计算机拟合方法处理后得到的酵母核糖体蛋白质 L26A-M 的 TOF 质谱图。

图 10-24（a）为酸化大肠杆菌的细胞溶质，经全二维 HPLC 分离，通过基体辅

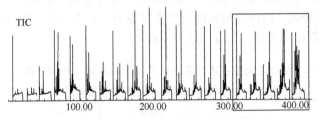

(a) 样品经全二维HPLC分离后的全部总离子流色谱图

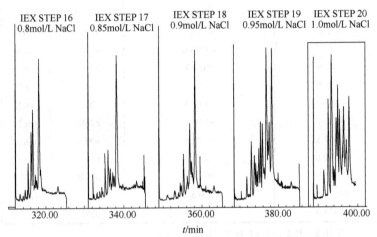

(b) 样品经全二维HPLC分离后最后 5 个部分的总离子流色谱图

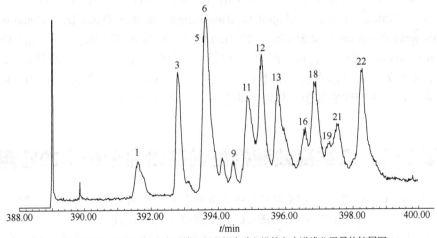

(c) 样品经全二维HPLC分离后第20部分经自动分辨的各个谱峰分子量的扩展图

图 10-24　酸化大肠杆菌的细胞溶质的总离子流色谱图

（各峰号对应观测的分子量见表 10-3）

助激光解吸电离（MALDI）后，由质谱仪获得的总离子流色谱图。图 10-24（b）为其中最后 5 个部分总离子流色谱图经放大后获得的谱图，它们是通过增加离子强度（增大 NaCl 的浓度）完成洗脱的。图 10-24（c）为最后第 20 部分的总离子流色谱图经自动 OpenLynx 数据处理后分辨出的各谱峰分子量的扩展图。

表 10-3 为酸化大肠杆菌细胞溶质经全二维 HPLC 分离后的第 20 部分，由质谱基因库确定的各肽（核酸）谱峰的基因组成。

表 10-3　由酸化大肠杆菌细胞溶质 F_{20}[①] 部分各肽（核酸）谱峰分子量
利用质谱数据库确定其基因组成

峰号	观测的分子量 M_w	数据库找到的分子量 M_w	基因编号	名称	等电点 pI
1	8368.5	8368.6	b3065	rps U	11.2
3	11450.0	11449.8	b3307	rps N	11.2
5	9553.5	9553.6	b1639	ydh A	7.0
6	10299.5	10299.6	b3316	rps S	10.5
9	9063.0	9062.2	b2510	b2510	6.7
11	9573.5	9573.3	b3311	rps Q	9.6
12	9739.0	9737.9	b0631	ybe D	5.6
13	9191.0	9190.6	b2609	rps P	10.6
16	10651.5	10651.5	b0912	him D	9.4
18	15409.0	15408.9	b1237	hns	5.4
19	9969.5	9967.6	b2926	b2926	6.8
21	17515.5	17515.4	b3303	rps E	10.1
22	28475.0	28475.5	b2812	b2812	8.5

① F_{20} 是经 IEX 分离，切割进入 RP 再次分离后的流出组分。

Cottingham 曾发表综述[29]，介绍了由组合部件构成的整体蛋白质组学系统，提供了包括 Waters、Agilent、Applied、Biosystems、Bruker Daltonics、Ciphergen、Biosystems、Proteome Systems Inc.、Thermo Electron Corp、GE Healthcare and Themo Electron Collaboration 等公司生产的 11 种用于蛋白质组学研究的，包括制备、分离、检测、数据处理的整体系统，阐述了各自的特点，其中有 8 个都使用了二维 HPLC 分离系统，这也表明它在蛋白质组学研究中占有的重要地位。

第五节　二维高效液相色谱在食品分析中的应用

全二维高效液相色谱（LC×LC）用于食品分析，可解决特定的分离问题。现在在食品分析中应用较多的全二维 HPLC 分析有以下几种模式：

① 银离子吸附色谱（SIAC）×反相液相色谱（RPLC）用于分析油脂中的脂肪酸三甘油酯。

② 正相液相色谱（NPLC）×反相液相色谱（RPLC），用于分析类胡萝卜素。

③ 亲水作用色谱（HILIC）×反相液相色谱（RPLC），用于分析牛奶中的磷脂和水果、蔬菜中的色素。

④反相液相色谱（RPLC）×反相液相色谱（RPLC），用于分析茶叶中的多酚。

全二维高效液相色谱在食品分析中的应用，可见下述实例。

一、离线全二维高效液相色谱分析蓝莓中的色素[30]

色谱分析条件：

一维柱：HILIC，X Bridge BEH Amide（酰胺柱），150mm×4.6mm，2.5μm。

流动相：A，0.4%TFA（三氟乙酸）-水溶液；B，0.4% TFA-乙腈溶液。可进行四种不同比例梯度洗脱，用于不同的水果、蔬菜样品。

二维柱：RPLC，Kinetex C_{18}柱；50mm×4.6mm，2.6μm。

流动相：A，7.5%甲酸-水溶液；B，7.5%甲酸-乙腈溶液。

检测器：UV-Vis 检测器（500nm）。

全二维离线分离谱图，如图 10-25 所示。LC 保留值和质谱数据见表 10-4。此方法适用于分析蓝莓、葡萄皮、红甘蓝、胡萝卜和黑豆中的花青苷（authocganins）。

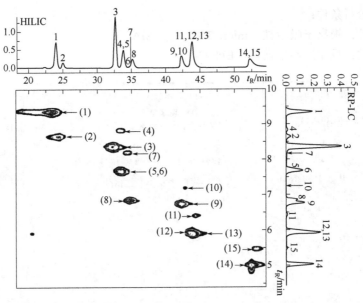

图 10-25 在 500nm，蓝莓的全二维液相色谱的二维弧面图（contour plots）

表 10-4 蓝莓的全二维 LC 保留时间和质谱数据（HILIC-ESI-MS/MS；RPLC-ESI-MS）

序号	化合物名称	HILIC t_R/min	RPLC t_R/min	分子式	质量（*m/z*）	碎片质量
1	锦葵色素-3-阿拉伯糖苷	23.91	9.34	$C_{22}H_{23}O_{11}$	463.1135	331，351，287，242
2	芍药花素-3-阿拉伯糖苷	24.79	8.63	$C_{21}H_{21}O_{10}$	433.1244	301
3	锦葵色素-3-半乳糖苷	32.31	8.35	$C_{23}H_{25}O_{12}$	493.1346	331，315，242

序号	化合物名称	HILIC t_R/min	RPLC t_R/min	分子式	质量（m/z）	碎片质量
4	锦葵色素-3-葡萄糖苷	33.44	8.83	$C_{23}H_{25}O_{12}$	493.1343	331，315，287，242
5	芍药花素-3-半乳糖苷	33.75	8.17	$C_{22}H_{23}O_{11}$	463.1240	301，286，258，149
6	牵牛花素-3-阿拉伯糖苷	33.99	7.73	$C_{21}H_{21}O_{11}$	449.1091	317，287
7	芍药花素-3-葡萄糖苷	34.58	8.19	$C_{22}H_{23}O_{11}$	463.1240	301，286，258，149
8	花青素-3-阿拉伯糖苷	35.07	6.88	$C_{20}H_{19}O_{10}$	419.0979	287，213，149
9	牵牛花素-3-半乳糖苷	42.19	7.22	$C_{22}H_{23}O_{12}$	479.1197	317，302，274，149
10	牵牛花素-3-葡萄糖苷	42.90	7.27	$C_{23}H_{23}O_{12}$	479.1197	317，302，274，149
11	花青色素-3-半乳糖苷	43.06	5.92	$C_{21}H_{21}O_{11}$	449.1080	287，213
12	飞燕草素-3-阿拉伯糖苷	43.76	5.97	$C_{20}H_{19}O_{11}$	435.0925	303
13	花青色素-3-葡萄糖苷	44.51	5.97	$C_{21}H_{21}O_{11}$	449.1080	287，213
14	飞燕草素-3-半乳糖苷	52.60	5.02	$C_{21}H_{21}O_{12}$	465.1039	303
15	飞燕草素-3-葡萄糖苷	53.31	5.47	$C_{21}H_{21}O_{12}$	465.1040	301，149

二、在线全二维高效液相色谱分析脂肪酸三甘油酯[31]

色谱分析条件：

一维柱：银离子吸附柱，micro TSK-Ag（SIAC）。

二维柱：反相液相色谱柱，EPS C_{18}。

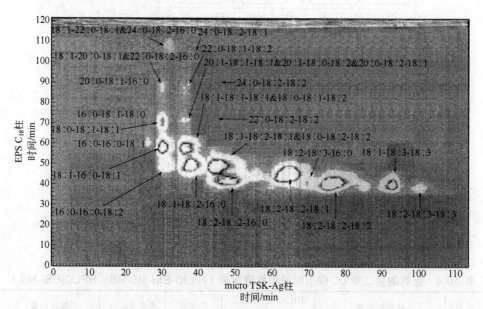

图 10-26　花生油的全二维液相色谱（SIAC×EPS C_{18}）分离的二维弧面图

每种油脂由三种不同脂肪酸（如 18∶1，22∶0，18∶2，油酸·花生酸·亚油酸）
连接到甘油骨架上，它们的位置并未表达分子的立体化学位置

28 种脂肪酸三甘油酯，依据它们在一维柱和二维柱的保留值而被分辨，并通过大气压力化学电离(APCI)-质谱（MS）检测器，可观察到 28 种脂肪酸三甘油酯分布的二维图（2D plot）。这种高分离度质谱检测器明显地改进了总色谱峰的容量，见图 10-26。

三、在线全二维高效液相色谱分析红辣胡椒中的类胡萝卜素和类胡萝卜素酯[32]

色谱分析条件：
一维柱：NPLC，氰基键合相微孔柱。
流动相：正己烷-乙酸乙酯-丙酮（80∶15∶5）三元混合溶剂。
二维柱：RPLC，C_{18}（SPP）柱（6cm，UHPLC 柱）。
流动相：2-丙醇+20%乙腈水溶液。
检测器：PDA 和离子捕集-飞行时间质谱（IT-TOFMS）。

在红辣胡椒中，用 NPLC×RPLC 全二维液相色谱，用 PDA（450nm）检测的 33 种类胡萝卜素和类胡萝卜素酯的二维弧面图，如图 10-27 所示。

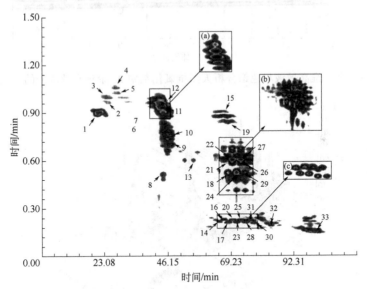

图 10-27　红辣胡椒中 33 种类胡萝卜素和类胡萝卜素酯在全二维液相色谱
（NPLC×RPLC）分离的二维弧面图

（a）二醇-单酮-二酯；（b）二醇-单酮-单酯；（c）聚-氧化-游离-胡萝卜醇（在二维柱梯度分离 1min）

四、在线全二维高效液相色谱分析天然抗氧化剂中的有效成分[33]

色谱分析条件：

一维柱：苯基键合相柱（Waters）。

二维柱：C$_{18}$整体柱（Merck）。

全二维高效液相色谱系统由两个短的 X-terra 捕集柱连接到十孔切换阀界面，用作组分切换转移，并用乙酸铵（pH=3）缓冲溶液和乙腈水溶液在二维柱进行梯度洗脱，获得的全二维液相色谱的弧面图（PDA 检测），见图 10-28。三维立体色谱图，见图 10-29。

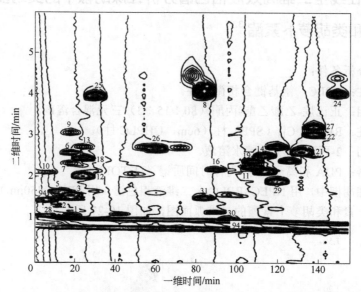

图 10-28　全二维高效液相色谱分析天然抗氧化剂中 20 余种有效成分的二维弧面图

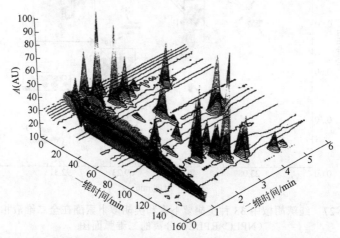

图 10-29　全二维高效液相色谱分析天然抗氧化剂中 20 余种有效成分的三维立体色谱图

参 考 文 献

[1]　周申范, 宋敬埔, 王乃岩. 色谱理论及应用. 北京: 北京理工大学出版社, 1994: 176-189.

[2] Cortes H J. J Chromatogr, 1992, 626: 3-23.

[3] Brow P R, Hartwick R A. High Performance Liquid Chromatography. New York: John Wiley&Sons, 1989: 643-668.

[4] Huber J F K, Kenndler E, Reich G. J Chromatogr, 1979, 172: 15-30.

[5] Sevcik J. J Chromatogr, 1979, 186: 129-144.

[6] Poole C F, Schuette S A. Contemporary Practice of Chromatography. Amsterdam, Elsevier, 1984: 334-342, 461-463.

[7] 朱良漪. 分析仪器手册. 北京: 化学工业出版社, 1997: 629-634.

[8] Majors R E. J Chromatogr Sci, 1980, 18(10): 571-579.

[9] Bushey M M, Jorgenson J W. Anal Chem, 1990, 62(2): 161-167, 978.

[10] Optick G J, Lewis K C, Jorgenson J W, et al. Anal Chem, 1997, 69(8): 1518-1524.

[11] Opiteck G J, Jorgenson J W, Anderegg R J. Anal Chem, 1997, 69(13): 2283-2291.

[12] Murphy R E, Schure M R, Foley J P. Anal Chem, 1998, 70(8): 1585-1594; 70(20): 4353-4360.

[13] Köhne A P, Welsch T. J Chromatogr A, 1999, 845: 463-469.

[14] Trathnigg B, Rappel C. J Chromatogr A, 2002, 952: 149-163.

[15] Trathnigg B, Rappel C, Rami R, et al. J Chromatogr A, 2002, 953: 89-99.

[16] Sweeney A P, Shalliker R A. J Chromatogr A, 2002, 968: 41-52.

[17] Wagner K, Racaityte K, Unger K K, et al. J Chromotogr A, 2000, 893: 293-305.

[18] Chakraborty A B, Liu Hongji, Cohen S A, et al. J Summary of ABRF, 2003 Poster(Waters: Micromass).

[19] Millea K, Chakroborty A B, Wall D B, et al. Presented at ASMS, Montreal, Canada, 8th~12th June 2003.

[20] Waters. Waters Alliance Bioseparations System, 2003.

[21] Haefliger O P. Anal Chem, 2003, 75(3): 371-378.

[22] Hogendoorn E, Zoonen P V, Hernandez F. Recent Applications in Multidimensional Chromatography, 2003, 12: 44-51.

[23] Tanaka N, Kimura H, Tokuda D, et al. Anal Chem, 2004, 76(5): 1273-1281.

[24] Lee H, Griffin T J, Gygi S P, et al. Anal Chem, 2002, 74(17): 4353-4360.

[25] Wagner K, Miliotis T, Marko-Varga G, et al. Anal Chem, 2002, 74(4): 809-820.

[26] Wang H, Hanash S. J Chromatogr B, 2003, 787: 11-18.

[27] Wehr T. LC-GC Europe, 2003, 5: 154-162.

[28] Shi Y, Xian R, Horvath C, et al. J Chromatogr A, 2004, 1053: 27-36.

[29] Cottingham K. Anal Chem, 2004, 76(17): 331A-335A.

[30] Willemse C M, Stander M A, Tredoux A G J, et al. J Chromatogr A, 2014, 1359: 189-201.

[31] Yang Q, Shi X, Gu Q, et al. J Chromatogr B, 2012, 895-896: 48-55.

[32] Caccilola F, Donato P, Glutfrida D, et al. J Chromatogr A, 2012, 1255: 244-251.

[33] Caccilola F, et al. J Chromatogr A, 2007, 1149: 73-78.

第十一章

高效液相色谱新技术进展

高效液相色谱是一个充满活力的色谱领域，除了在颗粒填充柱取得亚-2μm 全多孔粒子和表面多孔粒子获得的高柱效外，在微柱液相色谱中微流路、微芯片和毛细管柱的超高压液相色谱也获得很大进展；全二维色谱和液相色谱-质谱联用技术已在生命科学和新药研制中获得广泛的应用。

在高效液相色谱领域近十几年又不断涌现出新技术，如整体色谱柱、绿色流动相、剪切驱动色谱和合相色谱，它们的出现充分显示出液相色谱工作者的聪明才智是无穷尽的，并会将高效液相色谱技术推向一个新的高峰。

第一节　整体色谱柱

在高效液相色谱分析中，研制具有高分离效率，并能实现快速分析的色谱柱是一个永恒的主题，整体色谱柱的呈现是针对颗粒填充柱的不足之处而发展起来的。

在 HPLC 发展中，围绕如何提高颗粒填充色谱柱效率这个中心问题，填充色谱柱的固定相已发生了急剧的变化，由无定形填料到球形填料；由薄壳型填料到全多孔型填料；由全多孔粒子到表面多孔粒子；由大颗粒（40μm）到小颗粒（10μm、5μm、3μm，亚-3μm，亚-2μm），色谱柱的柱效已由理论塔板数 10000～25000 塔板/m 提高到 100000～500000 塔板/m。

在超高效液相色谱未出现之前，色谱工作者利用降低柱填料粒径的方法获取高柱效，但会导致色谱柱反压的急剧升高，如固定相粒径降低为原来的 1/2，柱效会增加 1.4 倍，但柱反压会增加 4 倍。由于使用小粒径的填料会导致色谱柱高压力降，使用通用 HPLC 设备，其输液泵的操作压力已限定在 40MPa，因此当欲用小于 3μm 的柱填料时，只能使用 3～5cm 的短色谱柱，这样通过调节柱长，而使所希望的柱效和柱压力降之间的矛盾得到妥善解决，但此时只能使用较低的流速来实现快速分析。

　　整体色谱柱就是在既能使用 40MPa 的通用 HPLC 设备，增加色谱柱的渗透性，又能提供高柱效的前提下发展起来的。

　　整体色谱柱不同于微粒填充柱，它是由一整块固体构成的柱子，其由具有相互连接骨架并提供流路通道的有机聚合物或硅胶凝胶整体组成。一个整体柱可具有小尺寸的骨架和大尺寸的流通孔，因而具有大的流通孔尺寸/骨架尺寸的比值，从而缩短了溶质在整体柱的扩散途径，并减小了柱的阻抗因子，而大大增加了色谱柱的渗透率，这种特性是微粒填充柱不可能具有的。为了形象地理解整体色谱柱，可将它看作是由灌流色谱的一个具有流通孔和扩散孔的流通粒子扩展成的一个整体色谱柱，它们都具有相似的高渗透率[1~4]。

　　整体色谱柱柱床可制成具有两种孔径分布的多孔网络型的圆柱棒、具有一定厚度的圆盘片或极薄的功能膜。薄膜可看作具有极端尺寸（它的纵轴极端短）的整体柱，可由许多层的薄膜叠加制成整体柱。图 11-1 为由多层薄膜制作的整体柱床、具有网络结构的整体柱床与微粒填充柱床在流动相通过时的孔隙结构。

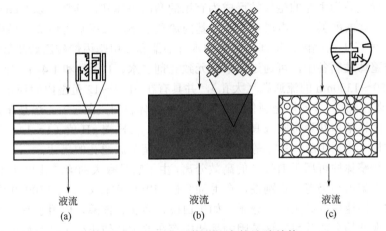

液流　　　　　　　　液流　　　　　　　　液流
(a)　　　　　　　　(b)　　　　　　　　(c)

图 11-1　不同类型色谱柱床的孔隙结构

（a）多层功能薄膜（或圆盘片）叠加整体柱床；（b）多孔网络圆柱整体柱床；（c）微粒填充柱床

整体色谱柱通常由有机聚合物凝胶或无机硅胶凝胶组成。

一、聚合物整体柱

　　从 1989 年 Hjerten 发表"连续聚合物柱床"的发展和应用的综述论文，至今已经过 20 多年，1990 年和 1992 年 Svec 先后引入"大孔聚合物膜"和"连续棒"的概念。这些连续聚合物的出现标志着开创了整体色谱柱的新时代。

　　聚合物整体柱虽已不是新技术，但它在 2000 年以后的发展为它的推广、应用发挥了重要的作用。

　　聚合物凝胶整体柱通常用原位聚合法制备，可把配制好的有机物单体、致孔剂和引发剂、溶剂等混合物装入空的色谱柱，由引发剂分解形成游离基并引发单体聚合成单分散的核，再经连续的聚合成微球，引起凝聚形成聚集体，而在色谱柱中形成棒状的整体结构。

整体柱中聚集体具有微米尺寸的骨架，骨架具有大孔和中孔的双孔结构，构成骨架的是聚合物的微粒。聚集体中孔径尺寸不同是在聚合开始时的相分离过程中形成的，由于使用非良性溶剂会形成大孔，再由聚合物溶胶-凝胶转换过程形成聚集体而形成中孔。这些大孔和中孔的总和就是整体柱的总孔度，一般可达 60%～70%，显然总孔度太大，整体柱就不可能具有足够的机械强度，这也是导致整体柱柱效低的原因。

构成聚合物整体柱的有机单体分以下几类。

（1）丙烯酰胺类　Hjerten 等对此类整体柱进行了系统的研究，先后制成多种组成的整体柱[5~7]，如：丙烯酰胺、哌嗪二丙烯酰胺和乙烯基磺酸；N,N'-亚甲基二丙烯酰胺和丙烯酸；丙烯酰胺、N,N'-亚甲基二丙烯酰胺和 2-丙烯酰胺-2-甲基-1-丙磺酸；N,N'-亚甲基二丙烯酰胺和 N-烷基甲胺等。

此类整体柱都可制成常规液相色谱柱或毛细管液相色谱柱，有些已用于微柱液相色谱和毛细管电色谱。

以丙烯酰胺为主体的整体柱已成为有用的商品整体柱，其型号以 Uno 命名。

（2）丙烯酸酯类　其组成可为：甲基丙烯酸丁酯、二甲基丙烯酸乙烯酯和 2-丙烯酰胺-2-甲基-1-丙磺酸；甲基丙烯酸缩水甘油酯和二甲基丙烯酸乙烯酯等[8~11]。

此类整体柱制备中，可通过调节三元致孔剂（水、1-丙醇和 1,4-丁二醇）的比例获得 250～1300nm 的流通孔（大孔），并具有在 pH 2～12 范围内的稳定性。

（3）苯乙烯类　苯乙烯是制作高聚物微球的主体材料，它与二乙烯基苯、氯甲基苯乙烯等活性单体共聚可制成具有大孔网状结构、在极端 pH 值（1～14）下稳定的反相整体柱，可用甲醇、甲苯等溶剂作致孔剂以调节流通孔的尺寸。

聚合物整体柱可用于 HPLC 的高效分离，由于它具有大的流通孔尺寸/骨架尺寸的比值，骨架虽小仍有一定刚性，在毛细管柱 HPLC 中柱效已达 150000 塔板/m。它可高效、快速地分离生物大分子，如蛋白质、多肽、核酸，但用于有机小分子的分离却呈现低的分离效率。这是因为骨架中存在的大孔使小分子产生慢的质量传递而降低了柱效。

基于高交联聚合物制作的交互传导介质（convective interaction media，CIM）圆盘片，是专门应用于生物大分子分离的整体介质，也可制成圆柱状，其具有出色的化学稳定性及流通特性。它将传统多孔颗粒填充柱的分离能力、样品分配等特性与膜技术的对流传质优点完美地结合起来。它们具有不同的化学组成，适用于疏水作用、离子交换、反相色谱和亲和色谱等多种模式分离，尤其适用于生物大分子（如多肽、蛋白质、寡聚核苷酸、核糖核酸等）的分离、纯化和制备规模的生物分离过程（CIM 制品示意见图 11-2）。

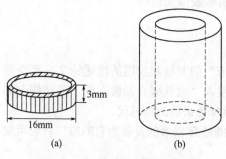

图 11-2　交互传导介质（CIM）的盘状和圆环状制品示意图

（a）盘状：直径 16mm，高 3mm；
（b）圆环状：体积 8～800mL

表 11-1 为 3 种不同类型聚合物整体柱与一种微粒填充柱的性能比较[12,13]。

表 11-1 3 种不同类型聚合物整体柱与一种微粒填充柱的性能比较

柱类型①	整体柱			微粒填充柱 Mono-Q
	CIM-QA	Sartobind Q	Uno-Q	
柱尺寸/mm×mm	$\phi12\times3$	$\phi25\times0.6$	$\phi3.5\times70$	$\phi5\times50$
颗粒间孔隙率（ε）	0.5	0.4	0.7	约 0.4
等效理论塔板高度/mm	0.13	0.18	0.20	0.25
动力学键合容量②(牛血清蛋白)/mg	30	26	42	67

① CIM-QA 为圆盘状交互传导介质（convective interaction media，CIM）整体柱；Sartobind Q 为由五层功能膜组成的整体柱；Uno-Q 为圆柱状整体柱；Mono-Q 为常规微粒填充色谱柱。

② 动力学键合容量测定：线速 200cm/h，95%捕集效率。

第一代聚合物整体柱主要用于大分子，如肽、蛋白质、核酸的分离，它们不适用于对小分子的分离，这是因为它们在整体柱中缺少中孔和较低的比表面积。

第二代聚合物整体柱对色谱分离性能的改进，主要是整体柱中增加中孔和表面积以适用于对小分子的分离，此外还研制出耐温度变化的整体柱[14~16]。

1. 用于小分子分离的新型聚合物整体柱的制备

为了增加聚合物整体柱中的中孔百分数并增大比表面积，通常采用以下措施。

（1）严格控制聚合混合物的组成和聚合条件 在聚合混合物组成上，可以降低单体浓度，增加致孔剂浓度，在极性单体中混入非极性单体或加入强极性交联剂取代非极性交联剂。

在聚合条件上，高温有利于生成中、小孔，但会降低柱渗透率，低温有利于改进柱效和渗透率。缩短聚合时间，有利于生成中、小孔（<0.1μm），增大比表面积；增加聚合时间，会生成大孔（>1μm），并减小比表面积。

因此使用超交联聚合，并使聚合停止在低温的早期聚合阶段，可获高比例的中、小孔和大的比表面积（60cm²/g）。

（2）用纳米粒子对聚合物整体柱表面进行改性 在聚甲基丙烯酸酯的整体柱上与胱胺反应，再在巯基原位与纳米金（或银）粒子键合，既实现增加中孔，又实现增加比表面积的双重目的。

同样在聚甲基丙烯酸酯的整体毛细管柱，通过吸引杯状碳纳米管改性，其显示对苯的柱效可达 44000 塔板/m。含 1%（质量分数）C₆₀富勒烯改性的甲基丙烯酸酯单体的整体柱，对苯的柱效可达 110000 塔板/m。

2. 耐温度变化的整体柱

使用具有两种不同官能团的单体，经层状接枝组合在单一整体柱中，其可用于大分子和小分子的分离，在分离效率和选择性两个方面都获得改进，可用于很高的温度梯度（可达 200℃）或承受快速热脉冲。

2014 年 Guiochen 等在苯乙烯-二乙烯基苯交联共聚物整体柱 PROSWIFT（45mm×4.6mm）上，用乙腈-水（75∶25）作流动相，对小分子硫脲（非滞留组分）、苯乙酮、苯戊酮和苯辛酮进行了分析，他们使用的整体柱平均骨架尺寸为 1.1μm，大孔>50nm，中孔 2～50nm，小孔<2nm，整体柱中聚结成 PV-DVB 球状体的平均尺寸<500nm[17]。

他们对实验获得的四个组分的峰形进行深入的调查，借助数值积分测量了峰形的一级矩和二级矩，并与一个沿整体柱结构影响扩散的有效模型相结合，测定了纵向扩散、涡流扩散和沿聚合物骨架洗脱的传质阻力，提出了应用于 PS-DVB 整体柱的 Knox 方程式：

$$h = Av + \frac{B}{v} + C_K v + C_a v$$

式中，C_K 为分析物沿聚合物骨架洗脱传质阻力的贡献；C_a 为分析物在整体柱中的有限扩散和吸附-解吸动力学的贡献。

实验结果表明，短的、大口径整体柱的分离性能受跨越聚合物骨架分析物慢的扩散的限制（是整体柱扩散系数的 1/10），并提出改进整体柱性能的建议，希望用一种刚性内部的中孔结构，增加整体柱结构的均匀性，提出流通大孔和骨架尺寸为 1～2μm、疏水聚合物中聚结的球形体尺寸为 500nm，以使分析物跨越中孔骨架加快扩散，实现更快速的吸附动力学平衡。

二、硅胶整体柱

与常规微粒填充柱比较，由硅胶凝胶制成的整体柱，具有连续多孔网状结构，和流通孔尺寸/骨架尺寸的高比值，它具有相对大的流路通道，导致柱压力降减小至具有相似柱效的微粒填充柱的 1/10。当使用常规 HPLC 设备，在高线速下时，柱效将增加 10 倍。整体硅胶柱的上述特性已在实践中予以证实。

硅胶凝胶整体柱是用溶胶-凝胶法制备的。它使用四甲氧基硅烷［Si(OCH$_3$)$_4$，TMOS］或四乙氧基硅烷［Si(OC$_2$H$_5$)$_4$，TEOS］作原料，聚乙烯氧化物（PEO）作致孔剂，在乙酸、水存在下，加入强酸保持 pH=2～3，使 TMOS（或 TEOS）发生水解反应和缩聚反应，使 SiO$_2$ 相分离析出，形成溶胶，再经过转化形成凝胶（硅胶），待陈化和溶剂交换后其整体流动性丧失，干燥和热处理使其固化，再经表面改性（如烷基化等）制成[18,19]。

最后用聚四氟乙烯（PTFE）或工程塑料聚醚醚酮（PEEK）包覆（或预浇铸柱管中）以供使用。此过程也可在熔融硅毛细管柱中直接制成毛细管整体柱，而用于微柱液相色谱分析。上述制备过程如图 11-3 所示。

由安格（Unger）提出的上述制备硅胶整体柱的方法[18]，经 Tanaka、Nakanishi、Minakuchi 发展已成为制备硅胶整体柱的最有效方法[1~3,20]。

Tanaka 对硅胶整体柱的制作、应用和新型整体柱的研制做出了重要的贡献。

在硅胶凝胶整体柱的制备过程，TMOS 的水解时间和溶胶-凝胶的转换时间决定了整体柱的凝聚时间。溶胶-凝胶混合物整体流动性的丧失，强烈依赖于溶液的 pH 值，其即为无定形硅胶的等电点，pH 2～3。在水解反应和缩聚反应中，后者的反应速度是最慢的。在溶胶-凝胶体系中，大孔的形成存在于相分离与溶胶-凝胶转换的竞争过程。大孔生成的速度与硅胶凝胶低聚物的分子量分布、起始反应混合物与凝胶低聚物的互溶性及凝胶网络扩展的速度相关。因此反应开始时反应溶液的组成、反应物的浓度是决定大孔形态的关键参数。在相分离与凝胶形成发生竞争的过程，在不同时刻存在的暂时孔结构，都会永久地存在于凝胶的网络结构中。当凝胶凝结以后，起始的流动体系转变成连续的固体凝结相，反应中的溶剂会充满凝胶固体的空隙。当移去液体后，凝胶中的流通孔和骨架孔会保留下来。为获得具有理想精细孔结构的凝胶整体，在反应过程中应尽量延迟最初相分离呈现的时间，一旦相分离出现，应采用最快的冷却速度，使反应主体的凝结时间缩至最短[2]。

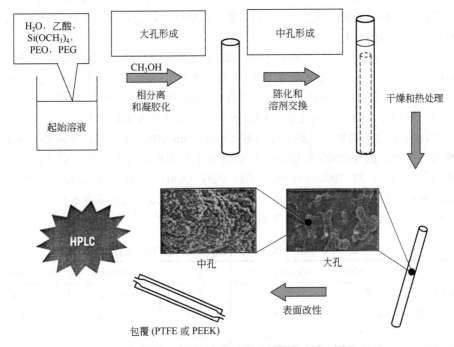

图 11-3　用于 HPLC 的硅胶整体柱的制备过程

为了控制硅胶凝胶整体柱中大孔的尺寸和体积，应向起始反应液中加入表面活性剂聚乙二醇（PEG）。它具有很强的形成氢键的能力，通过调节聚乙二醇/硅胶的比例就可控制大孔的形态。由实验结果可知，当反应开始，介质的 pH 值较高（pH>8.0），在湿态生成的凝胶具有大孔，随 SiO_2 不断析出，反应液中 PEG/SiO_2 的比值不断增大，随酸的加入，介质的 pH 值不断降低，从而在骨架中生成中孔[2]。

经过实测一个具有连续孔网络结构的硅胶整体柱，其具有 1～3μm 的大孔和 10～25nm 的中孔，比表面积约 300m²/g，相似于普通硅胶颗粒。对在模具中浇铸的整体柱，其流通孔尺寸/骨架尺寸的比值为 1.2～1.5；对在熔融硅毛细管中制作的整体柱，此比值为 3～5；而对一般微粒填充柱，此比值仅为 0.25～0.4，从而表明整体硅胶柱比一般微粒填充柱具有更好的渗透性，它们的比较可见表 11-2。

表 11-2　硅胶整体柱和硅胶微粒填充柱的渗透性能比较

柱类型	流通孔尺寸/骨架尺寸比值	总孔率（ε_T）/%	颗粒间孔率（ε）/%	柱渗透率（K_F）/ m^2
常规整体柱	1.2～1.5	85	65	$4×10^{-3}$
毛细管整体柱	3～5	95	85	$1×10^{-12}$
微粒填充柱	0.25～0.4	80	40	$4×10^{-14}$

　　硅胶整体柱与聚合物整体柱比较，具有更高的机械强度，且在与有机溶剂接触过程中不发生溶胀现象[24,25]。这也是近年来硅胶凝胶整体柱获得愈来愈多应用的重要原因。

　　含有大孔和中孔的硅胶整体柱，总孔率>80%，可在低的柱压和高流速下操作，柱效可达 50000～100000 塔板/m，高于聚合物整体柱，其耐受 pH 值的范围低于聚合物整体柱（pH 1～12）。

　　第一代硅胶整体柱在 2000 年成为商品，是由 Merck Milipore 公司提供的 Chromolith，它的分离性能相似于 3.0～3.5μm 的颗粒填充柱，具有的柱反压相似于由 11μm 粒子（TPP）填充的颗粒柱。它具有 2μm 的大孔（流通孔），可允许直接注射"脏"的样品，而不需预先进行样品制备，柱效可达 80000 塔板/m[19]。

　　2010 年后生产的第二代硅胶整体柱 Chromolith HR，其大孔尺寸减小，中孔尺寸增大，柱效高达 140000 塔板/m，因而增大了色谱柱的反压。常使用 60/40 乙腈-水溶液作流动相，对 100mm×4.6mm 的一代柱（Chromolith），柱操作压力为 25bar（约 370psi）；对二代柱（Chromolith HR），柱操作压力增大至 65bar（约 950psi）。第一代和第二代硅胶整体柱性能参数的比较见表 11-3[20~23,26]。

表 11-3　第一代和第二代硅胶整体柱的性能参数

项目	Chromolith	Chromolith HR	项目	Chromolith	Chromolith HR
硅胶类型	高纯	高纯	中孔体积	1mL/g	1 mL/g
大孔尺寸	1.8～2.0μm	1.1～1.2μm	总孔体积	3.5mL/g	2.9mL/g
中孔尺寸	11～12nm	14～16nm	比表面积	320m^2/g	250m^2/g

　　第二代硅胶整体柱比第一代有更均匀的整体结构，并显示出具有更高的分离效率和分离色谱峰的谱带对称性。表 11-4 显示第二代硅胶整体柱随大孔尺寸的变化对色谱分离性能的影响。表 11-5 显示大孔尺寸保持约 1μm，随中孔尺寸变化对色谱分离性能的影响。

表 11-4　第二代硅胶整体柱随大孔尺寸变化对色谱分离性能的影响

生产批号	大孔直径/μm	中孔直径/nm	分离效率/（塔板/m）	理论板高 H/μm
YF005	1.70	15.1	111000	9.1
YF007	1.44	16.3	133500	7.5
YF008	1.02	16.4	149000	6.7

表 11-5 第二代硅胶整体柱，大孔保持约 1μm，随中孔尺寸变化对色谱分离性能的影响

生产批号	大孔直径/μm	中孔直径/nm	分离效率 /（塔板/m）	理论板高 H/μm	平均板高 $\bar{H}$/μm
KN1547	0.98	11.9	185000	5.4	5.5
KN1532	1.02	11.5	179000	5.6	
KN1545	1.03	12.9	156000	6.4	6.6
KN1533	0.98	13.5	142000	7.0	
KN1534	0.99	13.5	154000	6.5	
KN1546	1.06	14.0	185000	5.4	5.8
KN1577	0.96	16.4	165000	6.0	
KN1578	1.04	16.5	164000	6.1	

图 11-4 显示由 Chromolith HR C$_{18}$ 柱和 3μm TPP C$_{18}$ 柱对生育酚 α、β、γ、δ 四种异构体分离谱图的比较，从图 11-4 中可看到整体柱的分离效果优于颗粒填充柱。

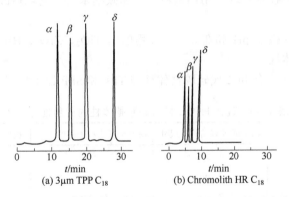

(a) 3μm TPP C$_{18}$ (b) Chromolith HR C$_{18}$

图 11-4   Chromolith HR C$_{18}$ 和 TPP C$_{18}$（3μm）柱对生育酚
α、β、γ、δ 四种异构体的分离谱图

图 11-5 为 Chromolith HR C$_{18}$ 对含 32 种农药的复杂混合物的梯度洗脱实现基线分离的谱图，显示了第二代整体柱的高效分离能力。

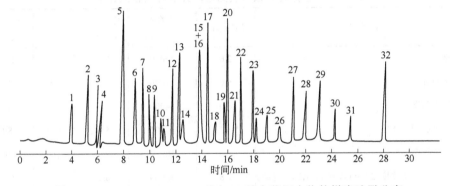

图 11-5   Chromolith HR C$_{18}$ 对含 32 种农药混合物的梯度洗脱分离

2014 年 Merck Millipore 公司的 Cabrera 等已开发出第三代具有双孔结构（2.0μm 大孔，30nm 中孔）的硅胶整体柱，经 3-缩水甘油基甲氧基硅烷衍生后，制成含环氧基的亲和色谱固定相，可在 3～4min 实现对蛋白质、抗体酶的分离。

日本京都大学的 Nakanishi 研制了大孔"聚甲基硅倍半环氧乙烷"（polymethylsilsesquioxane，PMSQ）整体柱，开发了一种新型硅氧烷基大孔类似于聚二甲基硅氧烷（polydimethylsiloxane，PDMS）的整体柱，称作"marsh mallow gels"，它是一种软质整体柱，具有低密度、高疏水性和微米尺寸连续孔的高渗透性，是通过控制甲基三甲氧基硅烷（MTMS）和二甲基二甲氧基硅烷（DMDMS）单体的比例进行聚合的，生成的整体柱表面存在密集的甲基，在微米范围骨架表面呈现高疏水性，显示比 PDMS 相似或更快的平衡速度，其在 600K 温度下不降解，在低于 150K 温度下未显示玻璃化现象，甚至在液氮（77K）中仍显示弹性和变形恢复能力。此种软质整体柱可用于 GC 或 LC 分离疏水化合物，它们可在 100℃ 以下加工成任何形状和尺寸，加工时间仅需几个小时[26,27,54,55]。

二代硅胶整体柱也实现了用纳米粒子，如碳纳米管、富勒球改性并制成整体硅胶毛细管柱。

现已制出可耐极端 pH 和在高温下使用的由 TiO_2、ZrO_2、HfO_2 和 $Ca_3(PO_4)_2$ 制作的无机材料整体柱。

表 11-6 列出了一代和二代硅胶整体柱与 TPP 和 SPP 粒子柱相对应性能的比较。

表 11-6　现代 HPLC 柱与硅胶整体柱的实用性能比较

色谱柱类型	粒子或区域结构的尺寸	相当全多孔粒子柱的效率	相当全多孔粒子柱的柱压
全多孔粒子柱（TPP）	1.8μm	1.8μm	1.8μm
表面多孔粒子柱（SPP）	2.7μm	1.8μm	2.7μm
一代整体柱	3.3μm	3.5～4.0μm	8.0μm
二代整体柱	2.0～2.5μm	2.0～2.5μm	3.5～4.0μm

表 11-7 中对各种类型整体柱与微粒填充柱、开管柱柱效性能做了比较。

表 11-7　整体柱与微粒填充柱、开管柱的柱效比较

柱类型	粒径 d_p/μm	柱效 N /（塔板/m）	柱压力降 Δp/MPa	柱长 L/cm	死时间 t_M/s
硅胶微粒柱	3.0	20000	2.0①	5	50
硅胶微粒柱	5.0	14000	3.3①	15	150
硅胶键合相微粒柱	6.0	14000		23	300
聚丙烯酰胺型整体柱	—	19000	5.6②	12.5	180
聚苯乙烯型整体柱	—	18000		27	540
常规棒状硅胶整体柱（2.2μm 流通孔，1.7μm 骨架）	1.8	12000	0.7①	8.3	80

续表

柱类型	粒径 d_p/μm	柱效 N /（塔板/m）	柱压力降 Δp/MPa	柱长 L/cm	死时间 t_M/s
毛细管硅胶整体柱（8μm 流通孔，2.2μm 骨架）	2.2	100000	0.4③	130	1500
开管柱	—	200000	2.0④	134	200
UHPLC®硅胶微粒柱	1.0	125000	230⑤	20	120

① 甲醇-水（80：20）。

② 100%甲醇。

③ 乙腈-水（80：20）。

④ 乙腈-水（40：60）。

⑤ 乙腈-水（10：90）。

⑥ UHPLC—超高压液相色谱。

由上述可归纳出整体色谱柱的优点为：

·具有高的流通孔尺寸/骨架尺寸的比值和良好的渗透率，可实现高效、快速分析。

·易于制备，不必进行匀浆填充操作，柱末端不必使用过滤垫片。

·固定相的改性和功能化可在一次聚合或浇铸过程完成。

整体色谱柱的缺点表现为：

·聚合物整体柱与有机溶剂接触会产生溶胀现象，多次变更流动相会发生棒状整体柱从柱管内壁脱落的现象。

·硅胶整体柱制备中最困难的是用 PTFE 或 PEEK 材料包覆硅胶棒，其与柱管材料的密合有一定的难度。

·整体柱制备的重复性较差，如对硅胶整体柱其柱压力降的变化可达±10%，理论塔板高度的变化可达±15%。

在 UHPLC 出现以前，当普遍使用柱压为 40MPa 的 HPLC 仪器时，整体柱给出了一个随柱填料粒径的减小，伴随产生高柱压力降使用限度时的解决方案；使用一般液相色谱仪器，就可实现接近或相当于微粒填充柱的高效、快速分离。

在 UHPLC 出现以后，液相色谱仪的柱压可达到 100MPa 以上，但 UHPLC 仪器的高性能并未阻止整体色谱柱的发展，尤其是在 2010 年以后，第二代聚合物整体柱和硅胶整体柱纷纷出现，它们在柱分离性能上有了快速的跃升，在制备重复性上也有了很大的改善。现在第三代硅胶整体柱已经出现，可以预料，整体色谱柱是继承全多孔颗粒固定相和表面多孔颗粒固定相之后的第三个快速发展的新型固定相领域。

第二节　绿色流动相

液相色谱在解决大量复杂分析任务的同时，也使色谱工作者意识到由于在正相和反相色谱中使用了多种有机溶剂作为流动相，它们都是易燃、有毒的化学试剂，长期与其接触不仅损害人身健康，也会造成环境污染。因此，在使用过程中，实验室必须具备良好的通风环境，以减少这些对环境不友好的化学品对人体的伤害。除此之外，色谱工作者已着手考虑用绿色流动相来取代乙腈、四氢呋喃、甲醇、氯仿等有毒、易燃的有机溶剂。

一、超热水流动相

在反相液相色谱分析中，广泛使用由水与甲醇、水与乙腈、水与四氢呋喃组成的二元混合溶剂作为流动相，并通过调节它们的混合比例来改善色谱分离的选择性。

甲醇、乙腈、四氢呋喃除易燃、有毒外，它们高纯制品的价格也比较昂贵，并且使用后废液的处理费用也同样是昂贵的。

由于传统上人们习惯认为高效液相色谱中使用的流动相应是在常温、常压下呈液态的化合物，从而造成人们对可作为流动相的溶剂种类仅能做出十分有限的选择。显然这还涉及 HPLC 对选用流动相能对被分离溶质提供的 k' 和 α 值的限度相关。

为在反相液相色谱分析中扩展可使用的新型流动相，人们必须突破流动相在常温、常压下是液态化合物的限制。常规液相色谱多在常温下操作，由于使用光学检测器的限制，常常忽视温度效应对分离的影响。在反相液相色谱分析中，以水作为流动相的主体。水为强极性溶剂，在常温 20℃具有溶剂强度参数 $\varepsilon°>0.9$、溶解度参数（$\delta=21$）、溶剂极性参数（$P'=10.2$）的最高值，其介电常数 e 也高达 78.5。但它的溶剂洗脱强度却是最低的，因此必须加入改性剂甲醇（$\varepsilon°=0.95$，$\delta=12.9$，$P'=5.1$，$e=32.7$）、乙腈（$\varepsilon°=0.65$，$\delta=11.8$，$P'=5.8$，$e=37.5$）、四氢呋喃（$\varepsilon°=0.57$，$\delta=9.1$，$p'=4.0$，$e=7.6$）以增强其溶剂洗脱强度。从数据可看到，强洗脱溶剂甲醇、乙腈、四氢呋喃的 $\varepsilon°$、δ、P' 和 e 值均低于常温水的各种对应值。如果能把常温水具有的 $\varepsilon°$、δ、P' 和 e 值降低，就可增强水的溶剂洗脱强度，并可不必加入甲醇、乙腈、四氢呋喃等改性剂，就可改善水对色谱分离的选择性。

实际上，具有低介电常数 e 的水是存在的，这就是在很低压力下（如 1.5～5.0MPa）提供的超热水，亦即温度超过水的沸点（100℃）的热水。通常水随温度的增加其介电常数的变化如图 11-6 所示。水随温度的增加其蒸气压的变化如图 11-7 所示[28~31]。

由图 11-6 可看到，水的介电常数在 20℃为 78.5，150℃降至 44，200℃降至 35，225℃降至 31，其与 50/50 的甲醇/水混合溶液的介电常数相当。由此可知，超热水的温度愈高，其介电常数 e 值愈小，即意味它具有更高的溶剂洗脱强度[28]。

由图 11-7 可看到，保持 200℃的超热水，其蒸气压仅为 1.5MPa，因此使水以超热水状态存在时所需的环境压力并不高，当外界压力在 5.0MPa 以下时，水的密度不依赖于压力。因此维持水以超热水状态存在时，并不需要精密的压力控制，也不需进行任何检验来确认。

1996 年 Smith 等首次报道了使用超热水作为流动相的高效液相色谱仪的组成，他们使用高压输液泵输送常温纯水，把液相色谱柱安装在气相色谱仪中，用程序升温装置控制柱温至 200℃左右，柱后流出物经冷却器冷却后，再进入紫外吸收检测器，检测器后连接一个可提供 5.0MPa 阻力的固定气阻或一个电子式反压调节器，以保证分析系统的压力，使水以超热水状态在色谱柱中进行色谱分离。图 11-8 为以超热水为流动相的高效液相色谱仪的结构[28]。

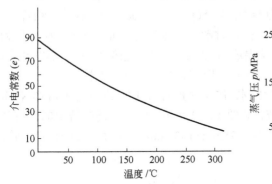

图 11-6　水随温度升高介电常数的变化　　　　图 11-7　水随温度升高蒸气压的变化

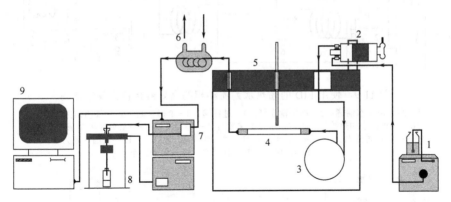

图 11-8　超热水为流动相的高效液相色谱仪结构

1—高压输液泵；2—进样阀；3—柱箱中水预热环管；4—液相色谱柱；5—用于气相色谱的柱箱（带有程序升温装置）；6—冷却器环管；7—UVD；8—电子反压调节器；9—色谱工作站

以超热水作流动相，对在常规反相液相色谱广泛使用的以硅胶为基质的 ODS 柱已不适用。实验已证明，此时 ODS-硅胶柱使用一天后，溶质的保留时间会剧烈下降，并使柱效受到损失，表明其稳定性已被破坏。

在此法中可使用的色谱柱为用聚苯乙烯-二乙烯基苯共聚物（PS-DVB）微粒（5μm）、多孔石墨化炭黑微粒（5μm）和聚丁二烯包覆 ZrO_2（PBD-ZrO_2）微粒（3μm）填充的常规柱（ϕ4.6mm×150mm）或微孔柱［ϕ(1～2.1)mm×(100～150)mm］，柱温保持在 200～225℃[29,31~34]。

此法中使用的检测器除紫外吸收检测器外，还可使用液相色谱中常用的荧光检测器和蒸发光散射检测器。由于在超热水中不含有甲醇、乙腈、四氢呋喃等有机改性剂，近年还报道气相色谱法中使用的氢火焰离子化检测器（FID）、热离子化检测器（TID）和火焰光度检测器（FPD）也可在本法中使用[42]。图 11-9 为经过改进进样流路，并使用 FID 的超热水色谱仪的流路图。由图中可看到，超热水流动相的输入流路已和进样流路分开，从而可减少进样塞的扩张。在低柱温 100～150℃ 使用的色谱柱为 ODS 硅胶柱（ϕ2.1mm×150mm），当高柱温或程序升温（$100℃\xrightarrow{10℃/min}225℃$）操作时，使用 PRP-1 柱（5μm，PS-DVB，ϕ1mm×150mm）或 Hypercab（5μm，石墨化炭黑ϕ1mm×100mm）。毛细管阻力器为内径 50μm、长 100cm 的熔融硅毛细管柱。FID 为气相色谱仪常规使用的标准型，操作时超热水流量为 50μL/min，H_2 流量为 100mL/min，空气流量为 250mL/min，检测温度为 400℃，以保证超热水的完全蒸发[30,31]。为了改善分离选择性，可向超热水中加入氨、甲酸、三氟乙酸等改性剂。

近来还报道了以超热重水 D_2O（含氘水）作动相的 HPLC，并实现 HPLC-NMR 联用和 HPLC-NMR-MS 同时联用系统，如图 11-10 所示[45]。在上述装置中的分析条件为：D_2O 流速为 1mL/min；预热环管为 0.25mm×1000mm；进样阀为 20μL 定量管；

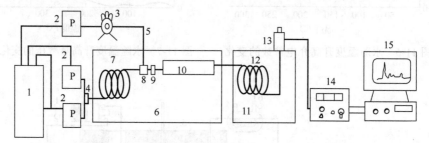

图 11-9 使用 FID 的超热水为流动相的高效液相色谱仪流路图

1—纯无离子水储罐；2—高压输液泵；3—进样阀；4—T 形三通；5—不锈钢连接管线；
6—气相色谱加热柱箱（带有程序升温装置）；7—热交换器；8—低死体积 T 形三通；
9—在线过滤器；10—液相色谱柱；11—冷却恒温箱（75℃）；12—毛细管阻力器；
13—FID；14—微电流放大器；15—色谱工作站

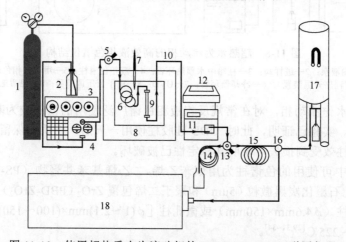

图 11-10 使用超热重水为流动相的 HPLC-NMR-MS 联用仪器

1—N_2 钢瓶（用于水脱气）；2—水储罐；3—程序升温控制器；4—高压输液泵；5—进样阀；6—预热环管；
7—温度计；8—加热 GC 柱箱；9—液相色谱柱；10—冷却散热片；11—UVD；12—微处理机；13—切换阀；
14，15—PEEK 连接管；16—三通分流器；17—NMR 磁场及数据处理系统；18—MS 和数据处理系统色谱柱为 PLRP-S（PS-DVB，ϕ4.6mm×150mm）；冷却散热片（铜）为ϕ0.05mm，3cm×12cm；UVD（254mm）或 FD（激发波长 300nm，发射波长 430nm）；PEEK 管ϕ0.13mm×3m；切换阀和进样阀为雷达尔 7125 型[35]。

NMR 波谱仪为 500MHz，检测池为 120μL，使用停流 HPLC-^{1}H NMR 实验，也可用二维 NMR（2D-COSY）。

MS 质谱仪的安装：距 NMR 磁场 30cm 处安装三通分流器，并用ϕ0.13mm×3m PEEK 管，经电喷雾界面连接到质谱仪。

使用上述联用仪器，一次进样可获得色谱，NMR 波谱和质谱的三重信息对解决复杂样品分析发挥了重要作用，已用于药物（4-乙酰氨基酚、咖啡因和非那西丁）的分析及结构解析。

由以上简介可知，以超热水作为流动相的 HPLC 方法已受到广泛重视，它最适用于反相色谱来分离中等或强极性的化合物（如药物、农产品和食品），并可通过调节 pH 值的变化来改善和优化分离，而不必使用有机改性剂。它可广泛使用 HPLC 和 GC 中的检测器，并易于实现与 NMR 和 MS 的联用。超热水和超热重水价格低廉、无毒、对环境友好，它易于制得高纯度，也不存在废物处理问题，已被色谱工作者称为"绿色流动相"。此方法实际上已在常规 GC 和 HPLC 之间架起沟通的桥梁，可预料这种对环境友好的分析方法必将获得更快的发展[29]。

二、其他绿色流动相[36]

在 HPLC 分析应用中，水、丙酮和乙醇可以认为是对环境友好的溶剂[35]。

在反相色谱中广泛使用的甲醇、乙腈、四氢呋喃，三者比较起来，应优先使用甲醇，因它的毒性低于乙腈、四氢呋喃，并且回收处理也易于进行。乙腈被广泛使用是因为它具有低黏度、低酸度、低化学活性，易于溶解多种样品，并易与其他溶剂混溶的特点。当用甲醇取代乙腈时，在分离效率和分离选择性上，并未发生特别的变化。

乙醇在 HPLC 中使用较少，是因为其与水混溶后黏度增大，使色谱柱反压升高，不利于在普通 HPLC 仪器（柱压上限 40MPa）上使用，现在 UHPLC 仪器已获广泛使用，当用乙醇作流动相时，柱压约为 770bar（用甲醇 590bar，用乙腈 440bar），因而使用黏度大的乙醇-水溶液作流动相已不是限制乙醇使用的问题了。

丙酮对多种样品有很好的溶解能力，并易于与其他溶剂混溶，但由于它具有强烈的紫外吸收性能（截止波长 340nm），当以 UVD 作检测器时，就限制了它在 HPLC 中的应用。当使用 RIU、ELSD、CAD 和 MSD 时，就可用丙酮取代乙腈作流动相，在 HPLC-MS 联用中丙酮取代乙腈的趋势正在增加。

第三节　剪切驱动色谱

剪切驱动色谱（shear driven chromatography，SDC）的概念首先由比利时巴赛尔 Vrije 大学化学工程系 G. Desmet 教授领导的研究组提出，它们针对压力驱动色谱（如 HPLC）遇到的使用柱压力降的限制和电驱动色谱（如 CE 或 CEC）遇到的使用电压降（或同时伴有柱压力降）的限制，提出了一种全新的没有理论上限制的剪切驱动色谱。

Desmet 首先从理论上推导了用剪切驱动色谱实现分析测定的可能性[37,38,45]。在压力驱动和电驱动的色谱中，溶质的分离是依据在两相间的传质、对流、扩散和电迁移过程来实现的，而在剪切驱动色谱中，溶质的分离依据在两相间的流动效应，即黏性牵引，来实现溶质的扩散、传质，这种效应存在于任何一种流体（气体、液体、超临界流体）流路。在压力驱动的流路中，随固定相颗粒的存在和柱长的增加，黏性牵引仅起不希望的负效应，即会减慢流体的流速。

在剪切驱动色谱中，黏性牵引就转变成一种有利因素，这是因为 SDC 使用了和常规色谱技术完全不同的实验装置，它利用在同一个平面上固体相通道内壁在移动相通道内壁上（或相反）的滑行（平动），此时通道内壁部分不是作为流动相的阻力，而是提供一种净脉冲源，牵引流体进入和移出通道，使分离过程不需提供一种压力梯度或电压梯度。

一、仪器构成及操作方法

作为 SDC 仪器的理想模式是使用两个平面板，构成开放式直角交叉的通道，一个较长的平面板作移动板，在其上面垂直方向放置一个短小的矩形平面板作固定板（或者相反）。在移动板上要载带一个微机械通道间隔的阵列；在固定板的下表面要涂喷或键合适用的固定相。可用固定夹具使移动板和固定板紧密接触，但二者之间由通道间隔（厚度为 0.1～10μm）保持两板之间有均匀的固定距离，可使流动相以极薄的液层流过通道。移动板和固定板之间距离的宽度和长度可自由选择。

Desmet 研究组先后提出两类剪切驱动色谱仪器装置。

1. 价格低廉，结构简单的 SDC 装置

采用玻璃板或透明塑料板作移动板，在移动板上用激光喷墨打印机打印出微通道间隔的全部长度，打印线约高 8μm，打印线可作为通道的间隔，以便与固定板之间的距离保持 8μm。也可使用胶黏层，使移动板和固定板间的距离降至 4μm，若固定板上键合 2μm 厚的反相固定相薄层就可获得移动相液层厚度 d=2μm 和固定相厚度 d_f=2μm 的 SDC 仪器系统，如图 11-11、图 11-12 所示[39,41,45~48]。应当指出，使用的固定板应为透明的小尺度滑板（或玻璃载片），可透光。以便于检测器监测样品组分的分离情况。

移动板可用步进电机牵引，带动流动相在移动板和固定板间的薄层通道中向前运行。移动板向前移动的距离可为 2～10mm，全部样品分析过程可在几分内或几秒内快速完成，它是由移动板的移动线速度决定的。

2. 价格昂贵，结构精密，构成芯片实验室的 SDC 装置

使用表面磨光的硼硅玻璃片（5mm×20mm）或直径 6cm、厚 5mm 的圆形硅片

作移动板，用一个高精密度的铣床机械手，在其表面刻蚀一个阵列的平行通道间距，中心四条黑线表示为 350nm 宽的通道线，在四条线之间构成了三个相邻的平行分离通道，每个通道宽 700nm，其圆形硅片固定在 1cm 厚的金属夹具 A 中[42,47,51]。

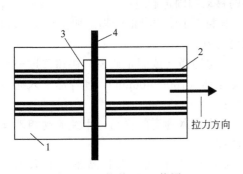

图 11-11　简单 SDC 装置

1—移动板；2—喷墨打印微通道；
3—固定板；4—夹具

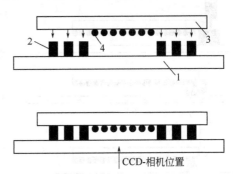

图 11-12　简单 SDC 装置剖面图

1—移动板；2—喷墨打印微通道；
3—固定板；4—固定板键合的固定相

在圆形硅片上面放置一个熔融硅平板（10mm×20mm 或 15mm×20mm）作为固定板，板下面内壁可键合固定相，并安装在由步进电机可以平行移动的平动平台 B 上。

在固定板上面用一条形上盖 C 压紧固定板和移动通道，条形上盖 C 两端用螺钉固定在金属夹具 A 上。此条形上盖中间留有透光孔洞用于检测器检测。

全部装置如图 11-13 所示[44,45,52]。

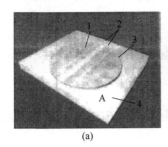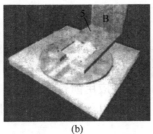

　　　(a)　　　　　　　　　　(b)　　　　　　　　　　(c)

图 11-13　芯片上的 SDC 装置

1—圆形硅片；2—刻蚀的平行通道；3—金属夹具 A；4—熔融硅平板；
5—平动平台 B；6—条形上盖 C；7—固定螺钉

3. 检测器

在 SDC 中，样品在超薄通道进行分离，仅产生超短质量转移距离，可提供前所未有的分离速度，但它也会造成技术上的限制。分析过程中，由于在分离通道中存在的样品浓度极低，约 40fmol 到 40pmol，要实现对这样低数量级样品分子的检测，必须使用高灵敏度检测器和快速数据采集[47,50]。

现在实现检测常使用高灵敏度 CCD 照相机[39]或用荧光检测器[43,52]。

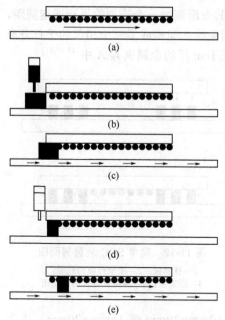

图 11-14　半自动停流进样示意图

（a）～（e）对应进样方法阐述

4. 进样方法

半自动停流进样，操作步骤如下[39,40,51]：

a.用真空泵抽吸流动相，使其润湿薄液层的移动和固定通道；

b.将 1 小滴样品混合物滴加在 SDC 入口通道前方；

c.将通道（或固定通道）快速移过一个确定距离（100～400μm），使样品进入通道内壁；

d.未进入通道的样品，用纯流动相液体冲洗掉；

e.启动平动平台，使样品在 SDC 仪器中进行分离运行。见图 11-14。

二、固定相、流动相和分析实例

1. 固定相

在固定通道上的偶联固定相可使用酸浸取、水解和硅烷化反应来进行。如将 4μm C_{18} 固定相微粒定位在固定通道内壁，可在引发剂存在下，采用光照聚合法[40,52]。

2. 流动相

可使用磷酸盐缓冲溶液（pH=3 的 H_3PO_4+NaH_2PO_4）或甲醇（乙腈）-磷酸盐缓冲溶液。

3. 分析实例

① 四种不同香豆素染料 C440、C450、C460、C480 的分离，见图 11-15。

② 血管紧张素两种成分的分离，见图 11-16。

4. SDC 理论塔板高度的计算和应用前景

Desmet 等考虑分子扩散、流动相和固定相的传质阻力提出 SDC 的理论塔板高度可按下式计算[44,51]：

$$H = 2\frac{D_m}{U} + \frac{2}{30} \times \frac{1+7k'+16k'^2}{(1+k')^2} \times \frac{d^2}{D_m}U + \frac{2}{3} \times \frac{k'}{(1+k')^2} \times U \times \frac{d_f}{D_s}$$

式中，D_m 和 D_s 分别表示溶质在流动相和固定相中的分子扩散系数；d 和 d_f 分别为移动相和固定相层的厚度；U 为流动相线速度；k' 为容量因子。

若在 SDC 中忽略固定相的传质阻力，仅由上式中前两项计算 H，可获下述数据。

U/(mm/s)	1	3	5	8	10
$H(k=0)$/μm	1.75	0.60	0.38	0.27	0.24
$H(k=5)$/μm	1.77	0.66	0.48	0.43	0.43

由数据可看出，对 $k=0.5$ 的弱滞留组分，通过 8mm 长通道就可产生每秒 18600

块理论板数，上述性能远远超过常规 HPLC 和在 2070bar 操作，使用 1.5μm 粒子的超高压 HPLC。后者对非滞留组分仅产生每秒 1500 块理论板数。SDC 可在 5min 内产生 100000 块理论板数。

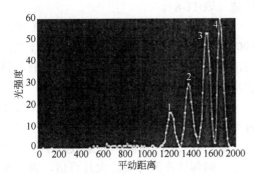

图 11-15　CCD 监测香豆素染料的分离

1—C440；2—C450；3—C460；4—C480

流动相：甲醇-H_3PO_4-NaH_2PO_4 缓冲溶液，pH=3（40∶60）

固定相：ODS 硅烷键合相

移动板线速度：2mm/s

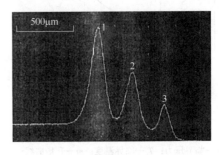

图 11-16　血管紧张素两种成分的分离

1—血管紧张素Ⅰ；2—异硫氰酸酯荧光标记物；
3—血管紧张素Ⅱ

流动相：5%乙腈-0.02mol/L 的磷酸盐缓冲溶液
（pH=6.5）

固定相：ODS 硅烷键合相

移动板的线速度：35mm/s

可知 SDC 是一种全开放、零压力降、高速度和高效率的色谱分析新技术，是一种超微量的分析方法，可在芯片上完成高分子量样品的分析，其商业潜力是适用于要求>50000 块理论塔板数的分离任务。

第四节　超高效合相色谱

2012 年 3 月 Waters 公司首先提出超高效合相色谱（ultra performance convergence chromatography，UPC^2）方法，它是利用超临界流体色谱（supercritical fluid chromatography，SFC）技术的基本原理与 Waters 公司业已成熟的超高效液相色谱（ultra performance liquid chromatography，UPLC）技术相结合，提供了一种全新的色谱分离工具。

一、超高效合相色谱方法原理简介[53]

超高效合相色谱采用经压缩的超临界流体 CO_2 作为首选流动相，并以一定量高效液相色谱使用的有机溶剂作为改性剂，其相互混合后作为合相色谱的流动相。

1. 超临界流体的性质

超临界流体（supercritical fluid，SCF）是指物质处于临界压力 p_c 和临界温度 T_c

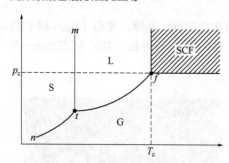

图 11-17　物质随温度和压力
变化时状态的变化

S—固体区；L—液体区；G—气态区；
t—三相点；f—临界点；SCF—超临界流体区；
p_c—临界压力；T_c—临界温度；nt—升华曲线；
mt—熔融曲线；tf—汽化曲线

以上时的状态，为与气体和液体状态相区别，称作超临界流体，如图 11-17 所示。

超临界流体呈现出与气体和液体不同的性质（表 11-8）。

SCF 的密度与液体相近，为气体的 100～1000 倍，其分子间作用力比气体强，与溶质分子的作用力也很强，很易溶解各种物质。

SCF 的黏度远小于液体，流动性比液体好得多，即使在 40MPa 下，也只略高于气体。

溶质在 SCF 中的扩散系数远小于在气体中，但却比在液体中的大几百倍，表明在 SCF 中传质比液相传质好得多，这也有利于物质在 SCF 中的溶解。

表 11-8　超临界流体、液体和气体的物理性质

性质	超临界流体	液体	气体
密度/(g/cm³)	0.2～0.9	0.8～1.0	（0.5～2.0）×10⁻³
扩散系数/(cm²/s)	（0.5～3.3）×10⁻⁴	（0.5～2.0）×10⁻⁵	0.01～1.0
黏度/[g/(cm·s)]	（2.0～9.9）×10⁻⁴	（0.3～2.4）×10⁻²	（0.5～3.5）×10⁻⁵

SCF 的表面张力很小，很容易穿透样品基质，利于样品组分的溶解，它能保持较高的流速，可使样品高效、快速地溶解。

通常以临界条件较低的物质，优先选择作为超临界流体。表 11-9 列出了常用超临界流体的临界压强、临界温度和临界密度。

表 11-9　常用超临界流体的临界参数

流体	临界压强/MPa	临界温度/℃	临界密度/(g/cm³)
乙烯	5.12	9.9	0.227
氟里昂	3.90	28.8	0.578
二氧化碳	7.38	31.1	0.46
乙烷	4.88	32.3	0.203
一氧化二氮	7.17	36.5	0.451
丙烯	4.62	91.6	0.220
丙烷	4.26	96.9	0.220
氨	11.28	132.4	0.236
丁烷	3.80	152.0	0.228
二氧化硫	7.88	157.6	0.525
己烷	3.03	234.2	
戊烷	3.28	296.7	0.232
水	22.11	374.3	0.326

2. 二氧化碳超临界流体

在实践中使用最多的超临界流体为二氧化碳，表 11-10 列出了不同状态下二氧化碳的物理性质。二氧化碳由于临界数值相对较低（p_c 7.38 MPa，T_c 31.1℃）而被广泛采用，它还具有以下特点：

① 化学性质稳定，极性低，不活泼，不易与被萃取溶质起化学反应，适于萃取热敏感化合物。

② 物理性质稳定，无毒、无臭、无味，沸点低，当低于 p_c 时，易从萃取后的组分中除去。

③ 价格适中，易制得高纯度产品，便于广泛使用。

由于二氧化碳极性很低，只适于萃取非极性和低极性化合物，若欲萃取极性化合物，应向二氧化碳超临界流体中加入低于 10%的甲醇、异丙醇，以增加对极性化合物的溶解能力，来提高 SFE 的萃取效率。

表 11-10　不同状态下二氧化碳的物理性质

状态	密度/(g/cm³)	黏度/[g/(cm·s)]	扩散系数/(cm²/s)
气态	$1.0×10^{-3}$	$(0.5～3.5)×10^{-4}$	$(1～100)×10^{-2}$
超临界态（T_c，p_c）	$4.7×10^{-1}$	$3.0×10^{-4}$	$70×10^{-5}$
超临界态（T_c，$6p_c$）	$10.0×10^{-1}$	$1.0×10^{-3}$	$20×10^{-5}$
液态	$10.0×10^{-1}$	$(3～24)×10^{-3}$	$(0.5～2)×10^{-5}$

3. 合相色谱的流动相[53]

作为合相色谱流动相主体的超临界 CO_2 流体具有低的黏度，在色谱柱中具有高的扩散速度，从而会加快样品分子的质量传递，它相似于一种假想的、具有低碳数的非极性流体，性能相似于正构烷烃（如正己烷）。CO_2 超临界流体是允许色谱分离在较低温度下进行的流动相。

在合相色谱流动相中作为改性剂的有机溶剂种类繁多、极性差别大（如从正己烷→甲苯→氯仿→四氢呋喃→乙腈→甲醇），可有效地调节合相色谱流动相的极性，从而可以大大扩展对样品分离选择性的调节。

应当注意，由 CO_2 超临界流体与改性剂（或称助溶剂）组成的合相色谱流动相已不处于超临界状态，可看作处于亚临界状态，其分离性能相似于正相液相色谱的流动相。

4. 合相色谱的固定相

在超高效合相色谱分析中，使用了超高效液相色谱（UPLC）中广泛使用的经"桥联乙基杂化"（BEH）制备的 ACQUITY UPC² 柱，通过减少和控制微粒表面硅醇基活性，即使对高保留的碱性非手性化合物，不使用改性剂也能获得良好的峰形。

现已提供以下四种固定相用于超高效合相色谱分析，色谱柱性能见表 11-11。表 11-12 为合相色谱中使用的改性剂和固定相的选择范围。

表 11-11　合相色谱固定相的性能参数

柱类型	粒子形状	粒径/μm	孔径/nm	比表面积/(m²/g)	碳负载量/%	包覆
BEH 2-EP	球形	1.7，3.5	13.5	185	9	非
BEH	球形	1.7，3.5	13.5	185	N/A	N/A
CSH 氟苯基	球形	1.7，3.5	13.5	185	10	非
HSS C_{18} SB	球形	1.8，3.5	13.5	185	8	非

表 11-12　合相色谱中使用的改性剂和固定相的选择范围

改性剂（助溶剂）	选择性区间	固定相
正戊烷、正己烷、正庚烷		硅胶/BEH[54]
二甲苯		
甲苯		2-乙基吡啶
二乙基醚		
二氯甲烷		氰基
三氯甲烷		
丙酮		氨丙基
二噁烷	合相色谱无限多种改性剂	
四氢呋喃	和固定相的选择	二醇基
甲基叔丁基醚（MTBE）		
乙酸乙酯		酰氨基
二甲基甲酰胺		
乙腈		
异丙醇		五氟苯基
乙醇		苯基
甲醇		C_{18}，C_8

5. 合相色谱的范第姆特曲线

为了表明合相色谱的超高柱效，使用相同的试验溶质和相同的流动相，对由不同粒径填充的 HPLC 柱（3μm）、SFC 柱（10μm）、UHPLC 柱（1.7μm）和 UPC² 柱（1.7μm）绘制了 H-u 曲线，如图 11-18 所示，由图中可看到 UPC² 柱的超高柱效。

二、超高效合相色谱仪的结构特点[53]

2012 年 3 月 Waters 公司首次推出超高效合相色谱仪 ACQUITY UPC² 系统，如图 11-19 所示。

UPC² 以超临界 CO_2 和少量助溶剂为流动相，一方面超临界 CO_2 具有黏度低、传质效率高、溶剂化能力强、绿色环保等优点；另一方面，助溶剂的种类选择广泛，从非极性的正己烷到极性的甲醇，都可以单独或混合后作为其助溶剂。UPC² 固定相种类繁多，涵盖正相 HPLC 和反相 HPLC 的固定相，结合不同极性的助溶剂选择，大大拓展了其分离选择性。

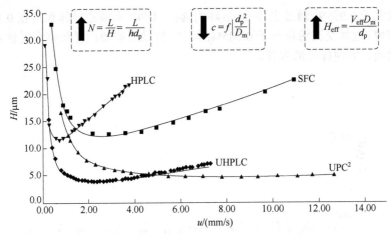

图 11-18 使用不同粒径的 HPLC 柱（3μm）、SFC 柱（10μm）、
UHPLC 柱（1.7μm）、UPC² 柱（1.7μm）绘制的范第姆特曲线

Waters ACQUITY UPC² 系统包括二元溶剂管理器（binary solvent manager，BSM）、样品管理器（sample manager，SM）、柱温箱管理器（column manager，CM）、检测器（detector，可选择 PDA、ELS 以及质谱检测器）以及合相色谱管理器（convergence chromatography manager，CCM）。每个部件都是结合超临界流体的特性，经过整体的专门优化设计，具有以下显著特点。

1. 二元溶剂管理器（binary solvent manager，BSM）

BSM 是 UPC² 的流动相输送系统，具有高精密度、高重现性的流体传输性能。CO_2 泵采用 DPC（direct pressure control，直接压力控制）算法技术，以及泵头的两级制冷技术，因此，能够对 CO_2 的密度和传送进行精密、准确的控制，进而在运行等度或者梯度的分

图 11-19 Waters ACQUITY UPC² 系统

析方法时，系统压力波动更小，重现性更好，BSM 的流量范围在 0.010～4.000mL/min，精度可至 0.001mL/min。图 11-20 是 UPC² 系统运行阶梯形梯度的结果，在 0～100%助溶剂的范围内均获得良好的重现性结果。此外，UPC² 系统的助溶剂泵有 4 路溶剂可以选择，因此，对于方法开发和优化十分方便。

2. 样品管理器（sample manager，SM）

样品管理器采用专门优化设计的"定子-转子"技术，以及 Waters 先进的 nano 阀定量环技术、双六通阀技术，带针溢出的部分采用环进样模式（PLNO），可实现离线清洗以及提前加载样品的功能。因此，UPC² 的样品管理器具有进样精准、线性优良、进样量灵活等特点，克服了传统 SFC 进样器只有满环进样、样品用量大、进样不灵活等缺点。如图 11-21 是 UPC² 系统从 1.0～10.0μL 进样时的实验结果，线性

相关系数大于 0.9999。通过进样 Loop 环的选择，UPC^2 系统进样体积可在 0.1~50μL 内灵活调控，进样交叉污染小于 0.005%；同时，样品管理器的样品室可提供 4~40℃ 的冷藏功能，方便样品的保存。

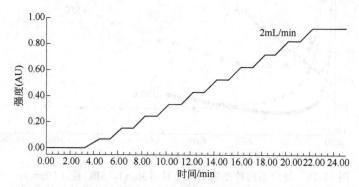

图 11-20　UPC^2 系统运行梯度性能

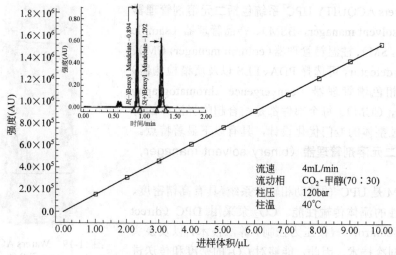

流速	4mL/min
流动相	CO$_2$-甲醇(70∶30)
柱压	120bar
柱温	40℃

图 11-21　UPC^2 系统进样线性图

3. 色谱柱管理器（column manager，CM）

色谱柱管理器具有精准的温度控制（温度控制范围 4~90℃），以及灵活的自动柱切换功能。柱温箱管理器采用模块化的设计，每个色谱柱管理器可以容纳两根色谱柱，并带有独立的加热/冷却温度控制室，可配置多个柱温箱管理器并联使用，容纳多根色谱柱。色谱柱的加热/冷却采用电子控制的主动预加热器（active pre-heater）技术，保证色谱柱内的温度分布十分均一，消除传统柱温箱被动加热模式所造成的柱入口至出口的温度梯度。因此，保证分析方法的重现性更好，方法转换更可靠、方便。多柱自动切换的技术结合多路助溶剂自动切换功能，十分方便方法开发或者多个检测项目在同一系统上运行，大大提高了方法开发的效率和仪器的使用率。

此外，UPC^2 的每根色谱柱带有专利的 eCord™功能，自动而详细记录色谱柱的使用情况，方便色谱柱的管理与保养。

4. 合相色谱管理器（convergence chromatography manager，CCM）

合相色谱管理器是 UPC^2 仪器的核心部件之一，其主要作用是管理 CO_2 流体。一方面，在 CO_2 进入泵之前，采用电磁阀对 CO_2 流体进行控制，保证其安全开启/关闭，同时配备在线过滤装置，过滤杂质，加强对泵以及色谱柱的保护。另一方面，自动背压调节器（auto back pressure regulator，ABPR）采用两级背压调节（静态和动态压力调节），精密而准确地调控系统压力，在运行等度或者梯度分析方法时，系统的背压波动通常小于 5psi，进而保证分析方法的重现性良好，大大降低基线波动，并提高检测器灵敏度。此外，UPC^2 系统可通过 ABPR 实现压力梯度的分析方法，因此提供更多的分离选择。对压力的精准调控，使得 UPC^2 系统能在细微压力的差别下，获得不同的分离效果。

5. 检测器（detector）

UPC^2 系统可连接二极管阵列（PDA）、蒸发光散射（ELS）以及质谱等检测器，可满足不同化合物分析检测的需求。以常规的光学检测器 PDA（波长范围 190～800nm）为例，该检测器经过专门的优化设计，具有温度管控功能，可进一步降低基线噪声；同时，分析流通池采用高强度熔融石英材质，梯形狭缝的专利技术，因此具有更高的耐压性能、更高的检测灵敏度。同时，基于 UPC^2 二元高压泵系统稳定的流体输送性能，以及主动备压调节器对整个系统压力的精准调控，大大降低了基线噪声，因此，UPC^2 系统具有非常优越的检测灵敏度。如图 11-22 是对胃复安样品进行杂质分析的色谱图，相对于主峰 0.02% 含量的杂质，都能得到精准的定量分析。

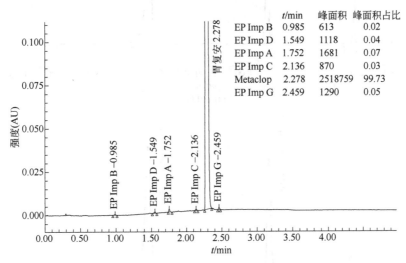

	t/min	峰面积	峰面积占比
EP Imp B	0.985	613	0.02
EP Imp D	1.549	1118	0.04
EP Imp A	1.752	1681	0.07
EP Imp C	2.136	870	0.03
Metaclop	2.278	2518759	99.73
EP Imp G	2.459	1290	0.05

图 11-22　UPC^2 系统对胃复安进行杂质检测的谱图

6. 亚-2μm 颗粒填料

ACQUITY UPC^2 系统秉承质量源于设计的理念，是一套整体设计和经过流体力学工程优化的系统，系统体积小，使用亚-2μm 颗粒填料，具有更加明显的优势；结合 Waters 非常成熟和完善的色谱柱化学技术，将日益丰富超高效合相色谱的色谱柱化学品种类。

除了 Waters ACQUITY UPC^2 系统以外，Agilent 1260 infinity 超临界流体色谱仪配有 Aurona SFC Fusion A5 模块，也可用于超高效 UPC^2 分析。

三、超高效合相色谱仪的性能特点

ACQUITY UPC^2 系统与现有的色谱分析技术对比，具有自己独特的性能特点和优势。UPC^2 基于 SFC 的技术原理，但是硬件/软件性能的提升以及亚-2μm 颗粒色谱柱填料技术，使得 UPC^2 系统的耐用性、重现性、灵敏度以及效率有了质的飞跃。UPC^2 技术可以方便地联用 PDA、ELS、MS 等检测器，大大拓展了该技术的应用领域。

1. 作为正相 HPLC 的取代技术

作为正相 HPLC 的取代技术，UPC^2 具有更加优良的分离性能，并能大大减少高毒性有机溶剂的使用，同时显著降低样品的分析成本。如图 11-23 所示，对美国药典（USP）规定的正相分析方法进行转换，所获得的 UPC^2 分析结果在无需折中分离

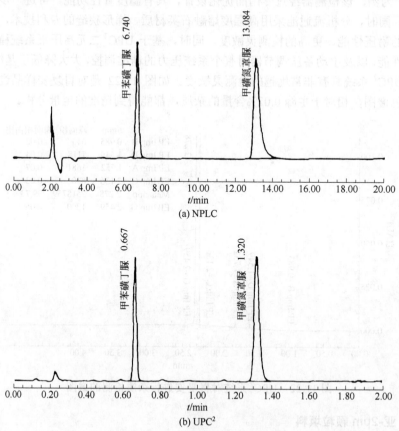

(a) NPLC

(b) UPC^2

图 11-23　美国药典 NPLC 方法转换为 UPC^2 方法的对比谱图

度和灵敏度的情况下，分析效率提高 10 倍，分离成本由正相 HPLC 的 1.40 美元/针降低至 0.01 美元/针。此外，对于脂溶性维生素样品，如维生素 E、维生素 D、维生素 A、维生素 K、类胡萝卜素等，有机发光材料、非离子表面活性剂、精细化工产品等，ACQUITY UPC^2 系统均能获得比传统 NPLC 分析结果更灵敏、分离度更高、分析速度更快的分析结果。

另外，传统采用正相 HPLC 分析的化合物体系通常不兼容质谱的检测技术，因此大大限制了研究工作的深入开展。而采用 UPC^2 技术，可以便捷地同质谱联用，大大提升了分析技术的检测能力，为研究工作提供更多高价值的数据信息。

2. 作为反相 HPLC 正交技术

UPC^2 具有与正相 HPLC 类似的保留机理，因此可提供与反相 HPLC 的正交保留特性，且具有与 RPLC 不同的分离选择性，从而发现更多未知的化合物并获得更加满意的分离结果。如图 11-24 是分别采用反相 UPLC 和 UPC^2 系统对同一个样品混合物体系进行分析，获得的分离效果迥乎不同。此外，对采用 LC 分析时没有保留的极性组分，如多糖，或者强保留的非极性组分，UPC^2 技术均能提供更好的分离结果，而无需烦琐的样品衍生处理。因此，当遇到现有反相 UPLC 技术难以实现良好分离的化合物体系，或者需要不同选择性分离条件的应用时，均可采用 ACQUITY UPC^2 系统进行分离条件的优化，以期达到理想的分离结果。

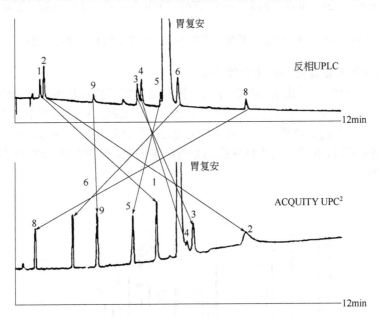

图 11-24 采用 UPC^2 和反相 UPLC 系统分析结果对比谱图

3. 作为对映体/非对映体或者异构体的分离技术[56]

作为对映体/非对映体或者异构体的首选分离技术，ACQUITY UPC^2 系统分离更快、灵敏度更高、成本更加低廉。图 11-25 是采用 UPC^2 系统对苯甲酸苄酯衍生物对映异构体进行手性分析的结果，在 2min 的时间内，可达到 7.0 以上的分离度，并且在 S-构型异构体含量低至 0.02%的情况下，能精确地测定其对映体过量值（*ee* 值）。此外，超高效合相色谱技术是一项绿色环保的快速分离技术，能方便地将分析方法放大到半制备、制备的纯化方法，从而能够低成本、高效率地获得高纯度的单一对映体化合物，快速开展相关的研究工作。

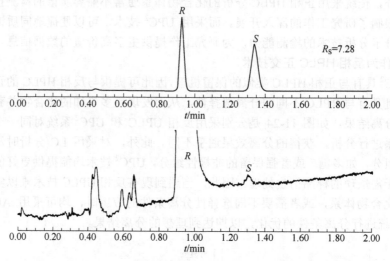

图 11-25　采用 UPC² 系统分析苯甲酸苄酯衍生物对映异构体谱图

4. 单次分析涵盖更多的化合物种类[55]

作为一项新的分离技术，UPC² 系统能提供更加宽泛极性范围化合物的分析，同时为 GC、LC 难以解决的应用领域提供更好的分离选择。图 11-26 是在 UPC² 系统上分离 18 种化合物的谱图，化合物的种类宽泛，包括维生素异构体、抗生素、生物碱、甾体等；同时，6 针连续进样的叠加分析结果表明，保留时间 *RSD* 值小于 0.4%，重现性非常良好。

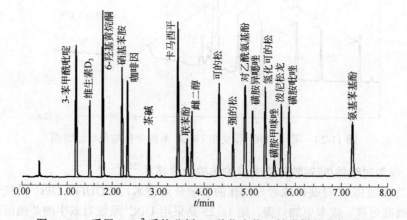

图 11-26　采用 UPC² 系统分析 18 种化合物 6 针进样的叠加谱图

5. 作为 GC 的互补分离技术

GC 作为一种非常高效率的分析技术，在色谱分析工作中应用广泛，尤其是在挥发性化合物分析方面具有独特的优势。但是，由于 GC 的自身特点，其在以下几个方面存在一定的不足：热敏性化合物的分析，研究体系中需要单一化合物的分离纯化；采用 GC-MS 技术研究未知化合物时，不能获得准分子离子峰信息，增添了解析未知化合物的难度。

超高效合相色谱技术采用较低温度的 CO_2 和少量助溶剂作为流动相，操作温度通常低于 50℃，对热敏性的化合物可以采用更低的温度进行分析研究（UPC^2 的柱温箱可以控制低至 4℃ 的柱温），克服了热敏性化合物不稳定的难点。另外，需要纯品的研究体系，可以将 UPC^2 的分析方法顺利放大到制备型的 SFC 设备，进行相关化合物的纯化分离工作，大大方便了研究工作的深入开展。此外，当采用 UPC^2-MS 技术进行未知体系的研究工作时，质谱检测器采用软电离的技术，能获取准分子离子峰的信息，为未知体系的研究工作带来很大的便利。

与 HPLC 和 GC 相比适用于 UPC^2 分析的样品种类如图 11-27 所示。

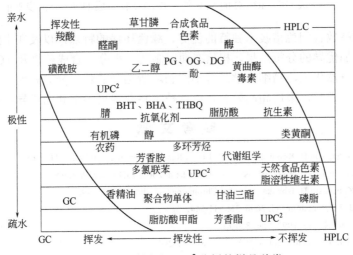

图 11-27　适用于 UPC^2 分析的样品种类

6. 大大简化样品前处理的工作流程

与现有的 LC 或者 GC 技术相比，UPC^2 可以大大简化样品的前处理流程。图 11-28 是采用 GC、LC 和 UPC^2 进行样品分析的常用前处理流程，UPC^2 可以将固相萃取 SPE 洗脱后的有机溶剂直接进样分析，大大简化了工作流程。

UPC^2 方法明显地精减了样品制备工作，省略了冗长的蒸发和重溶步骤，节约了分析测定时间，提高了实验室的工作效率，降低了分析工作的成本。

从分离的选择性方面来讲，由于 UPC^2 兼容了反相 HPLC 和正相 HPLC 的固定相和流动相，可以正相色谱的机理进行化合物的分离，也能提供与反相色谱的正交分离性能，大大拓展了 UPC^2 的应用空间。此外，UPC^2 技术在分离结构相似物方面具有独特的优势，尤其是在分离手性化合物方面具有高效率、低成本的独特优势。概括来讲，UPC² 技术与现有的 GC、LC 技术相比，具有简易性、正交性和相似性（simplicity、orthonormality、similarity，SOS）的特点。

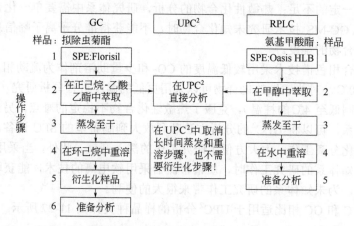

图 11-28　完成 GC、RPLC 的 SPE 的工作步骤和完成 UPC² 分析步骤的比较

　　基于超高效合相色谱技术独特的优势、绿色环保的特点，以及在上述应用领域所获得的更加优异的分析结果。相信在面对制药（小分子合成药物及 TCM 等）、食品、环境、石油化工、精细化学品等不同领域所遇到的棘手分离难题以及日益严格的环境保护要求时，采用超高效合相色谱技术将获得更多全新的优异解决方案。

参 考 文 献

[1]　Tanaka N, Nagayama H, Kobayashi H, et al. J High Resol Chromatogr, 2000, 23: 111-116.

[2]　Tanaka N, Kobayashi H, Nakanishi K, et al. Anal Chem, 2001, 73(15): 421A-429A.

[3]　Tanaka N, Kobayashi H, Ishzuka N, et al. J Chromatogr A, 2002, 965: 35-49.

[4]　Kirkland J J. J Chromatogr Sci, 2000, 38: 535-544.

[5]　Hjerten S, et al. Nature, 1992, 356: 810-811.

[6]　Hjerten S, et al. Chromatographia, 1993, 37(5/6): 289-294.

[7]　Hjerten S, Liao J L, Zang R. J Chromatogr A, 1989, 473: 273-275.

[8]　Tennikova T B, Belenkii B G, Svec F. J Lig Chromalogr, 1990, 13: 63-70.

[9]　Svec F, Freehet J M J. Anal Chem, 1992, 64: 820-822.

[10]　Svec F. J Sep Sci, 2005, 28: 729-745.

[11]　Svec F, Huber C G. Anal Chem, 2006, 78: 2100-2107.

[12]　Miller S. Anal Chem, 2004, 76(5): 99A-101A.

[13]　Svec F. Recent Development in LC Column Technology, 2003, 6: 24-28.

[14]　Svec F. LC-GC Europe, 2010(5):1.

[15]　Urban J, Jandera P. LC-GC Europe, 2014(6):1.

[16]　Guiochen G. J Chromatogr A, 2007, 1168: 101-168.

[17]　Griui F, Guiochen G. J Chromatogr A, 2014, 1362: 49-61.

[18]　Unger K K, Schick-Kalb J, Straube B. Colloid Polym Sci, 1975, 253: 638-664.

[19] Cartreva K. www. chromatography online.com. Special Issues, 2012(8):1.

[20] Cabera K, Lubda D, Eggenweiler H, et al. J High Resol Chromatogr, 2000, 23: 93-99.

[21] Kobayashi H, Ikegomi T, Tanaka N, et al. Anal Sci, 2006, 22: 491-501.

[22] Ikegomi T, Tomomatsu K, Tanaka N, et al. J Chromatogr A, 2008, 1184: 474-503.

[23] Nunez O, Nakanishi K, Tanaka N. J Chromatogr A, 2008, 1191: 231-254.

[24] Mc Calley D V. J Chromatogr A, 2002, 965: 51-64.

[25] Smith J H, Mc Nair H M. J Chromatogr Sci, 2003, 41(4): 209-214.

[26] Ahmed A, Abdeimagid W, Zhang H, et al. J Chromatogr A, 2012, 1270: 194-203.

[27] Majors R E. LC-GC North Am, 2013, 31(7): 522-537.

[28] Smith R M, Burgess R J. Anal Commun, 1996, 33: 327.

[29] Smith R M, Burgess R J, Chienthavorn O, Stuttard J R. LC-GC Int, 1999, 1: 30-40.

[30] Burgess R J, Smith R M. 19th Int Symp on Capillary Chromatography and Electophoresis. Wintergreen: May 18~22, 1997: 414-415.

[31] Ingelse B A, Janssen H-G, Cramers C A. J High Resol Chromatogr, 1998, 21(11): 613-616.

[32] Smith R M, Chienthavorn O, Wilson I D, et al. Anal Chem, 1999, 71(20): 4493-4497.

[33] Yan B, Zhao J, Brown J S, Blackwell J, Carr P W. Anal Chem, 2000, 72(6): 1253-1262.

[34] Fields S M, Ye C Q, Zhang D D, et al. J Chromatogr A, 2001, 913: 197-204.

[35] Vanhoenacker G, Sandra Pat, David F, et al. LC-GC Europe, 2010, 4(30).

[36] Inamuddin, Ali Mahammed. Green Chromatographic Techniques. London: Springer, 2014.

[37] Desmet G, Baron G V. J Chromatogr A, 1999, 855: 57-70.

[38] Desmet G, Baron G V. Anal Chem, 2000, 72: 2160-2165.

[39] Desmet G, Vervoort N, Clicq D, Baron G V. J Chematogr A, 2001, 924: 111-122.

[40] Desmet G, Vervoort N, Clicq D, et al. J Chematogr A, 2002, 948: 19-34.

[41] Clicq D, Vervoort N, Vounckx R, et al. J Chematogr A, 2002, 979: 33.

[42] Vervoort N, Clicq D, Baron G V, Desmet G. J Chromatogr A, 2003, 987: 33-48.

[43] Clicq D, Yjerkstra R W, Gardeniers J G E, et al. G. J Chromatogr A, 2004, 1032: 185.

[44] Clicq D, Pappaert K, Vankrun Kelsven S, et al. Anal Chem, 2004, 76: 430A-438A.

[45] Clicq D, Vervoort N, Desmet G. LC-GC Europe, 2004: 278-290.

[46] Vankrunkelsven S, Clicq D, Pappaert K, et al. Anal Chem, 2004, 76: 3005.

[47] Clicq D, Vervoort N, Ransom W, et al. Anal Chem Acta, 2004, 507: 79.

[48] Clicq D, Vervoort N, Ransom W, et al. Chem Eng Sci, 2004, 59: 2783.

[49] Pappaert K, Biesemans J, Clicq D, et al. Lab Chip, 2005, 5: 1104.

[50] Fekete V, Clicq D, De Malsche W, et al. J Chromatogr A, 2006, 1130: 151.

[51] Vankrunkelsven S, Clicq D, Cabooter D, et al. J Chromatogr A, 2006, 1102: 96-103.

[52] Fekete V, Clicq D, De Malsche W, et al. J Chromatogr A, 2007, 1149: 2-11.

[53] Waters. Waters ACQUITY UPC^2 原理和性能特点.

[54] Taylor L T, Ashraf-Khora sani M.LC-GC North Am, 2010(9):1.

[55] Fairchild J N, Hill J F, Iraneta PC. LC-GC North Am, 2013(4):1.

[56] Klerck K De, Heyden Y V, Manglings D. LC-GC Europe, 2013(5):2.

CHAPTER 12

第十二章

建立高效液相色谱分析方法的一般步骤和实验技术

高效液相色谱法用于未知样品的分离和分析，主要采用吸附色谱、分配色谱、离子色谱和体积排阻 4 种基本方法；对生物分子或生物大分子样品还可采用亲和色谱法。

当用高效液相色谱法去解决一个样品的分析问题时，可选择几种不同的 HPLC 方法，而不可能仅用一种 HPLC 方法去解决各式各样的样品分析问题。

一种高效液相色谱分析方法的建立是由多种因素来决定的，除了了解样品的性质及实验室具备的条件外，对液相色谱分离理论的理解、对前人从事过的相近工作的借鉴以及分析工作者自身的实践经验，都对分析方法的建立起着重要的影响（图 12-1）。

通常在确定被分析的样品以后，要建立一种高效液相色谱分析方法必须解决以下问题：

① 根据被分析样品的特性选择适用于样品分析的一种高效液相色谱分析方法。

② 选择一根适用的色谱柱，确定柱的规格（柱内径及柱长）和选用的固定相（粒径及孔径）。

③ 选择适当的或优化的分离操作条件，确定流动相的组成、流速及洗脱方法。

④ 由获得的色谱图进行定性分析和定量分析。

上述建立 HPLC 分离的系统方法的过程，如图 12-1 所示。显然已被选择的分析方法应具备适用、快速、准确的特点，要能充分满足分析目的的需求。

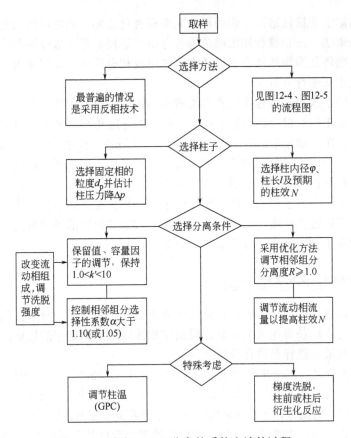

图 12-1　建立 HPLC 分离的系统方法的过程

第一节　样品的性质及柱分离模式的选择

当进行 HPLC 分析时，如不了解样品的性质和组成，选用何种 HPLC 分离模式就会成为一个难题。为解决此问题，应首先了解样品的溶解性质，判断样品分子量的大小以及可能存在的分子结构及分析特性，最后再选择 HPLC 的分离模式，以完成对样品的分析[1,2]。

一、样品的溶解度

通常优先考虑的是样品不必进行预处理，就可经溶样来进行分析，因此样品在有机溶剂和水溶液中的相对溶解性是样品最重要的性质。

由样品在有机溶剂中溶解度的大小，初步判断样品是非极性化合物还是极性化合物，进而推断用非极性溶剂戊烷、己烷、庚烷等，还是极性溶剂二氯甲烷、氯仿、乙酸乙酯、甲醇、乙腈等来溶解样品，并通过实验判断。

若样品溶于非极性溶剂，表明样品为非极性化合物，通常可选用吸附色谱法或正相分配色谱法、正相键合相色谱法进行分析。若样品溶于极性溶剂或相混溶的极性溶剂，表明样品为极性化合物，通常可选用反相分配色谱法或更为广泛应用的反相键合相色谱法进行分析。

若样品溶于水相，可首先检查水溶液的 pH 值，若呈中性为非离子型组分，常可用反相（或正相）键合相色谱法进行分析。若 pH 值呈弱酸性，可采用抑制样品电离的方法，在流动相中加入 H_2SO_4、H_3PO_4 调节 pH = 2～3，再用反相键合相色谱法进行分析。若 pH 值呈弱碱性，则可向流动相中加入阳离子型反离子，再用离子对色谱法进行分析。若 pH 呈强酸性或强碱性，则可用亲水作用色谱或离子色谱法进行分析。对呈强离子型水溶性生物大分子的分析仍是高效液相色谱的特殊难题之一，近年随凝胶过滤色谱、疏水作用色谱和高效亲和色谱的迅速发展，对解决像蛋白质、核酸等生物大分子的分析提供了有效的途径。

二、样品的分子量范围

选择分析方法的另一个重要信息是了解样品分子的大小或分子量范围，这可通过体积排阻色谱法获得相关的信息。根据体积排阻色谱固定相的性质，既可对水溶性样品又可对油溶性样品进行分析。

对油溶性样品，若分析结果表明样品分子量小于 2000，且分子量差别不大，应进一步判定其为非离子型还是离子型。若为非离子型，则应考虑其是否为同分异构体或具有不同极性的组分，此时可采用吸附色谱法或键合相色谱法进行分离；若为离子型，则可用离子对色谱法进行分析。若分析结果表明样品分子量小于 2000，且分子量差别很大，则仅能用刚性凝胶的凝胶渗透色谱法或键合相色谱法进行分析。若油溶性样品的分子量大于 2000，则最好采用聚苯乙烯凝胶的凝胶渗透色谱法进行分析。

对水溶性样品，若分析结果表明样品的分子量小于 2000，且分子量差别不大，可考虑选用吸附色谱法或分配色谱法进行分析。若分子量差别较大，只能选用刚性凝胶的凝胶过滤色谱进行分离；若分子量差别较大，且呈离子型，对强电离的可使用亲水作用色谱和离子对色谱法进行分离，对弱电离的可使用离子色谱法进行分析。若分析结果表明样品的分子量大于 2000，则可采用以聚醚为基体凝胶的凝胶过滤色谱法进行分析。

三、样品的分子结构和分析特性

对样品的来源及组成有了初步了解后，应进一步考虑样品的分子结构和分析特性对选择分析方法的影响。

1. 同系物的分离

同系物都具有相同的官能团，表现出相同的分析特性，其分子量呈现有规律的增加。对同系物可采用吸附色谱法、分配色谱法或键合相色谱法进行分析。同系物在谱图上都表现出随分子量的增加，保留时间增大的特点，不需使用提高柱效的方法来改善各组分间的分离度。

2. 同分异构体的分离

对双键位置异构体（即顺反异构体）或芳香族取代基位置不同的邻、间、对位异构体，最好选用吸附色谱法进行分离。此时可充分利用硅胶吸附剂对异构体具有高选择性的特点，来实现满意的分离，参见图 12-2 硝基苯胺异构体的分离。

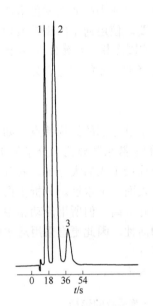

图 12-2　硝基苯胺异构体在 10μm
氧化铝上的液固色谱分离

色谱柱：150mm×2.4mm，LiChrosord Alox T

检测器：UVD，254nm

流动相：40% CH_2Cl_2-己烷，流速 100mL/h

样品：浓度 1mg/mL CH_2Cl_2，进样 1μL

色谱峰：1—邻硝基苯胺；2—间硝基苯胺；3—对硝基苯胺

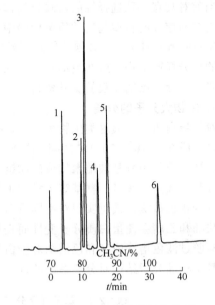

图 12-3　多环芳烃的分离

色谱柱：C_{18}

检测器：UVD，254nm

流动相：$\varphi_{乙腈}$: $\varphi_{水}$ =(70 : 30)~(100 : 0)

色谱峰：

1—杂质；　2—苯并[c]菲；

3—苯稠[9,10]菲；

4—苯并[a]蒽；

5—䓛；

6—并四苯

对多环芳烃异构体，如具有 4 个相连苯环的苯并[c]菲、苯稠[9,10]菲、苯并[a]蒽、䓛和并四苯，其组成皆为 $C_{18}H_{12}$，但其分子结构不同，具有不同的疏水性。此时可选用反相键合相色谱法和疏水作用色谱法，利用样品分子疏水性的差别来实现满意的分离，见图 12-3。

3. 对映异构体的分离

当前对具有特殊选择性的对映异构体的分离，已成为高效液相色谱法研究的热点，它在高疗效的新型药物的质量检验中非常重要。使用通常的高效液相色谱方法无法将对映异构体分离，必须使用具有光学活性的固定相（如键合 β-环糊精或含手性基的杯芳烃衍生物）或在流动相中加入手性选择剂，才能将它们分离，有关此领域的研究可参见近期发表的文献资料。

4. 生物大分子的分离

对像蛋白质、核酸这类生物大分子，应首先了解它们的结构特点。如蛋白质的分子量一般在 $1 \times 10^4 \sim 20 \times 10^4$ 之间，这类大分子的扩散系数要比小分子低 1～2 个数量级，蛋白质是由氨基酸缩聚构成的肽链进一步连接生成的大分子，其分子侧链连接有羟基、巯基、羧基、氨基等多种亲水基团，表面呈亲水性。分析蛋白质可采用反相键合相色谱法，其可实现对不同蛋白质的良好分离。但所用流动相中的甲醇、四氢呋喃和乙腈会使蛋白质分子变性而丧失生物活性，因此更宜采用疏水作用色谱法、凝胶过滤色谱法或亲和色谱法对蛋白质进行分析。

基于样品分子结构对分离系统的选择可参见表 12-1。

表 12-1　基于样品分子结构对分离系统的选择

结构参数	色谱方法				
	吸附		分配	离子交换[①]	排阻
	极性相	非极性相			
分子大小	+	+	+		++
异构物					
（1）键-环	(+)	+	+		+
（2）数目相同的支键	(+)	++	(+)		(+)
（3）立体的（顺-反的）	++	++	+		
（4）旋光	(?)	(+)	(?)	−	−
（5）数个 >=<	++	+	+		
（6）>=< 的位置	+	+	+	(+)	
同系物	+	++	++		+
取代基数目和位置					
（1）非极性，如烷基、卤素	++	++	++		+
（2）弱极性，如硝基、羰基、酯类	++	+	++		
（3）极性，如酚、醇、酰胺、胺	+	++	++	(+)	
（4）强极性，如酸或碱，可离子化的基团	(+)	++	++	++	

① 只用纯水系统。

在充分考虑样品的溶解度、分子量、分子结构和极性差异的基础上，确定高效液相色谱分离模式,其选择指南,可参见图 12-4 和图 12-5。

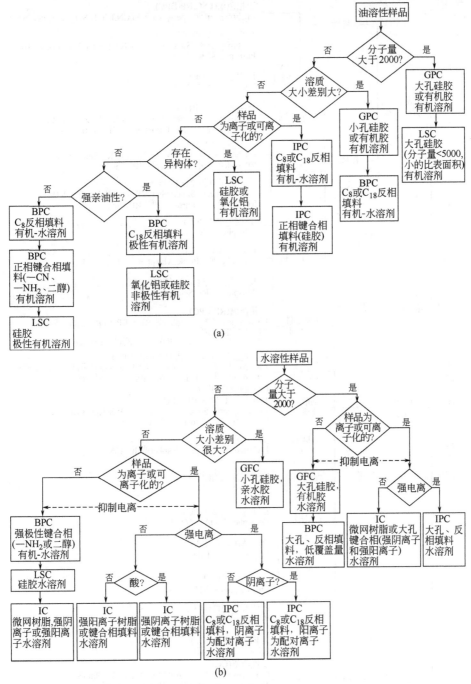

(a)

(b)

图 12-4 高效液相色谱分离方法选择图

(a)油溶性样品;(b)水溶性样品

(图中各种色谱方法缩符号的解释见图 12-5)

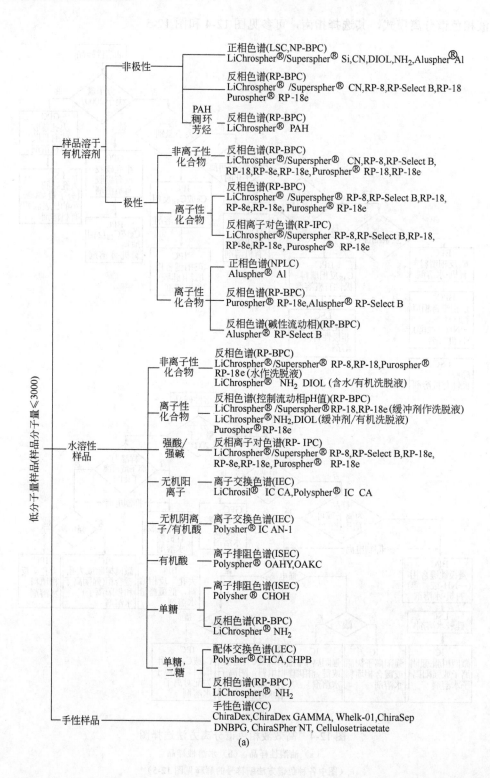

(a)

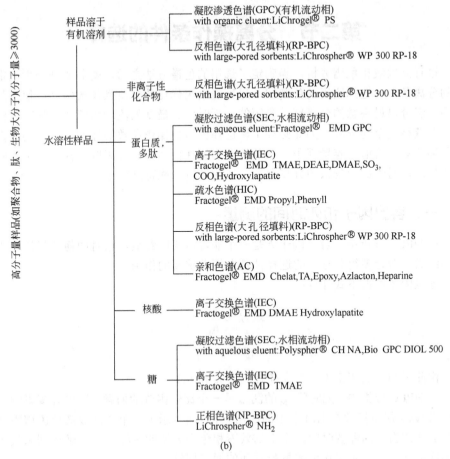

(b)

图 12-5　选择高效液相色谱分离模式的指导图

凡可用离子色谱分离的样品，也可使用亲水作用色谱（HILIC）分离

　　由上述对高效液相色谱分离模式的选择，可以看出，反相键合相色谱法获得最广泛的应用。它仅使用 C_{18} 色谱柱，以甲醇-水或乙腈-水为流动相，或经梯度洗脱，往往很快就获得较满意的初步结果。它可分离多种类型的样品，并可从梯度洗脱过程估计适用的恒定组成、流动相洗脱时的洗脱强度。

　　亲水作用色谱解决了极性小分子分析的需求，迅速发展成为仅次于反相液相色谱的第二种重要的分析方法。

　　虽然许多样品分离采用反相键合相色谱法，但具有高选择性的液固色谱法也是较常用的分离方法，并可利用薄层色谱法为液固色谱法探索最佳分离条件。

　　体积排阻色谱法在判定样品分子量大小方面有独特的作用，且样品组分皆能在较短的时间内洗脱出来。它也是优先考虑使用的方法之一，但它不适于分离组成复杂的混合物。

　　离子色谱法仅限于在水溶液中分离各种离子，其应用范围不如其他液相色谱法广。

　　亲和色谱法由于具有突出的选择性，在生物样品的分析和纯化制备中发挥了愈来愈重要的作用。

第二节　分离操作条件的选择

进行高效液相色谱分析，当确定了选用的色谱方法之后，就需要进一步确定适当的分离条件。选择适用的色谱柱，尽可能采用优化的分离操作条件，可使样品中的不同组分以最满意的分离度、最短的分析时间、最低的流动相消耗、最大的检测灵敏度获得完全的分离。为此必须了解选择色谱柱操作参数的标准，以及为获得完全分离应对保留值、容量因子、相邻组分的选择性系数和分离度、柱效等进行的调节和控制，对于比较复杂的分离问题，还应予以一些特殊考虑[1,2]。

一、容量因子和死时间的测量

在 HPLC 分析中，容量因子 k' 是一个非常重要的参数，它对如何选择流动相的溶剂组成、改善多组分分离的选择性都发挥着重要的作用。

容量因子可按下式计算：

$$k' = \frac{t'_R}{t_M}$$

$$t'_R = t_R - t_M$$

由此可知，欲测量 k'，必须准确测定 t_R 和 t_M。

在 HPLC 分析中，死时间 t_M 的测量是一个比较困难的问题，这也直接影响了高精度 Kovats 保留指数在 HPLC 中的应用。死时间表示了一个在高效液相色谱固定相上未被滞留组分的保留时间，由于高效液相色谱方法的多样性，很难找到像气相色谱那样选择空气或甲烷作为测量死时间的通用探针。

在 HPLC 分析中，为测定死时间 t_M，可以采用以下几种方法。

1. 由色谱柱的结构参数进行计算

$$t_M = \frac{L\pi r^2 \varepsilon_T}{F}$$

式中，L 为柱长，cm；r 为柱内径半径，cm；F 为流动相体积流速，cm^3/s；ε_T 为总孔率，对全多孔固定相为 0.84，对化学键合固定相、离子交换剂为 0.75，对薄壳型固定相为 0.42。

2. 由色谱柱的操作参数进行计算

$$t_M = \frac{\varphi \eta L^2}{\Delta p d_p^2}$$

式中，φ 为柱阻抗因子；η 为流动相的动力黏度；L 为柱长；Δp 为柱压力降；d_p 为固定相粒径。

3. 依据经验公式计算

当 $d_c / d_p \geqslant 10$ 时，可按下述公式计算 t_M：

$$t_M = \frac{L}{u}$$

对全多孔固定相
$$u = \frac{1.5F}{d_c^2}$$

对非多孔固定相
$$u = \frac{3F}{d_c^2}$$

4. 液固色谱死时间

用 RID 检测：若以正己烷（正庚烷）与极性改性剂作流动相，可以正戊烷作探针测死时间。

用 UVD 检测：可以苯、四氯乙烯或 KNO_3 水溶液作探针测死时间。

5. 液液色谱死时间

用 RID 检测：可以重水（D_2O）、重氢甲醇（CD_3OH）作探针测死时间。

用 UVD 检测：反相可用 NaCl、$NaNO_3$、HNO_3、$HClO_3$、苯甲酸、苦味酸、尿嘧啶水溶液作探针测死时间，但测量误差较大。正相可用四氯乙烯、四氟乙烯作探针测死时间。

二、色谱柱操作参数的选择

色谱柱操作参数系指柱长 L、柱内径 ϕ、柱内填充固定相的粒度 d_p、柱压力降 Δp 和用对应于每米柱长的理论塔板数 N 表示的柱效。

在第八章已阐述了在高效液相色谱法中，对分析型色谱柱选择操作参数的一般原则是：

色谱柱长 L　10～25cm；

柱内径 ϕ（直径）　4～6mm；

固定相粒度 d_p　5～10μm；

柱压力降 Δp　5～14MPa；

理论塔板数 N　1×10^4～$(1\sim10)\times10^5$ 塔板/m。

对柱内径 $\phi=4.6$mm 的色谱柱，当柱长 L 和固定相粒度 d_p 改变时，其预期的柱效和相对操作压力见表 12-2。

表 12-2　常用液相色谱柱的预期柱效和相对操作压力

柱长 L/cm	固定相粒度 d_p/μm	计算的柱板数 N	理论塔板数 N/(塔板/m)	相对操作压力[①]
50	20	12500	25000	0.5
25	10	12500	50000	1.0
10	10	5000	50000	0.25
25	5	25000	100000	4.0
15	5	15000	100000	2.4
5	5	5000	100000	0.8
15	3	25000	167000	6.7

续表

柱长 L/cm	固定相粒度 d_p/μm	计算的柱板数 N	理论塔板数 N/(塔板/m)	相对操作压力[①]
10	3	16700	167000	4.4
5	3	8300	167000	2.2
3	3	5000	167000	1.3
3	2	7500	250000	3.0

① 以 ϕ =4.6mm、L= 25cm、d_p = 10μm 色谱柱的压力降 Δp 作标准进行计算的。

三、样品组分保留值和容量因子的选择

当采用前述的常用参数的高效液相色谱柱后，通常希望完成一个简单样品的分析时间控制在 10～30min 之内，若为含多组分的复杂样品，分析时间可控制在 60min 以内。

若使用恒定组成流动相洗脱，与组分保留时间相对应的容量因子 k' 应保持在 1～10 之间，以求获得满意的分析结果。

对组成复杂、由具有宽范围 k' 值组分构成的混合物，仅用恒定组成流动相洗脱，在所希望的分析时间内，无法使所有组分都洗脱出来。此时需用梯度洗脱技术，才能使样品中每个组分都在最佳状态下洗脱出来。当使用梯度洗脱时，通常能将组分的 k' 值减小至原来的 1/100～1/10，从而缩短了分析时间。

保留时间和容量因子是由色谱过程的热力学因素控制的，可通过改变流动相的组成和使用梯度洗脱来进行调节。

四、相邻组分的选择性系数和分离度的选择

各种色谱分析方法的共同目的都是要以最低的时间消耗来获得混合物中各个组分的完全分离。在色谱分析中通常规定，当色谱图中两个相邻色谱峰达到基线分离开时，其分离度 R = 1.5。若分离度 R =1.0，表明两个相邻组分只分离开 94%，可作为满足多组分优化分离的最低指标。

由影响分离度各种因素的计算公式：

$$R = \frac{\sqrt{N}}{4} \times \frac{\alpha-1}{\alpha} \times \frac{k_2'}{1+k_2'}$$

可以看出分离度是受热力学因素［容量因子 k' 和选择性系数 $\alpha(\alpha = k_2'/k_1')$］和动力学因素（理论塔板数 N）两个方面控制的。

表 12-3 列出了对给定 k'=3 的组分，其与相邻组分的分离度 R =1.0 时，它们的选择性系数 α 为不同值时所对应的理论塔板数 N。

表 12-4 列出了对具有不同 k' 值的相邻组分，它们的选择性系数 α 分别为 1.05、1.10 且使分离度 R =1.0 时所对应的理论塔板数 N。

由表 12-3、表 12-4 可以看到，为了达到欲获得的某一确定分离度，选择性系数的优化是十分重要的，对能达到预期柱效为每米 10^3～10^5 理论塔板数的色谱柱，若

相邻组分的容量因子在 1～10 之间，且选择性系数保持大于 1.05～1.10 以上，就比较容易达到满足多组分优化分离的最低分离度指标，即 $R = 1.0$。

表 12-3　选择性系数 α 对分离度的影响

当 $k' = 3$，$R = 1.0$ 时对应于不同的 α 值所需的 N 值

α	N	α	N
1.005	1150000	1.10	3400
1.01	290000	1.20	1020
1.015	130000	1.50	260
1.02	74000	2.00	110
1.05	12500		

表 12-4　容量因子 k' 对分离度的影响

在不同的 k' 值，对 $\alpha = 1.05$ 和 1.10，且 $R = 1.0$ 时所需的 N 值

k'	$\alpha = 1.05$	$\alpha = 1.10$	k'	$\alpha = 1.05$	$\alpha = 1.10$
0.1	853780	234260	2.0	15880	4360
0.2	254020	69700	5.0	10160	2790
0.5	63500	17420	10.0	8540	2340
1.0	28220	7740	20.0	7780	2130

当选定一种高效液相色谱方法时，通常很难将各组分间的分离度都调至最佳，而只能使少数几对难分离物质对的分离度至少保持 $R = 1.0$。若 $R < 1.0$，仅呈半峰处分离，则应通过改变流动相组成或改变流动相流速，调节分离度，尽可能使 $R = 1.0$，这样才能满足准确定量分析的要求。当谱图中出现相邻组分的重叠色谱峰时，不宜进行定量分析。使用微处理机可计算出重叠组分各自的峰面积和含量，但不能提供准确可靠的分析结果。

当进行高效液相色谱分析时，在某些情况下需要一些特殊考虑。如前所述，在对组成复杂样品进行分析时，要考虑使用梯度洗脱方法；对高聚物进行凝胶渗透色谱分析时，要考虑采用升高柱温的方法来增加样品的溶解度；当样品中含有杂质、干扰组分，或被检测组分浓度过低时，应考虑采用过滤、溶剂萃取、固相萃取等对样品进行净化或浓缩、富集等预处理的方法；若需将待测组分转变成适于紫外或荧光检测的形式，可采用色谱柱前或柱后衍生化的方法，以提高检测灵敏度或选择性，为此还需参阅相关的文献或专著。

进行未知样品分析时经常遇到的另一个问题，是样品中的全部组分是否都从柱中洗脱出来，是否还有强保留组分被色谱柱中的固定相吸留。解决此类问题是比较困难的，通常对同一种样品可采用两种不同的高效液相色谱法进行分析。如可先采用硅胶吸附色谱法分析，若考虑有可能将强极性组分滞留，可再采用反相键合相色谱法分析，此时强极性组分会首先被洗脱出来，从而可判断强极性组分是否存在。对大部分未知样品来讲，至少应将两种完全独立的高效液相色谱方法配合使用，最后才能得到有关样品组成和含量的确切结论。

第三节　高效液相色谱法的实验技术

当进行高效液相色谱分析时，除了解高效液相色谱法的基本理论外，还应掌握必需的实验技术，这样才能获得理想的分离效果[3,4]。

在高效液相色谱分析中，当色谱柱的选择确定后，应采用适用组成的流动相进行实验，在实验过程中准确控制流动相的流量，防止微米数量级机械杂质阻塞流路，保持较低的柱压力降是实验操作中的关键。为此色谱工作者应当掌握以下的实验技术：

① 溶剂的纯化技术；

② 色谱柱的填充技术；

③ 色谱柱的保护与再生技术；

④ 梯度洗脱技术；

⑤ 色谱柱前和柱后的衍生化检测技术；

⑥ 样品的预处理技术。

掌握上述各种技术，就可更自主地开展工作，并为进一步从事微柱液相色谱分析或二维液相色谱分析创造良好的前提工作条件。

一、溶剂的纯化技术

在高效液相色谱分析中，正相色谱以己烷作为流动相主体，二氯甲烷、氯仿、乙醚作为改性剂；反相色谱以水作为流动相主体，以甲醇、乙腈、四氢呋喃作为改性剂。通常使用分析纯、优级纯试剂，可以满足高效液相色谱分析的要求，但为了防止微粒杂质堵塞流路或柱入口垫片，流动相都需用 G_4 微孔玻璃漏斗过滤，或（最好）用 $0.45\mu m$（或 $0.2\mu m$）的微孔滤膜过滤后再使用。

正相色谱中使用的己烷、二氯甲烷、氯仿、乙醚中经常含微量的水分，其会改变液固色谱柱的分离性能，使用前应用球形分子筛柱脱去微量水分。

反相色谱中使用的甲醇、乙腈、四氢呋喃不必脱除微量水，但此时作为流动相主体的水，应使用高纯水或二次蒸馏水。甲醇、乙腈、四氢呋喃使用前最好经硅胶柱净化，除去具有紫外吸收的杂质，特别是乙腈纯度低时会对 UVD 产生严重干扰。四氢呋喃中含抗氧剂，且长期放置会产生易爆的过氧化物，使用前应用 10% KI 溶液检验有无过氧化物（若有会生成黄色 I_2），最好使用新蒸馏出的四氢呋喃。

此外，卤代烃中的杂质，如氯仿中可能会生成光气，二氯甲烷中含有氯化氢，都会对分离产生不良影响。

用作流动相的各种溶剂经纯化处理后，在储液罐中还必须经过超声或真空脱气，才能使用。

二、色谱柱的装填技术

填充色谱柱的方法，根据固定相微粒的大小有干法和湿法两种。微粒大于 $20\mu m$

的可用干法填充，要边填充边敲打和振动，要填得均匀扎实。直径 10μm 以下的柱，不能用干法填充，必须采用湿法。

干法装柱与气相色谱法相似：在柱子的一端接上一个小漏斗，另一端装上筛板，保持垂直，分多次倒入漏斗装入柱中，并轻敲管柱直至填满；除去漏斗，再轻蹾柱子数分钟，至确认已装满，然后装好筛板，接上高压泵，在高于使用的柱压下，用载液冲洗半小时，以逐去空气。

湿法装柱又称等密度匀浆装填法（或称平衡密度法）。它将固定相悬浮在一个等密度液体中以制得一种匀浆，然后用高压泵以很快的速度将此匀浆输送到色谱柱中。填充过程应防止固定相在匀浆中发生沉降现象。因为若发生沉降，大颗粒会沉在底部，小颗粒会沉积在大颗粒的上面[5]。

通常硅胶固定相的密度为 2.2g/mL，与它密度相近的卤代烷烃有二溴甲烷（d=2.5g/mL）、二碘甲烷（d=3.3g/mL）、四氯化碳（d=1.6g/mL）、四氯乙烯（d=1.6g/mL）、碘甲烷（d=2.3g/mL）和四溴乙烷（d=3.0g/mL）等。

卤代烷烃与低密度有机溶剂，如对二氧六环、环己醇、四氢呋喃等混合，就可配制成与固定相密度相接近的匀浆溶剂。

如将 78 份二溴甲烷与 22 份对二氧六环（d=1.03g/mL）混合，就可获得密度为 2.17g/mL 的匀浆溶剂，它可与硅胶固定相构成等密度匀浆液。此外对硅胶固定相还可使用由 15 份四氯化碳、20 份四溴乙烷、15 份对二氧六环，或 66.6 份四溴甲烷和 39.4 份四氯乙烯组成的匀浆溶剂。四氯乙烯是一种好的匀浆溶剂，由于具有较高密度，5μm 粒径硅胶在四氯乙烯中的沉降速度仅为 4mm/min。此外，0.01mol/L 的氨水溶液也可用于匀浆制备，它具有的静电效应可有效阻止粒子的凝聚。另外，对氧化铝固定相可使用由 9 份四溴乙烷和 1 份对二氧六环组成的匀浆溶剂。

所用匀浆剂及顶替液应根据固定相的性质选定，并进行脱水处理。一般情况下，硅胶、正相键合固定相用己烷作顶替液，反相键合相、离子交换树脂用甲醇、丙酮作顶替液。

通常含 5%固定相的匀浆液最适于湿法填充。它可在超声振荡下混匀，调成均匀、无明显结块的半透明匀浆液。若使用高浓度匀浆液会降低柱效。

图 12-6 为常用不锈钢匀浆储罐的结构示意。图 12-7 为用湿法下行匀浆装柱示意。

装柱设备按图 12-7 安装好后，将脱气后的匀浆液装入匀浆储罐中充满，不允许空气存在于系统中。开启高压泵（气动放大泵），打开放空阀，待顶替液从放空阀出口流出时，即关闭阀门。调节高压泵，依据固定相的机械强度，使压力达 30～50MPa，打开三通阀，使顶替液尽可能快地将匀浆液顶入预柱（保护柱）和色谱柱中。匀浆溶剂、顶替液会通过色谱柱下端的过滤筛板，流入废液缸。当 0.5L 顶替液流出后，压力下降到 10～20MPa 时，表明匀浆溶剂已被顶替液置换，柱子已装填完毕。此时不能马上关闭高压泵，需要逐渐降低压力，待匀速降至常压后停泵，卸下色谱柱，安装带有过滤筛板的末端接头后，再安装在液相色谱仪的进样阀上，但不连接检测器，待用流动相冲洗一定时间（如 10～30min）后，再与检测器连接，备用。

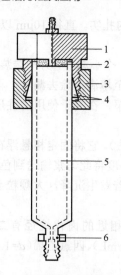

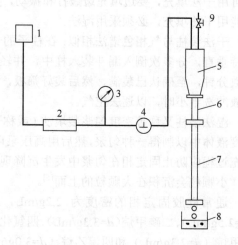

图 12-6　用于 HPLC 色谱柱填充的
不锈钢匀浆储罐

1—0.158cm 孔径的罩帽；2—聚四氟乙烯密封圈；
3—2.54cm 固定螺母；4—2.54cm 不锈钢卡套；
5—外径 2.54cm 不锈钢匀浆罐，容积足已容纳必需
的 5%匀浆液；6—0.635cm 接口（连接预柱）

图 12-7　湿法下行匀浆装柱示意图

1—顶替液槽；2—高压气动放大泵；3—压力表；
4—三通阀；5—匀浆罐；6—预柱；7—色谱柱；
8—废液缸；9—放空口

在装柱设备中使用预柱，可保证填充的色谱柱中固定相填充紧密，以保持高柱效。

图 12-8 为湿法上行匀浆装柱示意。

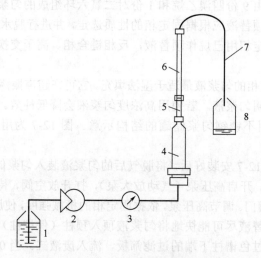

图 12-8　湿法上行匀浆装柱示意图

1—顶替液槽；2—高压气动放大泵；3—压力表；4—匀浆罐；
5—预柱；6—色谱柱；7—聚四氟乙烯连接管；8—废液缸

在匀浆装填法中常用作匀浆剂的一些溶剂的密度和黏度如表 12-5 所示。

表 12-5 作为匀浆剂的一些溶剂的性质

溶剂名称	密度/(g/mL)	黏度（20℃）/mPa·s	溶剂名称	密度/(g/mL)	黏度（20℃）/mPa·s
异辛烷	0.7	0.5	二氯甲烷	1.3	0.4
正庚烷	0.7	0.4	溴乙烷	1.5	0.4
甲醇	0.8	0.6	三氯乙烯	1.5	0.6
环己烷	0.8	1.0	氯仿	1.5	0.6
乙醇	0.8	1.2	四氯化碳①	1.6	1.0
正丙醇	0.8	2.3	四氯乙烯①	1.6	0.9
正丁醇	0.8	3.0	碘甲烷	2.3	0.5
四氢呋喃	0.9	0.5	二溴甲烷	2.5	1.0
吡啶	1.0	0.9	1,1,2,2-四溴乙烷	3.0	
水	1.0	1.0	二碘甲烷	3.3	2.9
乙二醇	1.11	1.7			

① 卤代烷均有毒，它们的毒性特别大。

色谱柱填充后，应做出柱性能评价，评价的方法是测定色谱柱的理论塔板数 N、色谱峰的不对称因子 A_s 和柱压力降 Δp，并用有代表性的样品绘出相应的分离谱图。

1. 理论塔板数

$$N = 5.54\left(\frac{t_R}{w_{h/2}}\right)^2$$

此式适用于对称的色谱峰，当实验条件达最佳化时，柱效 N 可达最大值 N_{max}：

$$N_{max} = 4000\frac{L}{d_p}$$

对用 5μm 固定相填充的 25cm 的色谱柱，其 N_{max} 可达 20000。当分析实际样品时，N 比 N_{max} 要小，在使用过程，柱的 N 值也会减小，当进样达 1000 次后，柱效会下降 50%，此时应对色谱柱进行再生处理。

在理想最佳分离条件下，不同粒度固定相装填不同长度的色谱柱，其最高柱效如表 12-6 所示。

表 12-6 不同粒度与长度色谱柱最高柱效

粒径/μm	不同柱长（cm）的 N_{max}					
	3	5	8	15	25	30
3	4000	6700	10700	20000	33300	40000
5	2400	4000	6400	12000	20000	24000
10	1200	2000	3200	6000	10000	12000

2. 不对称因子

对拖尾峰或前沿峰可用不对称因子 A_s 表达其不对称的程度，可按图 12-9 表达的方法，按下式计算色谱峰的 A_s：

$$A_s = \frac{a}{b}$$

新色谱柱色谱峰的 A_s 值为 0.9～1.1，当其 A_s 为 1 时，表明色谱柱填充良好，色谱峰对称。当 A_s 值远大于 1.0 或远小于 1.0 时，表明柱填充情况较差，色谱系统的柱外效应严重，或因操作不当引起色谱柱头塌陷（见图 12-10），或样品与固定相发生不可逆的化学反应等。若改变实验操作条件仍不能减小 A_s 值，应重新装填色谱柱。

3. 柱压力降

一根 10～25cm 的色谱柱，填充 5～10μm 的固定相，使用 η 为 0.5～1.5mPa·s 的流动相，色谱柱的 Δp 为 6～15MPa。若 Δp 偏低且柱效很差，表明柱未填充好，不宜使用；若 Δp 偏高，表明柱头多孔不锈钢烧结片或孔径 0.45μm 的纤维素滤膜被堵塞，应及时更换，以降低柱压力降。

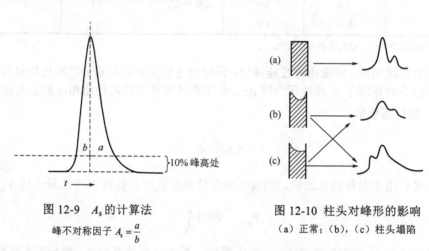

图 12-9　A_s 的计算法
峰不对称因子 $A_s = \dfrac{a}{b}$

图 12-10　柱头对峰形的影响
（a）正常；（b），（c）柱头塌陷

三、色谱柱的平衡、保护与清洗、再生技术

高效液相色谱柱填充了高效全多孔球形微粒固定相，并用高压匀浆法填充，其售价较贵，若使用不当，会出现柱理论塔板数下降、色谱峰形变坏、柱压力降增大、保留时间改变等不良现象，从而大大缩短色谱柱的使用寿命。

为了延长色谱柱的使用寿命，前面已经指出，应在分析柱前连接一个小体积的保护柱。保护柱内径 2～3mm，长不超过 3cm，与填充分析柱同样的固定相。保护柱使用得当，对分离无明显影响。

1. 色谱柱的平衡与保护

反相色谱柱在经过出厂测试后是保存在乙腈-水中的；由于色谱柱在储存或运输过程中固定相可能会干掉，这会引起键合相的空间结构发生变化。因此，新的色谱柱在用来分析样品之前，请一定要充分平衡色谱柱。反相色谱柱的平衡方法是：以纯乙腈或甲醇作流动相，首先用低流速（0.2mL/min）将色谱柱平衡过夜（请注意断开检测器!),然后,将流速增加到 0.8mL/min 冲洗 30min,以便将色谱柱的填料充分平衡至最佳状态。平衡过程中,将流速缓慢地提高直到获得稳定的基线,这样可以保证色谱柱的使用寿命,并且保证在以后的使用中获得分析结果的重现性。请一定确保所使用的流动相和乙腈-水互溶。如果使用的流动相中含有缓冲盐,应注意首先用 20 倍柱体积的 5% 的乙腈-水流动相"过渡",然后使用分析样品的流动相直至得到稳定的基线。

对正相色谱柱来讲,硅胶柱或极性色谱柱需要更长的时间来平衡。这些色谱柱在出厂测试后是保存在正庚烷中的,如果极性色谱柱需要使用含水的流动相,请在使用流动相之前用乙醇或异丙醇平衡。当使用乙醇、异丙醇、乙酸等黏度大的流动相时,色谱柱的平衡时间要延长,甚至要加倍。

请注意将预柱和分析柱一起平衡。如果所用流动相中缓冲盐或离子对试剂浓度较低,则需要较长的时间来平衡。

每天用足够的时间来平衡色谱柱,就会在处理样品分离问题方面获得最大的"补偿",而且色谱柱的寿命也会变得更长!

在色谱柱使用过程中,应避免突然变化的高压冲击,这往往是由进样阀缓慢转动,泵突然启动引起的。

对硅胶基体的键合固定相,流动相的 pH 值应保持在 2.5～7.0。具有高 pH 值的流动相会溶解硅胶,而使键合相流失。

使用水溶性流动相时,为防止微生物繁殖引起柱阻塞,应加入 0.01% 的叠氮化钠,以抑制微生物的繁殖。对不洁净的样品要使用 0.45μm 滤膜过滤或经固相萃取器净化后再进样。

硅胶、氧化铝或正相键合相柱应保存在流动相中。氰基柱不能保存在纯有机溶剂(如甲醇或乙腈)中,应保留在欲使用的流动相中;氨基柱最好保存在乙腈中,而非流动相中。C_{18} 反相柱应保存在纯甲醇溶剂中,对填充高交联度苯乙烯-二乙烯基苯共聚微球的非极性固定相也可用此法保存。

2. 色谱柱的清洗与再生[6]

被分析样品的基体会包含许多化合物,如无机盐、类脂、脂肪、腐殖酸、疏水蛋白质以及其他生物化合物,这些基体物质或多或少地取代被分析组分而被保留,但这种保留是较弱的,如无机盐通常易从柱中被水相洗脱出来;也有些不希望的干扰物可被检测器检出,显现出小的色谱峰、突起、基线逆转甚至出现负峰。如果样品基体物质能被强烈滞留,那么经过多次进样后这些被吸附的化合物会积聚在色谱柱柱头,这种情况在等强度洗脱中会经常遇到。样品基体物质若被中等程度保留,可慢慢被洗脱,以宽峰、基线扰动或基线漂移表现出来。

有时被吸附的样品基体物质含量高至足以覆盖部分键合固定相表面,成为一种"新"的固定相。此时分析物会与贡献到分离机理的"杂质"相互作用,而使色谱峰的保留时间漂移并导致峰形拖尾。如果色谱柱被严重污染,其反压迅速增大,可超过泵的最高压力限度,而使分析无法进行。

再生一根被污染的 HPLC 色谱柱的关键是要了解污染物的性质并找到一种适当

的溶剂将它除去。

正相柱的再生可用以下方法：用下述极性强且能互溶的有机溶剂来洗涤色谱柱，每种溶剂每次用 30mL 清洗，按庚烷、氯仿、乙酸乙酯、丙酮（氨基柱不用）、甲醇、5%甲醇水溶液次序冲洗（洗脱剂的极性依次递增），最后再用纯甲醇通过柱将水分带出，拆下柱置于气相色谱仪柱箱中升温至 75℃，以除去水分。注意不能使用乙醇，它会使柱丧失柱效。

在对 NH_2 改性的色谱柱进行再生时，由于 NH_2 可能以铵根离子的形式存在，因此应该在水洗后用 0.1mol/L 的氨水冲洗，然后再用水冲洗至碱溶液完全流出。

如果用简单的有机溶剂-水的处理不能够完全洗去硅胶表面吸附的杂质，用 0.05mol/L 的硫酸冲洗非常有效。

反相柱的种类较多且应用广泛，再生的方法也是多种多样的，以下将详细叙述。

反相固定相除硅胶键合相（C_{18}、C_8、C_4、苯基、氰丙基、醚基等）外，还包括非极性聚合物、聚合物涂渍的 SiO_2 和 Al_2O_3、无机-有机杂化材料、聚合物涂渍 ZrO_2 和石墨化炭黑。反相固定相在不同的应用中，使用广泛变化的流动相和添加剂，在使用添加剂的一些技术中可能使填料表面发生变化或改性，有时这些添加剂自身可能沾污键合相表面。当使用反相方法时应考虑键合相表面可能发生的变化，如分析玉米油、高芳烃材料和石蜡时，它们可能会黏结在反相填料表面；含有蛋白质的生物流体可能会被吸附在填料表面。当色谱柱被污染以后，它的色谱性能就会与未污染的显著不同，一根被沾污的色谱柱必须清洗和再生才能重现起始的操作条件。

常用 HPLC 色谱柱的柱体积如表 12-7 所示。

表 12-7　常用 HPLC 色谱柱的柱体积

柱尺寸/mm×mm	φ4.6×250	φ4.6×150	φ3.0×150	φ2.1×150	φ4.6×50	φ4.6×30	φ4.6×15
柱空体积/mL	2.5	1.5	0.64	0.28	0.50	0.30	0.15

（1）硅胶键合相色谱柱的清洗　当用二元混合溶剂进行等强度洗脱时，为移去污染物，可用 20 个体积的强洗脱溶剂，如甲醇、乙腈或四氢呋喃来冲洗柱子。如果水相使用了缓冲溶液，为防止在有机溶剂高含量下 HPLC 流动相体系突然产生无机盐或缓冲物的析出，阻塞管路，应首先用 5～10 个柱体积无缓冲物的纯水来冲洗色谱柱，然后再用强洗脱溶剂清洗柱子。

如果用强洗脱溶剂仍不能驱除污染物，就应使用更强的溶剂或混合溶剂来洗脱非生物污染物。当需用一系列的有机溶剂清洗色谱柱时，应逐渐增加它们的洗脱强度，并确信此系列的溶剂之间是混溶的。对典型的键合硅胶柱，用于洗涤的无缓冲盐的有机溶剂的一种推荐的清洗系统是：

100%甲醇→100%乙腈→75%乙腈＋25%异丙醇→100%异丙醇→
100%二氯甲烷（或 100%正己烷）

当使用二氯甲烷或正己烷清洗柱后，必须再用异丙醇清洗，然后才可转换使用含水流动相。异丙醇是一种极好的溶剂，它可防止溶剂间的不混溶现象，但异丙醇的黏度大，流速不宜过高，以免使高压泵超压。使用上述清洗系统，每种溶剂最低应有

10 倍柱体积的量通过色谱柱，保持流速 1～2mL/min。清洗后未返回到原始的流动相，可按相反的顺序冲洗。

四氢呋喃是另一种通用的清洗溶剂。如果使用者怀疑色谱柱被严重污染或阻塞，可将二甲基亚砜与水或二甲基甲酰胺与水，以各自 50%的比例混合，并以低于 0.5mL/min 的流速通过色谱柱。

由于污染物聚集在色谱柱头，逆向冲洗会缩短污染物在柱中迁移的距离；又因为色谱柱皆是在高于操作压力下填充的，通常逆向液流不会扰动色谱柱床。但如果色谱柱顶端过滤筛板的孔径大于柱底部过滤筛板的孔径，则固定相的微小粒子会在逆向冲洗过程通过筛板流出柱，从而会在柱中产生新的死空间，引起柱床松动。因此在逆向冲洗前，应先确认柱管两端过滤筛板的孔径一致。

色谱柱污染的程度会随使用时间的延长而加重，因此建议应对色谱柱进行定期清洗。如果需从硅胶键合固定相清洗蛋白质残留物，必须使用和前述不同的程序。如果生物材料血浆或血清样品注入色谱柱，在大多数情况下，纯有机溶剂（如乙腈或甲醇）并不能溶解肽和蛋白质，用它们清洗色谱柱是无效的。 然而，有时使用有机溶剂与缓冲物、酸或离子对试剂的混合物却是有效的。对 HPLC 反相柱清洗蛋白质类物质可使用下述组成的清洗溶剂系统，如表 12-8 所示。

表 12-8　从 HPLC 反相柱中清除蛋白质类物质使用的清洗溶剂系统

溶 剂	组 成
乙酸	1%水溶液
三氟乙酸	1%水溶液
0.1%三氟乙酸-正丙醇	体积比=40∶60（黏稠，使用时降低流速）
三乙胺（TEA）+正丙醇	体积比=40∶60（正丙醇与三乙胺混合之前用 H_3PO_4 调节 pH=2.5）
尿素或胍的水溶液	5～8mol/L（调节 pH=6～8）
NaCl，Na_3PO_4，Na_2SO_4 水溶液	0.5～1.0mol/L（Na_3PO_4 pH=7.0）
二甲基亚砜-水或二甲基甲酰胺-水	体积比=50∶50

由表 12-7 可知，正丙醇是一种好的中间冲洗溶剂，对上述每种溶剂系统，最低应使用 20 个柱体积的溶剂。由于有些溶剂体系黏度大，应调节流速以防止压力超载。此外，使用尿素或胍清洗剂后，应使用至少 40～50 个柱体积的 HPLC 级的纯水冲洗色谱柱。

对反相柱特别不可取的，是使用十二烷基磺酸钠或 Triton 来清洗色谱柱，因为它们会被硅胶键合相强烈吸附而难以除去。洗涤剂会影响填料表面并改变它的特性。然而也有文献报道，在多肽合成中一个被保护官能团和清除剂沾污的色谱柱，可向 1mL/min 流速的流动相中加入 500μL 1%十二烷基磺酸钠溶液，然后用 0.1%的三氟乙酸水溶液进行梯度洗脱，使乙腈从 5%～95%来冲洗色谱柱，并在起始条件平衡以恢复对多肽的分离。

有时清洗硅胶反相固定相需使用特殊的技术，如在早期硅胶键合相生产中，使用高金属氧化物含量的硅胶，金属离子会吸附在键合相表面，此时可使用 0.05mol/L EDTA 冲洗，将金属离子螯合，再用纯水将可溶性螯合物洗掉。

对反相 C_{18} 键合相柱，为除去柱中含有的缓冲溶液盐类或水溶性物质，不应使用纯水冲洗。因为 C_{18} 键合相像一条长链将硅胶黏结，当有有机溶剂存在时，其表面被流动相润湿，C_{18} 长链完全展开，像海水中的海藻一样。当纯水或缓冲溶液通过时，C_{18} 键合相与其不浸润，键合相表面会塌陷，从而将溶剂、样品分子或无机盐分子包合。此时仅用纯水无法将包合物洗脱出，应使用含 5% 有机溶剂的水溶液冲洗，以清除无机盐或水溶性物质。

为了控制色谱柱中微生物的生长，对色谱柱可用漂白剂以 1∶10 或 1∶20 稀释后，以至少 50 个柱体积的稀漂白剂溶液通过色谱柱，再用另外 50 个柱体积的 HPLC 级纯水清洗色谱柱。

此外，离子对试剂也会沾污色谱柱，如十八烷基磺酸（用于阳离子）和四烷基溴化铵，它们会强烈吸附到硅胶键合固定相表面，并不可能再生回到它的原始状态，以至凡用于离子对色谱的柱子，就不可能再正规地用于反相色谱分析。有人建议为除去磺酸型离子对试剂的污染，可使用无离子对试剂的有机溶剂作流动相来清洗。此时使用甲醇要优于乙腈，对很长链的离子对试剂污染可用四氢呋喃清洗。对阴离子对试剂十二烷基磺酸钠可用大于 70% 甲醇流动相来清除。

对键合硅胶整体柱可采用与上述相同的方法处理。

（2）聚合物色谱柱的再生　用于生物分子分离的聚合物柱同样会被沾污，许多制造商推荐用 1.0mol/L HNO_3 或 1.0mol/L NaOH 溶液清洗。对用于反相的聚苯乙烯-二乙烯基苯（PS-DVB）微球填充柱或整体柱，可耐受广范围 pH 值（1～14）的变化。但使用者应注意聚合物的交联度，通常交联度大于 8%～10% 具有好的机械稳定性，在水溶液中有最低的收缩，在有机溶剂中有最低的溶胀。

对由 PS-DVB 制作的整体柱，清洗污染物应按下述程序：

① 用在 2-丙醇中含 0.1% 三氟乙酸作清洗剂，在工作流量一半情况下，用 10 倍柱体积的清洗剂清洗色谱柱。

② 在工作流量一半的情况下，用至少 5 倍柱体积的 100% 强洗脱溶剂 B 冲洗色谱柱。

③ 在工作流量下用至少 10 倍柱体积的 100% 弱洗脱剂 A 来平衡色谱柱。

对具有丁基或乙基酯的甲基丙烯酸基体的整体柱，可以相反方向，用 10 倍柱体积下述溶液的每一种来冲洗柱子：1.0mol/L NaOH、H_2O、20% 乙醇和使用的缓冲物。对更强疏水的蛋白质，使用者在水洗后，增加一个异丙醇（$\varphi=30\%$）或乙醇（$\varphi=70\%$）的洗涤步骤。

为对通常的微生物进行消毒和去活性，一个 PV-DVB 整体柱可用 0.5～1.0mol/L NaOH 溶液清洗，并在室温至少保持 1h。

用传统聚合物填料的色谱柱，用于清洗不易溶解的膜蛋白、结构蛋白、活体涂层蛋白，需用剧烈的清洗条件，如在 60℃，用含 3mol/L 盐酸胍的 50% 异丙醇才可洗脱出上述难溶的蛋白质。

另外，如从固相树脂切断合成肽会产生碳正（碳鎓）离子，可用苯甲醚或硫代苯甲醚洗脱。这些洗脱剂和碳正离子反应生成大量芳环分子，当用反相柱纯化肽时会沾污反相柱，它们强烈滞留在 C_{18} 柱中，用 100%乙腈或甲醇也不可能除去。为清洗污染物，将柱反转，再先用 5 倍柱体积 100%异丙醇清洗，3～5 倍柱体积二氯甲烷，3～5 倍柱体积异丙醇，最后返回到原始的溶剂体系。

（3）ZrO_2 基质 HPLC 柱的再生　ZrO_2 为基质的色谱柱已提供聚丁二烯、聚苯乙烯、石墨化炭黑涂渍的几种形式，ZrO_2 耐 pH 值变化的范围优于 SiO_2，并可在高温操作，使用这些柱子时，羧酸、氟化物和磷酸根离子全都被吸附在 ZrO_2 为基质的色谱柱上。为从柱上移去这些污染物，要用 50 个柱体积 20%乙腈和 0.1mol/L NaOH 或 0.1mol/L 四甲基氢氧化铵混合溶液洗脱，再用 10 个柱体积水，50 个柱体积 20% 乙腈和 0.1mol/L HNO_3，10 个柱体积水和 20 个柱体积 100%的有机溶剂洗脱。对聚丁二烯、聚苯乙烯涂布柱可用甲醇、乙腈、异丙醇或四氢呋喃洗脱。对石墨化炭黑涂渍柱需要至少含 20%四氢呋喃的同样有机溶剂来洗脱。

显然色谱工作者的良好实践可防止柱沾污并最少的使色谱柱与不希望的物质相接触，建议使用保护柱。

当色谱柱的性能变得很差时，可采用下述两种方法做最后的补救。

一种方法是修补柱头并同时更换不锈钢烧结片。当取下烧结片发现柱头塌陷或填料被杂质污染时，可挖掉 0.5mm 左右的固定相，再重新填充同样的干燥固定相，用少量流动相润湿，再填充干燥的固定相与柱口齐平（必要时用光滑的不锈钢棒压紧），如此重复 3～5 次。再换上新的不锈钢烧结过滤片，拧紧结头，与高压泵连接，用流动相冲洗 20min，若柱压力降恢复正常，可连接检测器，测柱效。若柱效恢复就可继续使用。若柱压力降恢复正常，但柱效仍偏低，表明柱头未填充紧密，仍有空隙，此时应重复上述操作，直至柱压力降恢复正常、柱效也恢复正常才可继续使用。

另一种方法是倒冲色谱柱。此法适用于已修补过柱头，柱寿命已达中后期的色谱柱。柱逆向使用后柱效会损失较大（约 30%），倒冲柱可检查柱头不锈钢烧结片是否堵塞。若已堵塞在倒冲柱时，可观察到柱压力降减小，待柱压力降恢复正常，再将色谱柱按原方向安装使用。

上述最后的补救方法不一定有实效，但从积累实践工作经验、节约分析成本考虑，还是值得一试的。

四、梯度洗脱技术

在 HPLC 分析中梯度洗脱功能相似于气相色谱分析中的程序升温，它对改善色谱分离效果、增加峰容量可发挥重要的作用。梯度洗脱可提高分离度，缩短分析时间，对组成复杂的混合物，特别是包含组分的容量因子分布范围宽（$0.5<k'<20$）、保留值相差较大的混合物，使用梯度洗脱是最适宜的。

使用梯度洗脱技术应注意以下几点：

① 对流动相的纯度要求高，选用混合溶剂作流动相时，不同溶剂间应有较好的互溶性。

② 每次分析结束，进行下次分析之前，色谱柱要用起始流动相进行平衡，然后

再开始新的一次梯度洗脱，因此会使总的分析时间延长。

③ 梯度洗脱比恒定溶剂组成的等强度洗脱技术复杂，建立分析方法的时间会更长，若能使用 DryLab 等强度软件，可大大缩短分析时间。

梯度洗脱可以二元、三元和四元溶剂体系进行，其中应用最多的为二元溶剂体系。

梯度洗脱时间 t_G、强洗脱溶剂 B 的浓度（%）的变化范围、梯度陡度 T、流动相流量 F 等因素对梯度洗脱效果的影响，以及建立梯度洗脱方法的一般步骤，参见本书第七章。

五、色谱柱前和柱后的衍生化技术

当前在高效液相色谱法中，最常用的高灵敏度检测器是荧光检测器和紫外检测器，但它们只能检测有紫外吸收或在紫外线照射下产生荧光的、具有特定化学结构的化合物。

为了使在这些检测器上响应值很小的化合物也能被检测出来，近年发展了多种衍生化方法，使胺、氨基酸、羧酸、醇、醛、酮等有机化合物，通过与衍生化试剂反应，生成可吸收紫外线或产生荧光的化合物，然后使用 UVD 或 FD 检测。

衍生化反应进行的方法，分为柱前衍生化与柱后衍生化两种。

1. 柱前衍生化

在色谱分析之前，使样品与衍生化试剂反应，待转化成衍生物之后，再向色谱系统进样，进行分离和检测。用于柱前衍生的样品有以下几种情况：

① 使原来不能被检测的组分，经衍生化反应，键合上发色基团而能被检测出来。

② 仅使样品中某些组分与衍生化试剂选择性地发生反应，而与样品中其他组分分离开。

③ 通过衍生化反应，改变样品中某些组分的性质，改变它们在色谱柱中的保留行为，以利于定性鉴定或改善分离效果。

柱前衍生化的优点是不严格限制衍生化的反应条件，如反应时间的长短、使用反应器的形式等。其缺点是衍生反应后可能产生多种衍生化产物，而使色谱分离复杂化。

2. 柱后衍生化

样品注入色谱柱并经分离，在柱出口各组分由色谱柱流出后，与衍生化试剂混合，并进入环管反应器，在短时间内完成衍生化反应，生成的衍生化产物再进入检测器检测，见图 12-11。

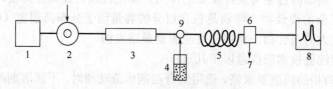

图 12-11　柱后衍生化法流程图

1—高压输液泵；2—六通进样阀；3—色谱柱；4—衍生化试剂输液蠕动泵；
5—环管反应器；6—UVD 或 FD；7—废液；8—记录仪或数据工作站；9—T 形三通

　　使用本法时必须选用快速的衍生化反应，否则短时间内反应不能进行完全。此外，柱后至检测器之间使用环管反应器的体积要非常小，否则会引起峰形扩展而降低分离度。内径 0.25mm、长度约 10cm 的熔融硅毛细管反应器，适用于反应时间低于 30s 的衍生化反应。

　　进行衍生化反应使用的试剂可分为两大类，第一类是衍生化反应产物可用于紫外线检测的，表 12-9 列出了用于胺、氨基酸、羧酸、醇、醛、酮的常用紫外衍生化试剂。第二类是衍生化反应产物可用于荧光检测的，表 12-10 列出了用于氨基酸、胺、醇、羧酸、酮的常用荧光衍生化试剂。

表 12-9　常用的紫外衍生化试剂

化合物类型	衍生化试剂		最大吸收波长 λ_{max}/nm	摩尔吸收系数 ε_{254}
	名　称	结　构		
RNH$_2$ 及 RR′NH	2,4-二硝基氟苯		350	>10^4
	对硝基苯甲酰氯		254	>10^4
	对甲基苯磺酰氯		224	10^4
	N-琥珀酰亚胺对硝基苯乙酸酯			
RCH—NH$_2$ COOH	异硫氰酸苯酯		244	10^4
RCOOH	对硝基苄基溴		265	6200
	对溴代苯甲酰甲基溴		260	1.8×10^4
	萘酰甲基溴		248	1.2×10^4
	对硝基苄基-N,N 异丙基异脲		265	6200
ROH	3,5-二硝基苯甲酰氯			10^4
	对甲氧基苯甲酰氯		262	1.6×10^4
RCOR′	2,4-二硝基苯肼		254	
	对硝基苯甲氧胺盐酸盐		254	6200

表 12-10　常用的荧光衍生化试剂

化合物类型	衍生化试剂		激发波长/nm	发射波长/nm
	名称	结构		
RCH—COOH 　| 　NH₂ RNH₂	邻苯二甲醛		340	455
RCH—COOH 　| 　NH₂ RNH₂	荧光胺		390	475
R—CH—COOH 　　| 　　NH₂ RNH₂ RR′NH C₆H₅—OH R—OH	丹酰氯		350～370	490～530
R—CH—COOH 　　| 　　NH₂ R—CH—COOH 　　| 　—NH	芴代甲氧基酰氯 FMOC		260	310
R—CH—COOH 　　| 　　NH₂	吡哆醛		332	400
R 　\ 　C=O 　/ R′	丹酰肼		340	525
RCOOH	4-溴甲基-7-甲氧基香豆素		365	420

　　此外对无紫外响应的物质还可使用间接光度法进行测定。此时可先向流动相中加入痕量（10^{-4}～10^{-3}mol/L）具有紫外吸收的化合物，如萘酰胺、甲基吡啶鎓、α-萘胺、3,4-二甲基苯胺等，当醇或有机羧酸自反相柱流出时，可观察到出现紫外吸收强度降低的负峰，从而用于相关组分的检测。

六、样品的预处理技术

　　对组成复杂的样品或受外界条件（日光照射、受热、电磁辐射、氧化等）作用而发生变化的不稳定样品，都需经过预处理才能进行色谱分析。

经典的样品预处理方法，如蒸馏、升华、沉淀、过滤、络合、索氏提取等方法已不能完全解决当代遇到的形态各异、组成复杂样品的预处理问题。以下简单介绍几种可用于高效液相色谱分析的样品预处理方法和仪器[3,4]。

1. 微波溶样或微波萃取

微波是指频率在 300MHz～3000GHz 之间或波长在 1m～0.1mm 之间的无线电波。微波的能量在 10^{-6}～10^{-3}eV，它能深入物质内部与其产生相互作用，水、含水化合物及有机溶剂对微波有吸收作用，可进行选择性加热，提高化学反应的速度，改善化学反应的选择性。微波加热具有速度快、加热均匀、易实现自动控制的特点，微波加热的效果见表 12-11[7]。

表 12-11　室温下 50mL 溶剂经 560W、2.45GHz 微波场作用 1min 所能达到的温度

溶剂	温度/℃	沸点/℃	溶剂	温度/℃	沸点/℃
水	81	100	乙酸	110	119
甲醇	65	65	乙酸乙酯	73	77
乙醇	78	78	氯仿	49	61
1-丙醇	97	97	丙酮	56	56
1-丁醇	109	119	二甲基甲酰胺	131	153
1-戊醇	106	137	己烷	25	68
1-己醇	92	158	四氯化碳	28	77

由于许多微波加热反应必须在密闭容器中进行，通常反应介质在微波场作用下不仅具有相当高的温度，而且有很高的压力，并且即使在主体温度较低时，仍能形成局部热点，并导致高温，因此具有很高的热效率。

微波除了对反应物加热引起化学反应速度加快以外，还具有电磁场对反应分子间相互作用引起的"非热效应"，而使化学反应速度显著提高。

（1）微波溶样或萃取反应器　对样品进行微波处理的多模式反应器结构如图 12-12 所示。图 12-13 为对样品进行溶解或萃取的双层加压消解罐示意。加压消解罐可置于多模式反应器内进行微波处理。消解罐多用聚四氟乙烯或 PEEK 材料制作，容积约 60mL，耐温 200℃，耐压 1～4MPa。

当进行凝胶渗透色谱分析时，高聚物样品在溶剂中的溶解或对天然产物样品（如中药等）中有效成分的萃取都可在微波反应器中进行。

（2）影响微波萃取的因素　微波萃取是用于固体样品处理的一种方法，能在短时间内完成多种组分的萃取，与索氏提取法、溶剂振摇法、超声波法相比，微波萃取法溶剂的用量少、耗时少、萃取率高、结果重现性好。用自动控制系统，可以批量处理样品，使用方便，安全性好。影响微波萃取的因素如下。

① 微波萃取中溶剂的影响　有机溶剂吸收微波的能力与其具有的介电常数成正比。沸点不超过 100℃的极性溶剂（50mL），如乙醇、丙醇、乙酸等，微波辐照 1min 后即可沸腾（见表 12-11），而非极性 CCl_4、正己烷则几乎不吸收微波。

　　溶剂的极性对萃取效率有重要的影响。还要求溶剂对分离成分有较强的溶解能力，对待测成分的干扰小。极性溶剂吸收微波能量可采用水、甲醇、乙醇、异丙醇、丙酮、二氯甲烷、乙腈等，非极性溶剂常选用正乙烷、异辛烷、苯、甲苯等。但由于非极性溶剂不吸收微波能，所以为了加速萃取过程，常在非极性溶剂中加入一些极性溶剂，以获得高热效率。低沸点溶剂吸收微波还有明显的过热现象。易形成氢键的混合溶剂，随分子缔合的加剧，会降低对微波的吸收，从而降低加热效率。

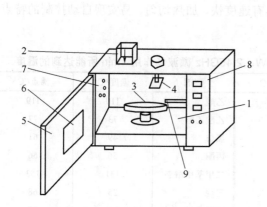

图 12-12　多模式微波反应器结构示意图

1—矩形箱体；2—微波馈能；3—盛物转盘；
4—模式搅拌器；5—炉门；6—观察窗；7—排气孔；
8—控制面板；9—测温传感器探头

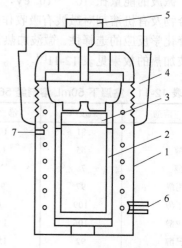

图 12-13　双层加压消解罐示意图

1—消解罐体；2—内衬罐体；
3—内衬罐盖；4—消解罐帽；5—防爆膜；
6—测压孔；7—泄压孔

　　② 试样中的水分或湿度对微波萃取效率的影响　因为样品中含有水分，才能有效吸收微波能而升温。若样品经过干燥，不含水分，就要采取样品再增湿的方法，使其具有足够的水分。因此，萃取前一般需在干燥样品中加入一定量水，加入水的量为样品的 15%，且加入水后，需平衡 10~15 min，再加入溶剂进行后续的操作。

　　③ 微波萃取中温度的影响　在微波密闭容器中，由于内部压力可达到十几个大气压，溶剂沸点比常压下的溶剂沸点高，因此，用微波萃取可以达到常压下使用同样的溶剂达不到的萃取温度，以提高萃取效率，而又不至于分解待测萃取物。

　　④ 萃取时间的影响　微波萃取时间与被测物样品量，溶剂体积和加热功率有关。一般萃取时间在 10~15min 内。

　　使用普通的微波炉萃取罐时，一般每次受微波照射不应超过 30s，以免溶剂沸腾，一般是用微波进行间歇式照射，即照射 30s，停止、冷却，再照射，再停止、冷却，反复多次。使用新的微波制样系统，由于其压力和湿度都可进行自动控制，不会使溶剂沸腾，可不必反复照射。萃取后的样品和溶剂必须进行过滤或离心，或二者并用。

　　表 12-12 列出了萃取样品量 10g 时微波快速溶剂萃取与其他萃取方法的比较。

表 12-12　萃取样品量 10g 时微波快速溶剂萃取与其他萃取方法的比较

萃取方法	平均溶剂使用量/mL	平均萃取时间/min	操作条件	水含量对回收率的影响	处理样品数	回收率
索氏提取	200~500	4~48h	沸点常压	受影响需干燥	1	中
自动索氏提取	50~100	60~240	沸点常压	受影响需干燥	1	中
超声提取	130~200	30~60	沸点常压	受影响需干燥	1	低
快速溶剂萃取 ASE	15~30	12~30	高温高压	受影响需干燥	1~6	较高
微波快速溶剂萃取	10~35	5~20	高温高压	不受影响不需干燥	14~40	高

2. 超临界流体萃取

超临界流体是指处于流体的临界温度和临界压力以上时的状态，为与气体和液体状态相区别称作超临界流体。

超临界流体（supercritical fluid，SCF）呈现出与气体或液体不同的性质，SCF的密度与液体相近，但其黏度要比液体小近百倍，流动性比液体好得多，传质系数也比液体大。溶质在 SCF 中的扩散系数虽比在气体中的小几百倍，但却比在液体中的大几百倍，这表明在 SCF 中的传质比液相传质好得多[8]。

在一定温度（>31.3℃）和压力（>7.4MPa）下，使用超临界 CO_2 流体，可从草药、咖啡豆、茶、啤酒花、烟草、天然香料固体样品中提取有效成分，也可从土壤、飞尘、沉积物中提取多环芳烃、多氯联苯、二噁英等有机污染物。

超临界流体萃取（supercritical fluid extraction，SFE）具有萃取效率高，费时少，不使用或少使用有毒溶剂，萃取流体易与被萃取物分离，自动化程度高等优点。实验室用 SFE 实验装置流程如图 12-14 所示。

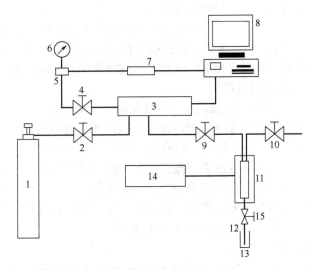

图 12-14　SFE 装置的流程示意图

1—高纯 CO_2（>99.997%）钢瓶；2,4,9,10,15—高压开关阀；3—高压注射泵；
5—三通；6—压力表；7—压力传感器；8—计算机控制系统；11—萃取池；
12—毛细管阻尼器；13—收集器；14—温控仪

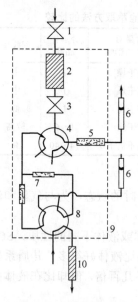

图 12-15　SFE-HPLC
操作示意图

1—反压调节器；2—萃取池；3—高压两向阀；4—六通样品阀；5—填充微孔柱（ϕ1mm×250mm，用于缓冲和沉积废物）；6—转子流量计；7—微孔柱[2×（ϕ1mm×2.5mm），用于沉积分析物和进样管]；8—进样器；9—恒温箱；10—HPLC 柱（ϕ4mm×120mm，d_p=5μm）

超临界流体萃取系统基本上由四个部分组成：超临界流体提供系统、萃取器、温度和压力控制器及样品收集系统。

（1）超临界流体供应系统　由高纯（＞99.997%）二氧化碳钢瓶高压泵、高压开关阀、压力表和压力传感器组成。

（2）萃取器　典型的萃取器体积为 10～100mL，要求必须能耐高温高压，接头和密封材料都必须是化学惰性的物质。

（3）压力节流器和温控仪　SFE 所用节流器通常是一根去活性的熔融硅毛细管或金属毛细管，内径以 15～30μm 为宜，毛细管出口一端制成卷曲状或变细，以确保管内流体密度（或溶质溶解度）不变。

（4）收集系统　SFE 有三种收集技术，即溶剂捕集法、吸附剂吸附捕集法和固体表面冷冻捕集法。吸收剂吸附捕集后需用适当的溶剂洗脱或加热解吸。

分析型超临界流体萃取仪包括加装虹吸管的二氧化碳钢瓶；泵头降温模块为高精度循环水浴或者半导体制冷块的二氧化碳高压泵；体积 200mL 的萃取室（要求耐压 55MPa；控温达 300℃）；要求在高温高压下调节精度高、能控温的限流器和采用全封闭不锈钢罐的收集管。

图 12-15 为超临界流体萃取与 HPLC 构成的联用系统（SFE-HPLC）的操作示意图。此在线装置包括两个相连的六通切换阀，第一个六通阀作为开关阀，两根反相 RP-18 微孔短柱置于两阀之间，用于吸附萃取物并作为正相 Si 100 分析柱的进样管。

在 SCF 存在的区域内，压强或温度的变化都可改变 SCF 的萃取能力。当温度高于 T_c 时，SCF 的压缩系数最大，此时压强的微小变化会导致它的密度改变，从而可控制它对溶质的溶解能力。因此，利用程序升压，就可把不同组分按它们在 SCF 中的溶解度的差别而先后萃取出来（低压强下，溶解度大的组分先被萃取；高压强下，溶解度小的组分后被萃取），而获分离。当压强高于 p_c 时，改变温度也会使 SCF 密度和被萃取组分的蒸气压发生变化，随温度升高，SCF 的密度下降，而被萃取组分的蒸气压也迅速增大，也会提高 SCF 的萃取效率。

3. 快速溶剂萃取

戴安（Dionex）公司（2011 年后并入 Thermo Fisher Scientific）2002 年研制了可取代索氏提取的快速溶剂萃取仪。它使用常规的溶剂，利用升高温度（最高达 200℃）和提高压力[10～20MPa（1500～3000psi）]来提高萃取效率，可使需用 4～48h 的索氏提取缩短至 12～20min 来完成。此仪器流路如图 12-16 所示[9]。

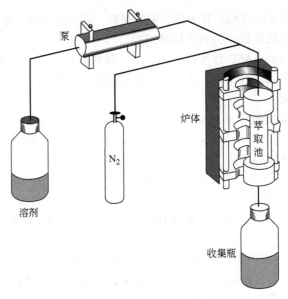

图 12-16　快速溶剂萃取仪流路示意图

进行快速溶剂萃取（accelerate solvent extraction，ASE）的工作时，向萃取池中加入样品，并放置仪器中，仪器即自动进行下述步骤：

① 由泵向萃取池注入有机溶剂（极性或非极性），可切换四种不同溶剂；

② 将萃取池按设定温度加热，并按设定压力加压；

③ 保持在设定的温度、压力下进行静态萃取；

④ 由泵将萃取池中的萃取液置换出来；

⑤ 通入 N_2 吹扫萃取池，以获得全部萃取液。

用 ASE 法的优点是：显著降低萃取所需溶剂的用量；萃取结束只需对极少的溶剂进行处理；全部操作密闭进行。在升温加压下进行溶剂萃取，降低了溶剂的黏度，有利于溶剂分子向样品中扩散；增加压力使溶剂在萃取过程一直保持液态，提高了对样品的溶解能力，加快样品中待分析物从样品基体中解析，并快速进入溶剂中。

ASE 仪可全自动密封反应器，将萃取池放入加热炉腔，将萃取池垂直定位，萃取结束后自动送回传送盘。输液泵在加热过程中由全自动压力传感器控制自动加压或减压。萃取过程通过红外线探头检测进入收集瓶中的液体和液面高度。萃取池上下配有压缩密封垫的旋紧压盖。仪器上配有萃取池传送盘，上有一定数量（1、12、24 个）的萃取位置和 2～4 个清洗位置，每个萃取池可进行多项溶剂萃取并及时更换溶剂。现有产品分为 ASE100（经济型仅有一个萃取位）、ASE200（有 24 个萃取位，4 个清洗位）和 ASE300（有 12 个萃取位，2 个清洗位）。

ASE 仪器可满足多种分析需求，现已用于：药物和天然产物，从植物中提取有效成分，药物制剂主体成分或添加剂的提取；食品中蛋白质、脂肪提取，食品中农药残留物提取，食品中风味物提取；土壤、固体废物中多环芳烃、多氯联苯、二噁英、有机磷农药、有机氯除草剂、石油烃类等的提取；各种添加剂，如增塑剂、抗氧剂、抗紫外吸收剂的提取及聚合物的结构测定等。

ASE 仪器由 Auto ASE 计算机软件控制，操作方法简单、易学，可大大提高工作效率，全自动的 ASE200 和 ASE300 可无人看管，可整夜工作。

4. 超声波萃取

超声波是需要通过介质才能传播的一种弹性机械振动波，频率介于 20kHz～1MHz，它作用于固体和液体时，比电磁波的穿透力强，停留时间也更长。

（1）超声波萃取的特性

① 空化效应：它作用于液体，会使液体产生无数微小的空腔，生成气泡，会产生 3000MPa 的瞬间压力，可在 400μs 内完成，可加速样品有效成分进入萃取溶剂中。

② 机械效应：它在传播过程中使样品和萃取剂之间产生摩擦，使样品快速溶解在萃取剂中。

③ 热效应：它在传播过程中因空化和机械效应会产生 5000K 以上的高温，还会产生乳化、扩散、击碎等次级效应，促进萃取作用的快速进行。

（2）影响超声萃取效率的因素

① 超声频率和功率的影响：对每个萃取体系存在一个最佳的萃取效率，因此应对频率和功率进行适当的筛选。

② 萃取时间的影响：对每种样品有一最佳萃取时间，过短或太长的萃取时间都会影响萃取效率。

③采用萃取溶剂的种类、浓度的影响：应由实验确定最佳的选择。

（3）超声萃取的优点[10]

① 超声萃取过程不需加热，适用于低温成分的提取。

② 超声萃取不改变被提取成分的化学结构，保持了样品的化学成分及结构。

③ 超声萃取的操作简便，防止萃取剂对环境的污染。

④ 超声萃取易于与 GC、HPLC 或 IR、MS 等分离检测技术联用。

5. 微渗析技术

它是一种新型有效的生物活体取样技术。微渗析是在不破坏（或破坏很少）生物体内环境的前提下，对生物体细胞间液的内源性或外源性物质进行连续取样和分析的新技术。图 12-17 为微渗析系统。取样时，微渗析探针植入所需取样部位，用与细胞间液非常相近的生理溶液以慢速（0.5～5μL/min）灌注探针，并将体液导出体外以完成取样。微渗析探针是取样的关键部件，它由渗析膜、生理溶液导入管和体液排出套管三部分组成，探针长度为 0.5～10mm。渗析膜材料为纤维素膜、聚丙烯腈膜和聚碳酸酯膜，它们不具有化学选择性，由膜的孔径大小决定体液小分子的渗入和渗出。排出体外的体液可用生物传感器、毛细管电泳、化学发光法、免疫化学法、离子色谱或高效液相色谱法进行检测。Ben H.C.Westerink 报道用微渗析方法采样，分析了鼠脑中的神经传递物质，经用带有电化学检测器的 HPLC 分析，检测出多巴胺、去甲肾上腺素和瑟绕通宁（血清基）三种组分[11]。

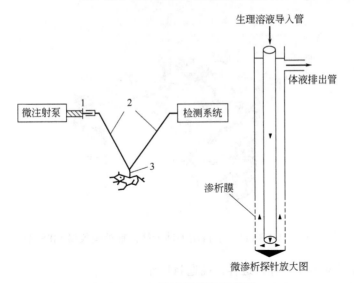

图 12-17　微渗析系统示意图

1—微注射针；2—连接管路；3—微渗析探针

6. 其他样品预处理技术

在 HPLC 样品预处理技术中还使用固相萃取、QuEChERs 分散固相萃取技术、固相微萃取、液相微萃取、搅拌棒吸附萃取、自动样品痕量富集渗析技术等，可参看相关专著[12,13]。

7. 全自动多功能样品前处理仪器

德国 GERSTEL MPS XT 是一个多功能的样品前处理平台，它提供了与气相色谱（GC）、高效液相色谱（HPLC）、气相色谱-质谱联用（GC-MS）和高效液相色谱-质谱联用（HPLC-MS）所需的多种样品自动化预处理的仪器，可以在一台仪器上实现大量样品的全自动化预处理及在线自动进样的功能，显著提高了对样品的处理能力，并拓宽了色谱分析的应用能力，降低了人工操作产生的误差，保证了分析结果的可靠性和分析测定的灵敏度[14]。

（1）与气相色谱结合的多功能全自动样品预处理平台 MPS XT　GERSTEL MPS XT 是一个多功能样品预处理平台，它与气相色谱结合可集液体进样、顶空进样（HS）、动态顶空（DHS）、热脱附（TDU）、固相萃取（SPE）、固相微萃取（SPME）、Twisler 磁力搅拌吸附萃取（SBSE）、膜萃取（ME）等样品预处理技术于一体，应用 GERSTEL 开发的 MAESTRO 软件，为气相色谱分析提供最佳性能的服务，提供对样品分析的完整解决方案（图 12-18）。

MPS XT 平台具有以下基本特征：

① 自动进样器的注射针可沿 x、y、z 三轴运动，定位精度 0.1mm。

② 模块化设计，可根据需要选择合适的配置。

③ 仅通过注射针的移动可实现全自动样品制备和自动进样。

④ 仅通过注射针针头的改变，可实现不同进样方式的切换，方便快速。

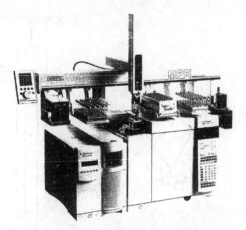

图 12-18　GERSTEL 全自动多功能样品前处理仪器 MPS XT

⑤ 可支持对两个进样口进样，高通量操作。

⑥ 可对样品预先进行自动化衍生、自动稀释、自动加标样等操作。

⑦ 程序化设计具有极好的灵活性，可在每个单元操作中运行不同的操作方法。

⑧ 可安装在绝大部分气相色谱仪上，易于移动。

⑨ MAESTRO 软件可控制所有样品的预处理过程，可将预热功能、样品预处理和 GC 分析同时进行，提高工作效率。

MPS XT 有三种扩展功能：固相萃取（SPE）、高效移液萃取（DPX）和自动更换进样口衬管（ALEX）。它可应用于环境样品分析（大气、水、废水）、香精（香料）分析、食品分析（风味、异味、食品安全、杂质监控）、药物分析（溶剂及杂质）、临床化学生物流体（血、体液）、精细化学品（杂质分析）、法医分析（血清、毒品）、塑料工业（溶剂、聚合物添加剂）。

（2）与高效液相色谱结合的多功能进样器（MPS for HPLC）　利用 MPS XT 具有的固相萃取（SPE）和高效移液萃取（DPX）功能，可直接用于 HPLC 的自动进样，MPS 具有以下特征：

① 自动进样器的注射针可沿 x、y、z 三轴移动，定位精度 0.1 mm。

② 可对两套 HPLC 柱实现自动进样，20s 内完成进样过程。

③ 可用标准瓶样品盘，24 个微小型瓶盘和 18 位深度型瓶盘。

④ 可进行样品衍生化，自动稀释。

⑤ 可溶解片剂，可编程完成间歇性振荡。

⑥ 可对样品进行半导体制冷。

高效移液萃取（DPX）是一种特殊的固相萃取（SPE），在线全自动使用高效移液管进行快速萃取，萃取过程仅需几秒钟，可使用最少的洗脱剂对极少量样品进行萃取，具有高回收率、极好重复性的特点，并可自动进样。

（3）多功能样品前处理仪器简介　几种常见多功能样品前处理仪器如表 12-13 所示。

表 12-13　多功能样品前处理仪器

产品型号	样品前处理功能	应用领域
德国 GERSTEL 公司 MPS XT	1.标准溶液三明治式进样技术 2.大体积液体进样（LVI） 3.自动更换进样口衬管（ALEX） 4.顶空进样（HS） 5.动态顶空（DHS） 6.固相萃取（SPE） 7.固相微萃取（SPME） 8.热脱附（TDU） 9.搅动棒吸附萃取（SBSE） 10.高效移液萃取（DPX）	GC，HPLC GC-MS HPLC-MS
瑞士 CTC Analytics 公司 1.PAL GC-Xt，COMBI PAL	1.标准液体进样（1～500μL） 2.顶空进样（HS） 3.固相微萃取（SPME） 4.动态固相萃取（SPDE） 5.吸附管内捕集 (ITE)-热解吸（TD） 6.热脱附自动进样（TDAS）	GC，GC-MS
2.PAL HPLC-Xt，HTS PAL， HTC PAL	1.高通量（动态洗针）进样 2.自动在线固相萃取（High SPE） 3.纳升进样（Nano-HPLC I） 4.多柱选择进样（MCSI） 5.基体辅助激光解析靶板点样（MAL-DI Spotter）	HPLC， HPLC-MS
意大利 HTA 公司 1. HT 280T	1.自动进样 2.顶空进样（HS） 3.固相萃取（SPE） 4.固相微萃取（SPME）	HPLC HPLC-MS
2. HT400E	1.固相萃取（SPE） 2.气相色谱程序升温汽化（GC-PTV）	HPLC GC
荷兰 Spark Holland 公司 Alies 自动进样器，Symtosis 在线固相萃取-HPLC 联用系统	1.多溶剂冲洗自动进样 2.在线固相萃取-HPLC 联用系统	HPLC， HPLC-MS HPLC-MS-MS
德国 Sepiatec 公司 SEPBOX 2D-250 2D-500	1.固相萃取（SPE） 2.二维 HPLC（TD-HPLC）	HPLC TD-HPLC HPLC-MS

参 考 文 献

[1] [美]Snyder L R, Kirkland J J, Dolan J W 著. 现代液相色谱技术导论. 第 3 版. 陈小明, 唐雅妍译. 北京: 人民卫生出版社, 2012.

[2] Bidlingmeyer Brian A. Practical HPLC Methodology and Application. New York: John Wiley & Sons Inc, 1992 104-130.

[3] Kromidas S. Practical Problem Solving in HPLC. New York: Wiley-VCH, 2000.

[4] Rimmer C A, Simmons C R, Dorsey J G. J Chromatogr A, 2002, 965: 219-232.

[5] Mant C T, Hodyes R S. HPLC of Peptides and Proteins. C R C Press, 1991:531-536, 537-549.

[6] Majors R E. LC-GC Europe, 2003, 5: 404-409.

[7] 陈兴国, 王克太. 微波流动注射分析. 北京: 化学工业出版社, 2004.

[8] 陈维杻. 超临界流体萃取的原理和应用. 北京: 化学工业出版社, 1998.

[9] Dionex: ASE 系列快速溶剂萃取仪. 2002.

[10] 郭孝武, 冯岳松. 超声提取分离. 北京: 化学工业出版社, 2008.

[11] Westerink Ben H C. J Chromatogr B, 2000, 747: 21-32.

[12] 陈小华, 汪群杰. 固相萃取技术与应用. 北京: 科学出版社, 2010.

[13] 张文清. 分离分析化学. 上海: 华东理工大学出版社, 2007.

[14] 中国分析测试协会. 分析测试仪器评议——从 BCEIA 2011 仪器展看分析技术的进展. 北京: 中国质检出版社, 中国标准出版社, 2012.

符　号　表

A	泵活塞面积； 单位吸附剂表面积； 吸光度； 涡流扩散项系数	F	流动相体积流速（量）
		f	下标因子（浓缩倍数）； 灵敏度放大倍数
A_s	溶质分子的表面积； 峰不对称因子	H	理论塔板高度
		H_{eff}	有效理论塔板高度
A_i	权重因子	H_E	涡流扩散对理论板高的贡献
a	权重因子	H_L	分子扩散对理论板高的贡献
B	有机官能团的覆盖率； 生物活性分子； 分子扩散项系数	H_S	固定相传质阻力对理论板高 的贡献
		H_{MM}	移动流动相传质阻力对理论 板高的贡献
C	传质阻力项系数； 微芯片通道总数	H_{SM}	滞留流动相传质阻力对理论 板高的贡献
c_B	强洗脱剂的浓度	H_{min}	最低理论塔板高度
c_m	改性剂的浓度	h	折合理论塔板高度
c	浓度	h_f	涡流扩散对折合板高的贡献
$\bar{D}$	平均孔径	h_d	分子扩散对折合板高的贡献
D	扩散系数； 稀释度	h_m	传质阻力对折合板高的贡献
		h_{min}	最低折合理论塔板高度
D_L	溶质在固定液中的扩散系数	$I_{(s)}$	信息量
D_M	溶质在流动相中的扩散系数	K_A	吸附系数
D_{eff}	有效扩散系数	K_C	配合物离解常数
d_p	粒径	K_D	分布系数
d_f	固定液液膜（或薄壳）厚度	K_F	柱渗透率
d_c	色谱柱内径； 连接管内径	K_P	分配系数
		k_0	比渗透系数
d	管道内径	k'	容量因子
E	分离阻抗	L	色谱柱柱长； 固定相上的配位体
ΔE	摩擦能量耗散		
E_a	吸附自由能	$l(l_{CT})$	连接管的长度
E_{AB}	萃取系数	l_o	检测器长度
E_C	凝聚能	M	流动相分子； 样品负载质量
e	介电常数		

M_m	在流动相中的流动相分子		色谱图总体分离度乘积归一
M_s	在吸附固定相上的流动相分子		化的优化标准
M	分子量	r^*	考虑死时间校正的优化标准
$\overline{M}_n$	数均分子量	$r_{1/2}$	相对保留值
$\overline{M}_w$	重均分子量	r_{cT}	连接管路的半径
$\overline{M}_z$	z均分子量	r_D	检测器内径半径
$\overline{M}_\eta$	黏均分子量	S	载体的比表面积；
M_{max}	最大样品质量（负载能力）		柱径向截面积；
m	质量		分离因数
m_i	聚合物质量	S_e	外表面积；
N_i	聚合物分子数		色谱柱分离效能
n	折射率；	S_p	固定相的特性
	相邻峰对数目	S_v	分析速度
N	理论塔板数	S_i	内表面积
n_p	色谱峰容量	T	梯度陡度
N_{eff}	有效理论塔板数	T_c	柱温
p	压力	T_0	第一个色谱峰的最小允许保
Δp	色谱柱压力降		留时间
p_1	液缸压力	T_1	第一个色谱峰的实际保留时间
p_2	气缸压力	t	时间
p_i	色谱柱入口压力	t_a	样品分子在液体流动相的平
p_0	色谱柱出口压力		均停留时间
P	峰分离函数（峰谷比）	t_d	样品分子被吸附在固定相表
P_v	峰分离函数（峰谷对峰高比）		面的平均停留时间
P_0	期望峰的分离函数	t_G	梯度洗脱时间
P_i	第 i 对峰实测的分离函数	t_R	保留时间
P'	溶剂极性参数	t_M	死时间
q	色谱柱的自由截面积；	t_m	设定最大允许分析时间
	色谱柱结构因子	t_n	最后一个峰的保留时间
R	分离度	u	流动相的平均线速
R_f	比移值	u_{opt}	流动相的最佳线速
RI	折射率	V	体积
R_i	第 i 对峰的分离度	V_B	固相萃取的穿透体积
R_{id}	对第 i 对峰希望达到的分离度	V_D	梯度洗脱时的滞留体积
R_T	二维色谱总分离度	V_i	进样体积
r	色谱柱内径半径；	V_{max}	最大进样体积
		V_2	溶质的分子体积

V_o	柱中填料间空隙的体积	$\alpha_{C/P}$	氢键容量
V_e	洗脱体积	$\alpha_{T/O}$	立体选择性
V_m	流动相体积;	β	相比率
	色谱柱死体积	γ	表面张力;
V_M	液体摩尔体积		柱内填料间的弯曲因子
V_s	固定相体积	γ_0	填料颗粒内部孔洞的弯曲因子
V_p	孔容	δ	溶解度参数
V_T	色谱柱总体积	ε°	溶剂强度参数
V_R	保留体积	ε_T	柱总孔率
V_{opt}	最佳折合线速	ε	柱固定相颗粒间孔率
V_I	塞状进样时的进样体积;	ζ	折合柱径
	进样器死体积	η	流动相动力黏度
V_D	检测池体积	$[\eta]$	聚合物的特性黏度
W	管壁宽度	λ	光波波长;
w_b	基线宽度		柱不均匀因子;
w_I	分布宽度指数		折合柱长
w_r	径向峰宽	μ	电偶极矩
$w_{h/2}$	半高峰宽	υ	折合线速
w_i	因进样延迟引起谱带扩展的	π	圆周率
	起始宽度	ρ	密度
w	质量分数	σ	方差
x	溶质分子	σ_t	色谱峰的标准方差
x_m	在流动相中的溶质分子	φ	脱气率;
x_s	在吸附剂表面上的溶质分子		阻抗因子;
x_e	质子接受体作用力		体积分数
x_d	质子给予体作用力	φ_Q	纯溶剂的体积分数
x_n	强偶极作用力	$\varphi_{A(s)}$	固定液的体积分数
$x_{a(b)}$	纯溶剂的摩尔分数	Φ	填料颗粒孔洞中滞留流动相在
y	色谱响应面		总流动相中所占有的百分数
z	溶质沿柱长方向运行的距离	φ_B	流动相中强极性组分 B 的体积
α	载体表面键合官能团的浓度;		分数
	分离因子	$\Delta\varphi_B$	强洗脱溶剂 B 的体积分数的变
α_{CH_2}	疏水选择性		化量
$\alpha_{B/P}$	离子交换容量	ω	柱填充因